# Der Design- und Entwicklungsprozess

David C. Wynn · P. John Clarkson

# Der Design- und Entwicklungsprozess

## Perspektiven, Ansätze und Modelle

Springer Vieweg

David C. Wynn
Department of Integrated Design and Interdisciplinary Research Center for Smart Mobility and Logistics, King Fahd University of Petroleum and Minerals
Dhahran, Saudi Arabia

P. John Clarkson
Department of Engineering, University of Cambridge
Cambridge, Vereinigtes Königreich

ISBN 978-3-031-83082-2 ISBN 978-3-031-83083-9 (eBook)
https://doi.org/10.1007/978-3-031-83083-9

Die Deutsche Nationalbibliothek verzeichnet diese Publikation in der Deutschen Nationalbibliografie; detaillierte bibliografische Daten sind im Internet über https://portal.dnb.de abrufbar.



Dieses Buch ist eine Übersetzung des Originals in Englisch „The Design and Development Process“ von David C. Wynn und P. John Clarkson, publiziert durch Springer Nature Switzerland AG im Jahr 2024. Die Übersetzung erfolgte mit Hilfe von künstlicher Intelligenz (maschinelle Übersetzung). Eine anschließende Überarbeitung im Satzbetrieb erfolgte vor allem in inhaltlicher Hinsicht, so dass sich das Buch stilistisch anders lesen wird als eine herkömmliche Übersetzung. Springer Nature arbeitet kontinuierlich an der Weiterentwicklung von Werkzeugen für die Produktion von Büchern und an den damit verbundenen Technologien zur Unterstützung der Autoren.



Springer Vieweg ist ein Imprint der eingetragenen Gesellschaft Springer Nature Switzerland AG und ist ein Teil von Springer Nature.
Die Anschrift der Gesellschaft ist: Gewerbestrasse 11, 6330 Cham, Switzerland

# Vorwort

Die Gestaltung und Entwicklung von Produkten und Systemen muss sich mit einer riesigen und ständig wachsenden Vielfalt von miteinander verbundenen Themen auseinandersetzen. Dieses Buch stellt eine *Prozessperspektive* als Standpunkt dar, von dem aus diese Herausforderung angegangen werden kann. Wir präsentieren *organisatorische Rahmenbedingungen* und eine *Diskussion ausgewählter Literatur*, die verschiedene Aspekte einer Prozessperspektive behandelt. Das Buch basiert auf Forschungen in den Bereichen Designstudien, technisches Design und Systemtechnikdesign.

Von Anfang an ist es wichtig zu betonen, dass eine Prozessperspektive nicht auf die Idee beschränkt ist, dass Best Practices entwickelt, dokumentiert, befolgt und verbessert werden sollten – obwohl dies zweifellos wichtige Elemente sind. Stattdessen erkennt eine Prozessperspektive die vielen Möglichkeiten der Konzeptualisierung und Behandlung, wie Arbeit sich entfaltet oder sich entfalten sollte, wenn man als Einzelperson, in Zusammenarbeit oder in großen Teams Design und Entwicklung betreibt. Die in diesem Buch vermittelte Haltung ist, dass Design und Entwicklung in Systemen menschlicher Aktivität stattfinden und als solche nur aus den einzigartigen Standpunkten bestimmter Individuen gewürdigt werden können. Dies spiegelt sich in der Vielzahl von Modellen, Theorien und Ansätzen wider, die im Laufe der Jahre entwickelt wurden. In Anerkennung dessen, dass der Design- und Entwicklungsprozess nicht vollständig durch einen einzigen Beitrag aus einer bestimmten Sichtweise behandelt werden kann – obwohl jeder einen Wert hat –, ist es angebracht, einen pluralistischen Standpunkt einzunehmen, indem man versucht, sowohl die Vorteile als auch die Einschränkungen verschiedener Modelle, Theorien und Ansätze zu schätzen.

Aufbauend auf diesen Grundlagen bietet dieses Buch einen Überblick über die verschiedenen Aspekte einer prozessorientierten Sichtweise auf Design und Entwicklung. Es diskutiert die Kontexte, in denen eine solche Perspektive Anwendung finden kann. Es präsentiert und diskutiert eine breite Querschnittsauswahl von Prozessmodellen, Theorien und Ansätzen, die im Laufe der Jahre veröffentlicht wurden – wobei diese jeweils verschiedene Aspekte einer prozessorientierten Sichtweise auf Design und Entwicklung verkörpern und unterschiedliche Einblicke bieten. Der Leser dieses Buches wird Zusammenfassungen von Erkenntnissen finden, die auf eine breite Palette von Design- und Entwicklungssituationen anwendbar sind, von der Gestaltung und Entwicklung einfacher Produkte bis hin zu komplexen Produkten und Interventionen in komplexe Systeme und von der Designkognition eines Einzelnen bis hin zur Organisation von groß angelegten Entwicklungsprojekten. Der Text ist so konzipiert, dass er einen ausgewogenen Überblick bietet, der die Vor- und Nachteile verschiedener Prozessmodelle, Theorien und Ansätze aufzeigt und eine destillierte Auswahl von Ausgangspunkten für weiterführende Literatur bietet. Das Buch stellt auch neue konzeptionelle Rahmenbedingungen vor, um die diskutierten Themen zu verknüpfen, vermittelt damit eine Sichtweise auf die Topologie des Feldes und unterstreicht den Wert eines pluralistischen Ansatzes. Das abschließende Kapitel betrachtet, wie eine prozessorientierte Perspektive in der Design- und Entwicklungspraxis umgesetzt werden kann, um greifbare Vorteile zu erzielen, diskutiert die erforderlichen Kompetenzen und hebt potenzielle Fallstricke hervor.

Innerhalb der Platzbeschränkungen dieses Buches ist es nur möglich, eine Auswahl von Entwurfs- und Entwicklungsprozessmodellen, Theorien und Ansätzen zu behandeln, während ein angemessenes Detailniveau beibehalten wird. Daher haben wir einen Querschnitt von Arbeiten ausgewählt, der viele einflussreiche Beiträge neben einigen weniger bekannten Arbeiten enthält – einige davon sind zum Zeitpunkt des Schreibens relativ neu und einige befassen sich mit Nischenproblemen. Alle diskutierten Beiträge verdienen Aufmerksamkeit. Unsere Auswahl konzentriert sich erstens auf Beiträge, die Entwurf und Entwicklung in Bezug darauf behandeln, wie die Arbeit sich entfaltet oder entfalten sollte, und zweitens auf Arbeiten, die sich direkt auf die Erstellung und Entwicklung von Entwürfen beziehen. Andere Prozesse im Kontext von Design und Entwicklung, wie zum Beispiel die Fertigung, werden nur diskutiert, soweit sie bezüglich und während des Entwurfs und der Entwicklung berücksichtigt werden müssen. Drittens stammen viele der diskutierten Modelle, Theorien und Ansätze aus den Forschungsgemeinschaften für technisches Design, Systemdesign, Designstudien und Systemtechnik. Dennoch gelten viele der zu diskutierenden Konzepte und Beiträge gleichermaßen für andere Situationen, in denen Design und Entwicklung stattfinden.

Insgesamt ist dieses Buch darauf ausgelegt, Forscher zu unterstützen, die in verschiedenen Bereichen an Design und Entwicklung arbeiten, indem es zeigt, wie viele Perspektiven auf den Design- und Entwicklungsprozess miteinander verknüpft sind, indem es Einführungen in viele der Schlüsselideen bietet und indem es eine organisierte Referenzquelle bereitstellt, die Schlüsselpublikationen für weiteres Lesen sammelt. Das Buch ist auch für Pädagogen und Praktiker gedacht, die einen Überblick über den neuesten Stand des Denkens in diesem Bereich suchen. Wir hoffen, Sie werden darin einen Wert finden.

Zum Abschluss möchten wir die vielen Kollegen, Mitarbeiter und Forschungsstudenten anerkennen, die unseren Denkprozess über den Entwurfs- und Entwicklungsprozess beeinflusst haben. Wir möchten uns auch bei den Gutachtern, Zeitschriftenredakteuren und anderen bedanken, deren Feedback zu unseren Forschungsarbeiten im Laufe der Jahre hilfreiche Einblicke geliefert hat.

Dhahran, Saudi Arabia Cambridge, UK
Juni 2023

David C. Wynn
P. John Clarkson

# Inhaltsverzeichnis

# Über die Autoren

**David C. Wynn** erforscht seit 2002 den Prozess von Design und Entwicklung. Nach Abschluss seiner Promotion in diesem Bereich arbeitete er als Forscher am Engineering Design Centre der Universität Cambridge, als Ingenieur bei Bombardier Aerospace in Montréal und als Senior Lecturer für Maschinenbau an der Universität Auckland, wo er in allen Studienjahren des Maschinenbaustudiums Vorlesungen zu den Themen Design, Fertigung und Produktentwicklung hielt. Darüber hinaus hatte David nebenberufliche Lehraufträge am Department of Mechanical Engineering der McGill University und an der Faculty of Sustainable Design Engineering der University of Prince Edward Island inne und war Fellow des Homerton College in Cambridge. Derzeit ist er Associate Professor an der King Fahd University of Petroleum and Minerals und Mitglied der Herausgeberteams der Zeitschriften Research in Engineering Design und Journal of Engineering Design.

**P. John Clarkson** kehrte 1995 nach einer 7-jährigen Tätigkeit in der Technologieabteilung der PA Consulting Group zur Abteilung für Ingenieurwissenschaften an der Universität Cambridge zurück. Er wurde 1997 zum Direktor des Engineering Design Centre ernannt und 2004 zum Universitätsprofessor. Er war direkt an der Lehre von Design auf allen Ebenen des Bachelorstudiengangs beteiligt. Bei PA war er Manager der Advanced Process Group, wo er umfangreiche Erfahrungen in der Produktentwicklung sammelte, insbesondere im Design von medizinischen Geräten und Hochintegritätssystemen. Seine Forschungsinteressen liegen im allgemeinen Bereich des Ingenieurdesigns, insbesondere in der Entwicklung von Designmethoden zur Lösung spezifischer Designprobleme, zum Beispiel Prozessmanagement, Change-Management, Gesundheitswesendesign, inklusives Design und Automobildesign. Neben der Veröffentlichung von über 900 Artikeln hat er eine Reihe von Büchern über das Design von medizinischen Geräten, inklusives Design und Prozessmanagement geschrieben und herausgegeben. Er ist auch Professor für Gesundheitssysteme an der Fakultät für Industriedesign an der TU Delft.

# Eine Prozessperspektive auf Design und Entwicklung

# 1

**Zusammenfassung**

Dieses Kapitel untersucht das Konzept einer *Prozessperspektive auf Design und Entwicklung*. Die Begriffe in dieser Phrase werden geklärt. Der Wert einer Prozessperspektive wird diskutiert und die Elemente einer solchen Perspektive werden skizziert. Abschließend werden einige Anmerkungen dazu gegeben, wie man in der Praxis eine Prozessperspektive annehmen kann. Insgesamt bietet dieses Kapitel sowohl eine Einführung in das Buch als auch eine Zusammenfassung davon.

**Schlüsselwörter**

Design und Entwicklung · Prozessperspektive

## 1.1 Einführung

Im Laufe der Jahre wurden viele Perspektiven entwickelt, um Licht auf den Entwurfs- und Entwicklungsprozess zu werfen, oft eingebettet in Modelle, Theorien und Ansätze. Innerhalb dieses Arbeitsbereichs wurde eine enorme Vielfalt von Themen behandelt, Standpunkte wurden angenommen und Empfehlungen gegeben. Daher ist der Stand der Technik in diesem Bereich nicht in einem einzigen Beitrag verkörpert, sondern in der gesamten Menge und den Beziehungen zwischen ihnen. Dieses Buch bietet einen Blickwinkel auf den Entwurfs- und Entwicklungsprozess, der auf der Wertschätzung vieler Modelle, Theorien und Ansätze auf pluralistische Weise basiert. Dieser Standpunkt wird als *Prozessperspektive auf Design und Entwicklung* bezeichnet. Das vorliegende Kapitel führt die Elemente dieses Konzepts ein und präsentiert damit eine Zusammenfassung des gesamten Buches.



D. Wynn und P. Clarkson, *Der Design- und Entwicklungsprozess*,
https://doi.org/10.1007/978-3-031-83083-9_1

In diesem Buch wird der Umfang von Entwurf und Entwicklung weit gefasst definiert, als *Konzeption und Realisierung neuer Produkte, neuer Systeme und Eingriffe in bestehende Systeme zur Erfüllung menschlicher Bedürfnisse, sowohl aktueller als auch voraussehbarer*. Unter dieser weiten Auslegung sind alle Produkte und von Menschen geschaffenen Systeme, denen wir im Alltag begegnen, das Ergebnis von Design und Entwicklung. Einige ausgewählte Beispiele, um verschiedene Komplexitätsgrade zu illustrieren, sind:

- *Produkte* und Komponenten von Produkten, zum Beispiel Haushaltsgeräte, Elektrowerkzeuge, medizinische Geräte, Fertigungsmaschinen und Lebensmittelverarbeitungsanlagen,
- *komplexe Produkte*, die eng integrierte Zusammenstellungen von individuell sehr komplexen und hoch optimierten Teilsystemen sind, typischerweise bestehend aus Tausenden von Teilen, zum Beispiel Autos, Flugzeuge und Düsentriebwerke,
- *komplexe Systeme*, einschließlich Systeme von Systemen und Ingenieursystemen, zum Beispiel Energiesysteme, Gesundheitssysteme und Transportsysteme. Im Vergleich zu komplexen Produkten sind diese lockerer integriert oder aus Teilsystemen zusammengesetzt, die hinsichtlich Design, Betrieb und Management ein gewisses Maß an Autonomie haben, in denen bewusste Entscheidungen menschlicher Teilnehmer von entscheidender Bedeutung sind.

Die Bedeutung der Produkte und Systeme, die durch Entwurf und Entwicklung entstehen und davon beeinflusst werden, zeigt auch in dieser kurzen Liste, dass es sich um eine wesentliche Tätigkeit handelt.

Der Rest dieses Kapitels legt den Wert einer Prozessperspektive auf Design und Entwicklung dar und skizziert die Schlüsselaspekte einer solchen Perspektive, die im gesamten Buch behandelt werden. Es ist daher angebracht, mit einer kurzen Diskussion der Schlüsselbegriffe *Design*, *Entwicklung* und *Prozessperspektive* zu beginnen.

**Design** Eine breite Palette von Aktivitäten, in verschiedenen Bereichen, wird in der Literatur und in der Praxis als Entwerfen (Designing) bezeichnet (McMahon et al., 2021). Herbert Simon – berühmt in Designforschungskreisen – schrieb, dass „jeder entwirft, der Handlungsverläufe entwirft, die darauf abzielen, bestehende Situationen in bevorzugte zu verwandeln" (Simon, 2019). Dies hat viele Forscher inspiriert – um nur ein Beispiel zu nennen, interpretiert der *Delft Design Guide* Simons Definition im Kontext von Produktdesign, indem er feststellt, dass Entwerfen „eine Denk- und Handlungsweise ist, die darauf abzielt, die Welt um uns herum durch das Design von Produkten zu verstehen und zu beeinflussen, die darauf abzielen, die Bedürfnisse und Wünsche der Menschen zu befriedigen" (Van Boeijen et al., 2014).

Diese und andere Definitionen des Entwerfens betonen, dass es sich um eine sehr breite Tätigkeit handelt – das Entwerfen wurde in Kontexten wie Ingenieurwesen, Architektur, Produktentwicklung, Softwareentwicklung und mehr untersucht (Eckert et al., 2010). Einige Forscher haben argumentiert, dass das Entwerfen Merkmale hat, die solchen Bereichen gemeinsam sind, und auch eine „besondere geistige Tätigkeit" ist (Lawson, 2005). Kurz gesagt, und vor einer eingehenden Diskussion später in diesem Buch, sind einige Merkmale des Entwerfens in vielen Bereichen, dass es:

- Lösungen konzipiert, um die Bedürfnisse der Menschen zu erfüllen,
- Vorstellungskraft, Kreativität und spezifisches Fachwissen nutzt, um Ziele zu erreichen,
- über viele miteinander verbundene Überlegungen und Einschränkungen nachdenkt,
- unter begrenzten und vorläufigen Informationen arbeitet, zum Beispiel beinhaltet es die Betrachtung von Problemen, bevor sie vollständig verstanden sind, und das Nachdenken über Lösungen, bevor sie vollständig definiert sind,
- konvergentes und divergentes Denken, Analyse und Synthese, Rationalität und Kunstfertigkeit kombiniert und auf iterative Weise fortsetzt, indem es auf neue Informationen reagiert, sobald sie offensichtlich werden.

Neben einer generischen Tätigkeit ist das Entwerfen eine professionelle Praxis, die erlernt und studiert werden kann und für die einige Menschen ein außergewöhnliches Talent und Fachwissen haben (Cross, 2019). Designerische Arbeitsweisen ermöglichen Fortschritte in Situationen, die zu komplex und mehrdeutig für eine vollständig rationale Analyse sind (Schön, 1992). – Diese Idee wurde popularisiert und in allgemeine Geschäfts- und Managementkontexte unter dem Namen *Design Thinking* übertragen (Brown, 2008).

**Entwicklung** Das Entwerfen als eine besondere Tätigkeit ist wesentlich für die Realisierung neuer Produkte, Systeme oder Eingriffe in Systeme. Aber auch andere Aktivitäten sind erforderlich, zum Beispiel Analyse, Forschung, Detailarbeit, Dokumentation, Prototyping und Testen, Systemtechnik und Management und vieles mehr. In diesem Buch wird der Begriff *Entwicklung* (Development) verwendet, um das Entwerfen zusammen mit den damit verbundenen Aktivitäten, die zur Realisierung einer Lösung erforderlich sind, zu umfassen. Ein Entwicklungsprojekt bietet Kontext, Ziele und Einschränkungen für das Entwerfen.

**Prozessperspektive** Der Begriff *Prozess* wird in vielen verschiedenen Kontexten verwendet, am häufigsten jedoch bezieht er sich auf eine bereinigte Abfolge von Aktivitäten, die zur Erledigung einer Aufgabe durchgeführt werden sollen. Solche Prozesse können sich jedoch erheblich von der tatsächlichen Praxis unterscheiden. In diesem Buch wird eine breitere Sichtweise angenommen. Nach dieser Sichtweise konzentriert sich *eine Prozessperspektive auf Design und Entwicklung* darauf, wie sich die Tätigkeit zur Schaffung und Realisierung eines neuen Entwurfs entfaltet oder entfalten sollte. Es beinhaltet die Wahrnehmung von Entscheidungen in Bezug darauf, wie sie dazu führen, dass ein Entwicklungsprojekt als System im Laufe der Zeit weiterentwickelt wird. Es erfordert eine grundsätzlich pluralistische Haltung, die den Wert verschiedener Modelle, Theorien und Ansätze für das Verständnis, die Navigation und das Management der Prozesse in einem Produktentwicklungsprojekt oder einer Organisation erkennt. Eine

Prozessperspektive erkennt auch die menschlichen und sozialen Aspekte von Entwurf und Entwicklung neben den systematischen und rationalen Aspekten an. Dieses Konzept einer Prozessperspektive wird in diesem Kapitel und im gesamten Buch weiter ausgebaut.

## 1.2 Warum eine Prozessperspektive annehmen?

Eine Prozessperspektive auf Design und Entwicklung ergänzt viele andere mögliche Perspektiven. Zum Beispiel können die Bemühungen auch in finanzieller Hinsicht betrachtet werden, in Bezug auf die Eigenschaften der Produkte oder Systeme, die entwickelt werden, in Bezug auf die verwendeten Technologien und in Bezug auf die Menschen und Gemeinschaften, die vom erstellten Produkt oder System betroffen sind. Die folgenden Absätze erklären, wie eine Prozessperspektive auf Design und Entwicklung ein sehr reichhaltiges Bild bietet, das für Praxis, Ausbildung und Training von Wert ist. Es ist auch in sich selbst ein faszinierendes Thema zur Untersuchung.

Als *Wert für die Praxis* liefern Prozesse wesentliche Beiträge zu allen drei klassischen Entwicklungsprojektzielen: Zeit, Kosten und Qualität. In Bezug auf *Zeit* und *Kosten* kämpfen die meisten Organisationen mit der Vorhersage und Verwaltung von Design und Entwicklung aufgrund ihrer hohen Komplexität und Einzigartigkeit. Infolgedessen sind Zeit- und Kostenüberschreitungen üblich. Eine Prozessperspektive beinhaltet ein besseres Verständnis dafür, wie die Arbeit im Laufe der Zeit abläuft, und kann dazu beitragen, solche Probleme zu reduzieren. *Qualität* ist auch in vielerlei Hinsicht eng mit Prozessüberlegungen verbunden. Um nur drei Beispiele zu nennen: (1) Ein Designprozess, der die Benutzer eng einbezieht, kann dazu beitragen, dass das resultierende Design ihre Bedürfnisse effektiv erfüllt, (2) eine sorgfältige Planung von Tests während eines Design- und Entwicklungsprozesses kann dazu beitragen, Designfehler aufzudecken und zu beseitigen, die sich als Qualitätsprobleme im Endprodukt manifestieren, und (3) ein gut organisierter Prozess kann die für Designüberarbeitungen verschwendete Zeit minimieren und mehr Zeit für die Verfeinerung und Verbesserung des Designs ermöglichen.

Eine Prozessperspektive hat auch *Wert für Ausbildung und Training*. Das Beschreiben von Prozessen kann eine effektive Methode sein, um Wissen und Best Practices darüber zu vermitteln, wie man Design organisiert und eine Reihe spezifischer Designprobleme berücksichtigt. In der Ingenieurausbildung müssen die Studierenden lernen, ihr grundlegendes Fachwissen in die Praxis umzusetzen, was das Durchführen und Reflektieren eines Designprozesses beinhaltet. Die Ausbilder selbst suchen nach den Merkmalen des Design- und Entwicklungsprozesses, um Aufgaben und Bewertungen zu entwickeln, die die wesentlichen Merkmale realer Situationen erfassen. Best Practices und neue Entwicklungen müssen auch den Mitgliedern des Berufsstandes kommuniziert werden, zum Beispiel in Richtlinien, Codes und Standards. Das Beschreiben empfohlener Prozesse ist ein wirksames Element zur Erreichung dieses Ziels.

Darüber hinaus hat sich der Design- und Entwicklungsprozess für viele Forscher als *faszinierendes Untersuchungsobjekt* erwiesen – viele Disziplinen bieten Blickwinkel und Einblicke in den Prozess und viele Forschungsansätze können verwendet werden. Dieses Buch sammelt Erkenntnisse aus einer Reihe relevanter Themen, von individueller Designaktivität bis hin zur Verwaltung von groß angelegten Entwicklungsprojekten – entstanden durch verschiedene Forschungsansätze, einschließlich Beobachtungen der Praxis, mathematischer und computergestützter Modellierung, Theoriebildung, Werkzeug- und Methodenentwicklung und -bewertung und experimenteller Studien in vereinfachten Situationen. Die Forschungsgemeinschaft hat seit den ersten Veröffentlichungen in den 1950er-Jahren große Fortschritte bei der Untersuchung des Design- und Entwicklungsprozesses gemacht und eines der Ziele dieses Buches ist es, einen Teil dieses verteilten Wissens zu sammeln und zusammenzufassen.

## 1.3 Eine systemische Sicht

Design- und Entwicklungsprozesse realisieren neue Produkte, Systeme und Eingriffe in bestehende Systeme – sie *finden auch in* zielgerichteten und selbstorganisierenden Systemen menschlicher Aktivität statt. Verschiedene Konzeptualisierungen sind möglich. Zum Beispiel kann ein Projekt mit einem einzelnen Teilnehmer als *System der Kognition* betrachtet werden. Ein Projekt mit mehreren Teilnehmern kann zusätzlich als *soziales System* betrachtet werden, wenn der Fokus auf den Interaktionen zwischen Menschen liegt, oder als *soziotechnisches System*, wenn der Fokus zusätzlich die technischen Systeme einschließt, die während des Designs und der Entwicklung genutzt werden, diese beeinflussen und aus ihnen resultieren. Die Erkenntnis, dass Design und Entwicklung in menschlichen Aktivitätssystemen stattfinden, hat wichtige Implikationen für eine Prozessperspektive, zum Beispiel:

- Eine systemische Sicht legt nahe, dass Design- und Entwicklungssituationen *nicht ausreichend verstanden werden können, indem man sich auf ihre einzelnen Teile konzentriert*, wie zum Beispiel einzelne Aufgaben, Designüberlegungen oder Personen. Dies liegt daran, dass das Verhalten und die Eigenschaften von Systemen von vielen Teilen und vor allem ihren Interaktionen abhängen. Es spiegelt auch die praktische Realität wider, dass Design und Entwicklung sich in einer grundsätzlich integrativen Disziplin vereinen. Eine Implikation für eine Prozessperspektive ist die Hervorhebung der Bedeutung eines ganzheitlichen Ansatzes. Verbindungen zwischen den vielen Fragen müssen erkannt und behandelt werden, neben der eingehenden Behandlung einzelner Fragen.
- Eine systemische Sicht legt nahe, dass Design- und Entwicklungssituationen *sich auf unvorhersehbare Weise entfalten*, nicht nur aufgrund ihrer einzigartigen Kontexte, sondern auch, weil sie von den idiosynkratischen Perspektiven, Ansätzen, Zielen und

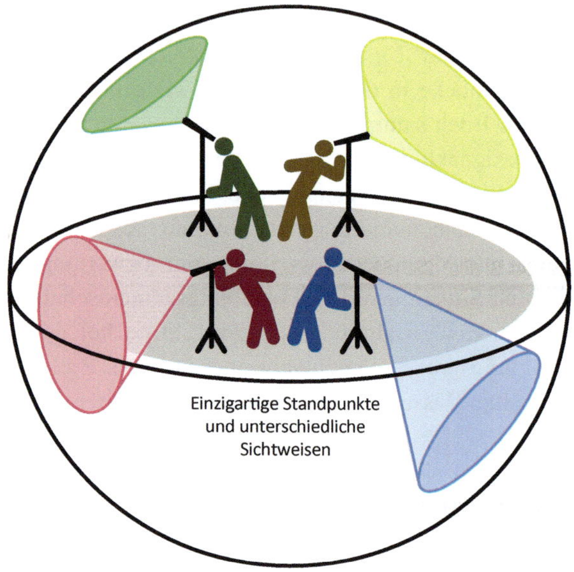


**Abb. 1.1** Design und Entwicklung als System menschlicher Aktivität, in dem einzigartige Prozesse aus einzigartigen Standpunkten und durch verschiedene Linsen wahrgenommen werden

Interaktionen ihrer Teilnehmer beeinflusst werden. Dementsprechend erfordert eine systemische Sicht die Anerkennung der Bedeutung von Individuen und ihren bewussten reflektierenden Urteilen sowie der sozialen und politischen Prozesse in Designteams – neben den strukturierten und systematischen Ansätzen, die viele Modelle und empfohlene Praktiken für den Design- und Entwicklungsprozess bieten.

- Eine systemische Sicht legt nahe, dass Design- und Entwicklungssituationen *jeweils einzigartig sind und nur unvollkommen wahrgenommen werden können* aus der einzigartigen Sichtweise jedes Teilnehmers[1] oder Beobachters. Eine weitere Implikation für eine Prozessperspektive ist, dass es viele Standpunkte gibt, von denen aus man Design und Entwicklung einschätzen kann, und viele Linsen, durch die man diese Standpunkte wahrnehmen und interpretieren kann, wie Abb. 1.1 nahelegt. Jeder Standpunkt bietet unterschiedliche Einblicke und hat einen besonderen Wert sowie einige Einschränkungen.

Die meisten Diskussionen über Design und Entwicklung spiegeln Aspekte einer systemischen Sicht wider, implizit oder explizit. Beiträge, die Design- und Entwicklungsprozesse explizit als Systeme behandeln, umfassen ein breites Spektrum und bieten

[1] Anmerkung zur Übersetzung: Bei der Übersetzung von im Englischen nicht nach Geschlecht differenzierten Personenbezeichnungen wie „participant" u. Ä. wurde im Deutschen meistens die männliche Form, z. B. „Teilnehmer", verwendet, um den Text kürzer und besser lesbar zu machen. Selbstverständlich sind damit Personen jeden Geschlechts gemeint.

**Abb. 1.2** Aspekte einer Prozessperspektive

verschiedene Linsen. Einige sind beschreibend und theoretisch mit Wurzeln in der Systemtheorie und bringen Erkenntnisse aus der interdisziplinären Untersuchung von Systemen ein, um den Design- und Entwicklungsprozess einzuschätzen. Andere sind normativer Natur mit Wurzeln im systemischen Denken und in der Systemtechnik und spiegeln den letztendlichen Zweck von Design und Entwicklung wider, Systeme zu schaffen und in Systeme einzugreifen, um den Zwecken menschlicher Stakeholder zu dienen. Wieder andere nehmen eine systemanalytische Perspektive ein, modellieren Elemente und Interaktionen, um Erkenntnisse für den Design- und Entwicklungsprozess zu generieren. Alle sind von Interesse und werden im Laufe dieses Buches diskutiert.

## 1.4 Aspekte einer Prozessperspektive

Dieser Abschnitt führt die drei Schlüsselaspekte einer Prozessperspektive ein, die in Abb. 1.2 dargestellt sind, nämlich (1) Wertschätzung von Grundlagen, (2) Wertschätzung von Modellen, Theorien und Ansätzen als Werkzeuge zur Arbeit mit Prozessen und (3) Annahme einer Prozessperspektive:

1. *Wertschätzung von Grundlagen* – eine Prozessperspektive erfordert, die Implikationen einer systemischen Sichtweise im Auge zu behalten, insbesondere zu erkennen, dass jede Design- und Entwicklungssituation eine einzigartige Kombination von Merkmalen innehat und aus verschiedenen Blickwinkeln und durch die Linsen verschiedener

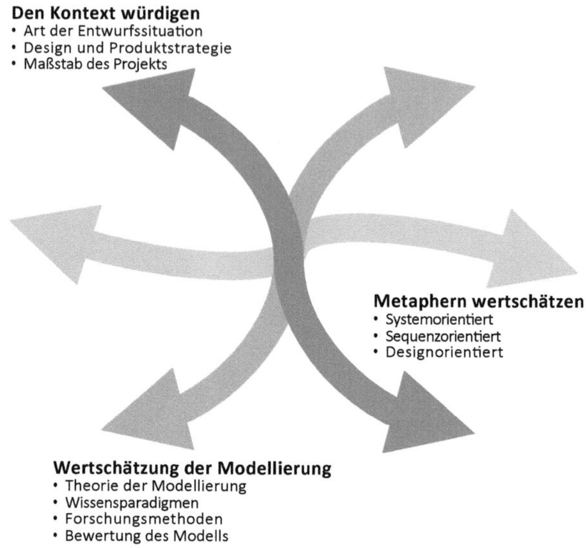


**Abb. 1.3** Grundlagen einer Prozessperspektive

Prozessmetaphern wahrgenommen werden kann, erleichtert durch die Erstellung und Verwendung von Modellen, Theorien und Ansätzen. Diese Themen sind in Abb. 1.3 zusammengefasst und werden im Detail in Teil I dieses Buches behandelt.

2. *Wertschätzung von Modellen, Theorien und Ansätzen* – eine Prozessperspektive erfordert die Wertschätzung der Vielzahl von Modellen, Theorien und Ansätzen, die entwickelt wurden, um den Design- und Entwicklungsprozess zu repräsentieren, zu unterstützen und zu verbessern, und lässt Einblicke in deren jeweilige Erkenntnisse gewinnen. Eine breite Palette solcher Beiträge wird in Teil II dieses Buches diskutiert und aufeinander bezogen.
3. *Annahme einer Prozessperspektive* – die zuvor genannten Konzepte müssen angewendet und Herausforderungen überwunden werden, um einen greifbaren Wert für die Design- und Entwicklungspraxis zu realisieren. Dies ist das Thema von Teil III dieses Buches.

Die nächsten Unterabschnitte erweitern diese drei Aspekte und liefern auch Zusammenfassungen jener Kapitel, in denen sie im Detail behandelt werden.

### 1.4.1 Grundlagen

#### 1.4.1.1 Kontext des Design- und Entwicklungsprozesses

Design und Entwicklung haben situativ gemeinsame Merkmale, sind aber gleichzeitig auch sehr vielfältig. Jeder Kontext bietet eine einzigartige Kombination von Einflussfaktoren, die die Prozesse formen und eine Reihe von speziellen Problemen hervorbringen, die möglicherweise angegangen werden müssen (Eckert und Clarkson, 2005). Kap. 2 beschreibt, wie die Einflussfaktoren in drei Gruppen organisiert werden können:

- *Faktoren, die mit der Art der Design- und Entwicklungssituation zusammenhängen* – zum Beispiel die Bedeutung der technischen Leistung, die Bedeutung der menschlichen Interaktion mit dem Design und die Komplexität des systemischen Kontexts, der von routinemäßigem mechanischen Design über neue Produktentwicklung bis hin zum Design und zur Entwicklung komplexer technischer Systeme reicht.
- *Faktoren, die mit Design- und Produktstrategie zusammenhängen* – zum Beispiel die Bedeutung, die der Modularisierung, Servitisierung und Digitalisierung beigemessen wird.
- *Faktoren von besonderer Bedeutung bei groß angelegtem Design und Entwicklung* – zum Beispiel Fragen zum Management von Lieferanten, zur Integration von Menschen und Systemen und zum Umgang mit Altsystemen, die in solchen Situationen immer wichtiger werden.

In Kap. 2 werden 13 solcher Kontextfaktoren diskutiert, zusammen mit einigen Auswirkungen jedes Faktors auf den Design- und Entwicklungsprozess. Die Faktoren sind ausgewählt, um eine Reihe von Situationen zu illustrieren, in denen Design und Entwicklung stattfinden, und um den Rahmen für spätere Kapitel dieses Buches zu setzen.

#### 1.4.1.2 Metaphern für den Design- und Entwicklungsprozess

Design und Entwicklungsprozesse können durch die Linsen verschiedener *Prozessmetaphern* wahrgenommen werden. Kap. 3 führt ein konzeptionelles Rahmenwerk ein, das zehn Prozessmetaphern in drei Gruppen organisiert:

- *Systemorientierte Metaphern* – situieren einen Prozess innerhalb seines zugehörigen Systems: (1) als eine Art, ein Projekt als System zu betrachten, (2) als gesteuert durch Feedbackschleifen in diesem System und (3) als gesteuert durch die Struktur von Elementen und Beziehungen im System.
- *Sequenzorientierte Metaphern* – stellen einen Prozess in Bezug auf die durchgeführten Schritte dar: (4) als Abschluss von Aufgaben, (5) als getrieben durch Iteration von Aufgaben und (6) als schrittweise Reifung von vorläufigen Informationen durch Abschluss von Aufgaben.
- *Designorientierte Metaphern* – konzentrieren sich auf die Merkmale des Designens, wie sie sich im Design- und Entwicklungsprozess manifestieren: (7) als Treffen einer Reihe von Entscheidungen, (8) als Architektur, (9) als designerisches Unterfangen und (10) als kollaborativ und sozial.

Kap. 3 erläutert jede Prozessmetapher und diskutiert, wie sie unterschiedliche Weltanschauungen bieten, um Design- und Entwicklungssituationen einzuschätzen, zu beschreiben und zu analysieren. Jede Metapher bringt bestimmte Fragen zum Vorschein, während sie andere unterordnet. Die Erkenntnis der verschiedenen möglichen Metaphern hilft, einen Prozess ganzheitlicher zu erfassen, als ihn nur durch eine Linse zu betrachten.

#### 1.4.1.3 Forschung und Entwicklung von Modellen, Theorien und Ansätzen für den Design- und Entwicklungsprozess

Die Behandlung von Design- und Entwicklungsprozessen aus einer systemischen Sicht kann durch die Erforschung, Entwicklung und Anwendung von Prozessmodellen, Theorien und Ansätzen verbessert werden. Diese sind konkretere und fokussiertere Reflexionen der abstrakten Weltanschauungen, die von Prozessmetaphern angeboten werden. Solche Beiträge sind jedoch notwendigerweise und absichtlich selektiv – kein einzelner alleine umfasst oder könnte alle möglichen Fragen und Perspektiven umfassen. Trotz ihrer Einschränkungen sind Modelle, Theorien und Ansätze einige der besten verfügbaren Werkzeuge, um systematisch über Design- und Entwicklungsprozesse nachzudenken. Daher ist es oft wünschenswert, ein Modell, eine Theorie oder einen Ansatz anzupassen oder zu erstellen, wenn man mit einem Design- und Entwicklungsprozess arbeiten möchte. Solche Beiträge kommen in vielen verschiedenen Ausprägungen vor – einige sind qualitativ, andere quantitativ, einige sind formal und andere sind diskursiv oder diagrammatisch. Modelle, Theorien und Ansätze bieten auch unterschiedliche Grade an Abstraktheit, Idealisierung und Umfang. Kap. 4 erweitert die Theorie der Modelle und Modellierung im Allgemeinen und bietet vier Perspektiven auf die Beziehung zwischen Prozessmodellen, Theorien und Ansätzen und dem Design- und Entwicklungsprozess selbst. Kap. 5 führt dann ein Rahmenwerk für die Erforschung, Entwicklung und Bewertung neuer Prozessmodelle, Theorien und Ansätze für Design und Entwicklung ein und skizziert kurz einige methodologische Fragen und Forschungsansätze, die verwendet werden können.

### 1.4.2 Wertschätzung von Modellen, Theorien und Ansätzen

Der zweite Aspekt einer Prozessperspektive, wie im mittleren rechten Kreis von Abb. 1.2 dargestellt, besteht darin, auf pluralistische Weise die Erkenntnisse wertzuschätzen, die verschiedene Prozessmodelle, Theorien und Ansätze bieten. Dies wird in Teil II dieses Buches behandelt, indem eine breite Palette von Beiträgen diskutiert wird.

Ein neues Rahmenwerk, das Modelle, Theorien und Ansätze für den Design- und Entwicklungsprozess in Beziehung setzt, wird in Kap. 6 eingeführt, um einen strukturierten Überblick über viele Beiträge zu geben, die im Laufe der Jahre entwickelt wurden. Das Rahmenwerk bildet die Grundlage für die Diskussion dieser Beiträge in fünf Abschnitten. Das Rahmenwerk wird in Abschn. 1.4.2.1 zusammengefasst und die fünf Gruppierungen von Beiträgen werden in den Abschn. 1.4.2.2–1.4.2.6 jeweils zusammengefasst.

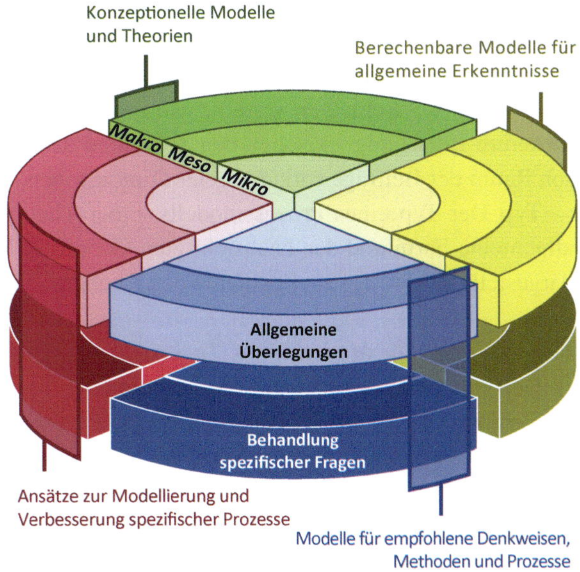


**Abb. 1.4** Framework zur Organisation von Modellen, Theorien und Ansätzen für den Design- und Entwicklungsprozess

#### 1.4.2.1 Organisation und Visualisierung von Modellen, Theorien und Ansätzen für den Design- und Entwicklungsprozess

Modelle, Theorien und Ansätze sind von großem Wert, um den Design- und Entwicklungsprozess zu verstehen und zu unterstützen, aber einzeln sind sie jeweils begrenzt und spiegeln nur eine einzige Perspektive wider. Daher ist es unwahrscheinlich, dass das aktuelle Verständnis des Design- und Entwicklungsprozesses in einem einzigen Modell, einer Theorie oder einem Ansatz erfasst wird, sondern eher in der Menge der Beiträge, die im Laufe der Jahre entwickelt wurden, und in den Beziehungen zwischen ihnen. Das Studium von Prozessmodellen, Theorien und Ansätzen, die von verschiedenen Personen aus verschiedenen Standpunkten, mit verschiedenen Linsen und für verschiedene Zwecke erstellt wurden, bietet eine Möglichkeit, die Probleme ganzheitlich zu betrachten.

Das Verständnis der Ähnlichkeiten und Unterschiede zwischen den vielfältigen Beiträgen, die im Laufe der Jahre entwickelt wurden – und somit das Verständnis des aktuellen Denkens und der Praxis in Bezug auf den Design- und Entwicklungsprozess –, kann erheblich durch *organisierende Frameworks* erleichtert werden. Solche Frameworks positionieren Beiträge in Bezug zueinander, zeigen die Unterschiede in den Perspektiven auf und bieten eine Grundlage, um die Beziehungen zwischen ihnen zu betrachten. Für dieses Buch wurde ein neues organisierendes Framework entwickelt, um diese Zwecke zu erfüllen und eine narrative Struktur für Teil II zu bieten. Das Framework erweitert unsere frühere Arbeit in einem Zeitschriftenartikel mit dem Titel *Prozessmodelle im Design und in der Entwicklung* ("process models in design and development"; Wynn und

Clarkson, 2018). Die neue und erweiterte Version des Frameworks wird als Kuchen visualisiert, der aus zwei weichen Schichten besteht, die durch klebrige Marmelade verbunden sind, wie in Abb. 1.4 dargestellt – Prozessmodelle, Theorien und Ansätze sind über die beiden Schichten verteilt, wie Früchte im Kuchen, während die Marmelade die lockerere Beziehung zwischen den Schichten darstellt. Das Framework segmentiert diesen Raum der Beiträge entlang dreier Dimensionen, nämlich *Typ*, *Umfang* und *Spezifität*.

**Typ** Der Typ eines Prozessmodells, einer Theorie oder eines Ansatzes betrifft seine allgemeine Form und den beabsichtigten Gebrauch. Vier Kategorien werden identifiziert, dargestellt in Abb. 1.4 als Segmente des Kuchens:

- *Konzeptionelle Modelle und Theorien* – zum Beispiel C-K-Theorie, axiomatisches Design und das lebensfähige Systemmodell,
- *Denkweisen, Methoden und empfohlene Prozesse* – zum Beispiel phasenbasierte Modelle des Ingenieurdesigns, Systemdenken und Design Thinking,
- *Ansätze zur Modellierung und Verbesserung spezifischer Prozesse* – zum Beispiel Flussdiagramme, agentenbasierte Modellierung und Design-Struktur-Matrix-Modellierung,
- *berechenbare Modelle für allgemeine Erkenntnisse* – Beiträge, die auf der Analyse von verallgemeinerten oder repräsentativen Fällen basieren, zum Beispiel zur Untersuchung der Auswirkungen einer zunehmenden Parallelität auf die Projektdauer.

**Umfang** Der Umfang eines bestimmten Beitrags betrifft seine Abdeckungsbreite. Drei Kategorien werden unterschieden, die sich radial in Ringen durch den Kuchen ausdehnen:

- *Mikroebene* – konzentriert sich auf einzelne Prozessschritte und ihre Kontexte,
- *Mesoebene* – konzentriert sich auf die Entwicklung der Schritte, während das Design fortschreitet,
- *Makroebene* – konzentriert sich auf den Design- und Entwicklungsprozess, oft unter Berücksichtigung systemischer und managementbezogener Fragen.

**Spezifität** Die Spezifität eines Prozessmodells, einer Theorie oder eines Ansatzes betrifft ihren Fokus auf entweder allgemeine oder spezifische Fragen. Zwei Kategorien werden betrachtet, dargestellt in Abb. 1.4 als die beiden Schichten des Kuchens:

- *Beiträge, die allgemeine Überlegungen behandeln* – wie Iteration, Parallelität und Designkognition,
- *Beiträge, die spezifische Fragen behandeln* – wie Design für die Fertigung, Design für die Umwelt und Design von digitalisierten Produkten.

Die Mehrheit der Beiträge kann eindeutig innerhalb einer einzigen Kombination von Typ, Umfang und Spezifität positioniert werden, das heißt innerhalb eines der in Abb. 1.4

abgegrenzten Sektoren. Für andere Beiträge ist eine Interpretation erforderlich, um sie in einen Sektor des Frameworks einzuordnen, da einige Beiträge tatsächlich mehrere Kategorien ansprechen und alle potenziell auf verschiedene Weisen interpretiert und angewendet werden können.

Dieses Framework – der Kuchen – wird in Kap. 6 ausführlich erläutert, das eine Perspektive auf die Literatur bietet und wichtige Cluster von Beiträgen und Konzepten hervorhebt. In Anbetracht dessen, dass das organisierende Framework eine bewusst bereinigte und vereinfachte Ansicht ist, die die Perspektiven der Autoren widerspiegelt, wird es in Kap. 6 durch einen ganzheitlichen Überblick über das Feld ergänzt, der durch Anwendung von Datenvisualisierungstechniken auf die gesamte Menge der in diesem Buch überprüften Modelle, Theorien und Ansätze erzeugt wurde.

Die folgenden Kapitel von Teil II arbeiten sich Stück für Stück durch das in Abb. 1.4 gezeigte Framework. Jedes Kapitel bietet eine Zusammenfassung und Analyse der Schlüsselbeiträge in den entsprechenden Teilen des Frameworks. Die obere Schicht des Frameworks wird in vier Kapiteln ausführlich diskutiert, wobei jedes Kapitel auf ein einzelnes Segment des Kuchens fokussiert. Die untere Schicht wird dann in einem einzigen Kapitel kurz besprochen.

#### 1.4.2.2 Konzeptionelle Modelle und Theorien

Das erste Element des Rahmens, das diskutiert wird, sind *konzeptionelle Modelle und Theorien*, dargestellt als hinterster Abschnitt der obersten Schicht in Abb. 1.4. Beiträge in diesem Segment vermitteln Einblicke in den Prozess, ohne direkt vorzuschreiben, wie er angegangen werden sollte. Sie reichen in ihrem Umfang von den kognitiven Prozessen oder logischen Schritten eines Einzelnen (die Mikroebene und innerster Sektor des Segments) bis hin zum Design- und Entwicklungsprozess, der als komplexes System an sich betrachtet wird (die Makroebene und äußerster Sektor). Beispiele sind die C-K-Theorie (Hatchuel und Weil, 2003), die Domänentheorie (Hubka und Eder, 1996; Andreasen et al., 2015), Designkybernetik (Fischer und Herr, 2019) und die Theorie komplexer adaptiver Systeme (Chiva-Gomez, 2004).

Kap. 7 diskutiert diese Beiträge und viele andere ausführlicher in der Annahme, dass alle konzeptionellen Modelle und Theorien bestimmte Aspekte des Design- und Entwicklungsprozesses beleuchten, während sie andere vereinfachen und in den Hintergrund rücken. Die relativ hohe Abstraktionsebene dieser Ansätze ist angemessen, wenn eine Situation reich an Mehrdeutigkeit und Komplexität ist, wie es oft im Design und in der Entwicklung der Fall ist. Obwohl sie in der Regel keine Rezepte für den Umgang mit Design- und Entwicklungssituationen bieten, haben konzeptionelle Modelle und Theorien eine erklärende Kraft und haben die Entwicklung von Best Practices, Ansätzen und Methoden für Design und Entwicklung sowie Ansätze zur Modellierung und Verbesserung spezifischer Prozesssituationen inspiriert. Konzeptionelle Modelle und Theorien können oft auch die Analyse einer Situation unterstützen, indem sie zur Berücksichtigung aller in dem Modell oder der Theorie repräsentierten Fragen anregen, und können die Entwicklung von pragmatischen Unterstützungsansätzen inspirieren.

Aufgrund ihrer Abstraktheit können sie eine erhebliche Menge an Interpretation erfordern, um angewendet zu werden, aber aus dem gleichen Grund bieten sie einen reichen Einblick in eine breite Palette von Situationen.

#### 1.4.2.3 Modelle empfohlener Denkweisen, Methoden und Prozesse

Das nächste Element von Abb. 1.4, das behandelt wird, ist das vorderste Segment der obersten Schicht, betitelt mit *Modelle empfohlener Denkweisen, Methoden und Prozesse.* Auf der Meso- und Makroebene umfasst diese Gruppe von Beiträgen zahlreiche Best-Practice-Prozesse und Empfehlungen für das Vorgehen bei Design und Entwicklung, die über viele Jahre hinweg entwickelt wurden. Auf der Mikroebene umfasst diese Gruppe Methoden zur Unterstützung spezifischer Prozessschritte und empfohlene Denkweisen zur Bewältigung komplexer Probleme durch Design. Einige Beiträge in diesem Segment spiegeln die von Forschern beobachtete und analysierte Praxis wider, während andere auf Theorien basieren, wie Design und Entwicklung durchgeführt werden sollten. Einige sind für die Praxis bestimmt, während andere hauptsächlich zu Bildungszwecken dienen.

Kap. 8 bietet eine detailliertere Diskussion dieser Beiträge, zusammen mit Kommentaren zu ihren Vor- und Nachteilen. Das Kapitel behandelt Empfehlungen für den Umgang mit Design als generische und menschenzentrierte Aktivität, wie zum Beispiel Design Thinking Brown (2008), neben Ansätzen, die sich spezieller auf das technische Design konzentrieren, wie das phasenbasierte Modell von Pahl et al. (2007). Es behandelt auch Ansätze, die sich mit dem Design und der Entwicklung komplexer Systeme befassen, wie Systems Engineering, wie zum Beispiel beschrieben von Buede (2009) und Haberfellner et al. (2019), und agile Produktentwicklung, wie zum Beispiel beschrieben von Cooper und Sommer (2018). Insgesamt vermittelt Kap. 8 die wichtigsten Denkschulen darüber, wie Design und Entwicklung durchgeführt werden sollten, und klärt einige Beziehungen und Unterschiede zwischen den empfohlenen Ansätzen.

#### 1.4.2.4 Ansätze zur Modellierung und Verbesserung spezifischer Prozesse

Während die in den vorherigen Unterabschnitten diskutierten Ansätze Design und Entwicklung auf allgemeine Weise behandeln, sind in vielen Situationen die spezifischen Details der Prozesse für ihre Planung, Durchführung und Verbesserung relevant. Das linke Segment der obersten Schicht von Abb. 1.4 behandelt dieses Problem, indem es *Ansätze zur Modellierung und Verbesserung spezifischer Prozesse* sammelt. Viele solcher Ansätze wurden entwickelt, die sich auf verschiedene Aspekte des Design- und Entwicklungsprozesses konzentrieren, mit unterschiedlichen Zielsetzung. Beispiele sind verschiedene Formen der Prozesskartierung und diskrete Ereignissimulation (zum Beispiel Wynn und Clarkson, 2021), Design-Struktur-Matrix-Modellierung (Eppinger et al., 1994), Systemdynamikmodellierung und Kausal-Schleifen-Diagrammerstellung (Ford und Sterman, 1998) und viele andere. Kap. 9 bietet einen Überblick über solche Ansätze, berücksichtigt sowohl praktische als auch forschungsorientierte Beiträge und bietet Kommentare zu ihren Vor- und Nachteilen.

#### 1.4.2.5 Berechenbare Modelle für allgemeine Erkenntnisse

Das letzte, rechte Segment der obersten Schicht von Abb. 1.4, nämlich *berechenbare Modelle für allgemeine Erkenntnisse*, befasst sich damit, wie formale und rechnergestützte Analysen von repräsentativen oder synthetischen Fällen verwendet wurden, um allgemein anwendbare Erkenntnisse über den Entwurfs- und Entwicklungsprozess zu generieren. Solche Arbeiten stehen in der Tradition der harten operationellen Forschung, einschließlich Arbeiten, die das optimale Maß an Parallelität (Hoedemaker et al., 1999), Überlappung (Krishnan et al., 1995), die optimale Häufigkeit von Tests (Loch et al., 2001), Einflüsse auf die Designkonvergenz (Braha und Bar-Yam, 2007) und zahlreiche andere Fragen untersuchen.

Kap. 10 überprüft und diskutiert solche Modelle. Sie alle verfolgen einen im Wesentlichen reduktionistischen Ansatz, bei dem spezifische Probleme im Entwurfs- und Entwicklungsprozess isoliert und untersucht werden. Dies kann nützliche Einblicke in diese Probleme liefern, kann aber die Aufmerksamkeit von ganzheitlichen Überlegungen ablenken. Darüber hinaus basiert ein Großteil der in Kap. 10 diskutierten Arbeit auf formaler mathematischer Ausdrucksweise, die erhebliche Idealisierungen für die Handhabbarkeit erfordert. Die in Kap. 10 diskutierten Modelle sind auch eher allgemeiner Natur und bieten keine spezifisch auf bestimmte Situationen zugeschnittene Anleitung. Dennoch können die Schlussfolgerungen der Forscher aus ihren Modellen dieser Art nützliche Einblicke in die Treiber von wünschenswerten und unerwünschten Verhaltensweisen in Entwurfs- und Entwicklungsprozessen liefern.

#### 1.4.2.6 Prozessmodelle und Ansätze zur Behandlung spezifischer Probleme

Dieser Abschnitt vervollständigt die Zusammenfassung von Abb. 1.4 durch die Einführung der untersten Schicht des Rahmens. Im Überblick beschreiben, strukturieren und leiten die Beiträge, die durch diese Schicht repräsentiert werden, den Entwurfs- und Entwicklungsprozess, indem sie spezifische Überlegungen für eine eingehende Behandlung isolieren. Kap. 11 diskutiert den Wert solcher Beiträge, illustriert durch eine kurze Diskussion von Beiträgen, die aus jedem Segment des Frameworks ausgewählt wurden und auf einige bekannte Probleme, wie Herstellbarkeit, Inklusivität und Digitalisierung, abzielen. Dieser Ansatz, spezifische Probleme anzugehen, macht die Komplexität handhabbar, indem Themen für eine eingehende Behandlung isoliert werden. Eine Herausforderung besteht jedoch in der Integration der Probleme und der verschiedenen Ansätze zu ihrer Behandlung.

### 1.4.3 Annahme einer Prozessperspektive

Dieser Abschnitt geht weiter und skizziert den dritten und letzten Aspekt einer Prozessperspektive – der in dem unteren rechten Kreis von Abb. 1.2 dargestellt ist – und konzentriert sich darauf, wie die potenziellen Vorteile dieser Perspektive in der Praxis realisiert werden können. Dies ist das Thema des dritten Teils des Buches, der aus einem einzigen Kapitel besteht.

Genauer gesagt legt Kap. 12 einige der Probleme dar, die sich bei der Navigation und Verwaltung von Entwurfs- und Entwicklungsprozessen in der Praxis ergeben, und diskutiert, wie die in früheren Kapiteln diskutierten Modelle, Theorien und Ansätze in der Entwurfs- und Entwicklungsrealität verwendet werden. Es wird erklärt, dass bestimmte *Prozesskompetenzen* in einer Organisation vorhanden sein sollten, um die Vorteile einer Prozessperspektive zu realisieren und einige häufige Probleme zu vermeiden. Es wird ein Framework eingeführt, das vier Gruppen von Prozesskompetenzen abgrenzt:

- *Prozessdenken* – Kompetenzen, die darin bestehen, die in diesem Kapitel und in diesem Buch dargelegten Punkte zu erkennen,
- *Prozessbegleitung* – Kompetenzen, die darin bestehen, das Prozessdenken an die täglichen Herausforderungen der Stakeholder anzupassen, um Prozessverbesserungen zu realisieren,
- *Prozessgestaltung* – Kompetenzen, die sich auf die Architektur von Prozessen und Prozesssystemen beziehen, unter Berücksichtigung der realen Einschränkungen und der verschiedenen möglichen Sichtweisen,
- *Prozessführung* – Kompetenzen, die darin bestehen, andere zu inspirieren und Ressourcen zu mobilisieren, um die Vorteile einer Prozessperspektive in der Praxis zu realisieren.

Diese vier Kompetenzgruppen sind in Abb. 1.5 grafisch dargestellt. Wie in der Abbildung ersichtlich ist, sind die Kompetenzen nicht getrennt und jede Gruppe erfordert eine unterschiedliche Balance von Vertrautheit mit Konzepten und zwischenmensch-

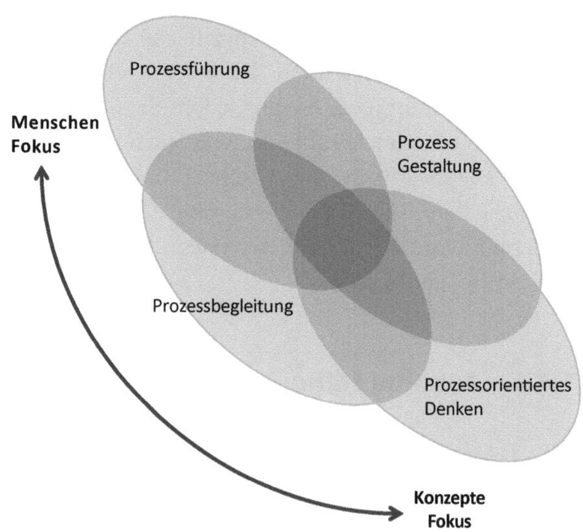


**Abb. 1.5** Gruppen von Prozesskompetenzen

lichen, beruflichen und Führungsfähigkeiten. Für jede Gruppe kann eine Person ihre Kompetenz entwickeln, indem sie verschiedene Kompetenzstufen erwirbt – für alle Gruppen ist eine Prozessperspektive, wie sie in diesem Kapitel und in diesem Buch dargelegt ist, die Grundlage.

## 1.5 Rückblick und Diskussion

Eine Prozessperspektive auf Design und Entwicklung, wie sie in diesem Kapitel untersucht und in Abb. 1.6 zusammengefasst wird, kann tiefe Einblicke geben, wie diese wesentliche Aktivität durchgeführt wird. Eine Prozessperspektive kann dazu beitragen, Verbesserungen in Bezug auf Zeit und Kosten von Entwicklungsprojekten zu generieren und die Qualität von Design- und Entwicklungsergebnissen zu gewährleisten. Um zusammenzufassen und zu rekapitulieren, baut eine Prozessperspektive auf dem Konzept auf, dass Design und Entwicklung in Systemen menschlicher Aktivität stattfinden, die jeweils einzigartig sind und nur aus bestimmten Blickwinkeln und durch bestimmte Linsen wahrgenommen werden. Folglich, obwohl viele Modelle, Theorien und Ansätze entwickelt wurden, um verschiedene Probleme im Design- und Entwicklungsprozess anzugehen, kann keines davon allein alle Probleme ausreichend adressieren. Sowohl Forschung als auch Praxis legen nahe, dass die meisten Situationen nützlicherweise durch mehr als ein Prozessmodell, eine Theorie oder einen Ansatz beschrieben werden können.

**Abb. 1.6** Zusammenfassung einer Prozessperspektive

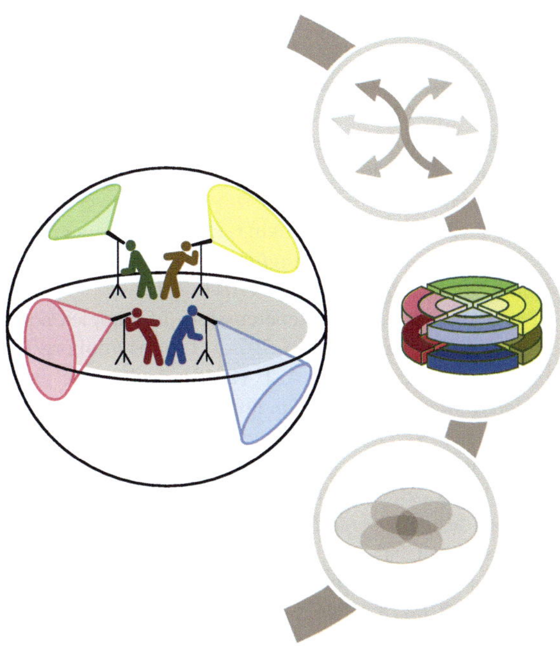

Gleichzeitig kann jeder Beitrag auf verschiedenen Ebenen Einblicke geben, je nachdem, wie er interpretiert und angewendet wird, wobei jeder verschiedene Elemente aus einem Netzwerk miteinander verbundener Ideen hervorhebt, verschiedene Terminologien anbietet und verschiedene visuelle Darstellungen liefert.

Dieses Kapitel hat eine pluralistische Haltung dargelegt, in der der Design- und Entwicklungsprozess gleichzeitig aus vielen Blickwinkeln wahrgenommen wird. Gleichzeitig sollte anerkannt werden, dass einige Standpunkte und Beiträge widersprüchliche Philosophien darstellen. Ein Design- und Entwicklungsprozess sollte unter Berücksichtigung der Anforderungen und Einschränkungen seines Kontexts entworfen und entwickelt werden, und nicht alle in diesem Buch diskutierten Beiträge sind für jede Situation relevant.

Die nächsten elf Kapitel dieses Buches erweitern diese Punkte und unterstreichen den Wert vieler verschiedener Modelle, Theorien und Ansätze zur Herausarbeitung verschiedener Aspekte des Design- und Entwicklungsprozesses. Die Kapitel bieten auch einen Leitfaden zur Topologie der Literatur, der dazu gedacht ist, Möglichkeiten aufzuzeigen und den Lesern gleichzeitig zu ermöglichen, auf unterschiedliche Weise Nutzen zu finden – wobei viele Fragen weiterhin zur Diskussion stehen. Insgesamt ist dieses Buch darauf ausgelegt, etablierten Forschern und Forschungsstudenten, die im allgemeinen Bereich von Design und Entwicklung arbeiten, sowie Pädagogen und Praktikern, die einen Überblick über die entwickelten Perspektiven, Ansätze und Modelle suchen, einen Mehrwert zu bieten.

## Literatur


Andreasen, M. M., Hansen, C. T., & Cash, P. (2015). *Conceptual design: Interpretations, mindset and models*. Cham: Springer. https://doi.org/10.1007/978-3-319-19839-2.

Braha, D., & Bar-Yam, Y. (2007). The statistical mechanics of complex product development: Empirical and analytical results. *Management Science, 53*(7), 1127–1145. https://doi.org/10.1287/mnsc.1060.0617.

Brown, T. (2008). Design thinking. *Harvard Business Review, 86*(6), 84.

Buede, D. M. (2009). *The engineering design of systems: Models and methods* (2. Aufl.). Wiley. https://doi.org/10.1002/9780470413791.

Chiva-Gomez, R. (2004). Repercussions of complex adaptive systems on product design management. *Technovation, 24*(9), 707–711. https://doi.org/10.1016/S0166-4972(02)00155-4.

Cooper, R. G., & Sommer, A. F. (2018). Agile-stage-gate for manufacturers. *Research-Technology Management, 61*(2), 17–26. https://doi.org/10.1080/08956308.2018.1421380.

Cross, N. (2019). *Design thinking: Understanding how designers think and work*. Bloomsbury Publishing.

Eckert, C. M., Blackwell, A. F., Bucciarelli, L. L., & Earl, C. F. (2010). Shared conversations across design. *Design Issues, 26*(3), 27–39. https://doi.org/10.1162/DESI_a_00027.

Eckert, C., & Clarkson, J. (2005). The reality of design. In J. Clarkson, & C. Eckert (Hrsg.), *Design process improvement: A review of current practice* (S. 1–29). Springer. https://doi.org/10.1007/978-1-84628-061-0_1.

Eppinger, S. D., Whitney, D. E., Smith, R. P., & Gebala, D. A. (1994). A model-based method for organizing tasks in product development. *Research in Engineering Design, 6*(1), 1–13. https://doi.org/10.1007/BF01588087.

Fischer, T., & Herr, C. M. (2019). *Design cybernetics: Navigating the new.* Springer. https://doi.org/10.1007/978-3-030-18557-2.

Ford, D. N., & Sterman, J. D. (1998). Dynamic modeling of product development processes. *System Dynamics Review, 14*(1), 31–68. https://doi.org/10.1002/(SICI)1099-1727(199821)14:1<31::AID-SDR141>3.0.CO;2-5.

Haberfellner, R., de Weck, O., Fricke, E., & Vössner, S. (2019). *Process models: Systems engi neering and others. Systems engineering: Fundamentals and applications* (S. 27–98). Springer. https://doi.org/10.1007/978-3-030-13431-0_2.

Hatchuel, A., & Weil, B. (2003). A new approach of innovative design: An introduction to C-K theory. In A. Folkeson, K. Gralen, M. Norell, & U. Sellgren (Hrsg.), *DS 31: Proceedings of ICED 03, the 14th International Conference on Engineering Design, Stockholm* (S. 109–110). Design Society.

Hoedemaker, G., Blackburn, J., & Wassenhove, L. (1999). Limits to concurrency. *Decision Sciences, 30*(1), 1–18. https://doi.org/10.1111/j.1540-5915.1999.tb01599.x.

Hubka, V., & Eder, W. E. (1996). *Design science: Introduction to the needs, scope and organization of engineering design knowledge.* Springer. https://doi.org/10.1007/978-1-4471-3091-8.

Krishnan, V., Eppinger, S. D., & Whitney, D. E. (1995). Accelerating product development by the exchange of preliminary product design information. *Journal of Mechanical Design, 117*(4), 491–498. https://doi.org/10.1115/1.2826709.

Lawson, B. (2005). *How designers think: The design process demystified* (4. Aufl.). Routledge. https://doi.org/10.4324/9780080454979.

Loch, C. H., Terwiesch, C., & Thomke, S. (2001). Parallel and sequential testing of design alternatives. *Management Science, 47*(5), 663–678. https://doi.org/10.1287/mnsc.47.5.663.10480

McMahon, C., Eckert, C., & Fadel, G. (2021). Towards a debate on the positioning of engineering design. *Proceedings of the Design Society, 1*, 3169–3178. https://doi.org/10.1017/pds.2021.578.

Pahl, G., Beitz, W., Feldhusen, J., & Grote, K.-H. (2007). *Engineering design: A systematic approach* (3rd ed.). London: Springer. https://doi.org/10.1007/978-1-84628-319-2

Schön, D. A. (1992). *The reflective practitioner: How professionals think in action.* London: Routledge. https://doi.org/10.4324/9781315237473.

Simon, H. A. (2019). *The sciences of the artificial* (3. Aufl.). MIT Press. https://doi.org/10.7551/mitpress/12107.001.0001.

Van Boeijen, A., Daalhuizen, J., van der Schoor, R., & Zijlstra, J. (2014). *Delft design guide: Design strategies and methods* (2. Aufl.). BIS Publishers.

Wynn, D. C., & Clarkson, P. J. (2021). Improving the engineering design process by simulating iteration impact with ASM2.0. *Research in Engineering Design, 32*(2), 127–156. https://doi.org/10.1007/s00163-020-00354-5.

Wynn, D. C., & Clarkson, P. J. (2018). Process models in design and development. *Research in Engineering Design, 29*(2), 161–202. https://doi.org/10.1007/s00163-017-0262-7.

# Teil I

# Grundlagen einer Prozessperspektive

# 2 Kontext des Design- und Entwicklungsprozesses

**Zusammenfassung**

Design und Entwicklung findet in vielen Kontexten statt, ist aber auch sehr vielfältig, wobei jede Situation unterschiedliche Kombinationen von Merkmalen und Problemen aufweist, die möglicherweise angegangen werden müssen. Dieses Kapitel identifiziert drei Gruppen von Faktoren, die den Kontext von Design und Entwicklung charakterisieren, und diskutiert 13 einzelne Faktoren, die aus diesen Gruppen stammen. Einige Schlüsselkonzepte und Implikationen für den Design- und Entwicklungsprozess werden für jeden Faktor skizziert. Das Kapitel hebt einige der vielen Probleme hervor, die berücksichtigt und während des Design- und Entwicklungsprozesses integriert werden müssen, und unterstreicht die Komplexität der Aufgabe. Es bereitet auch den Boden für eine Diskussion über Perspektiven, Ansätze und Modelle in den folgenden Kapiteln.

**Schlüsselwörter**

Design- und Entwicklungsprozess · Kontext · Einflussfaktoren

## 2.1 Einführung

Design und Entwicklung finden in vielen verschiedenen Kontexten statt. Buchanan (2001) diskutiert beispielsweise vier breite Klassen von Situationen, in denen Design stattfindet, und vier Arten, Design einzuschätzen, die er als die *vier Ordnungen des Designs* bezeichnet (Abb. 2.1). Die vier Ordnungen befassen sich mit dem Design von:



D. Wynn und P. Clarkson, *Der Design- und Entwicklungsprozess*,
https://doi.org/10.1007/978-3-031-83083-9_2

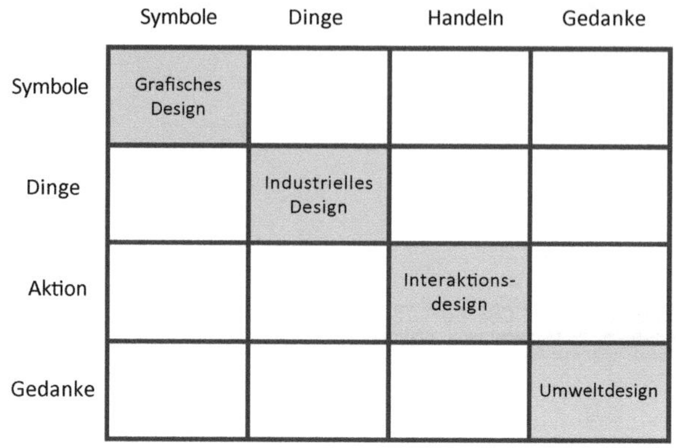


**Abb. 2.1** Vier Ordnungen des Designs. (Nachdruck von Buchanan (2001) mit Genehmigung von Richard Buchanan)

1. *symbolischer und visueller Kommunikation,* einschließlich Grafikdesigns,
2. *materiellen Objekten,* einschließlich Industriedesigns und technischen Designs,
3. *Aktivitäten und organisierten Dienstleistungen,* einschließlich des Designs, wie Stakeholder mit Produkten und Dienstleistungen interagieren,
4. *komplexen Systemen oder Umgebungen,* einschließlich des Designs von Systemen zum Leben, Arbeiten, Spielen und Lernen, unter Berücksichtigung der Interaktion der Menschen mit diesen Systemen und innerhalb dieser Systeme.

Da Design in einer Vielzahl von Kontexten stattfindet – und nicht nur das Gebiet professioneller Designer ist –, haben viele Forscher es als universelle menschliche Aktivität wahrgenommen. Dementsprechend haben Designtheoretiker argumentiert, dass ein Verständnis von Design als universelle Aktivität und Fähigkeit von großem Wert sein kann (Love, 2002). Universelle Aspekte von Design- und Entwicklungsprojekten werden durch Modelle, Theorien und Ansätze offenbart, die in diesem Buch diskutiert werden, insbesondere durch viele der konzeptuellen Modelle und Theorien, die in Kap. 7, und einige der empfohlenen Praktiken, die in Kap. 8 zusammengefasst sind.

Obwohl bestimmte Aspekte des Designs vielen Designkontexten gemeinsam sind, von Modedesign bis hin zu Triebwerksdesign, kann die Art und Weise, wie diese Gemeinsamkeiten in der Praxis auftreten, erheblich variieren (Eckert et al., 2010). Daher zeigt das Design je nach Bereich und Situation eine große Vielfalt (Visser, 2009). Dies liegt daran, dass der spezifische Kontext, in dem Design und Entwicklung stattfinden, die zu berücksichtigenden Fragen und ihre relativen Wichtigkeitsstufen bestimmt und die verwendeten Prozesse beeinflusst. Unterschiedliche Situationen werden auch von unterschiedlichen Forschungsgemeinschaften angesprochen, die in unterschiedlichen Foren veröffentlichen und unterschiedliche Perspektiven einnehmen (McMahon, 2012), zum Beispiel in den Gemeinschaften für benutzerzentriertes Design vs. technisches Design vs. Systemtechnikdesign und -entwicklung. In der Forschung hat dies zu unterschiedlichen Verständnissen von Design und Designprozessen geführt, selbst in eng verwandten Bereichen (Love, 2002).

Dieses Kapitel bietet einen Überblick über eine Reihe von Situationen, in denen Design und Entwicklung stattfinden, wobei der Schwerpunkt hauptsächlich auf Produkt-, technischem und Systemtechnikdesign liegt. Das Kapitel vermittelt somit einen Eindruck von der Breite der Themen, die in einem typischen Design- und Entwicklungsprojekt integriert werden müssen. Die Betrachtung der Natur verschiedener Design- und Entwicklungskontexte kann dazu beitragen, einzuschätzen, wie Perspektiven, Ansätze und Modelle, die für eine bestimmte Disziplin oder von einer bestimmten Gemeinschaft entwickelt wurden, Einblicke für andere bieten können sowie wie sie begrenzt sein können. Die Erkennung der unterschiedlichen Merkmale von Design- und Entwicklungskontexten kann auch dazu beitragen, die Ähnlichkeiten und Unterschiede zwischen Modellen, Theorien und Ansätzen einzuschätzen, die dazu bestimmt sind, sie zu adressieren.

## 2.2 Faktoren, die den Design- und Entwicklungsprozess prägen

Wie im vorherigen Abschnitt vorgeschlagen, prägt der einzigartige Kontext jeder Entwurfs- und Entwicklungssituation die universellen Merkmale von Design und Entwicklung zu einem spezifischen Prozess (Abb. 2.2). Obwohl jeder Fall einzigartig ist, dominieren in der Regel bestimmte Faktoren, und Situationen mit ähnlichen dominierenden Faktoren neigen dazu, ähnliche Prozessmerkmale zu haben (Eckert & Clarkson, 2005). Zum Beispiel teilen die Prozesse, die zur Gestaltung und Entwicklung verschiedener Konsumgüter verwendet werden, einige Merkmale, ebenso wie die Prozesse, die für verschiedene komplexe Produkte verwendet werden. Im Falle komplexer Produkte und Systeme können die Prozesse für jedes Subsystem sehr unterschiedlich sein.

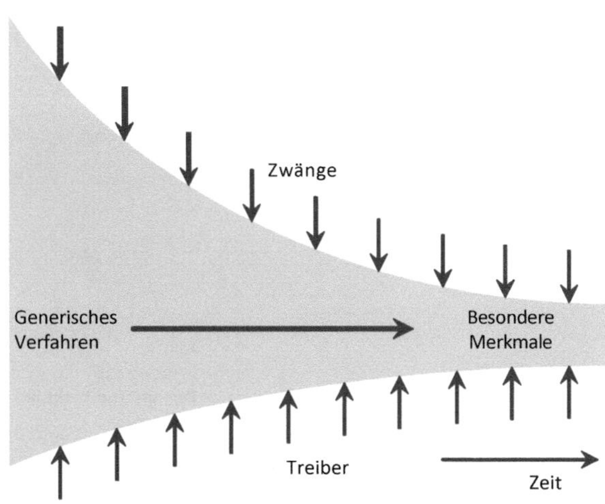


**Abb. 2.2** Faktoren wirken auf die Eigenschaften eines spezifischen Design- und Entwicklungsprozesses ein und begrenzen diese. (*Reproduziert von* Eckert und Clarkson (2005) *The reality of design, Springer, S. 14. Mit Genehmigung von Springer Nature*)

Zum Beispiel unterscheidet sich der Designprozess der Turbinenschaufeln bei der Gestaltung eines Passagierflugzeugs erheblich vom Designprozess des Kabineninterieurs (Isaksson et al., 2022).

Faktoren, die einen Design- und Entwicklungsprozess prägen, können grob in drei Gruppen eingeteilt werden, die in Abb. 2.3 dargestellt und in den folgenden Abschnitten besprochen werden.

**Art der Designsituation** Die erste Gruppe von Faktoren charakterisiert die Art der vorliegenden Entwurfssituation. Sechs solcher Faktoren werden in diesem Kapitel besprochen:

- *systemische Komplexität* des Entwurfskontexts (Abschn. 2.3.1),
- Grad der Entwurfs*innovation* und *Neuheit* (Abschn. 2.3.2),
- Bedeutung der *menschlichen Interaktion* mit dem Design (Abschn. 2.3.3),
- Grad der *Einschränkung* (Abschn. 2.3.4),
- Möglichkeiten und Einschränkungen für *Prototyping* und *Testen* (Abschn. 2.3.5),
- *Lebensdauer* des Designs (Abschn. 2.3.6).

**Design- und Produktstrategie** Die zweite Gruppe von Faktoren wird je nach der Design- und Produktstrategie eines Unternehmens stärker oder schwächer betont. Die ausgewählten Faktoren zur Diskussion sind:

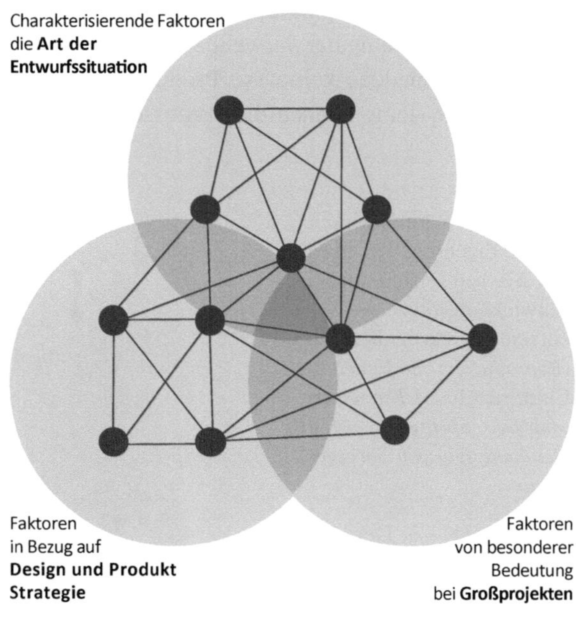


**Abb. 2.3** Drei Gruppen von miteinander verbundenen Faktoren, die den Entwurfs- und Entwicklungsprozess prägen

- Bedeutung, die der *Modularisierung* beigemessen wird (Abschn. 2.4.1),
- Bedeutung, die der *Anpassung* beigemessen wird (Abschn. 2.4.2),
- Bedeutung, die der *Servitisation* beigemessen wird (Abschn. 2.4.3),
- Bedeutung, die der *Digitalisierung* beigemessen wird (Abschn. 2.4.4).

**Projektgröße** Die letzte Gruppe von Themen gewinnt insbesondere in groß angelegten Projekten an Bedeutung. Drei werden zur Diskussion ausgewählt:

- Bedeutung von *Altlastensystemen* (Abschn. 2.5.1),
- Bedeutung von *Lieferanten* (Abschn. 2.5.2),
- Bedeutung der *Integration* (Abschn. 2.5.3).

Diese Listen sind nicht abschließend. Diese speziellen Faktoren spiegeln die Bandbreite der Design- und Entwicklungssituationen wider, die in diesem Buch behandelt werden, und legen damit den Kontext für die folgenden Kapitel fest.

## 2.3 Faktoren, die die Art der Designsituation charakterisieren

Zusammenfassend charakterisiert die erste Gruppe von Faktoren die Art der Designsituation. Sie hängen von der Art des zu entwickelnden Produkts oder Systems und dem Kontext ab, in den es geliefert werden soll. Die folgenden Abschnitte stellen sechs ausgewählte Faktoren aus dieser Gruppe vor, die als oberer Kreis in Abb. 2.3 dargestellt sind. Unter Berücksichtigung, dass jeder ein bedeutendes Forschungsgebiet ist, liegt der Schwerpunkt auf der Einführung von Schlüsselproblemen und der Bereitstellung von Hinweisen auf ausgewählte Arbeiten für weitere Lektüre. In jedem Abschnitt werden Schlüsselkonzepte skizziert, gefolgt von einer Zusammenfassung einiger Auswirkungen auf den Design- und Entwicklungsprozess.

### 2.3.1 Systemische Komplexität des Designkontexts

Alle Designs werden in einen systemischen Kontext geliefert, der sich anschließend aufgrund des Designs ändert. Unterschiedliche Kontexte haben unterschiedliche Ebenen und Formen der systemischen Komplexität und das Verständnis der zu bewältigenden Komplexität ist wesentlich für die Auswahl der geeigneten Design- und Entwicklungsansätze (Magee & de Weck, 2004). Die Komplexität des Designkontexts sollte von der Komplexität des Designs und der des Design- und Entwicklungsprozesses unterschieden werden. Zum Beispiel muss das Design eines relativ einfachen Produkts manchmal einen hochkomplexen Kontext berücksichtigen. Einige technisch komplexe Produkte erfüllen relativ leicht definierte Funktionen, zum Beispiel einige interne Subsysteme von Maschinen.

#### 2.3.1.1 Schlüsselkonzepte

Um verschiedene Ebenen der Kontextkomplexität zu veranschaulichen, skizziert dieser Abschnitt drei Arten von Designkontexten: (1) Transformationssysteme, (2) Systeme von Systemen und (3) Ingenieursysteme.

**Transformationssysteme** Hubka und Eder (1996) entwickelten ein einflussreiches Modell des Designkontexts als *Transformationssystem*. Ihr Modell setzt technische Systeme – das heißt entworfene Produkte oder Maschinen – in Beziehung zur Erreichung eines Transformationsprozesses. Das Modell zeigt, dass eine Transformation Informationen darüber erfordert, wie das technische System verwendet wird und in dem Kontext eines feedbackgesteuerten Managementsystems stattfindet, das Kontrolle bietet. Aus dieser Perspektive kombiniert das Design ein neues System mit bestehenden Systemen, um einen neuen vorgesehenen Zweck zu erfüllen. Abb. 2.4 zeigt dieses allgemeine Modell und gibt ein Beispiel für seine Interpretation in einer spezifischen Einstellung.

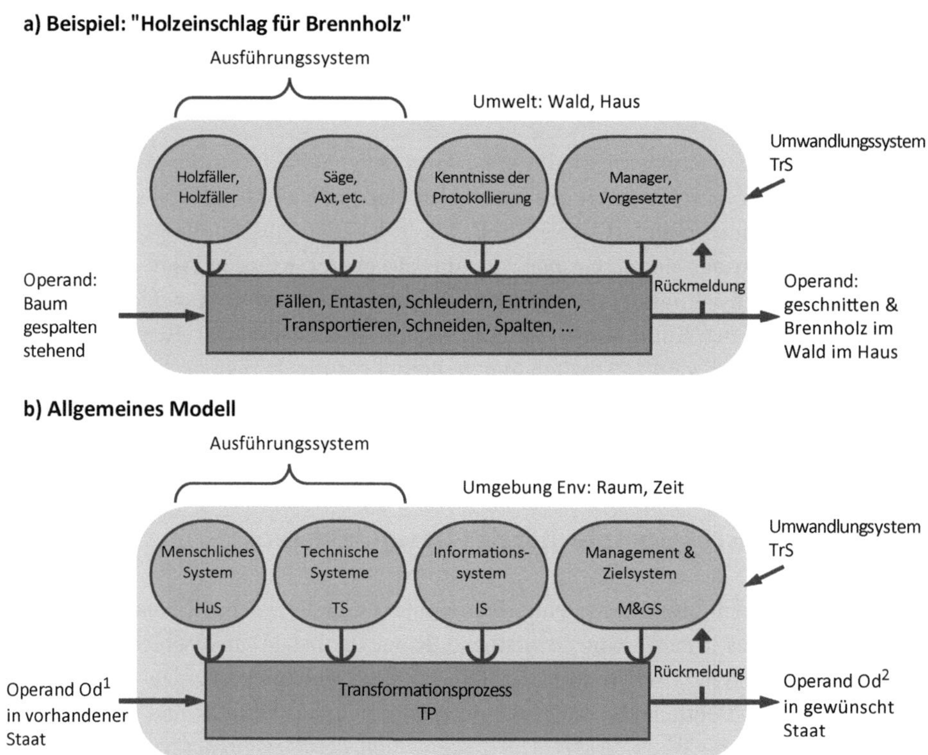


**Abb. 2.4** Modell eines Transformationssystems für a) spezifische und b) allgemeine Fälle. (*Reproduziert von* Hubka und Eder (1988) *Theory of technical systems, Springer-Verlag, S. 24. Mit Genehmigung von Springer Nature*)

Produkte unterschiedlicher Komplexität können durch diese Linse betrachtet werden. Suh (2005) betrachtet die Komplexität solcher Produkte in Bezug auf die Schwierigkeit, ihre Anforderungen zu erfüllen, die mit dem akzeptablen Bereich für jede Anforderung verbunden sind. Zum Beispiel betrachtet er das Design einer Maschine zur Herstellung eines Teils mit engen Toleranzen als eine komplexere Aufgabe als das Design der gleichen Maschine, wenn größere Toleranzen akzeptabel wären.

**Systeme von Systemen** Eine besonders komplexe Situation für Design, Entwicklung und Systemtechnik ist der Kontext der *Systeme von Systemen*. Maier (1998) beschreibt Systeme von Systemen als kollaborativ integrierte Zusammenstellungen von Systemen, die in Isolation existieren könnten – oder es zuvor taten. Laut Maier (1998) ist das definierende Merkmal eines Systems von Systemen, dass die beteiligten Systeme *leitende ("managerial") und betriebliche ("operating") Unabhängigkeit* haben, was bei monolithischen Systemen, wie den zu Beginn dieses Abschnitts diskutierten technischen Systemen, nicht der Fall ist. Boardman und Sauser (2006) weisen weiter auf einige der kritischen Unterschiede zwischen monolithischen Systemen und Systemen von Systemen entlang der fünf in Tab. 2.1 gezeigten Dimensionen hin: Autonomie der konstituierenden Systeme, Wahl der Zugehörigkeit, Konnektivität, Vielfalt der konstituierenden Systeme und Potenzial für emergente Verhaltensweisen. Keating et al. (2003) sammeln Definitionen, die die folgenden zusätzlichen Aspekte beinhalten: Ein System von Systemen kann geografisch verteilt sein und wird evolutionär entwickelt. Das Design, die Entwicklung und das Management von Systemen von Systemen haben in der Systemtechnikgemeinschaft, insbesondere im Verteidigungskontext, viel Aufmerksamkeit erregt.

**Ingenieursysteme** Das Konzept der *Ingenieursysteme* bezieht sich auf künstliche Systeme, die „durch einen hohen Grad an technischer Komplexität, sozialer Verflechtung und ausgearbeiteten Prozessen gekennzeichnet sind, die darauf abzielen, wichtige Funktionen

**Tab. 2.1** Systeme im Vergleich zu Systemen von Systemen, zusammenfassende Punkte von Boardman und Sauser (2006)

| | System | System von Systemen (SoS) |
|---|---|---|
| Autonomie | Teile geben Autonomie an System ab | Konstituierende Systeme handeln autonom, um SoS-Zwecke zu erfüllen |
| Zugehörigkeit | Subsysteme sind Teile des Systems durch ihr Design | Konstituierende Systeme wählen, zu dem SoS zu gehören |
| Konnektivität | Entworfen für hohe Konnektivität innerhalb von Subsystemen, niedrige zwischen Subsystemen | Konstituierende Systeme wählen ihre Verbindungen |
| Diversität | Minimiert oder versteckt durch Modularisierung und Schnittstellen | Gefördert durch Autonomie und Wahl |
| Emergenz | Entworfen in oder getestet aus | Potenzial für Emergenz erhöht |

in der Gesellschaft zu erfüllen“ (De Weck et al., 2011). Magee und de Weck (2004) schreiben, dass Ingenieursysteme die folgenden Merkmale haben:

- *Komplex* – sie haben eine hohe technische Komplexität und eine hohe menschliche und soziale Komplexität.
- *Real* – sie enthalten Elemente in der physischen Welt.
- *Offen* – Material, Energie, Informationen und Teilnehmer können ein Ingenieursystem betreten und verlassen.
- *Künstlich* – Ingenieursysteme sind entworfen und konstruiert.
- *Hybrid* – sie enthalten sowohl diskrete als auch kontinuierliche Zustände.
- *Gemischte Kontrolle* – sie beinhalten sowohl menschliche als auch autonome Elemente.

So schreiben Magee und de Weck (2004), dass Produkte, auch sehr komplexe, nicht als Ingenieursysteme beschrieben werden sollten, sondern Teil von Ingenieursystemen sind, die ihre Entwicklung und ihren Betrieb einschließen. Auch die komplexesten Situationen ansprechend, aber mit größerem Schwerpunkt auf der Bedeutung der menschlichen Interaktion mit und innerhalb der Situation, diskutieren Norman und Stappers (2015) das Design von Interventionen in soziotechnische Systeme, die sie als *DesignX*-Probleme bezeichnen. Solche Situationen sind mit technischer Systemkomplexität und hohen Graden menschlicher Interaktion und Handlungsfähigkeit verbunden. In solchen Fällen ist es unmöglich, vollständig vorherzusagen, wie die Situation sich entwickeln könnte oder wie die menschlichen Teilnehmer eines Systems auf Systemänderungen reagieren könnten. Norman und Stappers (2015) diskutieren das Beispiel des Designs im Kontext von Gesundheitssystemen.

Insgesamt ist die zunehmende systemische Komplexität des Design- und Entwicklungskontexts mit einem Übergang vom Entwurf für gut definierte technische Funktionen hin zu Situationen verbunden, die gekennzeichnet sind durch: Unsicherheit und schlecht definierte, veränderliche Anforderungen; die Notwendigkeit, bestehende Systeme zu integrieren; und Menschen, die nicht nur als Benutzer oder Bediener wahrgenommen werden, sondern auch als bewusste, zielgerichtete Teilnehmer am System, jeder mit unterschiedlichen Sichtweisen und unterschiedlichen Bedürfnissen.

#### 2.3.1.2 Einige Auswirkungen auf den Design- und Entwicklungsprozess

Eine Reihe von Autoren diskutiert die Auswirkungen eines komplexen Systemkontexts, der technische, menschliche und soziale Fragen auf den Design- und Entwicklungsprozess beinhaltet. Zum Beispiel erklärt Buchanan (2018), dass, während die ersten drei seiner Designaufträge, die in Abschn. 2.1 diskutiert wurden, den Designer in die Kontrolle über den Designprozess und die erstellte Lösung versetzen, sich das Design im Kontext von komplexen Systemen mit Integrationsproblemen befasst und hauptsächlich durch Gespräche mit Stakeholdern erfolgt. Die Aufgabe des Designers in diesem Kontext besteht darin, als Vermittler zu fungieren, wichtige Themen und Werte herauszuarbeiten und den Stakeholdern zu helfen, die Situation in einer Weise zu rahmen, die zu Verbesserungen führen kann. Im Kontext von Ingenieursystemen stellen Maier et al. (2022, S. 25) fest, dass „die zentrale Herausforderung darin besteht, dass, obwohl Ingenieursysteme hochkomplexe und integrierte Systeme sind, sie effektiv durch eines (oder eine Handvoll) ihrer Elemente und Beziehungen auf einmal geändert werden". Dies gilt gleichermaßen für Systeme von Systemen und das oben diskutierte DesignX-Konzept. Norman und Stappers (2015) befürworten beispielsweise die Einführung von Änderungen in DesignX-Situationen in kleinen Schritten, damit ihre Auswirkungen beurteilt und Anpassungen in Richtung der gewünschten Situation vorgenommen werden können.

### 2.3.2 Grad der Designinnovation und Neuheit

Der zweite Faktor, der den *Typ der Designsituation* betrifft, ist der Grad der Innovation und Neuheit. Das Konzept der Innovation, das die Entwicklung einer neuen Idee zu einem nützlichen Zustand betrifft, ist eng mit dem Design- und Entwicklungsprozess verbunden. Design selbst kann auch verschiedene Grade an Innovation beinhalten, wobei innovatives Design allgemein als wünschenswert betrachtet wird, was zu einer verbesserten Designleistung und wettbewerbsfähigeren Produkten und Prozessen führt. Die folgenden Abschnitte diskutieren kurz einige Aspekte der Innovation im Design und einige Auswirkungen des Innovationsgrades auf den Design- und Entwicklungsprozess.

#### 2.3.2.1 Schlüsselkonzepte

Innovation kann von inkrementell bis radikal reichen und kann Technologie, Produktarchitektur, Geschäftsmodelle und andere Aspekte des Design- und Entwicklungskontexts betreffen (Cantamessa & Montagna, 2016; Luo, 2015). Radikale Innovation, die aufgrund der potenziell größeren Vorteile in der Regel wünschenswerter ist, kann sich in neuer Technologie oder in Veränderungen dessen äußern, was ein Design für seine Stakeholder bedeutet (Norman & Verganti, 2014). Es kann verschiedene Quellen der Innovation geben, die von der Design- und Entwicklungsabteilung eines Unternehmens bis hin zu Produktbenutzern und Lead-Benutzern reichen (von Hippel, 1988).

Innovation im Design und in der Entwicklung wird oft mit *Neuheit* in Verbindung gebracht, das heißt mit Teilen, Funktionen, Technologien und Designfragen, die für die Prozessteilnehmer und vielleicht auch für den Markt neu sind. Neuheit ist ein wesentlicher Bestandteil jeder Design- und Entwicklungsanstrengung – wenn eine vollständige Lösung für eine gegebene Situation bekannt wäre, würde sie wiederverwendet werden. Es gibt jedoch unterschiedliche Grade an Neuheit. Im Kontext des Ingenieurdesigns schreiben beispielsweise Pahl et al. (2007) von drei Neuheitsgraden:

1. *Originäres Design* – bei dem neue Lösungsprinzipien oder neue Kombinationen bekannter Prinzipien verwendet werden, um neue Aufgaben zu bewältigen. Solches Design kann entweder *erfinderisch* sein, was sie als „wirklich neu" definiert, oder *innovativ*, was sie als „ein Produkt, das neue Funktionen oder Eigenschaften realisiert" definiert.

2. *Adaptives Design* – bei dem das Lösungsprinzip das gleiche bleibt wie bei einem vorherigen Design, aber sich die Verkörperung – das heißt die Art und Weise, wie Lösungsprinzipien in Teilesammlungen realisiert werden – ändert, um neuen Anforderungen und Einschränkungen gerecht zu werden.
3. *Variantendesign* – bei dem nur die Größen und Anordnungen bestehender Teile geändert werden.

Ähnlich schreiben Sarkar und Chakrabarti (2011), dass ein Produkt, das neuartige Funktionen bietet, neuartiger ist als eines, das bestehende Funktionen auf neue Weise ausführt. Dieser Logik folgend, betrachten sie ein Design, das etablierte Funktionalität durch eine neuartige Kombination von physikalischen Effekten realisiert, als neuartiger als eines, das neue Teile verwendet, um die gleichen physikalischen Effekte und Funktionen zu realisieren.

Obwohl Produkte unterschiedliche Neuheitsgrade aufweisen, betreffen die meisten Aufgaben im Ingenieurdesign „Anpassungen an und Variationen von bestehenden Designs" (Pahl et al., 2007). Dies liegt daran, dass selbst innovative Ingenieurdesigns bekannte Prinzipien und Lösungsarchitekturen übernehmen und darauf aufbauen.

#### 2.3.2.2 Einige Auswirkungen für den Design- und Entwicklungsprozess

Steigende Grade an Designneuheit und Innovation haben eine Reihe von Auswirkungen auf den Design- und Entwicklungsprozess. Im Ingenieurdesign bestimmt die Frage, ob ein Produkt originär, adaptiv oder eine Variante ist, im Wesentlichen den Ausgangspunkt für den Designprozess (Pahl et al., 2007; Pugh, 1991); dies beeinflusst die Arten der benötigten Aktivitäten. Beispielsweise wird ein Variantendesignprozess mit hauptsächlich vorbestimmten Funktionen und Architektur beginnen und nicht die gleiche Anforderung an neuartige Konzeptualisierung haben wie ein originärer Designprozess. In einem Produktdesignkontext schreiben Norman und Verganti (2014), dass, wenn radikale Innovation gesucht wird, der Designaufwand hauptsächlich darauf abzielen sollte, neue Wege für Benutzer zu schaffen, um Produkte und den Wert, den sie bringen, einzuschätzen – sie bezeichnen dies als Schaffung neuer Bedeutung durch Design. Andererseits kann ein Prozess, der auf Erforschung der Benutzererfahrungen mit bestehenden Designs aufbaut, angemessen sein, wenn inkrementelle Verbesserungen gesucht werden. Aus einer Managementperspektive erfordert die Entwicklung von Produkten mit hohem Neuheitsgrad komplexere Entscheidungsfindung als die Entwicklung inkrementeller Produkte, was in der Regel durch funktionsübergreifende Teams gehandhabt wird (Griffin, 1997). Dementsprechend ist Produkttechnologie, die für eine Produktentwicklungsorganisation neu ist, in der Praxis stark mit schlechter Time-to-Market- und Stückkostenleistung verbunden (Tatikonda & Rosenthal, 2000). Ein Grund dafür ist, dass, wenn neue Technologie während eines Projekts entwickelt werden muss, dies das Risiko unvorhergesehener technischer Probleme erhöht, die gemanagt werden müssen, wenn sie auftreten. Beispielsweise werden wahrscheinlich unvorhergesehene Aktivitäten während des Prozesses auftreten, die Störungen im Plan verursachen. Die Notwendigkeit, mit unzureichenden oder vorläufigen Informationen umzugehen, wird wahrscheinlich auch mit zunehmender Neuheit zunehmen. Mit anderen Worten, die Neuheit der Produktentwicklung ist mit erhöhter Unsicherheit verbunden, deren Auflösung eine erhöhte Koordination während des Design- und Entwicklungsprozesses erfordert (Song & Montoya-Weiss, 1998). Insgesamt sollte erwartet werden, dass die Schwierigkeit, den Design- und Entwicklungsprozess abzuschließen und zu managen, mit der Neuheit zunimmt.

### 2.3.3 Bedeutung der menschlichen Interaktion mit dem Design

Der dritte Faktor, der in der Gruppe *Art der Designsituation* diskutiert wird, ist *die Bedeutung der menschlichen Interaktion*. In Anbetracht dessen, dass alle Design- und Entwicklungsarbeiten darauf abzielen, die Bedürfnisse menschlicher Stakeholder zu erfüllen, diskutieren die folgenden Abschnitte, wie die Bedeutung der Berücksichtigung der Bedürfnisse dieser Stakeholder in verschiedenen Designsituationen variiert, und fassen einige Auswirkungen auf den Design- und Entwicklungsprozess zusammen.

#### 2.3.3.1 Schlüsselkonzepte

Obwohl es viele wichtige Stakeholder-Kategorien gibt, ist der Benutzer eine der wichtigsten für Design und Entwicklung. Das Design einiger Produkte und Systeme kann als *benutzergetrieben* beschrieben werden, in dem Sinne, dass der Erfolg des Designs in hohem Maße davon abhängt, wie Benutzer physisch und kognitiv damit interagieren – also von der Ergonomie (Ulrich et al., 2020). In solchen Situationen hängt es weitgehend davon ab, wie Menschen damit interagieren, ob ein Design seine beabsichtigte Funktionalität effektiv und sicher liefert. Es ist besonders wichtig, die Bedürfnisse der Benutzer in jenen Situationen zu berücksichtigen, in denen die Probleme, mit denen er konfrontiert ist, erheblich von denen abweichen, mit denen der Designer konfrontiert ist. Je nach individueller Situation des Designers kann dies der Fall sein, wenn ein Design für ressourcenarme Umgebungen (Jagtap, 2022) oder bei der Gestaltung von Produkten und Systemen für ältere und behinderte Benutzer (Clarkson et al., 2013) entworfen wird.

Im Gegensatz dazu ist der Endbenutzer bei einigen Produkten und Produktmerkmalen kein bedeutender Treiber des Design- und Entwicklungsprozesses. Dies ist beispielsweise der Fall, wenn Subsysteme eines anderen Produkts entworfen und entwickelt werden, die hauptsächlich vom Benutzer isoliert sind. Solche Situationen werden von Ulrich et al. (2020) als *technologiegetrieben* beschrieben. Dennoch haben alle Designs menschliche Stakeholder, zum Beispiel die Personen, die an Montageaufgaben beteiligt sind, und diejenigen, die von den Umweltauswirkungen des Designs betroffen sind.

#### 2.3.3.2 Einige Auswirkungen auf den Design- und Entwicklungsprozess

Ansätze zum Design, die die Bedürfnisse der Benutzer in den Vordergrund stellen, werden gemeinsam als *nutzerzentriertes Design* bezeichnet (Sanders & Stappers, 2008).

Dieser Begriff umfasst eine breite Palette von Ansätzen, Prozessen und Methoden. Bei vielen besteht die Absicht darin, tiefe Einblicke in die Bedürfnisse einer kleinen Anzahl von Benutzern zu gewinnen, einschließlich durch den Aufbau von Empathie mit ihnen (Kouprie & Visser, 2009). Es wird angenommen, dass, wenn diese Benutzer sorgfältig ausgewählt werden, die Erkenntnisse das Design für die meisten Benutzer verbessern können.

Designpraktiken für Situationen, in denen die Benutzer für den Erfolg des Designs besonders wichtig sind, betonen in der Regel schnelle Zyklen von Design, Prototyping und Testing mit Benutzern. Schnelle Zyklen liefern häufiges Feedback zu aufkommenden Designs und ermöglichen häufige Anpassungen, während Designer ihre Ideen testen und ihre Lösungen parallel zu ihrem Verständnis davon, wie die Benutzer sie wahrnehmen und mit ihnen interagieren, weiterentwickeln. Einige Praktiken und Denkweisen für nutzerzentriertes Design werden weiter in Kap. 8 diskutiert. Im Gegensatz dazu kann ein Prozess, der von klar definierten Anforderungen ausgeht, angemessener sein, wenn die menschliche Interaktion ein weniger wichtiger Designfaktor ist.

### 2.3.4 Grad der Einschränkung

Der vierte Faktor, der in Bezug auf die *Art der Designsituation* diskutiert werden soll, ist der *Grad der Einschränkung*. Alle Gestaltungen können im Hinblick auf die Suche nach Lösungen, die Einschränkungen tilgen, betrachtet werden. Die Anzahl der Einschränkungen, ihre Art und die Schwierigkeit, sie zu tilgen, können jedoch variieren. Die folgenden Abschnitte fassen einige Schlüsselkonzepte bezüglich Designeinschränkungen zusammen und skizzieren, wie Einschränkungen den Design- und Entwicklungsprozess beeinflussen.

#### 2.3.4.1 Schlüsselkonzepte

Einschränkungen begrenzen den Raum möglicher Designs und können aus vielen Quellen entstehen. Eckert et al. (2012) identifizieren vier Quellen von Einschränkungen im Ingenieurdesign im Besonderen: (1) der rechtliche und regulatorische Kontext, (2) das zu lösende Problem oder der zu erfüllende Bedarf, (3) der verwendete Designprozess und (4) Entscheidungen, die früher im Designprozess getroffen wurden. Einige Einschränkungen, wie Herstellungs- und Kostenbeschränkungen, betreffen das Produkt selbst, während andere, wie ergonomische Einschränkungen, die Beziehung zwischen dem Produkt und jedem Benutzer betreffen (Scudieri & Lilly, 2011). Einschränkungen können auch den Design- und Entwicklungsprozess betreffen; zum Beispiel könnte ein Prototyp bis zu einem bestimmten Datum benötigt werden, um Terminvorgaben für einen Teststand zu erfüllen (Tahera et al., 2019). Einschränkungen können das Ergebnis eines Prozesses betreffen, zum Beispiel ob das produzierte Design akzeptabel ist, den Prozess selbst oder die verwendeten Eingaben und Ressourcen (Acar et al., 2019).

Es ist üblich, dass viele Einschränkungen und ihre Auswirkungen zu Beginn des Design- und Entwicklungsprozesses nicht bekannt oder nicht vollständig verstanden sind, sondern aufgedeckt werden müssen oder auferlegt werden, wenn Designentscheidungen getroffen werden (Pons & Raine, 2005). Zum Beispiel könnte ein Industriedesignteam die äußere Form eines Produkts festlegen, was dann die Konstruktion der internen Komponenten einschränken würde. – Einschränkungen entwickeln sich daher im Laufe des Design- und Entwicklungsprozesses (Scudieri & Lilly, 2011). Dies kann eine progressive Zunahme der Anzahl und der Restriktivität von Einschränkungen beinhalten, wenn zusätzliche Entscheidungen getroffen und zusätzliche Fragen berücksichtigt werden. Einschränkungen begrenzen jedoch nicht nur Designoptionen, sie helfen auch in einigen Situationen, den Designraum zu formen und können die Kreativität fördern (Acar et al., 2019; Onarheim, 2012).

Wie zu Beginn dieses Abschnitts erwähnt, haben verschiedene Designsituationen unterschiedliche Grade und Arten von Einschränkungen. Das Ingenieurdesign ist typischerweise übereingeschränkt, sodass Lösungen, die alle Einschränkungen tilgen, schwer oder unmöglich zu finden sind (Stacey und Eckert, 2010). Dies ist insbesondere der Fall, wenn ein Design nahe an den Leistungsgrenzen der Ingenieurphysik arbeiten muss. Andere Situationen, in denen Einschränkungen und Ingenieurleistung besonders wichtig sind, beinhalten oft geringes Gewicht, begrenzten Raum und die Notwendigkeit einer kostengünstigen, hochvolumigen Fertigung.

#### 2.3.4.2 Einige Auswirkungen auf den Design- und Entwicklungsprozess

Stacey und Eckert (2010) schreiben, dass die Designpraxis in stark eingeschränkten Kontexten, wie dem Ingenieurdesign, um die Lösung von Konflikten kreist, einschließlich der Identifizierung, welche Einschränkungen schwach sind und gelockert werden können. Sie vergleichen dies mit weniger eingeschränkten Designsituationen, wie dem künstlerischen Design, in denen der Designer absichtlich Einschränkungen einführt, um die Möglichkeiten einzugrenzen. In einem stark eingeschränkten Ingenieurdesignkontext schreiben Eckert et al. (2012), dass eine Schlüsselherausforderung darin besteht, die Einschränkungen zu identifizieren und zu priorisieren, um die wichtigsten zu bestimmen und diese zur Definition wichtiger Designparameter zu verwenden, zum Beispiel um die Spezifikationen von Teilsystemen festzulegen. In einer Fallstudie zum Design von Dieselmotoren stellen sie fest, dass dieses Produkt aufgrund seiner gut verstandenen Architektur inkrementell entwickelt wird und diese Anforderungskaskadierung systematisch mit vereinfachten mathematischen Modellen durchgeführt werden kann. Innovative Lösungen können jedoch immer noch benötigt werden, um Probleme und Konflikte zu lösen, die später im Prozess auftreten. In der Regel ist spezielles Fachwissen erforderlich, um spezifische Einschränkungen zu identifizieren und zu verstehen (Scudieri & Lilly, 2011); die Bestimmung, welche Einschränkungen in einer übereingeschränkten Situation gelockert werden können, beinhaltet Verhandlungen und Kompromisse, sodass soziale Prozesse das endgültige Design beeinflussen (Pons & Raine, 2005). Je restriktiver die Einschränkungen sind, desto wahrscheinlicher ist es, dass eine Änderung die Einschränkung eines anderen verletzt und daher die Schwierigkeit, eine zufriedenstellende Lösung zu finden, größer ist.

In einem Ingenieurdesignkontext sind stark limitierende Einschränkungen oft mit technischen Schwierigkeiten oder hoher Produktleistung verbunden. Hochleistungsprodukte und -komponenten, die nahe an den Grenzen der Ingenieurphysik arbeiten, wie zum Beispiel Turbinenschaufeln von Strahltriebwerken, werden durch die iterative Anwendung von Ingenieuranalysetools entworfen, bei denen viele kleine Anpassungen erforderlich sind, um ein Design zu finden, das die erforderliche Leistung liefert, ohne irgendwelche Einschränkungen zu verletzen. Auf architektonischer Ebene werden Produkte und Systeme, für die es viele herausfordernde Einschränkungen gibt, oft durch Anpassung und inkrementelle Verbesserung früherer Produktvarianten oder Generationen entworfen, wobei die Lösungsprinzipien gut verstanden sind und die Produktarchitektur weitgehend festgelegt ist, bevor die Entwicklung beginnt. Dies reduziert das Problem, eine Lösung zu finden, die einen komplexen Satz von Einschränkungen erfüllt und gleichzeitig akzeptabel funktioniert. Unternehmen, die Zuverlässigkeit und langfristige Leistung unter solchen Bedingungen suchen, können die Neuheit jedes Produkts begrenzen, um das Risiko und die Schwierigkeit des Design- und Entwicklungsprozesses zu begrenzen (Stacey & Eckert, 2010). Eine weitere Auswirkung von engen Einschränkungen und hohen Leistungsanforderungen ist, dass Designs dazu neigen, weniger modular zu sein (Hölttä et al., 2005), was weitere Auswirkungen auf den Design- und Entwicklungsprozess hat, wie in Abschn. 2.4.1 diskutiert.

### 2.3.5 Möglichkeit für Prototyping und Testing

Der vorletzte und fünfte Faktor, der in Bezug auf die *Art der Designsituation* diskutiert werden soll, ist die *Möglichkeit für Prototyping und Testing*. Diese Aktivitäten sind in jedem Design- und Entwicklungsprozess unerlässlich, jedoch bieten verschiedene Kontexte unterschiedliche Möglichkeiten für Prototyping und Testing.

#### 2.3.5.1 Schlüsselkonzepte

*Prototyping* ist die Konstruktion einer begrenzt genauen Annäherung an ein Design aus Gründen wie: Erforschung von Designmöglichkeiten, Kommunikation des entstehenden Designs, Lernen über das Design und Verfeinerung des Designs durch Prototypiterationen (Camburn et al., 2017). Prototypen können verschiedene Formen annehmen, können sich auf ein ganzes Design oder nur auf einige Aspekte davon beziehen, können physisch oder virtuell sein und können in verschiedenen Genauigkeitsstufen gebaut werden, abhängig vom Zweck des Prototyping (Ulrich et al., 2020). Prototyping wird in der Regel früh im Designprozess durchgeführt und sein Wert wird in modernen Designpraktiken stark betont. Eine Reihe von Prototyping-Technologien kann verwendet werden, von Karton- und Schaummodellierung bis hin zu 3D-Druck und Mixed Reality

(Kent et al., 2021), von Tabellenkalkulationsalgorithmen bis hin zu Interaktions-Storyboards (Ulrich et al., 2020). Der Prototyping-Ansatz und der Inhalt des Prototyps sollten den Zweck des Prototyping widerspiegeln (Menold et al., 2017).

*Testing* wird an Prototypen oder an ganzen Produkten und Systemen durchgeführt, um sie zu verifizieren und zu validieren, um zu verhindern, dass Fehler in das Feld gelangen, und um Informationen zu generieren, um Unsicherheiten zu reduzieren und das Design zu informieren (Engel, 2010). Während virtuelle Tests inzwischen in der Technik weitverbreitet sind, sind immer noch einige physische Tests erforderlich, um sie zu kalibrieren und zu validieren, insbesondere wenn neue Technologie verwendet wird. Ein Beispiel für einen physischen Test, der immer noch benötigt wird, um virtuelles Testing zu ergänzen, ist der mechanische Dauerhaltbarkeitstest, der sehr zeitaufwendig und teuer sein kann (Tahera et al., 2019). Großsysteme oder Einzelsysteme können möglicherweise nicht in ihrer Gesamtheit vor der Bereitstellung getestet werden. Die Komplexität und die evolutionäre Natur von Systemen machen es unmöglich, alle möglichen Konfigurationen oder Betriebsbedingungen erschöpfend zu testen.

#### 2.3.5.2 Einige Auswirkungen auf den Design- und Entwicklungsprozess

Wenn schnelles Prototyping und Testing früh im Designprozess möglich sind, können iterative Prozesse genutzt werden, um zusätzliche Feedbackmöglichkeiten zu nutzen. Zum Beispiel ist es bei der Gestaltung von Kleinprodukten wie Verbraucherprodukten relativ kostengünstig, zu prototypisieren und zu testen, und dies wird von vielen Forschern und Praktikern im Maschinenbau und Produktdesign empfohlen (zum Beispiel IDEO, 2015). Im Gegensatz dazu kann umfassendes Prototyping bei komplexen technischen Produkten schwieriger sein, die oft herausfordernd und teuer zu testen sind. Der Design- und Entwicklungsprozess wird in solchen Fällen oft um notwendige Tests herum geplant (Tahera et al., 2019). Im Allgemeinen gilt: Je schwieriger es ist, ein entstehendes Design zu testen und das notwendige Feedback zu erhalten, desto mehr Aufwand muss auf die Planung von Verifizierungs- und Validierungsaktivitäten und ihre Integration in den gesamten Prozess verwendet werden.

### 2.3.6 Lebensdauer des Designs

Der sechste und letzte Faktor, der in Bezug auf die *Art der Designsituation* diskutiert werden soll, ist die Lebensdauer des Designs, in der der Design- und Entwicklungsprozess nur eine frühe Phase ist. Andere Lebenszyklusphasen können den Design- und Entwicklungsprozess stark beeinflussen, beginnend mit der Herstellung und Nutzung, aber auch End-of-Life-Phasen wie die Entsorgung des Produkts und das Recycling oder die Wiederverwertung seiner Materialien und Teile. Langzeitdesigns erfordern in der Regel eine größere Berücksichtigung aller Lebenszyklusphasen während des Design- und Entwicklungsprozesses.

#### 2.3.6.1 Schlüsselkonzepte

Groß angelegte, komplexe und kapitalintensive Produkte und Systeme haben oft lange Nutzungsdauern. Beispielsweise müssen Systeme wie Schiffe und Krankenhäuser mit der Erwartung von Modifikationen nach der Inbetriebnahme entworfen werden. In anderen Situationen können die Produkte von Design und Entwicklung im Wesentlichen wegwerfbar sein und die Notwendigkeit von Wartung kann wenig Beachtung finden, abgesehen von beispielsweise dem Austausch von Verbrauchsmaterialien. Beispiele in dieser Kategorie sind kostengünstige Verbraucherprodukte wie Desktop-Drucker und Wasserkocher. Die Lebensdauer eines Designs ist oft länger als die von einzelnen Produkten; dies tritt beispielsweise auf, wenn ein Unternehmen in eine Plattform investiert, die über Produktgenerationen hinweg genutzt wird. Die Designlebensdauer ist auch häufig länger als die Dienstzeit von Designern in einem Unternehmen. Es ist daher wichtig zu überlegen, wie relevantes Wissen und Designbegründungen in der Zukunft erfasst und abgerufen werden können.

Ein langfristiges Design oder System unterliegt im Laufe seines Lebens aus verschiedenen Gründen Veränderungen, einschließlich der Evolution von Bedürfnissen, der Evolution von Technologien, sodass das Design aktualisiert werden muss, um wettbewerbsfähig zu bleiben, und der Evolution der Umgebung, in der das Design verwendet wird (Fricke & Schulz, 2005). Eine schnelle Reaktion auf sich ändernde Bedürfnisse ermöglicht es einem dauerhaften System, seinen Stakeholdern im Laufe der Zeit einen besseren Wert zu bieten (Browning & Honour, 2008). Bei einigen Produkten könnten Softwarekomponenten leicht aktualisiert werden, während Hardwareverbesserungen wahrscheinlich schwieriger oder manchmal überhaupt nicht möglich sind – zum Beispiel die Hardware in einem Satelliten.

#### 2.3.6.2 Einige Auswirkungen auf den Design- und Entwicklungsprozess

Die Aufrechterhaltung von langfristigen Systemen und Designs kann durch die Einbettung von architektonischen Eigenschaften erreicht werden, die Veränderungen in allen Lebenszyklusphasen erleichtern (Fricke & Schulz, 2005). Dies erfordert eine erhöhte Aufmerksamkeit für die Architektur in den frühen Phasen des Design- und Entwicklungsprozesses. Insbesondere sollte eine veränderbare Architektur Flexibilität, Agilität, Robustheit und Anpassungsfähigkeit des Designs oder des realisierten Systems ermöglichen. Eine Vielzahl von Methoden und Designansätzen wurde entwickelt, um bei jeder dieser sogenannten Ilities ("-ilities") zu helfen; zum Beispiel kann Flexibilität durch Modularisierung, Real-Options-Analyse und andere Methoden erreicht werden (Cardin, 2013). Fricke und Schulz (2005) schreiben, dass diese Eigenschaften in allen Aspekten des Entwicklungssystems erforderlich sind, nicht nur in der Produktarchitektur, um Veränderbarkeit zu erleichtern. Zum Beispiel sollte der Design- und Entwicklungsprozess in der Lage sein, auf sich ändernde Anforderungen agil zu reagieren, während das Fertigungssystem leicht umkonfiguriert werden sollte, um die daraus resultierenden Änderungen am Design zu bewältigen. Es müssen Kompromisse eingegangen werden, um Ilities zu erreichen;

zum Beispiel kann ein erhöhter Analyse- und Designaufwand erforderlich sein oder es kann eine geringere Designleistung entstehen (Chalupnik et al., 2013).

Insgesamt sind Produkte, Systeme und Designs, von denen erwartet wird, dass sie eine lange Lebensdauer haben, oft schwieriger zu entwerfen und zu entwickeln als Designs mit kürzerer Lebensdauer, mit einem größeren Bedarf an sorgfältiger Planung und Architektur von den frühesten Stadien des Prozesses an.

## 2.4 Faktoren in Bezug auf Design- und Produktstrategie

Die zweite Gruppe von Faktoren im Rahmenwerk hängt in stärkerem Maße von der Strategie einer Organisation für ihre Produkte ab. Einige Faktoren in dieser Kategorie, die als unterer linker Kreis in Abb. 2.3 dargestellt sind, können durch Methoden angegangen werden, die sich auf spezifische Designüberlegungen konzentrieren. Wenn beispielsweise ein Produkt für die automatisierte Montage vorgesehen ist, können geeignete Methoden für das Design zur Montage angewendet werden, um seine Entwicklung zu unterstützen. Andere Faktoren können einen breiteren Einfluss auf den Design- und Entwicklungsprozess haben. Die folgenden Abschnitte diskutieren vier bedeutende Faktoren in dieser letzteren Gruppe, nämlich: Grad der *Modularität* (Abschn. 2.4.1), Bedeutung der *Anpassung* (Abschn. 2.4.2), Bedeutung der *Servitisation* (Abschn. 2.4.3) und Bedeutung der *Digitalisierung* (Abschn. 2.4.4).

### 2.4.1 Grad der Modularität

Die Wünschbarkeit der Modularität, um ein Design veränderbarer zu machen, wurde bereits erwähnt. Modularität hat viele andere Vorteile, wie zum Beispiel die Ermöglichung von Anpassungen und die Vereinfachung des Design- und Entwicklungsprozesses – für Überprüfungen siehe Fixson (2007), Gershenson et al. (2003). Der Grad, zu dem ein Design Modularität einbettet, kann den Design- und Entwicklungsprozess erheblich beeinflussen, wie in den folgenden zwei Abschnitten beschrieben.

#### 2.4.1.1 Schlüsselkonzepte

Es gibt viele Definitionen und Maßnahmen der Modularität. Im Allgemeinen ist ein modulares System stärker zerlegbar, was bedeutet, dass es weniger Abhängigkeiten zwischen seinen Teilen hat als ein gleichwertiges integrales System. In der Praxis sind komplexe Systeme in vielen Bereichen von ihrer Natur aus *fast zerlegbar* (Simon, 1962), was bedeutet, dass sie als Hierarchie mit nur relativ wenigen Interaktionen über die Zweige dieser Hierarchie dargestellt werden können. Simon (1962) diskutiert einige Implikationen der Fast-Zerlegbarkeit, die auch die Gestaltung und Entwicklung modularer Produkte und Systeme erleichtern:

- *Veränderbarkeit* – in einem fast zerlegbaren (modularen) System wirken sich Änderungen an einem Subsystem nur schwach auf die anderen aus.
- *Verständlichkeit* – ein fast zerlegbares (modulares) System ist verständlich, weil es als Hierarchie mit nur begrenztem Informationsverlust dargestellt werden kann.
- *Effizienz* – wenn es Muster der Wiederverwendung von Subsystemen gibt, kann es möglich sein, das System effizient zu modellieren und zu analysieren.

Designforscher berücksichtigen auch das Konzept der *Funktion* bei der Definition des Grades, in dem ein System modular ist. Zum Beispiel definiert Ulrich (1995) eine vollständig modulare Architektur als eine, in der jede Funktion unabhängig von verschiedenen Aspekten des physischen Produkts realisiert wird und in der die Schnittstellen zwischen den physischen Elementen spezifiziert sind, um die Designprozesse für diese Elemente zu entkoppeln.

Entworfene Produkte und Systeme können absichtlich so gestaltet werden, dass ihre Modularität erhöht wird. Die Anforderungen der Ingenieurphysik verursachen jedoch in einigen Designs unvermeidliche Abhängigkeiten zwischen den Systemelementen, zum Beispiel in mechanischen Designs, bei denen jedes Bauteil an mehreren gewünschten Funktionen beteiligt ist und das Design komplexe Nebeneffekte wie Vibration, Ermüdung und elektromagnetische Wechselwirkung erzeugt (Whitney, 1996). Modularisierte Designs können bei Betrachtung globaler Leistungskriterien wie Effizienz und Gewicht nicht so gut abschneiden wie integralere Designs. Dies liegt an Ineffizienzen aufgrund von auferlegten Schnittstellen und dem Verlust von Möglichkeiten, Funktionen in weniger Systemteile zu rationalisieren (Ulrich, 1995). Darüber hinaus kann die Modularität aus einer Perspektive, zum Beispiel dem Wunsch, Funktionen in getrennte physische Module zu trennen, aus einer anderen Perspektive nicht optimal sein, zum Beispiel dem Wunsch, dass jedes Modul aus Materialien besteht, die für das Recycling kompatibel sind (Gershenson et al., 2003). Daher schreibt Gershenson, dass Komponenten in einem Modul idealerweise unabhängig von Komponenten außerhalb des Moduls sein sollten und sich in Bezug auf Lebenszyklusprozesse ähnlich sein sollten. Prozesse und Organisationen können ebenfalls modularisiert werden, was sowohl Vor- als auch Nachteile hat (Fixson, 2007).

#### 2.4.1.2 Einige Auswirkungen auf den Design- und Entwicklungsprozess

Die Modularität hat verschiedene Auswirkungen auf den Design- und Entwicklungsprozess. Ulrich (1995), zum Beispiel, identifiziert die folgenden Vorteile:

- Modulare Designs ermöglichen eine einfachere detaillierte Gestaltung, Optimierung und Prüfung und eine größere Designprozesskonkurrenz, da Parameter innerhalb von Modulen angepasst werden können, ohne andere Module stark zu beeinflussen.
- Modulare Designs sind einfacher zu ändern und Nacharbeiten sind einfacher zu erledigen, da Änderungen häufiger innerhalb einer begrenzten Anzahl von Komponenten isoliert werden können (dies spiegelt den Kommentar von Simon (1962) wider, der im vorherigen Abschnitt zusammengefasst ist).

- Modulare Designs reduzieren die Managementkomplexität im Entwurfs- und Entwicklungsprozess, da es weniger Interaktionen zwischen Teamentscheidungen und weniger komplexe Schnittstellen zu verwalten gibt.
- Modulare Designs können den Aufwand zur Gestaltung und Entwicklung einer Familie von verwandten Produkten reduzieren, indem standardisierte Komponenten wiederverwendet statt neu gestaltet werden – siehe auch die Diskussion über Anpassung und Plattformen in Abschn. 2.4.2.

Umgekehrt erfordern modulare Designs auch mehr Architektur- und Planungsaufwand in den frühen Stadien des Design- und Entwicklungsprozesses (Ulrich, 1995). Die Punkte von Ulrich, die in diesem Abschnitt diskutiert werden, sind auch in Abb. 2.5 (Ulrich, 1995) zusammengefasst.

## 2.4.2 Bedeutung der Anpassung

Dieser Abschnitt skizziert den zweiten Faktor, der in der Gruppe *Design- und Produktstrategie* von Abb. 2.3 diskutiert wird, nämlich die Bedeutung, die der Anpassung eines

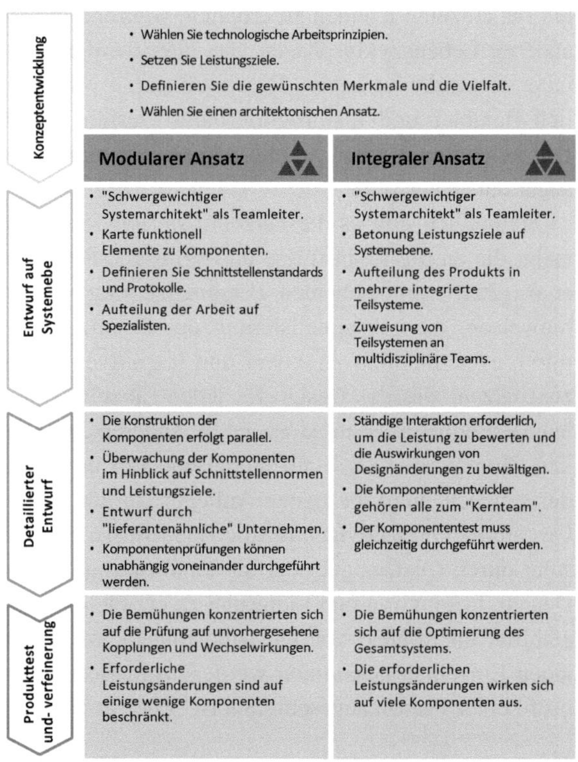


**Abb. 2.5** Einige Auswirkungen der Modularität in verschiedenen Stadien des Design- und Entwicklungsprozesses für hergestellte Produkte. (*Die Abbildung ist nachgedruckt aus Research Policy, Vol. 24, Issue 3, Karl Ulrich, The role of product architecture in the manufacturing firm, S. 434, Copyright (1995), mit Genehmigung von Elsevier. Mit geringfügiger stilistischer Änderung*)

Produkts an die Bedürfnisse der Benutzer oder anderer Interessengruppen beigemessen wird. Die folgenden Abschnitte diskutieren einige Schlüsselkonzepte und Ansätze zur Anpassung und skizzieren die Auswirkungen einer Anpassungsstrategie auf den Design- und Entwicklungsprozess.

#### 2.4.2.1 Schlüsselkonzepte

Um den Bedürfnissen der Kunden besser gerecht zu werden, bieten viele Unternehmen eine Reihe von verwandten Produkten an, die leicht unterschiedliche Funktionen oder Fähigkeiten bieten, ermöglicht durch die gemeinsame Nutzung von Ressourcen über Varianten in einer Produktfamilie. Die gemeinsam genutzten Ressourcen werden als *Plattform* bezeichnet. Zum Beispiel kann eine Plattform für eine Familie von hergestellten Produkten identische Teildesigns beinhalten, die über mehrere Varianten geteilt werden, Teile mit Designs, die parametrisch skaliert werden können, gemeinsam genutzte Fertigungsressourcen, gemeinsam genutzte Servicebereitstellungsressourcen und so weiter. Eine Plattform kann horizontale Vielfalt unterstützen, indem sie eine Reihe von Produkten anbietet, um den Bedürfnissen mehrerer Marktsegmente so genau wie möglich gerecht zu werden, und vertikale Vielfalt, die die inkrementelle Verbesserung von Produkten von einer Generation zur nächsten ist (Martin & Ishii, 2002).

Ähnlich bezieht sich *Massenanpassung* auf das Angebot von hochgradig angepassten Produkten im großen Maßstab (Pine, 1993). Die Absicht ist, die Anpassung von Produkten für einzelne Kunden zu erhöhen, während die Vielfalt, die in Design, Fertigung und anderen Lebenszyklusphasen verwaltet werden muss, kontrolliert wird, um die Kosten unter Kontrolle zu halten. Dies wird durch verschiedene Strategien erreicht, einschließlich flexibler und rekonfigurierbarer Designs, modularer Architektur und verzögerter Differenzierung – bei der die Anpassung so nah wie möglich am Verkaufspunkt oder sogar danach erfolgt.

Schließlich gibt es die *Personalisierung*, die sich auf das Design von Produkten bezieht, die an die Bedürfnisse und Wünsche des einzelnen Kunden angepasst sind. Zhou et al. (2013) unterscheiden Personalisierung von Massenanpassung, indem sie darauf hinweisen, dass Personalisierung der Benutzererfahrung eine größere Bedeutung beimisst, einschließlich affektiver und kognitiver Aspekte der Kundenbedürfnisse, um einzuschätzen, was das Design für jeden Einzelnen personalisiert erscheinen lässt, und um latente Bedürfnisse zu adressieren. Andererseits konzentriert sich die Massenanpassung laut Zhou et al. (2013) auf technische Lösungen wie Plattformen und Modularität, die dazu dienen, marktbezogene Anliegen zu adressieren. Personalisierung kann durch die Gestaltung eines Designs für die Bedürfnisse eines Einzelnen erreicht werden, zum Beispiel durch Co-Design, oder sie kann optimiert werden, um Vorteile der Skalierung in Design, Produktion und Lieferung zu erzielen. Massenpersonalisierung ist besonders gut etabliert im Kontext von Dienstleistungen, wo sie durch Daten getrieben wird, die über jeden Einzelnen gesammelt werden, zum Beispiel wenn Online-Werbung auf das Surfprofil einer Person zugeschnitten ist (Zhou et al., 2013).

#### 2.4.2.2 Einige Auswirkungen auf den Design- und Entwicklungsprozess

Eine Konsequenz der Fokussierung auf Anpassung ist die Notwendigkeit, mit einer bestimmten Plattform zu arbeiten, die Anforderungen an den Design- und Entwicklungsprozess stellt. Zum Beispiel ist es notwendig, Plattformkomponenten unter Berücksichtigung der angestrebten Vorteile und der inhärenten Kompromisse in gemeinsam genutzten Komponenten zu identifizieren. Jede Plattformkomponente muss für jede Variante auf Eignung entworfen und überprüft werden und wird wahrscheinlich für viele dieser Anwendungen überentwickelt sein. Ein Unternehmen, das mit Plattformen arbeitet, muss auch die Wartung und Aktualisierung der Plattform über die Zeit berücksichtigen und muss entscheiden, ob vorgeschlagene Verbesserungen an der Plattform vorgenommen werden sollten oder ob es besser ist, die Gemeinsamkeit unter den Varianten zu erhalten. Im Allgemeinen erhöht die gemeinsame Nutzung von Plattformressourcen über eine Produktfamilie die Abhängigkeiten zwischen den Produkten und daher die Komplexität der Themen, die während des Design- und Entwicklungsprozesses berücksichtigt werden müssen (Simpson et al., 2001). Einige Aspekte einer Plattformarchitektur können sorgfältig von Anfang an entworfen werden, wenn eine neue Produktlinie geplant ist, aber eine Plattform wird auch wahrscheinlich im Laufe der Zeit weiterentwickelt. Massenanpassung erfordert insbesondere eine sorgfältige Aufmerksamkeit für die Etablierung einer geeigneten Produktfamilienarchitektur – laut Tseng et al. (1996) sollte die Architektur Modularität nutzen, um konfigurierbare Module über Produktvarianten zu teilen und so eine kosteneffektive Vielfalt zu ermöglichen. Das Design einer solchen Plattform sollte in einer gründlichen Analyse der Kundenbedürfnisse verankert sein, unter Berücksichtigung von Design, Produktion und anderen Lebenszyklusphasen. Eine Überprüfung vieler verwandter Themen, einschließlich Produktfamilienplanung und -architektur sowie Auswirkungen auf Produktionssysteme und Lieferketten, wird von Jiao et al. (2007) bereitgestellt.

### 2.4.3 Bedeutung der Servitisation

Der dritte und vorletzte Faktor, der in der Gruppe *Design- und Produktstrategie* von Abb. 2.3 diskutiert wird, ist der Grad der Servitisation. Die meisten hergestellten Produkte beinhalten Dienstleistungen irgendeiner Art – zum Beispiel Reparatur. Traditionell sind diese wahrscheinlich vom Design und der Entwicklung des physisch realisierten Produkts getrennt und können die Verantwortung verschiedener Abteilungen oder Organisationen sein (Isaksson et al., 2009). Dieser Abschnitt diskutiert Schlüsselkonzepte in Bezug auf das Design von Produkten und Dienstleistungen auf integrierte Weise, neben den Auswirkungen auf den Design- und Entwicklungsprozess.

#### 2.4.3.1 Schlüsselkonzepte

Design und Entwicklung betreffen greifbare Produkte und auch immaterielle Dienstleistungen. Wenn das Servicedesign eng mit dem Design physischer Produkte verknüpft ist, sodass sie zusammen Wert schaffen, wird das Ergebnis als *Produkt-Service-System oder PSS* (Baines et al., 2007) bezeichnet. Der Begriff Servitisation steht in engem Zusammenhang mit der PSS-Entwicklung und wird oft synonym verwendet. Ein Unterschied besteht darin, dass Servitisation sich auf die Erweiterung bestehender hergestellter Produkte und zugehöriger Geschäftsmodelle um Serviceelemente beziehen kann, die Zusätze sein können oder grundlegend für das Wertangebot werden (Baines et al., 2009). Daher bezieht sich der Begriff Servitisation auf einen Änderungsprozess, während PSS-Design die Gestaltung des gesamten Systems auf integrierte Weise und typischerweise von Grund auf betrifft.

Das Konzept des PSS ist gut etabliert und verschiedene Arten von PSS existieren in der Praxis. Tukker (2004) unterscheidet zwischen *produktorientierten PSS*, bei denen physische Produkte in Kombination mit Zusatzdienstleistungen verkauft werden, *nutzungsorientierten PSS*, bei denen der Anbieter Eigentümer des Produkts bleibt, es aber durch Leasing oder andere Vereinbarungen zur Nutzung zur Verfügung stellt, und *ergebnisorientierten PSS*, bei denen der Anbieter ein Ergebnis verkauft, das durch physische Produkte erleichtert wird, deren Eigentümer er bleibt – zum Beispiel eine fotokopierte Seite oder ein zurückgelegter Kilometer. Geschäftliche Treiber für einen PSS-Ansatz beinhalten die Möglichkeit für Hersteller, einen größeren Anteil des Werts eines Produkts über seinen Lebenszyklus hinweg zu erfassen, anstatt jedes Produkt einmal zu verkaufen, Produkte auf dem Markt durch Integration mit den Dienstleistungen zu differenzieren und Entscheidungen über Produkt- und Service-Design und -Lieferung global zu optimieren, um insgesamt eine bessere Leistung und Effizienz zu erzielen. Forscher haben auch potenzielle Vorteile für die Umwelt und Nachhaltigkeit hervorgehoben, wenn der gesamte Lebenszyklus eines Produkts ganzheitlich als PSS gestaltet wird. Zum Beispiel könnten weniger physische Produkte benötigt werden, wenn sie geleast statt verkauft werden, und ein Hersteller hat dann einen starken Anreiz, sicherzustellen, dass physische Produkte in jeder Lebenszyklusphase ressourceneffizient sind, da sie das Produkt bis zum Ende seines Lebens behalten sollen (Mont, 2002).

Eine Herausforderung bei der Realisierung des PSS-Konzepts besteht jedoch darin, dass Kunden oft physische Produkte besitzen und kontrollieren möchten, aus Gründen wie einfacher Zugang, Stolz auf den Besitz und Wunsch nach Kapitalinvestition (Tukker, 2015). Derselbe Autor schreibt, dass PSS in einem Business-to-Business-Kontext mehr an Boden gewonnen haben als in einem Business-to-Consumer-Kontext und für komplexe Produkte, die erhebliche Wartung erfordern. Ein Beispiel, das von Alonso-Rasgado et al. (2004) diskutiert wird, ist die Entwicklung von Total-Care-Ansätzen durch Strahltriebwerkshersteller – der Triebwerkshersteller bietet eine Reihe von Dienstleistungen an, die erforderlich sind, um das Produkt betriebsbereit zu halten.

#### 2.4.3.2 Einige Implikationen für den Design- und Entwicklungsprozess

Unter Berücksichtigung der Auswirkungen der Servitisation auf den Produktentwurfs- und Entwicklungsprozess ist die Beteiligung von Verbrauchern und anderen Interessengruppen so früh wie möglich erforderlich, um sicherzustellen, dass die Bedürfnisse der

Lebenszyklusphasen über den Verkauf des Produkts hinaus ordnungsgemäß berücksichtigt werden (Mont, 2002). Der Entwurf von Dienstleistungen kann insbesondere von einem Co-Designansatz profitieren, um die Bedürfnisse besser zu verstehen und von dem kreativen Input verschiedener Interessengruppen zu profitieren, die zu verschiedenen Zeitpunkten mit dem Service in Verbindung stehen (Steen et al., 2011). Mont (2002) weist auch darauf hin, dass ein PSS-Ansatz die Möglichkeit für Feedback-Informationen erhöht, die von allen Lebenszyklusphasen einfließen, um den Entwurf und die Entwicklung zu informieren, und dass eine zunehmende Integration zwischen den Akteuren in den verschiedenen Lebenszyklusphasen ebenfalls erforderlich ist, um das PSS als gesamtes System zu optimieren. Dies wird im Modell von Tan et al. (2010) veranschaulicht, das viele Aspekte darstellt, die bei der PSS-Gestaltung vom Produktdesign (auf der inneren linken Seite von Abb. 2.6) nach außen hin berücksichtigt werden müssen. Eine der wichtigen praktischen Fragen ist, wie sichergestellt werden kann, dass die entsprechenden Informationen in den späteren Lebenszyklusphasen erfasst, gespeichert und an die richtigen Personen weitergegeben werden, um den Entwurf zu informieren (Goh & McMahon, 2009).

Alonso-Rasgado et al. (2004) weisen auf die Bedeutung des Entwurfs für Wartbarkeit und Wiederaufbereitung (die die Wiederherstellung und Aufbereitung gebrauchter Teile

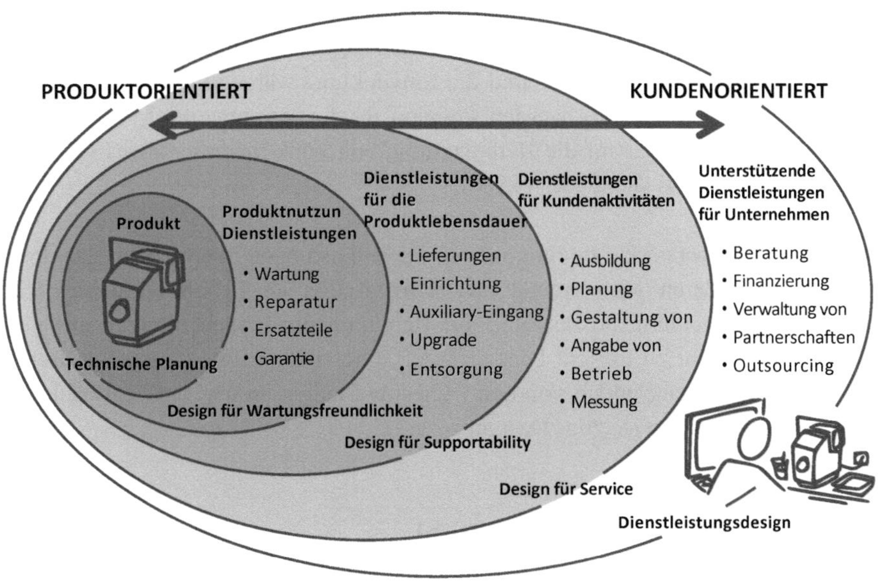


**Abb. 2.6** Einige Aspekte des PSS-Designs, unterstützt durch Designmethoden. (*Die Abbildung wurde nachgedruckt aus CIRP Journal of Manufacturing Science and Technology, Vol. 3, Ausgabe 2, A.R. Tan, D. Matzen, T.C. McAloone, S. Evans, Strategies for designing and developing services for manufacturing firms, S. 94, Copyright (2010), mit Genehmigung von Elsevier. Mit geringfügiger stilistischer Änderung*)

beinhaltet) für ein Unternehmen hin, das hochwertige Total-Care-Produkte anbietet, wie z. B. Düsentriebwerke. Die gleichen Autoren betonen die Bedeutung des Designing für Zuverlässigkeit, da das, was verkauft wird, die Verfügbarkeit von Funktionalität ist. Sie weisen auch darauf hin, dass aufgrund der Notwendigkeit einer engen Geschäftsbeziehung zwischen dem Lieferanten und den Kunden eines solchen Produkts es unerlässlich ist, dass der Entwurfsprozess den Kunden so früh wie möglich einbezieht. Das Beibehalten des Eigentums an Produkten birgt auch ein erhöhtes Risiko für den Entwickler (Tukker, 2015). Dies muss im Design- und Entwicklungsprozess verwaltet werden; zum Beispiel gibt es einen Anreiz für einen Hersteller, die Aufrüstbarkeit in Betracht zu ziehen, wenn das Produkt, das sie besitzen, einen hohen Wert und eine relativ lange Lebensdauer hat.

Zusammenfassend identifizieren Isaksson et al. (2009) die folgenden Implikationen eines PSS-Ansatzes für den Design- und Entwicklungsprozess:

- Bedarf an einer integrierten Betrachtung einer größeren Anzahl von Perspektiven und Themen während des gesamten Entwurfs- und Entwicklungsprozesses, um eine globale Optimierung zu ermöglichen,
- Bedarf an einer engeren Einbeziehung von Lieferanten, die an der Realisierung von Dienstleistungen teilnehmen, und Kunden,
- Bedarf an der Integration von Serviceleistungen in technische Simulationen, neben den mechanischen Eigenschaften des Entwurfs, damit Designer die Serviceimplikationen in jeder Phase vollständig berücksichtigen können,
- Anerkennung, dass der Entwurf und die Entwicklung während des gesamten Lebenszyklus des PSS fortgesetzt werden können, da die Verantwortung von der Bereitstellung eines Produkts auf die Bereitstellung von Funktionen verlagert wird und der Kontext des Betriebs sich ändern kann.

Insgesamt legt die verstärkte Integration von Dienstleistungen in ein physisches Produktangebot einen größeren Schwerpunkt auf die Integration von Lebenszyklusfragen in den Design- und Entwicklungsprozess und auf Bemühungen, Entscheidungen mit globaler Optimierung im Kopf zu treffen. Dies erfordert eine stärkere Integration von Benutzern und anderen Interessengruppen von den frühesten Stadien an und ein Feedback von Informationen vom In-Service zum Designprozess.

### 2.4.4 Wichtigkeit der Digitalisierung

Dieser Abschnitt skizziert den vierten und letzten Faktor, der in der Gruppe *Entwurf und Produktstrategie* von Abb. 2.3 diskutiert werden soll, nämlich den Grad der Digitalisierung. Im Laufe der Jahre hat es bei vielen Produkten eine zunehmende Entwicklung von rein mechanischen Lösungen zu solchen gegeben, die digitale Schnittstellen und Steuerungssysteme einbeziehen, und zunehmend zu Produkten, die verbunden sind und datengetriebene Funktionen bieten. Dieser Trend wird als *Digitalisierung* bezeichnet. Die zunehmende Digitalisierung von Produkten, die parallel zur Digitalisierung von Fertigungssystemen in dem als *vierte industrielle Revolution* (*Industrie 4.0*) bezeichneten Prozess stattfindet, eröffnet neue Möglichkeiten für das Design, neue Fähigkeiten zu nutzen und die Verfügbarkeit von Daten zu erhöhen (Jiao et al., 2021; Abb. 2.7). Die folgenden Abschnitte skizzieren einige Schlüsselkonzepte und Implikationen für den Entwurfs- und Entwicklungsprozess.

#### 2.4.4.1 Schlüsselkonzepte

Einer der Hauptvorteile der Digitalisierung ist die verbesserte Fähigkeit, Produkte an die Bedürfnisse einzelner Benutzer und Nutzungskontexte anzupassen. Insbesondere wird erwartet, dass die großflächige Produktion personalisierter Produkte durch die Digitalisierung von Produktionssystemen in der Industrie 4.0 ermöglicht wird. – Thoben et al. (2017) betonen, dass dazu aktuell diskrete Fertigungsmaschinen und -prozesse intelligent gemacht werden und miteinander kommunizieren müssen, damit Einzelprodukte auf flexible und effiziente Weise hergestellt werden können. Entworfene Produkte werden auch zunehmend digitalisiert und zu *intelligenten vernetzten Produkten* (Porter & Heppelmann, 2015). Dies sind physische Produkte, die mit Sensoren, Datenspeicherung und -verarbeitung zur Erzeugung intelligenter Funktionen ausgestattet sind, neben der Konnektivität mit einer Produkt-Cloud, die zusätzliche Funktionen und Vorteile bietet und gleichzeitig Daten über Produkte im Einsatz sammelt und nutzt. Solche Produkte bieten viele Möglichkeiten zur Personalisierung und Optimierung im Nutzungskontext, mit derzeit etablierten Beispielen wie intelligenten Thermostaten, Wearables und Autos. Das eng verwandte Konzept des *intelligenten Produkt-Service-Systems* integriert E-Services mit intelligenten Produkten, um den Benutzern zusätzlichen Nutzen zu bieten (Valencia

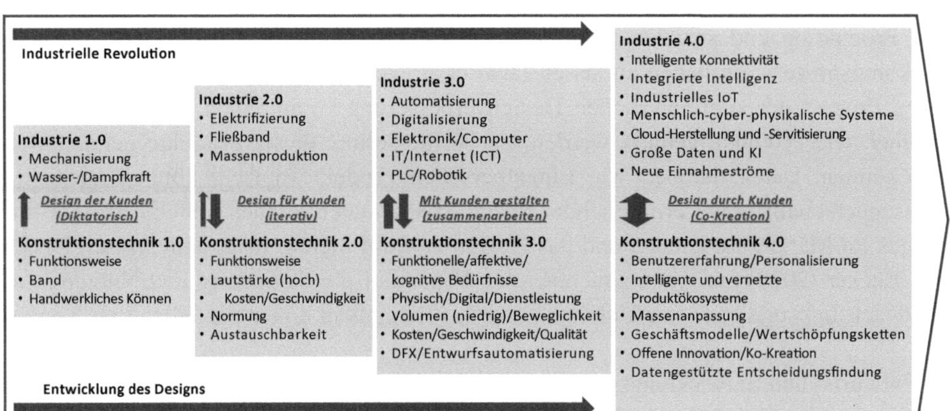


**Abb. 2.7** Design Engineering 4.0 im Einklang mit Industrie 4.0 (*Nachdruck mit Genehmigung von* Jiao et al. (2021) *mit Genehmigung von ASME*)

et al., 2015). Diese Autoren diskutieren das Beispiel einer Wäscherei, die Echtzeit-Verfügbarkeitsinformationen und Statusupdates von den Waschmaschinen an die Kunden auf ihren Smartphones liefern kann. Der letzte Schlüsselbegriff, der in diesem Abschnitt diskutiert wird, ist der *digitale Zwilling*, eine virtuelle Version eines physischen Systems, das durch bidirektionalen Informationsfluss damit verbunden ist. Beispielsweise können Sensoren an einem physischen Produkt verwendet werden, um kontinuierlich den Zustand eines digitalen Zwillings zu aktualisieren, dessen Verhalten unter erwarteten Bedingungen simuliert wird, was zur Anpassung der Einstellungen im physischen Produkt führt, um seinen Betrieb zu optimieren. Zwei Arten von digitalen Zwillingen sind: (1) *digitale Zwillingsprototypen*, die vor dem physischen System erstellt und zur Unterstützung seiner Konstruktion verwendet werden, und (2) *digitale Zwillingsinstanzen*, die jeweils einen spezifischen physischen Zustand eines Produkts widerspiegeln und während seines gesamten Lebenszyklus damit verbunden bleiben (Grieves & Vickers, 2017). Die Verwendung von digitalen Zwillingsprototypen während der Konstruktion steht in engem Zusammenhang mit der virtuellen Produktentstehung, einem Thema, das von Stark (2022) umfassend diskutiert wird.

Digitale Zwillinge können verwendet werden, um das Verhalten eines geplanten oder bestehenden Systems unter verschiedenen Bedingungen vorherzusagen. Sie können befragt werden, um das Verhalten bestehender Systeme zu verfolgen und Einblicke für das Design zu liefern. Ein digitaler Zwilling kann Daten aus allen Lebenszyklusphasen und aus mehreren Quellen, einschließlich Sensoren im Produkt, integrieren (Tao et al., 2018; Abb. 2.8). Für weitere Informationen wird der Leser auf Jones et al. (2020) für eine Übersicht über digitale Zwillingskonzepte und Lo et al. (2021) für eine Übersicht über Anwendungen in bestimmten Phasen der Produktentwicklung verwiesen.

#### 2.4.4.2 Einige Implikationen für den Design- und Entwicklungsprozess

Die Auswirkungen auf den Design- und Entwicklungsprozess sind vielfältig. Die Digitalisierung ermöglicht es, Daten aus verschiedenen Quellen, einschließlich Produkten, Produktion und sozialen Medien, auf vielfältige Weise in den Design- und Entwicklungsprozess einfließen zu lassen (Jiao et al., 2021). Produktleistungsdaten können einen Prozess der kontinuierlichen Designverbesserung vorantreiben, da Informationen darüber, wie Produkte genutzt werden, zur Verbesserung dieser Produkte genutzt werden können. Daten darüber, wie Einzelpersonen Produkte nutzen, können auch eine Massenpersonalisierung ermöglichen. Social-Media-Daten können genutzt werden, um Trends im Markt zu erkennen und das Design zu informieren. Insgesamt weisen Pessôa und Becker (2020) auf einen zunehmenden Fokus auf die Sammlung und Nutzung von Feedback-Informationen zur Unterstützung des Designs in einem digitalisierten Kontext hin.

Entwurfs- und Entwicklungsprozesse für intelligente Produkte werden ebenso stark von Software wie von traditionellem Hardware-Engineering dominiert, durch einen verstärkten Fokus auf Produktsysteme statt auf einzelne Produkte und durch eine entsprechende

**Abb. 2.8** Produktlebenszyklusdaten für das Design von Produkten, die von digitalen Zwillingen angetrieben werden. (*Reproduziert von* Tao et al. (2018) *Digital twin-driven product design, manufacturing and service with big data. Int J Adv Manuf Technol 94:3565 mit Genehmigung von Springer Nature*)

Zunahme der Koordinationsanforderungen zwischen Abteilungen, die sich mit verschiedenen Aspekten des Produktlebenszyklus befassen (Porter & Heppelmann, 2015). Insbesondere besteht ein erhöhter Bedarf, Beiträge von Daten-Engineering- und Analysespezialisten mit denen aus den traditionellen Produktentwicklungsdisziplinen zu integrieren (Pessôa & Becker, 2020).

Die traditionelle Trennung zwischen den Phasen des Produktlebenszyklus verschwindet, da Unternehmen Daten nutzen, um ihre Produkte kontinuierlich weiterzuentwickeln, einschließlich solcher, die bereits im Feld sind, durch Software-Updates (Cantamessa et al., 2020). Neben einer ermöglichten Technologie bringt die Digitalisierung auch neue Designanliegen wie Cybersicherheit und ethische Überlegungen bezüglich des Datenschutzes mit sich, die den Mitgliedern des Designteams bewusst sein müssen und die zu Schlüsselfaktoren des Designprozesses werden müssen (Pessôa & Becker, 2020). Solche Veränderungen und Überlegungen erhöhen die Komplexität der Probleme, die im Entwurfs- und Entwicklungsprozess behandelt werden müssen. Digitale Zwillinge können dabei helfen, indem sie Spezialisten aus verschiedenen Disziplinen ermöglichen, gleichzeitig mit einem verhaltensbasierten virtuellen Prototyp eines aufkommenden Produkts zu interagieren, wodurch mehr Designprobleme frühzeitig im Designprozess berücksichtigt und häufigere und schnellere Tests ermöglicht werden (Grieves & Vickers, 2017).

Ein weiterer Aspekt ist die Digitalisierung der Ingenieurdesignumgebung und des Prozesses selbst, in Form von *Cloud-basiertem Design*. Wu et al. (2015) schreiben von einer zunehmenden Gleichzeitigkeit des Designprozesses, ermöglicht durch Cloud-basierte Tools, die ein nahtloses Bearbeiten von Produktmodellen durch mehrere Designer gleichzeitig ermöglichen und die Möglichkeit bieten, schnell Feedback zu aufkommenden Designs von potenziellen Herstellern und Kunden durch Cloud-basierte Tools zu erhalten. Von der Digitalisierung der Designumgebung wird auch erwartet, die Innovation zu beeinflussen, indem sie die Co-Kreation von personalisierten Lösungen mit Cloud-Technologien ermöglicht, zum Beispiel Crowdsourcing, Massenkollaboration und soziale Produktentwicklung. Auswirkungen der erhöhten Digitalisierung auf den Design- und Entwicklungsprozess beinhalten die Harmonisierung von Software- und Hardwareprozessmodellen, zum Beispiel durch die Einführung agilerer Praktiken in Letzteren sowie die Notwendigkeit, Systeme zu haben, die Daten aus verschiedenen Lebenszyklusphasen für Produktentwicklungsingenieure verfügbar und nützlich machen (Hallstedt et al., 2020).

Insgesamt bietet die Digitalisierung eine Reihe von Vorteilen für Design und Entwicklung und, im weiteren Sinne, für Produkt-, Produktions- und Dienstleistungssysteme. Viele der Vorteile sind mit erwarteten Verbesserungen in der Verfügbarkeit von Feedback-Informationen zur Verbindung verschiedener Lebenszyklusphasen verbunden, neben Verbesserungen in der Flexibilität, um schnell auf sich entwickelnde Bedürfnisse reagieren zu können, ermöglicht durch eine Reihe von aufkommenden Technologien in Kombination mit etablierten Ideen wie Modularität und Plattformen. Die Digitalisierung wird auch wahrscheinlich neue Herausforderungen für den Design- und Entwicklungsprozess von physisch realisierten Produkten mit sich bringen. Zum Beispiel erhöhen der gesteigerte Informationsfluss und die Notwendigkeit eines erheblich erhöhten Software-Engineering-Einsatzes im Entwurfs- und Entwicklungsprozess die Interaktionskomplexität, die bewältigt werden muss. Die Softwaresysteme und Datenplattformen, die zur Verarbeitung der notwendigen Daten benötigt werden, erfordern erheblichen Engineering- und Wartungsaufwand.

## 2.5 Faktoren, die in Großprojekten an Bedeutung gewinnen

In diesem Abschnitt werden ausgewählte Faktoren aus der dritten und letzten Gruppe, die in diesem Kapitel diskutiert werden, skizziert, nämlich solche, die in Großprojekten besonders wichtig werden. Diese Gruppe von Faktoren wird als unterer rechter Kreis in Abb. 2.3 dargestellt.

Die Skala von Entwicklungsprojekten umfasst ein Spektrum. Am einen Ende involviert das groß angelegte gleichzeitige Engineering von Produkten wie Flugzeugen, Autos und Strahltriebwerken Tausende von Aufgaben und Individuen. Die Markteinführung des Produkts beinhaltet die Koordination eines dicht vernetzten Informationsflusses und die Integration der Berücksichtigung vieler voneinander abhängiger

Designfragen (Eppinger et al., 1994). In einigen Fällen, zum Beispiel bei der Flugzeugentwicklung, überlappen die Design- und Produktionsphasen erheblich. Die ersten Produktionsprodukte kommen in den Dienst und können zu stark reduzierten Preisen angeboten werden, während Designverbesserungen, wie Gewichtsreduktionen, noch stetig eingeführt werden. Bei Großprojekten kann die vollständige physische Prüfung sehr teuer sein und für die endgültige Verifizierung reserviert sein. Sie kann sogar unmöglich sein, im Falle von Systemen, die erst bei der Inbetriebnahme montiert werden können. Diese Eigenschaften der groß angelegten Produktentwicklung legen einen starken Schwerpunkt auf die Notwendigkeit einer sorgfältigen Dokumentation und Kontrolle des Design- und Entwicklungsprozesses, um sicherzustellen, dass potenzielle Designfehler und Übersehenes so früh wie möglich erkannt und korrigiert werden. Dementsprechend profitieren das Design und die Entwicklung, wenn die Anzahl der zu behandelnden Funktionen zunimmt, zunehmend von der Verwendung eines formalen, strukturierten Prozesses wie eines Stage-Gate-Prozesses (Griffin, 1997). Solche Prozesse bieten Koordinationsrahmen, die hilfreich sind, weil, obwohl Einzelpersonen, die an der Gestaltung und Entwicklung komplexer Produkte arbeiten, eine tiefe Kenntnis der Aktivitäten haben, an denen sie teilnehmen, große Ingenieurbüros oft nur wenige Generalisten haben, die behaupten können, die Designfragen und den Prozess in seiner Gesamtheit zu verstehen (Eckert & Clarkson, 2010).

Am anderen Ende des Spektrums tendieren das Design und die Entwicklung von kleineren Produkten, wie Küchengeräten oder Elektrowerkzeugen, zu einfacheren Prozessen. Während solche Produkte im Allgemeinen weniger Teile und Interaktionen umfassen, müssen viele Komplexitäten bewältigt werden. Zum Beispiel müssen Hersteller möglicherweise komplexe Plattformen verwalten, es kann einen starken Preiswettbewerb aufgrund niedrigerer Markteintrittsbarrieren geben, es kann ein größerer Bedarf bestehen, sich an Veränderungen in der Wettbewerbsumgebung und aufkommende Technologien anzupassen, und Unternehmen, die relativ einfache Produkte entwickeln, müssen diese oft schnell auf den Markt bringen und Interaktionen zwischen einer Reihe von gleichzeitigen Entwicklungsprojekten verwalten.

Zusammenfassend existieren signifikante Unterschiede in den Entwurfs- und Entwicklungsprozessen für große und kleine Projekte. Eine Auswahl von besonders wichtigen Themen in Großprojekten wird in den folgenden Abschnitten diskutiert.

### 2.5.1 Bedeutung von Legacy-Systemen

Die Notwendigkeit, mit Legacy-Systemen umzugehen, ist in Design und Entwicklung üblich. Dies gilt insbesondere für groß angelegte Projekte, bei denen Unternehmen Produkte schrittweise auf der Grundlage früherer Versionen oder Generationen entwickeln. Dieser Abschnitt fasst einige Schlüsselkonzepte und Auswirkungen für den Design- und Entwicklungsprozess zusammen.

### 2.5.1.1 Schlüsselkonzepte

Einige Designs könnten von einem leeren Blatt ausgehen, aber – wie bereits in Abschn. 2.3.2 erwähnt – es ist in den meisten realen Situationen wünschenswert, ein bestehendes Design anzupassen oder einige bestehende oder standardisierte Teile zu verwenden. Dies geschieht oft aus Zeit- und Kostengründen. Zum Beispiel verwenden Designer von Industriemaschinen oft handelsübliche Maschinenteile wie Lager und Motoren, um nicht selbst diese Teile entwerfen zu müssen. In einem mechanischen Designkontext wurde argumentiert, dass die Anpassung eines Legacy-Designs die häufigste Situation in der Industriepraxis ist (Pahl et al., 2007). In einem Systemtechnik-Kontext, selbst wenn ein neues eigenständiges System erforderlich ist, ist es selten, dass keine Schnittstellen zu bestehenden Legacy-Systemen erforderlich sind (Sage & Lynch, 1998). Häufiger werden bestehende Elemente oder ihre Designs angepasst, was das Hinzufügen neuer Elemente und das Überarbeiten einiger der bestehenden Elemente beinhalten kann, wie in Abb. 2.9 vorgeschlagen. Madni und Sievers (2014) weisen darauf hin, dass Legacy-Systeme bedeutende Vermögenswerte sind und oft gut funktionieren, daher kann die Verwendung solcher Systeme vorteilhaft sein.

Eng verbunden mit Design und Entwicklung im Kontext von Legacy-Systemen ist das Problem der *Obsoleszenz*. Dies tritt auf, wenn ein Teil oder System, das für ein Design benötigt wird, nicht mehr verfügbar oder nicht mehr erforderlich ist. Gründe für Obsoleszenz sind: Ein Teil kann nicht von Lieferanten bezogen oder unterstützt oder gewartet werden, ein Teil ist nicht mehr kosteneffektiv oder leistungsfähig oder Funktionen des Designs werden nicht mehr benötigt (Zolghadri et al., 2021). Obsoleszenz tritt oft auf, wenn es eine Diskrepanz zwischen dem Lebenszyklus eines Bauteils und einem Produkt gibt, zu dem es gehört (Bartels et al., 2012). Obsoleszenz kann Teile in Langzeitsystemen oder die, die in die Designs von Massenprodukten mit kürzeren Lebenszyklen integriert sind, betreffen. Wenn ein Teil oder Subsystem veraltet wird, sind Änderungen erforderlich, damit das Design weiterhin funktionieren kann (Zolghadri et al., 2021).

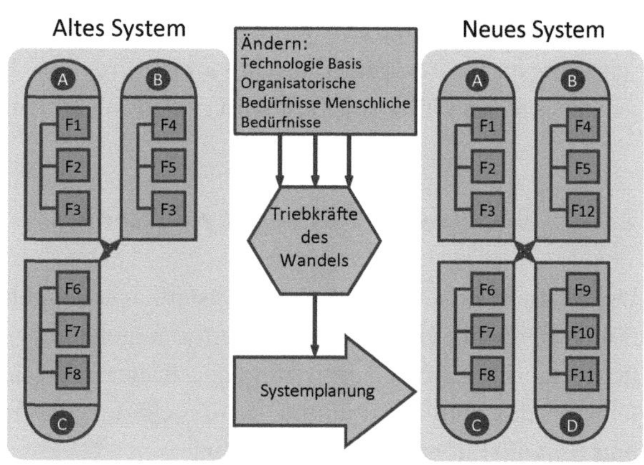


**Abb. 2.9** Planung eines neuen Systems durch Evolution und Ergänzung zu bestehenden Systemen. (Nachdruck von Sage und Lynch (1998) mit Genehmigung. Copyright ©1998 John Wiley & Sons, Inc)

#### 2.5.1.2 Einige Auswirkungen auf den Design- und Entwicklungsprozess

Legacy-Systeme können sowohl Einschränkungen als auch Vorteile für den Design- und Entwicklungsprozess darstellen. Wo solche Systeme eine wichtige Rolle spielen, ist das Management von Designänderungen ein kritischer Punkt. Die Auswirkungen von Obsoleszenz können durch Design mit dieser Möglichkeit im Hinterkopf reduziert werden. Zum Beispiel gibt es Methoden zur Vorhersage des Risikos von Obsoleszenz bei der Auswahl von Komponenten während des Designs (Sandborn, 2013). Designaktualisierungen können auch periodisch in einem erhaltenden Systemleben geplant werden (Singh & Sandborn, 2006).

### 2.5.2 Bedeutung von Lieferanten

Es gibt einen Trend zu einer zunehmenden Abhängigkeit von Lieferanten in der Produktentwicklung. Dies basiert auf verschiedenen Modellen, einschließlich (1) der Verwendung von Standardteilen, die von Lieferanten hergestellt werden, (2) der Verwendung von kundenspezifischen Teilen, die intern entworfen und von Lieferanten hergestellt werden, und (3) der Verwendung von kundenspezifischen Teilen, bei denen sowohl das Design als auch die Produktion ausgelagert werden (Ulrich & Ellison, 2005). Die Abhängigkeit von Lieferanten ist besonders in Großprojekten verbreitet. Dieser Abschnitt fasst einige Schlüsselkonzepte und Auswirkungen für den Entwurfs- und Entwicklungsprozess zusammen.

#### 2.5.2.1 Schlüsselkonzepte

Es gibt zahlreiche Gründe für die Verwendung von Lieferanten in einem Entwurfs- und Entwicklungskontext. Lieferanten können spezialisierte Fähigkeiten anbieten, spezifische Aufgaben ausführen und Verantwortlichkeiten wie das Teilen von Risiken übernehmen (Johnsen, 2009). Die Verwendung von Lieferanten hilft auch, ungleichmäßige Nachfrage nach bestimmten Fähigkeiten oder Komponenten zu bewältigen, und kann einem Projekt ermöglichen, von der Fähigkeit eines spezialisierten Lieferanten zu profitieren, von Skaleneffekten sowohl bei Entwurfs- als auch bei Produktionstätigkeiten zu profitieren (Ulrich & Ellison, 2005). Ein Vorteil der Verwendung von Lieferanten sowohl für das Design als auch für die Herstellung von Produktteilen besteht darin, dass mehr einzigartige Teile in jedes neue Produkt integriert werden können, sodass jedes nachfolgende Produkt weniger auf Übertragungsteile angewiesen ist und eine bessere Produktleistung liefert, ohne die eigene Ingenieurkapazität eines Unternehmens erhöhen zu müssen (Clark, 1989). Bei der Entwicklung komplexer Produkte sind weitere Gründe für das Outsourcing, dass Unternehmen nicht über die Expertise verfügen, um alle Subsysteme des Produkts zu entwerfen und herzustellen (Fine & Whitney, 1996), oder nicht über ausreichende finanzielle Ressourcen verfügen, um dies zu tun. Lieferanten können auch eine wichtige Quelle für technische Innovationen sein, zum Beispiel wird die

Einführung der Getriebeturbofan-Technologie von Pratt und Whitney mit einer Reduzierung des Kraftstoffverbrauchs der Flugzeuge, die sie verwenden, um 16 % in Verbindung gebracht (Thompson, 2018).

#### 2.5.2.2 Einige Auswirkungen auf den Design- und Entwicklungsprozess

Kritische Entscheidungen für die Lieferkette müssen früh im Entwicklungsprozess getroffen werden (Petersen et al., 2005). Eine wichtige Entscheidung ist, ob das Design und die Herstellung jedes Teils oder Subsystems "intern erstellt" oder "gekauft" werden soll (Ulrich & Ellison, 2005). Eine weitere ist, welche Lieferanten zu verwenden sind. In beiden Fällen sind Erfolgsfaktoren die Kenntnis der Fähigkeiten der Lieferanten und eine effektive Risikobewertung, um sicherzustellen, dass ein Lieferant das Subsystem innerhalb der bekannten Beschränkungen des Programms liefern kann (Handfield et al., 1999).

Petersen et al. (2005) schreiben, dass Unternehmen, die Lieferanten erfolgreich integrieren, systematische Prozesse dafür verwenden, einschließlich der Bewertung der Fähigkeiten und Kulturen potenzieller Lieferanten, der Integration ausgewählter Lieferanten in die Bewertung der technischen Machbarkeit und, in geringerem Maße, der Festlegung von geschäftsbezogenen Zielen. Es besteht ein Bedarf an sorgfältigem Management langfristiger Lieferantenbeziehungen, um Vertrauen zu schaffen, da die Integration von Lieferanten die Weitergabe sensibler Informationen erfordert (Johnsen, 2009). Langfristige Beziehungen helfen auch dabei, die Fähigkeiten der Lieferanten zu verstehen und beinhalten in der Regel das Teilen von Technologieroadmaps, um potenziell neue Lieferantentechnologien in zukünftige Projekte zu integrieren (Handfield et al., 1999).

Eine frühere und engere Einbindung von Lieferanten ist wünschenswert für eine erfolgreiche Produktentwicklung. Vorteile einer frühen Einbindung von Lieferanten sind das Erfassen von tiefem Wissen über Fähigkeiten, was zu besseren Entwürfen führt, und die Reduzierung des mit der Lieferkette verbundenen Risikos (Zsidisin & Smith, 2005). Lieferanten von komplexen Subsystemen sind wahrscheinlich früh in einem Entwicklungsprojekt und durchgehend beteiligt. Im Gegensatz dazu sind Lieferanten von einfacheren Artikeln und Einzelkomponenten in der Regel nur in späteren Stadien beteiligt (Handfield et al., 1999). Ein bedeutendes Problem im Entwicklungsprozess ist die Integration von Beiträgen der verschiedenen Lieferanten. Dies erfordert eine sorgfältige Definition der Schnittstellen und Koordination der beteiligten Unternehmen. Die Überprüfung durch Johnsen (2009) wird für weitere Informationen zur Integration von Lieferanten in die Produktentwicklung empfohlen.

### 2.5.3 Bedeutung der Integration

Dieser Abschnitt skizziert den letzten Kontextfaktor, der in diesem Kapitel diskutiert wird: die Bedeutung der Integration. Sage und Lynch (1998) beschreiben Integration als

„Vermischen, Koordinieren oder Einbeziehen von Komponenten in ein funktionierendes Ganzes" und betonen, dass sie sich mit der Handhabung der Verbindungen zwischen Elementen befasst, die erforderlich sind, um ein System zu bilden, das die gewünschte Funktionalität bietet. Design und Entwicklung sind grundsätzlich integrativ, nicht nur weil entwickelte Systeme viele Teile umfassen, die zusammenarbeiten müssen, sondern auch weil sie die Berücksichtigung mehrerer Probleme und Perspektiven erfordern. Dieser Abschnitt fasst einige Schlüsselkonzepte und Auswirkungen auf den Design- und Entwicklungsprozess zusammen.

#### 2.5.3.1 Schlüsselkonzepte

Eine effektive Integration ist für die Produktentwicklungsleistung unerlässlich (Kahn, 1996). Die Integration betrifft sowohl (1) technische Aspekte, um sicherzustellen, dass alle notwendigen Schnittstellen erkannt, definiert und schließlich verifiziert werden, als auch (2) Managementaspekte, um sicherzustellen, dass die erforderliche Kommunikation für dieses Geschehen stattfindet (Sage & Lynch, 1998).

Die *technischen Aspekte der Integration* stehen in engem Zusammenhang mit Tests und der Systemarchitektur. Horizontale Integration bezieht sich auf das Zusammenführen von für verschiedene Zwecke entwickelten Subsystemen, um eine neue Fähigkeit zu erzeugen. Im Gegensatz dazu bezieht sich vertikale Integration auf die Integration von speziell als Teile einer neuen gewünschten Fähigkeit entwickelten Subsystemen (Madni & Sievers, 2014). Die Integration von Altsystemen (siehe auch Abschn. 2.5.1) stellt eine besondere Herausforderung dar, da die verfügbare Dokumentation und Expertise begrenzt sein können und weil Fehler in einem Altsystem aufgedeckt werden können, wenn es in einem Kontext außerhalb der ursprünglichen Designabsicht und des Testprogramms verwendet wird (Madni & Sievers, 2014).

Die *Managementaspekte der Integration* sind unerlässlich, um die technische Integration zu ermöglichen und die Harmonisierung von Entscheidungen zu verschiedenen Themen und von verschiedenen Personen zu gewährleisten. Entscheidungen auf verschiedenen Ebenen einer Organisation und zu verschiedenen Zeithorizonten müssen ebenfalls integriert werden. Die Integration von Entscheidungen kann insbesondere im Design- und Entwicklungskontext eine Herausforderung sein, da verschiedene Prozessteilnehmer für verschiedene, aber oft eng miteinander verbundene Ziele verantwortlich sind und möglicherweise nur begrenzte Kenntnisse und Verständnis für die Auswirkungen von Entscheidungen auf die Ziele der anderen haben. Sie sehen das Design und seine Einschränkungen typischerweise durch verschiedene Linsen und sprechen verschiedene technische Sprachen (Bucciarelli, 2002). Verschiedene Disziplinen haben auch unterschiedliche Arbeitsweisen, die schwer zu integrieren sind – zum Zeitpunkt der Erstellung ist dies ein besonderes Problem, da zuvor mechanische Produkte zunehmend digitalisiert werden, was erfordert, dass Hardware- und Softwareingenieure trotz der Unterschiede in Prozessen und Arbeitskulturen enger zusammenarbeiten (Porter & Heppelmann, 2015). Bei groß angelegten Entwicklungsprojekten, insbesondere solchen, die stark von Lieferanten abhängig sind, ist es notwendig, Arbeiten, die in verschiedenen Arbeitsplatzkulturen durchgeführt werden, unter Verwendung verschiedener Prozesse und Informationssysteme in verschiedenen geografischen Standorten, Sprachen und Zeitzonen zusammenzubringen (Reich et al., 1999).

Zusammenfassend lässt sich sagen, dass die Bedeutung der Integration in größeren Projekten, solchen mit größerer Gleichzeitigkeit, solchen, die viele externe Lieferanten einbeziehen, und solchen, die sich mit komplexen Systemen befassen, die aufgrund ihrer Natur oder Architektur eng gekoppelt sind, zunimmt. Integration ist ein bedeutendes Anliegen in den Systemen der Systemtechnik, das darauf abzielt, bestehende Systeme zusammenzubringen, um neue Fähigkeiten zu bieten (siehe Abschn. 2.3.1). Solche Projekte werden manchmal als Integrationsprojekte bezeichnet. Je „desintegrierter" die Design- und Entwicklungsarbeit ist, desto größer ist die Bedeutung der Integration für die Projektabwicklung.

#### 2.5.3.2 Einige Auswirkungen auf den Design- und Entwicklungsprozess

Sage und Lynch (1998) schreiben, dass die Integration „in fast jeder Systemtechnikaktivität eingebettet ist" und von Anfang an im Systemtechnikprozess berücksichtigt werden muss, um sicherzustellen, dass die Spezifikationen und die Architektur eine effektive Durchführung ermöglichen. Es gibt viele Prozessimplikationen für Situationen, in denen die Integration ein bedeutender Faktor in einem Projekt ist. In Anbetracht dessen, dass viele Designfehler Subsystemschnittstellen betreffen, schreiben Madni und Sievers (2014), dass die technische Systemintegration systematische Überprüfungs- und Verifizierungsverfahren erfordert, die auf einer gründlichen Schnittstellen- und Anforderungsspezifikation basieren, insbesondere wenn ein System missionskritisch ist. So stipuliert das in der Praxis weitverbreitete systemtechnische Vee-Modell – siehe Abschn. 8.4.2.3 –, dass die Integration auf mehreren Ebenen einer Systementwicklungsbemühung erfolgen sollte, wobei Subsysteme integriert und getestet werden, bevor der Prozess auf jeder höheren Ebene der Subsystemhierarchie wiederholt wird, bis das gesamte System integriert ist. Sosa et al. (2003) stellen fest, dass der Grad, zu dem ein bestimmtes Subsystem mit anderen verbunden ist, Auswirkungen auf die benötigten Kommunikationsmuster zwischen Teams hat, um die Schnittstellen zu integrieren. Sie kommen zu dem Schluss, dass Schnittstellen, die Subsysteme betreffen, die schwach mit anderen gekoppelt sind, tendenziell mehr Managementaufmerksamkeit erfordern als solche, die integrative Systeme betreffen, und sie stellen fest, dass die Entwicklungsarbeit für Letztere von Natur aus kollaborativer ist. Insgesamt führt ein erhöhter Integrationsbedarf zu einem größeren Bedarf an Koordination und Informationsaustausch unter den Prozessteilnehmern und zu einem erhöhten Bedarf an Verhandlungen, um Probleme zu lösen, die an den Schnittstellen zwischen Menschen und zwischen Teams auftreten. Letzteres ist ein inhärent sozialer und politischer Prozess – siehe auch Abschn. 3.5.4. Im Allgemeinen ist die Integration eine „mehrdimensionale Aktivität", die auf gegenseitigem Verständnis, einer vereinenden Vision und der Bereitschaft zur Ressourcenteilung basiert (Kahn, 1996).

## 2.6 Zusammenfassung und Diskussion

Design- und Entwicklungssituationen haben viele Gemeinsamkeiten, aber auch Unterschiede, die durch ihren Kontext geprägt sind. Dies liegt daran, dass der Kontext, in dem Design und Entwicklung stattfinden, die zu berücksichtigenden Themen und ihre relative Wichtigkeit bestimmt. Dieses Kapitel hat eine Auswahl von Faktoren vorgestellt, die den Kontext von Design und Entwicklung charakterisieren, in jedem Fall einige Schlüsselthemen zusammenfassend, und eine kurze Angabe der Auswirkungen auf den Design- und Entwicklungsprozess. Unter Berücksichtigung, dass jeder Faktor ausführlich in der Forschungsliteratur behandelt wurde, wird die Diskussion jedes Faktors in diesem Kapitel durch ausgewählte Verweise auf einflussreiche Arbeiten unterstützt. Diese Verweise sind als Ausgangspunkte für weiterführende Lektüre zu den jeweiligen Themen empfohlen.

Obwohl die in diesem Kapitel diskutierten Kontextfaktoren notwendigerweise einzeln beschrieben wurden, sind sie in vielerlei Hinsicht miteinander verknüpft. Zum Beispiel wird ein groß angelegtes Design- und Entwicklungsprojekt wahrscheinlich die Entwicklung eines langlebigen Designs beinhalten, während eine zunehmende Abhängigkeit von Lieferanten Hand in Hand geht mit einem zunehmenden Bedarf an Integration. Es sollte auch beachtet werden, dass eine Situation, die von vielen stark einflussreichen Faktoren beeinflusst wird, viele Überlegungen und Kompromisse beinhaltet. Solche Situationen sind komplexer als Situationen mit weniger Faktoren im Spiel und stellen höhere Anforderungen an die Koordination und Integration der beteiligten Personen, Aufgaben und Designfragen. Schließlich sollte beachtet werden, dass der Kontext von Design und Entwicklung für jede Produktlinie oder jedes Unternehmen im Laufe der Zeit sich verändert, was entsprechende Änderungen in den Design- und Entwicklungsprozessen erfordert. Zum Beispiel gibt es derzeit einen Schwerpunkt auf zunehmende Digitalisierung in vielen Produkten und Unternehmen, was zu erheblichen Prozessänderungen führt.

Insgesamt vermittelt dieses Kapitel das breite Spektrum von Situationen, für die die in den kommenden Kapiteln zu diskutierenden Modelle, Theorien und Ansätze aufschlussreich sind.

## Literatur

Acar, O. A., Tarakci, M., & van Knippenberg, D. (2019). Creativity and innovation under con straints: A cross-disciplinary integrative review. *Journal of Management 45*(1), 96–121. https://doi.org/10.1177/0149206318805832

Alonso-Rasgado, T., Thompson, G., & Elfström, B.-O. (2004). The design of functional (total care) products. *Journal of Engineering Design, 15*(6), 515–540. https://doi.org/10.1080/09544820412331271176

Baines, T. S., Lightfoot, H. W., Evans, S., Neely, A., Greenough, R., Peppard, J. et al. (2007). State-of-the-art in product-service systems. *Proceedings of the Institution of Mechanical Engineers, Part B: Journal of Engineering Manufacture, 221*(10), 1543–1552. https://doi.org/10.1243/09544054JEM858

Baines, T. S., Lightfoot, H. W., Benedettini, O., & Kay, J. M. (2009). The servitization of manufacturing: A review of literature and reflection on future challenges. *Journal of Manufacturing Technology Management, 20*(5), 547–567. https://doi.org/10.1108/17410380910960984

Bartels, B., Ermel, U., Sandborn, P., & Pecht, M. G. (2012). *Strategies to the prediction, mitigation and management of product obsolescence*. Hoboken: Wiley. https://doi.org/10.1002/9781118275474

Boardman, J., & Sauser, B. (2006). System of systems - the meaning of of. In *2006 IEEE/SMC International Conference on System of Systems Engineering*. Los Angeles, CA, USA, 2006. https://doi.org/10.1109/SYSOSE.2006.1652284

Browning, T. R., & Honour, E. C. (2008). Measuring the life-cycle value of enduring systems. *Systems Engineering, 11*(3), 187–202. https://doi.org/10.1002/sys.20094

Bucciarelli, L. L. (2002). Between thought and object in engineering design. *Design Studies, 23*(3), 219–231. https://doi.org/10.1016/S0142-694X(01)00035-7

Buchanan, R. (2001). Design research and the new learning. *Design Issues, 17*(4), 3–23. https://doi.org/10.1162/07479360152681056

Buchanan, R. (2018). Creativity and principles in the flourishing organisation. Enterprise UX 2018, (Closing keynote), 4–22. https://www.youtube.com/watch?v=-Hlue5U88VU

Camburn, B., Viswanathan, V., Linsey, J., Anderson, D., Jensen, D., Crawford, R., Otto, K., & Wood, K. (2017). Design prototyping methods: State of the art in strategies, techniques, and guidelines. *Design Science, 3,* e13. https://doi.org/10.1017/dsj.2017.10

Cantamessa, M., & Montagna, F. (2016). *Management of innovation and product development: Integrating business and technological perspectives*. London: Springer. https://doi.org/10.1007/978-1-4471-6723-5

Cantamessa, M., Montagna, F., Altavilla, S., & Casagrande-Seretti, A. (2020). Data-driven design: The new challenges of digitalization on product design and development. *Design Science, 6*, e27. https://doi.org/10.1017/dsj.2020.25

Cardin, M.-A. (2013). Enabling flexibility in engineering systems: A taxonomy of procedures and a design framework. *Journal of Mechanical Design, 136*(1), 011005. https://doi.org/10.1115/1.4025704

Chalupnik, M. J., Wynn, D. C., & Clarkson, P. J. (2013). Comparison of ilities for protection against uncertainty in system design. *Journal of Engineering Design, 24*(12), 814–829. https://doi.org/10.1080/09544828.2013.851783

Clark, K. B. (1989). Project scope and project performance: The effect of parts strategy and supplier involvement on product development. *Management Science, 35*(10), 1247–1263. https://doi.org/10.1287/mnsc.35.10.1247

Clarkson, P. J., Coleman, R., Keates, S., & Lebbon, C. (2013). *Inclusive design: Design for the whole population*. London: Springer. https://doi.org/10.1007/978-1-4471-0001-0

De Weck, O. L., Roos, D., & Magee, C. L. (2011). *Engineering systems: Meeting human needs in a complex technological world*. Cambridge: MIT Press. https://doi.org/10.7551/mitpress/8799.001.0001

Eckert, C. M., Blackwell, A. F., Bucciarelli, L. L., & Earl, C. F. (2010). Shared conversations across design. *Design Issues, 26*(3), 27–39. https://doi.org/10.1162/DESI_a_00027

Eckert, C. M., & Clarkson, P. J. (2010). Planning development processes for complex products. *Research in Engineering Design, 21*(3), 153–171. https://doi.org/10.1007/s00163-009-0079-0

Eckert, C., & Clarkson, J. (2005). The reality of design. In Clarkson, J., & Eckert, C. (Eds.), *Design process improvement: A review of current practice* (pp. 1–29). London: Springer. https://doi.org/10.1007/978-1-84628-061-0_1

Eckert, C. M., Stacey, M., Wyatt, D., & Garthwaite, P. (2012). Change as little as possible: Creativity in design by modification. *Journal of Engineering Design, 23*(4), 337–360. https://doi.org/10.1080/09544828.2011.639299

Engel, A. (2010). *Verification, validation, and testing of engineered systems*. Hoboken, NJ: Wiley. https://doi.org/10.1002/9780470618851

Eppinger, S. D., Whitney, D. E., Smith, R. P., & Gebala, D. A. (1994). A model-based method for organizing tasks in product development. *Research in Engineering Design, 6*(1), 1–13. https://doi.org/10.1007/BF01588087

Fine, C. H., & Whitney, D. E. (1996). Is the make-buy decision process a core competence? (Tech. rep.). Boston, MA: MIT Center for Technology, Policy, and Industrial Development.

Fixson, S. K. (2007). Modularity and commonality research: Past developments and future opportunities. *Concurrent Engineering: Research and Applications, 15*(2), 85–111. https://doi.org/10.1177/1063293X07078935

Fricke, E., & Schulz, A. P. (2005). Design for Changeability (DfC): Principles to enable changes in systems throughout their entire lifecycle. *Systems Engineering, 8*(4), 342–359. https://doi.org/10.1002/sys.20039

Gershenson, J. K., Prasad, G. J., & Zhang, Y. (2003). Product modularity: Definitions and benefits. *Journal of Engineering Design, 14*(3), 295–313. https://doi.org/10.1080/0954482031000091068

Goh, Y. M., & McMahon, C. (2009). Improving reuse of in-service information capture and feedback. *Journal of Manufacturing Technology Management, 20*(5), 626–639. https://doi.org/10.1108/17410380910961028

Grieves, M., & Vickers, J. (2017). Digital twin: Mitigating unpredictable, undesirable emergent behavior in complex systems. In Kahlen, F.-J., Flumerfelt, S., & Alves, A. (Eds.), *Transdisciplinary perspectives on complex systems: New findings and approaches* (pp. 85–113). Cham: Springer. https://doi.org/10.1007/978-3-319-38756-7_4

Griffin, A. (1997). The effect of project and process characteristics on product development cycle time. *Journal of Marketing Research, 34*(1), 24–35. https://doi.org/10.1177/002224379703400103

Hallstedt, S. I., Isaksson, O., & Öhrwall Rönnbäck, A. (2020). The need for new product development capabilities from digitalization, sustainability, and servitization trends. *Sustainability,* 12(23), 10222. https://doi.org/10.3390/su122310222

Handfield, R. B., Ragatz, G. L., Petersen, K. J., & Monczka, R. M. (1999). Involving suppliers in new product development. *California Management Review, 42*(1), 59–82. https://doi.org/10.2307/41166019

Hölttä, K., Suh, E. S., & de Weck, O. (2005). Tradeoff between modularity and performance for engineered systems and products. In Samuel, A., & Lewis, W. (Eds.), *DS 35: Proceedings ICED 05, the 15th International Conference on Engineering Design, Melbourne, Australia* (pp. 449–450). The Design Society.

Hubka, V., & Eder, W. E. (1996). *Design science: Introduction to the needs, scope and organization of engineering design knowledge*. London: Springer. https://doi.org/10.1007/978-1-4471-3091-8

Hubka, V., & Eder, W. E. (1988). *Theory of technical systems: A total concept theory for engineering design*. Berlin, Heidelberg: Springer. https://doi.org/10.1007/978-3-642-52121-8

IDEO. (2015). *The field guide to human-centered design*. San Francisco: IDEO.org.

Isaksson, O., Wynn, D. C., & Eckert, C. M. (2022). Design perspectives, theories and processes for engineering systems design. In A. Maier, J. Oehmen, & P. E. Vermaas (Eds.), *Handbook of engineering systems design* (pp. 53–99). Cham: Springer. https://doi.org/10.1007/978-3-030-81159-4_3

Isaksson, O., Larsson, T. C., & Rönnbäck, A. Ö. (2009). Development of product-service systems: Challenges and opportunities for the manufacturing firm. *Journal of Engineering Design, 20*(4), 329–348. https://doi.org/10.1080/09544820903152663

Jagtap, S. (2022). Codesign in resource-limited societies: Theoretical perspectives, inputs, outputs and influencing factors. *Research in Engineering Design, 33*(2), 191–211. https://doi.org/10.1007/s00163-022-00384-1

Jiao, J., Simpson, T. W., & Siddique, Z. (2007). Product family design and platform-based product development: A state-of-the-art review. *Journal of Intelligent Manufacturing, 18*(1), 5–29. https://doi.org/10.1007/s10845-007-0003-2

Jiao, R., Commuri, S., Panchal, J., Milisavljevic-Syed, J., Allen, J. K., Mistree, F., & Schaefer, D. (2021). Design engineering in the age of industry 4.0. *Journal of Mechanical Design, 143*(7), 070801. https://doi.org/10.1115/1.4051041

Johnsen, T. E. (2009). Supplier involvement in new product development and innovation: Taking stock and looking to the future. *Journal of Purchasing and Supply Management, 15*(3), 187–197. https://doi.org/10.1016/j.pursup.2009.03.008

Jones, D., Snider, C., Nassehi, A., Yon, J., & Hicks, B. (2020). Characterising the digital twin: A systematic literature review. *CIRP Journal of Manufacturing Science and Technology, 29*, Part A, 36–52. https://doi.org/10.1016/j.cirpj.2020.02.002

Kahn, K. B. (1996). Interdepartmental integration: A definition with implications for product development performance. *Journal of Product Innovation Management, 13*(2), 137–151. https://doi.org/10.1016/0737-6782(95)00110-7

Keating, C., Rogers, R., Unal, R., Dryer, D., Sousa-Poza, A., Safford, R., Peterson, W., & Rabadi, G. (2003). System of systems engineering. *Engineering Management Journal, 15*(3), 36–45. https://doi.org/10.1080/10429247.2003.11415214

Kent, L., Snider, C., Gopsill, J., & Hicks, B. (2021). Mixed reality in design prototyping: A systematic review. *Design Studies, 77*, 101046. https://doi.org/10.1016/j.destud.2021.101046

Kouprie, M., & Visser, F. S. (2009). A framework for empathy in design: Stepping into and out of the user's life. *Journal of Engineering Design, 20*(5), 437–448. https://doi.org/10.1080/09544820902875033

Lo, C., Chen, C., & Zhong, R. Y. (2021). A review of digital twin in product design and development. *Advanced Engineering Informatics, 48*, 101297. https://doi.org/10.1016/j.aei.2021.101297

Love, T. (2002). Constructing a coherent cross-disciplinary body of theory about designing and designs: Some philosophical issues. *Design Studies, 23*(3), 345–361. https://doi.org/10.1016/S0142-694X(01)00043-6

Luo, J. (2015). The united innovation process: Integrating science, design, and entrepreneurship as sub-processes. *Design Science, 1*, e2. https://doi.org/10.1017/dsj.2015.2

Madni, A. M., & Sievers, M. (2014). Systems integration: Key perspectives, experiences, and challenges. *Systems Engineering, 17*(1), 37–51. https://doi.org/10.1002/sys.21249

Magee, C. L., & de Weck, O. L. (2004). Complex system classification. *INCOSE International Symposium, 14*, 471–488. https://doi.org/10.1002/j.2334-5837.2004.tb00510.x

Maier, A., Oehmen, J., & Vermaas, P. E. (2022). Introducing engineering systems design: A new engineering perspective on the challenges of our times. In Maier, A., Oehmen, J., & Vermaas, P. E. (Eds.), *Handbook of engineering systems design* (pp. 3–32). Cham: Springer. https://doi.org/10.1007/978-3-030-81159-4_1

Maier, M. W. (1998). Architecting principles for systems-of-systems. *Systems Engineering, 1*(4), 267–284. https://doi.org/10.1002/(SICI)1520-6858(1998)1:4<267::AID-SYS3>3.0.CO;2-D

Martin, M. V., & Ishii, K. (2002). Design for variety: Developing standardized and modularized product platform architectures. *Research in Engineering Design, 13*(4), 213–235. https://doi.org/10.1007/s00163-002-0020-2

McMahon, C. A. (2012). Reflections on diversity in design research. *Journal of Engineering Design, 23*(8), 563–576. https://doi.org/10.1080/09544828.2012.676634

Menold, J., Jablokow, K., & Simpson, T. (2017). Prototype for X (PFX): A holistic framework for structuring prototyping methods to support engineering design. *Design Studies, 50*, 70–112. https://doi.org/10.1016/j.destud.2017.03.001

Mont, O. K. (2002). Clarifying the concept of product-service system. *Journal of Cleaner Production, 10*(3), 237–245. https://doi.org/10.1016/S0959-6526(01)00039-7

Norman, D. A., & Stappers, P. J. (2015). DesignX: Complex sociotechnical systems. *She Ji: The Journal of Design, Economics, and Innovation, 1*(2), 83–106. https://doi.org/10.1016/j.sheji.2016.01.002

Norman, D. A., & Verganti, R. (2014). Incremental and radical innovation: Design research vs. technology and meaning change. *Design Issues, 30*(1), 78–96. https://doi.org/10.1162/DESI_a_00250

Onarheim, B. (2012). Creativity from constraints in engineering design: Lessons learned at Colo plast. *Journal of Engineering Design, 23*(4), 323–336. https://doi.org/10.1080/09544828.2011.631904

Pahl, G., Beitz, W., Feldhusen, J., & Grote, K. H. (2007). *Engineering design: A systematic approach*. London: Springer. https://doi.org/10.1007/978-1-84628-319-2

Pessôa, M. V. P., & Becker, J. J. (2020). Smart design engineering: A literature review of the impact of the 4th industrial revolution on product design and development. *Research in Engineering Design, 31*(2), 175–195. https://doi.org/10.1007/s00163-020-00330-z

Petersen, K. J., Handfield, R. B., & Ragatz, G. L. (2005). Supplier integration into new product development: Coordinating product, process and supply chain design. *Journal of Operations Management, 23*(3), 371–388. https://doi.org/10.1016/j.jom.2004.07.009

Pine, B. J. (1993). Mass customizing products and services. *Planning Review, 21*(4), 6–55. https://doi.org/10.1108/eb054420

Pons, D. J., & Raine, J. K. (2005). Design mechanisms and constraints. *Research in Engineering Design, 16*(1), 73–85. https://doi.org/10.1007/s00163-005-0008-9

Porter, M. E., & Heppelmann, J. E. (2015). How smart, connected products are transforming companies. *Harvard Business Review, 93*(10), 96–114.

Pugh, S. (1991). *Total design: Integrated methods for successful product engineering*. Wokingham: Addison Wesley.

Reich, Y., Konda, S., Subrahmanian, E., Cunningham, D., Dutoit, A., Patrick, R., Thomas, M., & Westerberg, A. W. (1999). Building agility for developing agile design information systems. *Research in Engineering Design, 11*(2), 67–83. https://doi.org/10.1007/PL00003884

Sage, A. P., & Lynch, C. L. (1998). Systems integration and architecting: An overview of princi ples, practices, and perspectives. *Systems Engineering*, *1*(3), 176–227. https://doi.org/10.1002/(SICI)1520-6858(1998)1:3<176::AID-SYS3>3.0.CO;2-L

Sandborn, P. (2013). Design for obsolescence risk management. *Procedia CIRP, 11*, 15–22. https://doi.org/10.1016/j.procir.2013.07.073

Sanders, E. B.-N., & Stappers, P. J. (2008). Co-creation and the new landscapes of design. *CoDesign,* 4(1), 5–18. https://doi.org/10.1080/15710880701875068

Sarkar, P., & Chakrabarti, A. (2011). Assessing design creativity. *Design Studies, 32*(4), 348–383. https://doi.org/10.1016/j.destud.2011.01.002

Scudieri, P., & Lilly, B. (2011). A constraint-based model of the design process. In A. Kovacevic, W. Ion, C. McMahon, L. Buck, & P. Hogarth (Eds.), *DS 69: Proceedings of E &PDE 2011, the*

*13th International Conference on Engineering and Product Design Education* (pp. 205–210). London, UK.

Simon, H. A. (1962). The architecture of complexity. *Proceedings of the American Philosophical Society, 106*(6), 467–482. https://www.jstor.org/stable/985254

Simpson, T. W., Maier, J. R., & Mistree, F. (2001). Product platform design: Method and application. *Research in Engineering Design, 13*(1), 2–22. https://doi.org/10.1007/s001630100002

Singh, P., & Sandborn, P. (2006). Obsolescence driven design refresh planning for sustainment dominated systems. *The Engineering Economist, 51*(2), 115–139. https://doi.org/10.1080/00137910600695643

Song, X. M., & Montoya-Weiss, M. M. (1998). Critical development activities for really new versus incremental products. *Journal of Product Innovation Management, 15*(2), 124–135. https://doi.org/10.1111/1540-5885.1520124

Sosa, M. E., Eppinger, S. D., & Rowles, C. M. (2003). Identifying modular and integrative systems and their impact on design team interactions. *Journal of Mechanical Design, 125*(2), 240–252. https://doi.org/10.1115/1.1564074

Stacey, M., & Eckert, C. M. (2010). Reshaping the box: Creative designing as constraint management. *International Journal of Product Development, 11*(3/4), 241–255. https://doi.org/10.1504/IJPD.2010.033960

Stark, R. (2022). *Virtual product creation in industry: The difficult transformation from IT enabler technology to core engineering competence*. Berlin, Heidelberg: Springer. https://doi.org/10.1007/978-3-662-64301-3

Steen, M., Manschot, M., & De Koning, N. (2011). Benefits of co-design in service design projects. *International Journal of Design, 5*(2), 53–60. http://resolver.tudelft.nl/uuid:eefaaa3c-cc7d-408e-9e00-883c6f2ccb03

Suh, N. P. (2005). Complexity in engineering. *CIRP Annals, 54*(2), 46–63. https://doi.org/10.1016/S0007-8506(07)60019-5

Tahera, K., Wynn, D. C., Earl, C., & Eckert, C. M. (2019). Testing in the incremental design and development of complex products. *Research in Engineering Design, 30*(2), 291–316. https://doi.org/10.1007/s00163-018-0295-6

Tan, A., Matzen, D., McAloone, T., & Evans, S. (2010). Strategies for designing and developing services for manufacturing firms. *CIRP Journal of Manufacturing Science and Technology, 3*(2), 90–97. https://doi.org/10.1016/j.cirpj.2010.01.001

Tao, F., Cheng, J., Qi, Q., Zhang, M., Zhang, H., & Sui, F. (2018). Digital twin-driven product design, manufacturing and service with big data. *The International Journal of Advanced Manufacturing Technology, 94*(9–12), 3563–3576. https://doi.org/10.1007/s00170-017-0233-1

Tatikonda, M. V., & Rosenthal, S. R. (2000). Technology novelty, project complexity, and product development project execution success: A deeper look at task uncertainty in product innovation. *IEEE Transactions on Engineering Management, 47*(1), 74–87. https://doi.org/10.1109/17.820727

Thoben, K.-D., Wiesner, S., & Wuest, T. (2017). "Industrie 4.0" and smart manufacturing-a review of research issues and application examples. *International Journal of Automation Technology, 11*(1), 4–16. https://doi.org/10.20965/ijat.2017.p0004

Thompson, L. (2018). Forbes. Accessed 19 Jan 2023. https://www.forbes.com/sites/lorentthompson/2018/12/19/pratt-whitneys-geared-turbofan-engine-has-had-a-very-good-year/?sh=233e08417e94

Tseng, M. M., Jiao, J., & Merchant, M. E. (1996). Design for mass customization. *CIRP Annals, 45*(1), 153–156. https://doi.org/10.1016/S0007-8506(07)63036-4

Tukker, A. (2004). Eight types of product-service system: Eight ways to sustainability? Experiences from SusProNet. *Business Strategy and the Environment, 13*(4), 246–260. https://doi.org/10.1002/bse.414

Tukker, A. (2015). Product services for a resource-efficient and circular economy - a review. *Journal of Cleaner Production, 97*, 76–91. https://doi.org/10.1016/j.jclepro.2013.11.049

Ulrich, K. T., Eppinger, S. D., & Yang, M. C. (2020). *Product design and development* (7th ed.). New York: McGraw-Hill.

Ulrich, K. (1995). The role of product architecture in the manufacturing firm. *Research Policy, 24*(3), 419–440. https://doi.org/10.1016/0048-7333(94)00775-3

Ulrich, K. T., & Ellison, D. J. (2005). Beyond make-buy: Internalization and integration of design and production. *Production and Operations Management, 14*(3), 315–330. https://doi.org/10.1111/j.1937-5956.2005.tb00027.x

Valencia, A., Mugge, R., Schoormans, J. P. L., & Schifferstein, H. N. J. (2015). The design of smart product service systems (PSSs): An exploration of design characteristics. *International Journal of Design, 9*(1), 13–28.

Visser, W. (2009). Design: One, but in different forms. *Design Studies, 30*(3), 187–223. https://doi.org/10.1016/j.destud.2008.11.004

von Hippel, E. (1988). *The sources of innovation.* New York: Oxford University Press.

Whitney, D. E. (1996). Why mechanical design cannot be like VLSI design. *Research in Engineering Design, 8*(3), 125–138. https://doi.org/10.1007/BF01608348

Wu, D., Rosen, D. W., Wang, L., & Schaefer, D. (2015). Cloud-based design and manufacturing: A new paradigm in digital manufacturing and design innovation. *Computer-Aided Design, 59*, 1–14. https://doi.org/10.1016/j.cad.2014.07.006

Zhou, F., Ji, Y., & Jiao, R. J. (2013). Affective and cognitive design for mass personalization: Status and prospect. *Journal of Intelligent Manufacturing, 24*(5), 1047–1069. https://doi.org/10.1007/s10845-012-0673-2

Zolghadri, M., Addouche, S.-A., Baron, C., Soltan, A., & Boissie, K. (2021). Obsolescence, rarefaction and their propagation. *Research in Engineering Design, 32*(4), 451–468. https://doi.org/10.1007/s00163-021-00372-x

Zsidisin, G. A., & Smith, M. E. (2005). Managing supply risk with early supplier involvement: A case study and research propositions. *Journal of Supply Chain Management,* 41(4), 44–57. https://doi.org/10.1111/j.1745-493X.2005.04104005.x.

# Metaphern für den Design- und Entwicklungsprozess

# 3

**Zusammenfassung**

Der Design- und Entwicklungsprozess findet in Systemen menschlicher Aktivität statt. Als solcher wird er nur durch bestimmte Weltanschauungen wahrgenommen, wobei jede einige Aspekte hervorhebt, während sie andere vereinfacht und untergehen lässt. Eine Reihe von Prozessmetaphern steht zur Verfügung, um über einen Design- und Entwicklungsprozess nachzudenken, der verschiedene Weltanschauungen widerspiegelt, die unterschiedliche und ergänzende Erkenntnisse liefern. Dieses Kapitel diskutiert einige der gebräuchlichsten Prozessmetaphern und die Erkenntnisse, die aus jeder gewonnen werden können. Die Anerkennung der Bandbreite möglicher Metaphern kann zu einem ganzheitlicheren Verständnis einer Prozesssituation führen als die Wahrnehmung durch eine einzige Linse allein.

**Schlüsselwörter**

Design und Entwicklung · Prozessmetaphern · Konzeptuelles Rahmenwerk

## 3.1 Einführung

Ein Design- und Entwicklungsprozess kann auf verschiedene Weisen wahrgenommen und analysiert werden – das heißt durch die Annahme verschiedener *Prozessmetaphern*. Beispielsweise kann ein Prozess in Bezug auf die zu erledigenden Aufgaben beschrieben oder als designerisches Unterfangen gewürdigt werden, unter anderen Möglichkeiten. Bei der Wahl eines bestimmten Modells, einer Theorie oder eines Ansatzes zum Verstehen, Kommunizieren, Entwerfen oder Verbessern eines Prozesses wird auch implizit oder explizit eine Metapher oder eine Kombination von Metaphern angenommen. Jede Prozessmetapher



D. Wynn und P. Clarkson, *Der Design- und Entwicklungsprozess*,
https://doi.org/10.1007/978-3-031-83083-9_3

bietet potenzielle Vorteile für die Entwicklung von Einsichten, hat aber auch Einschränkungen und lenkt die Aufmerksamkeit von Problemen ab, die nicht gut in sie passen.

Dieses Kapitel führt ein neues konzeptionelles Rahmenwerk ein, das zehn Prozessmetaphern entlang zweier Dimensionen in Beziehung setzt. Das Rahmenwerk wird in Abschn. 3.2 skizziert. Die zehn Metaphern zur Wahrnehmung von Design- und Entwicklungsprozessen, das heißt die zehn zugrunde liegenden Ansichten darüber, was ein solcher Prozess ist, werden dann eine nach der anderen in den Abschn. 3.3–3.5 diskutiert. Abschn. 3.6 fasst die wichtigsten Vorteile jeder Prozessmetapher zusammen und gibt ausgewählte Modelle, Theorien und Ansätze an, die jede von ihnen veranschaulichen.

## 3.2 Konzeptionelles Rahmenwerk

Das neue Rahmenwerk, dargestellt in Abb. 3.1, umfasst zehn Prozessmetaphern, die entlang zweier Dimensionen organisiert sind. Die erste Dimension wird als Spalten in Abb. 3.1 dargestellt und umfasst drei Kategorien:

- *Systemorientierte Prozessmetaphern* – Dargestellt in der äußersten linken Spalte von Abb. 3.1, stellen diese Metaphern den Design- und Entwicklungsprozess aus systemischen Blickwinkeln dar: (1) als eine Möglichkeit, Design und Entwicklung als ein

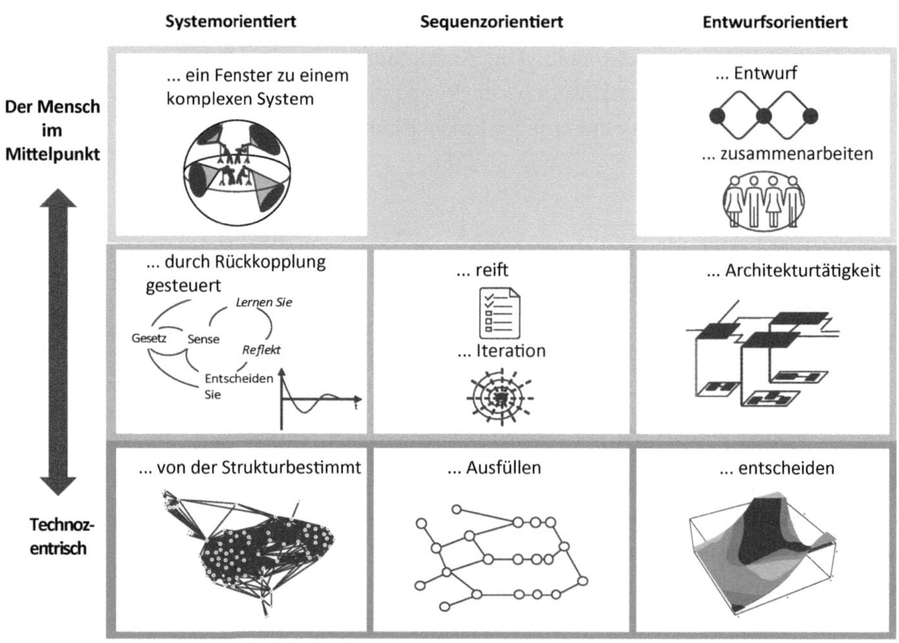


**Abb. 3.1** Zehn Metaphern für den Design- und Entwicklungsprozess

komplexes System zu würdigen, (2) als hauptsächlich durch Feedback-Schleifen gesteuert und (3) als hauptsächlich durch die Muster der Verbindung zwischen seinen Elementen wie Aufgaben, Informationen und Menschen gesteuert.
- *Sequenzorientierte Prozessmetaphern* – Dargestellt in der zentralen Spalte von Abb. 3.1, konzentrieren sich diese Metaphern darauf, wie Design und Entwicklung voranschreiten, indem: (4) eine Reihe von verwandten Aufgaben abgeschlossen wird, (5) Aufgaben oder Probleme auf iterative Weise angegangen werden und (6) die Reife des Designs schrittweise erhöht wird.
- *Designorientierte Prozessmetaphern* – Dargestellt in der äußersten rechten Spalte von Abb. 3.1, stellen diese den Design- und Entwicklungsprozess dar, indem sie Designsituationen angehen, indem: (7) bestimmte Denkweisen und Denkmodi verwendet werden, (8) in Designteams zusammengearbeitet wird, (9) die Struktur von Lösungen konzipiert wird und (10) Entscheidungen getroffen werden.

Die zweite Dimension des Rahmenwerks, dargestellt als die Zeilen in Abb. 3.1, spiegelt die Tatsache wider, dass Design und Entwicklung sowohl menschliche als auch technische Überlegungen beinhalten. Dementsprechend ordnen die Zeilen die zehn Prozessmetaphern nach dem Grad, in dem jede eine menschenzentrierte oder eine technozentrierte Perspektive bietet oder eine Kombination von beiden. Mehr menschenzentrierte Metaphern betonen Individuen, ihre Fähigkeiten und ihre Rollen als bewusste, reflektierende Teilnehmer am Design- und Entwicklungsprozess, während mehr technozentrierte Metaphern von den beteiligten Personen abstrahieren.

Die folgenden Abschnitte diskutieren jede Prozessmetapher im Rahmenwerk und gehen dabei die Spalten in Abb. 3.1 von links nach rechts durch.

## 3.3 Systemorientierte Metaphern

Systemorientierte Metaphern bieten Ansichten des Design- und Entwicklungsprozesses auf relativ hohen Abstraktionsebenen und Allgemeinheitsgraden. Die folgenden Abschnitte arbeiten von oben nach unten die äußerste linke Spalte von Abb. 3.1 durch: den Design- und Entwicklungsprozess als *ein Fenster auf ein komplexes System* (Abschn. 3.3.1), als *gesteuert durch Feedback* (Abschn. 3.3.2) und als *gesteuert durch Struktur* (Abschn. 3.3.3).

### 3.3.1 Prozess als … ein Fenster auf ein komplexes System

Design- und Entwicklungssituationen können als menschliche Aktivitätssysteme betrachtet werden, wie in Kap. 1 diskutiert. Hervorragende Einführungen in Systemkonzepte im Allgemeinen, aus zwei recht unterschiedlichen Perspektiven, finden sich in Meadows (2008) und Checkland (2000). Die folgenden Absätze führen eine Auswahl von Systemkonzepten ein, die für Design- und Entwicklungssituationen relevant sind, bevor sie skizzieren, wie Prozesse als Linsen zur Würdigung komplexer Systeme betrachtet werden können.

**Grundlegende Systemkonzepte** In einem Design- und Entwicklungskontext kann ein System als eine Sammlung von voneinander abhängigen Elementen betrachtet werden, die für einen Zweck entworfen oder beeinflusst wurden. Beispielsweise ist ein Entwicklungsprojekt eine Art von System, das absichtlich und zweckmäßig strukturiert ist, um ein neues Produkt zu liefern, das bestimmte Bedürfnisse erfüllt, innerhalb einer bestimmten Zeit und eines bestimmten Budgets. Solche Systeme haben Eigenschaften, die aus den Interdependenzen zwischen den Elementen sowie aus den Elementen selbst entstehen – mit anderen Worten, diese *systemischen Eigenschaften* sind nicht einzigartig von einem einzelnen Element abhängig. Beispiele für systemische Eigenschaften von Design- und Entwicklungsprojekten sind Agilität, Effizienz und Designqualität.

Es ist üblich, Systeme in einem Design- und Entwicklungskontext als *komplex* zu beschreiben (siehe auch Abschn. 2.3.1). Es gibt viele Definitionen und Perspektiven zur Design- und Entwicklungskomplexität (ElMaraghy et al., 2012; Maurer, 2017). Zusammenfassend hängt die *strukturelle Komplexität* von der Anzahl und Vielfalt der Elemente in einem System, der Anzahl und Vielfalt der Verbindungen, dem Muster der Verbindungen und den Komplexitäten der einzelnen Elemente und Verbindungen selbst ab. Zum Beispiel wird ein Projekt mit vielen Teammitgliedern und vielen Disziplinen als komplexer angesehen als ein Projekt, das nur wenige Personen umfasst. Menschliche Aktivitätssysteme wie Projekte entwickeln sich im Laufe der Zeit und haben daher auch eine *dynamische Komplexität.* Ein System mit komplexer Dynamik hat in der Regel unvollkommene und nicht sofortige Informationsübertragung zwischen den Systemelementen sowie Zyklen, in denen die Eingaben zu den Systemelementen von ihren früheren Ausgaben beeinflusst werden. Eine Auswirkung dieser Rückkopplungsschleifen ist, dass Ereignisse in einem komplexen System, wie einem Design- und Entwicklungsprojekt, nicht durch einfache Sequenzen von Ursache und Wirkung erzeugt werden und daher schwer vorherzusagen sind. Die scheinbare Komplexität eines Systems hängt auch vom Standpunkt des Beobachters ab – wie sie die Grenze eines Systems bestimmen und wie sie es in Elemente und Beziehungen zerlegen.

Eine weitere wichtige Eigenschaft von Systemen, die mit der Komplexität zusammenhängt, ist die *Emergenz,* die sich auf systemische Eigenschaften und Verhaltensweisen bezieht, die nicht leicht vorhergesagt werden können. Manchmal wird zwischen Folgenden unterschieden:

- *Schwache Emergenz* – bezieht sich auf Situationen, in denen die systemischen Eigenschaften im Prinzip aus der Kenntnis der Teile, Interaktionen und Umweltbedingungen berechnet werden könnten, aber in der Praxis die notwendigen Informationen, Analysetools oder Zeit möglicherweise nicht verfügbar sind. Zum Beispiel können die Schwingungseigenschaften einer komplexen mechanischen Baugruppe als schwach emergent beschrieben werden.

- *Starke Emergenz* – bezieht sich auf Situationen, in denen die systemischen Eigenschaften auch im Prinzip nicht berechnet werden können. Die Entwicklung von Designideen in einem Team von zusammenarbeitenden Designern während eines Projekts kann als stark emergent betrachtet werden.

Insgesamt können Design- und Entwicklungssituationen als komplexe Systeme mit emergenten Dynamiken betrachtet werden, die daher schwer zu verstehen, vorherzusagen, zu beeinflussen und zu gestalten sind.

Genauer gesagt, ist eine Design- und Entwicklungssituation wie ein Projekt eine Art *soziales System*, das heißt ein System, das menschliche Teilnehmer beinhaltet, die die Situation aus der Sicht ihrer eigenen Interaktionen damit wahrnehmen. Soziale Systeme sind aus mehreren Gründen von Natur aus komplex. Sie sind selbstorganisierend und selbststeuernd, sodass sich ihre Zusammensetzung, Struktur und Ziele im Laufe der Zeit ändern. Sie können nicht objektiv beobachtet werden, sondern nur aus der Sicht bestimmter Individuen wahrgenommen werden, die von den jeweiligen Referenzrahmen beeinflusst werden, die sie jeweils verwenden. Darüber hinaus unterliegen soziale Systeme den bewussten Entscheidungen ihrer Teilnehmer, die von ihren idiosynkratischen Zielen und mentalen Modellen dieser Situationen beeinflusst werden. Daher ist es nicht möglich vorherzusagen, wie ein Individuum ein solches System wahrnehmen wird und wie es sich dazu entscheiden wird, darauf oder auf Veränderungen darin zu reagieren. Soziale Systeme werden von ihren Teilnehmern geschaffen, leiten sie aber auch dazu an, auf bestimmte Weise zu handeln. Zum Beispiel kann man sagen, dass eine Organisation eine bürokratische oder meritokratische Kultur hat, die das kollektive Verhalten von Individuen widerspiegelt, aber auch das Verhalten von Individuen beeinflusst. All diese Faktoren legen nahe, dass die Entwicklung komplexer sozialer Systeme, wie Design- und Entwicklungsprojekte, nicht leicht vorhergesagt werden kann – als Ergebnis sind Eingriffe in diese Systeme besonders schwer zu gestalten.

Insgesamt betont eine systemische Perspektive auf eine Design- und Entwicklungssituation das Bewusstsein für die Interdependenz zwischen den Teilen der Situation sowie die Beobachterabhängigkeit. Sie erkennt an, dass Entscheidungen, die einen Aspekt der Situation betreffen, wahrscheinlich Auswirkungen auf andere Aspekte haben, wobei diese Auswirkungen nach einiger Zeit auftreten und durch interagierende Rückkopplungsschleifen gesteuert werden, die komplexe Dynamiken verursachen. Sie erkennt an, dass die Entwicklung der Situation und die Art und Weise, wie die Teilnehmer sie wahrnehmen und mit ihr interagieren, nicht vollständig vorhergesagt werden können. Sie erkennt auch an, dass Systemgrenzen an verschiedenen Stellen gezogen werden können und Elemente und ihre Beziehungen auf unterschiedliche Weise wahrgenommen werden können, abhängig von den Standpunkten der Beobachter und ihrem Zweck, die Situation zu beschreiben und zu analysieren.

**Prozesse als Ansichten auf ein komplexes System schätzen** Systemkonzepte, einschließlich der oben kurz skizzierten, untermauern die Metapher, dass Prozesse *Linsen sind, durch die die komplexen Systeme, in denen Design und Entwicklung stattfinden,* *eingeschätzt werden*, insbesondere mit Fokus darauf, wie Ereignisse und Veränderungen in diesen Systemen auf zielgerichtete und selbstorganisierende Weise ablaufen. Die Prozesslinse betont, wie ein Design im Laufe der Zeit erstellt wird und wie sich die Designsituation im Laufe der Zeit ändert. Sie ist besonders wertvoll, wenn man bedenkt, wie Ziele erreicht werden sollen, und wenn man Design- und Entwicklungsprobleme in Betracht zieht, die eng mit der Zeit verbunden sind.

Insgesamt setzt die Annahme dieser Metapher, wenn man eine Situation in Bezug auf Prozesse betrachtet, einen Schwerpunkt auf das Verständnis des Kontexts dieser Prozesse, die Erkenntnis, dass jede Ansicht nur teilweise ist, und die Wertschätzung, dass auch andere Perspektiven auf die Situation existieren. Die Metapher spiegelt sich hauptsächlich in menschenzentrierten und qualitativen Modellen, Theorien und Ansätzen wider wie dem Systemdenken (diskutiert in Abschn. 8.2.1) und dem Erstellen von Rich-Picture-Diagrammen (diskutiert in Abschn. 9.4.1).

## 3.3.2 Prozess als … durch Feedback gesteuert

Die zweite systemorientierte Metapher, die diskutiert werden soll, in der mittleren Zelle der linken Spalte von Abb. 3.1, konzentriert sich auf *Feedback* als das Hauptproblem, das einen Design- und Entwicklungsprozess steuert. Feedback ist ein allgemeines Phänomen in dynamischen Systemen, auf das zwei Hauptperspektiven eingenommen werden können:

- *Kreisförmige Einflussflüsse* – Nach dieser Perspektive kann Feedback wahrgenommen werden, wo immer der Ausgang eines Prozesses später seinen Eingang beeinflusst, direkt oder indirekt.
- *(Selbst)regulation oder kybernetische Steuerung* – Hier beschreibt der Begriff Situationen, in denen zielgerichtetes Handeln, ermöglicht durch kreisförmige Einflussflüsse, dazu dient, die Lücke zwischen dem wahrgenommenen Zustand eines Systems und einem gewünschten Zustand zu verringern.

Wie beide obigen Definitionen nahelegen, beinhalten Rückkopplungsschleifen Prozesse und unterscheiden sich von wechselseitigen Abhängigkeiten, die kein zeitveränderliches Verhalten erzeugen. Zum Beispiel sind die Kräfte, die auf eine Schraube wirken, wechselseitig abhängig von denen, die auf eine angebrachte und festgezogene Mutter wirken, aber in Abwesenheit eines sich entfaltenden Prozesses sollte diese Situation nicht als Feedback zwischen der Schraube und der Mutter beschrieben werden. Rückkopplung *verbindet Verhaltensweisen* eines Systems und seiner verschiedenen Teile, sodass es eine willkürliche Unterscheidung ist, welcher Teil kontrolliert wird und welcher der Kontrolleur ist. Ein klassisches Beispiel ist ein Haushaltsthermostat: Der Thermostat kontrolliert die Temperatur eines Raumes und ist für diesen Zweck konzipiert – doch es könnte ebenso gesagt werden, dass die Raumtemperatur die Funktion des Thermostats steuert.

Der Schwerpunkt einer Feedback-Perspektive liegt daher darauf, wie sich ein System im Laufe der Zeit entwickelt. In menschlichen Aktivitätssystemen wie Design- und Entwicklungsprojekten wird Feedback oft mit wünschenswerter *Kontrolle und Stabilisierung* und mit *Tugend- und Teufelskreisläufen* in Verbindung gebracht, die zu Verstärkung oder Rückgang von Eigenschaften und Verhaltensweisen führen, die entweder wünschenswert oder unerwünscht sein können. Rückkopplung spielt auch eine wichtige Rolle in der Art und Weise, wie Individuen *zusammenarbeiten und kommunizieren*. Insbesondere passt jede Person, die an einem sozialen System wie dem Designprozess teilnimmt, ihre Arbeit und ihr Verständnis der Situation an, indem sie die anderen beobachtet und mit ihnen kommuniziert, wodurch ein komplexes Netzwerk von Feedback-Schleifen entsteht.

Eine Vielzahl von interagierenden, daher voneinander abhängigen Rückkopplungsprozessen kann in jedem Design- und Entwicklungsprojekt wahrgenommen werden (Wynn & Maier, 2022). Solche Prozesse werden allgemein als wünschenswert angesehen. Zum Beispiel erzeugen Berechnungen, Simulationen und Tests Informationen, auf deren Grundlage ein entstehendes Design angepasst wird (Ahmed et al., 2003). Manager können beobachten, wenn ein Projekt hinter dem Zeitplan zurückbleibt, und Maßnahmen ergreifen, um zu versuchen, es wieder aufzuholen (Reichelt & Lyneis, 1999). Von Produkten im Einsatz gesammelte Daten werden verwendet, um zukünftige Produktgenerationen zu verbessern und, zunehmend, um Produkte, die bereits im Feld sind, durch Software-Updates und datengetriebene Funktionen zu verbessern (Li et al., 2019). Rückkopplung ist auch in der menschenzentrierten Gestaltung unerlässlich, denn „ohne ehrliches, umsetzbares Feedback von Menschen werden wir nicht wissen, wie wir unsere Ideen vorantreiben können" (IDEO, 2015). Viele in späteren Kapiteln dieses Buches diskutierte Modelle des Design- und Entwicklungsprozesses empfehlen häufiges und schnelles Feedback als Strategie zur Reduzierung des Umfangs von Nacharbeitsschleifen, zur Gestaltung in einem komplexen und sich schnell verändernden Kontext und zur Sicherstellung, dass ein entstehendes Produkt die mehrdeutigen Bedürfnisse der Stakeholder erfüllen wird. Weitere Beispiele für Rückkopplung in Design- und Entwicklungssituationen können leicht identifiziert werden.

Es gibt zwei Hauptperspektiven auf Feedback in Design- und Entwicklungssituationen (Wynn & Maier, 2022):

- *Technozentrische Ansichten* – behandeln Feedback-Situationen im Wesentlichen analog zu einem *Servomechanismus* wie einem Watt-Regler oder anderen technischen Steuerungssystemen. Ein Vorteil solcher Ansichten ist, dass sie modellbasierte Analysen von Design- und Entwicklungs-Feedback-Situationen bieten, in einigen Fällen die Entwicklung quantitativer Erkenntnisse ermöglichen, die Prozessverbesserungen unterstützen könnten (Wynn & Maier, 2022). Dies wird beispielsweise im Systemdynamik-Modellierungsansatz veranschaulicht, wenn er zur Analyse von Produktentwicklungsprojekten angewendet wird (zum Beispiel Lyneis & Ford, 2007, siehe Abschn. 9.4.4.3).

- *Menschenzentrierte Ansichten* – konzentrieren sich auf den Prozessteilnehmer als einen *bewussten, reflektierenden Einzelnen*, der durch gezielte Teilnahme an Feedback-Systemen über den Designkontext lernt und diesen beeinflusst. Dies wird in Arbeiten zur Designkybernetik veranschaulicht (siehe zum Beispiel Fischer und Herr, 2019). Solche Ansichten bieten reiche qualitative Einblicke und resonieren stark mit dem Design aufgrund ihres Fokus auf Co-Evolution, wünschenswerter Emergenz und grundlegend darauf, wie Wissen durch Feedback-Prozesse konstruiert wird (Wynn & Maier, 2022).

Die konzeptuellen Unterschiede zwischen diesen beiden Perspektiven, zusammen mit einigen Vorteilen und Einschränkungen jeder Perspektive, werden in Tab. 3.1 erweitert.

Neben ihrer Allgegenwärtigkeit und häufigen Empfehlung im Design- und Entwicklungsprozess kann Rückmeldung problematisch sein, da sie ein bedeutender Treiber von *dynamischer Komplexität* in solchen Prozessen ist. Zum Beispiel tragen Verzögerungen im Informationsfluss und eine unvollkommene Ausrichtung zwischen Zielen zu komplexen emergenten Dynamiken bei, wenn Rückmeldesysteme miteinander gekoppelt sind. Wenn Design- und Entwicklungssituationen strukturell komplexer werden, mehr Teilnehmer, Designprobleme und Abhängigkeiten involvieren, können in der Regel mehr Rückkopplungsschleifen innerhalb von ihnen gefunden werden (Maurer 2017). Rückkopplungsschleifen können auch traditionelle Prozessgrenzen und Verantwortlichkeiten überschreiten, zum Beispiel indem sie Einzelpersonen mit Teams und technisches Design mit Prozessmanagement verbinden (Wynn & Maier, 2022). Eine besondere Herausforderung bei groß angelegtem Design und groß angelegter Entwicklung besteht darin, dass es Abhängigkeiten zwischen den Entscheidungen verschiedener Personen gibt, bei denen miteinander verbundene Rückkopplungsschleifen, die verschiedene Teile einer Organisation durchqueren, Entscheidungen auslösen, die Nachwirkungen haben können, die Absichten entgegenwirken und verwirren (Senge 1990).

Insgesamt kann die Betrachtung von Prozessen als von Rückkopplungsschleifen gesteuert eine nützliche Perspektive bieten, um Design- und Entwicklungssituationen ganzheitlich als *miteinander verbundene und komplexe dynamische Systeme* wahrzunehmen und zu analysieren. Gleichzeitig ist diese Prozessmetapher hoch konzeptionell. Während einige Aspekte in praktischen Ansätzen und Methoden wie Systemdynamikmodellierung und das Erstellen von Kausalschleifendiagrammen widergespiegelt werden (zum Beispiel Lyneis & Ford, 2007; Meadows, 2008; Senge, 1990), erfordern andere wie Designkybernetik (zum Beispiel Fischer & Herr, 2019; Glanville, 2007a) eine erhebliche Interpretation zur Anwendung.

### 3.3.3 Prozess als … strukturgesteuert

Die dritte systemorientierte Metapher, die diskutiert werden soll, in der unteren Zelle der linken Spalte von Abb. 3.1, betrachtet einen Design- und Entwicklungsprozess als

**Tab. 3.1** Zusammenfassung der technozentrischen und menschenzentrierten Sichtweisen auf Feedback-Systeme im Design- und Entwicklungsprozess. Mit geringfügigen Änderungen reproduziert von Wynn und Maier (2022) unter der Lizenz CC-BY 4.0 (http://creativecommons.org/licenses/by/4.0/)

| Technozentrische Perspektiven auf den Design- und Entwicklungsprozess, der durch Feedback gesteuert wird | Humanzentrische Perspektiven auf den Design- und Entwicklungsprozess, der durch Feedback gesteuert wird |
|---|---|
| Schwerpunkt auf System mit menschlichen Teilnehmern | Schwerpunkt auf Einzelpersonen als Systemteilnehmer |
| Objektivistische Weltanschauung – Feedback im Design- und Entwicklungsprozess wird analog zu physischen Feedback-Prozessen betrachtet, die Feedback-Systeme sollen entworfen werden oder sind "da draußen", um modelliert und verbessert zu werden | Konstruktivistische Weltanschauung – Design- und Entwicklungs-Feedback-Systeme werden von ihren Teilnehmern und in den Köpfen der Beobachter konstruiert – sie werden auf unterschiedliche Weise wahrgenommen |
| Vorschlag fester Strukturen von Feedback-Zyklen | Vorschlag fließender und subjektiver Feedback-Strukturen |
| Feedback-Informationen sind quantitativ und objektiv | Feedback-Informationen beinhalten Interpretation |
| Fokus auf Zielverfolgung und Unsicherheitsabsorption | Fokus darauf, wie Feedback das Wissen ermöglicht |
| Emergenz entsteht aus interagierenden Schleifen, Verzögerungen und unvollständigen Informationen – ist unerwünscht | Emergenz entsteht aus co-evolvierenden mentalen Modellen und Zielen und ist oft wünschenswert |
| Besondere Resonanz mit Ingenieurdesign- und Managementprozessen, bei denen es darum geht, zu kontrollieren, Unsicherheit zu absorbieren und auf eine Lösung hinzuarbeiten | Besondere Resonanz mit designerischer Aktivität aufgrund des Schwerpunkts auf situationsabhängiger und individueller Erfahrung, und weil neue Konzepte durch Design "konstruiert" werden |
| *Modellbasierte Ansätze erleichtern die Anwendung* | *Diskursive Ansätze bieten reiche Einblicke* |
| *... Aber wie gut lassen sich diese Perspektiven auf fließende, kreative und emergente Design- und Entwicklungssituationen anwenden?* | *... Aber wie kann die Theorie interpretiert werden, um die Design- und Entwicklungspraxis zu informieren?* |

hauptsächlich gesteuert durch die *Verbindungsmuster* unter den Elementen der zugrunde liegenden Systeme. Diese Metapher hält fest, dass die Art und Weise, wie ein Prozess sich entfaltet, in großem Maße durch die Verbindungsmuster unter Aufgaben, Prozessteilnehmern, Teilen des zu entwickelnden Systems und anderen Bereichen bestimmt wird. Die Verhaltensweisen von Elementen oder von einzelnen Interaktionen werden als von geringerer Bedeutung als diese strukturellen Muster behandelt. Zum Beispiel wenden Kreimeyer und Lindemann (2011) diese Metapher an, indem sie das Lieferergebnis identifizieren, das in den meisten Zyklen in einem technischen Designaufgabennetzwerk beteiligt ist, und schlussfolgern, dass es wahrscheinlich wichtig ist (Abb. 3.2).

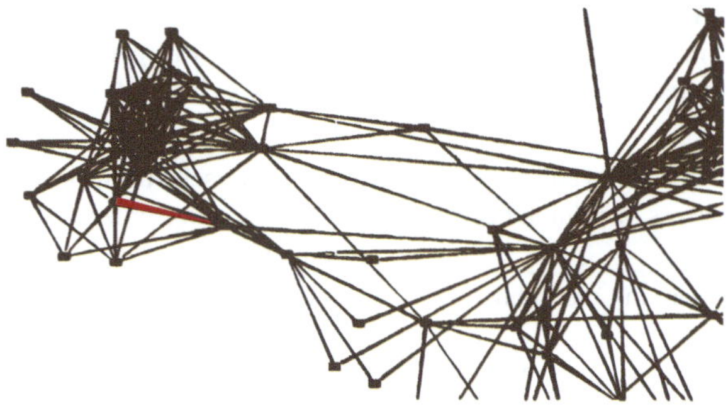

**Abb. 3.2** Aufgabennetzwerk, das eine strukturelle Perspektive auf einen Designprozess darstellt. Der Informationsfluss, der an der größten Anzahl von Zyklen teilnimmt, ist hervorgehoben. (*Reproduziert von* Kreimeyer und Lindemann (2011) *Complexity metrics in engineering design, Springer, S. 207, mit Genehmigung von Springer Nature*)

Braha und Bar-Yam (2007) illustrieren die Bedeutung der Struktur eines Prozesses für sein dynamisches Verhalten in ihrer Untersuchung der statistischen Mechanik von Produktentwicklungsnetzwerken. Sie stellen fest, dass solche Netzwerke ähnliche statistische Eigenschaften haben, insbesondere Potenzgesetzverteilungen aufweisen und kleine Weltstrukturen haben. Eine *Potenzgesetzverteilung* bedeutet, dass eine sehr kleine Anzahl von Knoten viele Verbindungen zu anderen Knoten im Netzwerk hat, während die Mehrheit der Knoten sehr schwach verbunden ist. Diese Eigenschaft wurde in vier großen Produktentwicklungsaufgabennetzwerken in verschiedenen Branchen bestätigt, die von Braha und Bar-Yam (2006) analysiert wurden. Eine *kleine Weltstruktur* bedeutet, dass jeder Knoten von jedem anderen Knoten aus erreicht werden kann, indem nur eine kleine Anzahl von Pfaden durchquert wird. In einem Produktentwicklungsaufgabennetzwerk könnte dies zum Beispiel bedeuten, dass eine in einer Aufgabe induzierte Änderung wahrscheinlich auf viele andere Aufgaben übertragen wird. Diese Netzwerkeigenschaften führen zu dynamischen Verhaltensweisen, die im Design- und Entwicklungsprozess wichtig sind (Braha & Bar-Yam, 2007). Zum Beispiel sind die wenigen stark verbundenen Aufgaben hoch anfällig für Designiterationen, während der Prozess als Ganzes widerstandsfähig gegen Störungen oder Probleme ist, die bei den meisten Aufgaben einzeln auftreten. Die Metapher für den Design- und Entwicklungsprozess als gesteuert durch die Struktur eines komplexen Netzwerks wird auch von Ansätzen für *Netzwerkvisualisierung* angesprochen, um einen Überblick zu gewinnen (zum Beispiel Štorga et al., 2021).

Ein Vorteil dieser Metapher ist, dass sie es ermöglicht, relativ einfach Erkenntnisse über einen komplexen Prozess aus Daten über die Konnektivität zu ziehen, auch wenn detaillierte Informationen über die einzelnen Elemente und Beziehungen nicht verfügbar sind. Knoten im Netzwerk, die besonders wichtig sein könnten oder anfällig für Probleme sind, können schnell identifiziert und für weitere Analysen priorisiert werden.

Allerdings abstrahiert die Metapher auch von vielen der spezifischen Probleme und Feinheiten, die wichtig sein könnten, wenn man versucht, reale Design- und Entwicklungsprozesse zu managen oder zu verbessern.

## 3.4 Ablauforientierte Metaphern

Dieser Abschnitt geht weiter zur zweiten Spalte von Abb. 3.1 und diskutiert Prozessmetaphern, die Design und Entwicklung als Sequenzen von Aufgaben oder Schritten darstellen. Drei eng verwandte Metaphern werden diskutiert: Design- und Entwicklungsprozess als *Abschluss* von Aufgaben (Abschn. 3.4.1), als *Iteration* (Abschn. 3.4.2) und als fortschreitende *Reifung* von Designs und Designinformationen (Abschn. 3.4.3).

### 3.4.1 Prozess als … Abschluss

Eine der häufigsten Metaphern für einen Design- und Entwicklungsprozess ist die als *Abschluss von Aufgaben.* Die Aufgaben werden üblicherweise in Bezug auf ihre Eingabe- und Ausgabeinformationen oder als Informationsabhängigkeitsverbindungen definiert, die festlegen, wie sie eine *Aufgabensequenz* oder allgemeiner ein *Aufgabennetzwerk* bilden. Bei Design- und Entwicklungsprozessen ist es auch üblich, potenzielle *Rückkopplungen* zwischen den Aufgaben einzubeziehen, die die Möglichkeit für Iterationen darstellen.

Modelle, Theorien und Ansätze, die diese Metapher widerspiegeln, reichen von vorschreibenden Modellen, wie Design und Entwicklung durchgeführt werden sollten, über konzeptionelle Modelle der spezifischen logischen und argumentativen Schritte, die während des Designs erforderlich sind, bis hin zu Ansätzen zur Modellierung, Analyse und Verbesserung spezifischer Design- und Entwicklungsprozesse. Viele werden in späteren Kapiteln dieses Buches beschrieben.

Wenn ein Prozess in Bezug auf Aufgaben und Abhängigkeiten modelliert wird, hat jedes gegebene Aufgabenpaar eine von vier Arten von Beziehungen, die *die Sequenzen bestimmen*, in denen die Aufgaben versucht werden können – die ersten drei sind in Abb. 3.3 dargestellt:

- *Abhängige Aufgaben* – sollten in einer bestimmten Reihenfolge versucht werden, um unnötige Annahmen und Nacharbeiten zu vermeiden.
- *Unabhängige Aufgaben* – können in beliebiger Reihenfolge oder parallel versucht werden.
- *Interdependente Aufgaben* – sind in einem Zyklus verbunden, sodass der Ausgang jeder Aufgabe den Eingang der anderen beeinflusst.

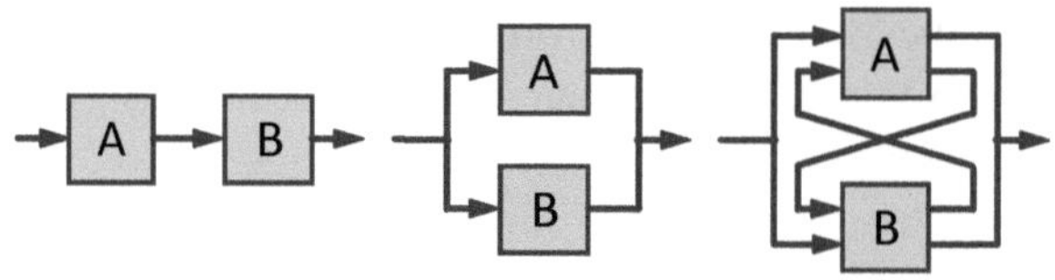


**Abb. 3.3** Drei mögliche Kopplungen von zwei Designaufgaben. (*Reproduziert von* Eppinger et al. (1994) *A model-based method for organizing tasks in product development. Res Eng Des 6:1 mit Genehmigung von Springer Nature*)

- *Überlappende Aufgaben* – sind im Wesentlichen abhängig, aber so, dass die vorgelagerte Aufgabe einige Informationen an die nachgelagerte Aufgabe freigibt, bevor sie vollständig abgeschlossen ist, was es ermöglicht, die Aufgaben teilweise gleichzeitig abzuschließen.

Die Muster und Eigenschaften der Abhängigkeiten zwischen den Aufgaben, die einen Prozess bilden, beeinflussen, ob ein bestimmter Plan zur Erledigung dieser Aufgaben effizient ist (Eppinger et al., 1994). Wenn Aufgaben in ungeeigneter Reihenfolge sequenziert werden, kann dies mehr *Annahmen* erfordern, um fortzufahren, und die Möglichkeit größerer *Nacharbeitskreisläufe* schaffen, die zeit-, kosten- und arbeitsintensiver sind als notwendig. Aufgaben können auch mehrere *mögliche Ergebnisse* haben, zum Beispiel kann eine Bewertungsaufgabe entweder erfolgreich sein oder Probleme aufdecken, die eine Designüberarbeitung erfordern. Das Verständnis dessen, was Browning und Eppinger (2002) als diese *Prozessfehlermodi* bezeichnen, kann auch dazu beitragen, Maßnahmen zu ergreifen, um ihr Auftreten zu vermeiden oder ihre Auswirkungen zu mildern.

Eine andere Perspektive auf den Design- und Entwicklungsprozess als Abschluss von Aufgaben besteht darin, die gesamte Projektorganisation als *Informationssystem* zu betrachten. Aufbauend auf der Beobachtung, dass die meisten Aufgaben im Design- und Entwicklungsprozess neben der Transformation von Informationen etwas hinzufügen, ist in dieser Sicht die Unsicherheit einer Aufgabe mit dem Unterschied zwischen den als Eingabe verfügbaren Informationen und den als Ausgabe zu produzierenden Informationen verbunden. Je größer der Unterschied, desto größer ist die Aufgabenunsicherheit, desto größer ist der Bedarf an Fachwissen und Wissen, um die Aufgabe zu lösen, und desto größer ist auch die Möglichkeit, dass die Aufgabe eine *Ausnahme* erzeugt, die gelöst werden muss, bevor sie abgeschlossen werden kann. Ausnahmen können gelöst werden, indem zum Beispiel die Arbeit auf eine andere Weise als geplant durchgeführt wird, Kollegen um Hilfe gebeten werden und zusätzliche Informationen gesucht werden, die zur Erledigung der Aufgabe benötigt werden. Mit zunehmender Neuheit eines Projekts steigt der Aufwand für die Bearbeitung von Ausnahmen und damit auch der Verwaltungsaufwand für den Prozess. Diese Perspektive wird in den Arbeiten von

Galbraith (1974) diskutiert und im Design- und Entwicklungskontext von Levitt et al. (1999), Suss und Thomson (2012) und anderen erweitert.

Insgesamt ist die in diesem Abschnitt diskutierte Metapher des Aufgabenabschlusses weitverbreitet. Sie kann von erheblichem praktischen Wert sein, insbesondere wenn ein zu befolgendes Verfahren festgelegt wird oder wenn komplexe Situationen beschrieben und analysiert werden, in denen der Prozess in eine große Anzahl von Aufgaben mit relativ gut definierten Beziehungen zerlegt werden kann. Die Metapher ist von geringerem Wert in Situationen, in denen Aufgaben und Informationsabhängigkeiten schlecht definiert oder von vornherein nicht bekannt sind, wie es in Situationen mit hoher Neuheit auftreten kann, in denen wenige Personen am Prozess beteiligt sind und in denen Designkreativität eine bedeutende Rolle spielt.

### 3.4.2 Prozess als … Iteration

Die meisten Beschreibungen der Design- und Entwicklungsprozesse erkennen deren iterative Natur an. Die Metapher für den Design- und Entwicklungsprozess als *Iteration* stellt Iterationen als den Haupttreiber dar, wie dieser Prozess sich entfaltet.

In einer bahnbrechenden Veröffentlichung beschreibt Simon (2019) – ursprünglich veröffentlicht 1968 – das Designen in Bezug auf zielgerichtete Generieren-Testen-Zyklen, in denen Alternativen vorgeschlagen und dann gegen relevante Ziele und Einschränkungen bewertet werden. Er bezieht dies auf die unvollständig zerlegbare Natur von Designproblemen und stellt fest, dass das Generieren von Alternativen „implizit die Zerlegung des Designproblems definiert“, während die Tests Feedback liefern, das sicherstellt, dass Abhängigkeiten richtig berücksichtigt werden. Er schlägt auch vor, dass diese Generieren-Testen-Zyklen *verschachtelt* sind, was die verschachtelten Ebenen eines Designproblems widerspiegelt, das adressiert wird. Iteration ist auch eng mit Lernen verbunden. Zum Beispiel baut Thomke (1998) auf der Sichtweise von Simon (2019) auf, wenn er schreibt, dass das technische Design aus verknüpften Design-Bau-Test-Zyklen besteht. Er beschreibt diesen Prozess als einen Zyklus von „Versuch, Scheitern, Lernen, Korrektur und Wiederholung“, der dazu dient, die Designleistung zu verbessern oder Fehler zu erkennen und zu beseitigen. Diese Sichtweise verbindet Iteration eng mit der Generierung neuer Informationen über ein aufkommendes Design und dem Lernen daraus, um zukünftige Iterationen zu leiten.

Iteration kann in einem Projekt verschiedene Formen annehmen. Laut Clark und Fujimoto (1989) besteht beispielsweise in den frühen Phasen des Ingenieurdesigns die Hauptaufgabe der Iteration darin, ein Netzwerk von Problemen zu lösen, sodass die Lösungen zusammenarbeiten. In späteren Iterationen besteht der Hauptzweck darin, das Design schrittweise zu vervollständigen und zu verfeinern (Abb. 3.4). Iteration kann entweder *geplant* und wünschenswert oder *ungeplant* und normalerweise unerwünscht sein (Yassine & Braha, 2003) – eine ähnliche Unterscheidung wird von vielen Autoren getroffen (siehe Wynn & Eckert, 2017 für eine Überprüfung und Diskussion).

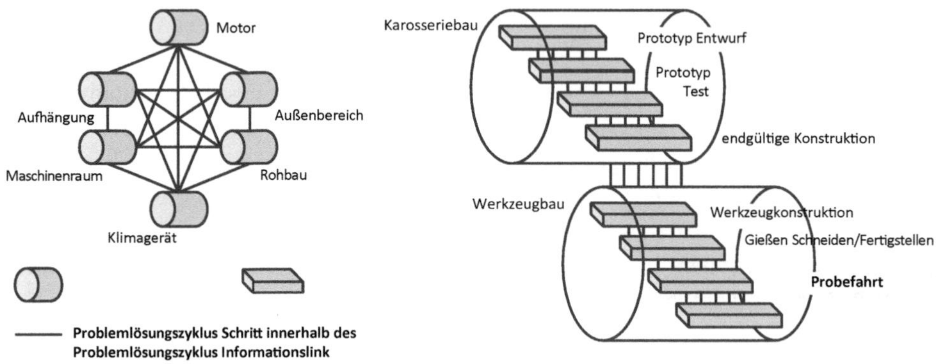


**Abb. 3.4** Produktentwicklung als miteinander verknüpfte Problemlösungszyklen. *Die Abbildung ist nachgedruckt aus Journal of Engineering and Technology Management, Vol. 6, Ausgabe 1, Kim B Clark, Takahiro Fujimoto, Lead time in automobile product development explaining the Japanese advantage, S. 94, Copyright (2010), mit Genehmigung von Elsevier. Mit geringfügiger stilistischer Änderung*

Dies sind nur einige der Fragen, die sich um die Iteration in Design und Entwicklung drehen. Iteration spielt in fast allen Modellen, Theorien und Ansätzen des Design- und Entwicklungsprozesses eine prominente Rolle, während eine Reihe von Perspektiven dazu angenommen wird, was Iteration ist und wie sie den Prozess beeinflusst. Entsprechend schreiben Wynn und Eckert (2017), dass es eine Reihe von unterschiedlichen *Stereotypen* gibt, die zur Beschreibung und Analyse von Iteration verwendet werden. Sie verwenden das Wort „Stereotyp" um anzudeuten, dass eine kleine Anzahl von vereinfachten Darstellungen einer Situation üblicherweise verwendet wird, wenn auf iterative Eigenschaften Bezug genommen wird. Wynn und Eckert (2017) organisieren die Stereotypen in drei Hauptfunktionen (Zwecke) für die Iteration:

**Iteration für Fortschritt** Progressive Iteration hilft, das Design voranzubringen. Es gibt fünf Stereotypen:

- *Erkundung* – Iteration um Problem und Lösung, während sie sich gemeinsam entwickeln
- *Konkretisierung* – Wiederbesuch von Aspekten eines Designs, um die Definitionsebenen zu erhöhen
- *Konvergenz* – Wiederbesuch von Parametern oder Entscheidungen und Anpassung dieser, um Designziele genauer zu erreichen
- *Verfeinerung* – Vornahme kleiner Anpassungen zur Verbesserung oder Perfektionierung des Designs, sobald die primären Bedürfnisse erfüllt sind
- *Inkrementelle Fertigstellung* – Wiederholung einer Aufgabe an verschiedenen Aspekten des Designs, um schrittweise ein Ziel zu erreichen

**Iteration zur Korrektur** Korrektive Iteration beinhaltet die Wiederholung von Arbeiten aufgrund von Fehlern, unangemessenen Annahmen oder Änderungen. Es gibt drei Stereotypen für diese Funktion:

- *Neue Arbeit* – Wiederholung von zuvor abgeschlossenen Arbeiten mit unterschiedlichen Aufgaben oder Lösungsprinzipien
- *Nacharbeit* – Wiederholung von Arbeiten auf ähnliche Weise, weil einige Eingaben oder Annahmen geändert wurden
- *Fluktuation* – andauernde korrektive Iterationen, bei denen die Lösung von Problemen neue Probleme schafft, ohne die Probleme schnell zu lösen

**Iteration zur Koordination** Koordinative Iteration wird absichtlich eingeführt, um bei der Koordination des Design- und Entwicklungsprozesses zu helfen. Es gibt fünf Stereotypen:

- *Governance* – wiederholte Freigabe von vorläufigen Informationen zur Erleichterung von Design-Feedback, Überwachung und Kontrolle
- *Verhandlung* – mehrdirektionaler Informationsfluss findet unter den Stakeholdern statt, die für verschiedene Probleme und Ziele verantwortlich sind, während sie iterieren, um gegenseitig zufriedenstellende Lösungen zu finden
- *Parallelisierung* – Aktualisierungen von vorläufigen Informationen werden wiederholt freigegeben und durch iterative Anpassung der nachgelagerten Arbeit berücksichtigt, was eine erhöhte Gleichzeitigkeit ermöglicht
- *Vergleich* – Aufgaben werden auf mehrere Kandidatenoptionen wiederholt, um Informationen zu generieren, bis Alternativen ausgeschlossen sind
- *Konzentration* – Aufgaben werden auf verschiedene Informationen wiederholt, um eine Skaleneffizienz bei diesen Aufgaben zu erreichen oder um konzentriertes Fachwissen zu nutzen

Die oben zusammengefassten drei iterativen Funktionen und die mit jeder verbundenen Stereotypen sind in Abb. 3.5 dargestellt. Die meisten Modelle, Theorien und Ansätze für den Entwurfs- und Entwicklungsprozess betonen nur einige der Stereotypen (Wynn & Eckert, 2017). Mit anderen Worten, es ist üblich, komplexe iterative Situationen auf eine Weise zu idealisieren, die die Aufmerksamkeit auf einige ausgewählte Probleme lenkt. Zum Beispiel impliziert die vorschreibende Schiffsentwurfsspirale, die von Evans (1959) entwickelt wurde, dass Iteration dazu beiträgt, sich auf einen Entwurf zu konvergieren, und daher wünschenswert sein kann, während der Überarbeitungszyklus von Cooper (1980) darauf hinweist, dass Iteration hauptsächlich verursacht wird, wenn Probleme und Designfehler erkannt werden, und daher unerwünscht ist.

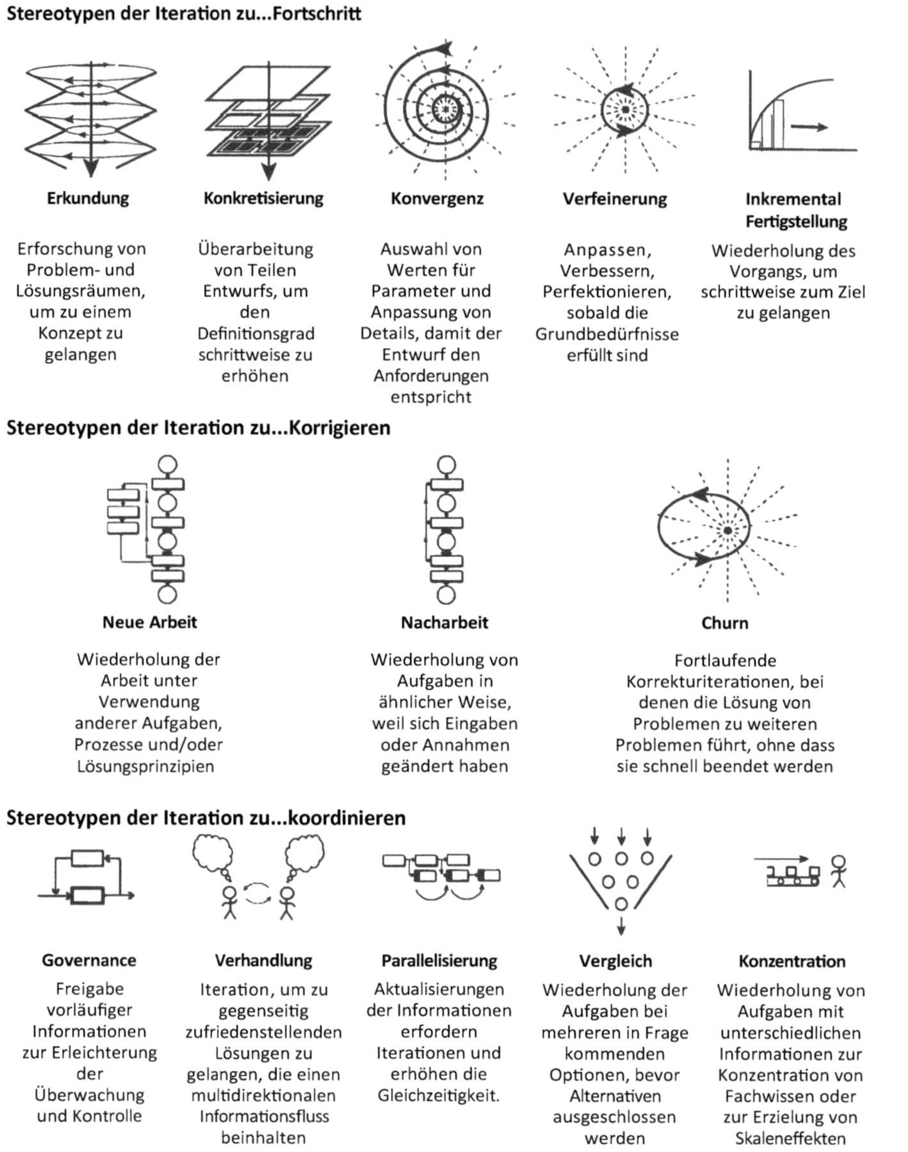


**Abb. 3.5** Stereotypen, die zur Beschreibung und Analyse von Iteration in der Design- und Entwicklungsliteratur verwendet werden. (*Adaptiert von* Wynn und Eckert (2017) *Perspectives on iteration in engineering design. Res Eng Des 28:153–184 mit Genehmigung von Springer Nature*)

Insgesamt konzentriert sich die Metapher für den Entwurfs- und Entwicklungsprozess als iterativ auf die Notwendigkeit, Aufgaben und Entwurfsprobleme erneut zu besuchen, um Unsicherheit, Komplexität und Fehler zu bewältigen. Iterationen können geplant oder ungeplant, wünschenswert oder unerwünscht sein.

### 3.4.3 Prozess als … Reifung

Die letzte sequenzorientierte Metapher, die diskutiert werden soll, betrachtet Design und Entwicklung in Bezug darauf, wie sie ein zunehmend reiferes Design oder Designinformationen erzeugt. Nach dieser Metapher reduziert die Design- und Entwicklungsarbeit allmählich das Fehlen von Definitionen und Unsicherheiten, die zunächst vorhanden sind, bis ein präzises, eindeutiges und vollständig detailliertes Design erreicht ist.

Vorläufige Informationen sind ein allgegenwärtiges Merkmal des Entwurfs- und Entwicklungsprozesses aus mehreren Gründen (Brinkmann, 2021), darunter:

- Anforderungen sind oft zu Beginn des Entwurfsprozesses nicht genau bekannt, weil Stakeholder nicht immer ausdrücken können, was sie wollen, ihre Meinung ändern können oder ihre Bedürfnisse nicht priorisieren können, bevor sie einschätzen, was technisch möglich ist zu erreichen und zu welchen Kosten. Unreife Anforderungen führen zu Unreife in allen Designinformationen, die von ihnen abhängen.
- Die Komplexität von Design und Entwicklung übersteigt die Fähigkeit der Prozessteilnehmer, alle Probleme zu erfassen und in einem einzigen Schritt eine Lösung zu finden. Daher muss das Design schrittweise entwickelt werden, was bedeutet, dass die im Designprozess behandelten Informationen vorläufig sind. Auch alle Informationen, die direkt oder indirekt auf unreifen Informationen basieren, werden ebenfalls vorläufig sein.
- Zirkuläre Abhängigkeiten zwischen Aufgaben und Entscheidungen im Design bedeuten, dass einige Aufgaben begonnen werden müssen, bevor ihre Eingaben finalisiert sind. Um dies zu erreichen, müssen Annahmen getroffen werden und die Informationen, die durch diese Aufgaben produziert werden, werden vorläufig sein und Änderungen unterliegen.
- Kommerzieller Druck, um die Projektlaufzeit zu beschleunigen und die Parallelität zu erhöhen, erfordert oft, dass nachgelagerte Aufgaben begonnen werden, bevor vorgelagerte Aufgaben abgeschlossen sind, und erfordert daher, dass sie mit vorläufigen Informationen arbeiten.

Eine Taxonomie der Arten, wie Designinformationen unreif oder vorläufig sein können, wurde von Brinkmann (2021) entwickelt und ist in Abb. 3.6 zusammengefasst. Im Überblick identifiziert die Taxonomie drei Hauptaspekte der Reife in Designinformationen, die weiter in eine Reihe von Unterfacetten unterteilt sind, wie in der Abbildung gezeigt. Die drei Hauptaspekte sind:

- *Inhalt* – betrifft die Reife des Informationsinhalts selbst, einschließlich Aspekte seiner Vollständigkeit, der Klarheit seiner Darstellung und seines Fortschritts zu einem endgültigen Zustand,
- *Kontext* – betrifft die Konsistenz der Informationen innerhalb ihrer selbst und mit anderen Informationen, sowie wie viel und wie häufig sie sich voraussichtlich in der Zukunft ändern werden,

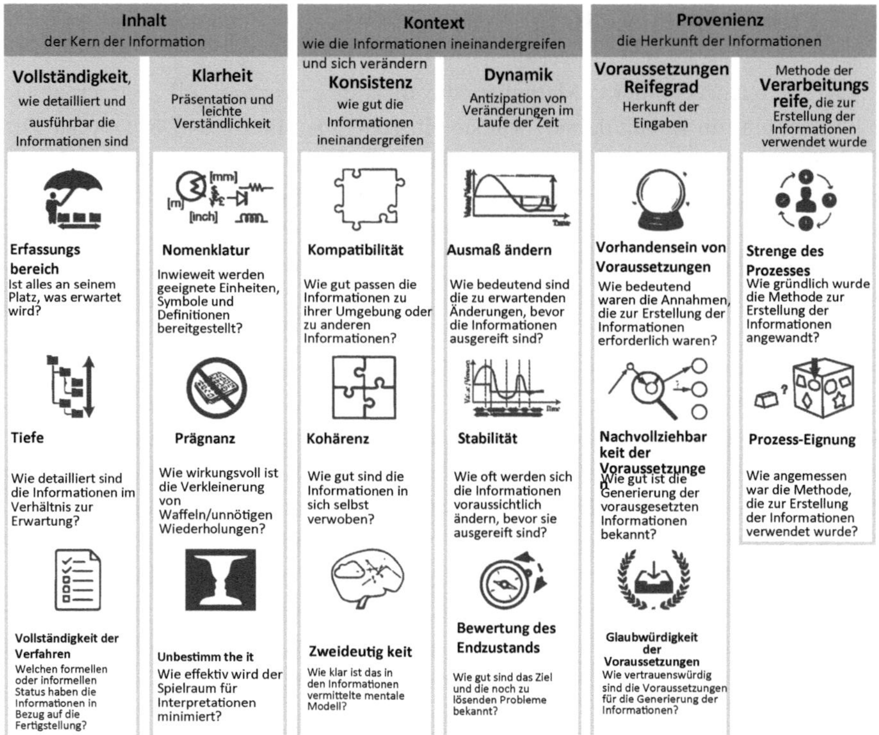


**Abb. 3.6** Taxonomie der Arten, wie Designinformationen vorläufig oder unreif sein können. (Nachdruck von Brinkmann (2021) mit Genehmigung)

- *Herkunft* – betrifft, wie die Informationen generiert wurden, einschließlich des Prozesses und der Voraussetzungen, die bei ihrer Erzeugung verwendet wurden.

Die *Reifung* Metapher spiegelt sich in einer Reihe von Ansätzen zum Entwurfs- und Entwicklungsprozess wider, die betonen, wie vorläufige Informationen und ihre Entwicklung diesen Prozess antreiben. Zum Beispiel schlägt der Signposting-Ansatz geeignete Aufgaben vor, die als Nächstes in einem technischen Designkontext versucht werden sollen, indem die Zuversicht der Designer in unreife Informationen berücksichtigt wird (Clarkson & Hamilton, 2000, siehe Abschn. 9.2.3), die Methode der Ungenauigkeit hilft, Entscheidungen auf der Grundlage ungenauer Definitionen von Designparametern zu treffen (Antonsson & Otto, 1995), und Blanco et al. (2007) schlagen vor, dass Beschreibungen der Reife an Designinformationen angehängt werden sollten, um die Designkommunikation und Entscheidungsfindung zu unterstützen.

Insgesamt kann die Metapher für den Design- und Entwicklungsprozess als Reifung von vorläufigen Informationen besonders nützlich sein, um hoch iterative und parallele Entwurfsprozesse einzuschätzen. Das Verständnis der Designreife kann auch hilfreich sein, um Entscheidungen zu treffen, die unreife Informationen berücksichtigen, zum Beispiel um zu vermeiden, dass zu viel Aufwand in Aufgaben gesteckt wird, bei denen die Eingabeinformationen dies noch nicht rechtfertigen, oder um den Unsicherheiten in den Eingabeinformationen bei der Entscheidungsfindung gebührende Beachtung zu schenken.

## 3.5 Designorientierte Metaphern

Die dritte und letzte Gruppe von Metaphern, die diskutiert werden soll, in der rechten Spalte von Abb. 3.1, stellt den Entwurfs- und Entwicklungsprozess als Auseinandersetzung mit den besonderen Eigenschaften von Designproblemen dar. Diese Gruppe von Metaphern stellt das Entwerfen als von spezifischen Aufgaben dominiert dar, nämlich *Entscheiden* (Abschn. 3.5.1) und *Architektur und Integration* (Abschn. 3.5.2), im Hinblick auf die Denkweisen und Praktiken, die von Experten beim *Entwerfen* (Abschn. 3.5.3) angewendet werden, und im Hinblick auf die Prozesse des *Zusammenarbeitens* bei der Arbeit in Teams während des Entwurfs und der Entwicklung (Abschn. 3.5.4).

### 3.5.1 Prozess als … Entscheiden

Die erste Prozessmetapher, die in der designorientierten Kategorie diskutiert wird, ist das *Entscheiden*. In Anbetracht der breiten Palette von Entscheidungen, die im Entwurfs- und Entwicklungsprozess getroffen werden müssen (Krishnan & Ulrich, 2001), konzentriert sich diese Metapher auf das effektive Treffen und Organisieren dieser Entscheidungen.

Viele Beiträge wurden entwickelt, um Entscheidungen zu unterstützen oder zu optimieren, die in verschiedenen Stadien des Design- und Entwicklungsprozesses auftreten. Die Methoden unterscheiden sich in ihrem Formalitätsgrad. Einige sind eher *qualitativ*, zum Beispiel die Methode der kontrollierten Konvergenz zur Auswahl und Verbesserung von Designkonzepten (Pugh, 1991). Andere sind eher *quantitativ*, zum Beispiel ist der analytische Hierarchieprozess ein bekannter praktischer Ansatz zur Bewältigung von Entscheidungsproblemen mit mehreren Kriterien (Saaty, 1987, siehe Abschn. 8.2.2.3). Zahlreiche quantitative Ansätze wurden auch für die mathematische Modellierung und Optimierung spezifischer Designprobleme entwickelt, wie sie im Entwurfsprozess auftreten (Papalambros & Wilde, 2017). Es gibt auch viele *mathematisch formale* Ansätze zur optimalen Entscheidungsfindung unter Unsicherheit und ungenau definierten Parametern. Zum Beispiel wendet die Methode der Unschärfe formale Fuzzy-Logik an, um die Entscheidungsfindung unter ungenau definierten Präferenzen zu unterstützen (Antonsson & Otto, 1995), während Arbeiten im entscheidungsbasierten Design die formale Anwendung der Nutzentheorie zur Optimierung von Ingenieursdesignentscheidungen in Betracht ziehen (Hazelrigg, 1998; Wassenaar & Chen, 2003; Chen et al., 2013).

Neben der Behandlung von Designentscheidungen bietet die Metapher für den Entwurfs- und Entwicklungsprozess als Entscheidungsprozess auch Einblicke zur Unterstützung von *Prozessentscheidungen*, das heißt, zur Entscheidung über die Reihenfolge, in der Entscheidungen getroffen werden sollten, und zur Entscheidung, welche Entscheidungen gleichzeitig getroffen werden sollten, um ein besseres Ergebnis zu erzielen (Mistree et al., 1993). Zum Beispiel ist es möglich, die Reihenfolge der Herangehensweise an Design- und Entwicklungsaufgaben zu optimieren, um potenzielle Nacharbeiten durch Informationsrückkopplungen zu minimieren (Browning & Eppinger, 2002), und die Reihenfolge, in der Designfragen entschieden werden sollten, zu optimieren, um den Raum der Möglichkeiten nicht vorzeitig einzuengen. Ein anderer Ansatz besteht darin, zu optimieren, wie *rationale Designagenten* Entscheidungen treffen, wenn sie zusammenarbeiten, sodass jeder für unterschiedliche Ziele und Parameter verantwortlich ist (zum Beispiel Gu et al., 2002). Die Art und Weise, wie jeder Agent Entscheidungen trifft, beeinflusst, wie schnell der iterative Prozess konvergiert, und beeinflusst die Leistung des endgültigen Designs.

Insgesamt kann die Behandlung des Design- und Entwicklungsprozesses in Bezug auf Entscheidungen, die durch systematische Methoden und Prozesse getroffen oder unterstützt werden können, dazu beitragen, wichtige Designentscheidungen rational zu treffen. Dies könnte zu besseren Lösungen führen, als ein menschlicher Designer ohne Unterstützung erreichen könnte, insbesondere in Entscheidungssituationen, in denen eine Reihe von Faktoren berücksichtigt werden müssen, die quantifizierbare Unsicherheit beinhalten (Hazelrigg, 1998; Wassenaar & Chen, 2003; Chen et al., 2013). Allerdings sind viele Ansätze, die diese Metapher widerspiegeln, insbesondere quantitative Ansätze, die eine mathematische Modellierung einer bestimmten zu behandelnden Entscheidung erfordern, wahrscheinlich schwierig für Nichtspezialisten anzuwenden. Außerdem sind quantitative und formale Methoden oft nicht gut geeignet, um Designentscheidungen zu treffen, die schwer vollständig zu formalisieren sind, zum Beispiel solche, bei denen die Qualität der Entscheidungsergebnisse schwer zu quantifizieren ist, und solche, bei denen wichtige Entscheidungsfaktoren und ihre Beziehungen schlecht definiert sind.

### 3.5.2 Prozess als … Architektur

Die zweite designorientierte Prozessmetapher stellt das Design hauptsächlich als Prozess der architektonischen Gestaltung (*Architecting)* dar, neben der eng verwandten Aktivität des *Integrierens*:

- *Architekturieren* – kann als Design auf der Ebene eines Systems oder eines Systems von Systemen betrachtet werden und beinhaltet unter vielen anderen Aktivitäten die Ausarbeitung von Anforderungen und das Design einer Struktur für eine Lösung, in der diese Lösung in Subsysteme zerlegt wird unter Berücksichtigung ihrer Abhängigkeiten und Schnittstellen.

- *Integrieren* – beinhaltet die Arbeit während des gesamten Entwicklungsprozesses, um sicherzustellen, dass die Teile wie beabsichtigt zusammenarbeiten. Systemarchitekten sollten eng in die Integration eingebunden sein.

Architekturieren beinhaltet die Berücksichtigung der Vielzahl von Anforderungen an das zu entwerfende System, und wie sie realisiert werden können. Zum Beispiel können Lösungsprinzipien für einige Teile des Problems gut verstanden sein und es können bekannte Lösungen vorhanden sein, die angepasst werden können, daher könnten diese Teile des Problems in ein Subsystem gesammelt werden. Beim Architekturieren muss auch berücksichtigt werden, wie Teillösungen und Altsysteme integriert werden, um die Entwicklung der Architektur im Hinblick auf verschiedene Zeitskalen und andere systembezogene Designfragen zu berücksichtigen (Crawley et al., 2004). Architekturieren ist eine Kunst, das heißt eine Fähigkeit, sowie eine quantitative Ingenieurdisziplin; mit zunehmender Komplexität müssen Systemarchitekten stärker auf ihre Fähigkeiten und Erfahrungen vertrauen, da quantitative Methoden überfordert werden (Maier & Rechtin, 2000). Die gleichen Autoren identifizieren sechs Schlüsselelemente des Architekturierens: (1) einen systemischen Ansatz verfolgen, der sich mehr auf das Ganze und die Schnittstellen als auf den Inhalt einzelner Teile konzentriert; (2) den Fokus während des gesamten Entwicklungsprozesses darauf legen, sicherzustellen, dass der Zweck des Systems erfüllt wird; (3) umfangreichen Gebrauch von verschiedenen Formen der Modellierung machen, um mit dem zu entwickelnden System zu arbeiten; (4) einen ultraqualitativen Fokus haben, der unerlässlich ist, da hochkomplexe Systeme viele Ausfallpunkte haben; (5) in der Lage sein zu zertifizieren, dass das System wie beabsichtigt funktionieren wird, und sicherstellen, dass die Stakeholder dieser Zertifizierung vertrauen, und (6) heuristische Einsichten nutzen, um diese Aktivitäten zu unterstützen.

Architekturieren findet auf mehreren Systemebenen statt während des Designens (Jankovic & Hein, 2020). Zum Beispiel wird ein komplexes Produkt, wie ein Flugzeug, auf der gesamten Systemebene sowie auf der Ebene der Hauptsubsysteme, wie Antriebs- und Avioniksubsysteme, architektonisch gestaltet. Die Architekturentscheidungen auf jeder Ebene beeinflussen die Architekturen auf anderen Ebenen, insbesondere auf niedrigeren Ebenen. Ein weiterer Aspekt des Architekturierens im Systemdesign ist das *Schichten*, bei dem ein System konzeptionell in mehrere interagierende Schichten mit Modulen auf jeder Schicht unterteilt wird. Zum Beispiel kann ein System auf einer physischen Hardwareschicht, einer Steuerungs- oder Logikschicht und einer Dienstleistungsschicht architekturiert werden. Dies kann mithilfe von Architektur*prinzipien* und *-mustern* erreicht werden.

Architekturieren beinhaltet die Berücksichtigung, wie Architekturentscheidungen die *Ilities* beeinflussen. – wie in Abschn. 3.3.1 besprochen, sind Ilities systemische Eigenschaften und sie werden stark davon beeinflusst, wie die Systemzerlegung gewählt wird. Zum Beispiel beeinflusst die Architektur die Flexibilität und Veränderbarkeit eines Designs. Architekturieren kann auch die Spezifikation von Designfragen wie Spielraum zur Aufnahme zukünftiger Änderungen und Unsicherheiten und Redundanzen zur Verbesserung der Zuverlässigkeit beinhalten, unter Berücksichtigung der damit verbundenen Kompromisse. Ein weiteres wichtiges Anliegen beim Architekturieren ist die *Modularisierung*, bei der einige Subsysteme so gestaltet werden, dass sie die Vorteile der Modularität wie Austauschbarkeit, Aufrüstbarkeit und Produktplattformen realisieren. Die Art und Weise, wie ein System architekturiert wird, kann die Schwierigkeit der Subsystemdesignaufgaben gleichmäßig auf die Subsysteme verteilen, oder wenn es unsachgemäß durchgeführt wird, kann sie dazu führen, dass einige Subsysteme schwierig oder unmöglich zu entwerfen und zu integrieren sind in einer Weise, dass sie ihre Anforderungen erfüllen. Zum Beispiel kann nach der Definition der Architektur später entdeckt werden, dass es nicht möglich ist, ein bestimmtes Subsystem so zu entwerfen, dass es in seinen vorgesehenen Verpackungsraum passt oder die angegebenen Leistungsziele erfüllt, während es unter einem bestimmten Gewicht bleibt.

Zusätzlich zum zu erstellenden Produkt oder System kann auch der Design- und Entwicklungsprozess selbst architektonisch gestaltet werden, was bei Großprojekten von besonderer Bedeutung ist. Nach Browning und Eppinger (2002) beschreibt die „Prozessarchitektur die Prozessaktivitäten und ihre Beziehungen (Reihenfolge, Schnittstellen, Abhängigkeiten usw.), einschließlich Beziehungen zu externen Prozessen". *Prozessarchitektur* wird durchgeführt, wenn ein Projekt in Arbeitspakete und Aufgaben mit definierten Interaktionen und Informationsflüssen zerlegt und diese unter Entwicklungsteams und Lieferanten verteilt werden. Die Architektur eines Produkts ist eng mit der Architektur seines Entwicklungsprozesses verbunden. Zum Beispiel wird, wenn zwei Designsubsysteme stark gekoppelt sind, wahrscheinlich eine intensive Kommunikation während ihrer Entwicklung erforderlich sein, um sicherzustellen, dass sie zusammenarbeiten werden.

Architekturieren findet auf Systemebene statt und wird durchgeführt, indem mit abstrakten Systemdesignmodellen gearbeitet wird. Bei der Gestaltung komplexer Produkte und Systeme werden Architekturen oft mithilfe von *Architektur-Frameworks* entworfen, beschrieben und kommuniziert, wie zum Beispiel das Zachman-Framework (Zachman, 1987) für Unternehmensarchitektur, NATO-Architektur-Framework und Department of Defence Architecture Framework für die allgemeine Systementwicklung – hauptsächlich im Kontext von Verteidigungssystemen erstellt – und Brownings Prozessarchitektur-Framework (Browning, 2009) für die Architektur von Entwicklungsprozessen. Architektur-Frameworks definieren *alternative Ansichten* auf eine Architektur, die für verschiedene Anliegen und Stakeholder im Entwicklungsprozess geeignet sind. Jede Ansicht hebt eine bestimmte Reihe von Problemen hervor, die durch das Architekturieren beeinflusst werden, und kann in verschiedenen Modellierungsansätzen verkörpert werden, um die Architektur aus dieser Sicht darzustellen. Die durch jede Ansicht aufgedeckten Probleme müssen während des Architekturierungsprozesses gemeinsam berücksichtigt werden (Browning, 2009). Prozesse und Praktiken zur Entwicklung von Architekturen, beschrieben in Form von empfohlenen Aufgaben, finden sich in Fachpublikationen wie dem NATO-Architektur-Handbuch. Aufgrund des hohen Abstraktionsgrades und der Bedeutung der Entscheidungen, die beim Architekturieren getroffen werden, wird es in der Regel von erfahrenem Personal durchgeführt, das ein gutes Verständnis für die Systemanforderungen, das Zusammenspiel zwischen ihnen, und wie sie realisiert werden können, die Auswirkungen von Architekturwahl auf die Systemleistung sowie die vielen realen Einschränkungen für mögliche Lösungen hat.

Insgesamt betont die Betrachtung des Design- und Entwicklungsprozesses als Architekturieren die Bedeutung von systembezogenen Überlegungen. Diese Metapher ist vielleicht am besten geeignet, wenn es um das Design und die Entwicklung von relativ komplexen Produkten und Systemen, Produktfamilien und Systemen von Systemen geht. Modelle, Theorien und Ansätze, die diese Metapher widerspiegeln, lenken die Aufmerksamkeit auf die Bedeutung von Zerlegung und Integration, Schnittstellenmanagement und die Rolle des Designs bei der Sicherstellung gewünschter systemischer Eigenschaften und der Vermeidung unerwünschter emergenter Eigenschaften.

### 3.5.3 Prozess als … Designen

Die Metapher für den Design- und Entwicklungsprozess als designerisches Unterfangen konzentriert sich auf die Eigenschaften der Designaktivität angesichts der Natur von Designproblemen und -situationen.

Einige Arbeiten, die diese Metapher widerspiegeln, vertreten die Ansicht, dass das Design im Wesentlichen oder idealerweise ein *rationales Unterfangen* ist. Solche Arbeiten legen nahe, dass Designer arbeiten oder arbeiten sollten, indem sie die ihnen zur Verfügung stehenden Informationen analysieren und aus den Alternativen bei jedem Schritt die bestmögliche Option wählen. Diese Perspektive entsteht größtenteils in der wegweisenden Arbeit von Simon (2019), der das Design als einen Prozess der Problemstrukturierung durch Anwendung von Vorwissen auf die Aufgabe beschreibt, durchsetzt mit allgemeinem Problemlösen unter Bedingungen der begrenzten Rationalität.

Im Gegensatz dazu betont eine andere Arbeit, die den Design- und Entwicklungsprozess als designerisches Unterfangen behandelt, dass das Design eine *reflektierende Praxis* ist, in der ein Designer bewusst und absichtlich die Situation konstruiert, in der sie arbeiten, während sie voranschreiten (Schön, 1992). Die Unterschiede zwischen der rationalen und reflektierenden Perspektive werden von Dorst und Dijkhuis (1995) erweitert. Wie in Abb. 3.7 zusammengefasst, argumentieren diese Autoren, dass die Unterschiede zwischen diesen beiden Standpunkten den grundlegenden Unterschied zwischen positivistischen und konstruktivistischen Ansichten über den Designprozess und das Designwissen widerspiegeln. Im Ersteren sind Designprobleme "da draußen", die strukturiert und gelöst werden müssen, während der Designer ein im Wesentlichen rationaler Agent ist, der durch sein Wissen, seine Zeit und seine Verarbeitungskapazität begrenzt ist. Im Letzteren werden Designprobleme als subjektiv und einzigartig betrachtet, teilweise weil sie jeweils in einem einzigartigen Kontext auftreten und weil der Designer ein bewusstes Individuum ist, das wählt, wie es mit ihnen umgeht. Mit anderen Worten, wenn das Design als reflektierende Praxis betrachtet wird, wird der Designer als bewusst

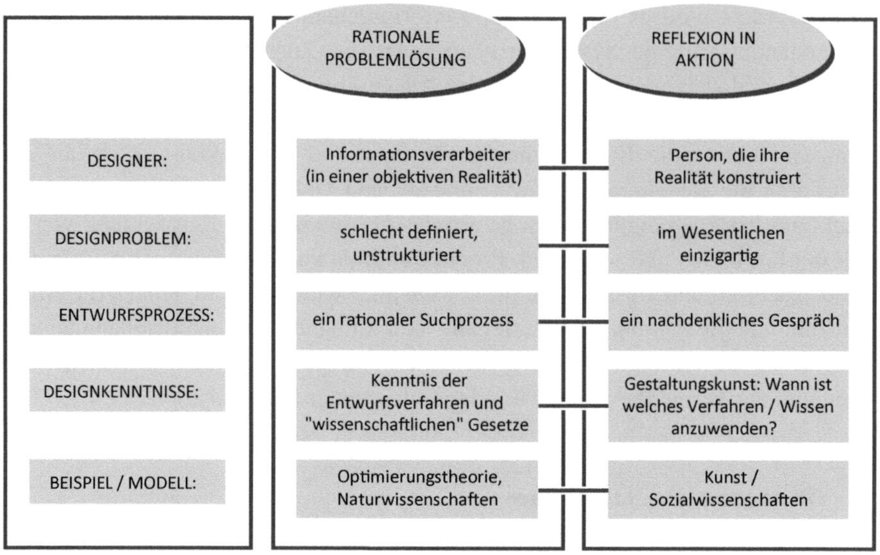


**Abb. 3.7** Simons rationale Perspektive versus Schöns Reflexion in Aktion, nach Dorst und Dijkhuis 1995. *Die Abbildung ist nachgedruckt aus Design Studies, Vol. 16, Ausgabe 2, Kees Dorst, Judith Dijkhuis, Comparing paradigms for describing design activity, Seite 263, Copyright (1995), mit Genehmigung von Elsevier. Mit geringfügigen stilistischen Änderungen*

konstruierende Realität gesehen, in der sie arbeiten, indem sie bewusst entscheiden, wie sie das Problem bei jedem Designschritt einrahmen. Diese Perspektive betont die Kunstfertigkeit und das Können des Designs mehr als die Problem- und Problemlösungsaspekte.

Arbeiten, die die Metapher des Designs als designerisches Unterfangen übernehmen, sind oft abstrakt und allgemein anwendbar; in solchen Fällen werden die Unterschiede zwischen den Bereichen oft nicht betont oder könnten sich auf nichtdesignerische Aspekte der Aktivität beziehen. Zwei weitere Elemente der Betrachtung des Design- und Entwicklungsprozesses als designerisches Unterfangen werden in den folgenden Absätzen diskutiert, nämlich: (1) das Verständnis der Art von Designproblemen und (2) das Verständnis, wie erfahrene Designer diese Probleme angehen.

Erstens, unter Berücksichtigung *der Art von Designproblemen*, werden sie häufig als schlecht strukturiert oder schlecht definiert beschrieben, ein Konzept, das ursprünglich von Reitman (1964) stammt. Solche Probleme sind nicht einzigartig für das Design: Checkland (1983) schreibt, dass „gut strukturierte Probleme in menschlichen Situationen äußerst selten sind", während Buchanan (1992) Designprobleme als *unbestimmt* beschreibt, was er im Gegensatz zu den bestimmten – obwohl möglicherweise unbestimmten – Problemen stellt, die in den Naturwissenschaften üblich sind. Ackoff beschrieb in einer Kritik an einigen Ansätzen zur Operationsforschung die Realität des

Managements ähnlich als „Verwaltung von Durcheinander" statt als Optimierung von Entscheidungen. Rittel und Webber (1973) charakterisierten Probleme in der Sozialpolitik, die durch Design angegangen werden, als *vertrackte Probleme* (Wicked Problems) aufgrund von zehn spezifischen Eigenschaften (die folgende Liste ist aus ihrer Arbeit reproduziert):

1. „Es gibt keine *definitive Formulierung* eines vertrackten Problems.
2. Vertrackte Probleme haben keine *Stopp-Regel.*
3. *Lösungen* für vertrackte Probleme sind nicht wahr oder falsch, sondern gut oder schlecht.
4. Es gibt keinen sofortigen und keinen endgültigen Test für eine Lösung eines vertrackten Problems.
5. Jede Lösung für ein vertracktes Problem ist eine „Einmal-Operation"; da es keine Möglichkeit gibt, durch Versuch und Irrtum zu lernen, zählt jeder Versuch erheblich.
6. Vertrackte Probleme haben keine zählbare (oder erschöpfend beschreibbare) Menge von potenziellen Lösungen, noch gibt es eine gut beschriebene Menge von zulässigen Operationen, die in den Plan aufgenommen werden können.
7. Jedes vertrackte Problem ist *im Wesentlichen einzigartig.*
8. Jedes vertrackte Problem kann als ein *Symptom eines anderen Problems* betrachtet werden.
9. Das Vorhandensein einer Diskrepanz, die ein vertracktes Problem darstellt, kann auf *zahlreiche Weisen erklärt* werden. Die Wahl der Erklärung bestimmt die Art der Lösung des Problems.
10. Der Planer hat *kein Recht, falsch zu liegen.*"

Dieses Konzept ist nicht auf sozialpolitische Probleme beschränkt – Probleme in vielen Designbereichen weisen mindestens einige dieser Merkmale auf. Wie von Isaksson et al. (2022) hervorgehoben, sind sie alle in der technischen Konstruktion üblich, obwohl nicht jedes technische Designproblem alle zehn Merkmale aufweist. Ergänzend zu solchen Analysen der Designproblemmerkmale untersuchen einige Forscher die Bestandteile von Designproblemen wie Anforderungen, Funktionen und Einschränkungen, die durch bestimmte Prozesse und Aktivitäten angegangen werden.

Andere Beiträge stellen das Designen als eine besondere Denkweise oder Fähigkeiten dar, die Expertendesigner anwenden, wenn sie Designprobleme angehen. Die folgenden Merkmale solchen Denkens sind von Cross (2006) übernommen:

- „Designer gehen *undefinierte Probleme* an.
- Ihre Art der Problemlösung ist *lösungsorientiert.*
- Ihre Denkweise ist *konstruktiv.*
- Sie verwenden *Codes*, die abstrakte Anforderungen in konkrete Objekte übersetzen.
- Sie verwenden diese Codes, um sowohl in *Objektsprachen* zu ‚lesen' als auch zu ‚schreiben'."

Die oben genannte Definition von Cross betont unter anderem die Bedeutung der Arbeit mit Designrepräsentationen zur Entwicklung eines Designs.

Designen wurde auch von Schön und Wiggins (1992) als das Herbeiführen von Veränderungen an einem entstehenden Design gesehen, um es in bestimmten Bereichen zu verbessern, dann die *unerwarteten Implikationen* dieser Veränderungen in diesen oder anderen Bereichen zu sehen und darauf zu reagieren. Zum Beispiel könnte ein Architekt den Fluss zwischen den Räumen eines Hauses verändern und dann Auswirkungen auf die Struktur oder die Verfügbarkeit von natürlichem Licht erkennen. Mit zunehmender Expertise werden Designer immer besser in der Lage, solche Implikationen zu erkennen. Ein weiterer Aspekt der designerischen Tätigkeit ist das *Framing*, was bedeutet, zu entscheiden, wie man ein Designproblem wahrnimmt, um Fortschritte dabei zu machen. Valkenburg und Dorst (1998) beschreiben Framing als das Setzen des Kontexts und des Fokus für jeden Schritt beim Designen. Während der Prozess fortschreitet, rahmt ein erfahrener Designer die Situation bewusst und reflektierend neu, um neue Erkenntnisse zu generieren.

Insgesamt zeigt die Metapher für den Design- und Entwicklungsprozess als designerische Bemühung, wie das Designen eine Möglichkeit bietet, mit Komplexität umzugehen und bei der Lösung komplexer Probleme voranzukommen, auch wenn optimale Entscheidungen nicht sichergestellt werden können. Die Annahme dieser Metapher kann dazu beitragen, die Natur von Designproblemen und die Denkweisen, die ein Expertendesigner entwickeln sollte, zu schätzen. Sie ist von besonderem Interesse in der Designausbildung und in der Entwicklung von Werkzeugen und Methoden zur Unterstützung dieser Denkweisen. Andererseits ist diese Metapher weniger relevant in stark eingeschränkten Designsituationen, die durch quantitative Analysen bestimmt werden, wie zum Beispiel in den späteren Stadien eines technischen Designprozesses. Sie konzentriert sich auch auf den einzelnen Designer und bietet einen begrenzteren Einblick in den Design- und Entwicklungsprozess in größeren, kollaborativen Einstellungen.

### 3.5.4 Prozess als … Zusammenarbeit

Die letzte zu diskutierende Metapher stellt den Design- und Entwicklungsprozess als grundsätzlich *kollaborativ und sozial* dar. Die Bedeutung dieser Metapher kann man erkennen, wenn man beobachtet, dass Design und Entwicklung selten von einem Einzelnen in Isolation durchgeführt werden. In den meisten Fällen handelt es sich um Teams; selbst wenn Designer individuell arbeiten, müssen sie mit Kunden und anderen Stakeholdern interagieren.

Wie bei den anderen in diesem Kapitel diskutierten Metaphern wurden mehrere Perspektiven angenommen, um den Design- und Entwicklungsprozess als kollaboratives und soziales Unterfangen zu erforschen, von denen viele auch einige der anderen diskutierten Metaphern widerspiegeln. Ein solcher Ansatz besteht darin, *kollaboratives Design als Gespräch* zu betrachten. Dies betont, dass Designer unterschiedliche Perspektiven auf eine Designsituation haben, die sich in ihren Entscheidungen und ihrer

Sprachverwendung widerspiegeln. Wenn Designer in einem Hin- und Herprozess miteinander sprechen, ermöglichen ihre Reaktionen auf wahrgenommene Unterschiede im Verständnis das Entstehen unerwarteter Designergebnisse (Dubberly & Pangaro, 2019). Dong (2005) zeigt, dass der Prozess der Perspektivenangleichung sich in einer zunehmenden *Kongruenz der Sprache* widerspiegelt, die während einer Designteamdiskussion verwendet wird, während sie fortschreitet. Diese Perspektive auf das Designen als Gespräch wurde auch verwendet, um den individuellen Designprozess zu diskutieren, indem man in Betracht zieht, dass ein Designer eine Situation aus verschiedenen Frames betrachtet oder verschiedene Bereiche anspricht, während sein Design voranschreitet, und er "führt ein Gespräch mit sich selbst" aus diesen verschiedenen Blickwinkeln (Glanville, 2007b); Schön, 1992). Designrepräsentationen helfen, die Lücken zwischen zusammenarbeitenden Teammitgliedern zu überbrücken (Bucciarelli, 2002, Eckert & Boujut, 2003). Eine weitere Implikation des Designs als kollaborativer und sozialer Prozess ist, dass das Verständnis des entstehenden Designs und des Design- und Entwicklungsprozesses je nach Rolle jedes Teilnehmers unterschiedlich sein wird.

Verschiedene Personen im Designprozess sind für verschiedene Designziele verantwortlich und haben Entscheidungsbefugnis über verschiedene Designentscheidungen. Außerdem können sie möglicherweise nicht zu Entscheidungen außerhalb ihrer Fachgebiete beitragen, obwohl sie ein Interesse am Ergebnis dieser Entscheidungen und den damit verbundenen Kompromissen haben. Aus diesen Gründen müssen Designentscheidungen oft unter den Teilnehmern *verhandelt* werden. Die Verhandlung ist ein sozialer Prozess, der von *politischen Faktoren* unter den beteiligten Personen beeinflusst wird. Suchman (1995), der im Kontext von kollaborativen Arbeitsprozessen im Allgemeinen schreibt, argumentiert, dass Darstellungen von Arbeitsprozessen, die in Organisationen verwendet werden, als politische Artefakte gesehen werden können, die bestimmte Standpunkte unterstützen. Der Einfluss politischer Faktoren und Prozesse wird verschärft, wenn kollaborative Entscheidungen unter Ambiguität und Unsicherheit getroffen werden müssen, wie es oft in den frühen Stadien des Designs und insbesondere in hochkomplexen Kontexten der Fall ist.

Insgesamt betont die Metapher für Design- und Entwicklungsprozesse als kollaborativ und sozial, wie Teilnehmer unter verschiedenen Perspektiven auf Designsituationen arbeiten, wie Lösungen ausgehandelt werden oder ausgehandelt werden können und wie Designrepräsentationen als Grenzobjekte die Kommunikation unterstützen. Sie betont auch die Rolle politischer Fragen bei der Erarbeitung von Lösungen, insbesondere in komplexen Situationen.

## 3.6 Zusammenfassung und Diskussion

Nach Abschluss der Diskussion der zehn Prozessmetaphern kommentiert dieser Abschnitt ihre Beziehungen zueinander und wie sie in Design- und Entwicklungsprozessmodellen, -theorien und -ansätzen widergespiegelt werden.

### 3.6.1 Verknüpfung von Prozessmetaphern

Jede der zehn in diesem Kapitel besprochenen Metaphern bietet eine einzigartige Linse, um den Design- und Entwicklungsprozess wahrzunehmen – jede bringt bestimmte Themen zum Vorschein, während sie andere vereinfacht und untertauchen lässt. Gleichzeitig sind die Metaphern eng miteinander verknüpft. Zum Beispiel geht die Betrachtung eines Prozesses als Iteration Hand in Hand mit der Betrachtung als Reifung von Informationen und als designerisches Unterfangen.

Die Metaphern spiegeln sich in verschiedenen Prozessmodellen, -theorien und -ansätzen wider. Daher beinhaltet die Wahl, ein Modell, eine Theorie oder einen Ansatz anzuwenden, auch die Auswahl einer bestimmten Prozessmetapher oder einer Reihe von Metaphern. Teilweise hängt es davon ab, was eine Person erreichen möchte, ob eine Metapher angemessen ist – gleichzeitig können bestimmte Metaphern besser geeignet sein, um eine bestimmte Design- und Entwicklungssituation zu beschreiben, als andere, abhängig von ihren Eigenschaften. Zum Beispiel ist die *Entscheidungs*metapher oft geeignet für einen ingenieurtechnischen Designkontext, in dem Ziele und Kriterien gut definiert sind, aber weniger für eine Situation, in der Bedürfnisse noch nicht gut artikuliert sind. Für ein komplexes Design- und Entwicklungsprojekt mit vielen Subsystemen, die unterschiedliche charakteristische Probleme aufweisen, können je nach Aspekt und Phase des Projekts und je nach Zweck mehrere Metaphern hilfreich sein. Wie in Abschn. 3.1 erwähnt, kann das umfassendste Verständnis eines Design- und Entwicklungsprozesses erlangt werden, indem man mehrere Metaphern gleichzeitig erkennt. Dies ist jedoch nicht immer notwendig oder praktisch durchführbar.

### 3.6.2 Modelle, Theorien und Ansätze, die Metaphern widerspiegeln

Die in diesem Kapitel besprochenen Metaphern sind von Natur aus hoch konzeptionell und abstrakt. Jede wird in Prozessmodellen, -theorien und -ansätzen reflektiert, die sie auf unterschiedliche Weise konkretisieren und erweitern. Um dies zu veranschaulichen, zeigt Abb. 3.8 einige exemplarische Ansätze, die sich auf jede der besprochenen Metaphern konzentrieren. Abb. 3.8 zeigt auch, dass einige Metaphern dazu neigen, in Ansätzen reflektiert zu werden, die konzeptioneller und allgemeiner anwendbar sind, während andere typischerweise in konkreteren Ansätzen reflektiert werden, die Einblicke in spezifische Design- und Entwicklungssituationen bieten. Alle sind wertvoll, abhängig von den Bedürfnissen und Eigenschaften der gegebenen Situation.

Viele Prozessmodelle, -theorien und -ansätze reflektieren Elemente mehrerer Metaphern. Aufgrund der Komplexität der Themen kann jedoch kein einzelner Beitrag alle auf ausgewogene Weise widerspiegeln. Dies wird weiter in Kap. 6 diskutiert.

Ergänzend zu Abb. 3.8 fassen die folgenden Abschnitte die zehn in diesem Kapitel besprochenen Prozessmetaphern zusammen und bieten nur einige Ausgangspunkte für

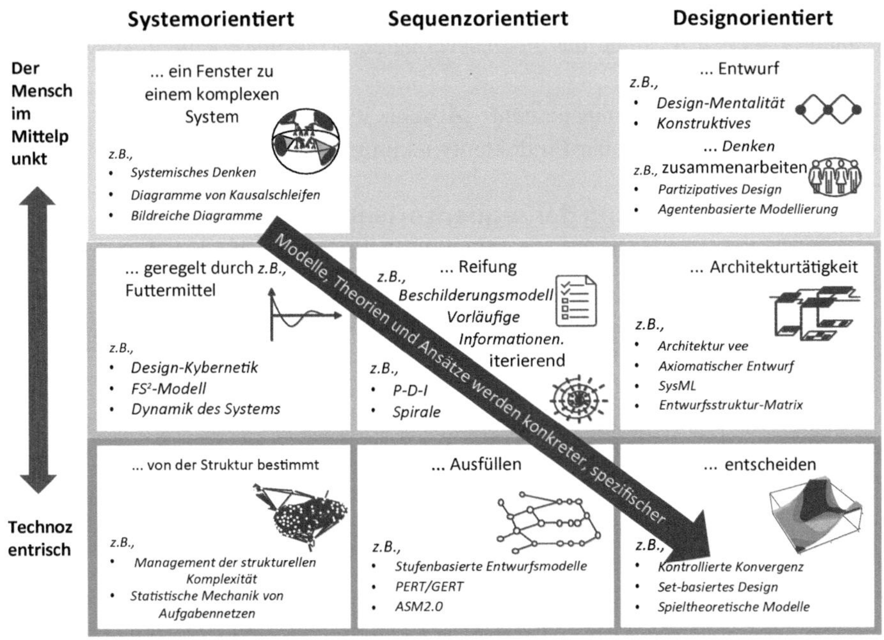


**Abb. 3.8** Eine Auswahl von Modellen, Theorien und Ansätzen, die die Prozessmetaphern widerspiegeln

weitere Lektüre zu jeder. Für jede Metapher finden die Leser viele weitere Beispiele in diesem Buch und darüber hinaus.

#### 3.6.2.1 Zusammenfassung der systemorientierten Metaphern

- Prozess als *ein Fenster zu einem komplexen System* (Abschn. 3.3.1) – impliziert einen Fokus auf die Auswirkungen des eigenen Standpunkts auf das Verständnis eines Systems, als Beobachter oder Teilnehmer. Einige Ausgangspunkte für die Lektüre sind:
  - Systemdenken-Mindset – Abschn. 8.2.1.2
  - Kausalschleifendiagramm – Abschn. 9.4.4.1
  - Rich-Picture-Diagramm – Abschn. 9.4.4.1
- Prozess als *gesteuert durch Feedback* (Abschn. 3.3.2) – betont die Bedeutung von Feedback bei der Wissensentwicklung, die Erkennung von verstärkenden und entgegenwirkenden Kräften in einem Prozess, die Auswirkungen von Verzögerungen und unvollständigen Informationen und andere systemdynamische Fragen im Zusammenhang mit Rückkopplungsschleifen. Einige Ausgangspunkte für die Lektüre sind:
  - Designkybernetik – Abschn. 7.4.2.2
  - Funktionsstrukturmodell des Feedbacksystems – Abschn. 7.4.2.5
  - Systemdynamik und das Modell des Nacharbeitungszyklus – Abschn. 9.4.4.3

- Prozess als *gesteuert durch Struktur* (Abschn. 3.3.3) – betont, wie die Struktur der zugrunde liegenden Systeme das Prozessverhalten beeinflusst. Einige Ausgangspunkte für die Lektüre sind:
  - Strukturkomplexitätsmanagement – Abschn. 9.4.2
  - Statistische Mechanik der Produktentwicklung – Abschn. 10.3.4

#### 3.6.2.2 Zusammenfassung der sequenzorientierten Metaphern

- Prozess als *Abschluss* (Abschn. 3.4.1) – stellt Prozesse als Aufgaben dar, die möglicherweise von Informationsabhängigkeiten, Gleichzeitigkeit, Ressourcenbeschränkungen und Nacharbeit betroffen sind. Einige Ausgangspunkte für die Lektüre sind:
  - Stufenbasierte Designmodelle – Abschn. 8.3.2.3
  - Programmevaluierung und Überprüfungstechnik – Abschn. 9.3.2
  - Angewandtes Wegweisermodell – Abschn. 9.3.2
- Prozess als *Iteration* (Abschn. 3.4.2) – betont, dass Design und Entwicklung grundsätzlich zyklische Prozesse sind, deren Verhalten durch wünschenswerte und unerwünschte Iterationen bestimmt wird. Einige Ausgangspunkte für die Lektüre sind:
  - Produktions-Deduktions-Induktions-Modell – Abschn. 7.2.3
  - Der Designzyklus und die Designspirale – Abschn. 8.3.2.1
- Prozess als *Reifung* (Abschn. 3.4.3) – betont, wie ein Design und Designinformationen durch Aufgaben und Iterationen schrittweise entwickelt werden. Einige Ausgangspunkte für die Lektüre sind:
  - Wegweisermodell des Ingenieurdesigns – Abschn. 9.2.3
  - Freigabe vorläufiger Informationen zur Überlappung von Stufen – Abschn. 10.4.1

#### 3.6.2.3 Zusammenfassung der designorientierten Metaphern

- Prozess als *Entscheidung* (Abschn. 3.5.1) – stellt Prozesse als Entscheidungen dar, die durch systematische Analyse unterstützt oder optimiert werden können. Einige Ausgangspunkte zum Lesen sind:
  - Methode der kontrollierten Konvergenz – Abschn. 8.2.2.3
  - Set-basiertes Design – Abschn. 8.3.2.5
  - Spieltheoretische Modelle – Abschn. 10.2.3
- Prozess als *Architektur* (Abschn. 3.5.2) – betont die Zerlegung einer Situation in miteinander verbundene Teilprobleme und Lösungsprinzipien. Einige Ausgangspunkte zum Lesen sind:
  - Architektur-Vee-Modell – Abschn. 8.4.2.3
  - Axiomatisches Design – Abschn. 8.3.2.4
  - Systems Modelling Language – Abschn. 9.4.2.1
  - Designstrukturmatrix – Abschn. 9.3.3
- Prozess als *Design* (Abschn. 3.5.3) – konzentriert sich auf die Art der Designprobleme und designerischen Ansätze zu ihrer Lösung. Einige Ausgangspunkte zum Lesen sind:
  - Designtheorien – Abschn. 7.2

  - Design-Mindsets – Abschn. 8.2.1
  - Design Thinking – Abschn. 8.3.1.2
- Prozess als *Zusammenarbeit* (Abschn. 3.5.4) – konzentriert sich darauf, wie Teams zusammenarbeiten, um Prozesse abzuschließen, wobei Kommunikation und Zusammenarbeit betont werden. Einige Ausgangspunkte zum Lesen sind:
  - Modelle für Designzusammenarbeit – Abschn. 7.2.2.10
  - Partizipatives Design – Abschn. 8.3.1.3
  - Agentenbasierte Modelle von Design und Entwicklung – Abschn. 9.3.5

### 3.6.3 Zusammenfassung

Metaphern für den Design- und Entwicklungsprozess bieten Möglichkeiten, diesen Prozess wahrzunehmen, zu beschreiben und zu analysieren. Jede Metapher, verkörpert in einer Reihe von Prozessmodellen, -theorien und -ansätzen, beleuchtet bestimmte Aspekte des Design- und Entwicklungsprozesses, während sie andere vereinfacht und untertauchen lässt. Einige Modelle, Theorien und Ansätze spiegeln Elemente mehrerer Metaphern wider, während andere sich auf eine einzige konzentrieren. Teil II dieses Buches erweitert die in diesem Kapitel diskutierten zehn Metaphern durch eine eingehende Diskussion einer Reihe von Modellen, Theorien und Ansätzen, die sie widerspiegeln.

## Literatur

Ahmed, S., Wallace, K. M., & Blessing, L. T. M. (2003). Understanding the differences between how novice and experienced designers approach design tasks. *Research in Engineering Design, 14*(1), 1–11. https://doi.org/10.1007/s00163-002-0023-z.

Antonsson, E. K., & Otto, K. N. (1995). Imprecision in engineering design. *Journal of Vibration and Acoustics, 117*(B), 25–32. https://doi.org/10.1115/1.2838671.

Blanco, E., Grebici, K., & Rieu, D. (2007). A unified framework to manage information maturity in design process. *International Journal of Product Development, 4*(3–4), 255–279. https://doi.org/10.1504/IJPD.2007.012495.

Braha, D., & Bar-Yam, Y. (2007). The statistical mechanics of complex product development: Empirical and analytical results. *Management Science, 53*(7), 1127–1145. https://doi.org/10.1287/mnsc.1060.0617.

Braha, D., & Bar-Yam, Y. (2006). The structure and dynamics of complex product design. In D. Braha, A. A. Minai, & Y. Bar-Yam (Hrsg.), *Complex engineered systems: Science meets technology* (S. 40–71). Springer. https://doi.org/10.1007/3-540-32834-3_3.

Brinkmann, J. T. (2021). *Maturity of design information in engineering design* (Doctoral dissertation). University of Auckland.

Browning, T. R., & Eppinger, S. D. (2002). Modeling impacts of process architecture on cost and schedule risk in product development. *IEEE Transactions on Engineering Management, 49*(4), 428–442. https://doi.org/10.1109/TEM.2002.806709.

Browning, T. R. (2009). The many views of a process: Toward a process architecture framework for product development processes. *Systems Engineering, 12*(1), 69–90. https://doi.org/10.1002/sys.20109.

Bucciarelli, L. L. (2002). Between thought and object in engineering design. *Design Studies, 23*(3), 219–231. https://doi.org/10.1016/S0142-694X(01)00035-7.

Buchanan, R. (1992). Wicked problems in design thinking. *Design Issues, 8*(2), 5–21. https://doi.org/10.2307/1511637.

Checkland, P. (1983). OR and the systems movement: Mappings and conflicts. *Journal of the Operational Research Society, 34*(8), 661–675. https://doi.org/10.1057/jors.1983.160.

Checkland, P. (2000). Soft systems methodology: A thirty year retrospective. *Systems Research and Behavioral Science, 17*(S1), S11–S58. https://doi.org/10.1002/1099-1743(200011)17:1+<::AID-SRES374>3.0.CO;2-O.

Chen, W., Hoyle, C., & Wassenaar, H. J. (2013). Decision-based design: An approach for enterprise-driven engineering design. In *Decision-based design: Integrating consumer prefer ences into engineering design* (S. 3–11). Springer. https://doi.org/10.1007/978-1-4471-4036-8_1.

Clark, K. B., & Fujimoto, T. (1989). Lead time in automobile product development explaining the Japanese advantage. *Journal of Engineering and Technology Management, 6*(1), 25–58. https://doi.org/10.1016/0923-4748(89)90013-1.

Clarkson, P. J., & Hamilton, J. R. (2000). 'Signposting', A parameter-driven task-based model of the design process. *Research in Engineering Design, 12*(1), 18–38. https://doi.org/10.1007/s001630050021.

Cooper, K. G. (1980). Naval ship production: A claim settled and a framework built. *Interfaces, 10*(6), 20–36. https://doi.org/10.1287/inte.10.6.20.

Crawley, E., de Weck, O., Eppinger, S., Magee, C., Moses, J., Seering, W., Schindall, J., Wallace, D., & Whitney, D. (2004). *The influence of architecture in engineering systems (Engineering Systems Monograph)*. Massachusetts Institute of Technology.

Cross, N. (2006). *Designerly ways of knowing*. Springer. https://doi.org/10.1007/1-84628-301-9.

Dong, A. (2005). The latent semantic approach to studying design team communication. *Design Studies, 26*(5), 445–461. https://doi.org/10.1016/j.destud.2004.10.003.

Dorst, K., & Dijkhuis, J. (1995). Comparing paradigms for describing design activity. *Design Studies, 16*(2), 261–274. https://doi.org/10.1016/0142-694X(94)00012-3.

Dubberly, H., & Pangaro, P. (2019). Cybernetics and design: Conversations for action. In T. Fischer & C. Herr (Hrsg.), *Design cybernetics* (S. 85–99). Springer. https://doi.org/10.1007/978-3-030-18557-2_4.

Eckert, C., & Boujut, J.-F. (2003). The role of objects in design co-operation: Communication through physical or virtual objects. *Computer Supported Cooperative Work, 12*(2), 145–151. https://doi.org/10.1023/A:1023954726209.

ElMaraghy, W., ElMaraghy, H., Tomiyama, T., & Monostori, L. (2012). Complexity in engineering design and manufacturing. *CIRP Annals, 61*(2), 793–814. https://doi.org/10.1016/j.cirp.2012.05.001.

Eppinger, S. D., Whitney, D. E., Smith, R. P., & Gebala, D. A. (1994). A model-based method for organizing tasks in product development. *Research in Engineering Design, 6*(1), 1–13. https://doi.org/10.1007/BF01588087.

Evans, J. H. (1959). Basic design concepts. *Journal of the American Society of Naval Engineers, 71*(4), 671–678. https://doi.org/10.1111/j.1559-3584.1959.tb01836.x.

Fischer, T., & Herr, C. M. (2019). *Design cybernetics: Navigating the new*. Springer. https://doi.org/10.1007/978-3-030-18557-2.

Galbraith, J. R. (1974). Organization design: An information processing view. *Interfaces, 4*(3), 28–36. https://doi.org/10.1287/inte.4.3.28.

Glanville, R. (2007a). Designing complexity. *Performance Improvement Quarterly, 20*(2), 75–96. https://doi.org/10.1111/j.1937-8327.2007.tb00442.x.

Glanville, R. (2007b). Try again. Fail again. Fail better: The cybernetics in design and the design in cybernetics. *Kybernetes, 36*(9/10), 1173–1206. https://doi.org/10.1108/03684920710827238.

Gu, X., Renaud, J. E., Ashe, L. M., Batill, S. M., Budhiraja, A. S., & Krajewski, L. J. (2002). Decision-based collaborative optimization. *Journal of Mechanical Design, 124*(1), 1–13. https://doi.org/10.1115/1.1432991.

Hazelrigg, G. A. (1998). A framework for decision-based engineering design. *Journal of Mechanical Design, 120*(4), 653–658. https://doi.org/10.1115/1.2829328.

IDEO. (2015). *The field guide to human-centered design*. IDEO.org.

Isaksson, O., Wynn, D. C., & Eckert, C. M. (2022). Design perspectives, theories and processes for engineering systems design. In A. Maier, J. Oehmen, & P. E. Vermaas (Hrsg.), *Handbook of engineering systems design* (S. 53–99). Springer. https://doi.org/10.1007/978-3-030-81159-4_3.

Jankovic, M., & Hein, A. M. (2020). Architecting engineering systems: Designing critical inter faces. In A. Maier, J. Oehmen, & P. E. Vermaas (Hrsg.), *Handbook of engineering systems design* (S. 1–25). Springer. https://doi.org/10.1007/978-3-030-46054-9_14-2.

Kreimeyer, M., & Lindemann, U. (2011). *Complexity metrics in engineering design: Managing the structure of design processes*. Springer. https://doi.org/10.1007/978-3-642-20963-5.

Krishnan, V., & Ulrich, K. T. (2001). Product development decisions: A review of the literature. *Management Science, 47*(1), 1–21. https://doi.org/10.1287/mnsc.47.1.1.10668.

Levitt, R. E., Thomsen, J., Christiansen, T. R., Kunz, J. C., Jin, Y., & Nass, C. (1999). Simulating project work processes and organizations: Toward a micro-contingency theory of organizational design. *Management Science, 45*(11), 1479–1495. https://doi.org/10.1287/mnsc.45.11.1479.

Li, Y., Roy, U., & Saltz, J. S. (2019). Towards an integrated process model for new product development with data-driven features (NPD$^3$). *Research in Engineering Design, 30*(2), 271–289. https://doi.org/10.1007/s00163-019-00308-6.

Lyneis, J. M., & Ford, D. N. (2007). System dynamics applied to project management: A survey, assessment, and directions for future research. *System Dynamics Review, 23*(2/3), 157–189. https://doi.org/10.1002/sdr.377.

Maier, M. W., & Rechtin, E. (2000). *The art of systems architecting* (2. Aufl.). CRC Press. https://doi.org/10.1201/9781420058529.

Maurer, M. (2017). *Complexity management in engineering design - a primer*. Springer. https://doi.org/10.1007/978-3-662-53448-9.

Meadows, D. H. (2008). *Thinking in systems: A primer*. Chelsea Green Publishing.

Mistree, F., Smith, W., & Bras, B. (1993). A decision-based approach to concurrent design. In *Concurrent engineering* (S. 127–158). Springer. https://doi.org/10.1007/978-1-4615-3062-6_8.

Papalambros, P. Y., & Wilde, D. J. (2017). *Principles of optimal design: Modeling and computation* (3. Aufl.). Cambridge University Press. https://doi.org/10.1017/9781316451038.

Pugh, S. (1991). *Total design: Integrated methods for successful product engineering*. Addison Wesley.

Reichelt, K., & Lyneis, J. (1999). The dynamics of project performance: Benchmarking the drivers of cost and schedule overrun. *European Management Journal, 17*(2), 135–150. https://doi.org/10.1016/S0263-2373(98)00073-5.

Reitman, W. R. (1964). Heuristic decision procedures, open constraints, and the structure of ill defined problems. In M. W. Shelley & G. L. Bryan (Hrsg.), *Human judgments and optimality* (S. 282–315). Wiley.

Rittel, H. W., & Webber, M. M. (1973). Dilemmas in a general theory of planning. *Policy Sciences, 4*(2), 155–169. https://doi.org/10.1007/bf01405730.

Saaty, R. (1987). The analytic hierarchy process-what it is and how it is used. *Mathematics Modelling, 9*(3–5), 161–176. https://doi.org/10.1016/0270-0255(87)90473-8.

Schön, D. A. (1992). *The reflective practitioner: How professionals think in action*. Routledge. https://doi.org/10.4324/9781315237473.

Schön, D. A., & Wiggins, G. (1992). Kinds of seeing and their functions in designing. *Design Studies, 13*(2), 135–156. https://doi.org/10.1016/0142-694X(92)90268-F

Senge, P. M. (1990). *The fifth discipline: The art and practice of the learning organization*. Doubleday/Currency.

Simon, H. A. (2019). *The sciences of the artificial* (3. Aufl.). MIT Press, Boston MA. https://doi.org/10.7551/mitpress/12107.001.0001.

Štorga, M., Stanković, T., Cash, P., & McAloone, T. C. (2021). Visually augmented analysis of socio-technical networks in engineering systems design research. In L. Blessing, A. J. Qureshi, & K. Gericke (Hrsg.), The future of transdisciplinary design (S. 55–67). Springer. https://doi.org/10.1007/978-3-319-06382-9_5.

Suchman, L. (1995). Making work visible. *Communications of the ACM, 38*(9), 56–64. https://doi.org/10.1145/223248.223263.

Suss, S., & Thomson, V. (2012). Optimal design processes under uncertainty and reciprocal dependency. *Journal of Engineering Design, 23*(10–11), 829–851. https://doi.org/10.1080/09544828.2012.704546.

Thomke, S. (1998). Managing experimentation in the design of new products. *Management Science, 44*(6), 743–762. https://doi.org/10.1287/mnsc.44.6.743.

Valkenburg, R., & Dorst, K. (1998). The reflective practice of design teams. *Design Studies, 19*(3), 249–271. https://doi.org/10.1016/S0142-694X(98)00011-8.

Wassenaar, H. J., & Chen, W. (2003). An approach to decision-based design with discrete choice analysis for demand modeling. *Journal of Mechanical Design, 125*(3), 490–497. https://doi.org/10.1115/1.1587156.

Wynn, D. C., & Eckert, C. M. (2017). Perspectives on iteration in design and development. *Research in Engineering Design, 28*(2), 153–184. https://doi.org/10.1007/s00163-016-0226-3.

Wynn, D. C., & Maier, A. M. (2022). Feedback systems in the design and development process. *Research in Engineering Design, 33*(3), 273–306. https://doi.org/10.1007/s00163-022-00386-z.

Yassine, A., & Braha, D. (2003). Complex concurrent engineering and the design structure matrix method. *Concurrent Engineering: Research and Applications, 11*(3), 165–176. https://doi.org/10.1177/106329303034503.

Zachman, J. A. (1987). A framework for information systems architecture. *IBM Systems Journal, 26*(3), 276–292. https://doi.org/10.1147/sj.263.0276.

# Modelle als Werkzeuge für den Design- und Entwicklungsprozess

# 4


**Zusammenfassung**

Modelle, Theorien und Ansätze bieten wichtige Werkzeuge für den Design- und Entwicklungsprozess. Dieses Kapitel fasst einige theoretische Perspektiven zusammen, die helfen, die Natur von Modellen, Theorien und Ansätzen im Allgemeinen und im Kontext von Entwurf und Entwicklung zu klären. Es werden Möglichkeiten skizziert, die Beziehungen zwischen Prozessmodellen, Theorien und Ansätzen und dem Entwurfs- und Entwicklungsprozess selbst zu konzeptualisieren.



**Schlüsselwörter**

Design und Entwicklung · Prozessmodelle · Theorien und Ansätze · Theorie der Modelle


## 4.1 Einführung

Prozessmodelle, Theorien und Ansätze helfen dabei, den Design- und Entwicklungsprozess zu verstehen, zu kommunizieren, zu beschreiben, zu analysieren und zu verbessern. Sie nehmen viele Formen an – einige sind qualitativ, andere quantitativ. Einige sind abstrakt und idealisiert, andere konkret und spezifisch. Dieses Kapitel konzentriert sich auf externe Modelle, Theorien und Ansätze – das heißt solche, die mathematisch, rechnerisch, diagrammatisch, schriftlich oder typischerweise in einer Kombination davon ausgedrückt werden. Die Forschung hat vorgeschlagen, dass solche Prozessmodelle, -theorien und -ansätze dazu beitragen können, die Herausforderungen von Design und Entwicklung auf verschiedene Weisen zu bewältigen (Wynn & Clarkson, 2018). Zum Beispiel, während groß angelegte Design- und Entwicklungsprozesse Neuheiten




D. Wynn und P. Clarkson, *Der Design- und Entwicklungsprozess*,
https://doi.org/10.1007/978-3-031-83083-9_4

beinhalten, beinhalten sie auch routinemäßige Sequenzen und Strukturen, die modelliert werden können. Daher ist eine gängige Ansicht, dass diese Prozesse Systeme sind und *konstruiert* werden können, eine Aufgabe, die durch Prozessmodelle und Ansätze zur Prozessmodellierung erleichtert werden kann (Browning et al., 2006). Prozessmodelle können auch dazu beitragen, Prozessteilnehmer und ihre mentalen Modelle auszurichten. Sie sind daher wichtige Koordinationsmittel, die besonders wichtig werden, wenn Komplexität und Innovation zunehmen. Prozessmodelle, die Best Practices darstellen, können nützlich sein, „um kreative Arbeit zu rationalisieren, die Wahrscheinlichkeit zu verringern, etwas Wichtiges zu vergessen, Design zu lehren und zu übertragen, die Planung zu erleichtern, [und] die Kommunikation zwischen den am Design beteiligten Disziplinen zu verbessern" (Gericke & Blessing, 2011). Konzeptuelle Modelle und Theorien können auch dazu beitragen, konzeptuelle Einblicke in den Design- und Entwicklungsprozess zu generieren und zu kommunizieren. Dies ist nützlich für Forscher und Pädagogen, kann Praktiker informieren und die Entwicklung von Unterstützung für die Praxis inspirieren. Quantitative Modelle von Prozessen – die mathematisch oder rechnerisch sein können – können als Stellvertreter für Teile der realen Welt verwendet werden, um Einblicke in Situationen zu entwickeln, in denen es nicht praktikabel ist, direkt zu experimentieren. Dies ist typischerweise der Fall bei industriellen Design- und Entwicklungsprozessen aufgrund hoher Komplexität, Zugangsbeschränkungen und langsamer Reaktion auf eingeführte Änderungen. Ein quantitatives Simulationsmodell kann verwendet werden, um schnell mit den Auswirkungen verschiedener Managementhebel zu experimentieren, obwohl Vorsicht geboten ist, um übermäßiges Vertrauen in die Ergebnisse zu vermeiden. Simulation kann auch verwendet werden, um vorherzusagen, wie ein Prozess in der Zukunft ablaufen wird, was für die Planung hilfreich sein kann. Darüber hinaus können quantitative Modelle Unterstützung für Routineentscheidungen bieten (Pidd, 1999), zum Beispiel unterstützen solche Modelle den Entwurfs- und Entwicklungsprozess, wenn sie zur Bewertung alternativer Designkonzepte verwendet werden.

Zusammenfassend dienen Prozessmodelle, -theorien und -ansätze in Design und Entwicklung mehreren Zwecken. Sie vereinfachen komplexe Situationen, um bestimmte Aspekte dieser Situationen leichter verständlich und kommunizierbar zu machen. Modelle und Theorien ermöglichen es, über Fragen von viel höherer Komplexität nachzudenken, als sie normalerweise im Kopf ablaufen können, und bieten eine Möglichkeit, die Auswirkungen von Entscheidungen vorherzusagen, während das Design sich entwickelt. Solche Prognosen können durch Computeranalyse unterstützt werden oder im Kopf eines Modell- oder Theoriebenutzers erfolgen.

Obwohl der Schwerpunkt dieses Kapitels auf *Prozess*modellen, -theorien und -ansätzen liegt, ist es angebracht zu erwähnen, dass *Produkt*modelle auch eine sehr wichtige Rolle im Design- und Entwicklungsprozess spielen. In Anbetracht dessen beschreiben Andreasen et al. (2015) das Designen als Fortschreiten durch eine Reihe verschiedener Modelle, Cross (1990) schreibt, dass das Nachdenken über ein aufkommendes Design durch das Medium von Modellen eine der Schlüsselkompetenzen im Design ist und Schön (1992) beschreibt das Designen als Teilnahme an einem reflektierenden Gespräch mit Designrepräsentationen (siehe Kap. 7 für weitere Diskussion). Designer erstellen Modelle nicht nur, um eine Situation darzustellen und zu analysieren, sondern auch, um bewusst über ihre Sichtweisen darauf zu informieren und sie zu entwickeln. Designer schätzen auch, dass die Verwendung verschiedener Modelle zur Rahmenbildung einer Situation verschiedene Aspekte dieser Situation aufzeigt und ihnen helfen kann, eine Lösung für ein Designproblem zu finden. Alle in diesem Absatz zusammengefassten Beobachtungen gelten nicht nur für das Design von Produkten, sondern auch für das Design ihrer Entwurfs- und Entwicklungsprozesse.

Der Rest dieses Kapitels führt einige Schlüsselkonzepte bezüglich Modelle und Modellierung im Allgemeinen ein und legt damit den Grundstein für spätere Kapitel, die einige spezifische Modelle ausführlicher diskutieren. Die folgenden Konzepte werden behandelt: philosophische Perspektiven auf Modelle und Modellierung (Abschn. 4.2); allgemeine Eigenschaften von Modellen (Abschn. 4.3); Stakeholder in Modellen und Modellierung (Abschn. 4.4) und Modelle im Kontext von Design und Entwicklung (Abschn. 4.5).

## 4.2 Was ist ein Modell?

Ein Modell ist eine vereinfachte Darstellung eines Zielsystems, die erstellt wird, um Stakeholdern einen Mehrwert zu bieten. Modelle waren Gegenstand vieler philosophischer Arbeiten, insbesondere Modelle im Kontext der physikalischen Wissenschaften – für einen hervorragenden Überblick über die Hauptideen siehe Frigg und Hartmann (2020). Ein Anreiz für diese Arbeit war die Beobachtung, dass Wissenschaftler Modelle in ihrer Praxis des Lernens über die Welt und der Wertschätzung von Modellen und Modellierung umfangreich verwenden, was dazu beitragen kann, zu verstehen, wie Wissenschaft Wissen generiert. Obwohl die Entwicklung von Prozessmodellen, -theorien und -ansätzen für den Entwurfs- und Entwicklungsprozess offensichtlich nicht dasselbe ist wie die Modellierung in den physikalischen Wissenschaften, kann dieser Arbeitsstrang dennoch dazu beitragen, einige Kernkonzepte und Terminologie zu klären.

Um einige der Hauptideen, die für dieses Buch relevant sind, kurz zusammenzufassen, besteht eine aktuell anerkannte Perspektive darin, dass Modelle im Wesentlichen abstrakte Strukturen von Elementen und Beziehungen sind, die in Beziehung zu bestimmten Aspekten eines Zielsystems stehen und dieses System repräsentieren (Giere, 1988; Weisberg, 2013; Abb. 4.1). Die Fähigkeit, ein Zielsystem darzustellen, ist einem Modell nicht angeboren. Giere (2004) beschreibt ein Modell beispielsweise als „abstraktes Objekt“, das so gestaltet ist, dass Stakeholder einige seiner Elemente mit Aspekten der realen Welt identifizieren können. Derselbe Autor hält ein Modell für unterschiedlich von seiner Beschreibung, wie zum Beispiel Text, Gleichungen, Computercode oder ein physisches Analogon. Eine Beschreibung kann ein Modell mit unterschiedlichen Feinheitsgraden spezifizieren oder repräsentieren, abhängig davon, wie verfeinert und vollständig sie ist (Weisberg, 2013).

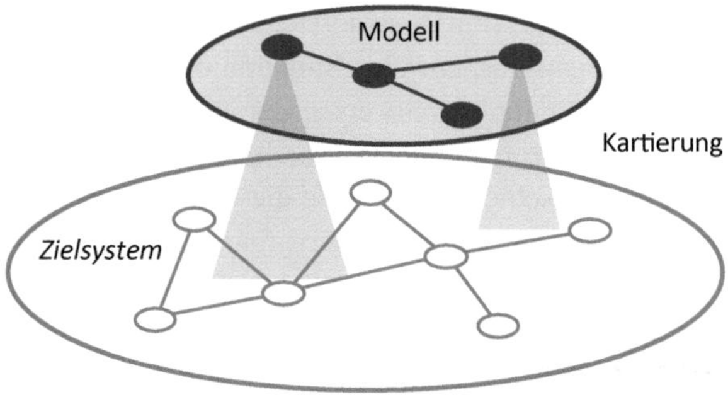


**Abb. 4.1** Modell und Zielsystem

Ein Modell, als abstraktes Objekt, wird durch eine Kombination von Modellbeschreibungen und der Interpretation eines Modellierers gebildet (Godfrey-Smith, 2006) – wobei Letzteres betrifft, wie der Modellierer die Ähnlichkeit dieses Modells mit einem Zielsystem *auslegt*. Weisberg (2013) erläutert drei Aspekte der Auslegung: (1) wie Teile eines Modells auf Teile des Zielsystems abgebildet werden; (2) der Anwendungsbereich, für den ein Modell als gültig angesehen wird; und (3) die Kriterien, nach denen ein Modell als ausreichend ähnlich zum Ziel angesehen wird, um als angemessen betrachtet zu werden. Die Möglichkeit, ein Modell auf verschiedene Weisen auszulegen, unterstützt die Kommunikation und Zusammenarbeit damit, indem sie einen Puffer zwischen den verschiedenen Wahrnehmungen, die Menschen von einem bestimmten Zielsystem haben, bietet (Godfrey-Smith, 2006).

## 4.3 Eigenschaften von Modellen

Aufbauend auf der obigen Diskussion umfassen einige allgemeine Eigenschaften eines Modells (oder einer Theorie oder eines Ansatzes auf konzeptioneller Ebene):

- *Abstraktheit* – jedes Modell ist weniger als sein Zielsystem. Ein Modell mit einem höheren Grad an Abstraktheit ist weniger detailreich, das heißt, es lässt mehr Aspekte des Zielsystems aus (Levy, 2021). Abstraktion wurde auch als „Auslassung ohne Falschdarstellung" beschrieben (Jones, 2005). Ein Modellierer könnte beispielsweise eine Aufgabe in einer Prozesskarte darstellen, ohne ein erforderliches Softwaretool anzugeben.
- *Idealisierung* – Idealisierungen in einem Modell beziehen sich auf absichtliche vereinfachende Falschdarstellungen, zum Beispiel das Auslassen von Reibung in einem mathematischen Modell einer Maschine (Levy, 2021). Idealisierungen werden aus verschiedenen Gründen eingeführt, zum Beispiel um die mathematische Handhabbarkeit oder die Rechenzeit zu verbessern oder um sich auf die Kernfaktoren zu konzentrieren, die ein bestimmtes Phänomen antreiben, um es besser zu erklären (Weisberg, 2013).

- *Allgemeinheit* – ein Modell kann eine einzelne Situation oder eine Reihe von Situationen darstellen. Levy (2021) definiert Allgemeinheit als „die Anzahl der Dinge (Objekte, Prozesse, Phänomene), auf die eine Darstellung zutrifft". Ein allgemeines Modell stellt Phänomene dar, die für den gesamten Bereich der betrachteten Zielsysteme als gemeinsam angesehen werden, und lässt andere Phänomene aus (Weisberg, 2013). Ein Modell mit höherer Abstraktheit ist wahrscheinlich allgemeiner, da ein abstraktes Modell durch das Auslassen spezifischer Details auf eine breitere Palette von Situationen anwendbar ist. Selbst wenn ein Modell entwickelt wird, um eine einzige spezifische Situation darzustellen, streben die Stakeholder oft danach, das, was sie daraus gelernt haben, zu verallgemeinern.
- *Umfang* – beschreibt die Breite der Abdeckung für ein Modell (Wynn & Clarkson, 2018). Ein Prozessmodell mit breitem Umfang könnte beispielsweise die Arbeit mehrerer Prozessteilnehmer umfassen oder einen größeren Zeitraum abdecken als eines mit engem Umfang. Ein weiteres Beispiel wäre ein konzeptionelles Modell mit breiterem Umfang, das eine größere Bandbreite an Ideen integriert als eines mit engerem Umfang.
- *Granularität* – beschreibt die „Größe und Detailgenauigkeit von Modellelementen" (Maier et al., 2017). Ein granulareres Modell verwendet mehr und feinere Elemente und Beziehungen. Im Vergleich zu den in den vorherigen Punkten beschriebenen Eigenschaften, die sich auf die Beziehung zwischen einem Modell und seinem Zielsystem beziehen, schreiben Maier et al. (2017), dass Granularität rein eine Eigenschaft eines Modells ist.
- *Komplexität* – ein Modell, wie ein System, kann unterschiedliche Grade an Komplexität aufweisen. Ein Modell mit einer größeren Anzahl oder Vielfalt von Elementen und Beziehungen ist in der Regel komplexer. Neben der Anzahl und Vielfalt können Modellelemente und ihre Beziehungen konzeptionell einfach oder reicher sein, was zu einer höheren Komplexität führt. Idealerweise sollte ein Modell gerade komplex genug für seinen beabsichtigten Zweck sein.

All diese Eigenschaften ergeben sich aus Entscheidungen, die während der Modellierung getroffen wurden, und müssen nicht im gesamten Modell einheitlich sein. Die gewählten Eigenschaften eines Modells beeinflussen den Aufwand, der für die Modellierung erforderlich ist, und, im weiteren Sinne, da Modelle zur Unterstützung der Gestaltung und Entwicklung von Produkten und Prozessen verwendet werden, beeinflussen die Eigenschaften des Modells auch die erstellten Systeme (Maier et al., 2017). Es sollte auch beachtet werden, dass ein Modellierer nicht nur Entscheidungen über das zu erstellende Modell trifft, sondern auch darüber, wie ein Zielsystem definiert und abgegrenzt werden soll, das in einer bestimmten realen Situation modelliert werden soll (Weisberg, 2013). Dies wird in der Regel durch den Standpunkt des Modellierers in Bezug auf diese Situation und seine Wertschätzung der Faktoren, die für die anstehenden Ziele relevant sein könnten, beeinflusst.

Die letzte wichtige Eigenschaft von Modellen, die diskutiert werden soll, ist die *Genauigkeit*. Es gibt eine Reihe von verwandten Begriffen und Konzepten wie Übereinstimmung, Genauigkeit, Präzision, Wahrhaftigkeit, die Ähnlichkeit der Modellstruktur mit einem Zielsystem und die Ähnlichkeit der Modellausgabe mit einem Zielsystem (Weisberg, 2013). Wie wichtig die Modellgenauigkeit ist und wie sie verstanden werden sollte, hängt vom Zweck der Modellierung ab. Einige Modelle in der Wissenschaft sollen beispielsweise ein Zielsystem so wahrheitsgetreu wie möglich reproduzieren. Andererseits müssen Modelle, die im Ingenieurdesign verwendet werden, nur gut genug sein, um den nächsten Designschritt zu informieren. In diesem Zusammenhang ist eine gängige Perspektive, dass ein Modell (oder eine Theorie oder ein Ansatz) einige Aspekte der realen Welt unvollkommen, aber gut genug darstellt, um nützlich zu sein (Dixon, 1987). Bei der Modellierung von menschlichen Aktivitätssystemen besteht eine andere Perspektive darin, dass ein Modell die reale Welt überhaupt nicht getreu darstellen muss, sondern ein Hilfsmittel ist, das erstellt wurde, um über die Komplexität eines Systems zu einem Zweck nachzudenken (Checkland, 2000). In einem Prozessmodellierungskontext ist es oft schwierig, Messungen zu erhalten, mit denen die Genauigkeit eines Modells verglichen werden kann, und Systemdenker argumentieren in der Regel, dass das Hauptkriterium zur Bewertung eines Modells in solchen Kontexten Nützlichkeit statt Genauigkeit sein sollte (Checkland, 2000). Zusammenfassend lässt sich sagen, dass alle Modelle ein Zielsystem irgendeiner Art darstellen, die Wichtigkeit, dies mit hoher Genauigkeit zu tun, variiert jedoch erheblich je nach Modellierungskontext.

## 4.4 Stakeholder in Modellen

Alle Modelle (oder Theorien oder Ansätze) haben einen oder mehrere Stakeholder. Modellierer sind Stakeholder in ihren Modellen, ebenso wie Personen, die Input für den Modellierungsprozess liefern sowie diejenigen, die das Modell verwenden, und diejenigen, die von Entscheidungen betroffen sind, die das Modell informiert. Wo es mehr als einen Stakeholder gibt, wie es typischerweise der Fall ist, sollten die Parteien idealerweise zustimmen, dass es für seine beabsichtigten Zwecke ausreichend ist. In vielen Modellierungssituationen ist dies jedoch möglicherweise nicht einfach zu erreichen.

Die Zwecke eines Modells sowie das Ziel, wie es von den Modellierern wahrgenommen wird, beeinflussen die Entscheidungen der Modellierer darüber, was in das Modell aufgenommen und wie es strukturiert werden soll. Wenn ein Modell mehrere Zwecke hat, können sie widersprüchliche Anforderungen an das Modell stellen. Daher kann die Erstellung eines Modells, das zu viele Zwecke erfüllen soll, zu unhandhabbarer Komplexität führen, wobei das Modell zu viele Elemente und Verbindungen hat oder mehrdeutig ist mit Elementen und Beziehungen, die einzeln zu abstrakt (oder reich) sind, was zu vielen möglichen Interpretationen führt. Nachdem ein Modell erstellt wurde, kann es von anderen Stakeholdern für Zwecke verwendet werden, die möglicherweise nicht vorhergesehen wurden (Eckert et al., 2017). Daher kann es beim Entwerfen eines Modells hilfreich sein, zwischen den Personen, die das Modell erstellen, und denen, die es anschließend für eine breitere Palette von Zwecken verwenden könnten, zu unterscheiden.

Ein Modell muss von einem Benutzer internalisiert werden, um für ihn nützlich zu sein. Mit anderen Worten, der Benutzer muss Erkenntnisse über das Zielsystem gewinnen, indem er den Inhalt und/oder die Ausgabe des Modells mit seinem eigenen Verständnis einer Situation synthetisiert (Maier et al., 2014). Die Art und Weise, wie das Modell als Repräsentation eines Zielsystems angesehen wird, und die Zwecke, für die es verwendet werden kann, hängen daher von dem einzigartigen Standpunkt und der Perspektive jedes Benutzers ab. In Anbetracht dessen, dass ein Modell von verschiedenen Personen auf unterschiedliche Weise wahrgenommen werden kann, schreiben Stacey et al. (2020), dass eine Einigung darüber, wie ein Modell zu interpretieren ist, oft auf der Perspektive einer Autoritätsperson basiert, zum Beispiel, wenn ein Manager ein Modell auf eine bestimmte Weise beschreibt, kann sein Team sich dafür entscheiden, dieses Modell in ähnlichen Begriffen zu interpretieren.

## 4.5 Deskriptive und präskriptive Modelle

Modelle, Theorien und Ansätze für den Design- und Entwicklungsprozess wurden entweder als *beschreibend* oder *vorschreibend* in ihrer Natur beschrieben (Finger & Dixon, 1989):

- *Deskriptive Modelle* – präsentieren Ergebnisse aus Untersuchungen zur Praxis, wobei diese Modelle aus verschiedenen Quellen abgeleitet sein können, einschließlich Industriestudien, Umfragen, Praktikererfahrungen und Forschungsexperimenten.
- *Präskriptive Modelle* – destillieren bewährte Praktiken mit dem Ziel, die Effektivität oder Effizienz in einem Aspekt des Design- und Entwicklungsprozesses zu verbessern, wobei solche Verfahren oft auf ein bestimmtes Publikum (zum Beispiel Designingenieur oder Manager) und einen bestimmten Bereich (zum Beispiel Industriedesign, Maschinendesign oder Systemtechnik) abzielen.

Es wurde auch beobachtet, dass ein Modell im Kontext von Design und Entwicklung verwendet werden kann, um eine Situation vorauszusehen und sie durch Design zu verwirklichen. Mit anderen Worten, ein Prozessmodell, eine Theorie oder ein Ansatz hilft, die Prozesse zu formen, die es repräsentiert (Eckert & Stacey, 2010; Maier et al., 2014).

## 4.6 Beziehungen zwischen Prozessmodellen und einem Prozess

Dieser Abschnitt schließt die allgemeine Diskussion über Modelle und Modellierung ab, indem er vier Möglichkeiten zur Einschätzung der Beziehung zwischen einem Prozessmodell und der realen Prozesssituation skizziert, die in Abb. 4.2 dargestellt sind:

- *Modell* von *einem Prozess* – ein Prozess existiert „da draußen", entweder als objektives reales System oder als Übereinkunft unter den Prozessteilnehmern. Einige Aspekte dieses realen Prozesses werden von einem Modellierer wahrgenommen und ausgewählt, um in einem Modell dargestellt zu werden. Das Modell kann für verschiedene Zwecke verwendet werden, zum Beispiel zur Erstellung und Kommunikation von Verständnis oder zur Unterstützung von Entscheidungen.
- *Modell* für *einen Prozess* – ein Modell ist ein Werkzeug zur Übermittlung von Anweisungen. Mit anderen Worten, ein Modell vermittelt eine ideale Prozessform, die die Prozessteilnehmer zu replizieren versuchen sollten.
- *Modell* in *einem Prozess* – Prozessmodelle sind im Wesentlichen Artefakte, die während des Design- und Entwicklungsprozesses unter den Teilnehmern erstellt, überarbeitet und kommuniziert werden. Wenn ein Prozessmodell verwendet wird, beeinflusst es, wie der Entwurfs- und Entwicklungsprozess abläuft. Dies impliziert zyklische Einflussflüsse (Feedbackschleifen), die Prozessmodelle, Modellierungsaktivität und den Prozess selbst auf dynamische Weise verbinden.

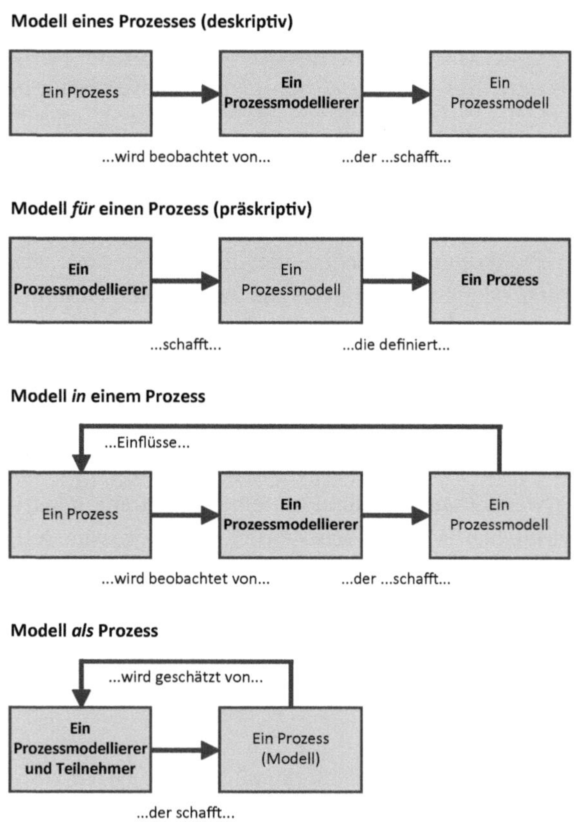


**Abb. 4.2** Modelle *von*, *für*, *in* und *als* ein Design- und Entwicklungsprozess

- *Modell* als *ein Prozess* – ein Design- und Entwicklungsprozess ist keine Realität, die modelliert wird, sondern eine Konstruktion jedes einzelnen Teilnehmers, wahrgenommen aus seiner einzigartigen Sichtweise. Nach dieser Ansicht erschafft ein Prozessmodellierer, wenn er ein Modell erstellt, auch den Prozess, wie er ihn in einem zyklischen Einflussfluss wahrnimmt. Wenn der Modellierer an dem Prozess teilnimmt, den er modelliert, können die Modellierungsaktivität und die Entwurfs- und Entwicklungsaktivität eng miteinander verknüpft werden. Nach dieser Ansicht ist es möglicherweise nicht sehr sinnvoll, zwischen einem Prozess und den Modellen dieses Prozesses zu unterscheiden.

## 4.7 Zusammenfassung und Diskussion

Dieses Kapitel hat die Bedeutung von Modellen und Modellierung hervorgehoben, wenn man Design- und Entwicklungsprozesse verstehen oder verbessern möchte. Einige theoretische Perspektiven auf die Natur von Modellen und Modellierung wurden kurz skizziert. Vier Möglichkeiten, die Beziehung zwischen Prozessmodellen, -theorien und -ansätzen und der Design- und Entwicklungsrealität einzuschätzen, wurden identifiziert. Insgesamt legt dieses Kapitel den Grundstein für die Diskussion vieler spezifischer Prozessmodelle, -theorien und -ansätze in den kommenden Kapiteln dieses Buches.

## Literatur

Andreasen, M. M., Hansen, C. T., & Cash, P. (2015). *Conceptual design: Interpretations, mindset and models*. Springer. https://doi.org/10.1007/978-3-319-19839-2.

Browning, T. R., Fricke, E., & Negele, H. (2006). Key concepts in modeling product development processes. *Systems Engineering, 9*(2), 104–128. https://doi.org/10.1002/sys.20047.

Checkland, P. (2000). Soft systems methodology: A thirty year retrospective. *Systems Research and Behavioral Science, 17*(S1), S11–S58. https://doi.org/10.1002/1099-1743(200011)17:1+<::AID-SRES374>3.0.CO;2-O.

Cross, N. (1990). The nature and nurture of design ability. *Design Studies, 11*(3), 127–140. https://doi.org/10.1016/0142-694X(90)90002-T.

Dixon, J. R. (1987). On research methodology towards a scientific theory of engineering design. *Artificial Intelligence for Engineering Design, Analysis and Manufacturing, 1*(3), 145–157. https://doi.org/10.1017/S0890060400000251.

Eckert, C. M., & Stacey, M. K. (2010). What is a process model? Reflections on the epistemology of design process models. In P. Heisig, P. J. Clarkson, & S. Vajna (Hrsg.), *Modelling and management of engineering processes* (S. 3–14). Springer. https://doi.org/10.1007/978-1-84996-199-8_1.

Eckert, C. M., Wynn, D. C., Maier, J. F., Albers, A., Bursac, N., Xin Chen, H. L., Clarkson, P. J., Gericke, K., Gladysz, B., & Shapiro, D. (2017). On the integration of product and process models in engineering design. *Design Science, 3*, e3. https://doi.org/10.1017/dsj.2017.2.

Finger, S., & Dixon, J. R. (1989). A review of research in mechanical engineering design. Part I: Descriptive, prescriptive, and computer-based models of design processes. *Research in Engineering Design, 1*(1), 51–67. https://doi.org/10.1007/BF01580003.

Frigg, R., & Hartmann, S. (2020). Models in science. In E. N. Zalta (Hrsg.), *The Stanford encyclopedia of philosophy (Spring 2020)*. Metaphysics Research Lab, Stanford University.

Gericke, K., & Blessing, L. (2011). Comparisons of design methodologies and process models across disciplines: A literature review. In S. J. Culley, B. J. Hicks, T. C. McAloone, T. J. Howard, & P. J. Clarkson (Hrsg.), *DS 68-1: Proceedings of the 18th International Conference on Engineering Design (ICED 11), Impacting Society through Engineering Design, Vol. 1: Design Processes, Lyngby/Copenhagen, Denmark, 15–19 Aug 2011* (S. 393–404). The Design Society.

Giere, R. N. (1988). *Explaining science: A cognitive approach*. University of Chicago Press.

Giere, R. N. (2004). How models are used to represent reality. *Philosophy of Science, 71*(5), 742–752. https://doi.org/10.1086/425063.

Godfrey-Smith, P. (2006). The strategy of model-based science. *Biology and Philosophy, 21*(5), 725–740. https://doi.org/10.1007/s10539-006-9054-6.

Jones, M. R. (2005). Idealization and abstraction: A framework. In M. R. Jones, & N. Cartwright (Hrsg.), *Idealization XII: Correcting the model. Idealization and abstraction in the sciences* (S. 173–217). Rodopi. https://doi.org/10.1163/9789401202732_010.

Levy, A. (2021). Idealization and abstraction: Refining the distinction. *Synthese, 198*(24), 5855–5872. https://doi.org/10.1007/s11229-018-1721-z.

Maier, A. M., Wynn, D. C., Howard, T. J., & Andreasen, M. M. (2014). Perceiving design as modelling: A cybernetic systems perspective. In A. Chakrabarti, & L. T. M. Blessing (Hrsg.), *An anthology of theories and models of design: Philosophy, approaches and empirical explorations* (S. 133–149). Springer. https://doi.org/10.1007/978-1-4471-6338-1_7.

Maier, J. F., Eckert, C. M., & Clarkson, P. J. (2017). Model granularity in engineering design - concepts and framework. *Design Science, 3*, e1. https://doi.org/10.1017/dsj.2016.16.

Pidd, M. (1999). Just modeling through: A rough guide to modeling. *Interfaces, 29*(2), 118–132. https://doi.org/10.1287/inte.29.2.118.

Schön, D. A. (1992). *The reflective practitioner: How professionals think in action*. Routledge. https://doi.org/10.4324/9781315237473.

Stacey, M., Eckert, C., & Hillerbrand, R. (2020). Process models: Plans, predictions, proclamations or prophecies? *Research in Engineering Design, 31*(1), 83–102. https://doi.org/10.1007/s00163-019-00322-8.

Weisberg, M. (2013). *Simulation and similarity: Using models to understand the world*. Oxford University Press. https://doi.org/10.1093/acprof:oso/9780199933662.001.0001.

Wynn, D. C., & Clarkson, P. J. (2018). Process models in design and development. *Research in Engineering Design, 29*(2), 161–202. https://doi.org/10.1007/s00163-017-0262-7.

# Erforschung und Entwicklung von Modellen, Theorien und Ansätzen für Design und Entwicklung

# 5

**Zusammenfassung**

Dieses Kapitel diskutiert die forschungsgetriebene Entwicklung von Modellen, Theorien und Ansätzen für Design und Entwicklung. Es beginnt mit der Klärung der Arten von Modellen, Theorien und Ansätzen, die berücksichtigt werden. Anschließend werden wünschenswerte Eigenschaften für jeden spezifischen Typ skizziert und Forschungsmethoden für ihre Entwicklung und Bewertung diskutiert. Ein Rahmen wird eingeführt, um diese methodischen Überlegungen zu organisieren.

**Schlüsselwörter**

Design- und Entwicklungsprozess · Modelle, Theorien und Ansätze · Forschungsmethoden

## 5.1 Einführung

Die Erstellung eines Modells, einer Theorie oder eines Ansatzes für Design und Entwicklung ist eine Form von Design und eine Form von Forschung. Der Forscher – der auch ein Modellierer ist – wird die Zielsituation untersuchen und darüber lernen. Dieser wird entscheiden, wie sie die Situation einrahmen, wie sie den Umfang und die Granularität ihres Beitrags begrenzen und welche spezifischen Probleme sie einbeziehen oder weglassen – unter vielen anderen Fragen. Die Entwicklung eines Modells, einer Theorie oder eines Ansatzes ist verknüpft mit der Reflexion über die gewünschten Eigenschaften des neuen Beitrags und über den Forschungs- und Entwicklungsprozess selbst.

In diesem Kapitel werden einige Schlüsselüberlegungen zur Erforschung, Entwicklung und Bewertung von Modellen, Theorien und Ansätzen für Design und Entwicklung



D. Wynn und P. Clarkson, *Der Design- und Entwicklungsprozess*,
https://doi.org/10.1007/978-3-031-83083-9_5

diskutiert. Methodische Fragen werden erörtert und ein Rahmenwerk, das wichtige Fragen und Ansätze umfasst, wird vorgestellt, um den Forschungs- und Entwicklungsprozess zu leiten.

## 5.2 Betrachtete Beitragsarten

Die zu diskutierenden Fragen unterscheiden sich je nach Art des zu entwickelnden Modells, der Theorie oder des Ansatzes. Dieses Kapitel konzentriert sich auf drei Arten von Beiträgen, die repräsentativ für einen Großteil der Design- und Entwicklungsliteratur sind (Abb. 5.1):

- *Konzeptionelle Modelle und Theorien* – stellen den Design- und Entwicklungsprozess auf abstrakte und allgemeine Weise dar, mit der Absicht, zu erklären und, im Falle einer Theorie, auch vorherzusagen.
- *Empfohlene Prozesse, Methoden und modellbasierte Unterstützung* – leiten den Design- und Entwicklungsprozess direkt und verbessern ihn.
- *Quantitative Modelle* – stellen eine spezifische Situation quantitativ dar, um ihre Analyse und Gestaltung zu unterstützen, oder werfen Licht auf bestimmte Fragen in einer Klasse von Situationen.

## 5.3 Rahmenwerk

Abb. 5.2 zeigt das neue Rahmenwerk, das erstellt wurde, um Überlegungen zur Erforschung und Entwicklung von Modellen, Theorien und Ansätzen zu organisieren. Das Rahmenwerk umfasst drei *Phasen*, die innerhalb des *Kontextes* für den Beitrag und des Wissens*paradigmas*, das die Arbeit am besten repräsentiert, angesiedelt sind:

- *Kontext* – gibt die Situationen an, in denen der Beitrag entwickelt und verwendet werden soll, einschließlich der Stakeholder und ihrer Bedürfnisse.
- *Paradigma* – gibt das angenommene Wissensparadigma an.

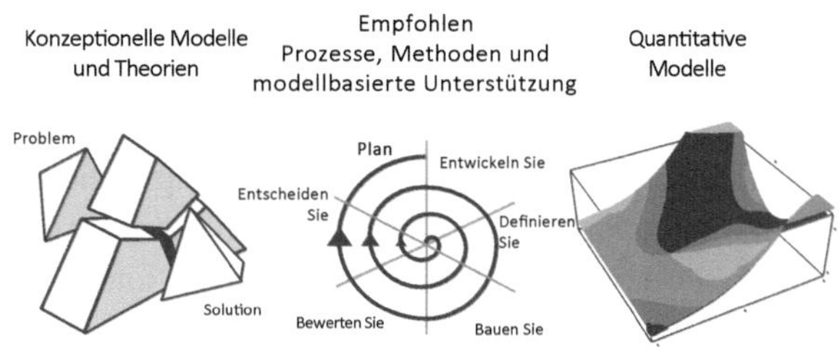


**Abb. 5.1** Die Diskussion in diesem Kapitel konzentriert sich auf drei Arten von Modellen, Theorien und Ansätzen

**Abb. 5.2** Überlegungen zur Erforschung und Entwicklung eines neuen Modells, einer Theorie oder eines Ansatzes für Design und Entwicklung

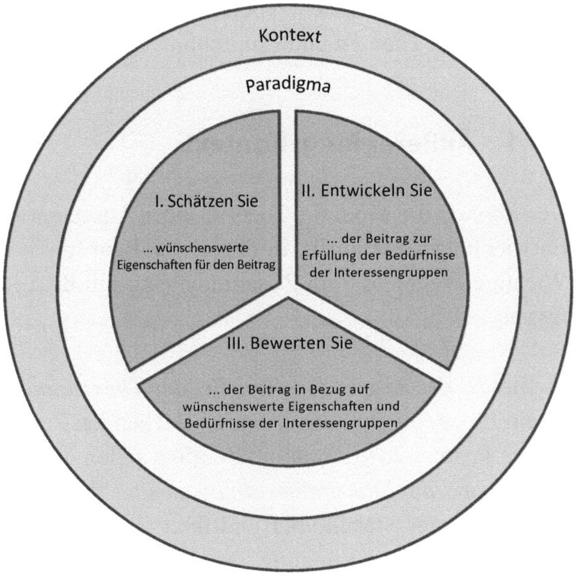


- *Einschätzen* – beinhaltet die Reflexion über die Natur und die wünschenswerten Eigenschaften des Modells, der Theorie oder des Ansatzes. Es ist wichtig, den gegebenen Kontext, das angenommene Paradigma und die Natur und den Zweck des speziellen Beitrags zu würdigen.
- *Entwickeln* – beinhaltet die Erforschung und Entwicklung des Modells, der Theorie oder des Ansatzes. Eine effektive Entwicklung erfordert eine Untersuchung der bestehenden oder vorgesehenen Situation und der bestehenden Beiträge, die relevant sein könnten neben einer iterativen Verfeinerung und Bewertung des neuen Beitrags während seiner Entwicklung.
- *Bewerten* – beinhaltet die Beurteilung der Eignung des Modells, der Theorie oder des Ansatzes im Hinblick auf seine wünschenswerten Eigenschaften und die Bedürfnisse, die er erfüllen soll. Die Bewertung stärkt das Vertrauen in die Validität eines Beitrags und offenbart in der Regel Möglichkeiten für seine Verbesserung.

Es wird keine spezifische Reihenfolge vorgeschlagen – die Ringe und Phasen sind eng miteinander verbunden und die jeweiligen Überlegungen müssen gemeinsam und iterativ behandelt werden. Zum Beispiel könnte die Bewertung die erste Phase sein, wenn ein Forscher damit beginnt, bestehende Arbeiten zu betrachten, und muss nicht die letzte Phase sein, da die meisten Versuche, ein entstehendes Modell, eine Theorie oder einen Ansatz zu bewerten, Erkenntnisse zur weiteren Verbesserung offenbaren werden.

Die folgenden Abschnitte diskutieren die beiden Ringe und drei Phasen des Rahmenwerks im Detail, wobei der Fokus auf Überlegungen liegt, die spezifisch für jede der drei Arten von Modellen, Theorien und Ansätzen sind, die in Abb. 5.1 dargestellt sind. Gemeinsame Themen und Empfehlungen werden dann in Abschn. 5.4 zusammengefasst.

### 5.3.1 Äußerer Ring: Kontext

Der *Kontext* für Modell-, Theorie- oder Ansatzentwicklung betrifft die Gestaltungs- und Entwicklungssituationen, in denen der Beitrag entwickelt und angewendet werden soll. Wichtige Fragen, die im Zusammenhang mit dem Kontext zu berücksichtigen sind, umfassen:

- *Was ist der Zweck des Modells, der Theorie oder des Ansatzes?* Dient beispielsweise ein Prozessmodell dazu, einen bestehenden Prozess darzustellen oder einen empfohlenen Prozess zu vermitteln? Beiträge sollen oft mehrere Zwecke erfüllen.
- *Wer sind die Stakeholder und was sind ihre Bedürfnisse und Erwartungen?* Das Verständnis der Stakeholder und ihrer Bedürfnisse ist ein guter Ausgangspunkt für jede Entwicklungsanstrengung, wobei anerkannt wird, dass Praktiker und akademische Forscher möglicherweise sehr unterschiedliche Anforderungen und Validierungserwartungen haben (Eckert et al., 2003; Isaksson et al., 2020).
- *Wann wird das Modell, die Theorie oder der Ansatz benötigt und welche Ressourcen stehen zur Unterstützung seiner Entwicklung zur Verfügung?* Die Möglichkeiten für die Entwicklung werden durch die verfügbare Zeit, den Zugang des Forschers zu Informationen und Experten, die möglicherweise Input und Feedback liefern könnten, und die Verfügbarkeit spezialisierter Werkzeuge, wie spezialisierter Software, begrenzt.

Der Kontext begrenzt die Art des Beitrags, der für eine bestimmte Situation entwickelt werden soll; dies spiegelt sich in der verschachtelten Struktur von Abb. 5.2 wider.

### 5.3.2 Innerer Ring: Paradigma

Ein neues Modell, eine neue Theorie oder ein neuer Ansatz ist eine Artikulation von Wissen, das durch Formen der Forschung erworben werden muss. Die Position der Forscher zur Natur dieses Wissens, also das *Paradigma*, das sie annehmen, beeinflusst die Entwicklung und Bewertungsansätze, die verwendet werden können. Es gibt zwei Hauptpositionen, obwohl jede Variationen hat. Die Hauptpositionen können wie folgt zusammengefasst werden (Guba, 1981):

- *Rationalistisch* – bei dem Wissen gesucht wird, das idealerweise unabhängig vom Beobachter ist und auf verschiedene Situationen verallgemeinert werden kann und durch einen wissenschaftlichen Ansatz entwickelt wird, der Hypothesengenerierung und -prüfung beinhaltet. Insbesondere im Kontext des Ingenieurdesigns wird dieses

Paradigma, wo immer möglich, von Antonsson (1987), Dixon (1987), Frey und Dym (2006) unter anderen empfohlen.
- *Naturalistisch* – bei dem Wissen als relativ zu jedem Individuum und spezifisch für die einzigartige Situation, in der es generiert wird, betrachtet wird. Studien in den Sozialwissenschaften übernehmen oft dieses Paradigma, das auch für Untersuchungen in Design und Entwicklung geeignet ist.

Ein rationalistisches Paradigma eignet sich gut für Situationen mit gut definierten Grenzen und Einflüssen, die kontrolliert werden können, während ein naturalistisches Paradigma gut für Situationen mit unbekannten Grenzen und einem großen Untersuchungsbereich geeignet ist (Le Dain et al., 2013). Ein rationalistisches Paradigma führt oft zu formalisierten oder quantitativen Beiträgen, während ein naturalistisches Paradigma zu qualitativen Beiträgen führt, die konzeptionell reich sind und nützliche Werkzeuge bereitstellen, auch wenn die Prozessbeteiligten unterschiedliche Perspektiven und Standpunkte haben. Qualitative Beiträge bieten jedoch in der Regel nur begrenzte Unterstützung für die Vorhersage von Ergebnissen oder die Unterstützung von Entscheidungen, da sie nicht direkt dazu beitragen, verschiedene Optionen numerisch zu bewerten, und sie bieten keine quantitative Grundlage für deren Vergleich. Wichtig ist, dass die beiden Paradigmen unterschiedliche Anforderungen an die Forschung stellen, damit sie als methodisch angemessen betrachtet wird (Guba, 1981).

Reich (1994) diskutiert ein dreischichtiges Modell, das die Bedeutung des Paradigmas für den Forschungsprozess und seine Ergebnisse weiter verdeutlicht, mit einem speziellen Fokus auf Designforschung. Die erste Schicht von Reichs Modell bezieht sich darauf, welches der beiden zuvor genannten Paradigmen von einem Forscher angenommen wird. Dies beeinflusst die zweite Schicht seines Modells, nämlich die disziplinäre Tradition, die zur Generierung und Artikulation von Wissen verwendet wird. Zum Beispiel könnte ein Forscher einen menschenzentrierten oder entscheidungswissenschaftlichen Ansatz verwenden. Die dritte Schicht von Reichs Modell, die von den ersten beiden abhängt, betrifft die Qualitätskriterien für einen Beitrag, die die Bewertungsansätze beeinflussen, die verwendet werden könnten. Reich (1994) stellt fest, dass einige Kombinationen von Paradigma, disziplinärer Tradition und Qualitätskriterien schwer zu vereinbaren sind. Zum Beispiel ist ein rationalistisches Paradigma mit einer quantitativen Studie kompatibel, aber im Allgemeinen nicht mit einer menschenzentrierten Studie eines einzelnen Teilnehmers.

In der Design- und Entwicklungsrecherche wird oft ein *pragmatischer* Ansatz angenommen, der sich nicht streng an eines der zuvor genannten Paradigmen hält, sondern den besonderen Wert jedes einzelnen erkennt. Zum Beispiel sollte unter einem pragmatischen Ansatz ein hauptsächlich naturalistisches Paradigma eine quantitative Studie oder ein quantitatives Modell nicht ausschließen, wenn es hilfreich ist, Einblicke zu generieren. Darüber hinaus beinhalten viele Forschungsanstrengungen im Design- und Entwicklungskontext Modelle, Theorien und Ansätze verschiedener Arten, die gleichzeitig entwickelt werden. Zum Beispiel erfordert die Entwicklung eines quantitativen

Modells oft die Erstellung eines zugrunde liegenden konzeptionellen Modells, während eine entwickelte Designmethode oder Designunterstützung oft eine Form der quantitativen Modellierung beinhaltet. In solchen Situationen können verschiedene Paradigmen und Forschungsmethoden für verschiedene Elemente des Gesamtbeitrags angemessen sein. Dementsprechend muss die Annahme eines Paradigmas für eine Modell-, Theorie- oder Ansatzentwicklung nicht eine festgelegte Position zur Natur des Wissens im Allgemeinen widerspiegeln, sondern kann eine Frage der Bequemlichkeit für die jeweilige Situation sein. Eine spezielle Herausforderung bei der Annahme eines pragmatischen Ansatzes besteht darin, zu demonstrieren, dass die Qualität der Arbeit den etablierten Erwartungen und Prozessen für die rationalistischen und naturalistischen Paradigmen entspricht.

In Anbetracht dessen, dass Designforschung multidisziplinär ist und aus verschiedenen Blickwinkeln angegangen werden kann, sollten das Paradigma und der Forschungsansatz die Erwartungen der jeweiligen Forschungsgemeinschaft und der Publikationsorte widerspiegeln, in denen die Arbeit positioniert ist (Isaksson et al., 2020). Insgesamt hängt es teilweise von der Situation und der Art des gesuchten Wissens ab, ob ein rationalistisches, naturalistisches oder pragmatisches Paradigma angemessen ist, weshalb der *Paradigma*ring innerhalb des *Kontext*rings in Abb. 5.2 dargestellt ist.

Nachdem die beiden Ringe des Rahmens diskutiert wurden, behandeln die folgenden Abschnitte die drei Phasen. Da die Überlegungen in jeder Phase von der Art des Beitrags abhängen, geht der Rest dieses Abschnitts durch ein Raster von Themen, wie in Abb. 5.3 angegeben.

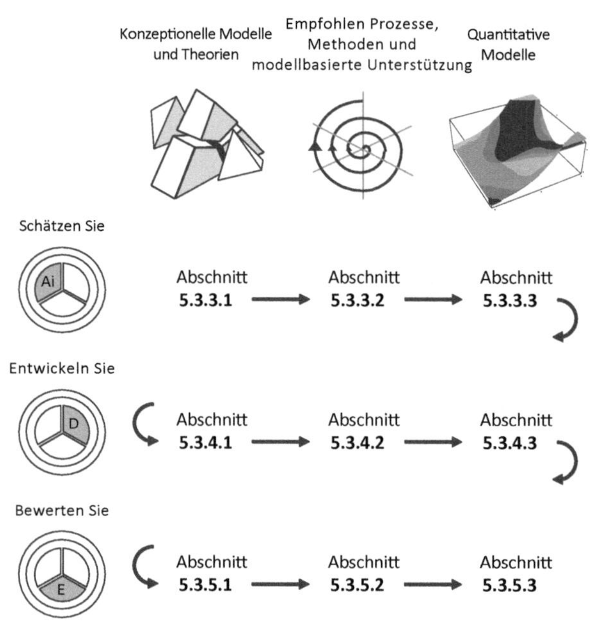


**Abb. 5.3** Übersicht über die Abschn. 5.3.3–5.3.5

### 5.3.3 Phase I. Einschätzen

Beginnend mit der obersten Zeile von Abb. 5.3 sind das Einschätzen und Reflektieren über die Natur und die wünschenswerten Eigenschaften eines Beitrags wichtig, um:

- die Betrachtung bestehender Lösungen in Bezug auf den gegebenen Kontext zu leiten, um den Bedarf an einem neuen Beitrag zu bestätigen und Ausgangspunkte für den neuen Beitrag zu suggerieren,
- Entscheidungen in der Modell-, Theorie- oder Ansatzforschung und -entwicklung zu leiten,
- die Bewertung des Beitrags während seiner Entwicklung zu leiten, um Verbesserungen voranzutreiben und zu bestimmen, ob und wann er für seinen beabsichtigten Zweck ausreichend ist.

Die wünschenswerten Eigenschaften eines Modells, einer Theorie oder eines Ansatzes hängen von seiner Art ab und werden durch den Kontext und das ausgewählte Paradigma beeinflusst, wie die verschachtelte Struktur von Abb. 5.2 zeigt. Die folgenden Abschnitte diskutieren die Natur und die wünschenswerten Eigenschaften jeder der drei Arten von Beiträgen, die in diesem Kapitel beschrieben werden, von links nach rechts in der obersten Reihe von Abb. 5.3.

#### 5.3.3.1 Natur und wünschenswerte Eigenschaften von konzeptionellen Modellen und Theorien

Die folgenden Absätze führen einige Schlüsselkonzepte ein, um die Natur von konzeptionellen Modellen und Theorien zu verstehen, bevor ihre wünschenswerten Eigenschaften diskutiert werden. Das verwandte Konzept eines konzeptionellen Rahmens wird ebenfalls diskutiert.

**Konzepte und Konstrukte** Die Bausteine von konzeptionellen Modellen, Theorien und konzeptionellen Rahmen sind *Konzepte* – jedes davon „fasst Ideen oder Beobachtungen über die Eigenschaften eines mentalen Bildes einer Situation zusammen“ (Van der Waldt, 2020). Konzepte können auf verschiedenen Abstraktionsebenen definiert werden. Ein hoch abstraktes und ausgefeiltes Konzept wird als *Konstrukt* bezeichnet. Zum Beispiel könnte "Aufgabe" als Konzept beschrieben werden, während "Kultur" als ein Konstrukt beschrieben würde.

**Konzeptionelle Rahmen** Konzeptionelle Rahmen organisieren lose zusammenhängende Konzepte oder Konstrukte, die normalerweise aus mehreren Quellen stammen (Van der Waldt, 2020). Jabareen (2009) definiert beispielsweise einen konzeptionellen Rahmen als „miteinander verknüpfte Konzepte, die zusammen ein umfassendes Verständnis eines Phänomens oder mehrerer Phänomene bieten“. Solche Rahmen werden in der Regel erstellt, um literaturintensive Forschung zu leiten und zu organisieren, und erscheinen oft neben konzeptionellen Modellen und Theorien.

**Konzeptionelle Modelle** Konzeptionelle Modelle sind im Vergleich dazu theoretisch kohärente Strukturen von miteinander verbundenen Konzepten, die, wie jedes Modell, entworfen und aufgenommen werden, um Zielsysteme für bestimmte Zwecke zu repräsentieren (Kap. 4). In Anlehnung an ihre konstituierenden Konzepte können konzeptionelle Modelle auf verschiedenen Abstraktionsebenen spezifiziert werden. Zum Beispiel sind viele der konzeptionellen Modelle von Design und Entwicklung, die in Kap. 7 diskutiert werden, auf relativ hohen Abstraktionsebenen spezifiziert und können auf breite Klassen von Situationen angewendet werden. Die Gemeinschaften der Simulationsmodellierung und Softwareentwicklung verwenden den Begriff konzeptionelles Modell oft anders – um auf (normalerweise diagrammatische) Modelle einer spezifischen Situation zu verweisen, die als Vorläufer für die Implementierung der gewünschten Software oder des Modells entwickelt werden.

**Theorien** Theorien umfassen konzeptionelle Modelle und erweitern sie, indem sie nicht nur erklären, sondern auch, entscheidend, die repräsentierten Phänomene *vorhersagen* (Bacharach, 1989). Derselbe Autor schreibt, dass Theorien zwei Abstraktionsebenen umfassen:

- *die abstrakte Ebene* – umfasst *Konstrukte* und die *Aussagen*, die sie verbinden,
- *die konkrete Ebene* – umfasst empirisch definierte *Variablen*, die die Konstrukte verkörpern, und *Hypothesen*, die diese Variablen verbinden. Hypothesen, auf der konkreten Ebene, stehen jeweils in Beziehung zu Aussagen auf der abstrakten Ebene.

Im Gegensatz zu einem Konzept oder Konstrukt wird eine Variable von einem Ansatz zu ihrer Messung begleitet. Daher umfasst die Theorie abstrakte konzeptionelle Modelle und verbindet sie mit konkreteren Phänomenen und Interaktionen, die beobachtet und gemessen werden können.

**Wünschenswerte Eigenschaften** Angesichts des hohen Abstraktionsgrades, der bei konzeptionellen Modellen, konzeptionellen Rahmen und Theorien zum Tragen kommt, ist es wichtig sicherzustellen, dass jedes Konzept oder Konstrukt ausreichend *ausgefeilt* ist, damit klar ist, wie es zu interpretieren ist (Van der Waldt, 2020). Konzeptionelle Ausfeilung ist stark abhängig von der Präzision und Reichhaltigkeit der Beschreibung eines Beitrags und wird schwieriger zu erreichen, je abstrakter und allgemeiner der Beitrag wird.

Mit Fokus auf die wünschenswerten Eigenschaften der Theorie schreibt Bacharach (1989), dass sie *falsifizierbar* und von *Nutzen* sein sollte und dass dies die Falsifizierbarkeit und den Nutzen aller einzelnen Konstrukte, Variablen, Aussagen und Hypothesen erfordert:

- *Falsifizierbarkeit* – eine Theorie ist nicht richtig formuliert, wenn es keine Möglichkeit gibt zu zeigen, dass sie falsch ist, das heißt, wenn es keine Möglichkeit für empirische Beweise gibt, ihr zu widersprechen. Angesichts des hohen Abstraktionsgrades vieler Theorien ist ihre Falsifizierbarkeit in der Praxis schwer zu beurteilen.

Bacharach konkretisiert die Idee, indem er sagt, dass die *Falsifizierbarkeit von Variablen* (auf der empirischen Ebene) sich darauf bezieht, ob sie jeweils zuverlässig gemessen werden können. Für ihn erfordert die *Falsifizierbarkeit von Konstrukten* (auf der abstrakteren, konzeptionellen Ebene), dass Messungen der alternativen Variablen, die von jedem Konstrukt abgedeckt werden, eine ähnliche Bedeutung für dieses haben, sodass die Bedeutung nicht mehrdeutig ist. Dementsprechend erfordert die Falsifizierbarkeit von Konstrukten auch, dass die Variablen für verschiedene Konstrukte unterschiedlich sein sollten, damit die Aussagen, die diese Konstrukte verbinden, getestet werden können.
- *Nützlichkeit* – eine Theorie sollte sowohl erklären als auch vorhersagen können, um nützlich zu sein. Um *nützlich zu erklären*, hält Bacharach (1989) fest, dass die Konstrukte und empirischen Variablen breit genug gefasst sein sollten, damit die Theorie Allgemeingültigkeit hat. Alle Beziehungen zwischen Konstrukten und Variablen sollten explizite Annahmen haben, sollten spezifisch über die Art der Beziehung sein, und jede Aussage, die Konstrukte verbindet (auf der abstrakten Ebene), sollte idealerweise eine große Anzahl von Hypothesen abdecken, die Variablen verbinden (auf der empirischen Ebene), sodass die Theorie in ihrer Erklärung von empirischen Phänomenen sparsam ist. Um *nützlich vorherzusagen*, müssen die Konstrukte und Hypothesen die Ableitung von Ergebnissen ermöglichen, die mit den empirischen Variablen gemessen werden können, und die Vorhersagen sollten gegen Tests bestehen. Schließlich sind präzise Vorhersagen nützlicher als probabilistische, da sie leichter zu testen sind.

Bacharach (1989) stellt fest, dass eine Theorie, die nicht nach diesen Kriterien beurteilt werden kann, nicht richtig formuliert ist und es die Verantwortung der Theoretiker ist, ihre Theorie mit ausreichender Präzision und Klarheit zu formulieren, dass eine Beurteilung möglich ist. In jüngerer Zeit fasst Wacker (2008) Perspektiven auf die Natur guter Theorie zusammen und betont die Notwendigkeit von Definitionen von Konzepten, die:

- *konservativ* sind – die Theorie sollte keine neuen Begriffe für etablierte, bestehende Konzepte in der Literatur einführen;
- *einzigartig* sind – die Konzepte sollten sich nicht überschneiden;
- *sparsam* sind – die Theorie sollte nicht mehr Konzepte enthalten als notwendig;
- *wenige assoziierte Maßnahmen* haben – das heißt wenige assoziierte empirische Variablen;
- *Maßnahmen sind, die direkt mit dem Konzept assoziiert sind* – um Mehrdeutigkeit zu reduzieren.

Eisenhardt (1989) schreibt, dass neue Theorie *bahnbrechende Einsichten* bieten sollte, während Cash (2018) betont, dass neue Theorie neben konzeptionellen Rahmenbedingungen ausgedrückt werden sollte, um den Kontext zu etablieren. Dies könnte helfen, fragmentierte Theorieentwicklung zu vermeiden, deren ein Symptom die Wiederholung ähnlicher Ideen mit unterschiedlicher Terminologie ist. Eine gute Theorie könnte auch Konstrukte mit bestehenden Theorien teilen, eine Brücke zwischen ihnen schlagen und es ermöglichen, sie neu zu bewerten (Bacharach, 1989). Insgesamt kann jedoch eine Theorie, die viele der in diesem Abschnitt zusammengefassten Kriterien erfüllt, dennoch falsch sein (Wacker, 2008).

Zusammenfassend sollte ein Modellierer, der ein konzeptionelles Modell oder eine Theorie entwickeln möchte, damit beginnen, die allgemeinen Eigenschaften einzuschätzen, die der Beitrag haben sollte. Um bei dieser Aufgabe zu helfen, hat dieser Abschnitt einige relevante Definitionen und Analysen der wünschenswerten Eigenschaften gesammelt. Das Thema kann nur kurz in einem einzigen Abschnitt eingeführt werden, aber die referenzierten Publikationen bieten Ausgangspunkte für weiteres Lesen.

#### 5.3.3.2 Natur und wünschenswerte Eigenschaften empfohlener Prozesse, Methoden und modellbasierter Unterstützung

Die mittlere Zelle der obersten Reihe von Abb. 5.3 adressierend, diskutiert dieser Abschnitt die Natur und wünschenswerten Eigenschaften empfohlener Prozesse und Methoden, zusammen mit denen der modellbasierten Unterstützung.

**Empfohlene Prozesse und Methoden** Ein *empfohlener Prozess* ist eine Destillation von Best Practices zur Organisation eines Prozesses, typischerweise vermittelt als ein präskriptives Modell wie das Stage-Gate-Modell. Solche Modelle sollen in der Regel auf eine breite Palette von Situationen anwendbar sein; ihr Erfolg hängt stark davon ab, wie sie implementiert werden. Wenn ein empfohlener Prozess einen relativ eingeschränkten Anwendungsbereich hat, wird er normalerweise als *Methode* bezeichnet. Wallace (2011) definiert zum Beispiel eine Designmethode als „einen präskriptiven Aktionsplan, mit dem eine Klasse von Designtasks angegangen werden kann". Eine Auswahl empfohlener Prozesse und Methoden wird im gesamten Kap. 8 diskutiert.

**Wünschenswerte Eigenschaften** Zahlreiche Autoren haben über die wünschenswerten Eigenschaften von Designmethoden geschrieben, von denen viele auch auf empfohlene Prozesse anwendbar sind. Gericke et al. (2017) betonen zum Beispiel, dass, wenn eine Designmethode ein Rezept liefern soll, das Praktiker Schritt für Schritt befolgen können, sollte sie *präzise*, *eindeutig* und *detailliert* sein; *der Nutzen sollte die Kosten übersteigen*; die Methode sollte *nicht übermäßig mühsam anzuwenden sein*; *die Bedeutung jedes Schrittes sollte klar sein* und *der Anwendungskontext sollte klar beschrieben sein*. Wallace (2011) findet, dass, wenn Methoden in der Industrie übernommen werden sollen, sie *nicht zu komplex sein dürfen*, *flexibel* sein sollten, *komplette Lösungen* für die Probleme bieten sollten, die sie adressieren sollen, und *relevant für die tatsächlichen Aufgaben und Arbeitsweisen der Designer sein sollten*. In Anlehnung an das bereits in Bezug auf konzeptionelle Modelle und Theorien erwähnte Bedürfnis nach *Klarheit der Beschreibung* halten Daalhuizen und Cash (2021) fest, dass eine Beschreibung einer Designmethode explizite Informationen über die fünf unten wiedergegebenen Bereiche liefern sollte:

- *Beschreibung des Methodenziels* – sollte die Ziele vermitteln, die mit der Methode erreicht werden sollen;
- *Beschreibung des Methodenverfahrens* – sollte erklären, wie eine bestimmte Arbeitsweise dazu beitragen wird, diese Ziele zu erreichen;
- *Begründung der Methode* – sollte die Schritte und Ziele der Methode im erwarteten Anwendungskontext rechtfertigen;
- *Rahmenbeschreibung der Methode* – sollte beschreiben, wie die Methode im erwarteten Kontext angemessen eingesetzt werden kann;
- *Beschreibung der Methodeneinstellung* – sollte die Einstellung erklären, die der Benutzer der Methode annehmen muss, damit die Methode hilfreich ist.

**Modellbasierte Unterstützung** Modellbasierte Unterstützung bezieht sich auf Ansätze zur Führung oder Verbesserung bestimmter Prozesse durch Modellierung ihrer spezifischen Details, wie die spezifischen Aufgaben, die erledigt werden müssen, oder die spezifischen Faktoren, die eine zu treffende Entscheidung beeinflussen. Im Laufe der Jahre wurden viele solcher Ansätze entwickelt, von denen eine Anzahl in Kap. 9 diskutiert wird.

**Wünschenswerte Eigenschaften** Olewnik und Lewis (2005) schreiben, dass modellbasierte Ansätze zur Unterstützung der Entscheidungsfindung im technischen Design *nur Informationen erfordern sollten, die praktisch zu erhalten sind, logisch funktionieren* auf eine Weise sollten, die *intuitiv vernünftig* ist, und *Designerpräferenzen berücksichtigen sollten, ohne Voreingenommenheit einzuführen.* Pedersen et al. (2000) schlagen vor, dass solche Ansätze sowohl *intern konsistent* als auch *nützlich* für einen Zweck sein sollten, wobei ein nützlicher Ansatz sowohl *effektiv ist,* was zu Designlösungen mit akzeptabler Leistung führt, als auch *effizient ist,* was die unterstützten Aufgaben mit geringeren Kosten oder in kürzerer Zeit abschließen lässt, als wenn die Methode nicht genutzt werden würde. Mit Blick auf quantitative Prozessmodellierungsansätze, die darauf abzielen, die Organisation von Aufgaben im CAE-getriebenen technischen Design zu verbessern, schreiben Wynn und Clarkson (2021), dass solche Ansätze für Ingenieure akzeptabel sein sollten, sie sollten ähnliche Eigenschaften haben wie die Designmodelle, wie Finite-Element-Modelle, mit denen sie regelmäßig arbeiten. Insbesondere sollten quantitative Prozessmodellierungsansätze sein:

- *transparent und nachvollziehbar* – es sollte klar sein, wie Modellergebnisse aus Modelleingaben generiert werden, damit Stakeholder beurteilen können, ob die Ergebnisse sinnvoll sind, damit die Ursachen von Ergebnissen erklärt werden können und damit Modelleingaben gezielt verfeinert werden können;
- *verfeinerbar und konvergent* – der Ansatz sollte die schrittweise Verfeinerung von Modellen durch Hinzufügen von mehr Details ermöglichen und Analyseergebnisse sollten idealerweise konvergieren, wenn Details hinzugefügt werden;

- *konfigurierbar* – der Ansatz sollte hoch konfigurierbar sein, damit Modellierer Modelle so weit verfeinern können, wie sie es für notwendig erachten, um die Eigenschaften bestimmter Prozesse darzustellen.

Zusammenfassend müssen empfohlene Prozesse, Methoden und modellbasierte Unterstützung von Praktikern angewendet werden, um nützlich zu sein – daher sollten sie klar beschrieben, flexibel, einfach und transparent sein sowie konzeptionell kohärent und logisch vernünftig.

#### 5.3.3.3 Natur und wünschenswerte Eigenschaften von quantitativen Modellen

Dieser Abschnitt behandelt die oberste rechte Zelle von Abb. 5.3, nämlich die Natur und wünschenswerten Eigenschaften von *quantitativen Modellen* von Design- und Entwicklungsprozessen. Einige Modelle dieser Art werden entwickelt, um spezifische Design- und Entwicklungsprozesssituationen darzustellen, um spezifische quantitative Erkenntnisse zu liefern. Zum Beispiel könnte eine Simulationsstudie eines bestimmten Entwicklungsprozesses durchgeführt werden, um die spezifischen Faktoren zu verstehen, die im Spiel sind, und um die Entscheidungsfindung der Manager in Bezug auf diese Situation zu unterstützen. Andere quantitative Modelle isolieren spezifische Probleme zur Untersuchung und betreffen eine allgemeine Klasse von Situationen anstatt einen bestimmten Prozess, wie er in der Praxis ablaufen soll. Zum Beispiel isolieren und untersuchen einige Modelle die Faktoren, die beeinflussen, wann eine Überlappung zwischen Entwicklungsprozessphasen angemessen ist (Abschn. 10.4.1). Solche Modelle sind hoch abstrakt und idealisiert (wie in Abschn. 4.3 definiert).

**Wünschenswerte Eigenschaften** Forscher aus verschiedenen Disziplinen haben über die wünschenswerten Eigenschaften von quantitativen Modellen geschrieben. Im Kontext der Wirtschaftswissenschaften identifizieren Gabaix und Laibson (2008) vier wünschenswerte Eigenschaften, die sie als allgemein anerkannt bezeichnen, nämlich:

- *Sparsamkeit* – ein quantitatives Modell sollte wenige spezielle Annahmen und Freiheitsgrade haben, sodass es nicht angepasst werden kann, um fast alle Daten zu erklären;
- *Handhabbarkeit* – es sollte möglich sein, schnell Ergebnisse aus einem Modell zu erhalten;
- *Erkenntnisgewinn* – ein Modell sollte Einblick in grundlegende Eigenschaften des Zielsystems geben oder normative Ratschläge liefern;
- *Generalisierbarkeit* – ein Modell oder seine Ergebnisse sollten auf eine Reihe von Situationen anwendbar sein.

Die gleichen Autoren schlagen drei zusätzliche wünschenswerte Eigenschaften von quantitativen Modellen vor, die sie als umstrittener bezeichnen:

- *Falsifizierbarkeit* – ein Modell sollte Vorhersagen produzieren, die nicht trivial sind und die empirisch widerlegt werden könnten;
- *empirische Konsistenz* – ein Modell sollte im Großen und Ganzen mit Beobachtungen übereinstimmen;
- *prädiktive Präzision* – ein Modell, das präzise Punktprognosen liefert, ist besser als ein Modell, das ungenaue Prognosen wie Wahrscheinlichkeitsverteilungen liefert, da Letztere nicht so leicht getestet werden können.

Gabaix und Laibson (2008) weisen darauf hin, dass es Kompromisse zwischen diesen sieben wünschenswerten Eigenschaften gibt und nur wenige quantitative Modelle in der Wirtschaftswissenschaft alle erfüllen, wobei gute Modelle die meisten erfüllen. Die genannten Eigenschaften gelten auch für quantitative Modelle in Design und Entwicklung.

Mit Blick auf quantitative Modelle im Kontext der Operationsforschung schreibt Little (1970), dass Modelle, die dazu bestimmt sind, Managern bei der Entscheidungsfindung zu helfen, folgende Eigenschaften haben sollten:

- *Einfachheit* – das heißt, „leicht zu verstehen"; selbst ein einfaches quantitatives Modell kann komplexe Analysen unterstützen (Pidd, 1999);
- *Robustheit* – das heißt, „schwer, absurde Antworten zu bekommen";
- *einfache Kontrolle* – das heißt, „der Benutzer weiß, welche Eingabedaten erforderlich wären, um die gewünschte Ausgabe zu erzeugen";
- *Anpassungsfähigkeit* – es sollte möglich sein, das Modell an neue Eingabedaten und Erkenntnisse anzupassen;
- *einfache Kommunikation* – wenn das Modell den Managern als Entscheidungshilfe zur Verfügung gestellt wird, sollten sie in der Lage sein, die Eingaben leicht zu ändern, die Ausgaben neu zu berechnen und sie zu verstehen.

Ein quantitatives Modell sollte auch *glaubwürdig* sein, was bedeutet, dass die wichtigsten Stakeholder akzeptieren sollten, dass das Modell für den vorgesehenen Zweck geeignet ist (Law, 2008).

#### 5.3.3.4 Zusammenfassung

Die vorherigen drei Abschnitte haben sich auf die erste Phase des in diesem Kapitel eingeführten Rahmens konzentriert, insbesondere auf das Verständnis der Natur und der wünschenswerten Eigenschaften eines Beitrags. Die drei in diesem Kapitel diskutierten Beitragstypen wurden ausgearbeitet und ihre allgemeinen wünschenswerten Eigenschaften diskutiert; diese sind in Tab. 5.1 zusammengefasst. Andere wünschenswerte Eigenschaften sind spezifisch für jeden einzelnen Beitrag und werden in der nächsten Phase des Rahmens behandelt. Insgesamt bietet das Verständnis der wünschenswerten Eigenschaften für einen Beitrag eine Grundlage für dessen Entwicklung und Bewertung.

**Tab. 5.1** Zusammenfassung der wünschenswerten Eigenschaften für verschiedene Arten von Modellen, Theorien und Ansätzen

| Beitragstyp | Wünschenswerte Eigenschaften |
|---|---|
| Konzeptionelle Modelle und Theorien | Sollten bahnbrechende Erkenntnisse bieten; sollten Allgemeingültigkeit haben; sollten aus ausgefeilten Konzepten gebildet werden; sollten präzise beschrieben werden; es sollte klar sein, wie Konzepte und Aussagen zu interpretieren sind; sollten keine neuen Begriffe für bestehende Ideen einführen; Konzepte sollten sich nicht überschneiden und es sollten nicht mehr Konzepte als notwendig vorhanden sein. Theorien sollten zusätzlich: die Vorhersage von realen Phänomenen ermöglichen; diese Vorhersagen sollten präzise sein; Konzepte sollten eng mit empirischen Maßen verbunden sein; jedes Konzept sollte wenige zugeordnete Maße haben und die Maße sollten eindeutig sein |
| Empfohlene Prozesse, Methoden und modellbasierte Unterstützung | Sollten relevant für die tatsächlichen Aufgaben und Arbeitsweisen der Prozessteilnehmer sein; sollten präzise und detailliert beschrieben werden; die Beschreibung sollte Zweck, Begründung, Kontext für die Anwendung und die erforderliche Denkweise sowie den Beitrag selbst spezifizieren; der Ansatz sollte eindeutig, flexibel, intuitiv vernünftig sein; der Nutzen sollte die Kosten übersteigen, d. h., der Ansatz sollte effizient sein; er sollte helfen, Ziele zu erreichen, d. h., er sollte effektiv sein; er sollte vollständige Lösungen bieten; sollte nicht mühsam sein; sollte nicht übermäßig komplex sein; die Bedeutung aller Elemente des Ansatzes sollte klar sein. Modellbasierte Unterstützung sollte zusätzlich: logisch funktionieren; transparent und nachvollziehbar sein; leicht zu verfeinern sein; konfigurierbar sein; konvergent sein, wenn Details zum zugrunde liegenden Modell hinzugefügt werden; ausgedrückte Präferenzen berücksichtigen; unvoreingenommene Ergebnisse liefern und alle erforderlichen Informationen sollten leicht zu erhalten sein |
| Quantitative Modelle | Sollten einfach, glaubwürdig, sparsam, handhabbar, aufschlussreich, generalisierbar, falsifizierbar, leicht zu kontrollieren, leicht zu verfeinern, leicht zu kommunizieren sein; sollten mit Beobachtungen übereinstimmen; sollten präzise Vorhersagen liefern und es sollte schwierig sein, absurde Antworten zu erhalten |

Diese wünschenswerten Eigenschaften sind gesammelt von Bacharach (1989), Cash (2018), Daalhuizen und Cash (2021), Eisenhardt (1989), Gabaix und Laibson (2008), Gericke et al. (2017), Law (2008), Little (1970), Olewnik und Lewis (2005), Pedersen et al. (2000), Pidd (1999), Van der Waldt (2020), Wacker (2008), Wallace (2011), Wynn und Clarkson (2021)

### 5.3.4 Phase II: Entwickeln

Dieser Abschnitt geht auf die zweite Phase des Rahmens ein, nämlich die *Entwicklung* von Modellen, Theorien und Ansätzen. Er behandelt dabei die mittlere Zeile von Abb. 5.3:

- Die Entwicklung von konzeptionellen Modellen und Theorien wird in Abschn. 5.3.4.1 diskutiert.
- Die Entwicklung von empfohlenen Prozessen, Methoden und modellbasierter Unterstützung wird in Abschn. 5.3.4.2 diskutiert.
- Die Entwicklung von quantitativen Modellen wird in Abschn. 5.3.4.3 diskutiert.

#### 5.3.4.1 Entwicklung von konzeptionellen Modellen und Theorien

Beginnend mit der linken Zelle der mittleren Zeile von Abb. 5.3 kann die Entwicklung von konzeptionellen Modellen und Theorien mit vielen etablierten Forschungsrahmen und -methoden angegangen werden, wie z. B. Grounded Theory (Glaser und Strauss, 1999), Fallstudienforschung (Yin, 2017), Protokollanalyse (Ericsson, 2017), Literaturstudie (Snyder, 2019), Interviewstudien (Gubrium und Holstein, 2001) und Umfragen (Fowler und Floyd, 2013). Der geeignete Rahmen und die Methoden hängen von der gegebenen Situation, dem Zugang der Forscher zu Informationen und ihren Absichten bezüglich des konzeptionellen Modells oder der Theorie ab. Die folgenden Absätze fassen eine Auswahl von Ansätzen kurz zusammen.

**Literaturstudie** Eine wichtige Methode in der Entwicklung von konzeptionellen Modellen und Theorien sind das *Studium und die Synthese relevanter Erkenntnisse aus der Literatur*, also das Literatur-Review. Es gibt verschiedene Arten von Literaturüberprüfungen (siehe Cooper 1988, für eine Taxonomie) und sie können auf verschiedene Weisen angegangen werden. Jabareen (2009) diskutiert beispielsweise die Erstellung von konzeptionellen Rahmenwerken durch einen auf Literaturanalyse basierenden Grounded-Theory-Ansatz und stellt einen achtstufigen Prozess vor:

1. *Literatur kartieren* – durch Literaturstudium des betreffenden Themas, möglicherweise unterstützt durch Interviews mit Forschern und Praktikern;
2. *Literatur lesen* – um wichtige Beiträge zu würdigen und zu kategorisieren;
3. *Konzepte identifizieren* – um eine Grundlage und Nomenklatur für eine tiefere Analyse zu bieten;
4. *Konzepte analysieren* – Zusammenfassen und Klassifizieren von Ideen aus der Literatur nach ihren Merkmalen und Rollen, mit unterstützenden Referenzen;
5. *Konzepte integrieren* – Reduzierung der in Betracht gezogenen Konzepte auf eine kleinere und handhabbarere Menge;
6. *Rahmenwerk synthetisieren* – Erzeugung eines konzeptionellen Rahmens zur Verknüpfung der Konzepte und Durchführung iterativer Anpassungen „bis der Forscher ein allgemeines theoretisches Rahmenwerk erkennt, das Sinn macht";
7. *Validieren* – Bewertung des konzeptuellen Rahmens;
8. *Überdenken* – Verbesserung des Rahmens, wenn neue Erkenntnisse entwickelt werden.

Insgesamt sollte ein gutes Literatur-Review neues Wissen generieren und neue Perspektiven auf ein Thema bieten, das entweder aufkommend oder etabliert sein könnte (Torraco,

2005). Für eine Überprüfung der Methoden der Literaturstudie wird der Leser auf Torraco (2016) verwiesen.

**Fallstudie** Eine weitere Methode, die häufig zur Informationsgewinnung für die Entwicklung von konzeptionellen Modellen und Theorien verwendet wird, ist die *Fallstudienforschung*, also die Untersuchung einer oder mehrerer spezifischer Einstellungen (Eisenhardt, 1989). Fallstudien sind besonders nützlich in der Design- und Entwicklungsrecherche, da die untersuchten Phänomene oft eng mit ihrem Kontext verbunden sind (Teegavarapu et al., 2008). Eisenhardt (1989) skizziert einen achtstufigen Prozess für solche Arbeiten:

1. *Forschungsfragen definieren;*
2. *Fälle auswählen;*
3. *Instrumente erstellen;*
4. *Daten sammeln;*
5. *Daten analysieren;*
6. *Hypothesen formulieren;*
7. *Literatur einbeziehen;*
8. *Abschluss erreichen* – wenn die Sättigung erreicht ist, also wenn weitere Verbesserungen marginal werden.

Im Kontext einer Fallstudie können verschiedene Datenerhebungsmethoden verwendet werden, wie z. B. die Analyse spezifischer Designs und Dokumente, Interviews und Fragebögen. Unter anderem betont Eisenhardt die Wichtigkeit der sorgfältigen Auswahl von Fällen aufgrund ihres Potenzials für die Theorieentwicklung, die Verwendung mehrerer Ermittler, um von verschiedenen Perspektiven zu profitieren, die Anpassung von Forschungsmethoden, um aufkommende Themen zu nutzen, und die Dokumentation der Evidenz, die jedes Element der Theorie untermauert, während sie entwickelt wird.

**Protokollstudie** Eine dritte Forschungsmethode zur Entwicklung von konzeptionellen Modellen und Theorien ist die *Protokollstudie*, bei der die Teilnehmer eine bestimmte Aufgabe ausführen, während die Prozesse aufgezeichnet und anschließend detailliert analysiert werden, um Erkenntnisse zu gewinnen (Ericsson, 2017). Die Studienteilnehmer werden oft gebeten, gleichzeitig zu verbalisieren, während sie einzeln oder in Gruppen arbeiten. Dieser Ansatz wurde weitgehend verwendet, um konzeptionelle Modelle der Designaktivität zu entwickeln. Er bietet eine Möglichkeit, die kognitiven Prozesse der Designer empirisch zu studieren, die dem Forscher sonst unzugänglich sind – insbesondere in Kombination mit der Analyse von Artefakten, wie Skizzen, die während dieser Prozesse erstellt werden. Kritiken sind, dass die Teilnehmer möglicherweise Schwierigkeiten haben, implizite Denkprozesse zu artikulieren, und die Aktivität der Verbalisierung könnte den Prozess unterbrechen oder verändern, wie er normalerweise auftreten würde. Dennoch hat sich die Methode im Laufe der Jahre als sehr aufschlussreich erwiesen. Für eine Überprüfung von Protokollstudien des konzeptionellen Designs im Besonderen wird der Leser auf Hay et al. (2017) verwiesen.

Schließlich überprüft in diesem Abschnitt Cash (2018) Arbeiten zur Theorieentwicklung in verschiedenen Forschungsbereichen und stellt die allgemein anerkannten Schritte dar, wie in Abb. 5.4 gezeigt. Dieses Modell, das weitgehend unabhängig von den verwendeten Forschungsmethoden ist, stellt die Theorieentwicklung als einen spiralförmigen Prozess dar, der durch die Wiederholung von zwei Arbeitsmodi angetrieben wird:

- *Theorieaufbau* – bei dem Fragen von Interesse entdeckt werden, gefolgt von der Definition von Variablen, der Abgrenzung des Anwendungsbereichs und dem Aufbau von Beziehungen zwischen den Variablen (unter Berücksichtigung der Diskussion über die Elemente einer Theorie in Abschn. 5.3.3.1 kann dies sowohl die abstrakte als auch die konkrete Ebene der Theorie betreffen).
- *Theorieprüfung* – bei der Vorhersagen aus der Theorie abgeleitet und mit empirischen Methoden getestet werden, woraufhin die Theorie durch Wiedereintritt in den Zyklus erweitert und verfeinert werden kann.

Die geeigneten Forschungsmethoden hängen von der Art der Theorie sowie dem Schritt des Zyklus, der gerade betrachtet wird, ab (Cash, 2018).

Zusammenfassend lässt sich sagen, dass die Entwicklung von Theorien und konzeptionellen Modellen durch eine Reihe von Forschungsmethoden angegangen werden kann. Das Thema kann nur in einem einzigen kurzen Abschnitt angesprochen werden – die oben genannten Referenzen werden als Ausgangspunkt für weitere Lektüre empfohlen.

#### 5.3.4.2 Entwicklung von empfohlenen Prozessen, Methoden und modellbasierter Unterstützung

Ansätze zum Design und zur Entwicklung, wie Methoden und empfohlene Prozesse, können auf eine strukturierte, absichtliche Weise entwickelt werden oder informell als

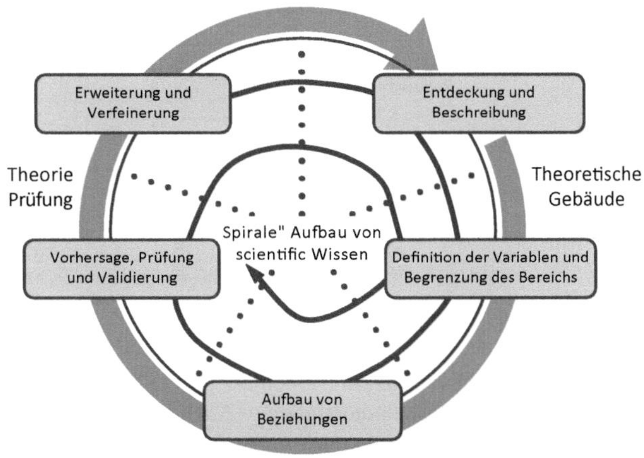


**Abb. 5.4** Der Zyklus des Theorieaufbaus und -tests zeigt den spiralförmigen Aufbau wissenschaftlichen Wissens. *Abbildung nachgedruckt aus Design Studies, Vol. 56, Philip J. Cash, Developing theory-driven design research, S. 88, Copyright (2018), mit Genehmigung von Elsevier. Mit geringfügiger stilistischer Änderung*

Teil der Praxis entstehen (Lavrsen et al., 2022). Dieser Abschnitt diskutiert einige strukturierte Ansätze zur Entwicklung von empfohlenen Prozessen, Methoden und modellbasierter Unterstützung. Der Abschnitt befasst sich damit mit der zentralen Zelle in der Tabelle von Abb. 5.3.

Vielleicht ist der bekannteste strukturierte Ansatz zur Entwicklung von Unterstützung für das Design das *Design Research Methodology (DRM) Framework* von Blessing und Chakrabarti (2009). Diese Autoren schreiben, dass die Entwicklung von Unterstützung eng mit der Entwicklung von praktischem und theoretischem Verständnis von Design verknüpft ist, und beobachten auch, dass relevante Erkenntnisse und Forschungsmethoden aus verschiedenen Disziplinen gezogen werden können. DRM bietet einen Rahmen für die Integration der verschiedenen Überlegungen, indem es den Forschungsprozess in vier Stufen organisiert, wie in Abb. 5.5 gezeigt:

1. *Forschungsklärung* – Fokussierung auf eine erste Forschungsidee und Formulierung realistischer Ziele und messbarer Erfolgskriterien für die zu entwickelnde Unterstützung;
2. *deskriptive Studie I* – Verständnis des Kontexts für die Unterstützung und Klärung der Faktoren, die die Erfolgskriterien beeinflussen, sowie der Verbindungen zwischen ihnen;
3. *präskriptive Studie* – Erstellung der Unterstützung in Verbindung mit ersten Bewertungen;
4. *deskriptive Studie II* – Bewertung, ob die Unterstützung die gewünschte Wirkung hat.

Blessing und Chakrabarti (2009) schreiben, dass dieses Framework iterativ ist und dass die Forschung in jeder Phase beginnen und eine beliebige Anzahl von Phasen behandeln

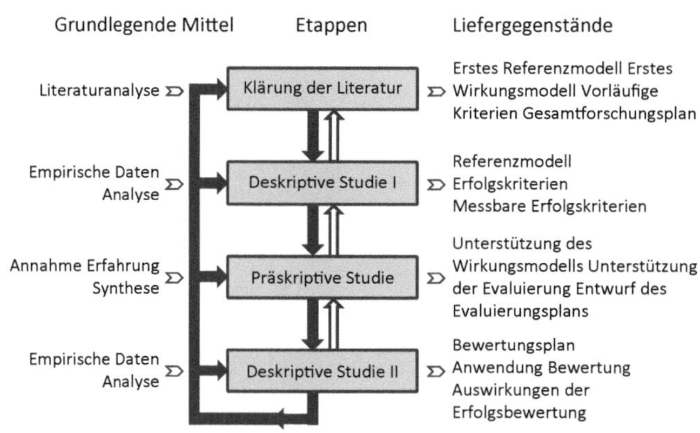


**Abb. 5.5** Die Design Research Methodology (DRM) bietet einen Rahmen für die Forschung und Entwicklung von Designunterstützung. *Nachdruck von* Blessing und Chakrabarti (2009) *DRM, A Design Research Methodology, Springer, S. 39, mit Genehmigung von Springer Nature*

kann, obwohl sie auch eine vorgeschlagene Reihenfolge anbieten. Das Framework behandelt viele der in diesem Kapitel diskutierten Themen.

Im Rahmen des DRM-Frameworks wird die Entwicklung von Unterstützung (das Thema dieses Abschnitts) hauptsächlich in der Phase der *präskriptiven Studie* behandelt. Dafür entwickeln Blessing und Chakrabarti (2009) einen detaillierten Ansatz, der die systematische Ingenieurdesignmethodik widerspiegelt (Abb. 5.6). Es wird betont, den Kontext für die vorgesehene Unterstützung zu berücksichtigen und Anforderungen zu identifizieren, die erfüllt werden müssen, wenn sie erfolgreich in die Praxis eingeführt werden soll, was alles in einem Anforderungsdokument festgehalten werden sollte. Die Unterstützung selbst wird dann entwickelt, indem spezifische Funktionen zur Bewältigung der in der Phase der *deskriptiven Studie I* identifizierten Herausforderungen vorgeschlagen werden, bevor dann alternative Lösungskonzepte generiert und bewertet werden und das beste für die weitere Entwicklung ausgewählt wird. Insgesamt befürwortet DRM die Etablierung eines nachvollziehbaren Flusses von Entscheidungen, die auf systematischer Berücksichtigung von Bedürfnissen basieren, um sicherzustellen, dass die Unterstützung in einem Praktikerkontext zweckmäßig ist. Es wird weitgehend als Rahmen für Designforschungsprojekte übernommen.

Neben der Notwendigkeit für konzeptionelle Entwicklung profitieren viele Methoden und modellbasierte Unterstützungsansätze auch von Computertools, um die notwendigen Informationen zu verwalten und zu visualisieren. Andere erfordern spezialisierte Computertools, um überhaupt praktikabel zu sein, zum Beispiel wenn Berechnungen benötigt werden. Selbst für Methoden, die solche Tools nicht unbedingt benötigen, fanden Araujo et al. (1996), dass Methoden, die von Computertools unterstützt werden, von Praktikern als nützlicher angesehen werden, als wenn die gleichen Methoden mit einem papierbasierten Ansatz verwendet werden. Daher ist die konzeptionelle Entwicklung von Unterstützung oft eng mit der Entwicklung von Computertools verknüpft, sodass der sich entwickelnde Beitrag getestet, verfeinert und letztendlich in der Praxis eingesetzt

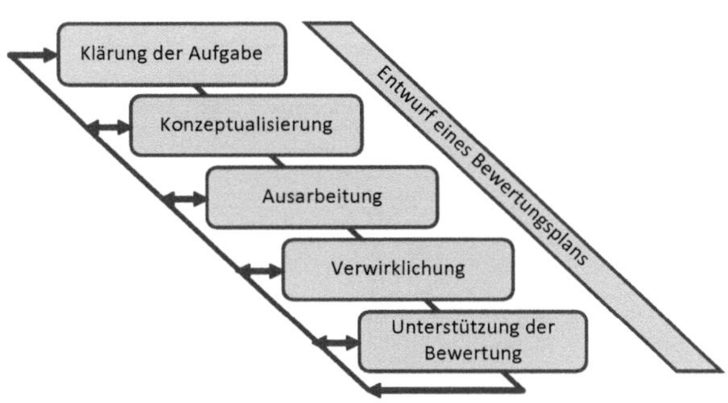


**Abb. 5.6** Aufgaben innerhalb der *Präskriptiven-Studie*-Phase des Design Research Methodology (DRM) Framework von Abb. 5.5. *Reproduziert von* Blessing und Chakrabarti (2009) *DRM, A Design Research Methodology, Springer, S. 146, mit Genehmigung von Springer Nature*

werden kann. Bracewell et al. (2001) argumentieren, dass das schnelle Prototyping von Computertools in diesem Kontext viele Feedback-Zyklen von Benutzern ermöglicht, was zu einer Designunterstützung führt, die ihre Bedürfnisse besser erfüllt. Die gleichen Autoren schlagen die *Computer-Aided Engineering Design Research Methodology* vor, die auf DRM aufbaut, um diesen Prozess zu leiten. Dargestellt in Abb. 5.7, zeigt dieser Ansatz die Kopplung zwischen der Entwicklung von Wissensrepräsentationen und Computerunterstützung innerhalb der *Präskriptiven-Studie*-Phase von DRM und die Bedeutung sowohl der Softwareentwicklung (links) als auch der Forschungsmethoden (rechts). Dieser Ansatz wurde verwendet, um den *Design Rationale Editor* (Bracewell et al., 2009) zu entwickeln, der weiter in Abschn. 9.2.1 diskutiert wird.

Einige Forscher haben argumentiert, dass die Entwicklung von Computertools zur Unterstützung des Designs durch eine geeignete konfigurierbare Softwareplattform ermöglicht werden kann, indem sie einen ähnlich schnellen und iterativen Entwicklungsansatz annehmen. Zum Beispiel wurde das *n-dim*-System für die generalisierte Informationsmodellierung in Design und Entwicklung geschaffen (Levy et al., 1993). Dieser Ansatz wurde durch die Beobachtung motiviert, dass Organisationen, um auf einen sich ändernden Designkontext zu reagieren, flexibel mit verschiedenen Modellierungsansätzen

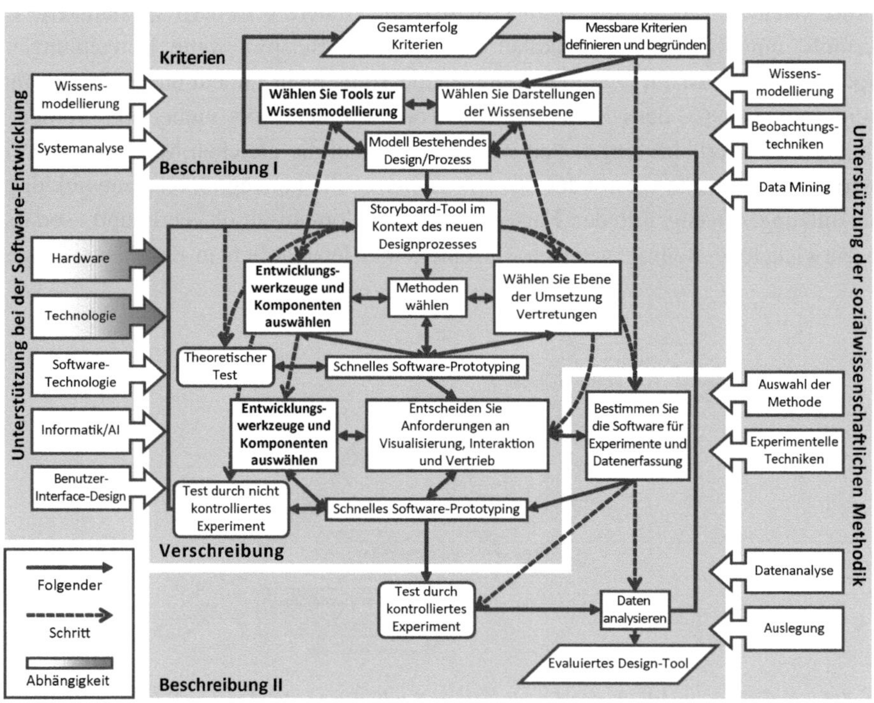


**Abb. 5.7** Computer-Aided Engineering Design Research Methodology zur Entwicklung von rechnergestützter Designunterstützung im Rahmen von DRM (Bracewell et al., 2001)

und -systemen arbeiten und Verbindungen zwischen ihnen schaffen müssen, um die jeweiligen Informationen zu verknüpfen (Reich et al., 1999). N-dim ermöglicht die Erstellung eines flachen Raums von Objekten, die mit anderen Objekten über ein Knoten-Pfeil-Diagramm verknüpft sind. Eine bestimmte Modellierungssprache – die die Arten von Objekten und Verbindungen bestimmt, die in Modellen, die diese Sprache verwenden, erlaubt sind – kann in einem anderen n-dim-Modell spezifiziert werden. Insgesamt konzentriert sich n-dim auf die Spezifikation und Verwaltung von Modellinformationen, für die eine ausgefeilte Konfiguration möglich ist, wie Levy et al. (1993) im Detail beschrieben haben.

Ein weiterer softwaregestützter Ansatz zur Entwicklung von Designunterstützung wird im *Cambridge Advanced Modeller* (*CAM*) von Wynn et al. (2010) realisiert. Dieser Ansatz wurde durch die Beobachtung von Bracewell et al. (2009) motiviert, dass ein herausfordernder Teil der Entwicklung von Software zur Realisierung eines neuen Modellierungsansatzes darin besteht, eine ausreichend robuste, vertraute und skalierbare Benutzeroberfläche zu erstellen. CAM ermöglicht die Erstellung von Modellierungstools durch Konfiguration eines allgemeinen Knoten-Pfeil-Diagrammsystems, durch Spezifikation der Klassen von Knoten und Kanten, die in einem bestimmten Modelltyp erlaubt sind, und der Einschränkungen für die Art und Weise, wie sie verbunden werden können. CAM ermöglicht auch eine flexible Konfiguration der Anzeige für jeden Knoten und jede Kante in einem Modell und bietet Funktionen zur Analyse und Filterung von Modellnetzwerken, sobald sie erstellt wurden. Obwohl CAM nicht die fortgeschrittenen Informationsmanagementfunktionen von n-dim bietet, ermöglicht es die schnelle Erstellung von einfach zu bedienenden Modellierungstools für neue Knoten-Pfeil-basierte Modellierungsansätze. Modellierungstools, die mit diesem System erstellt wurden, werden von Ahmad et al. (2013), Wyatt et al. (2012), Wynn et al. (2014) beschrieben.

Sowohl n-dim als auch CAM, die in den Abb. 5.8 und 5.9 dargestellt sind, ermöglichten die Programmierung von Plugins zur Analyse entwickelter Modelle. Die Unterschiede zwischen den Schnittstellen dieser Tools spiegeln die Unterschiede in den Schwerpunkten wider und auch die unterschiedlichen Computertechnologien, die zur Verfügung standen, als die beiden Systeme entwickelt wurden.

Um diesen Abschnitt zusammenzufassen, bietet das DRM-Framework von Blessing und Chakrabarti (2009) einen umfassenden und strukturierten Ansatz zur Erforschung und Entwicklung empfohlener Prozesse, Methoden und modellbasierter Ansätze zur Unterstützung von Design und Entwicklung. Letztere können spezialisierte Computertools erfordern, die am besten auf agile Weise mit vielen Feedback-Zyklen von den beabsichtigten Benutzern entwickelt werden.

#### 5.3.4.3 Entwicklung quantitativer Modelle

Dieser Abschnitt behandelt die rechte Zelle der mittleren Reihe von Abb. 5.3. Zur Wiederholung aus Abschn. 5.3.3.3: Die beiden Arten von quantitativen Modellen, die in Betracht gezogen werden, sind (1) quantitative Modelle, die darauf abzielen, spezifische Situationen nachzubilden, um Einblicke in diese Situationen zu gewinnen, und (2) idealisierte

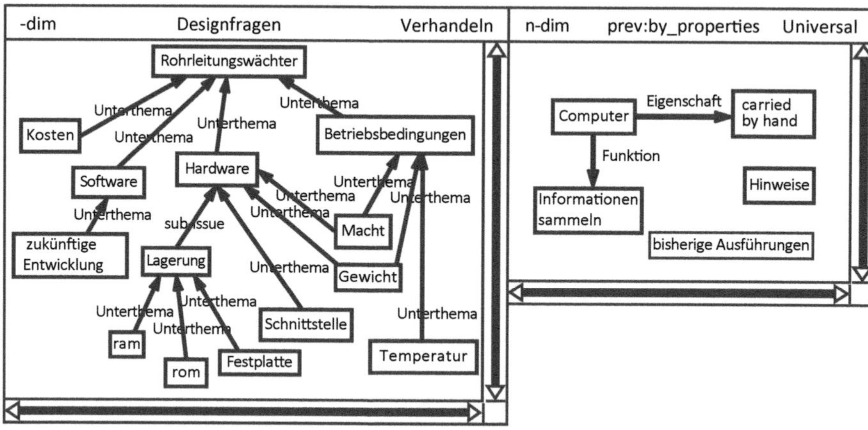


**Abb. 5.8** N-dim war ein generalisiertes Modellierungstool, das entwickelt wurde, um die Entwicklung von Knoten-Pfeil-Modellierungsansätzen in einem Design- und Entwicklungskontext zu unterstützen. Nachdruck von Levy et al. (1993) mit Genehmigung der Autoren

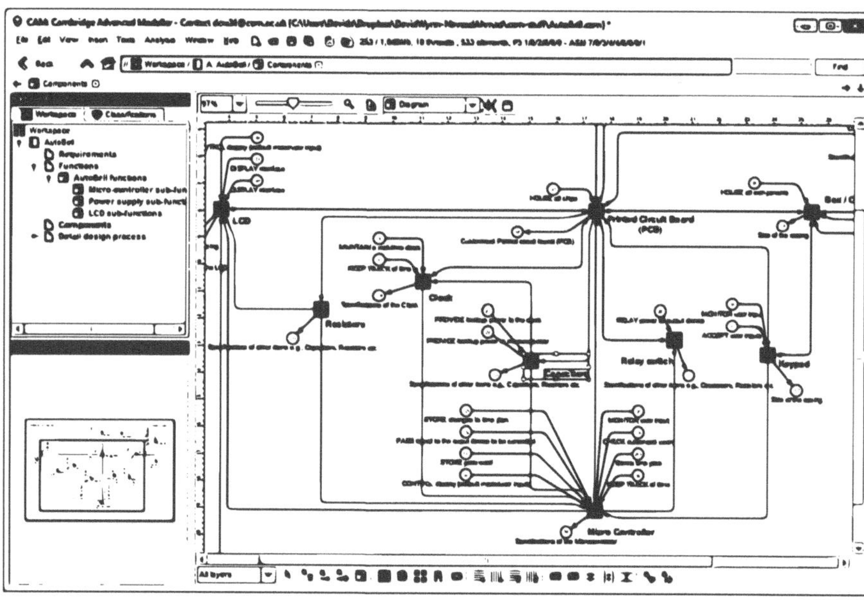

**Abb. 5.9** Der Cambridge Advanced Modeller (CAM) ist ein generalisiertes Modellierungstool zur Unterstützung der Entwicklung von Knoten-Pfeil-Modellierungsansätzen in einem Design- und Entwicklungskontext. *Nachdruck von* Ahmad et al. (2013) *Change impact on a product and its redesign process: a toolfor knowledge capture and reuse. Res Eng Des 24:230 mit Genehmigung von Springer Nature*

quantitative Modelle, die darauf abzielen, allgemeine Einblicke in bestimmte Probleme zu gewinnen.

Viele Beiträge beider Arten beinhalten Computersimulationen. Pidd (1999) diskutiert die Entwicklung von Simulationsmodellen und schlägt Prinzipien vor, die gleichermaßen auf quantitative Modelle im Allgemeinen anwendbar sind:

- *beginnen Sie mit einem einfachen Modell* – fügen Sie nur dort Details hinzu, wo es erforderlich ist, was durch Verfeinerung des Anfangsmodells oder durch Erstellung einer Reihe von zunehmend ausgefeilteren Modellen erfolgen kann;
- *teilen Sie das System in Subsysteme auf* – erstellen und validieren die Subsystemmodelle separat, bevor Sie sie kombinieren;
- *organisieren Sie die Datenerfassung, um den Modellierungsbedürfnissen gerecht zu werden* – verfügbare Daten sind oft begrenzt, ungenau oder veraltet sowie durch ihren Erfassungsprozess beeinflusst, daher muss die Datenerfassung so fokussiert sein, dass die Einschränkungen gut verstanden werden;
- *erwarten Sie keinen linearen Prozess* – wie das Design ist die Modellierung iterativ und entfaltet sich auf unerwartete Weise.

Ein Element der Entwicklung eines quantitativen Modells besteht zunächst darin, ein konzeptionelles Modell der zu modellierenden Situation zu entwickeln. Im Kontext der Simulation definiert ein konzeptionelles Modell, wie die Realität abstrahiert werden soll, um ein Simulationsmodell zu erzeugen, das dem jeweiligen Zweck gerecht wird, d. h., ein konzeptionelles Modell gibt an, was in ein Simulationsmodell aufgenommen werden soll und wie es dargestellt werden soll (Robinson, 2008). Konzeptionelle Modelle informieren auch die Datenerfassung für die Simulation (Pidd, 1999). Sie sind unabhängig von der Implementierung einer Simulation und können mithilfe von grafischen Diagrammnotationen ausgedrückt werden, wie der Systems Modelling Language (siehe Abschn. 9.4.2.1).

Diese Erkenntnisse beziehen sich auf die quantitative Modellierung spezifischer Systeme in einem allgemeinen Managementkontext. In einem ingenieurtechnischen Designkontext entwickeln Kerley et al. (2009) einen präskriptiven Ansatz zur Entwicklung von Simulationsmodellen spezifischer ingenieurtechnischer Designprozesse. Dieser Ansatz, dargestellt in Abb. 5.10, strukturiert den Modellentwicklungsprozess in Stufen von zunehmender Detailgenauigkeit und Wiedergabetreue. Ein Modellierer beginnt mit der Entwicklung einer Zielsetzung, bevor er eine konzeptionelle Struktur für die Organisation des Modells entwickelt, gefolgt von einem detaillierteren Flussdiagrammmodell des Prozesses, bevor er schließlich quantitative Informationen wie Schätzungen der Aufgabendauern und Iterationsszenarien hinzufügt, um eine Simulation zu erstellen. In jeder dieser Stufen wird dem Modellierer geraten, einen iterativen Konvergenzprozess durchzuführen, der vier Arten von Aktivitäten umfasst, die in einem strukturierten Zyklus wiederholt werden:

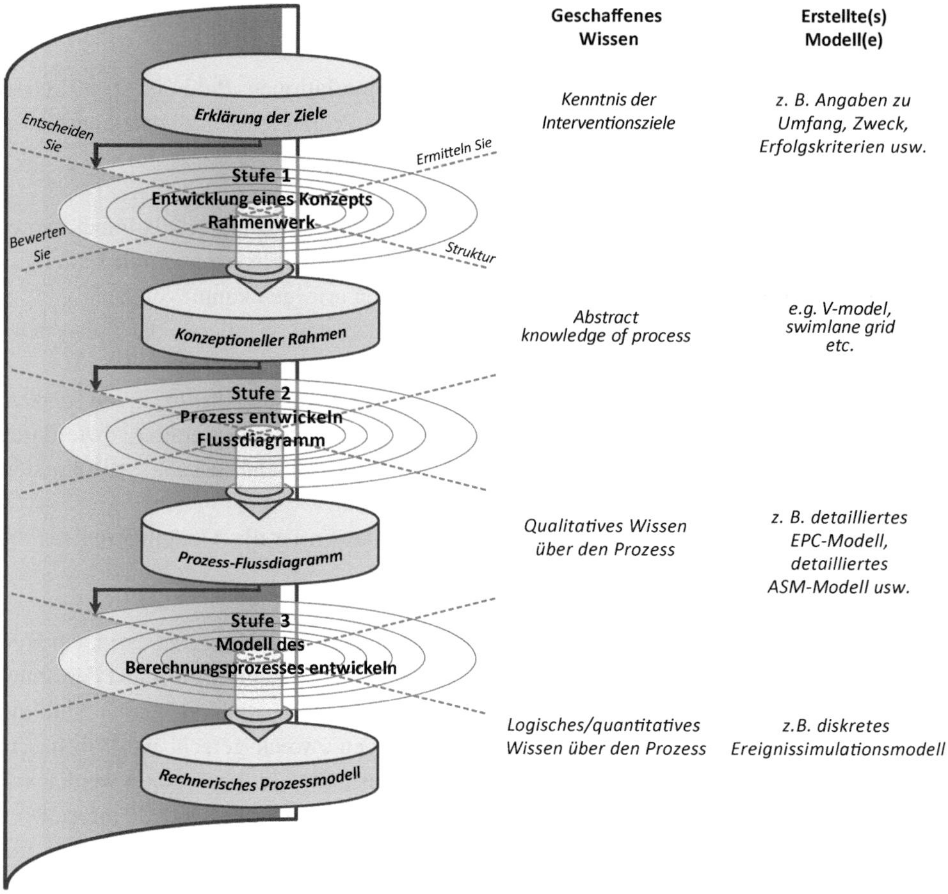


**Abb. 5.10** Ein empfohlener Prozess zur Erstellung eines Simulationsmodells des technischen Designprozesses durch eine Reihe von Stufen, von denen jede einen konvergenten Zyklus von Aktivitäten beinhaltet. Nachdruck von Kerley et al. (2009)

1. *entscheiden* – was in der aktuellen Schleife getan werden soll;
2. *ermitteln* – notwendige Informationen sammeln, die von Prozessteilnehmern oder bestehender Dokumentation erhalten werden können;
3. *strukturieren* – Sie die Informationen und verwenden Sie sie, um den vorläufigen Output der aktuellen Stufe vorzuschlagen oder zu verbessern;
4. *bewerten* – Sie den vorläufigen Output, was zur Identifizierung von Verbesserungsbereichen führen kann, oder zu einer Entscheidung, zur nächsten Stufe des in Abb. 5.10 dargestellten Prozesses überzugehen.

Wie das DRM-Framework, das in Abschn. 5.3.4.2 diskutiert wurde, ist das Modell von Kerley et al. (2009) hauptsächlich auf Forscher im Bereich des technischen Designs ausgerichtet. Daher erinnert es bewusst an stufenbasierte Modelle für den technischen Designprozess (siehe Kap. 8).

### 5.3.5 Phase III: Evaluieren

Das letzte Element von Abb. 5.2, das diskutiert wird, ist die *Evaluierungs*phase, die auch in der untersten Reihe von Abb. 5.3 dargestellt ist. Die Evaluation ist wesentlich, um die Forschung und Entwicklung eines Beitrags zu informieren und seinen Wert und seine Eignung festzustellen.

Unter einem rationalistischen oder naturalistischen Paradigma (siehe Abschn. 5.3.2) ist es nicht möglich, die Wahrheit oder den Wert eines Modells, einer Theorie oder eines Ansatzes umfassend zu beweisen. Es ist jedoch möglich, Bewertungsaktivitäten durchzuführen, die das Vertrauen erhöhen. Insbesondere sollte ein Beitrag Tests unterzogen werden, die darauf abzielen, potenzielle Mängel und Einschränkungen aufzudecken. Beispielsweise könnte ein Beitrag in einer Reihe von Kontexten erprobt werden, die Eigenschaften aufweisen, die ihn herausfordern sollen. Wenn solche Tests keine Probleme aufdecken, wird das Vertrauen in den Beitrag erhöht, aber wenn Probleme gefunden werden, können die Probleme möglicherweise behoben werden und der Beitrag kann neu bewertet werden. Das Entwerfen geeigneter Tests erfordert, dass die Evaluation kritisch und mit der echten Absicht, den Beitrag herauszufordern und zu verbessern, angegangen wird.

Zwei wichtige Aspekte der Evaluation sind Verifizierung und Validierung. *Verifizierung* bezieht sich auf die Bewertung der Korrektheit und Konsistenz eines Beitrags, während *Validierung* sich auf die Bewertung seiner Eignung für den voraussichtlichen Anwendungskontext bezieht. Für beide sollte der Ausgangspunkt die Bestimmung der Erfolgskriterien für den Beitrag sein. Dies wird durch die *Wertschätzungs*phase des in diesem Kapitel vorgestellten Rahmens informiert, der sich auf allgemein wünschenswerte Eigenschaften bezieht (Abschn. 5.3.3), sowie die *Entwicklungs*phase, in der zusätzliche, spezifischere Erfolgskriterien formuliert werden (Abschn. 5.3.4).

Die Herausforderungen bei der Evaluation, Verifizierung oder Validierung von Modellen, Theorien und Ansätzen in einem Design- und Entwicklungskontext sind bekannt:

- Die Evaluation berücksichtigt eine begrenzte Anzahl von Fällen (manchmal nur einen Fall) in spezifischen Kontexten, wobei die Anzahl oft durch Zeit- und Zugangsbeschränkungen begrenzt ist, während ein Beitrag in der Regel auf eine Reihe von Kontexten anwendbar sein soll (Li et al., 2022).
- Die Anzahl der möglichen Evaluationsfallstudien kann auch durch die Anzahl der Unternehmen, die in diesem Bereich tätig sind, begrenzt sein, insbesondere in Fällen, in denen ein Beitrag auf einen sehr spezifischen Kontext oder technischen Aspekt fokussiert ist (Isaksson et al., 2020).
- Jeder Kontext ist einzigartig und multikausal (Eckert et al., 2003) und es ist schwierig oder in einigen Fällen unmöglich, die Auswirkungen eines Beitrags von anderen

Faktoren zu isolieren, die einzigartig für den Kontext einer bestimmten Evaluationsanstrengung sind, zum Beispiel kann der letztendliche Wert eines Beitrags nicht leicht von den Entscheidungen der Personen, die ihn anwenden, isoliert werden.
- Einige Beiträge sollen große Projekte über einen längeren Zeitraum unterstützen, aber der Umfang der Projekte und die für die Bewertung zur Verfügung stehende Zeit sind oft begrenzt; in solchen Fällen ist es möglicherweise nicht möglich, die Auswirkungen eines Beitrags empirisch zu bewerten (Seepersad et al., 2006).

Die folgenden Abschnitte skizzieren einige Evaluationsprobleme und -ansätze, die spezifisch für jeden in diesem Kapitel beschriebenen Modell-, Theorie- und Ansatztyp sind.

#### 5.3.5.1 Evaluation von konzeptionellen Modellen und Theorien

Dieser Abschnitt befasst sich mit der untersten linken Zelle von Abb. 5.3, nämlich der Evaluation von konzeptionellen Modellen und Theorien.

Eine Schlüsselherausforderung bei dieser Aktivität besteht darin, dass konzeptionelle Modelle und Theorien sehr abstrakt und nicht immer dazu bestimmt sind, gut definierte Zwecke direkt anzusprechen, sodass es schwierig sein kann, konkrete und messbare Erfolgskriterien für solche Beiträge zu entwickeln. Dementsprechend konzentrieren sich viele Diskussionen über die Evaluation von konzeptionellen Modellen und Theorien auf abstrakt definierte Qualitätskriterien, sie diskutieren, *was* zu bewerten ist, anstatt den Bewertungsprozess zu erläutern, *wie* speziell ein bestimmter Beitrag gegen diese Kriterien zu bewerten ist (Moody, 2005). Zum Beispiel schreibt Bacharach (1989), dass Theorien gegen die in Abschn. 5.3.3.1 zusammengefassten Kriterien bewertet werden können, sodass diejenigen, die mehr von diesen Kriterien erfüllen, wünschenswerter sind als Alternativen, die weniger erfüllen, erklärt aber nicht detaillierte Verfahren zur Durchführung der Evaluation. Ähnlich liefert Wacker (2008) eine Checkliste von wünschenswerten Eigenschaften, gegen die eine Theorie bewertet werden sollte, wiederum ohne genau zu erläutern, wie die Evaluation durchgeführt werden soll. Neben der Evaluation eines Beitrags selbst kann man auch den Prozess bewerten, durch den er entwickelt wurde – in der Annahme, dass ein guter Prozess zu einem guten Ergebnis führen sollte (Moody, 2005).

Insgesamt können die folgenden Aktivitäten dazu beitragen, das Vertrauen in konzeptionelle Modelle und Theorien zu stärken – alle sind stark abhängig von der Beschreibung des Beitrags und von seiner Interpretation durch die Teilnehmer am Evaluationsprozess:

- Bewerten Sie systematisch, ob Konzepte in der Beschreibung des Beitrags konsistent verwendet werden.
- Vergleichen Sie systematisch Begriffe und Konzepte in der Beschreibung des Beitrags mit ihrer Verwendung in einer Reihe von akzeptierten Modellen und Theorien.
- Vergleichen Sie systematisch das Modell oder die Theorie mit etablierten Beiträgen, um zu bestimmen, ob es sie umfassen kann, eine neue Kombination von Konzepten bietet oder zusätzliche Einblicke bietet.

- Interpretieren Sie den Beitrag, um die Entwicklung konkreterer Beiträge zu untermauern oder spezifische Einblicke in bestimmte Situationen zu entwickeln, die dann individuell bewertet werden.
- Suchen Sie Feedback von Personen, die Experten für das Thema des konzeptionellen Modells oder der Theorie sind, was mit verschiedenen empirischen Forschungsmethoden wie Interviews und Umfragen durchgeführt werden kann und auch durch die Begutachtung von Publikationen informiert werden kann.

#### 5.3.5.2 Evaluation von empfohlenen Prozessen, Methoden und modellbasierter Unterstützung

Die Evaluation von empfohlenen Prozessen, Methoden und modellbasierter Unterstützung, die die mittlere Zelle der untersten Reihe von Abb. 5.3 anspricht, wird oft als *Validierung* in der Design- und Entwicklungsliteratur bezeichnet. Isaksson et al. (2020), zum Beispiel, diskutieren die Validierung von Designunterstützung im Kontext von industrieorientierten Doktorarbeiten. Sie weisen darauf hin, dass solche Projekte in der Regel sowohl zur Praxis als auch zum Wissen beitragen sollen, für die die Validierungsansätze und -ziele unterschiedlich sind. Insbesondere schreiben sie, dass Beiträge zur Praxis sich auf den Nutzen im Anwendungskontext konzentrieren mit Berücksichtigung der Generalisierbarkeit, während theoretische Beiträge hauptsächlich in Bezug auf ihre Neuheit und Beziehung zu zuvor veröffentlichten Arbeiten bewertet werden.

Pedersen et al. (2000) argumentieren, dass eine Designmethode nicht objektiv gültig oder ungültig sein kann, da dies die inhärente Subjektivität des Designs und die eigentliche Natur solcher Methoden, die oft das Anwenden heuristischer Faustregeln und das Erstellen ungenauer Darstellungen beinhalten, nicht berücksichtigt. Sie schreiben dementsprechend, dass Validierung als „ein Prozess des Vertrauensaufbaus in die Nützlichkeit“ gesehen werden sollte, der sowohl qualitative als auch quantitative Bewertungen beinhalten kann. Ihr *Validierungsquadrat*-Framework teilt die Validierung von Designmethoden in zwei Elemente auf, die *strukturelle Validität* und die *Leistungsvalidität*, die links und rechts in Abb. 5.11 zu sehen sind:

- *Herstellung der strukturellen Validität (Validierung der Struktur einer Methode)* – Pedersen et al. (2000) beschreiben die Struktur einer Methode als die Menge der Konstrukte oder Konzepte, die in der Methode verwendet werden, und die Art und Weise, wie sie miteinander verknüpft sind. Die Herstellung der strukturellen Validität beinhaltet die Demonstration der Akzeptanz einzelner Konstrukte in der Methode, was, wie sie vorschlagen, durch Bezugnahme auf die Literatur erfolgen sollte. Genauer gesagt, schlagen Pedersen et al. (2000) vor, dass ein Konstrukt als gültiger betrachtet werden sollte, wenn es von einem renommierten Autor veröffentlicht wurde, in einer renommierten Zeitschrift erschienen ist und über viele Jahre hinweg viele Zitationen erhalten hat. Als valide betrachtete Konstrukte können eine Grundlage für neue Konstrukte bieten. Sie empfehlen auch zu demonstrieren, dass die Konstrukte auf konsistente Weise zusammengesetzt sind, wofür sie logisches Denken unterstützt durch Flussdiagramme vorschlagen, die die Konstrukte miteinander in Beziehung setzen.

- *Herstellung der Leistungsvalidität (Nachweis der Nützlichkeit einer Methode)* – Pedersen et al. (2000) schlagen vor, dies durch die Analyse von Fallbeispielen zu tun. Zu den Überlegungen gehören die Sicherstellung, dass die Fallbeispiele den beabsichtigten Anwendungskontext ausreichend widerspiegeln, die quantitative Evaluation der Leistung der Methode, wenn sie auf diese Fallbeispiele angewendet wird, und das Ziehen allgemeiner Schlussfolgerungen über die Validität aus den Ergebnissen.

Frey und Dym (2006) kritisieren den relativistischen Ansatz von Pedersen et al. (2000) und argumentieren, dass Behauptungen über die Validität von Designmethoden stärker auf Evidenz basieren sollten. Sie schreiben, dass Validierungsmethoden aus der medizinischen Forschung und Entwicklung an die Aufgabe der Validierung von Ingenieurdesignmethoden angepasst werden können – insbesondere sollte idealerweise ein mehrschichtiger und multimethodischer Ansatz verwendet werden. Sie diskutieren mehrere Validierungsansätze, die in diesem Kontext verwendet werden können: (1) *klinische Stu-*

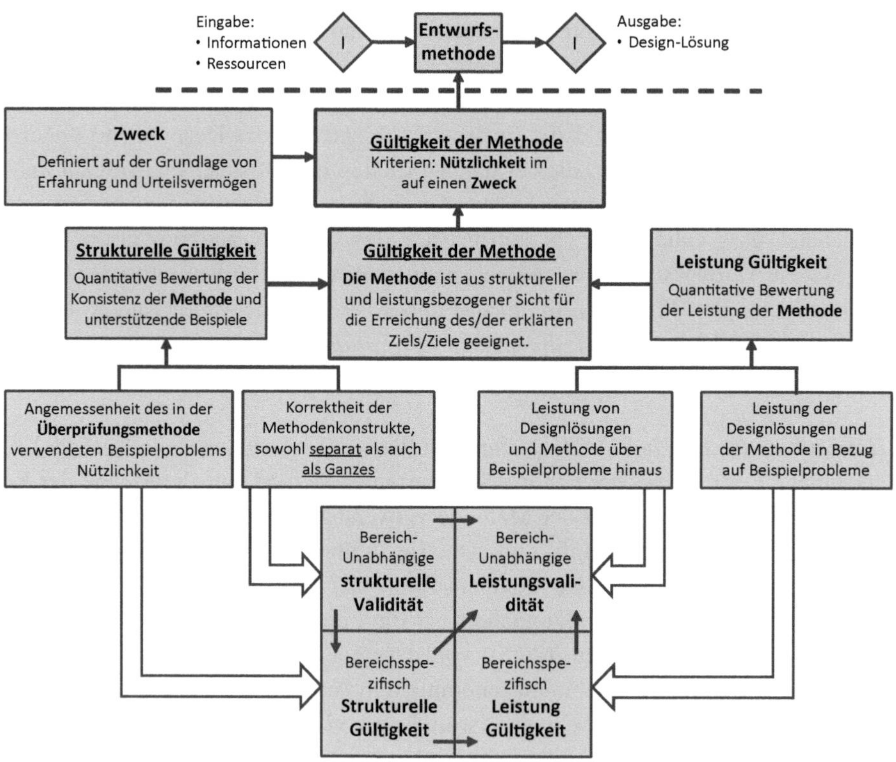


**Abb. 5.11** Validierungsquadrat zur Validierung von Designmethoden. Nachgedruckt von Pedersen et al. (2000) mit Genehmigung der American Society of Mechanical Engineers

*dien* im Kontext der Praxis, die sorgfältig entworfen sind, um die Auswirkungen eines zu testenden Ansatzes zu isolieren, mit der Absicht, Korrelation von Kausalität zu unterscheiden und die Möglichkeit zu minimieren, dass die Forschung Verzerrungen einführt, (2) *Laborversuche*, bei denen eine realistische Situation entweder von der Praxis isoliert wird, damit Praktiker die Methode auf diese Situation anwenden können, oder die Situation wird simuliert, zum Beispiel mit studentischen Designern, und (3) *natürliche Experimente*, bei denen die Auswirkungen von Ansätzen beobachtet werden, wie sie sich in der realen Welt entfalten, ohne zu versuchen, sie zu kontrollieren. Schließlich betonen Frey und Dym (2006) den Wert der *Metaanalyse*, die die Analyse von Ergebnissen aus mehreren vorherigen Studien zur Bewertung der Validität eines etablierten Beitrags beinhaltet.

Blessing und Chakrabarti (2009) stellen fest, dass eine Ursache für Schwierigkeiten bei der Evaluation von Designunterstützung darin besteht, dass solche Beiträge dazu bestimmt sind, reale Situationen zu unterstützen, die Einführung eines Unterstützungsansatzes in eine solche Situation diese jedoch verändert und unerwünschte Nebenwirkungen hervorrufen kann, sodass Vergleiche mit und ohne Unterstützung schwierig sind. Diese Autoren empfehlen drei Arten der Evaluation:

- *Unterstützungsevaluation* – die sich auf die Bewertung eines aufkommenden Ansatzes während seines eigenen Entwicklungsprozesses bezieht;
- *Anwendungsevaluation* – die sich darauf konzentriert, ob der Ansatz spezifische Probleme anspricht, für die er vorgesehen ist, und ob er nutzbar ist;
- *Erfolgsevaluation* – die sich darauf konzentriert, ob der Ansatz tatsächlich nützlich ist und die erwarteten Vorteile erzielt.

Blessing und Chakrabarti (2009) empfehlen weiterhin die Verwendung eines *Wirkungsmodells*, um die interessierenden Faktoren zu erkennen und Evaluationen zu planen, die diese in Kombination ansprechen. Wie das Beispiel in Abb. 5.12 zeigt, werden in einem Wirkungsmodell *Schlüsselfaktoren* direkt von einem vorgeschlagenen Unterstützungsansatz angesprochen, und seine Wirksamkeit gegenüber diesen Faktoren wird als Unterstützungsevaluation bezeichnet. *Messbare Erfolgsfaktoren* werden durch Erfolgsevaluationen angesprochen und letztendlich sind *Erfolgsfaktoren* das, was der Entwickler des Ansatzes zu erreichen hofft. Die Entwicklung eines Wirkungsmodells sollte dazu beitragen, ein Argument zu konstruieren, das Evaluationsmaßnahmen mit breiteren Erfolgsfaktoren verknüpft. Blessing und Chakrabarti (2009) diskutieren auch einige Schwierigkeiten dieses Ansatzes: Die messbaren Erfolgsfaktoren sind oft sehr breit gefächert, beinhalten Zeitskalen, die viel länger sind als eine typische Evaluationsstudie, und unterliegen vielen Einflüssen, die schwer zu entwirren sind. In der Praxis kann es schwierig sein, die Verbindungen oder die Reihe von Faktoren zu etablieren, die in einem Wirkungsdiagramm wie Abb. 5.12 enthalten sein sollten. Es kann auch schwierig sein, pragmatische Maßnahmen für gezielte Faktoren zu finden.

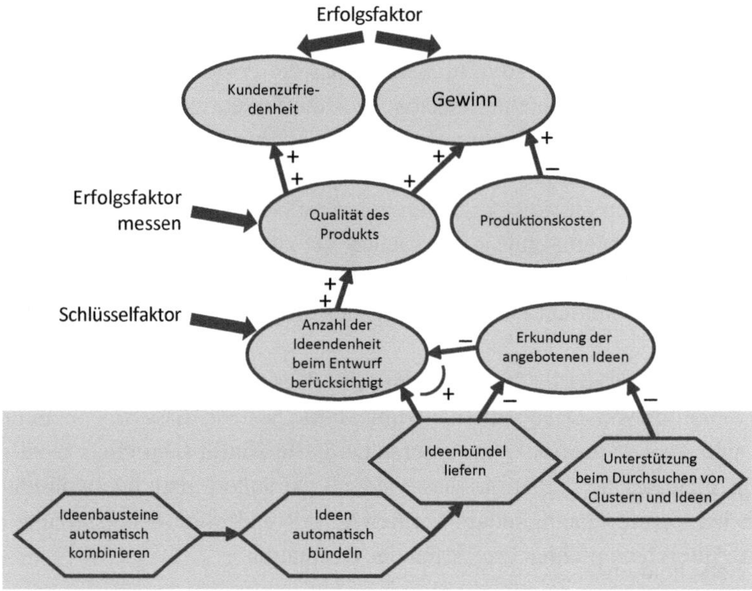


**Abb. 5.12** Ein Wirkungsmodell zur Evaluation von Designunterstützung. *Nachdruck aus* Blessing und Chakrabarti (2009) *DRM, A Design Research Methodology, Springer, S. 189, mit Genehmigung von Springer Nature*

Zusammenfassend schreiben Blessing und Chakrabarti (2009), dass Forschungsmethoden zur Bewertung eines Beitrags unter Berücksichtigung der gesuchten Informationen ausgewählt werden sollten. Zum Beispiel könnten einige Faktoren möglicherweise isoliert und in einem Experiment gemessen werden, während andere eine qualitative Studie in einem Unternehmenskontext erfordern könnten – wenn der Forscher eine geeignete Studie organisieren kann.

#### 5.3.5.3 Evaluation quantitativer Modelle

Dieser Abschnitt behandelt die unterste rechte und letzte Zelle von Abb. 5.3 – die Bewertung quantitativer Modelle.

Im allgemeinen Kontext der quantitativen Simulationsmodellierung verwebt Sargent (2013) die Bewertung im gesamten Modellierungsprozess, wie in Abb. 5.13 dargestellt. Die Abbildung zeigt das Problemobjekt – das heißt das Zielsystem für das Modell – und teilt den Modellierungsaufwand in zwei Teile: ein konzeptionelles Modell und ein computerisiertes Modell, das es implementiert. Beide sollten unter Berücksichtigung des Problemobjekts und der verfügbaren Daten darüber validiert werden. Es ist auch notwendig, das computerisierte Modell gegen das konzeptionelle Modell zu verifizieren, um sicherzustellen, dass es keine Implementierungsfehler gibt. Die Struktur von Abb. 5.13 zeigt, dass all diese Aktivitäten auf iterative und nichtsequenzielle Weise stattfinden.

Wenn ein quantitatives Modell einen Algorithmus beinhaltet, der an Modellen spezifischer Fälle arbeitet, ist ein nützlicher Evaluationsansatz die Entwicklung einfacher Testfälle mit absichtlich herausfordernden Merkmalen und dann die Untersuchung, wie der Algorithmus diese Fälle auf einer detaillierten Ebene behandelt. Zum Beispiel verwenden Wynn und Clarkson (2021) diesen Ansatz beim Testen eines Prozesssimulationsalgorithmus auf synthetisierten Fällen, in denen Iterationsschleifen nicht hierarchisch verschachtelt sind, in denen die Ausgabe jeder Aufgabe mit der Eingabe jeder anderen Aufgabe verbunden ist, und andere Situationen. Die Erzeugung einer Reihe von herausfordernden Testfällen kann dazu beitragen, Probleme sowohl in der Implementierung als auch in der Konzeptualisierung eines Algorithmus aufzudecken sowie die Situationen, in denen er gültig ist, klarer zu definieren.

Law (2008) unterscheidet zwischen *Augenscheinvalidität*, was bedeutet, dass das Modell und seine Ergebnisse als vernünftig angesehen werden, bezogen auf das Verständnis oder die Erwartungen der Stakeholder, und *Ergebnisvalidität*, die nur möglich ist, wenn das Modell ein bestehendes reales System repräsentiert, von dem statistische Messungen genommen und Vergleiche gemacht werden können, zum Beispiel mit einem Mann-Whitney-U-Test oder t-Test. Es ist wichtig sicherzustellen, dass, wenn statistische Tests verwendet werden, sie dem spezifischen Fall angemessen sind.

In Fällen, in denen statistische Daten nicht erhältlich sind, kann es dennoch möglich sein, die Ergebnisse von Teilen eines Modells zu validieren. Zum Beispiel werden vollständige Design- und Entwicklungsprozesse in einem Unternehmen möglicherweise nicht häufig durchgeführt und sind bei jeder Gelegenheit von einzigartigen Faktoren beeinflusst, sodass sie statistisch schwer zu charakterisieren sind. Allerdings können einige Aufgaben oder Teilprozesse viel häufiger durchgeführt werden und daher können quantitative Daten oder Schätzungen zur Modellbewertung einfacher zu sammeln sein. Ein

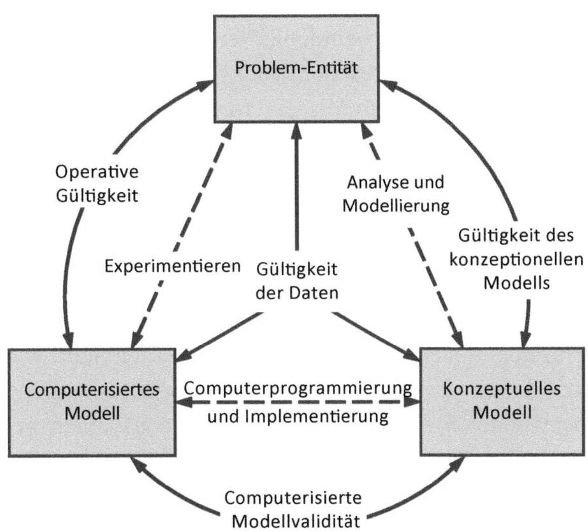


**Abb. 5.13** Der Prozess zur Erstellung eines Simulationsmodells. Nachgezeichnet von Sargent (2013) mit Genehmigung des Verlags (Taylor & Francis Ltd, http://www.tandfonline.com)

anderer Ansatz besteht darin, ein Modell oder Teile eines Modells mit bestehenden Modellen zu vergleichen, die bereits akzeptiert sind und möglicherweise umfassender validiert wurden. Law (2008) schreibt auch von der Wichtigkeit, die Annahmen, die einem Simulationsmodell zugrunde liegen, zu validieren, sie mit den Stakeholdern zu diskutieren, um sicherzustellen, dass sie sowohl korrekt als auch angemessen sind, wenn man den Zweck des Modells betrachtet. Law (2008) fährt fort, dass *Sensitivitätsanalyse* verwendet werden kann, um zu bestimmen, welche Faktoren oder Zahlen für die interessierenden Ergebnisse wichtig sind und daher besondere Aufmerksamkeit verdienen. Sensitivitätsanalyse kann auch Möglichkeiten zur Vereinfachung eines Modells vorschlagen, wenn einige Parameter als weniger wichtig für die interessierenden Ergebnisse erachtet werden. Insgesamt betont derselbe Autor, dass Bemühungen, ein Modell aus verschiedenen Blickwinkeln zu validieren und Stakeholder in den Bewertungsprozess einzubeziehen, Schlüsselelemente zur Glaubwürdigkeitserzeugung sind.

#### 5.3.5.4 Allgemeine Überlegungen zur Evaluation

Nachdem wir einige bewertungsbezogene Probleme besprochen haben, die spezifisch für jede Art von Beitrag sind, die in diesem Kapitel diskutiert werden, fasst dieser Abschnitt einige allgemeine Punkte und Empfehlungen zusammen.

In der Literatur zur Forschung über Design und Entwicklung werden viele Modelle, Theorien und Ansätze berichtet, bevor eine umfassende Evaluation abgeschlossen wurde. Dies kann auf Zeit- und Zugangsbeschränkungen zurückgeführt werden, wie sie zu Beginn dieses Abschnitts erwähnt wurden – solche Beschränkungen sind nicht ideal, aber sie sind die Realität, die viele Forscher auf diesem Gebiet erleben. Dennoch besteht allgemeine Übereinstimmung, dass unvollständige oder unzureichende Evaluationen problematisch sind (zum Beispiel Blessing und Chakrabarti, 2009; Barth et al., 2011). Solche Bedenken sind nicht einzigartig in diesem Kontext, sie treten auch in anderen Bereichen auf (Bacharach, 1989). Gleichzeitig sollte beachtet werden, dass selbst unvollkommene Evaluationen dazu beitragen, Vertrauen in einen Beitrag zu schaffen, indem sie zeigen, dass er aus verschiedenen Blickwinkeln kritisch betrachtet wurde. Auch begrenzte Evaluationen können zu Verbesserungen eines Modells, einer Theorie oder eines Ansatzes führen, wenn sie kritisch analysiert werden.

Das verwendete Evaluationsvorgehen sollte durch den Kontext und den Zweck der Evaluation bestimmt werden (Reich, 1994). Ein qualitativer Ansatz zur Evaluation kann die einzige realistische Option für viele Modelle, Theorien und Ansätze sein, wie solche, die hoch konzeptionell sind oder die in einem komplexen Kontext angewendet werden sollen und Fragen behandeln, bei denen der Erfolg von vielen Einflussfaktoren abhängt. Ein quantitativer Ansatz kann angemessen sein, wenn die Bewertungsziele und die Art der Arbeit dies zulassen. Letztendlich ist es wichtiger, kritisch zu denken und über die verwendeten Ansätze zu reflektieren, als einen bestimmten Satz von Schritten abzuschließen (Eckert et al., 2003).

Zusammenfassend sind einige praktische Empfehlungen für die Evaluation von Modellen, Theorien und Ansätzen:

- Die Evaluation sollte auf kritische Weise und als echte Suche nach Erkenntnissen zur Verbesserung eines Modells, einer Theorie oder eines Ansatzes angegangen werden – nicht als erforderliches Kontrollkästchen, damit die Arbeit veröffentlicht werden kann.
- Die Evaluation sollte damit beginnen, die wünschenswerten Eigenschaften und Erfolgskriterien für einen Beitrag zu klären – einige werden allen Arbeiten eines bestimmten Typs gemeinsam sein, während andere spezifisch für den Kontext sind.
- Ein Modell, eine Theorie oder ein Ansatz sollte so präzise wie möglich beschrieben werden und auf eine Weise, die seine Vorteile und den Anwendungsbereich klärt.
- Jede Evaluation ist unvollkommen, aber selbst eine begrenzte kritische Bewertung ist vorzuziehen gegenüber keiner Bewertung oder einer unkritischen Bewertung.
- Ein Ausgangspunkt sollte in der Regel eine kritische Evaluation durch den Forscher selbst sein – da zum Beispiel die Entwicklung von Designmethoden selbst eine Form von Design und Entwicklung ist, könnten viele Designmethoden reflexiv auf ihre eigene Entwicklung angewendet werden mit dem doppelten Vorteil, die Methode zu bewerten und zu verbessern (Reich, 2017).
- Die Auswahl der Fälle für die Evaluation sollte sorgfältig überlegt werden, ebenso in anderen Situationen, wenn die empirische Methode bei der Entwicklung eines Beitrags verwendet wird (Cash et al., 2022).
- Eine Evaluationsstudie, die in mehreren Kontexten durchgeführt wird, ist oft vorzuziehen gegenüber einer Studie von ähnlicher Tiefe in einem einzigen Kontext, insbesondere wenn die Kontexte gleichmäßig aus dem Raum stammen, in dem das Modell, die Theorie oder der Ansatz angewendet werden soll.
- Eine Evaluationsstudie, die mehr als eine Methode verwendet, ist oft vorzuziehen gegenüber einer Studie von ähnlicher Tiefe, die nur eine Methode verwendet.
- Eine Evaluationsstudie, die mehrere Beurteiler einbezieht, ist oft vorzuziehen gegenüber einer Studie von ähnlicher Tiefe durch nur eine Person, insbesondere wenn diese Person der Hauptentwickler des Modells, der Theorie oder des Ansatzes ist.
- Die Evaluation ist eng mit der Entwicklung von Modellen, Theorien und Ansätzen verknüpft – die Evaluation ist möglicherweise nicht der letzte Schritt einer Entwicklungsanstrengung, da sie in der Regel Informationen liefert, die zur Verbesserung genutzt werden können.

Die Qualität der Evaluation, die erwartet oder erforderlich ist, hängt vom Kontext ab. Ein Ansatz, der durch einen umfassenden Prozess entwickelt wurde, kann mit einer weniger umfassenden Evaluation akzeptabel sein. Ein Argument für eine umfassende Evaluation ist, dass sie wissenschaftliches Wissen von praktischem Wissen unterscheidet – im

Prinzip ist dies notwendig, um einen Forschungsgrad zu erlangen oder in hochwertigen Zeitschriften zu veröffentlichen, aber vielleicht ist es nicht so wichtig, wenn das Hauptziel darin besteht, dass die Arbeit Auswirkungen auf die Praxis hat. Es ist jedoch einfach, angesehene Publikationen in der Literatur zu Design und Entwicklung zu finden, die keinen Versuch einer Evaluation berichten, während andere Publikationen hoch einflussreiche Ideen mit wenig oder gar keiner Diskussion der Forschungsmethodik einführen. Wie Barth et al. (2011) fragen: „Wenn es funktioniert, muss es dann validiert werden?" Eine verwandte Frage ist: Wenn ein entwickelter Ansatz bekannte Einschränkungen hat, sollte Aufwand in eine hochwertige Evaluation gesteckt werden, oder wäre es vorzuziehen, sich auf die Verbesserung des Ansatzes zu konzentrieren? Solche Entscheidungen werden von Modellierern und Forschern je nach spezifischem Kontext und spezifischen Zielen für jeden Beitrag getroffen, obwohl die Entscheidung und die zugrunde liegende Begründung oft nicht artikuliert werden.

## 5.4 Zusammenfassung und Diskussion

Modelle, Theorien und Ansätze sind wesentliche Werkzeuge, um den Design- und Entwicklungsprozess zu verstehen, zu leiten und zu verbessern. Dieses Kapitel hat einen konzeptionellen Rahmen vorgestellt, der Erkenntnisse zu ihrer Forschung und Entwicklung zusammenführt. Der Rahmen betont die Bedeutung der Reflexion über fünf Elemente bei der Entwicklung eines neuen Beitrags: (1) den Kontext der Arbeit; (2) das ausgewählte Paradigma; (3) die Art des zu entwickelnden Modells, der Theorie oder des Ansatzes und die Eigenschaften, die seine Qualität definieren; (4) den Forschungs- und Entwicklungsrahmen und die zu verwendenden Methoden und (5) die Evaluationsstrategie und die zu verwendenden Methoden. Schlüsselfragen zu jedem dieser Rahmenelemente sind in Tab. 5.2 zusammengefasst. Die Reflexion über diese Fragen und die Artikulation methodologischer Entscheidungen sowie die zugrunde liegende Begründung können dazu beitragen, die Qualität und Glaubwürdigkeit der Beiträge zu verbessern. Dies kann durch das Studium methodologischer Erkenntnisse in der Literatur unterstützt werden – viele Ausgangspunkte für weiterführende Lektüre sind in diesem Kapitel gesammelt. In Anbetracht dessen, dass unterschiedliche Aufmerksamkeitsgrade für solche Fragen möglich sind, ist eine der wichtigen praktischen Fragen, wie viel Aufwand für methodologische Überlegungen und Evaluationen aufgewendet werden sollte – zum Beispiel, wann sollte eine gründliche Evaluation durchgeführt und wann sollte die Zeit stattdessen für die Verbesserung eines Beitrags und die Behandlung bereits offensichtlicher Probleme aufgewendet werden? Die Antwort hängt in der Regel vom Kontext und dem Publikum der Arbeit ab.

Dieses Kapitel hat die Diskussion der meisten Themen nach der Art des Modells, der Theorie oder des Ansatzes getrennt. Dies spiegelt Unterschiede darin wider, welche Themen wichtig sind und wie sie in verschiedenen Publikationen und Forschungsgemeinschaften

**Tab. 5.2** Wesentliche Überlegungen für die Erforschung und Entwicklung neuer Modelle, Theorien und Ansätze für den Design- und Entwicklungsprozess, bezogen auf jedes Element des in Abb. 5.2 dargestellten Rahmens

| Rahmenelement | Schlüsselfragen |
|---|---|
| Kontext | Was ist der Zweck des neuen Modells, der Theorie oder des Ansatzes und welchen Mehrwert soll es im Hinblick auf die Bedürfnisse der Stakeholder und bestehende Lösungen hinzufügen? |
| | Welche Art von Modell, Theorie oder Ansatz soll entwickelt werden, um die Bedürfnisse zu erfüllen? |
| | Für wen ist das Modell, die Theorie oder der Ansatz bestimmt und wie definieren sie Qualität? |
| | Auf welchen Bereich von Situationen muss das Modell, die Theorie oder der Ansatz anwendbar sein? |
| | Wann wird es benötigt und welche Auswirkungen hat das auf den Forschungs- und Entwicklungsprozess? |
| Paradigma | Rationalistisch, naturalistisch oder pragmatisch und warum? |
| | Wie wird Qualität definiert (insbesondere für ein pragmatisches Paradigma) und warum? |
| Wertschätzen | Welche allgemeinen Eigenschaften sind für den Beitrag gewünscht und warum? |
| | Wie werden diese Eigenschaften definiert und warum? |
| | Welche Auswirkungen hat das auf die Entwicklung und Evaluation? |
| Entwickeln | Welcher übergeordnete Rahmen wird verwendet (z. B. DRM oder Spiral) und warum? |
| | Welche Forschungsmethoden werden verwendet (z. B. Fallstudie, Umfragen oder Literaturstudie) und warum? |
| Evaluieren | Was sind die Ziele der Evaluation? |
| | Welche Tiefe der Evaluation ist angemessen und warum? |
| | Welcher Bewertungsrahmen (z. B. Validierungskreuz) und warum? |
| | Welche Forschungsmethoden werden verwendet und warum? |
| | Welche Strategie zur Auswahl von Bewertungsfällen (was, wie viele?) und warum? |

behandelt werden. Gleichzeitig können einige allgemeine Themen in allen in diesem Kapitel diskutierten Beitragstypen beobachtet werden:

- Es gibt zwei Hauptparadigmen über die Art des Wissens, das in einem Modell, einer Theorie oder einem Ansatz verkörpert ist: rationalistisch und naturalistisch. Ein pragmatisches Paradigma kann ebenfalls angenommen werden, obwohl darauf geachtet werden sollte, die etablierten Qualitätskriterien beider Paradigmen nicht zu verwässern. Qualitative und quantitative Methoden können beide für verschiedene Entwicklungsaufgaben und Evaluationsaufgaben nützlich sein, unabhängig davon, welches Paradigma angenommen wird.

- Der Prozess der Erstellung eines Modells, einer Theorie oder eines Ansatzes ist eine halbstrukturierte Spirale von Aktivitäten, nicht eine lineare Abfolge von Schritten. Die Spirale kann entweder als Aufbau von Verfeinerung oder als Konvergenz auf ein Ergebnis gerahmt werden.
- Die wünschenswerten Eigenschaften eines Modells, einer Theorie oder eines Ansatzes hängen von seiner Art, dem Kontext der Verwendung und dem angenommenen Paradigma ab. Im Allgemeinen sollte ein neuer Beitrag sich von bestehenden Lösungen unterscheiden, sollte nicht komplexer sein als notwendig und sollte für die Stakeholder glaubwürdig sein.
- Eine klare und umfassende Beschreibung eines entwickelten Modells, einer Theorie oder eines Ansatzes ist wesentlich, um seine Qualität und Validität zu etablieren. Idealerweise sollten Beschreibungen klare Definitionen der konstituierenden Konzepte und Beziehungen liefern, die mit bestehenden Arbeiten verknüpft sind, Nachvollziehbarkeit der Forschungs-, Entwicklungs- und Bewertungsprozesse und eine klare Abgrenzung des Kontexts, in dem der Beitrag angewendet werden soll.

Teil I dieses Buches ist nun abgeschlossen. Als Nächstes präsentieren die sechs Kapitel des Teils II eine Diskussion über viele verschiedene Modelle, Theorien und Ansätze für den Design- und Entwicklungsprozess, zusammen mit einem organisierenden Rahmen, der eine Karte und einen Leitfaden für das Feld bietet.

## Literatur

Ahmad, N., Wynn, D. C., & Clarkson, P. J. (2013). Change impact on a product and its redesign process: A tool for knowledge capture and reuse. *Research in Engineering Design 24*(3), 219–244. https://doi.org/10.1007/s00163-012-0139-8.

Antonsson, E. K. (1987). Development and testing of hypotheses in engineering design research. *Journal of Mechanisms, Transmissions, and Automation in Design, 109*(2), 153–154. https://doi.org/10.1115/1.3267429.

Araujo, C. S., Benedetto-Neto, H., Campello, A. C., Segre, F. M., & Wright, I. C. (1996). The utilization of product development methods: A survey of UK industry. *Journal of Engineering Design, 7*(3), 265–277. https://doi.org/10.1080/09544829608907940.

Bacharach, S. B. (1989). Organizational theories: Some criteria for evaluation. *Academy of Management Review, 14*(4), 496–515. https://doi.org/10.5465/amr.1989.4308374.

Barth, A., Caillaud, E., & Rose, B. (2011). How to validate research in engineering design? In S. J. Culley, B. J. Hicks, T. C. McAloone, T. J. Howard, & Y. Reich (Hrsg.), *DS 68-2: Proceedings of the 18th International Conference on Engineering Design (ICED 11), Impacting Society through Engineering Design, Vol. 2: Design Theory and Research Methodology, Lyngby/Copenhagen, Denmark.* The Design Society.

Blessing, L. T. M., & Chakrabarti, A. (2009). *DRM, a design research methodology*. Springer. https://doi.org/10.1007/978-1-84882-587-1.

Bracewell, R. H., Shea, K., Langdon, P. M., Blessing, L. T. M., & Clarkson, P. J. (2001). A methodology for computational design tool research. In *Proceedings of ICED01, Glasgow, Scotland*, S. 181–188.

Bracewell, R., Wallace, K., Moss, M., & Knott, D. (2009). Capturing design rationale. *Computer-Aided Design, 41*(3), 173–186. https://doi.org/10.1016/j.cad.2008.10.005.

Cash, P., Isaksson, O., Maier, A., & Summers, J. (2022). Sampling in design research: Eight key considerations. *Design Studies, 78*, 101077. https://doi.org/10.1016/j.destud.2021.101077.

Cash, P. J. (2018). Developing theory-driven design research. *Design Studies, 56*, 84–119. https://doi.org/10.1016/j.destud.2018.03.002.

Cooper, H. M. (1988). Organizing knowledge syntheses: A taxonomy of literature reviews. *Knowledge in Society, 1*, 104. https://doi.org/10.1007/BF03177550.

Daalhuizen, J., & Cash, P. (2021). Method content theory: Towards a new understanding of methods in design. *Design Studies, 75*, 101018. https://doi.org/10.1016/j.destud.2021.101018.

Dixon, J. R. (1987). On research methodology towards a scientific theory of engineering design. *Artificial Intelligence for Engineering Design, Analysis and Manufacturing, 1*(3), 145–157. https://doi.org/10.1017/S0890060400000251.

Eckert, C. M., Stacey, M. K., & Clarkson, P. J. (2003). The spiral of applied research: A method ological view on integrated design research. In A. Folkeson, K. Gralen, M. Norell, & U. Sellgren (Hrsg.), *DS 31: Proceedings of ICED 03, the 14th International Conference on Engineering Design, Stockholm* (S. 245–246). The Design Society.

Eisenhardt, K. M. (1989). Building theories from case study research. *Academy of Management Review, 14*(4), 532–550. https://doi.org/10.2307/258557.

Ericsson, K. A. (2017). Protocol analysis. In W. Bechtel & G. Graham (Hrsg.), *A companion to cognitive science* (S. 425–432). Wiley. https://doi.org/10.1002/9781405164535.ch33.

Fowler, F. J. J., & Floyd, J. (2013). *Survey research methods*. Sage Publications.

Frey, D. D., & Dym, C. L. (2006). Validation of design methods: Lessons from medicine. *Research in Engineering Design, 17*(1), 45–57. https://doi.org/10.1007/s00163-006-0016-4.

Gabaix, X., & Laibson, D. (2008). The seven properties of good models. In A. Caplin & A. Schotter (Hrsg.), *The foundations of positive and normative economics: A handbook* (S. 292–319). Oxford University Press. https://doi.org/10.1093/acprof:oso/9780195328318.003.0012.

Gericke, K., Eckert, C., & Stacey, M. (2017). What do we need to say about a design method? In A. Maier, S. Škec, H. Kim, M. Kokkolaras, J. Oehmen, G. Fadel, F. Salustri, & M. V. der Loos (Hrsg.), *DS 87-7 Proceedings of the 21st International Conference on Engineering Design (ICED 17) Vol 7: Design Theory and Research Methodology, Vancouver, Canada* (S. 101–110). The Design Society.

Glaser, B. G., & Strauss, A. L. (1999). *The discovery of grounded theory: Strategies for qualitative research*. Routledge. https://doi.org/10.4324/9780203793206.

Guba, E. G. (1981). Criteria for assessing the trustworthiness of naturalistic inquiries. *ECTJ, 29*(2), 75–91. https://doi.org/10.1007/BF02766777.

Gubrium, J. F., & Holstein, J. A. (2001). *Handbook of interview research: Context and method*. Sage Publications. https://doi.org/10.4135/9781412973588.

Hay, L., Duffy, A. H. B., McTeague, C., Pidgeon, L. M., Vuletic, T., & Grealy, M. (2017). Towards a shared ontology: A generic classification of cognitive processes in conceptual design. *Design Science, 3*, e7. https://doi.org/10.1017/dsj.2017.6.

Isaksson, O., Eckert, C., Panarotto, M., & Malmqvist, J. (2020). You need to focus to validate. *Proceedings of the Design Society: DESIGN Conference, 1*, 31–40. https://doi.org/10.1017/dsd.2020.116.

Jabareen, Y. (2009). Building a conceptual framework: Philosophy, definitions, and procedure. *International Journal of Qualitative Methods, 8*(4), 49–62. https://doi.org/10.1177/160940690900800406.

Kerley, W. P., Wynn, D. C., Moss, M. A., Coventry, G., & Clarkson, P. J. (2009). Towards empirically-derived guidelines for process modelling interventions in engineering design. In M.

Norell Bergendahl, M. Grimheden, L. Leifer, P. Skogstad, & U. Lindemann (Hrsg.), *DS 58-1: Proceedings of ICED 09, the 17th International Conference on Engineering Design, Vol. 1, Design Processes, Palo Alto, CA, USA* (S. 217–228). The Design Society.

Lavrsen, J. C., Daalhuizen, J., Dømler, S., & Fisker, K. (2022). Towards a lifecycle of design methods. In D. Lockton, S. Lenzi, P. Hekkert, A. Oak, J. Sádaba, & P. Lloyd (Hrsg.), *DRS2022: Bilbao, 25 June–3 July*. Bilbao. https://doi.org/10.21606/drs.2022.542.

Law, A. M. (2008). How to build valid and credible simulation models. In S. J. Mason, R. R. Hill, L. Mönch, O. Rose, T. Jefferson, & J. W. Fowler (Hrsg.), *Proceedings of the 2008 Winter Simulation Conference* (S. 39–47). IEEE. https://doi.org/10.1109/WSC.2008.4736054.

Le Dain, M.-A., Blanco, E., & Summers, J. D. (2013). Assessing design research quality: In vestigating verification and validation criteria. In U. Lindemann, S. Venkataraman, Y. S. Kim, S. W. Lee, Y. Reich, & A. Chakrabarti (Hrsg.), *DS 75-2: Proceedings of the 19th International Conference on Engineering Design (ICED13), Design for Harmonies, Vol. 2: Design Theory and Research Methodology, Seoul, Korea, 19-22.08. 2013* (S. 183–192). The Design Society.

Levy, S., Subrahmanian, E., Konda, S., Coyne, R., Westerberg, A., & Reich, Y. (1993). An overview of the n-dim environment (Technical Report EDRC-05-65-93). Engineering Design Research Center, Carnegie-Mellon University, Pittsburgh.

Li, Y., Horváth, I., & Rusák, Z. (2022). An underpinning theory and approach to applicability testing of constructive computational mechanisms. *Research in Engineering Design, 33*(2), 213–230. https://doi.org/10.1007/s00163-022-00385-0.

Little, J. D. (1970). Models and managers: The concept of a decision calculus. *Management Science, 16*(8), B-466-B-485. https://doi.org/10.1287/mnsc.16.8.B466.

Moody, D. L. (2005). Theoretical and practical issues in evaluating the quality of conceptual models: Current state and future directions. *Data & Knowledge Engineering, 55*(3), 243–276. https://doi.org/10.1016/j.datak.2004.12.005.

Olewnik, A. T., & Lewis, K. (2005). On validating engineering design decision support tools. *Concurrent Engineering Research and Applications, 13*(2), 111–122. https://doi.org/10.1177/1063293X05053796.

Pedersen, K., Emblemsvåg, J., Bailey, R., Allen, J. K., & Mistree, F. (2000). Validating design methods and research: The validation square. In *Proceedings of the ASME 2000 International Design Engineering Technical Conferences and Computers and Information in Engineering Conference. Volume 4: 12th International Conference on Design Theory and Methodology. Baltimore, Maryland, USA. September 10–13, 2000*, S. 379–390. https://doi.org/10.1115/DETC2000/DTM-14579.

Pidd, M. (1999). Just modeling through: A rough guide to modeling. *Interfaces, 29*(2), 118–132. https://doi.org/10.1287/inte.29.2.118.

Reich, Y. (1994). Layered models of research methodologies. *Artificial Intelligence for Engineering Design, Analysis and Manufacturing, 8*(4), 263–274. https://doi.org/10.1017/S0890060400000949.

Reich, Y. (2017). The principle of reflexive practice. *Design Science, 3*, e4. https://doi.org/10.1017/dsj.2017.3.

Reich, Y., Konda, S., Subrahmanian, E., Cunningham, D., Dutoit, A., Patrick, R., Thomas, M., & Westerberg, A. W. (1999). Building agility for developing agile design information systems. *Research in Engineering Design, 11*(2), 67–83. https://doi.org/10.1007/PL00003884.

Robinson, S. (2008). Conceptual modelling for simulation part I: Definition and requirements. *Journal of the Operational Research Society, 59*, 278–290. https://doi.org/10.1057/palgrave.jors.2602368.

Sargent, R. G. (2013). Verification and validation of simulation models. *Journal of Simulation, 7*(1), 12–24. https://doi.org/10.1057/jos.2012.20.

Seepersad, C. C., Pedersen, K., Emblemsvåg, J., Bailey, R., Allen, J. K., & Mistree, F. (2006). The Validation Square: How Does One Verify and Validate a Design Method? In K. E. Lewis, W. Chen, & L. C. Schmidt (Hrsg.), *Decision Making in Engineering Design.* ASME Press. https://doi.org/10.1115/1.802469.ch25.

Snyder, H. (2019). Literature review as a research methodology: An overview and guidelines. *Journal of Business Research, 104*, 333–339. https://doi.org/10.1016/j.jbusres.2019.07.039.

Teegavarapu, S., Summers, J. D., & Mocko, G. M. (2008). Case Study Method for Design Research: A Justification. In *Proceedings of the ASME 2008 International Design Engineering Technical Conferences and Computers and Information in Engineering Conference. Volume 4: 20th International Conference on Design Theory and Methodology; Second International Conference on Micro- and Nanosystems. Brooklyn, New York, USA. August 3–6, 2008* (S. 495–503). https://doi.org/10.1115/DETC2008-49980.

Torraco, R. J. (2005). Writing integrative literature reviews: Guidelines and examples. *Human Resource Development Review, 4*(3), 356–367. https://doi.org/10.1177/1534484305278283.

Torraco, R. J. (2016). Writing integrative literature reviews: Using the past and present to explore the future. *Human Resource Development Review, 15*(4), 404–428. https://doi.org/10.1177/1534484316671606.

Van der Waldt, G. (2020). Constructing conceptual frameworks in social science research. *The Journal for Transdisciplinary Research in Southern Africa, 16*(1), 1–9. https://doi.org/10.4102/td.v16i1.758.

Wacker, J. G. (2008). A conceptual understanding of requirements for theory-building research: Guidelines for scientific theory building. *Journal of Supply Chain Management, 44*(3), 5–15. https://doi.org/10.1111/j.1745-493X.2008.00062.x.

Wallace, K. (2011). Transferring design methods into practice. In H. Birkhofer (Hrsg.), *The future of design methodology* (S. 239–248). Springer. https://doi.org/10.1007/978-0-85729-615-3_21.

Wyatt, D. F., Wynn, D. C., Jarrett, J. P., & Clarkson, P. J. (2012). Supporting product architecture design using computational design synthesis with network structure constraints. *Research in Engineering Design, 23*(1), 17–52. https://doi.org/10.1007/s00163-011-0112-y.

Wynn, D. C., Caldwell, N. H. M., & Clarkson, P. J. (2014). Predicting change propagation in complex design workflows. *Journal of Mechanical Design, 136*(8), 081009. https://doi.org/10.1115/1.4027495.

Wynn, D. C., Wyatt, D. F., Nair, S. M. T., & Clarkson, P. J. (2010). An introduction to the Cambridge Advanced Modeller. In P. Heisig, P. J. Clarkson, & S. Vajna (Hrsg.), *Proceedings of the 1st International Conference on Modelling and Management of Engineering Processes (MMEP 2010). Cambridge, UK, 19–20 July 2010.*

Wynn, D. C., & Clarkson, P. J. (2021). Improving the engineering design process by simulating iteration impact with ASM2.0. *Research in Engineering Design, 32*(2), 127–156. https://doi.org/10.1007/s00163-020-00354-5.

Yin, R. K. (2017). *Case study research and applications: Design and methods* (6. Aufl.). Sage.

# Teil II
# Prozessmodelle, Theorien und Ansätze

# Modelle, Theorien und Ansätze für den Design- und Entwicklungsprozess: Ein organisierendes Framework und visueller Überblick

6


**Zusammenfassung**

Der Design- und Entwicklungsprozess wird von vielen miteinander verbundenen Themen beeinflusst. Im Laufe der Jahre wurde eine Vielzahl von Prozessmodellen, Theorien und Ansätzen entwickelt, um das Design und die Entwicklung einzuschätzen, zu kommunizieren, zu unterstützen und zu verbessern – jeder mit einem bestimmten Blickwinkel auf die Themen. Dieses Kapitel führt ein neues Framework ein, um viele der Beiträge zu organisieren und einige Beziehungen zu klären. Eine ganzheitliche Übersicht über das Feld wird visuell präsentiert, um das Rahmenwerk zu ergänzen.



**Schlüsselwörter**

Design und Entwicklung · Prozessmodelle · Theorien und Ansätze · Organisations-Framework · Literaturvisualisierung


## 6.1 Einführung

Im Laufe der Jahre wurden viele Modelle, Theorien und Ansätze für den Design- und Entwicklungsprozess entwickelt, die jeweils auf verschiedene Kombinationen von Problemen abzielen und diese oft aus unterschiedlichen Perspektiven betrachten. Als Gesamtheit verkörpern sie das aktuelle Verständnis und die besten Praktiken für Design und Entwicklung, jedoch kann kein einzelner Beitrag behaupten, das Gesamtbild ganzheitlich zu vermitteln. Ein Weg, ein ganzheitliches Bild eines Arbeitsbereichs zu erzeugen, ist durch ein *organisierendes Framework*, das Folgendes kann:




D. Wynn und P. Clarkson, *Der Design- und Entwicklungsprozess*,
https://doi.org/10.1007/978-3-031-83083-9_6

- ein Gesamtbild eines Feldes vermitteln, das Diskussionen über den aktuellen Stand der Technik leiten und Struktur für zukünftige Arbeiten bieten kann,
- Ähnlichkeiten zwischen bestehenden Ansätzen vermitteln, was hilft, Arbeitsbereiche abzugrenzen und die Form des Feldes einzuschätzen,
- Unterschiede zwischen bestehenden Ansätzen vermitteln, was dazu beiträgt, die vielfältigen Perspektiven einzuschätzen und möglicherweise Möglichkeiten für die Synthese neuer Erkenntnisse aufzuzeigen (Wynn et al., 2019).

Ein organisierendes Framework bezieht typischerweise Konzepte, Konstrukte oder Literatur unter Verwendung einer kategorialen Struktur ein – das heißt ein System von Kategorien, das idealerweise Literatur oder Konzepte sinnvoll organisiert und die meisten Arbeiten eindeutig kategorisiert. Eine praktische Herausforderung bei der Erzeugung einer solchen Struktur besteht darin, dass jede Kategorisierung auf Expertenurteilen beruht, Beiträge können unterschiedlich interpretiert werden. Daher sollte erwartet werden, dass einige Beiträge in verschiedenen oder mehreren Kategorien eines bestimmten organisierenden Rahmens platziert werden können. Eine weitere Schwierigkeit besteht darin, dass die Forschung oft versucht, Lücken in einem Feld zu schließen und Erkenntnisse aus früheren Arbeiten zu kombinieren. Als Ergebnis können klar definierte Kategorien, die Literaturgruppen abgrenzen, herausfordernd zu identifizieren sein, da einige Beiträge sie unvermeidlich überschneiden.

Ein hilfreicher Ansatz zur Entwicklung organisierender Frameworks besteht darin, Kategorien auf mehreren Dimensionen zu beziehen, zum Beispiel mit einem zweidimensionalen Raster oder einer anderen zellulären Struktur. Solche Strukturen regen dazu an, jede Zelle systematisch zu betrachten, was bei Literaturrecherchen helfen und das Übersehen von Schlüsselthemen vermeiden kann. Mehrere solcher Strukturen könnten erstellt werden, um jedes Thema von Interesse zu organisieren. Allerdings nimmt mit dem Umfang des Themas auch die Vielfalt der Ideen zu – es kann zunehmend schwierig sein, eine zelluläre Struktur zu finden, die leicht zu visualisieren ist und im Hinblick auf alle Arbeiten, die sie umfasst, sinnvoll ist.

In Abschn. 6.2 wird ein neues Framework vorgestellt, um die breite Palette von Design- und Entwicklungsprozessmodellen, Theorien und Ansätzen zu organisieren, die im Laufe der Jahre entwickelt wurden. Das Rahmenwerk wurde durch Erweiterung der von Wynn und Clarkson (2018) vorgestellten Arbeit entwickelt. Ergänzend zu dem erweiterten Framework wird in Abschn. 6.3 eine visuelle Übersicht über die im Teil II dieses Buches diskutierte Literatur mithilfe von Datenvisualisierungstechniken bereitgestellt. Erkenntnisse aus zwei Beispielvisualisierungen werden diskutiert.

## 6.2 Organisierendes Framework

Abb. 6.1 präsentiert das erweiterte Framework, das entwickelt wurde, um Modelle, Theorien und Ansätze für den Design- und Entwicklungsprozess zu organisieren. Es wurde entworfen, um ähnliche Arbeiten zusammenzufassen, sodass Beiträge innerhalb jeder Gruppe sinnvoll verglichen und die Gruppen selbst auf einer höheren Ebene sinnvoll in Beziehung gesetzt werden können.

Das neue Framework wurde aus der Beobachtung entwickelt, dass jedes Prozessmodell, jede Theorie oder jeder Ansatz eine vereinfachte Darstellung einer wahrgenommenen oder gewünschten Situation ist, die die Absichten seiner Schöpfer widerspiegelt (siehe Kap. 4). Daraus folgt, dass Beiträge sinnvoll nach den Merkmalen der anvisierten Situationen und den allgemeinen Zwecken der Beiträge gruppiert werden können.

Das entwickelte organisierende Framework besteht aus drei Dimensionen, nämlich:

1. *Umfang* des Modells, der Theorie oder des Ansatzes,
2. *Art* des Beitrags,
3. *Spezifität* des Beitrags.

Diese Dimensionen sind jeweils in mehrere Kategorien unterteilt, wie in Abb. 6.1 dargestellt und in den folgenden Abschnitten diskutiert.

### 6.2.1 Dimension des Anwendungsbereichs

Die erste Dimension des Rahmens berücksichtigt den *Anwendungsbereich*, das heißt die Breite der Abdeckung eines Beitrags. Diese Dimension ist wichtig, weil der von

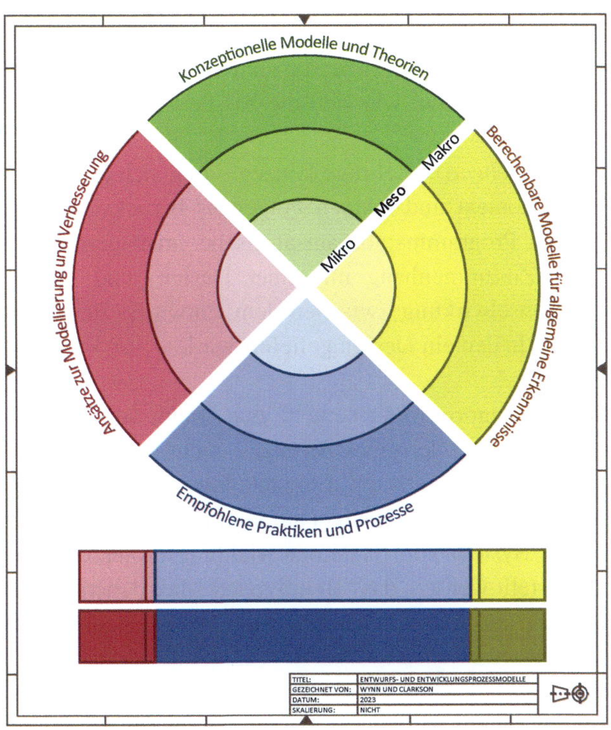


**Abb. 6.1** Framework zur Positionierung von Modellen, Theorien und Ansätzen für den Design- und Entwicklungsprozess

Prozessmodellen, -theorien und -ansätzen abgedeckte Anwendungsbereich von den kognitiven Aktivitäten einer Einzelperson während des Entwurfs bis hin zu komplexen Entwicklungsprogrammen reicht, die möglicherweise Tausende von Teilnehmern und mehrere Lieferantenebenen umfassen. Diese Situationen haben ganz unterschiedliche Eigenschaften, die sich in den Beiträgen widerspiegeln.

In Bezug auf die Beziehung zwischen diesen Situationen schlug Hall (1962) eine zweidimensionale Perspektive von Entwicklungsprojekten vor, in der die stufenbasierte Struktur eines Projektlebenszyklus orthogonal zu einem iterativen Problemlösungsprozess ist, der in jeder Phase stattfindet. Asimow (1962) beschrieb ähnlich die im Wesentlichen lineare, chronologische Struktur eines Projekts als seine morphologische Dimension und die hochzyklischen, iterativen Aktivitäten, die für die täglichen Aktivitäten von Designern charakteristisch sind, als die Problemlösungsdimension. Blessing (1994) bezeichnet Arbeiten, die sich mit Asimows morphologischen und Problemlösungsdimensionen befassen, als stufenbasiert und aktivitätsbasiert. Sie weist auch auf das Vorhandensein von kombinierten Modellen hin, die gut strukturierte, iterative Aktivitäten in jeder Phase vorschreiben (zum Beispiel Hubka, 1982). Andere Modelle, wie die Designstrukturmatrix (Eppinger et al., 1994), stellen einzelne Aufgaben und ihre Beziehungen dar. Ihre Schwerpunkte liegen zwischen dem iterativen Problemlösungsprozess und der Gesamtstruktur des Design- und Entwicklungsprozesses.

Diese Ideen kombinierend umfasst die Dimension des Anwendungsbereichs des organisierenden Frameworks drei Kategorien:

- *Mikroebene* – Beiträge konzentrieren sich auf einzelne Schritte und ihre unmittelbaren Kontexte;
- *Mesoebene* – Beiträge konzentrieren sich auf Abläufe von Schritten und können darauf hinweisen, wie sich die Art der Arbeit ändert, wenn ein Design vorangetrieben wird;
- *Makroebene* – Beiträge konzentrieren sich auf den Design- und Entwicklungsprozess im Kontext und können Folgendes berücksichtigen: die Gesamtform eines Projekts oder Programms; organisatorische, managementbezogene und systemische Fragen im Zusammenhang mit einer Design- und Entwicklungsprozesssituation und die Wechselwirkung zwischen dem Entwurfs- und Entwicklungsprozess und dem Kontext, in den ein Design geliefert wird.

Diese Kategorisierung bezieht sich streng auf den Anwendungsbereich eines Modells, einer Theorie oder eines Ansatzes, nicht auf die Größe eines Projekts oder die Anzahl der an einer Design- und Entwicklungssituation beteiligten Personen. Alle drei oben beschriebenen Ebenen können auf ein kleines Projekt mit einem einzigen Designer oder ein großes System von Systementwicklungsprojekten angewendet werden. Dennoch kann festgestellt werden, dass Beiträge auf Makroebene oft große Projekte betreffen, während Beiträge auf Mikroebene oft auf die Arbeit einzelner Designer abzielen.

### 6.2.2 Dimension des Typs

Während die Dimension des Anwendungsbereichs Beiträge gruppiert, die ähnliche Situationen anvisieren, gruppiert die *Typ*dimension des Frameworks Beiträge, die ähnliche allgemeine Zwecke haben. Vier Typen werden unterschieden:

- *Konzeptionelle Modelle und Theorien des Designs und der Entwicklung* – vermitteln konzeptionelle Einblicke in den Design- und Entwicklungsprozess. Solche Beiträge, einschließlich der C-K-Theorie (Abschn. 7.2.3.6) und des axiomatischen Designs (Abschn. 7.2.3.3), interessieren Forscher, die die Eigenschaften von Design- und Entwicklungsprozessen verstehen wollen, und haben die Schaffung pragmatischer Ansätze inspiriert. Aufgrund ihrer hohen Abstraktionsebenen bieten jedoch viele keine direkte Anleitung für Praktiker. Die genannten Beiträge sind zwei der Ausnahmen.
- *Denkweisen, Methoden und empfohlene Prozesse für Design und Entwicklung* – vermitteln Best Practices, die dazu dienen, reale Situationen zu leiten. Während Denkweisen wie Design Thinking und Systems Thinking (Abschn. 8.2.1) bestimmte Denkweisen über Situationen bieten, haben Methoden und empfohlene Prozesse prozedurale Schwerpunkte – zum Beispiel bieten Designmethoden Schritte zur Unterstützung bestimmter Aufgaben, die während des Designs anfallen (Abschn. 8.2.2), während stufenbasierte Modelle des technischen Designprozesses (Abschn. 8.3.2.3) und Projektmethoden wie Agile (Abschn. 8.4.2.5) allgemeine prozedurale Strukturen und Managementansätze bieten.
- *Ansätze zur Modellierung und Verbesserung spezifischer Design- und Entwicklungsprozesse* – bieten situationsspezifische Einblicke, Verbesserungen und Unterstützung, die auf der Darstellung der Details einer bestimmten Instanz eines Design- und Entwicklungsprozesses basieren. Beispiele sind Prozessmodellierungsansätze wie die Geschäftsprozessmodellierungsnotation (Abschn. 9.3.2.1) und die Designstrukturmatrix (Abschn. 9.3.3.2).
- *Berechenbare Modelle, die allgemeine Einblicke in den Design- und Entwicklungsprozess demonstrieren* – verwenden mathematische oder rechnergestützte Analysen allgemeiner, repräsentativer oder synthetischer Fälle, um allgemein anwendbare Einblicke in Design- und Entwicklungsprozessprobleme zu entwickeln. Diese Modelle, die im gesamten Kap. 10 diskutiert werden, wenden die Werkzeuge der harten Operationsforschung wie mathematische Programmierung und Simulation an.

### 6.2.3 Spezifitätsdimension

Die dritte und letzte Dimension des Organisationsrahmens konzentriert sich auf die *Spezifität* und behandelt zwei verschiedene Arten von Überlegungen:

- Beiträge, die *allgemeine Überlegungen ansprechen* – fokussieren auf Fragen, die sich auf Design und Entwicklung als generische Aktivität beziehen, zum Beispiel die Co-Evolution des Problems und der Lösung während des Designprozesses (Abschn. 7.2.1.4) oder die Überlappung von Entwicklungsprojektphasen (Abschn. 10.4.1).
- Beiträge, die *spezifische Fragen ansprechen* – fokussieren auf bestimmte disziplinäre Herausforderungen und Aufgaben und behandeln sie im Detail, zum Beispiel das Management von technischen Änderungen, Design für die Fertigung und inklusives Design (Kap. 11).

### 6.2.4 Kategorisierung von Beiträgen

Jedes Design- oder Entwicklungsprozessmodell, jede Theorie oder Methode kann mindestens einer Kategorie innerhalb jeder Dimension des Frameworks zugeordnet werden und dies kann dazu beitragen, seine Eigenschaften auszudrücken. Die Betrachtung der drei Dimensionen zusammen ermöglicht es, Beiträge sinnvoll zu bündeln und den Kontext zu klären, in dem jeder betrachtet werden sollte.

Zur Veranschaulichung positioniert Abb. 6.2 eine Auswahl der in späteren Kapiteln dieses Buches diskutierten Beiträge innerhalb der Draufsicht des Rahmens. Dies ist eine Teilansicht – aufgrund der großen Anzahl von Prozessmodellen, Theorien und Ansätzen, die im Laufe der Jahre entwickelt wurden, können sie nicht alle auf einem einzigen Diagramm visualisiert werden.

## 6.3 Visueller Überblick über die Literatur

Das organisierende Framework, das in Abschn. 6.2 diskutiert wird, bietet eine Struktur, in der Prozessmodelle, -theorien und -ansätze positioniert und im Kontext betrachtet werden können, wie in Abb. 6.2 gezeigt. Eine klare grafische Darstellung erfordert jedoch eine Idealisierung und daher vermittelt der Rahmen nicht die paarweisen Beziehungen zwischen allen Beiträgen. Dieser Abschnitt ergänzt das organisierende Framework durch Bereitstellung und Diskussion von Visualisierungen, die die Literaturstruktur auf eine Bottom-up-Weise anzeigen.

### 6.3.1 Datensatz

127 Schlüsselmodelle, -theorien und -ansätze, ausgewählt aus denen, die in den Kap. 7–10 diskutiert werden, wurden nach den Dimensionen des organisierenden Frameworks kategorisiert und danach, welche der 10 Prozessmetaphern, die in Kap. 3 diskutiert wurden, in jedem Fall reflektiert werden. Insgesamt wurden die 127 Beiträge gegen 17 Kategorien abgebildet, indem ein Code von 0, 1, 2 oder 3 in jede Zelle einer 17×127-Mapping-Matrix eingegeben wurde. Eine größere Zahl zeigt an, dass eine Kategorie einen Beitrag besser

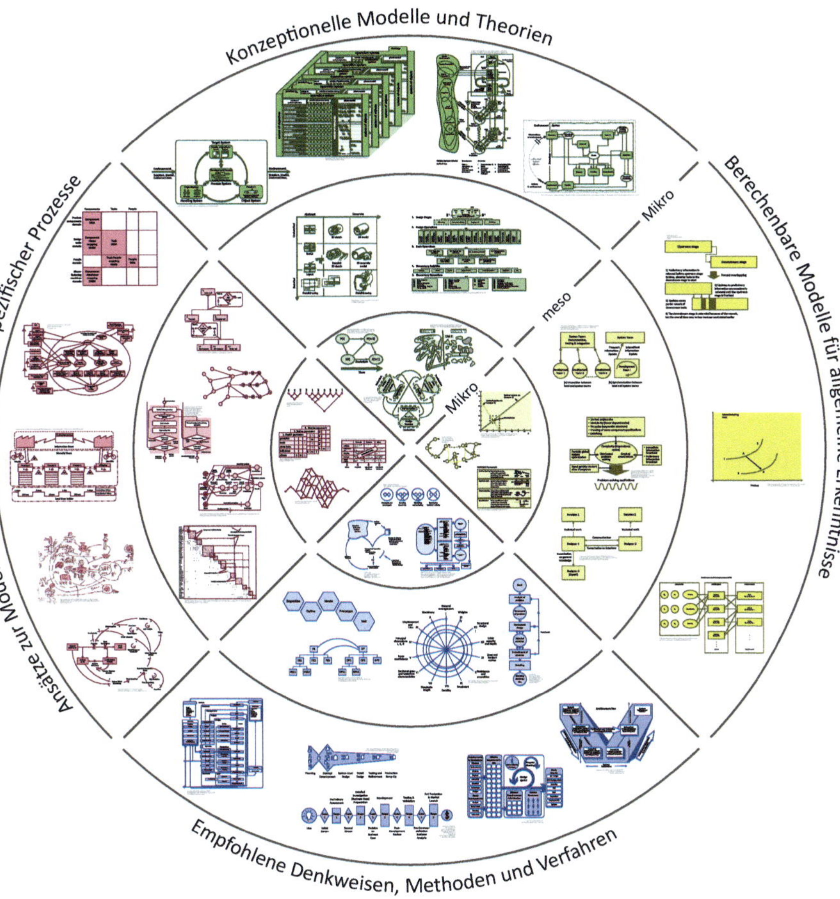


**Abb. 6.2** Eine Karte einiger Prozessmodelle, -theorien und -ansätze für den Design- und Entwicklungsprozess. *Symbole mit Erlaubnis neu gezeichnet, wie in den Bildunterschriften der entsprechenden Abbildungen in Teil II dieses Buches angegeben*

beschreibt. Zur Veranschaulichung wird ein Auszug aus der Klassifikationstabelle, der alle 17 Zeilen, aber nur 2 der 127 Spalten zeigt, in Tab. 6.1 bereitgestellt.

Der Klassifizierungsprozess beinhaltete ein Element der Interpretation, daher wurden die erzeugten Visualisierungen überprüft, um sicherzustellen, dass sie eine qualitative Wertschätzung der zusammengefassten Literatur widerspiegelten.

### 6.3.2 Visualisierung der Ähnlichkeiten der Beiträge

Die erste zu präsentierende Analyse visualisiert die 127 ausgewählten Modelle, Theorien und Ansätze auf eine Weise, die das absichtlich vereinfachte Diagramm von Abb. 6.2

durchschneidet. Ziel ist es, eine ergänzende Perspektive auf die Beziehungen zwischen den Beiträgen zu bieten, die auf dem oben beschriebenen Datensatz basiert.

**Ähnlichkeit berechnen** Die Nähe eines beliebigen Beitragspaares kann mit einem gewichteten Ähnlichkeitsindex ausgedrückt werden:

$$S_{ij} = \Sigma_{n=1}^{N} W_n C_{in} C_{jn} \tag{6.1}$$

Wo:

- $S_{ij}$ ist die Ähnlichkeit des Beitrags $i$ zum Beitrag $j$.
- $N$ ist die Gesamtzahl der Kategorien, in diesem Fall, $N = 17$.
- $W_n$ ist das der Kategorie $n$ zugewiesene Gewicht.
- $C_{in}$ ist die dem Beitrag $i$ in Bezug auf die Kategorie $n$ zugewiesene Punktzahl.

Um die Berechnung zu veranschaulichen, betrachten Sie Tab. 6.1. Der Index $i$ bezieht sich auf die Spalten und $n$ auf die Zeilen. Daher gilt $i = 1$ für *ASM2.0* und $i = 2$ für das

**Tab. 6.1** Auszug aus der Klassifikationstabelle, die zur Erstellung der visuellen Analyse verwendet wurde, zeigt die Klassifikation von zwei exemplarischen Beiträgen. Leere Zellen weisen einen Wert von 0 auf, das heißt, der Beitrag wird nicht durch die entsprechende Kategorie beschrieben. Ein Beitrag kann mit mehreren Kategorien in Verbindung gebracht werden, manchmal mehrere Kategorien pro Dimension

| Dimension | Kategorie | ASM2.0 | Vee |
|---|---|---|---|
| Bereich | Mikroebene | | |
| | Mesoebene | 3 | |
| | Makroebene | | 3 |
| Typ | Konzeptionelle Modelle und Theorien | | |
| | Denkweisen, Methoden und Prozesse | | 3 |
| | Ansätze zur Modellierung und Verbesserung | 3 | |
| | Berechenbare Modelle für allgemeine Erkenntnisse | | |
| Metapher | Prozess als ... eine Sicht auf ein komplexes System | | |
| | ... ein gestalterisches Unterfangen | | |
| | ... kollaborativ und sozial | | |
| | ... durch Feedback gesteuert | | 2 |
| | ... grundlegend iterativ | 3 | |
| | ... reifende Informationen | 2 | |
| | ... Entscheidungen zur Optimierung | | |
| | ... Informationsverarbeitung | 3 | 3 |
| | ... kollaborativ und sozial | | |
| | ... ein komplexes Netzwerk | | |

*Vee-Modell*. Ähnlich bezieht sich $n = 1$ auf die Kategorie *Mikroebene*, während $n = 4$ sich auf die Kategorie *konzeptionelle Modelle und Theorien* bezieht. Zur Vereinfachung gilt $W_n = 1.0$ für alle $n$. Die Ähnlichkeit von ASM2.0 zu Vee wird als $S_{1,2}$ geschrieben, wo:

$$S_{1,2} = C_{1,1}C_{2,1} + C_{1,2}C_{2,2} + \cdots + C_{1,17}C_{2,17} \tag{6.2}$$

$$= (0 \times 0) + (3 \times 0) + \cdots \tag{6.3}$$

$$= 9 \tag{6.4}$$

Wiederholt man diese Berechnung für alle möglichen Kombinationen von $i$ und $j$, erhält man eine $127 \times 127$ Ähnlichkeitsmatrix $S$.

**Interpretation der Visualisierung** Die Ähnlichkeitsmatrix $S$ kann als kraftgesteuertes Layout visualisiert werden (Abb. 6.3), wobei die Farben der Knoten das Segment des Frameworks anzeigen, zu dem jedes Modell, jede Theorie oder jeder Ansatz gehört, d. h., das Farbschema entspricht dem der Abb. 6.1. In den meisten Fällen führt das kraftgesteuerte Layout dazu, dass ähnliche Beiträge in Abb. 6.3 visuell nahe beieinander platziert werden. In den meisten Fällen trennt es auch visuell Modelle, Theorien und Ansätze, die nicht eng miteinander verwandt sind.

Mehrere unterschiedliche Cluster werden aufgedeckt, was widerspiegelt, dass verschiedene Kombinationen von Metaphern in verschiedenen Gruppen von Beiträgen behandelt werden. Links von Abb. 6.3 ist ein Cluster von designorientierten Beiträgen erkennbar, nahe dem Knoten mit der Bezeichnung *Des-ThinkMindset* (eine Design-Thinking-Denkweise, siehe Abschn. 8.2.1). Dieses Cluster besteht hauptsächlich aus konzeptionellen Modellen und Theorien – einschließlich der C-K-Theorie (bezeichnet als *C-K*, siehe Abschn. 7.2.3.6) und Schöns Modell des Designens als Reflexion (bezeichnet als *Schön*). Diese konzeptionellen Modelle und Theorien werden als konzeptionell nahe zu nur wenigen empfohlenen Prozessen (*Codesign* und das *Design-Thinking*-Prozessmodell, siehe Abschn. 8.3.1.3), Ansätzen zur Modellierung und Verbesserung von Prozessen (PROSUS, siehe Abschn. 9.2.1) und rechnerischen Modellen für allgemeine Erkenntnisse (zum Beispiel Kazakçi et al. 2010) gezeigt. Oben in Abb. 6.3 erscheint ein großes Cluster von systemorientierten Beiträgen nahe beieinander, gruppiert um den Knoten mit der Bezeichnung *SystThinkMindset* (eine Systemdenkweise, siehe Abschn. 8.2.1). Die meisten normativen Ansätze für Systemdesign sowie Ansätze für Systemmodellierung und -analyse erscheinen am unteren Rand der Abbildung.

Knotenpunkte um die Mitte von Abb. 6.3 repräsentieren Beiträge, die die Konzepte aus jedem dieser drei Hauptcluster verbinden. Modelle, Theorien und Ansätze, die nahe an der Grenze zwischen zwei Clustern liegen, haben in der Regel Ähnlichkeiten mit beiden Clustern. Im Gegensatz dazu sind diejenigen, die weit von einer solchen Grenze entfernt sind (im Allgemeinen diejenigen, die sich am äußeren Rand des Diagramms befinden), in den meisten Fällen stark ähnlich zu anderen innerhalb eines Clusters und schwach ähnlich zu denen in anderen Clustern. Es kann auch beobachtet werden, dass

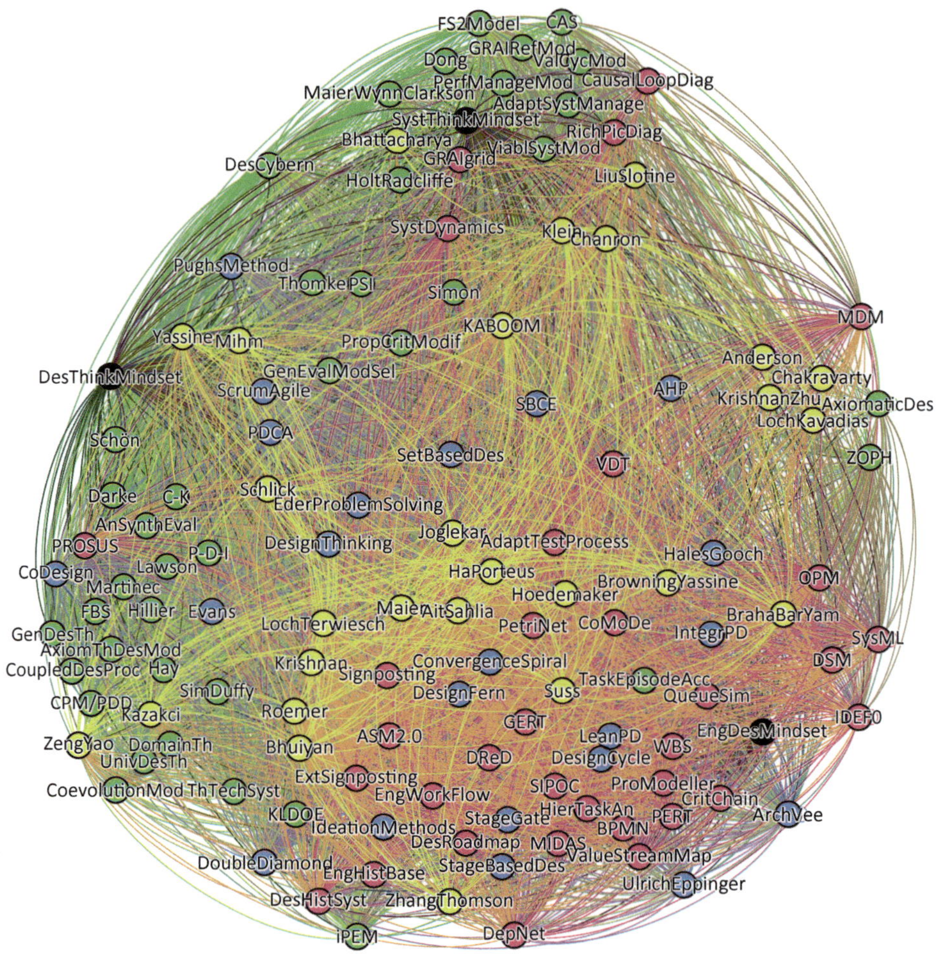


**Abb. 6.3** Visualisierung der Ähnlichkeiten zwischen 127 Modellen, Theorien und Ansätzen, die in diesem Buch diskutiert werden. Ein Paar von Beiträgen wird als ähnlich betrachtet und durch eine stark gewichtete Kante verbunden, wenn sie eine ähnliche Kombination von Metaphern widerspiegeln. Stark ähnliche Knoten erscheinen aufgrund des kraftgesteuerten Layouts in der Regel nahe beieinander. Die Knotenfarbe spiegelt das Segment des Frameworks wider, zu dem der entsprechende Beitrag gehört, d. h., das Farbschema entspricht dem der Abb. 6.1

es eine klare Trennung zwischen konzeptionellen Modellen und Theorien gibt, die meist oben und links im Diagramm gruppiert sind, und Ansätzen zur Modellierung und Verbesserung von Prozessen, die meist unten gruppiert sind. Dies spiegelt die Tatsache wider, dass diese beiden Arten von Beiträgen unterschiedliche Kombinationen von Prozessmetaphern behandeln.

Weitere Erkenntnisse können aus der Untersuchung der Struktur des Diagramms mit einem Fokus auf Beiträge, die für den Leser von besonderem Interesse sind, gewonnen werden.

### 6.3.3 Visualisierung der Ähnlichkeiten zwischen Prozessmetaphern

Die zweite visuelle Analyse betrifft die in Kap. 3 diskutierten Prozessmetaphern. Zur Erinnerung, Prozessmetaphern sind abstrakte Konzeptualisierungen eines Prozesses, die sich in bestimmten Modellen, Theorien und Ansätzen widerspiegeln.

**Ähnlichkeit berechnen** Der Datensatz wurde verarbeitet, um die Häufigkeit zu berechnen, mit der jedes Paar von Metaphern innerhalb desselben Prozessmodells, -theorie oder -ansatzes behandelt wird. Dies wird als Ähnlichkeit jedes Paares von Metaphern interpretiert. Zum Beispiel werden aufgrund der vielen Beiträge, die sowohl die Prozessmetaphern *Iteration* als auch *Aufgabenerfüllung* widerspiegeln, diese beiden Metaphern als sehr ähnlich bewertet.

**Interpretation der Visualisierung** Die Daten werden in einem Chord-Diagramm in Abb. 6.4 dargestellt. In diesem Diagramm sind die zehn in Kap. 3 diskutierten Prozessmetaphern um den Rand des Kreises herum angeordnet. Die Dicke jeder Kante, die ein Paar von Metaphern verbindet, gibt die Anzahl der Modelle, Theorien oder Ansätze an, die sie gemeinsam behandeln, und die Stärke, mit der sie gleichzeitig behandelt werden.

Dieses Diagramm zeigt, dass die in diesem Buch diskutierten Beiträge alle Prozessmetaphern widerspiegeln. Es zeigt auch, wo einige Metaphern selten kombiniert werden. Zum Beispiel hebt es hervor, dass *Iterieren* und *Architektur* selten im selben Beitrag behandelt werden. Im Gegensatz dazu werden *Iterieren* und *ein designerisches Unterfangen* häufig zusammen gefunden ebenso wie *Iterieren* und *Aufgabenerfüllung*. Insgesamt unterstreicht diese Visualisierung, dass zwischen einigen Prozessmetaphern konzeptionelle Unterschiede bestehen, und weist auf potenzielle Forschungsmöglichkeiten hin, einige von ihnen zu kombinieren.

## 6.4 Zusammenfassung und Diskussion

Ein umfangreiches Spektrum an Modellen, Theorien und Ansätzen wurde in mehr als sechs Jahrzehnten vor der Veröffentlichung dieses Buches entwickelt, um Einblicke und Unterstützung für den Design- und Entwicklungsprozess zu bieten. Um einen Überblick über das Denken und die besten Praktiken in diesem Bereich zu erhalten, ist es notwendig, viele dieser Beiträge und ihre Zusammenhänge einzuschätzen. Eine Möglichkeit, ein solches Verständnis zu erlangen, besteht durch ein organisierendes Framework.

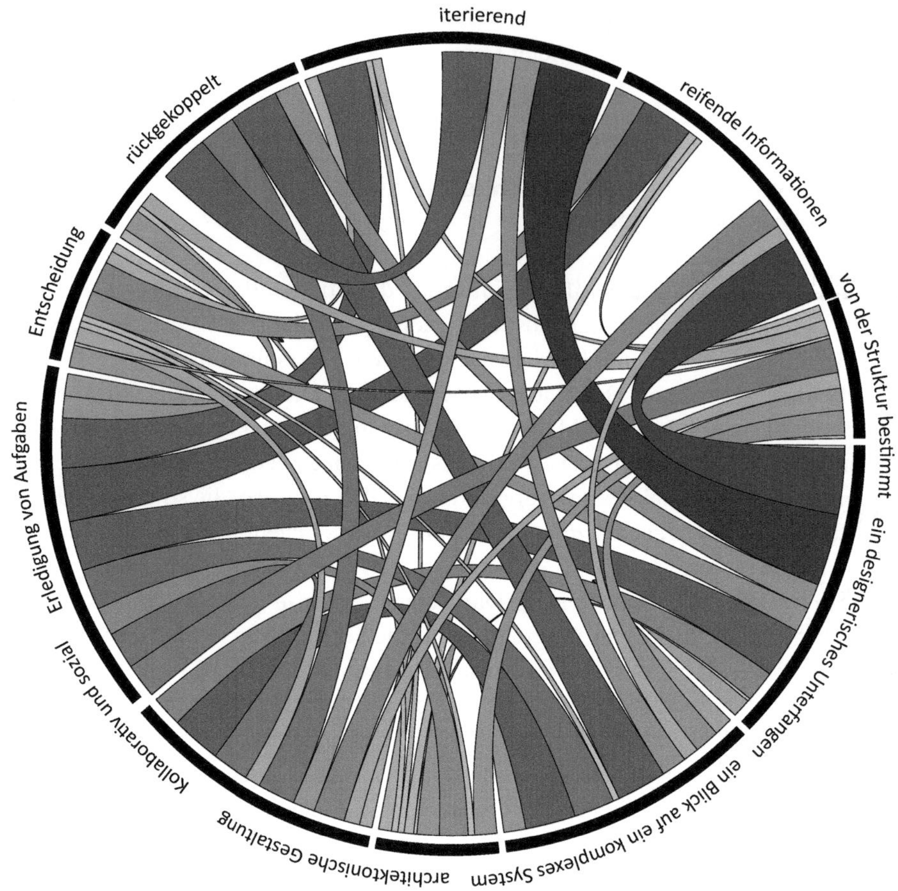


**Abb. 6.4** Visualisierung der Beziehungen zwischen Metaphern, die durch Modelle, Theorien und Ansätze hergestellt werden. Die Dicke jeder Kante, die ein Paar von Metaphern verbindet, gibt die Anzahl der Beiträge an, die beide gemeinsam behandeln, und die Stärke, mit der sie gleichzeitig behandelt werden

Eine andere Möglichkeit besteht durch eine visuelle Analyse der Literatur. Das in diesem Kapitel vorgestellte organisierende Framework bietet einen bewusst vereinfachten und strukturierten Überblick. Die visuelle Analyse liefert reichhaltigere Informationen über die Struktur der Literatur und ermöglicht es einem Leser, Probleme und Muster von besonderem Interesse für ihn zu identifizieren.

Die folgenden Kapitel in diesem Buch diskutieren ausgewählte Modelle, Theorien und Ansätze in jeder Kategorie des Frameworks und präsentieren einige der Hauptideen, die in jedem eingebettet sind. Kap. 7–10 behandeln jeweils eine einzelne Kategorie aus der *Typ*dimension, das heißt, jedes konzentriert sich auf ein einzelnes Segment aus der obersten Schicht von Abb. 6.1. Kap. 11 diskutiert kurz Modelle und Ansätze aus allen Segmenten der untersten Schicht von Abb. 6.1.

## Literatur

Asimow, M. (1962). *Introduction to design*. Prentice-Hall.

Blessing, L. T. M. (1994). *A process-based approach to computer-supported engineering design (Doctoral dissertation)*. Universiteit Twente.

Eppinger, S. D., Whitney, D. E., Smith, R. P., & Gebala, D. A. (1994). A model-based method for organizing tasks in product development. *Research in Engineering Design 6*(1), 1–13. https://doi.org/10.1007/BF01588087.

Hall, A. D. (1962). *A methodology for systems engineering*. van Nostrand.

Hubka, V. (1982). *Principles of engineering design*. Butterworth Scientific. https://doi.org/10.1016/C2013-0-00858-4.

Kazakçi, A., Hatchuel, A., Le Masson, P., & Weil, B. (2010). Simulation of design reasoning based on C-K theory: A model and an example application. In D. Marjanovic, M. Štorga, N. Pavkovic, & N. Bojcetic (Hrsg.), *DS 60: Proceedings of DESIGN 2010, the 11th International Design Conference, Dubrovnik, Croatia* (S. 59–68). The Design Society.

Wynn, D. C., & Clarkson, P. J. (2018). Process models in design and development. *Research in Engineering Design 29*(2), 161–202. https://doi.org/10.1007/s00163-017-0262-7.

Wynn, D. C., Eckert, C. M., & Clarkson, P. J. (2019). Research into the design and development process: Some themes and an overview of the special issue. *Research in Engineering Design 30*(2), 157–160. https://doi.org/10.1007/s00163-019-00315-7.

# Konzeptionelle Modelle und Theorien von Design und Entwicklung

7

**Zusammenfassung**

Konzeptionelle Modelle und Theorien bezüglich des Design- und Entwicklungsprozesses vermitteln Einsichten über diesen Prozess auf einer hohen Abstraktionsebene und Allgemeinheit, ohne im Detail vorzuschreiben, wie er angegangen werden sollte. Dieses Kapitel diskutiert eine Auswahl solcher Beiträge, um einige der bekannten Arbeiten zu vermitteln und in Beziehung zu setzen. Es wird ein Überblick über den Bereich auf drei Ebenen des Umfangs gegeben: die Mikroebene, die sich auf die Denkprozesse des einzelnen Designers bei der Durchführung generischer Designaktivitäten bezieht, die Mesoebene, die sich darauf bezieht, wie sich die Arbeit ändert, wenn ein Design fortschreitet, und die Makroebene, auf der der Entwurfs- und Entwicklungsprozess selbst als komplexes System konzeptualisiert wird.

**Schlüsselwörter**

Design- und Entwicklungsprozess · Designtheorie · Konzeptmodelle

## 7.1 Einführung

Design und Entwicklung sind ein komplexer Prozess; folglich haben Forscher ihn aus verschiedenen Perspektiven betrachtet. Einige Perspektiven bieten unmittelbare Anleitung für die Praxis, während andere – das Thema dieses Kapitels – konzeptionell sind. Konzeptionelle Perspektiven können eine erhebliche Interpretation erforderlich machen, bieten aber in der Regel auch Einblicke in eine breite Palette von Situationen. Ihre relativ hohe Abstraktionsebene ist angemessen, wenn eine Situation reich an



D. Wynn und P. Clarkson, *Der Design- und Entwicklungsprozess*,
https://doi.org/10.1007/978-3-031-83083-9_7

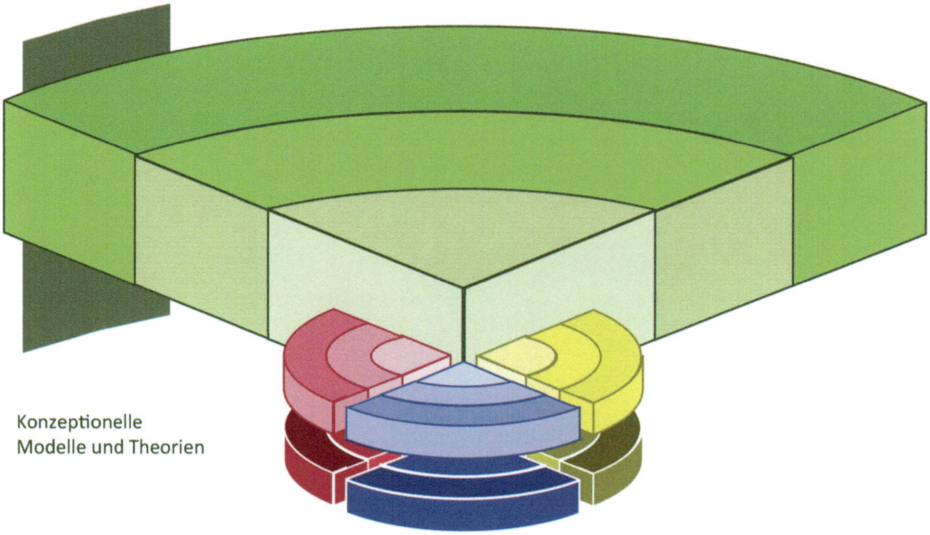


**Abb. 7.1** Dieses Kapitel konzentriert sich auf ein einzelnes Segment des in Kap. 6 vorgestellten organisierenden Frameworks

Mehrdeutigkeit und Komplexität ist, wie es oft bei Design und Entwicklung der Fall ist (Wynn & Maier, 2022).

Dieses Kapitel überprüft und diskutiert konzeptionelle Modelle und Theorien zum Design- und Entwicklungsprozess.[1] Es konzentriert sich auf ein einzelnes Segment des in Kap. 6 vorgestellten organisierenden Frameworks, wie in Abb. 7.1 gezeigt. Das fokussierte Segment ist in drei Sektoren unterteilt, die radial nach außen erweitert werden, um den zunehmenden *Umfang* eines Modells oder einer Theorie widerzuspiegeln. Die *Mikroebene* – der innerste Sektor von Abb. 7.1 – umfasst konzeptionelle Modelle und Theorien, die sich auf einzelne Schritte und ihre unmittelbaren Kontexte konzentrieren, die in Abschn. 7.2 diskutiert werden. Die *Mesoebene* – der zentrale Sektor von Abb. 7.1 – betrifft konzeptionelle Modelle und Theorien, die sich damit befassen, wie ein Design oder sein Designprozess sich verändert, wenn das Design fortschreitend entwickelt wird, und ist das Thema von Abschn. 7.3. Schließlich sammelt die *Makroebene* – der äußerste Sektor von Abb. 7.1 – konzeptionelle Modelle und Theorien, die sich auf den Design- und Entwicklungsprozess im Kontext konzentrieren, von denen einige in Abschn. 7.4 diskutiert werden.

---

[1] Einige Inhalte dieses Kapitels sind erheblich erweitert aus Abschnitten von Wynn und Clarkson (2018) unter Lizenz CC BY 4.0 (http://creativecommons.org/licenses/by/4.0/).

Insgesamt ist die in diesem Kapitel diskutierte Arbeit hochgradig abstrakt. Als solche bietet sie keine schrittweisen Rezepte für den Umgang mit Design- und Entwicklungssituationen, hat jedoch erklärende Kraft und hat die Entwicklung von empfohlenen Prozessen und Methoden für Design und Entwicklung sowie die Entwicklung von Ansätzen zur Modellierung und Verbesserung spezifischer Design- und Entwicklungsprozesse inspiriert. Während viele der Modelle darauf abzielen, bestimmte Aspekte des Design- und Entwicklungsprozesses zu erklären, bieten einige auch Grundlagen für Vorhersagen und erfüllen damit das Schlüsselkriterium, als *Theorien* bezeichnet zu werden (wie in Abschn. 5.3.3.1 diskutiert). Um nur ein Beispiel zu nennen, kann axiomatisches Design (Abschn. 7.2.3.3) dabei helfen vorherzusagen, wie die Architektur eines Produkts sowohl den Design- und Entwicklungsprozess als auch das Produkt selbst beeinflusst. In einigen Fällen wird jedoch ein Beitrag von seinen Autoren als Theorie bezeichnet, ohne zu erläutern, was und wie es zur Vorhersage verwendet werden kann. Um Verwirrung in diesem Kapitel zu vermeiden, folgt die Terminologie der von den jeweiligen Autoren bei der Beschreibung jedes Beitrags als Modell oder Theorie angenommenen.

## 7.2 Konzeptionelle Modelle und Theorien auf Mikroebene

Dieser Abschnitt konzentriert sich auf den innersten Sektor des in Abb. 7.1 hervorgehobenen Framework-Segments, nämlich auf konzeptionelle Modelle und Theorien von mikroebenem Umfang, das heißt solche, die sich auf einzelne Schritte und ihre Kontexte konzentrieren. Die diskutierten Modelle und Theorien betreffen die Formen des Denkens, die elementaren Aktivitäten und die Arten, Strukturen und Entwicklungen von Wissen, die beim Designen auftreten. Erkenntnisse aus solchen Arbeiten sind in hohem Maße domänenunabhängig.

Abschn. 7.2.1 setzt den Rahmen, indem er Erkenntnisse über die Merkmale des Designens als generische Aktivität und Prozess sammelt und dann konzeptionelle Modelle und Theorien diskutiert, die einige dieser Merkmale ansprechen. Abschn. 7.2.2 betrachtet Modelle des Designens, die auf diskursive und diagrammatische Weise präsentiert werden. Abschn. 7.2.3 überprüft Arbeiten, die das Designen formaler analysieren, hauptsächlich in Bezug auf logische Inferenztypen oder unter Verwendung der Notationen der Mengentheorie. Eine kurze Zusammenfassung und Diskussion folgen in Abschn. 7.2.4, bevor es weitergeht zu konzeptionellen Modellen und Theorien auf Meso- und Makroebene.

### 7.2.1 Merkmale des Designens als generische Aktivität

Im Laufe der Jahre haben Forscher wichtige Merkmale des Designens als generische Aktivität identifiziert, die in konzeptionellen Modellen und Theorien reflektiert sind. Diese Merkmale werden in den folgenden Abschnitten beschrieben, bevor wir zu einflussreichen Modellen und Theorien übergehen, die jeweils einige von ihnen ansprechen.

#### 7.2.1.1 Entwerfen befasst sich mit schlecht strukturierten und schlecht definierten Problemen

Eine der Schlüsselcharakteristiken des Entwerfens, die von vielen Autoren betont wird, ist die Notwendigkeit, mit *schlecht strukturierten Problemen* umzugehen. In seinem wegweisenden Aufsatz zu diesem Thema argumentiert Simon (1973), dass es keine klare Unterscheidung zwischen gut strukturierten und schlecht strukturierten Problemen gibt; vielmehr liegt jede Situation irgendwo auf einem Spektrum. Laut Simon sind die Hauptmerkmale eines *gut strukturierten Problems*: (1) Vorab festgelegte und berechenbare Testkriterien sind verfügbar; (2) Problemräume sind vollständig definiert und begrenzt, sodass alle möglichen Zustände und Zustandsänderungsoperationen, die bei der Lösung des Problems verwendet werden könnten, sowie alle relevanten Kenntnisse innerhalb dieser repräsentiert werden können; (3) die Anfangs- und Zielzustände sind innerhalb der Problemräume bekannt; (4) alle notwendigen Informationen sind verfügbar und alle notwendigen Operationen sind mit angemessenem Rechenaufwand möglich und (5) alle relevanten Auswirkungen in der realen Welt sind vollständig in der Darstellung des Problemraums reflektiert. Eine zunehmende Abweichung von dieser Situation beinhaltet zunehmende Grade von schlechter Strukturierung. Simon (1973) weist darauf hin, dass der Grad der Strukturierung nicht nur durch das zu lösende Problem, sondern auch durch das verfügbare Wissen und die Fähigkeit, es zu verarbeiten, definiert wird. In der Praxis ist die Problemstrukturierung hauptsächlich in den frühen Teilen des Designprozesses erkennbar, tritt aber auch später auf (Goel & Pirolli, 1992).

Viele Designprobleme sind nicht nur schlecht strukturiert, sondern auch *schlecht definiert*, weil die Stakeholder den Kontext, die Einschränkungen und Möglichkeiten von Anfang an nicht vollständig verstehen. Insbesondere ist es typisch, dass der Ausgangspunkt für das Design – oft ein Brief, Spezifikationen oder Anforderungen – bestimmte Lösungen vorschlägt, anstatt die zugrunde liegenden Probleme zu spezifizieren, deren Lösungen gewünscht sind. Dementsprechend müssen Designer oft ein anfängliches Problem interpretieren, reformulieren, neu verhandeln und konkretisieren – was die Entwicklung und vorläufige Ausarbeitung potenzieller Lösungen erfordern kann (Smithers, 1998). Dies wird als *Umformulierung* des ursprünglich präsentierten Problems bezeichnet.

#### 7.2.1.2 Entwerfen ist fortschreitend und iterativ

Es ist in der Regel nicht möglich, eine Designlösung in einem einzigen Schritt zu erstellen, da nicht alle erforderlichen Informationen von Anfang an verfügbar oder ersichtlich sind und der Designer nur begrenzte Fähigkeiten hat, die Informationen, die er hat, zu verarbeiten (Simon, 1973). Daher muss der Designprozess, obwohl er sich mit komplexen Netzwerken von miteinander verbundenen Fragen befasst, schrittweise durch eine Reihe von Schritten und Iterationen voranschreiten – es gibt verschiedene Perspektiven darauf, was während der Iterationen überarbeitet wird und warum (Wynn & Eckert, 2017).

#### 7.2.1.3 Entwerfen beinhaltet hierarchische Strukturen

Es besteht allgemeiner Konsens darüber, dass Fortschritte bei schlecht strukturierten oder schlecht definierten Problemen eine hierarchische Zerlegung dieses Problems erfordern (Goel & Pirolli, 1992; Simon, 1973; Visser, 2009). Die Lösung eines Designproblems auf einer Ebene erzeugt oft neue Probleme, die auf der nächsten Ebene gelöst werden müssen – zum Beispiel schafft der Vorschlag einer Designlösung mit einem Elektromotor neue Probleme, wie die notwendige Energie bereitgestellt wird und wie die Wärme abgeführt wird. Daher werden Designprobleme weiter unten in der Hierarchie durch Teillösungen definiert und eingeschränkt, die weiter oben entschieden wurden (Guindon, 1990). Die Betrachtung von Problemen weiter unten in der Hierarchie kann auch zeigen, dass Entscheidungen, die weiter oben getroffen wurden, ungültig oder suboptimal sind und überdacht werden sollten.

#### 7.2.1.4 Designprobleme und -lösungen entwickeln sich gemeinsam

Wie im vorherigen Abschnitt erwähnt, müssen Designprobleme jeglicher Komplexität in kleinere Teile zerlegt werden, um sie zu lösen. Die Problemzerlegung wird in großem Maße vom Designer bestimmt, was zu Verbindungen zwischen Teilproblemen führt, die teilweise ein Produkt von Designentscheidungen sind. Cross (1997) zeigt, dass diese Zerlegung in der Praxis Seite an Seite mit einem Verständnis des Raums möglicher Lösungen konstruiert wird – wie Lawson (2005) schreibt, „es ist schwierig zu wissen, welche Probleme relevant sind und welche Informationen nützlich sein werden, bis eine Lösung versucht wird". Im Wesentlichen leitet das Verständnis des Problems die Suche nach Lösungen, während jede potenzielle (Teil-)Lösung, die in Betracht gezogen wird, verschiedene Aspekte der Problemzerlegung ansprechen und Interdependenzen aufdecken kann, die zu ihrer Reformulierung führen. Mit anderen Worten, die Betrachtung möglicher Lösungen hebt neue Aspekte schlecht definierter Probleme hervor und kann dazu führen, dass sie neu formuliert werden. Dies kann die Einschränkungen für mögliche Lösungen und das, was als gute Lösung betrachtet wird, verändern (Dorst & Cross, 2001), wobei solche Änderungen inkrementell oder radikaler sein können (Crilly, 2021).

#### 7.2.1.5 Entwerfen schafft neue Parameter und generiert neues Wissen

Die gleichzeitige Ausarbeitung eines Designproblems und einer Lösung während des Designprozesses führt zur Einführung neuer Variablen und Einschränkungen, die zunächst nicht vorhergesehen wurden (Gero, 2000). Auch neues Wissen, das für den Designprozess relevant ist, wird erzeugt, während das Design voranschreitet. Daher ist während des Entwerfens Lernen erforderlich und gleichzeitig wird das Entwerfen durch Lernen vorangetrieben.

#### 7.2.1.6 Entwerfen beinhaltet mehrere Bereiche

Designprobleme erfordern oft die Berücksichtigung mehrerer Bereiche, um eine Lösung zu finden, die Einschränkungen und Ziele in allen diesen Bereichen erfüllt. Zum Beispiel müssen in der mechanischen Konstruktion die Auswirkungen einer Designentscheidung in der Regel unter anderem in den Bereichen Funktionalität, Kosten, Zuverlässigkeit und Herstellbarkeit berücksichtigt werden. Im architektonischen Design muss ein entstehendes Design in Bereichen wie Fluss, natürliches Licht, Standortbeschränkungen, Kosten und so weiter betrachtet werden. Häufig kann eine Entscheidung, die getroffen wurde, um ein Design in einem Bereich zu verbessern, mit Bedürfnissen in einem anderen Bereich in Konflikt stehen. Einige Bereiche sind unerlässlich zu berücksichtigen, während andere den Sichtweisen auf das entstehende Design entsprechen, die der Designer zu nutzen gewählt hat (Schön & Wiggins, 1992). Je weiter das Design voranschreitet und je mehr Bereiche berücksichtigt werden, desto wahrscheinlicher ist es, dass Designanpassungen, die einem Bereich zugutekommen, negative Auswirkungen auf andere haben. Daher reduziert sich der Spielraum für Anpassungen und Verbesserungen des Designs in der Regel, je mehr Bereiche berücksichtigt werden.

#### 7.2.1.7 Design ist situativ

Gero (1998) definiert den Begriff der Situativität im Design durch ein Zitat von Clancey (1997), dass es „wichtig ist, wo du bist, wenn du tust, was du tust". Zu sagen, dass Design situativ ist, bedeutet zu erkennen, dass jeder Schritt im Designprozess die Designsituation beeinflusst, einschließlich des Wissens des Designers, das wiederum zukünftige Designaktivitäten beeinflusst und einschränkt (Gero & Kannengiesser, 2004).

#### 7.2.1.8 Design beinhaltet sowohl rationale als auch reflektierende Entscheidungen

Wie bereits in Kap. 3, Abschn. 3.5.3 dargelegt, kann Design in Bezug auf begrenzt rationale Aktivitäten analysiert werden, bei denen jede Entscheidung angesichts der vorliegenden Informationen, Zeit und Verarbeitungsbeschränkungen optimiert wird – oder in Bezug auf reflektierende Aktivitäten, bei denen Entscheidungen ein größeres Element der nachdenklichen Betrachtung beinhalten. Diese beiden Sichtweisen werden Simon (1973) und Schön (1992) zugeschrieben. Die Eignung jeder Ansicht hängt von der jeweiligen Aufgabe ab und viele Designprozesse beinhalten eine Mischung aus Aufgaben, die besser für die eine oder andere geeignet sind. Zum Beispiel beinhaltet das mechanische Design viele Optimierungsaufgaben, wie die Auswahl des am besten geeigneten Standardgetriebes für einen bestimmten Kontext, während andere Aufgaben im selben Prozess vom Designer verlangen können, über den von ihnen verwendeten Designansatz nachzudenken und ihn anzupassen.

#### 7.2.1.9 Design beinhaltet sowohl Routine- als auch Nichtroutineaktivitäten

Die meisten Designprozesse beinhalten eine Kombination aus Routine- und Nichtroutineaktivitäten. Gero (2000) schreibt, dass Designaktivitäten als Routine charakterisiert werden können, wenn alle notwendigen Kenntnisse von Anfang an verfügbar sind. Zum Beispiel beinhaltet das Design eines Systems zur Übertragung mechanischer

Leistung von einer treibenden Welle zu einer angetriebenen Welle die Anwendung gut verstandener ingenieurwissenschaftlicher Physikberechnungen zur Bestimmung der notwendigen Komponentenbewertungen und die Suche nach der geeignetsten Kombination von Maschinenelementen aus Herstellerkatalogen. Grundsätzlich können solche Probleme mit „konventionellen" Such- und Optimierungsalgorithmen gelöst werden (Maher, 2000). Es kann jedoch viele praktische Schwierigkeiten geben, dies zu tun, insbesondere wenn eine Situation relativ komplex ist. Im Gegensatz dazu treten Nichtroutinedesignaktivitäten in Situationen auf, in denen nicht alle notwendigen Kenntnisse von Anfang an verfügbar sind. Gero (2000) schreibt, dass Nichtroutinesituationen weiter in zwei Unterkategorien unterteilt werden können – im *innovativen Design* „wird der Kontext, der die verfügbaren Bereiche für die Variablen einschränkt, aufgegeben, sodass unerwartete Werte möglich werden", während im *kreativen Design* neue Variablen zusätzlich als Teil des Designs eingeführt werden können, was die Schaffung wirklich neuer Designs ermöglicht. Love (2002) schreibt, dass die Bewältigung von Nichtroutineproblemen tatsächlich das wahre Wesen der Fähigkeiten eines Designers ist, während seiner Meinung nach Routineprobleme „eine andere Art von Aktivität" beinhalten, einschließlich Kopieren und Anpassen von Lösungen. Wie zu Beginn dieses Abschnitts erwähnt, beinhalten Designprozesse in der Praxis sowohl Routine- als auch Nichtroutineelemente (Visser, 2009).

#### 7.2.1.10 Zusammenfassung

Viele Schlüsselmerkmale von Designproblemen, Designaktivitäten und Designprozessen sind in Tab. 7.1 zusammengefasst, die Erkenntnisse aus den in Abschn. 7.2.1 diskutierten Arbeiten und insbesondere den Arbeiten von Simon (1973), Schön und Wiggins (1992), Goel und Pirolli (1992) und Visser (2009) kombiniert. Insgesamt gelten die diskutierten Schlüsselmerkmale und die in der Tabelle genannten auf einer ausreichend hohen Abstraktionsebene, dass sie in den meisten Designkontexten identifiziert werden können. Sie werden jedoch generell schwieriger zu handhaben, wenn eine Designsituation komplexer, weniger gut spezifiziert und weniger routinemäßig wird.

Die folgenden Abschnitte diskutieren ausgewählte Modelle und Theorien des Designs, die jeweils einige der identifizierten Merkmale betonen. Die ausgewählten Beiträge vermitteln Erkenntnisse, die helfen, die Unterschiede zwischen einem Designprozess und anderen Prozessen zu veranschaulichen, die für die Vermittlung von Design nützlich sein könnten und in einigen Fällen Einblicke für die Entwicklung von rechnergestützten Ansätzen zur Unterstützung oder Automatisierung von Designüberlegungen liefern.

### 7.2.2 Textuelle und diagrammatische Modelle

Dieser Abschnitt diskutiert eine Auswahl von konzeptionellen Modellen und Theorien, die den Mikrodesignprozess auf diskursive Weise analysieren, das heißt unter Verwendung von Text und Diagrammen. Sie können mit den Modellen und Theorien kontrastiert

**Tab. 7.1** Einige Merkmale des Designs, zusammengestellt aus Punkten, die von Simon (1973), Schön und Wiggins (1992), Goel und Pirolli (1992) und Visser (2009) gemacht wurden

| |
|---|
| *Designprobleme* |
| Designprobleme sind komplex |
| Umfassende, objektive Designbewertungsstrategien existieren nicht von Anfang an |
| Nicht alle relevanten Informationen sind von Anfang an verfügbar oder werden eingeschätzt |
| Designprobleme sind oft schlecht spezifiziert |
| Der Designer kann – und tut dies oft – das ursprünglich vorgestellte Problem neu formulieren |
| Probleme sind schlecht strukturiert und erfordern eine vom Designer festgelegte Zerlegung |
| Interaktionen zwischen Teilproblemen hängen von Designerentscheidungen ab |
| Designprobleme erfordern die Berücksichtigung von Fragen in mehreren Bereichen |
| *Designaktivität* |
| Designen ist komplex |
| Designen ist zielgerichtet |
| Designen kann als Problemlösen, Informationsverarbeitung und Suche betrachtet werden |
| Designen kann als reflektierendes Gespräch mit der Designsituation betrachtet werden |
| Designer müssen unvollkommene Modelle verwenden, um mit ihren Designs zu arbeiten |
| Designbewegungen, die in einem Bereich initiiert werden, offenbaren unerwartete Konsequenzen in anderen |
| Einschränkungen und Aufgabenziele werden während des Designs angepasst |
| Festlegungen werden getroffen und breiten sich aus, um spätere Designaktivitäten einzuschränken |
| Designer suchen nach Lösungen, die zufriedenstellen, d. h., die nicht optimal, aber gut genug sind |
| Designer verwenden Analogien zwischen der aktuellen Aufgabe und früheren Erfahrungen/Wissen |
| Designer lernen während ihrer Arbeit |
| *Designprozess* |
| Es gibt unterschiedliche Prozessphasen mit unterschiedlichen charakteristischen Aktivitäten in jeder |
| Designs werden schrittweise entwickelt und ausgebessert, beginnend mit einer anfänglichen Kernidee |
| Es besteht eine begrenzte Möglichkeit für sofortiges Feedback zu Entscheidungen |
| Designen ist opportunistisch und reagiert auf verfügbare Informationen |
| Strategien zur Organisation und Kontrolle des Designprozesses entwickeln sich durch Lernen |

werden, die in Abschn. 7.2.3 diskutiert werden und die oft auf Mengennotation basierende mathematische Formalismen anwenden.

#### 7.2.2.1 Frühe konzeptionelle Modelle zur Beschreibung von Designaktivitäten

Ein sehr frühes konzeptionelles Modell des Designprozesses, das aus den 1960er-Jahren stammt, ist, dass das Design ein iteratives Zusammenspiel von Analyse, Synthese und Evaluationsaktivitäten umfasst. *Analyse* beinhaltet das Verständnis eines zu lösenden Problems. *Synthese* beinhaltet das Vorschlagen von Lösungen. *Evaluation* beinhaltet die Einschätzung der Leistung und der Grenzen dieser Vorschläge. Einige frühe Beschreibungen dieses Modells können nicht nur als Versuche interpretiert werden, das Design zu beschreiben, wie in diesem Abschnitt, sondern auch als Empfehlungen für die Praxis (siehe Abschn. 8.2.1.3 für eine Interpretation in der letzteren Sicht). In einem klar beschreibenden Beispiel stellt Lawson (2005) das Zusammenspiel zwischen Analyse, Synthese und Evaluation als Vermittler zwischen dem *Problem* und der *Lösung* während des Designprozesses dar (Abb. 7.2). Die grafische Form dieses Modells spiegelt Lawsons Fokus auf dreidimensionale räumliche Fragen im architektonischen Design wider. In neueren Arbeiten entwickeln Martinec et al. (2019) eine Variante dieses Modells im Kontext des konzeptionellen Ingenieurdesigns, bei dem Analyse, Synthese und

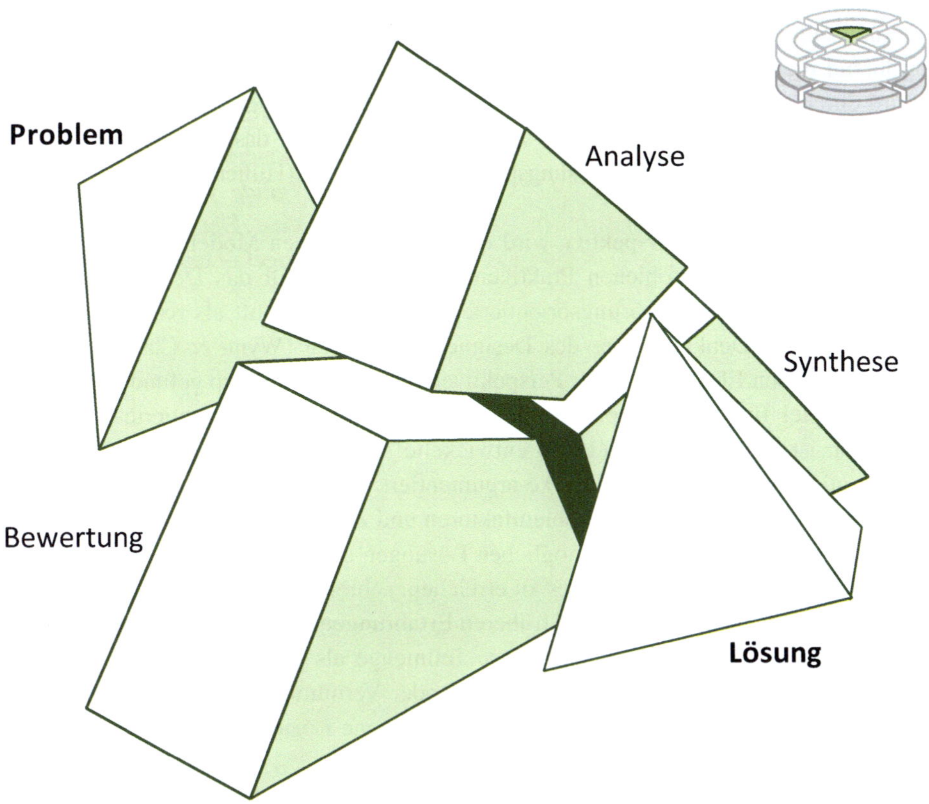


**Abb. 7.2** Der Designprozess als Verhandlung zwischen Problem und Lösung durch die drei Aktivitäten Analyse, Synthese und Evaluation. Abbildung und Bildunterschrift reproduziert von Lawson (2005) Copyright 2005 From how designers think by Brian Lawson. Reproduziert mit Genehmigung der Taylor and Francis Group, LLC, einer Abteilung der Informa plc

Evaluation jeweils Entitäten im Designraum oder im Lösungsraum betreffen, insgesamt sechs Aktivitäten. Ihr Modell stellt das Design als eine Reihe von Übergängen dar, die zwischen einer der sechs Aktivitäten auftreten können.

#### 7.2.2.2 Problemorientierte versus lösungsorientierte Modelle

Mehrere Autoren klassifizieren Designprozessmodelle danach, ob sie hauptsächlich problemorientiert oder lösungsorientiert sind (zum Beispiel Birmingham, 1997; Lawson, 2005; Wynn & Clarkson, 2005), wobei:

1. *Problemorientierte Modelle* – betonen die Abstraktion und gründliche Analyse eines Problems, bevor sie das Design schrittweise konkretisieren und detaillieren, während sie versuchen, unerwünschte Nacharbeit zu minimieren. Dies spiegelt die Überzeugung wider, dass Designer ihre Vorurteile auf ein Problem anwenden können und sollten.
2. *Lösungsorientierte Modelle* – schlagen vor, dass eine erste Lösung vorgeschlagen und iterativ entwickelt wird, wobei aufkommende Informationen berücksichtigt werden, während die Designlösung und das Problem gemeinsam ausgearbeitet werden. Dies wird durch empirische Forschung unterstützt, die darauf hingewiesen hat, dass Designer Probleme vorstrukturieren, um sie zu lösen, das heißt, dass vorhandenes Wissen und frühere Erfahrungen den Lösungsprozess beeinflussen (Hillier et al., 1972).

Eine problemorientierte Perspektive wird oft mit präskriptiven Modellen in Verbindung gebracht, das heißt empfohlenen Praktiken und Verfahren für das Design (viele werden in Kap. 8 diskutiert). Lösungsorientierte Modelle werden oft als realistischere Beschreibungen des Denkprozesses des Designers angesehen (Wynn & Clarkson, 2005). Allerdings können Elemente beider Perspektiven in jedem Modelltyp gefunden werden.

Ein Beispiel für ein konzeptionelles Modell, das die lösungsorientierte Sichtweise übernimmt, ist das von Darke (1979) entwickelte Modell, das auf Beobachtungen des architektonischen Designs folgt. Darke argumentiert, dass der Designer nicht damit beginnt, eine detaillierte Liste von Problemfaktoren und zu erfüllenden Zielen zu studieren, sondern versucht, die Menge der möglichen Lösungen auf eine kleinere Klasse zu reduzieren, die handhabbarer ist. Um dies zu erreichen, schreibt sie, dass eine Teilmenge der Ziele ausgewählt wird, basierend auf früheren Erfahrungen mit ähnlichen Problemen und subjektivem Urteil. Darke bezeichnet diese Teilmenge als *primären Generator*, dessen Berücksichtigung zu einer möglichen Lösung oder Vermutung führt. Dies klärt weiter die Designanforderungen, gegen die die vorgeschlagene Lösung getestet wird und weitere Verbesserungen vorgenommen werden.

Beobachtungen von Architektur- und Naturwissenschaftsstudenten, die gebeten wurden, ein einfaches Designproblem zu lösen, führten Lawson (2005) zu dem Schluss, dass die in der Praxis gewählte Strategie durch Ausbildung und Hintergrund bestimmt wird. Designer schienen den kreativeren lösungsorientierten Ansatz "Ausprobieren und Sehen" zu bevorzugen, während die wissenschaftlich ausgebildeten sich darauf konzentrierten, das Problem zu entwirren, bevor sie versuchten, Lösungen zu synthetisieren. Lawson kam zu dem Schluss, dass dies aufgrund der verknüpften und subjektiven Natur von Problemspezifikationen und Designlösungen notwendig war, ein überzeugendes Argument, das von vielen anderen Autoren unterstützt wird (Cross, 2008; Jones, 1992). Er stellte auch fest, dass echte Designprobleme nicht in rein problemorientierter Weise gelöst werden können. Frost (1992) argumentiert, dass das Design erfordert, dass beide Strategien zu einem oder einem anderen Zeitpunkt angewendet werden, je nach der individuellen Natur jedes Problems, auf das der Designer stößt.

#### 7.2.2.3 Simons rationales Modell des Entwerfens als Problemstrukturierung und Problemlösung

Mit Blick auf die schlecht strukturierte Natur von Designsituationen entwickelte Simon (1973) ein sehr einflussreiches konzeptionelles Modell des Entwerfens als Wechselspiel zwischen Problemstrukturierung und Problemlösung. Im Modell wird die *Problemstrukturierung* durch Anwendung von Vorwissen auf eine schlecht strukturierte Situation angegangen, indem Aspekte davon mit dem Wissen über ähnliche zuvor erlebte Situationen abgeglichen werden. Dies ermöglicht den Vorschlag von potenziellen Lösungsprozessen und Schemata für die Zerlegung des Problems in besser strukturierte Teilprobleme. Im Wesentlichen wird die fehlende Struktur durch Ergänzung des Problems mit Vorwissen gelöst. In der ergänzenden Aktivität der *Problemlösung* kann ein allgemeiner Problemlösungsansatz auf einzelne Teilprobleme angewendet werden, sobald diese ausreichend gut strukturiert sind. In Simons Modell setzt sich das Wechselspiel zwischen diesen Operationen der Problemstrukturierung und Problemlösung während des gesamten Designprozesses fort, neben dem Management von Abhängigkeiten und Verstößen unter den voneinander abhängigen Teilproblemen, während sie gelöst werden. Simon (1973) erweiterte diese Konzepte und schrieb, dass die Lösung schlecht strukturierter Probleme, wie Architektur- und Ingenieurdesign, mithilfe von Künstlicher-Intelligenz-Prinzipien erreichbar sein sollte, die sich nicht qualitativ von denen in anderen Bereichen unterscheiden. Dieses konzeptionelle Modell und die Perspektive auf das Design waren sehr einflussreich, obwohl trotz mehr als 50 Jahren Forschung zum Thema zum Zeitpunkt der Veröffentlichung dieses Buches Simons Vision eines Künstliche-Intelligenz-Designers wohl noch nicht in einigen sehr spezifischen Kontexten erreicht wurde.

#### 7.2.2.4 Schöns Modell des Entwerfens als reflektierende Praxis: Sehen, Bewegen und Wiedersehen

Eine Alternative zu Simons Darstellung des Entwerfens als im Wesentlichen rationale – wenn auch hochkomplexe und wissensintensive – Aktivität wird von Schön (1992) in seinem Buch, *The reflective practitioner*, vorgestellt. Nach dieser Ansicht besteht der Designprozess aus einem Zyklus von *Sehen*, *Bewegen* und *Wiedersehen*. In Schöns (1992) Darstellung sehen Designer ein Modell ihrer Designsituation und beurteilen dessen Qualität anhand einiger Kriterien, die sie subjektiv als zu diesem Zeitpunkt bedeutend erachten. Dies setzt ein Ziel für den nächsten Designschritt (Bewegung). Unvorhergesehene Folgen der Bewegung können sich typischerweise in anderen Bereichen als denen, auf die im vorherigen Schritt fokussiert wurde, bemerkbar machen. In solchen Situationen können Designer auf die jüngste Aktivität reflektieren und die Kriterien für ihre Qualitätsurteile anpassen, bevor sie weiter vorgehen.

Schön (1992) beschreibt diesen Prozess als ein *reflektierendes Gespräch* zwischen Designern und den „Materialien der Designsituation", mit denen sie arbeiten. Hier bezieht sich der Begriff "Materialien der" auf eine externe Darstellung des entstehenden Designs, zum Beispiel als Skizze oder physischer Prototyp. Schön (1992) schreibt auch, dass Designer einzuschätzen wissen, wie das entstehende Design scheinbar auf ihre Handlungen in unvorhergesehenen Weisen reagiert, sie überrascht und sie dazu bringt, in Aktion über ihren Ansatz nachzudenken, bevor sie fortfahren. Er beschreibt diese Reflexion in Bezug auf, unter anderem, das „Netz von Bewegungen" und das „kontinuierlich sich entwickelnde System von Implikationen", das heißt, wie frühere Bewegungen die aktuelle Situation geschaffen haben und was die Implikationen des nächsten Zuges sein werden. Als Gespräch betrachtet entwickeln sich der Designprozess und sein Ergebnis auf unvorhergesehene Weise durch die Wechselwirkung zwischen verschiedenen Perspektiven. Schön und Wiggins (1992) kommen zu dem Schluss, dass es Aspekte des Entwerfens gibt, die nicht durch einen Computer reproduziert werden können, einschließlich der Erkennung unbeabsichtigter Konsequenzen und der Einschätzung der Qualitäten des entstehenden Designs, im direkten Gegensatz zu Simons Ansicht (Abschn. 7.2.2.3) – diese Unterscheidungspunkte wurden auch früher diskutiert (Abschn. 3.5.3).

#### 7.2.2.5 Modelle der Co-Evolution von Problem und Lösung

Die Bedeutung der Co-Evolution als ein Schlüsselmerkmal des Entwerfens wurde bereits in Abschn. 7.2.1.4 erwähnt. Dieser Abschn. stellt einige konzeptionelle Modelle vor, die weitere Einblicke in diese Sichtweise bieten.

Hybs und Gero (1992) wenden die *Funktion-Verhalten-Struktur-(FBS-; "function-behaviour-structure"-)Ontologie und -Framework* (Abschn. 7.2.2.6) an, wenn sie den Designprozess als evolutionäres System konzeptualisieren und vorschlagen, dass die während des Entwurfs in Betracht gezogenen Lösungen jeweils als Genom konzeptualisiert werden können, in dem einzelne Gene Teillösungen repräsentieren. Darüber hinaus entwickeln sie eine Variante von FBS, die veranschaulicht, dass das Entwerfen in Bezug auf zwei genetische Operatoren betrachtet werden kann, die iterativ auf eine Population von potenziellen Lösungen angewendet werden: *Crossover*, bei dem Teillösungen über Designs hinweg transplantiert werden, und *Mutation*, bei der Teillösungen innerhalb einer Kandidatenlösung durch Neugestaltung verändert werden. Maher und Poon (1996) wenden eine evolutionäre Perspektive mit einem Fokus auf Exploration im Design an, wobei Exploration den Prozess bezeichnet, durch den Designer mehr über ein Problem erfahren, während sie potenzielle Lösungskonzepte in Betracht ziehen. In ihrem

Modell konzeptualisieren Maher und Poon (1996) Problem und Lösung als co-evolvierende Genome, die die Fitnessfunktion füreinander beeinflussen (Abb. 7.3). Dies wird als ein co-evolutionärer Prozess beschrieben, der so lange fortschreitet, bis Problem- und Lösungsdefinitionen akzeptabel und miteinander kompatibel sind (Maher, 2000). Dieses Modell konzentriert sich auf die Designexploration in einem Künstliche-Intelligenz-Argumentationskontext, anstatt die menschliche Designkognition zu beschreiben.

Crilly (2021) überprüft das Konzept der Co-Evolution in der Designforschung. Seine Analyse kontrastiert solche Modelle mit der sequenziellen schrittweisen Perspektive auf das Entwerfen, die früher in diesem Kapitel diskutiert wurde, in der eine Idee progressiv entwickelt und geflickt wird. Crilly weist darauf hin, dass die Linie zwischen einem Problem und einer Lösung nicht eindeutig ist. Er argumentiert, dass die Unterscheidung widerspiegelt, wie ein Designer in einem bestimmten Moment des Designprozesses über das Konzept nachdenkt: Ist seine Ausarbeitung ein zu lösendes Problem, oder ist es eine Lösung, die darauf hindeutet, dass das Problem auf verschiedene Weisen gerahmt werden könnte oder die verschiedene Aspekte dieses Problems ansprechen könnte? Seine Darstellung legt nahe, dass die Co-Evolution auftritt, weil der Designer Designelemente aus beiden Perspektiven betrachtet, während sie arbeiten.

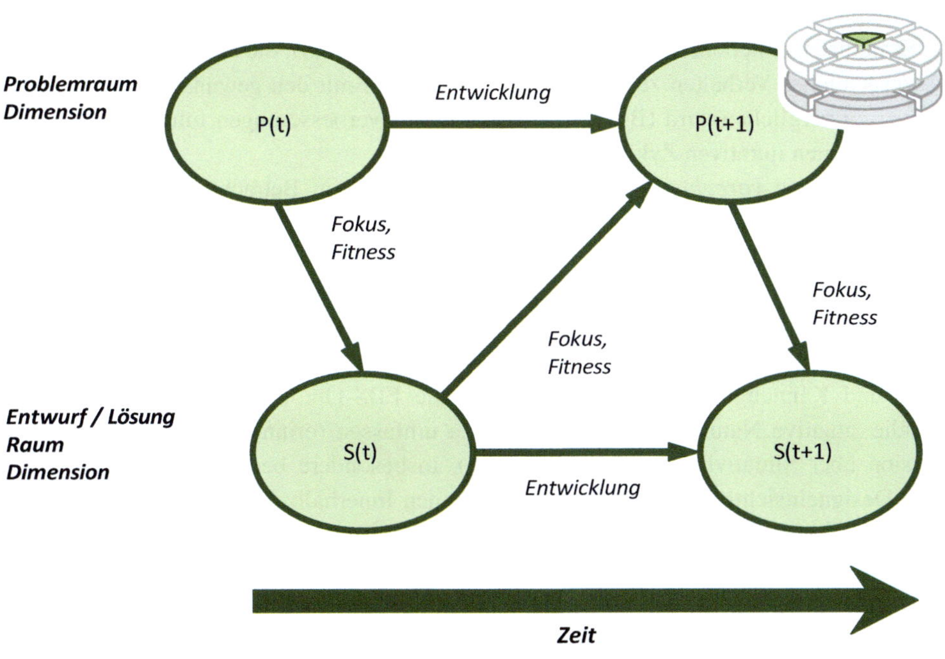


**Abb. 7.3** Co-Evolution in Problemlösung. Nachdruck aus Maher et al. (1996), Formalising design exploration as co-evolution, Springer, S. 7. Mit Genehmigung von Springer Nature

#### 7.2.2.6 Funktion-Verhalten-Struktur-Ontologie und -Framework

Die bisher diskutierten Modelle konzentrieren sich hauptsächlich auf die Designaktivität selbst. Beiträge, die die Designaktivität mit spezifischen Aspekten des betrachteten und generierten Designwissens verbinden, werden nun betrachtet.

Das erste Modell dieser Art ist die *Funktion-Verhalten-Struktur-(FBS-)Ontologie und -Framework* (Gero, 1990). Mit FBS bietet Gero eine Perspektive auf das Entwerfen, in der Entwürfe in Bezug auf drei Domänen beschrieben werden: *Funktionen*, die beschreiben, wofür das Design ist, *Verhaltensweisen*, die beschreiben, was es tut, und *Strukturen*, die definieren, was es ist (Gero & Kannengiesser, 2014).

Das *FBS-Framework* baut auf dieser Ontologie auf, um den Designprozess als Übergänge zwischen den Funktions-, Verhaltens- und Strukturdomänen darzustellen und Übergänge, die diese Domänen mit den Designanforderungen und der letztendlich erstellten Designdarstellung verbinden. Diese Übergänge sind in Abb. 7.4 dargestellt und definieren zusammen die folgenden Prozesse, wobei die Buchstaben in Klammern auf die Beschriftungen von Abb. 7.4 (Gero & Kannengiesser, 2014) verweisen:

1. *Problemformulierung* – wo Anforderungen in Funktionen (R→F) umgewandelt werden, die wiederum in die Verhaltensweisen umgewandelt werden, die von einer Designlösung erwartet werden (F→Be);
2. *Problemlösung* – wo erwartete Verhaltensweisen berücksichtigt werden, um eine Struktur zu erstellen, die das Design repräsentiert (Be→S), die analysiert wird, um ihr tatsächliches Verhalten zu bestimmen (S→Bs), das mit den gewünschten Verhaltensweisen verglichen wird (Bs→Be), was zu Designverbesserungen führt (Be→S), alles durch einen iterativen Zyklus;
3. *Anpassungen vornehmen* – wo Erkenntnisse, die beim Betrachten der Struktur des Designs entstehen (S→S, S→Be und S→F), zu Änderungen an der Struktur, den Funktionen und den erwarteten Verhaltensweisen führen;
4. *Dokumentation von Lösungen* – wo Lösungen angemessen dokumentiert werden (S→D).

Gero und Kannengiesser (2004) entwickeln die FBS-Ontologie und das Framework, um die situative Natur der Designaktivität zu umfassen (erinnern Sie sich an die Diskussion über Situativität in Abschn. 7.2.1.7). Insbesondere beobachten diese Autoren, dass Designeinsichten nicht nur aus Interaktionen innerhalb des Geistes des Designers (wie in Punkt (3) oben) generiert werden, sondern auch durch Neuinterpretation ausgelöst werden, wenn Designideen in Anbetracht der entstehenden Designdarstellung situativ betrachtet werden. Um diese Ideen zu integrieren, zerlegt *situatives FBS* das Designen in 20 Transformationsprozesse, die zwischen FBS-Domänen in der Außenwelt, der Interpretation des Designers dieser Welt in Bezug auf ihr entstehendes Design und der Welt, die sie mit diesem Design erzeugen wollen, wechseln. Gero und Kannengiesser (2014) schreiben, dass FBS und situatives FBS konzeptionelle Werkzeuge für das

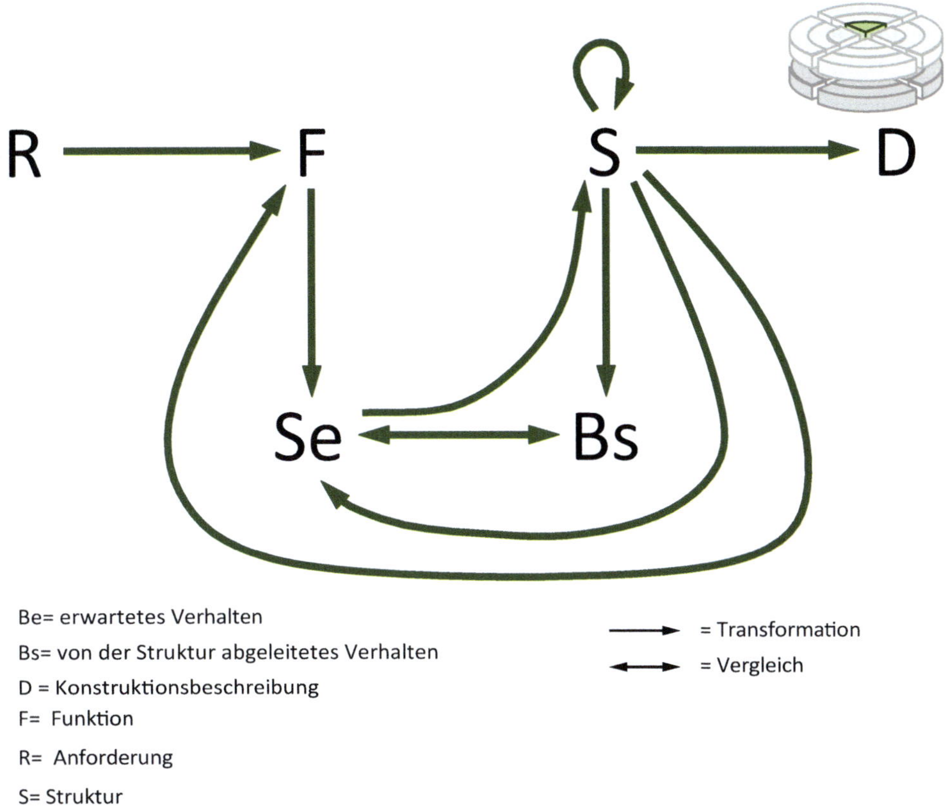


**Abb. 7.4** FBS sieht das Designen als eine Reihe von Schritten, die durch aufkommende Modelle von Funktion (F), Verhalten (B), Struktur (S) und Anforderungen (R) ausgelöst und beeinflusst werden. Nachdruck von Gero und Kannengiesser (2014), The Function-Behaviour-Structure Ontology of design, Springer, S. 268. Mit Genehmigung von Springer Nature

Verständnis von Design bieten und Grundlagen für eine einheitliche Codierung von Designprotokollen liefern, die es ermöglichen, Designaktivitäten unabhängig vom Bereich zu studieren.

Das FBS-Framework und die zugrunde liegende Ontologie, die zu Beginn dieses Absatzes erwähnt wurden, wurden weitgehend übernommen, um konzeptionelle, rechnergestützte und empirische Studien zum Design zu strukturieren. Beispiele finden sich in den Arbeiten von Howard et al. (2008) und Hamraz et al. (2013), unter vielen anderen.

#### 7.2.2.7 Frameworks zur Erfassung kognitiver Aktivitäten im Design

Andere Autoren haben Modelle der Designkognition erweitert, um auf die spezifischen elementaren Aktivitäten oder kognitiven Prozesse einzugehen, die beteiligt sind. Sim und

Duffy (2003) charakterisieren elementare Designaktivitäten als zielgerichtete Wissenstransformationen. Sie identifizieren drei Kategorien generischer Designaktivität, nämlich: *Designdefinitions-*, *Designevaluations-* und *Designmanagement*aktivität. Innerhalb dieser Kategorien identifizieren dieselben Autoren 28 Arten von Aktivitäten und spezifizieren das Eingabe- und Ausgabewissen jeder. Um die Abstraktionsebene zu veranschaulichen, sind Beispiele für die definierten Aktivitäten *Assoziieren*, *Strukturieren* und *Planen*. Obwohl die Aktivitätstypen umfassend untersucht werden, streben Sim und Duffy (2003) nicht an, im Detail zu zeigen, wie sie interagieren und sich verbinden, um Designprozesse zu bilden.

In jüngerer Zeit identifizieren Hay et al. (2017) 35 kognitive Prozesse, die in veröffentlichten Designkognitionsprotokollstudien analysiert wurden, und argumentieren, dass sie „wahrscheinlich vorherrschend“ in der konzeptionellen Designpraxis sind, aufgrund ihres Auftretens in dieser Literatur. Diese Autoren entwickeln ein Framework, um diese Prozesse in sechs Gruppen zu organisieren (wiedergegeben in Abb. 7.5). Viele der bisher in diesem Kapitel diskutierten Themen und elementaren Aktivitäten beziehen sich auf die beiden obersten Segmente dieses Frameworks, die in Abb. 7.5 als *Erstellen und Kombinieren von Konzepten* und *Planen, Überwachen und Auswählen* bezeichnet werden – die anderen Segmente betonen die Bedeutung kognitiver Prozesse im Zusammenhang mit Gedächtnisabruf, semantischer Interpretation und der Wahrnehmung und Verarbeitung von visuellen Darstellungen und mentalen Bildern.

#### 7.2.2.8 Konzeptionelle Modelle des Wissensniveaus beim Entwerfen

Modelle und Theorien der internen Prozesse, die Menschen beim Entwerfen verwenden, wie sie in den vorherigen Abschnitten zusammengefasst sind, können als kognitiv fokussiert beschrieben werden. Smithers (1998) unterscheidet solche Arbeiten von Modellen und Theorien des Wissensniveaus beim Entwerfen, die die Arten von verwendetem Wissen identifizieren und strukturieren, und ihre Rollen im Entwurfsprozess. Solche Ansätze erweitern das Konzept des *Wissensniveaus*, das in dem bahnbrechenden Artikel von Newell (1981) vorgestellt wurde, wo er Wissen als das Mittel definiert, durch das intelligente Agenten rational Handlungen zur Erreichung von Zielen auswählen, und bemerkt auch, dass nicht alle Entscheidungen, die solche Agenten treffen, rational sind. Newell schlägt auch vor, dass Prozesse auf dem Wissensniveau weitgehend unabhängig von den kognitiven Prozessen untersucht werden können, auf denen sie beruhen.

Aufbauend auf dieser Idee entwickelt, definiert die *Theorie des Wissensniveaus des Entwurfsprozesses* ("knowledge level theory of design process", abgekürzt als $K_LD_0^E$) von Smithers (1998) 15 Wissenstypen, die, wie er schreibt, in Summe notwendig und ausreichend sind, um das Entwerfen zu beschreiben. Sein Modell definiert auch drei Arten von Beziehungen, die zwischen diesen Wissenstypen auftreten können: *verwendet*, *hängt ab von* und *wird erzeugt aus*. Zum Beispiel hängt der Wissenstyp "Problemstellung" von dem Wissenstyp "Anforderungsstellung" ab und kann mit "Problemsynthesewissen" erzeugt werden. Als konzeptionelles Modell ist $K_LD_0^E$ hoch abstrakt und Details darüber,

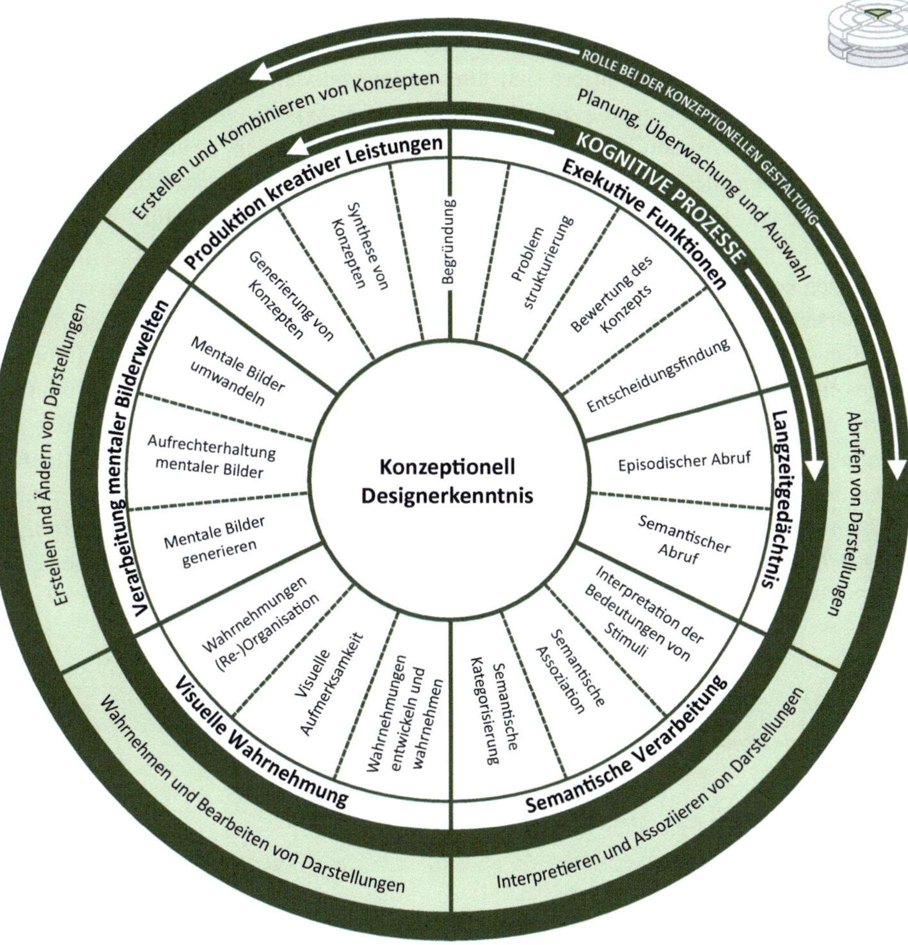


**Abb. 7.5** Framework zur Organisation einiger kognitiver Prozesse, die im konzeptionellen Design auftreten. Nachdruck von Hay et al. (2017), Lizenz CC-BY 4.0 (http://creativecommons.org/licenses/by/4.0/)

was das Wissen ist und wie es repräsentiert werden könnte, werden nicht bereitgestellt. Smithers (1998) zeigt, wie routinemäßige, innovative und kreative Situationen beim Entwerfen mit diesem Modell untersucht werden können, indem ausgedrückt wird, welche Wissenstypen beteiligt sind, und ihre relevanten Interaktionen. Weiterhin argumentiert er, dass der Ansatz die Entwicklung von wissensbasierten Systemen für spezifische Situationen beim Entwerfen unterstützen könnte, indem diese Situationen analysiert werden, um die Arten von Wissen zu bestimmen, die repräsentiert werden müssten.

### 7.2.2.9 Aufgabenorientierte konzeptionelle Modelle des Entwerfens

Während sich ein Wissensmodell auf die Arten von Wissen konzentriert, die am Entwerfen beteiligt sind, konzentriert sich ein *Aufgabenmodell* auf die Ausarbeitung der verschiedenen Operationen, die zur Verarbeitung von Wissen verwendet werden, und die Beziehungen zwischen ihnen (Smithers, 1998). In der Praxis besteht eine enge Verbindung zwischen diesen beiden Modelltypen. Die folgenden Absätze diskutieren eine repräsentative Auswahl von Aufgabenmodellen, die das Verständnis dafür fördern sollen, wie KI-Systeme letztendlich das generische Entwerfen oder einige seiner Operationen unterstützen könnten.

Das erste hier beschriebene aufgabenorientierte konzeptionelle Modell ist das von Ullman et al. (1988) entwickelte *Task-Episode-Accumulation-Modell*, das nichtroutinemäßiges mechanisches Design durch die Analyse von Protokollaufzeichnungen von Designern, die an solchen Problemen arbeiten, erklärt. Dieses Modell beschreibt das Entwerfen als eine Reihe von *Aufgaben*, die jeweils aus *Episoden* bestehen, die durchgeführt werden, um *Ziele* zu erreichen (Abb. 7.6), wobei jede Episode in eine Reihe von primitiven *Operatoren* zerlegt wird, die in eine von drei Kategorien fallen: *Auswählen*, *Bewerten* und *Entscheiden*. Diese Operatoren werden wiederum auf den *Designzustand* angewendet,

***Struktur des Ziels***

A. Aufgaben
   1. Konzeptionelle Gestaltung
   2. Layout Gestaltung
   3. Detail Design
   4. Katalogauswahl

B. Episoden
   1. Assimilieren Sie
   2. Plan
   3. Geben Sie an.
   4. Reparatur
   5. Überprüfen Sie
   6. Dokument

***Betreiber***

A. Erzeugen Sie
   1. Wählen Sie
      a. Zustand wählen
      b. Speicher auswählen
   2. erstellen.

B. Bewerten Sie
   1. Berechnen Sie
   2. Simulieren Sie
   3. Vergleichen Sie

C. Entscheiden Sie
   1. Akzeptieren
   2. Ablehnen
   3. aussetzen.
   4. Aufnäher
   5. Verfeinern Sie

**Abb. 7.6** Aufgaben, Episoden und Operatoren im TEA-Modell. Ullman et al. (1988), mit Genehmigung reproduziert

der alle Informationen über das entstehende Design umfasst. Zu den Hauptmerkmalen des Task-Episode-Accumulation-Modells gehören: Designalternativen existieren nur innerhalb von Episoden und als solche wird das Design schrittweise durch eine Ansammlung von Operatorenergebnissen erreicht; das Arbeitsgedächtnis des Designers wird explizit modelliert, zusammen mit Operatoren, die verwendet werden, um seine Einschränkungen durch Laden und Entladen relevanter Informationen zu bewältigen; und Ziele werden schrittweise verwaltet, nicht in Reaktion auf einen Gesamtplan. Das Modell spiegelt das beobachtete Verhalten des Designers wider, bei dem ein anfängliches Konzept „entwickelt und schrittweise erweitert wird, um die Designziele zu erreichen" (Ullman et al., 1988).

In einem anderen aufgabenorientierten konzeptionellen Modell stellt Chandrasekaran (1990) das Entwerfen als einen iterativen Zyklus von *Vorschlagen-*, *Kritik-* und *Modifizieren*-Operationen dar. Sie überprüfen Wege, um jede Operation anzugehen, zum Beispiel kann der erste Schritt des Lösungsvorschlags durch algorithmische Methoden wie Zerlegung und Rekombination, Einschränkungszufriedenheit und andere angegangen werden. Es wird gesagt, dass ein Designprozess eine Mischung von Ansätzen beinhaltet, entsprechend den Eigenschaften jedes einzelnen Teilproblems, das auftritt. Chandrasekaran (1990) stellt auch fest, dass geeignete Ansätze dynamisch von einem Controller ausgewählt werden können, der die Aufgabe strukturiert und Methoden auswählt, die geeignet sind, um jedes Teilziel zu erreichen.

In diesem Abschnitt schließlich schreiben Srinivasan und Chakrabarti (2010), dass elementare Aufgabenmodelle, wie die oben diskutierten Beispiele, auf einen allgemeinen Zyklus von Problemfindung und Problemlösung abgebildet werden können, der die vier Aktivitätstypen *Generieren*, *Bewerten*, *Modifizieren* und *Auswählen* umfasst. In ihrem Modell, abgekürzt *GEMS ("generate, evaluate, modify and select")*, werden die Ergebnisse jeder Aktivität in Bezug auf Konstrukte dargestellt, die das entstehende Design und seine Betriebsprinzipien in Bezug auf das SAPPhIRE-Modell einiger derselben Autoren (Chakrabarti et al., 2005) beschreiben. Kurz gesagt, SAPPhIRE ist ein Modell eines Designs und seiner Kausalität. Es besagt, dass ein Design mit den folgenden Konstrukten beschrieben werden kann, wodurch das Akronym entsteht: Zustandsänderung, Aktion, Teile, Phänomen, Eingabe, oRgane und Effekte ("State change, Action, Parts, Phenomenon, Input, oRgans and Effects").

#### 7.2.2.10 Konzeptionelle Modelle der Designzusammenarbeit

Das letzte Thema, das in diesem Abschnitt betrachtet werden soll, ist die Auswirkung der Designzusammenarbeit auf die Designaktivität. Während die zuvor genannten Modelle diesen Aspekt nicht betonen, wird das Design in der Realität normalerweise in Teams durchgeführt, in denen die Mitglieder des Designteams jeweils einzigartige Perspektiven haben (Bucciarelli, 2002; Kleinsmann et al., 2010). Daher ist ein dynamischer Lernprozess erforderlich, um die verschiedenen Perspektiven während des kollaborativen Designs zusammenzubringen, sodass die Arbeit der Prozessbeteiligten aufeinander abgestimmt wird. Der Lernprozess wurde als von sozialer Natur beschrieben und tritt während eines Projekts auf, obwohl er zu Beginn der Arbeit möglicherweise wichtiger ist, da zu diesem Zeitpunkt erstmals ein gemeinsames Verständnis entwickelt werden muss (Kleinsmann & Valkenburg, 2008). Die Aufgabe wird wahrscheinlich schwieriger sein, wenn viele Spezialisten aus verschiedenen Disziplinen beteiligt sind.

Eine Reihe von konzeptionellen Modellen hat diesen Aspekt des Designs behandelt. Dong (2004), zum Beispiel, schreibt, dass Designzusammenarbeitsprozesse auf zwei Ebenen verstanden werden sollten: (1) die *kognitiven Prozesse* der Designer, die an der Designaktivität selbst beteiligt sind (wie in früheren Abschnitten dieses Kapitels behandelt), und (2) die *sozialen Prozesse*, die erklären, wie Designer ein kongruentes Denken entwickeln. Dong (2004) stellt entsprechend fest, dass die Ziele eines kollaborativen Designprozesses, die durch Feedback erreicht werden, sowohl technische Problemlösung als auch die Entwicklung eines gemeinsamen Verständnisses umfassen. Er präsentiert konzeptionelle Modelle davon, wie diese Ziele auf der Grundlage von regelungstheoretischen Konzepten erreicht werden.

In einer anderen Perspektive auf die Designzusammenarbeit diskutieren Maier et al. (2012, 2014) die Bedeutung des Modellierens als eine Form des Lernens und als zentral für das Design. Sie sehen ein Designteam als eingebettet in ein Ökosystem von Modellen und das Designproblem in einem *Designsystem*, das auch ein *Modellierungssystem* ist. Sie entwickeln ein konzeptionelles Modell, das in Abb. 7.7 dargestellt ist, das

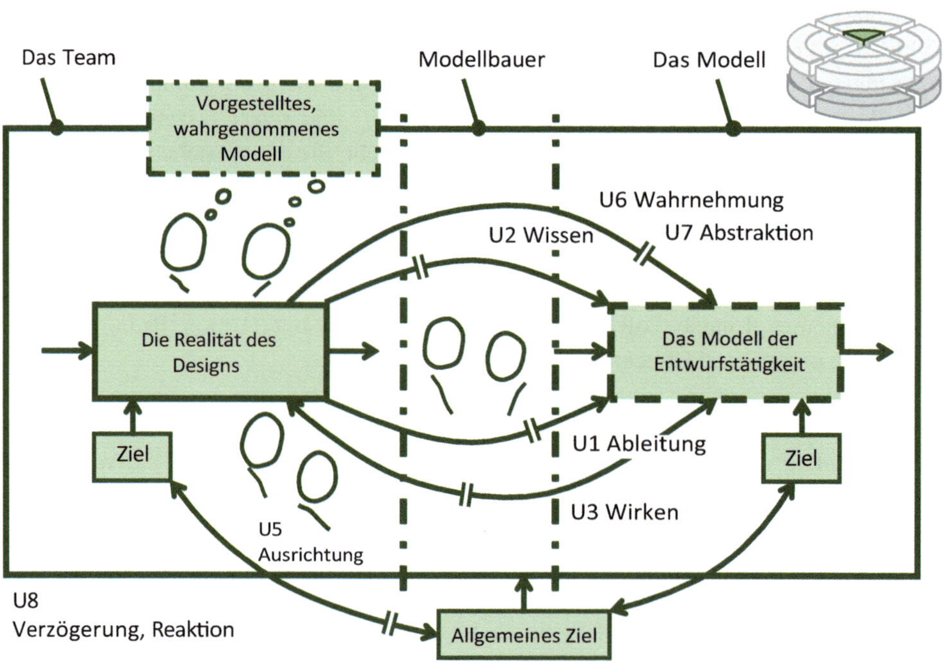


**Abb. 7.7** Modell der Designzusammenarbeit als kybernetisches System. Nachdruck von Maier et al. (2012)

die Bedeutung des Feedbacks bei der Verbindung der Designrealität mit den Designmodellen und Aktivitätsmodellen betont, die ein Team beim Design verwendet. Maier et al. (2014) beschreiben, wie das Ökosystem von Modellen innerhalb eines solchen Systems, das Produkt- und Prozessmodelle sowie Designmethoden und mentale Modelle umfasst, vom Designteam interpretiert wird, um Designprozesse auf ihre Ziele hin zu regulieren. Sie berücksichtigen auch, dass diese Modelle durch Lernen weiterentwickelt werden und dass innerhalb des Teams unterschiedliche Perspektiven auf diese Modelle bestehen, die notwendig sind, um die Komplexität des Designs zu bewältigen. In Abb. 7.7 kennzeichnen die mit *U* beschrifteten Pfeile sogenannte Nutzenfaktoren oder Kompetenzen, die das Designteam haben sollte, um die Modelle zur Erreichung ihrer Ziele zu nutzen, wobei diese Faktoren aus den Prinzipien der Kybernetik abgeleitet sind.

### 7.2.3 Formale Modelle und Theorien und die Logik des Designs

Nach Abschluss der Diskussion über konzeptionelle Mikroebenenmodelle, die hauptsächlich diskursiv und diagrammbasiert sind, repräsentiert die nächste Gruppe von Beiträgen das Design auf Mikroebene mit formalen oder logischen Operationen. Einige Motivationen für solche Arbeiten beinhalten, dass das Verständnis und die formale Spezifikation der Logik des Designs zur systematischen Ableitung von Erkenntnissen führen könnten und zur Unterstützung und Automatisierung von Aspekten des Prozesses mit geeigneten Argumentationsalgorithmen führen könnten.

#### 7.2.3.1 P-D-I-Modell

Vielleicht das bekannteste frühe Modell dieser Art wurde von March (1984), ursprünglich veröffentlicht 1976, entwickelt. Sein *Produktion-Deduktion-Induktion-(P-D-I-)*Modell klärt, wie kreative, evaluative und Lernprozesse beim Entwerfen funktionieren und interagieren. Dieses Modell verbindet die drei Modi der logischen Inferenz, die von Peirce (1923) diskutiert wurden, und zeigt ihre Relevanz im Kontext des Entwerfens. Im Überblick besteht das Modell (dargestellt in Abb. 7.8) aus drei Phasen, die sich in einem iterativen Zyklus wiederholen:

1. In der ersten Phase betrachten Designer eine gewünschte Situation im Hinblick auf ihr vorhandenes Wissen, Vorlieben und Werte, um eine mögliche Designlösung zu spekulieren – dies wird von March als Peirces produktives (häufiger als *abduktives*) Denken bezeichnet.
2. In der zweiten Phase wird die Performance des Designs durch Betrachtung seiner Form und relevanter physikalischer Prinzipien vorhergesagt – dies ist *deduktives* Denken.
3. In der dritten Phase wird neues Wissen über wahrscheinliche allgemeine Beziehungen zwischen Lösungen und ihrem Verhalten aus dem gerade analysierten spezifischen Fall abgeleitet – dies ist *induktives* Denken und wird von March als Erzeugung von „differenzierteren Modellen“ für zukünftige abduktive Schritte bezeichnet.

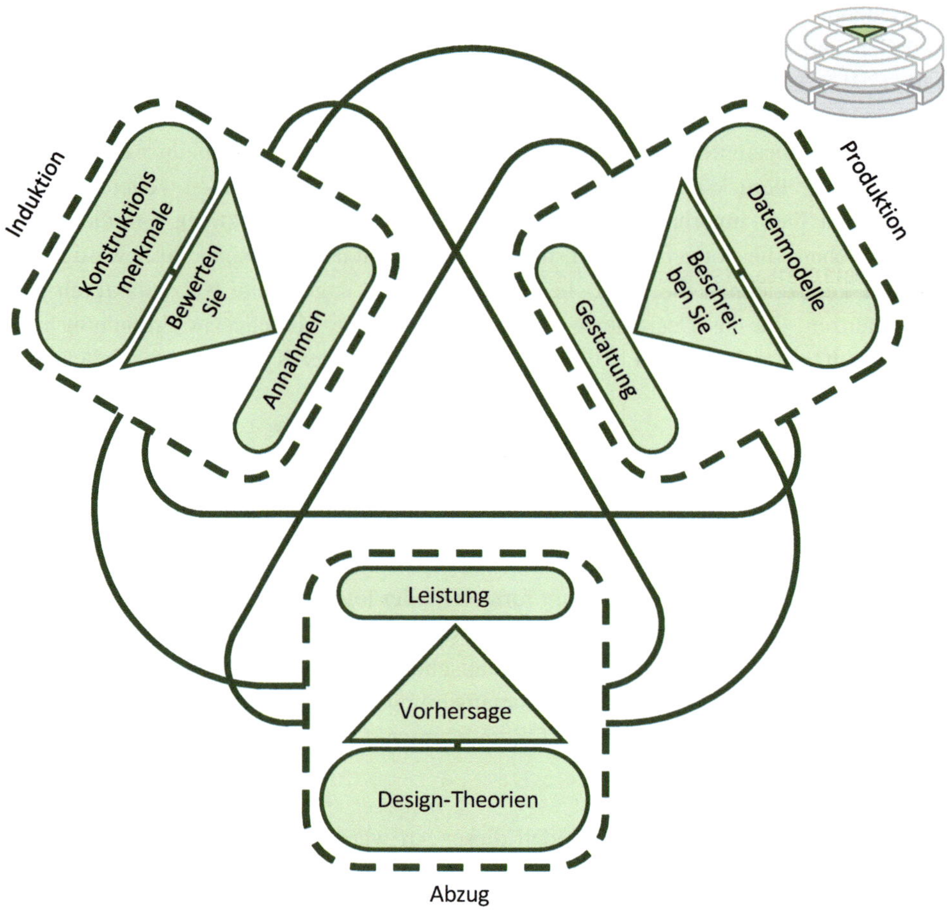


**Abb. 7.8** Das Produktion-Deduktion-Induktion-(P-D-I-)Modell klärt, wie kreative, evaluative und Lernprozesse beim Entwerfen funktionieren und interagieren. Nachdruck von March (1976), The architecture of form, mit Genehmigung des Cambridge University Press

Während deduktives Denken analytisch ist, sind abduktives und induktives Denken synthetisch, das heißt, ihre Ergebnisse werden durch den Kontext beeinflusst, einschließlich des Wissens und der Erfahrung des Designers, und können in späteren Prozessschritten revidiert werden. March (1984) verbindet das P-D-I-Modell mit dem Wunsch, dass das Entwerfen in rationaler Logik begründet oder damit erklärt wird. Er stellt jedoch auch fest, dass spekulierte Designlösungen (in der ersten Phase des Modells) nicht logisch erreicht werden können.

#### 7.2.3.2 Allgemeine Designtheorie

Ein formeller präsentierter Ansatz ist die *allgemeine Designtheorie* (Yoshikawa, 1981), die eine Logik des Entwerfens in der Notation der Mengentheorie bietet. Im Einklang mit dem Umfang dieses Kapitels wird der Formalismus nicht diskutiert und der Hauptfokus liegt auf den zugehörigen Prozessmodellen.

Das erste solche Modell, das *evolutionäre Designprozessmodell*, konzentriert sich darauf, wie Designer mit mehreren Darstellungen eines entstehenden Designs arbeiten (Tomiyama et al., 1989). Nach diesem Modell erfolgt das Design durch schrittweise Erweiterung eines *Metamodells*, aus dem die verschiedenen Produktmodelle abgeleitet werden können. In jedem einer Reihe von Zyklen wird ein Problem identifiziert und spezifische Modelle werden aus dem Metamodell abgeleitet, um das Design zu analysieren, was die Lösung des Problems ermöglicht und dazu führt, dass Informationen zum Metamodell hinzugefügt werden. Es wird gesagt, dass diese Zyklen fortgesetzt werden, bis ein vollständig detailliertes Design erreicht ist. Im Gegensatz zu March (siehe vorherigen Abschnitt) argumentieren Tomiyama et al. (1989), dass dies hauptsächlich ein deduktiver Prozess ist, ergänzt durch zusätzliche logische Operationen, um die während des Designs in Betracht gezogenen, mehreren parallelen Pfade und die Notwendigkeit des Zurückverfolgens zu behandeln, wenn ein Problem erreicht wird, das nicht durch Deduktion gelöst werden kann.

Takeda et al. (1990) erweitern diese Arbeit und legen größeren Wert darauf, wie der Designprozess von einem Schritt zum nächsten geleitet wird, und auf die Formen der Logik, die dabei beteiligt sind. Ihr *erweitertes evolutionäres Designprozessmodell*, dargestellt in Abb. 7.9, beinhaltet zwei Ebenen. Auf der Objektebene entwickelt der Designer zunächst einen Lösungsvorschlag aus der Wahrnehmung eines Design-(Teil-)Problems, dann entwickelt, detailliert und bewertet er seine vorgeschlagene Lösung. Auf der Handlungsebene entscheidet er über die nächsten Schritte, wenn die Bewertung Widersprüche im Vorschlag aufzeigt. Takeda et al. (1990) argumentieren, dass das Vorschlagen einer Lösung aus der Wahrnehmung eines Problems durch *Abduktion* erreicht wird; das Ausarbeiten von Details der Lösung und deren Bewertung sind beides *Deduktion* und die Ursachen für identifizierte Widersprüche werden durch eine Form der Logik gefunden, die *Umschreibung* (Circumscription) genannt wird (im Wesentlichen, das Arbeiten um den Widerspruch herum). In ihrem Modell stellen die Ursachen für Widersprüche neue Variablen und ein neues Problem dar, das in einem zukünftigen Designzyklus behandelt werden soll.

Tomiyama (1994) entwickelt eine weitere Verbesserung der allgemeinen Designtheorie, das *Verfeinerungsmodell*, in dem das Design als Prozess dargestellt wird, um die Spezifikationen zu vervollständigen und Designattribute zu definieren.

Eine detaillierte Analyse und Kritik der allgemeinen Designtheorie wird von Reich (1995) angeboten. Reich (1995) konzentriert sich hauptsächlich auf die formalen Axiome und Theoreme anstatt auf die Prozessmodelle und kommt zu dem Schluss, dass der Ansatz „keine angemessene Beschreibung des realen Designs sein kann". Er argumentiert jedoch, dass er dennoch hilfreiche Richtlinien für die Entwicklung von computergestützter Designunterstützung liefern könnte.

#### 7.2.3.3 Axiomatisches Design

Das axiomatische Design unterscheidet sich von den bisher in diesem Kapitel diskutierten konzeptionellen Modellen und Theorien insofern, als es sich nur teilweise

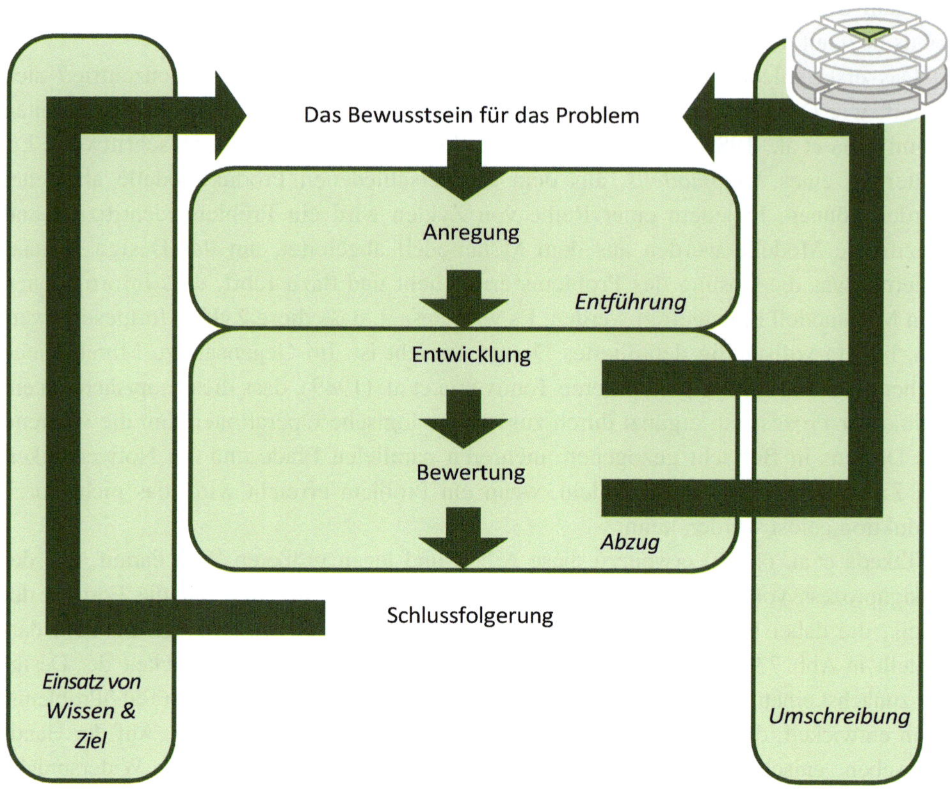


**Abb. 7.9** Erweitertes evolutionäres Designprozessmodell. Nachdruck von Takeda et al. (1990), Lizenz CC BY

auf den Prozess selbst konzentriert. Es ist hauptsächlich eine Theorie darüber, was ein gutes Design sein sollte, mit Auswirkungen auf den Design- und Entwicklungsprozess. Insbesondere wurde das axiomatische Design aus der Sicht entwickelt, dass alle guten Designs zwei Axiome erfüllen sollten, die als „grundlegende Wahrheiten" präsentiert werden (Suh, 1990):

- *Axiom der Unabhängigkeit* – besagt, dass jede funktionale Anforderung in dem realisierten Design unabhängig sein sollte, sodass die Anpassung eines Designparameters nicht mehr als eine funktionale Anforderung beeinflusst. Im Wesentlichen ist dies eine Aussage, dass alle Designs modular sein sollten (siehe auch die Diskussion über Modularität in Abschn. 2.4.1). Solche Designs sollen einfacher zu entwickeln sein mit weniger Bedarf an Koordination als gekoppelte Designs und einfacher zu ändern.

- *Axiom der Information* – besagt, dass Designer den Informationsgehalt von Designs minimieren sollten. Dies kann als Verteilung der Schwierigkeit der Designaufgabe über die Designparameter oder Subsysteme interpretiert werden, zum Beispiel durch Vermeidung von Designs, bei denen bestimmte Designelemente erhebliche Variationen in den funktionalen Anforderungen bewältigen müssen, während andere dies nicht tun.

Einer der wichtigen Beiträge des axiomatischen Designs besteht darin, Kriterien für die Entscheidungsfindung im Design in einer problem- und domänenunabhängigen Weise zu formalisieren. Es ist vielleicht am besten anwendbar auf das System-Level-Design, da ein Design, das die Axiome vollständig erfüllt, möglicherweise nicht praktikabel ist oder nicht in allen Situationen gut funktioniert. Zum Beispiel könnte dies der Fall sein, wo die Anforderungen der Ingenieurphysik eine Interdependenz von Parametern erfordern oder wo andere Faktoren wichtiger sind, wie die Notwendigkeit der Integration zur Verbesserung der Leistung oder zur Reduzierung des Gewichts oder der Teileanzahl. Diese Herausforderungen resultieren wahrscheinlich aus dem expliziten Fokus der zugrunde liegenden Theorie auf funktionale Anforderungen, wobei nichtfunktionale Anforderungen nicht betont werden. Eine Übersicht über einige der vielen Anwendungen des axiomatischen Designs wird von Kulak et al. (2010) bereitgestellt.

#### 7.2.3.4 Axiomatische Theorie der Designmodellierung

Zeng und Cheng (1991) verfolgen ebenfalls einen axiomatischen Ansatz und konzentrieren sich darauf, wie das Denken bei jedem Designschritt im Ergebnis der vorherigen Schritte verankert ist, und entwickeln ein formales rekursives Logikschema, um dies darzustellen. Zeng (2002) integriert diese Ideen in seine *axiomatische Theorie der Designmodellierung*. In dieser Theorie wird das Designen als ein Zyklus von Synthese und Evaluation dargestellt, der auf einer hierarchischen Struktur operiert, die das sich entwickelnde Design und seine Umgebung definiert. Die Synthese von Teillösungen in jedem Zyklus trägt zu den Bewertungskriterien für zukünftige Zyklen bei. Eine Reihe von Designaxiomen (nicht die gleichen wie Suhs Axiome) werden vorgestellt und die Theorie wird formal mithilfe der Mengentheorie entwickelt.

#### 7.2.3.5 Formale Designtheorie und gekoppelter Designprozess

Braha und Reich (2003) bauen auf der früheren *formalen Designtheorie* von Braha und Maimon (1998) auf, um das Modell des *gekoppelten Designprozesses* zu entwickeln. Dieses Modell bietet einen mathematischen Formalismus, der die Rolle der Exploration bei der Weiterentwicklung eines Designs betont. Im Überblick wird das Designen als wiederholender Zyklus einer Abschlussoperation gefolgt von einer Auswahloperation modelliert. Die *Abschlussoperation*, die die Exploration repräsentiert, beinhaltet die Erstellung einer Menge von Designbeschreibungen, die sich „nicht wesentlich“ von der Ausgabe eines vorherigen Designzyklus unterscheiden. Dies wird als Abschlusssatz bezeichnet. Die *Auswahloperation* lenkt dann die Aufmerksamkeit auf eine oder mehrere Designbeschreibungen aus dem Abschlusssatz, die Keime für den nächsten Zyklus bilden. Im Modell des gekoppelten Designprozesses besteht jede Designbeschreibung sowohl aus Spezifikationen als auch aus Lösungen, die gemeinsam ausgearbeitet werden, bis das Design vollständig ist, wie in Abb. 7.10 dargestellt. Braha und Reich (2003) zeigen, dass ihr Modell es ermöglicht, Konzepte aus der Mathematik der Abschlüsse zu interpretieren, um Einblicke in das Design zu gewinnen. Sie zeigen auch, dass die allgemeine Designtheorie ein Spezialfall dieses Modells ist. Im Gegensatz zur allgemeinen Designtheorie diskutieren Braha und Reich (2003) jedoch nicht, wie ihr Formalismus möglicherweise computergestützt umgesetzt werden könnte.

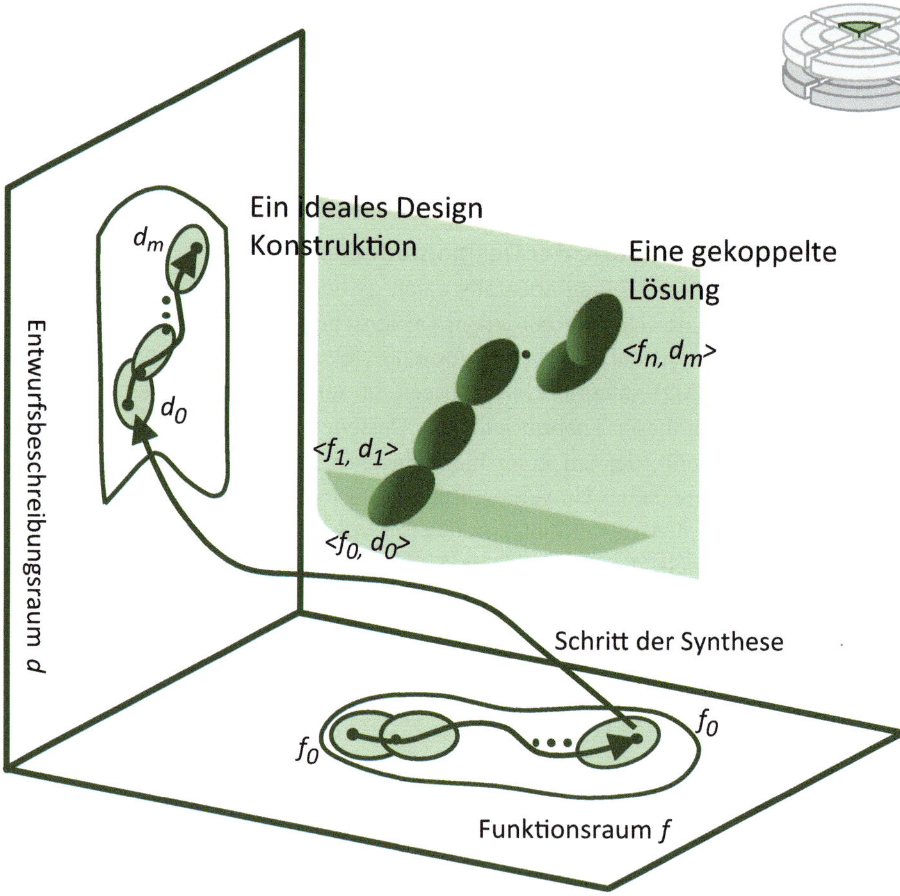


**Abb. 7.10** Konzepte aus dem Modell des gekoppelten Designprozesses. Nachdruck von Braha und Reich (2003), Topological structures for modeling engineering design processes. Res Eng Des 14:188 mit Genehmigung von Springer Nature

#### 7.2.3.6 C-K-Theorie

Das letzte Mikroebenenmodell und die Theorie, die in diesem Kapitel diskutiert werden, ist die *C-K-Theorie*, die von Hatchuel und Weil eingeführt wurde (2003, 2009). Diese Autoren argumentieren, dass *Kreativität* und die *Erweiterung von Wissen* grundlegend für das Design sind, aber nicht umfassend in früheren konzeptionellen Modellen und Theorien integriert sind. Die C-K-Theorie zielt darauf ab, dies zu adressieren, indem sie das Design in Bezug auf Übergänge analysiert, die zwei strukturierte und expandierende Räume betreffen:

- *Wissensraum, K (Knowledge)* – umfasst Aussagen, die das Wissen des Designers zum aktuellen Zeitpunkt im Designprozess repräsentieren;
- *Konzeptraum, C (Concept)* – umfasst Aussagen, die sich auf die entstehenden Designkonzepte beziehen, die im Gegensatz zum Wissen noch nicht entschieden sind, da sie noch nicht als wahr oder falsch bekannt oder angenommen werden.

In der C-K-Theorie wird das Design in Bezug auf C-K-Operatoren konzeptualisiert, die die vier möglichen Übergänge innerhalb und zwischen diesen Räumen abdecken (C→C, C→K, K→K und K→C), die Schritt für Schritt angewendet werden, um die Wissensstrukturen in Verbindung mit dem Konzeptraum zu erweitern. Es wird gesagt, dass das Design abgeschlossen ist, wenn die Aussagen, die notwendig sind, um eine vollständige Designlösung zu definieren, entwickelt und als wahr befunden wurden.

Einige Schlüsselkonzepte der C-K-Theorie sind in Abb. 7.11 (Le Masson et al., 2017) diagrammatisch dargestellt. Die Abbildung zeigt links, wie eine Menge, die ein teilweise definiertes Designkonzept repräsentiert (also einen Raum der Möglichkeiten), durch Hinzufügen von relevantem Wissen progressiv partitioniert und erweitert wird, was rechts parallel entwickelt wird. Partitionierung bedeutet im Wesentlichen, dass, wenn ein teilweise definiertes Designkonzept weiter detailliert wird, einige der hierdurch zugelassenen Optionen als ungeeignet befunden und eliminiert werden, während andere weitergeführt und weiter detailliert werden. Abb. 7.11 zeigt, wie die hierarchische, logische Struktur der Konzeptentwicklung sich von der fortlaufenden Entwicklung des relevanten Wissens unterscheidet, das selbst in Bezug auf bestimmte Aspekte des sich entwickelnden Designs erstellt und gesucht wird und möglicherweise nicht vollständig verbunden ist. Entsprechend beschreiben Le Masson et al. (2017) den Konzeptraum als *baumstrukturiert* und den Wissensraum als *archipelmäßig ("archipelagic").*

Auf der Grundlage der Ideen der C-K-Theorie wurden mehrere Formalismen entwickelt (zum Beispiel Kazakçi, 2009; Salustri, 2014) und einige Unterstützungswerkzeuge und industrielle Anwendungen, die die Theorie verwenden, werden von Hatchuel et al. (2004) diskutiert, von denen eine, nämlich die KCP-Methode zur Verbesserung der Designkreativität, in Abschn. 8.2.2.2 besprochen wird. Eine Überprüfung aus dem Jahr 2014 kam zu dem Schluss, dass die C-K-Theorie bis zu diesem Zeitpunkt in mehr als 100 Publikationen entwickelt, angewendet und übernommen wurde und dass sie einen Rahmen bietet, der in der Lage sein könnte, frühere Designtheorien zu integrieren (Agogué & Kazakçi, 2014).

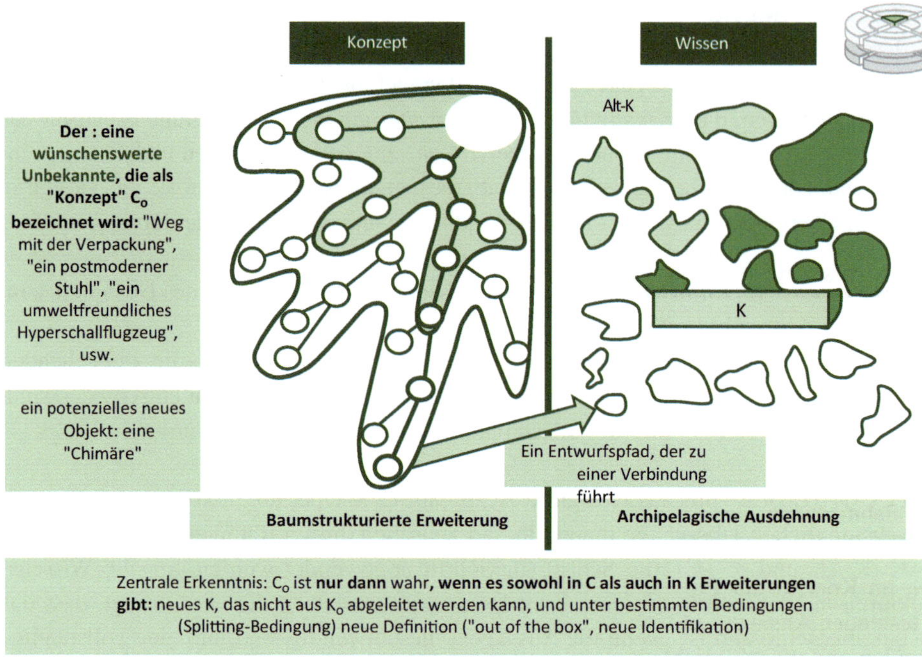


**Abb. 7.11** Eine Zusammenfassung der Hauptideen der C-K-Theorie. Nachdruck aus Le Masson et al. (2017), Design theory, Springer, S. 140. Mit Genehmigung von Springer Nature

### 7.2.4 Abschnittszusammenfassung

Zusammenfassend stammen die in Abschn. 7.2 diskutierten konzeptionellen Modelle und Theorien aus dem innersten Sektor des in Abb. 7.1 dargestellten Framework-Segments. Sie werden grob in im Wesentlichen diskursive Modelle vs. stark formalisierte Modelle und Modelle zur Logik des Entwerfens kategorisiert. Einige Schlüsselmerkmale des Entwerfens als generischer Prozess wurden ebenfalls vorgestellt.

Obwohl alle diskutierten Arbeiten Einblicke in die Natur des Entwerfens bieten, sind die formalisierten und logischen Modelle besonders idealisiert, was Schwierigkeiten bei der Interpretation für die Anwendung auf reale Designsituationen verursachen kann. Es kann auch beobachtet werden, dass viele Modelle und Theorien in dieser Kategorie entweder auf Erstprinzipienargumentation, auf Protokollstudien mit sehr begrenzter Teilnehmerzahl oder auf einer Literaturübersicht früherer Arbeiten in derselben Kategorie basieren – viele haben eine begrenzte empirische Rechtfertigung. Man könnte sagen, dass das Ziel einiger Autoren, in den fünf Jahrzehnten vor diesem Buch eine logische und rationale Grundlage für generisches Design zu schaffen, das seine Implementierung in Künstliche-Intelligenz-Systemen oder im computergestützten Mainstream-Design ermöglicht, noch nicht erreicht wurde. Dennoch haben einige Modelle dieser Art breites Interesse gefunden und von den bisher diskutierten sind wahrscheinlich das axiomatische Design (Abschn. 7.2.3.3) und die C-K-Theorie (Abschn. 7.2.3.6) am relevantesten für die Designpraxis.

Obwohl in den diskutierten Beiträgen eine Reihe von Perspektiven eingenommen wird, greifen sie alle auf grundlegende Schlüsselkonzepte bezüglich der Natur des Entwerfens zurück, die im Laufe der Jahre entwickelt wurden. Diese Konzepte, zusammengefasst in Tab. 7.1, sind gemeinsame Fäden, die sich in verschiedenen Kombinationen durch die Modelle und Theorien ziehen. Zum Beispiel sind Merkmale, die fast allen Modellen und Theorien gemeinsam sind, die Anerkennung der iterativen Natur des Entwerfens und die Notwendigkeit, auf neue Informationen zu reagieren, die während dieses Prozesses generiert oder offenbart werden.

## 7.3 Konzeptionelle Mesoebenenmodelle und -theorien

Dieser Abschnitt geht auf den zentralen Sektor des in Abb. 7.1 dargestellten Framework-Segments ein. Arbeiten in dieser Kategorie liefern konzeptionelle Modelle und Theorien darüber, wie Designprozessabläufe oder Modelle davon sich auf den Fortschritt eines Designs beziehen. Der Hauptunterschied zu den in dem vorherigen Abschnitt diskutierten Modellen und Theorien besteht darin, dass diese Arbeiten explizit aufzeigen, wie sich die Arbeitsmuster ändern, wenn ein Prozess voranschreitet.

**Theorie der technischen Systeme und Designprozesse** Eine der grundlegendsten Arbeiten in dieser Kategorie ist Hubkas *Theorie der technischen Systeme*, die ein aufwendiges verknüpftes Set von Konzepten und Terminologie zur Beschreibung eines Designs und seines Entwicklungsprozesses etablierte (Hubka & Eder, 1988). Eder und Hosnedl (2010) setzten diese Arbeit fort und entwickelten ein detailliertes Prozessmodell und eine systematische Methode, die zeigt, wie die in der Theorie der technischen Systeme identifizierten Designelemente entwickelt werden. Während diese Beiträge aufwendig sind und hier nicht vollständig zusammengefasst werden können, wird ein beispielhafter Ausschnitt aus der Arbeit dieser Autoren in Abb. 7.12 präsentiert. Dieses konzeptionelle Diagramm zerlegt den Designprozess in fünf Aktivitätsebenen, die zunehmend eng gefasst sind: (1) eine Abfolge von Designphasen, (2) Designoperationen innerhalb jeder Phase, (3) grundlegende Problemlösungsoperationen, (4) elementare Aktivitäten und (5) elementare Operationen. Jede dieser Ebenen und ihre Aktivitäten, die in Abb. 7.12 sichtbar sind, werden von Hubka und Eder (1988) ausgearbeitet. Als Beispiel wird eine präskriptive Methode, die die grundlegenden Operationen organisiert, in Abschn. 8.2.2.3 diskutiert. Die Theorie der technischen Systeme wurde ursprünglich im Kontext von überwiegend mechanischem Produkt- und Systemdesign entwickelt. Wie jedoch aus Abb. 7.12 hervorgeht, sind viele der konstituierenden Konzepte potenziell allgemeiner. Insgesamt hat die Theorie der technischen Systeme einen bedeutenden

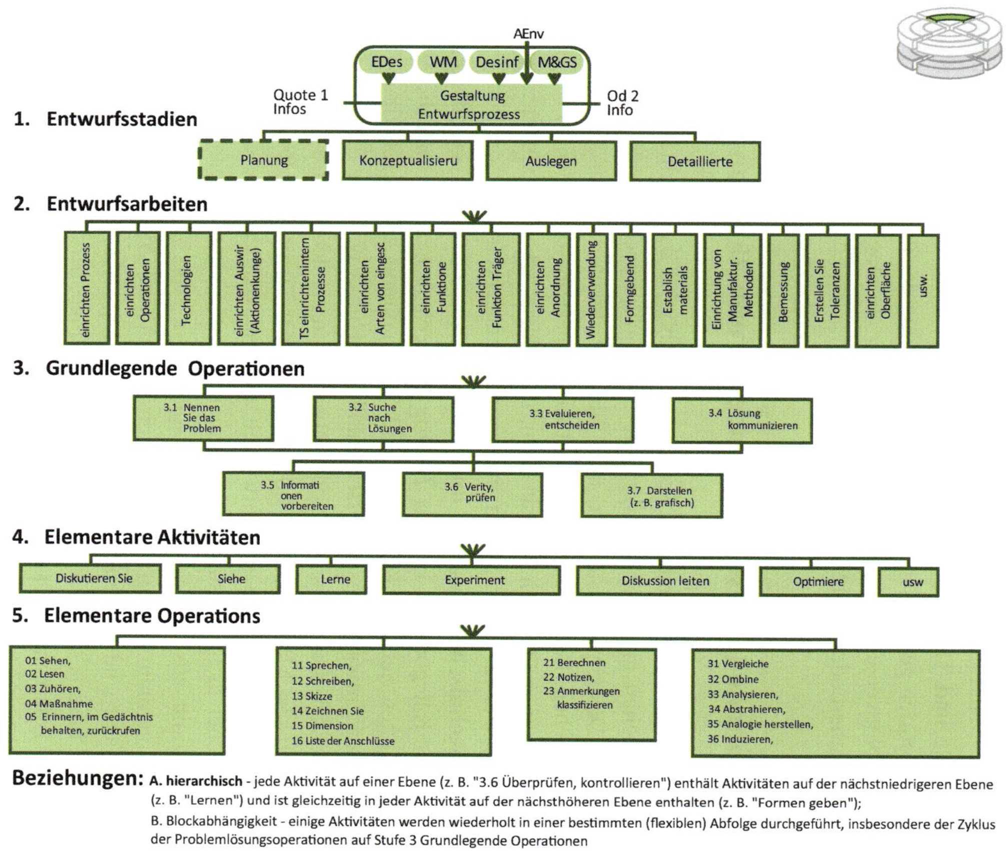


**Abb. 7.12** Struktur der möglichen Aktivitäten im Designprozess. Nachdruck von Hubka und Eder (1988) Theory of Technical Systems, Springer-Verlag, S. 135. Mit Genehmigung von Springer Nature

frühen Beitrag zur Entwicklung der Forschung im Bereich des technischen Designs und der systematischen Designmethodik geleistet, insbesondere durch die Definition vieler Terminologien und die Verknüpfung von Konzepten in einem kohärenten System (Eder, 2011).

**Domänentheorie** Aufbauend auf der Behauptung in der Theorie technischer Systeme, dass ein Design als eine Struktur von Informationen betrachtet werden sollte, die gleichzeitig verschiedene Domänen abdeckt, betrachtet die *Theorie der Domänen* (Andreasen, 2011; Andreasen et al., 2015), wie Designer ein aufkommendes mechanisches oder mechatronisches Produktdesign aus vier zunehmend konkreten Perspektiven oder Domänen angehen:

1. *Prozesse* – beschreiben Transformationen, die vom Produkt durchgeführt oder ermöglicht werden, während es für einen Zweck verwendet wird, zum Beispiel ermöglicht ein Wasserkocher einem Benutzer, kaltes Wasser in kochendes Wasser zu verwandeln;
2. *Funktionen* – stellen diese Transformationen bereit, zum Beispiel verwandelt ein Wasserkocher elektrische Energie in Wärmestromdichte, unter anderen Funktionen;
3. *Organe* – stellen die für Funktionen erforderlichen physischen Effekte durch Interaktion zwischen physischen Teilen bereit, zum Beispiel hat ein Wasserkocher ein Organ, das Wasser enthält und gleichzeitig Wärme liefert;
4. *Teile* – realisieren physisch die Organe und das Produkt als Ganzes. Um das zu veranschaulichen: Der diskutierte Wasserkocher wird aus einer Reihe von diskreten physischen Teilen hergestellt.

Wie das oben genannte laufende Beispiel nahelegt, sind diese Domänen miteinander verbunden. Die Domänentheorie besagt, dass Designer diese Domänen in der oben aufgeführten Reihenfolge festlegen, wobei darauf hingewiesen wird, dass ein Hin- und Herwechseln zwischen ihnen ebenfalls wahrscheinlich ist (Buur, 1990). Innerhalb jeder Domäne wird ein Design durch mehrere Produktmodelle beschrieben, die jeweils auf einem zweidimensionalen Raster kategorisiert werden können: *abstrakt* vs. *konkret* und *undetailliert* vs. *detailliert,* wie in Abb. 7.13 dargestellt. Designmethoden, wie die in Abschn. 8.2 diskutierten, können als Unterstützung der Arbeit innerhalb einer Domäne oder als Leitfaden für die notwendigen Übergänge zwischen den Domänen gesehen werden, während der Designprozess voranschreitet (Buur, 1990). Die Funktionsdomäne wurde später aus der Theorie entfernt, weil sie das Verhalten eines Produkts betrifft, nicht seine entworfene Struktur.

**Universelle Designtheorie** Grabowski et al. (1996, 1999) entwickeln die *universelle Designtheorie* auf der Grundlage des Konzepts der *Designarbeitsräume*. Nach dieser Theorie arbeiten Designer innerhalb von Designarbeitsräumen, die durch Einschränkungen begrenzt sind, die bestimmen, wie jeder in ein höheres System passt. Jeder Designarbeitsraum besteht aus Elementen und Beziehungen eines Designs, die durch vier Stufen entwickelt werden, die eng die vier in den vorherigen Absätzen diskutierten

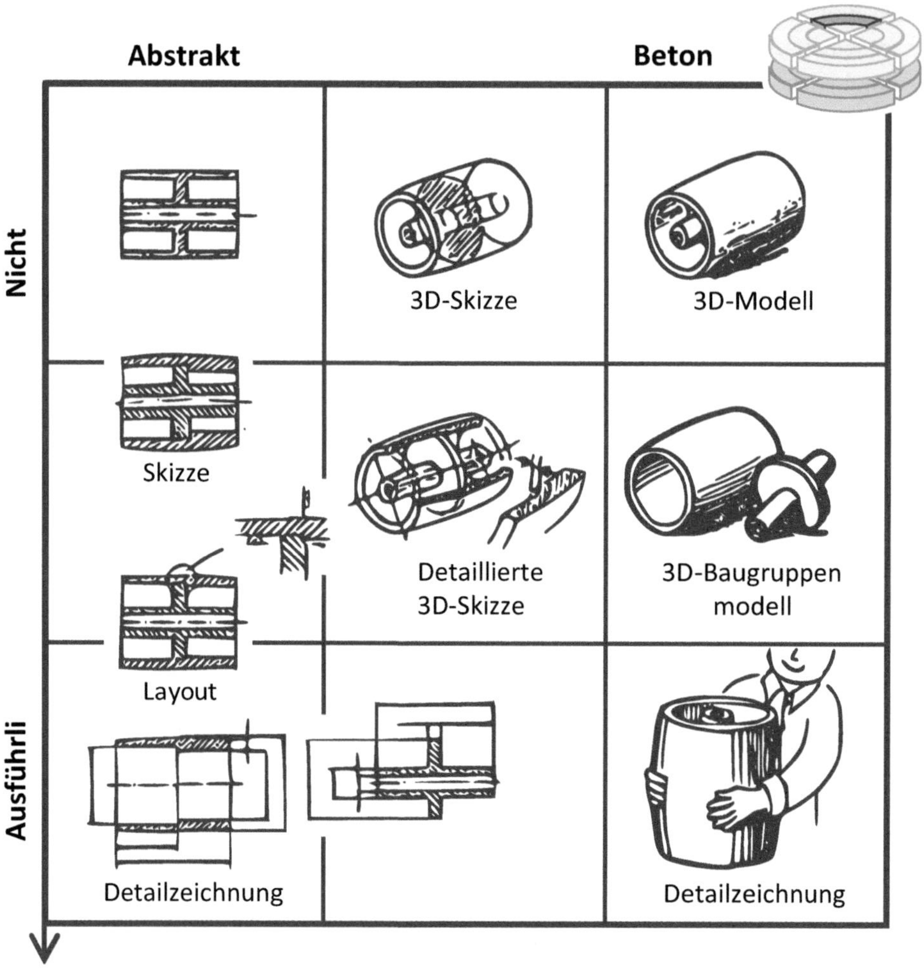


**Abb. 7.13** Die Theorie der Domänen betrachtet Design als einen Prozess, in dem Designinformationen durch zunehmend konkrete Domänen festgelegt werden. Sie bietet einen Rahmen für die Positionierung von Modellen und Methoden, die während des Designs verwendet werden. Nachdruck von Buur und Andreasen (1989) mit Genehmigung von Elsevier

Domänen widerspiegeln: nämlich (1) Anforderungen, (2) Funktionen, (3) physikalische Prinzipien und (4) Teile. Der Designprozess wird als eine Reihe von Operationen dargestellt, in denen eine Lösung innerhalb ihres Designarbeitsraums durch schrittweise Bewegungen, die in drei Dimensionen auftreten können, fortschreitend entwickelt wird:

- *Konkretisierung versus Abstraktion* – Konkretisierung könnte zum Beispiel einen Lösungszustand von Funktionen zu physikalischen Prinzipien verschieben, während Abstraktion ihn in die entgegengesetzte Richtung verschieben könnte;
- *Detaillierung versus Kombination* – ein Problem wird in detailliertere Teilprobleme mit ihren eigenen Designarbeitsräumen zerlegt, oder in die entgegengesetzte Richtung, Teilprobleme werden zu höheren Problemen kombiniert;
- *Variation versus Begrenzung* – Variation bezieht sich auf die Suche nach alternativen Lösungen auf der gleichen Abstraktionsebene, während Begrenzung sich auf das Hinzufügen von Einschränkungen bezieht mit der Wirkung, den Raum der möglichen Lösungen zu reduzieren.

Grabowski et al. (1996) betonen die Bedeutung der Führung des Prozesses von einem Schritt zum nächsten. Sie beabsichtigen, dass ihr Ansatz auf alle Designdisziplinen in der Produktentwicklung anwendbar ist.

**CPM/PDD** Das letzte auf Mesoebene zu diskutierende konzeptionelle Modell ist die *Charakteristika-Eigenschaften-Modellierung/Eigenschaften-getriebene Entwicklung ("characteristics-properties modelling/property-driven development"; CPM/PDD),* die entwickelt wurde, um einen übergeordneten Rahmen für die Integration von Computerunterstützung mit dem technischen Designprozess zu bieten (Weber et al., 2003). CPM/PDD besagt, dass ein Design besteht aus:

- *Charakteristika* – die von Designern festgelegt werden,
- *Eigenschaften* – die das resultierende Verhalten des Designs beschreiben.

Während ein Designprozess als eine Sammlung von:

- *Syntheseaufgaben* – dargestellt wird, die Eigenschaften durch Berücksichtigung von *gewünschten* Eigenschaften bestimmen, und
- *Analyseaufgaben* – die *tatsächliche* Eigenschaften aus den festgelegten Merkmalen bestimmen,

schreiben Weber et al. (2003), dass einzelne Aufgaben durch externe Bedingungen, wie Belastungszustände, beeinflusst werden und durch präskriptive Designmethoden unterstützt werden können. Schlüsselmerkmale des Designs, die das Modell zu umfassen versucht, beinhalten: (1) wie der Prozess durch den Unterschied zwischen gewünschten und tatsächlichen Eigenschaften angetrieben wird, (2) wie die Designdefinition vollständiger wird, je mehr Eigenschaften erstellt und deren Werte bestimmt werden, (3) wie Teillösungen in ein entstehendes Design integriert werden können und (4) wie Iterationen durch Konflikte verursacht werden können, zum Beispiel wenn mehrere Syntheseaufgaben die gleichen Merkmale beeinflussen (Weber, 2014). CPM/PDD hat eine konzeptionelle Grundlage zur Behandlung verschiedener Probleme im Ingenieurdesign geliefert, zum Beispiel Änderungsauswirkungsanalyse (Köhler et al., 2008) und Produktkomplexitätsmanagement (Malmiry et al., 2016).

**Zusammenfassung des Abschnitts** Die relativ kurze Länge dieses Abschnitts spiegelt wider, dass konzeptionelle Mesoebenenmodelle und -theorien des Designs und der Entwicklung weniger Forschungsinteresse erhalten haben als ihre Mikroebenen- und Makroebenengegenstücke. Solche Modelle, die sich darauf konzentrieren, wie sich die Art der Designaktivität ändert, wenn ein Design fortschreitet, sind auch relativ domänenspezifisch und konkret im Vergleich zu einem Großteil der anderen in diesem Kapitel diskutierten Arbeiten.

## 7.4 Konzeptionelle Makroebenenmodelle und -theorien

Dieser Abschnitt diskutiert den äußersten und letzten Sektor des in Abb. 7.1 dargestellten Framework-Segments. Die Modelle und Theorien in diesem Sektor sind *makroeben* im Umfang – das heißt, sie konzentrieren sich auf den Kontext des Design- und Entwicklungsprozesses. Viele von ihnen, wenn auch nicht alle, konzentrieren sich auch auf groß angelegte Projekte. Während Makroebenenmodelle im Prinzip die Mikro- und Mesoebenen umfassen, abstrahieren sie in vielen Fällen von den Problemen auf diesen Ebenen.

Im Einklang mit dem Rest dieses Kapitels ist die diskutierte Arbeit konzeptionell und theoretisch. Die Modelle und Theorien verschreiben weder Best Practices noch bieten sie konkrete Ansätze zur Darstellung und Analyse einer spezifischen Situation. Einige sind in Konzepten der Systemtechnik begründet, während andere in der Systemtheorie verankert sind:

- *Konzeptionelle Beiträge, die auf der Systemtechnik basieren* – interpretieren Systemkonzepte, um Einblicke zu entwickeln, die die Verbesserung des groß angelegten Systemtechnik- und Designprozesses leiten könnten; Modelle, die diesen Typ illustrieren, werden in Abschn. 7.4.1 diskutiert.
- *Konzeptionelle Beiträge, die auf der Systemtheorie basieren* – übernehmen Erkenntnisse aus der interdisziplinären Studie von Systemen und bieten hoch abstrakte Perspektiven darauf, wie allgemeine Systemprobleme und -terminologie theoretische Einblicke im Kontext von Design und Entwicklung bieten können; einige Modelle und Theorien dieses Typs werden in Abschn. 7.4.2 diskutiert.

Es sollte beachtet werden, dass diese beiden Arten von konzeptionellen Beiträgen eng miteinander verbunden sind. Dennoch werden die folgenden Abschnitte verdeutlichen, dass es einen klaren Unterschied gibt, wobei die Letzteren wesentlich abstrakter sind als die Ersteren.

## 7.4.1 Modelle und Theorien, die auf der Systemtechnik basieren

Dieser Abschnitt diskutiert einige konzeptionelle Beiträge, die die Tradition des Systems Engineering widerspiegeln und sich hauptsächlich auf groß angelegte Projekte konzentrieren. Sie sind abstrakt in ihrer Natur und daher unterschiedlich zu den empfohlenen Praktiken und Prozessen des Systems Engineering, von denen einige in Kap. 8 diskutiert werden. Die ersten beiden beschriebenen Modelle bieten Konzeptualisierungen von groß angelegten Ingenieurprojekten im Allgemeinen, während die verbleibenden drei sich auf spezifische makroebene Probleme im Zusammenhang mit dem Management des Design- und Entwicklungsprozesses konzentrieren.

### 7.4.1.1 Zielsystem–Objektsystem–Prozesssystem–Handlungssystem (ZOPH)

Das von Negele et al. (1997) entwickelte ZOPH-Modell wurde durch die Notwendigkeit motiviert, die verschiedenen Aspekte von Entwicklungssystemen integriert zu betrachten, um Situationen zu vermeiden, in denen einzelne Prozesse und Überlegungen optimiert werden, während die Interaktionen zwischen ihnen problematisch bleiben. Der Kontext ist in der Automobiltechnik gesetzt. ZOPH, das in Abb. 7.14 grafisch zusammengefasst ist, bietet eine konzeptionelle Struktur für das Verständnis und die Modellierung der Produktentwicklung durch die Differenzierung von vier Subsystemen:

- *Zielsystem* – bezieht sich auf das System der zu adressierenden Ziele;

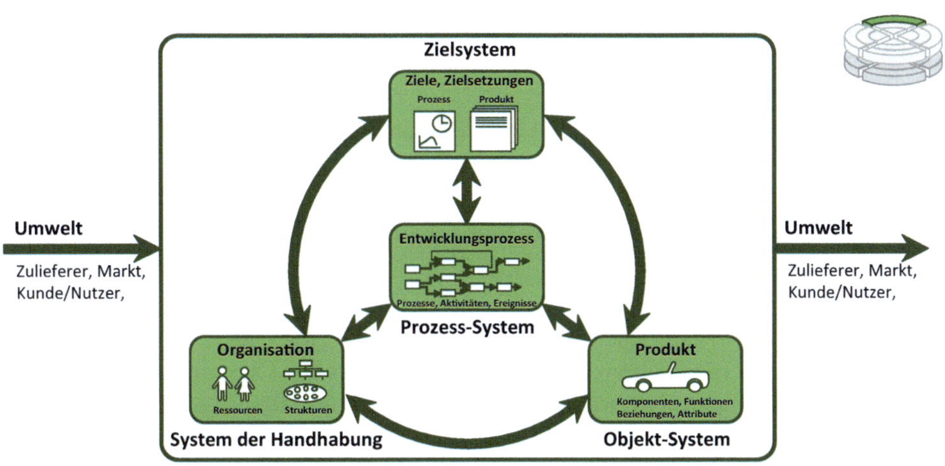


**Abb. 7.14** ZOPH-Modell der Produktentwicklung als komplexes System aus ingenieurtechnischer Sicht. Abbildung nach Negele et al. (1997) mit Genehmigung von Herbert Negele neu gezeichnet

- *Objektsystem* – bezieht sich auf das System der Objekte, die während des Design- und Entwicklungsprozesses erstellt und betrachtet werden;
- *Prozesssystem* – bezieht sich auf das System der Prozesse, durch die die Entwicklung erfolgt;
- *Handlungssystem* – bezieht sich auf das Organisationssystem, einschließlich organisatorischer Strukturen und Ressourcen.

Insgesamt bietet ZOPH ein konzeptionelles Modell, um eine Produktentwicklungssituation auf integrierte Weise systematisch zu erfassen, und einen Rahmen zur Leitung der Modellierung spezifischer Situationen in Bezug auf Subsysteme, Elemente und ihre Beziehungen innerhalb und zwischen den vier Systemen (Negele et al., 1997).

#### 7.4.1.2 Integriertes Produktentwicklungsmodell (iPeM)

Das *integrierte Produktentwicklungsmodell ("integrated product engineering model"; iPeM)* von Albers und Braun (2011) bietet ein weiteres konzeptionelles Modell für groß angelegte Entwicklungsprojekte aus einer Systemtechnikperspektive. Im iPeM wird der Produktentwicklungsprozess als ein *Betriebssystem* dargestellt, das *Zielsysteme* (auf der linken Seite von Abb. 7.15 dargestellt) in *Objektsysteme* (auf der rechten Seite dargestellt) umwandelt. Das Betriebssystem enthält die folgenden Elemente:

- *Aktivitäten der Produktentwicklung* – zeigen Arbeitsbereiche in einem Projekt an. Diese werden in der ersten Spalte des Betriebssystems dargestellt und werden in der Regel teilweise gleichzeitig bearbeitet.
- *Problembehebungsaktivitäten* – stellen Schritte in einem generischen Problembehebungszyklus dar (dargestellt als die Spaltenüberschriften mit der Bezeichnung S-P-A-L-T-E-N), wobei die Schritte in der gezeigten Reihenfolge wiederholt werden.
- *Phasenmodell* – stellt die Planung und Kontrolle des Prozesses dar, dargestellt in der Abbildung als Gantt-Diagramm.
- *Dimensionen* – spiegeln verschiedene Aspekte wider, die während der Produktentwicklung entwickelt werden, insbesondere: die Entwicklung von Produktgenerationen, die Entwicklung von Ressourcen wie Testgeräten zur Validierung von Produkten, die Entwicklung des Produktionssystems und die Entwicklung von Produkt- und Unternehmensstrategie.

In Abb. 7.15 wird jede Dimension als eine Kopie des iPeM-Modells dargestellt, das in die Seite geht. Albers und Braun (2011) schreiben, dass die Dimensionen miteinander verbunden sind, wobei die Zielsysteme und Ressourcen alle Bereiche durchdringen und die Phasenmodelle ebenfalls voneinander abhängig sind. Im Gegensatz dazu erzeugt jede Dimension ihr eigenes Objektsystem.

Insgesamt stellen Albers et al. (2016) fest, dass dieses Framework eine Grundlage für die Positionierung von Designmodellen unter Berücksichtigung von Abhängigkeiten bieten kann und eine Grundlage für die Entwicklung oder Beschreibung eines spezifischen

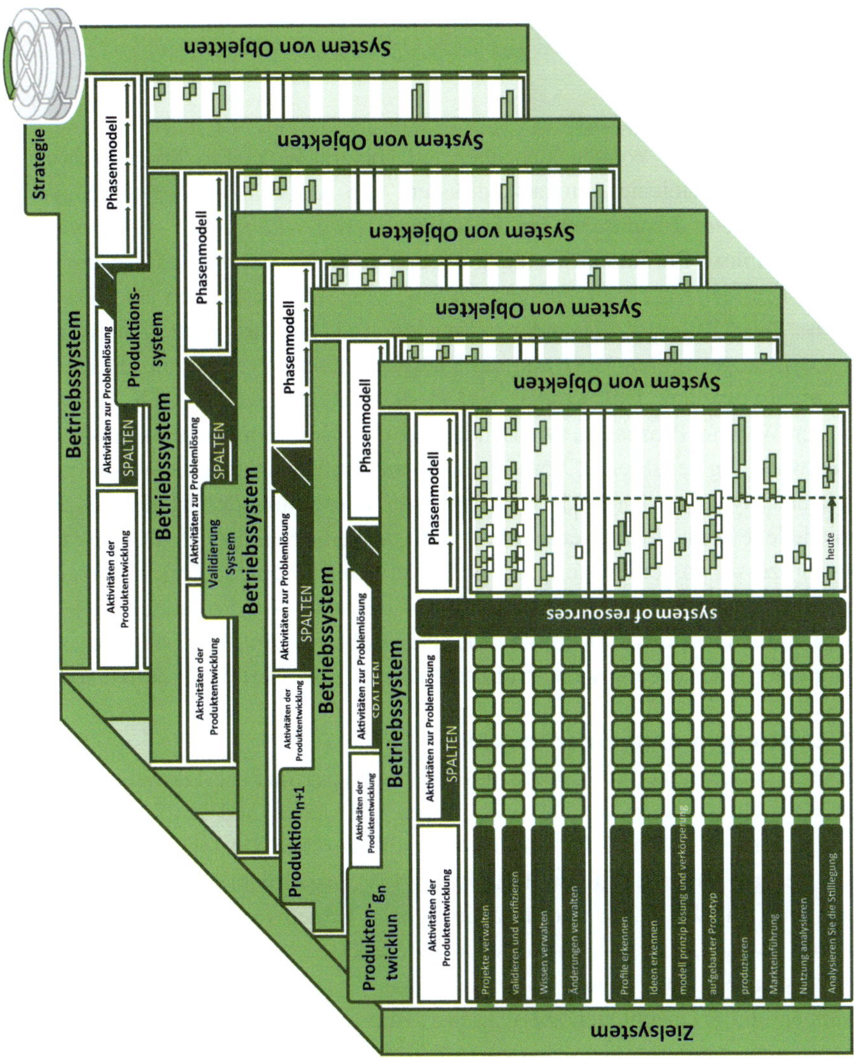


**Abb. 7.15** Integriertes Produktentwicklungsmodell oder iPeM (Albers et al., 2016). Nachgezeichnet mit Genehmigung von Albert Albers

Prozesses in einem bestimmten Kontext sein kann. Zum Beispiel verwenden Albers et al. (2017) dieses Framework, um Analysen der Produktvalidierung in einem Unternehmen zu positionieren, das ein Produkt über mehrere Generationen hinweg entwickelt, eine Situation und einen Ansatz, die sie als *Produktgenerationsentwicklung* bezeichnen. Einige der relevanten Fragen und Auswirkungen für den Design- und Entwicklungsprozess wurden bereits in Abschn. 2.3.6 (Langzeitdesigns), Abschn. 2.4.2 (Produktvarianten und Plattformen) und Abschn. 2.5.1 (Verwaltung von Altsystemen und Obsoleszenz im Design) diskutiert.

#### 7.4.1.3 Wertkreislaufmodell

Konzeptionelle Modelle können sich auch auf spezifische makroökonomische Fragen konzentrieren, zum Beispiel um auszudrücken, wie Aktivitäten Wert für Stakeholder schaffen. In diesem Zusammenhang stellt das *Wertkreislaufmodell* von Siyam et al. (2015) die komplexe Produktentwicklung als ein Netzwerk von Rollen dar, die mit dem Prozess des *Definierens*, *Erzeugens* und *Lieferns* von Wert verbunden sind. Das Modell betont, dass diese Rollen miteinander verbunden sind: Es muss eine Übereinstimmung zwischen dem angestrebten Wert und der Fähigkeit einer Organisation, diesen Wert zu liefern, erreicht werden. Das Modell zerlegt diese Rollen weiter, zum Beispiel zeigt es, dass der Wert in Prozessen, Menschen und den Designinformationen, die aus der Produktentwicklung resultieren, verkörpert ist und auf verschiedene Weisen gemessen werden kann. Siyam et al. (2015) verwenden ihr konzeptionelles Modell als Rahmen, um verschiedene Ansätze zu verknüpfen, die zur Verbesserung des Design- und Entwicklungsprozesses aus einer Wertperspektive verwendet werden können, wobei sie sich hauptsächlich auf Ansätze konzentrieren, die mit der schlanken Produktentwicklung verbunden sind (für eine kurze Diskussion darüber siehe Abschn. 8.4.2.4). Dieses Modell basiert auf einer Überprüfung vieler früherer Arbeiten zum Wert der Produktentwicklung.

#### 7.4.1.4 Leistungsmanagementmodell

Ein weiteres konzeptionelles Modell, das sich auf spezifische Makroebenenprobleme konzentriert, ist das *Designaktivitätsmodell* von O'Donnell und Duffy (2002). Dieses Modell konzentriert sich auf das Zusammenspiel zwischen Design und dem Management von Design. Es wird mit der IDEF0-Notation ausgedrückt, die in Abschn. 9.3.3.4 diskutiert wird. In Abb. 7.16: Die durchgezogenen Linien repräsentieren verschiedene Formen von Wissen, die während des Designprozesses verwendet werden, *I* bezieht sich auf Wissenseingabe, *O* auf Wissensausgabe, *G* auf Wissen über Ziele und Einschränkungen und *R* bezieht sich auf Wissensressourcen, die bei der Erzeugung der Ausgaben verwendet werden. Diese werden in Wissen über das Design selbst und Wissen in Bezug auf das Designmanagement zerlegt, im weitesten Sinne der Regulierung der Designaktivität. Die gestrichelten Linien zeigen, wie die Designmanagementaktivität die Ausgabe der Designaktivität im Licht der Ziele für diese Aktivität berücksichtigt und Feedback gibt, um die Designziele anzupassen.

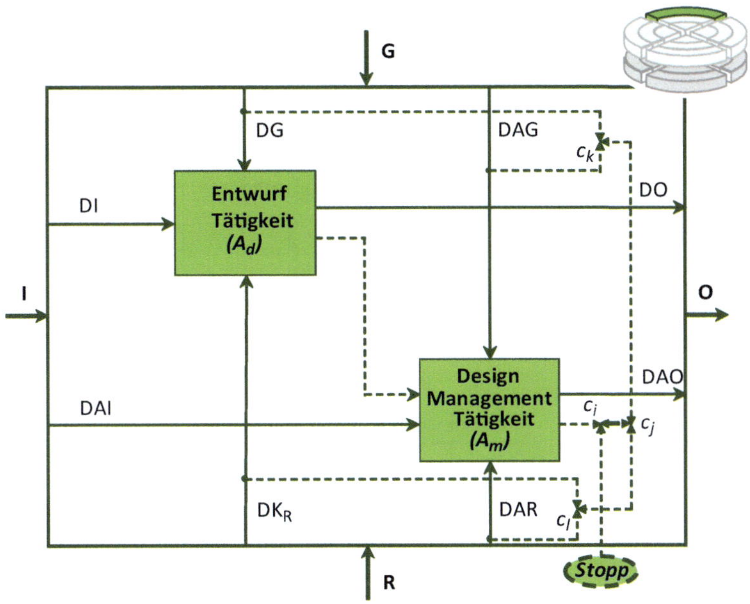


**Abb. 7.16** Leistungsmanagementmodell. Nachdruck von O'Donnell und Duffy (2005) Design performance, Springer-Verlag, S. 82. Mit Genehmigung von Springer Nature

O'Donnell und Duffy (2002) definieren die Effektivität der Designaktivität in Bezug darauf, wie gut die Designziele erreicht werden, und die Effektivität der Managementaktivität in Bezug darauf, wie gut die Prozessziele, hauptsächlich Zeit und Kosten, erreicht werden. Das Modell legt nahe, dass beide Leistungsmaße eine Feedback-Steuerungsschleife antreiben, in der Ziele angepasst oder Ressourcen neu zugewiesen werden. O'Donnell und Duffy (2002) weisen darauf hin, dass Kompromisse zwischen der Erreichung von Design- und Managementzielen getroffen werden müssen und betonen die Bedeutung der Verwendung von Performance-Indikatoren, die angemessen auf die Ziele ausgerichtet sind.

Das Modell stellt Design- und Managementaktivitäten als eng miteinander verflochten auf jeder Ebene des Design- und Entwicklungsprozesses in einer fraktalen Struktur dar. Zum Beispiel werden formelle Managementprozesse verwendet, um den gesamten Designprozess zu steuern. Gleichzeitig wechseln Einzelpersonen auf einer niedrigeren Ebene zwischen der Erledigung von Aufgaben und der Verwaltung ihrer Arbeit. O'Donnell und Duffy (2005) verwenden ihr Modell als Grundlage für die Analyse und Verbesserung der Leistung in einem ingenieurtechnischen Designkontext.

#### 7.4.1.5 GRAI-Referenzmodell

Das *GRAI-Referenzmodell (Groupe de Recherche en Automatisation Intégrée)* von Doumeingts et al. (1996) konzentriert sich ebenfalls auf spezifische Makroebenenprobleme

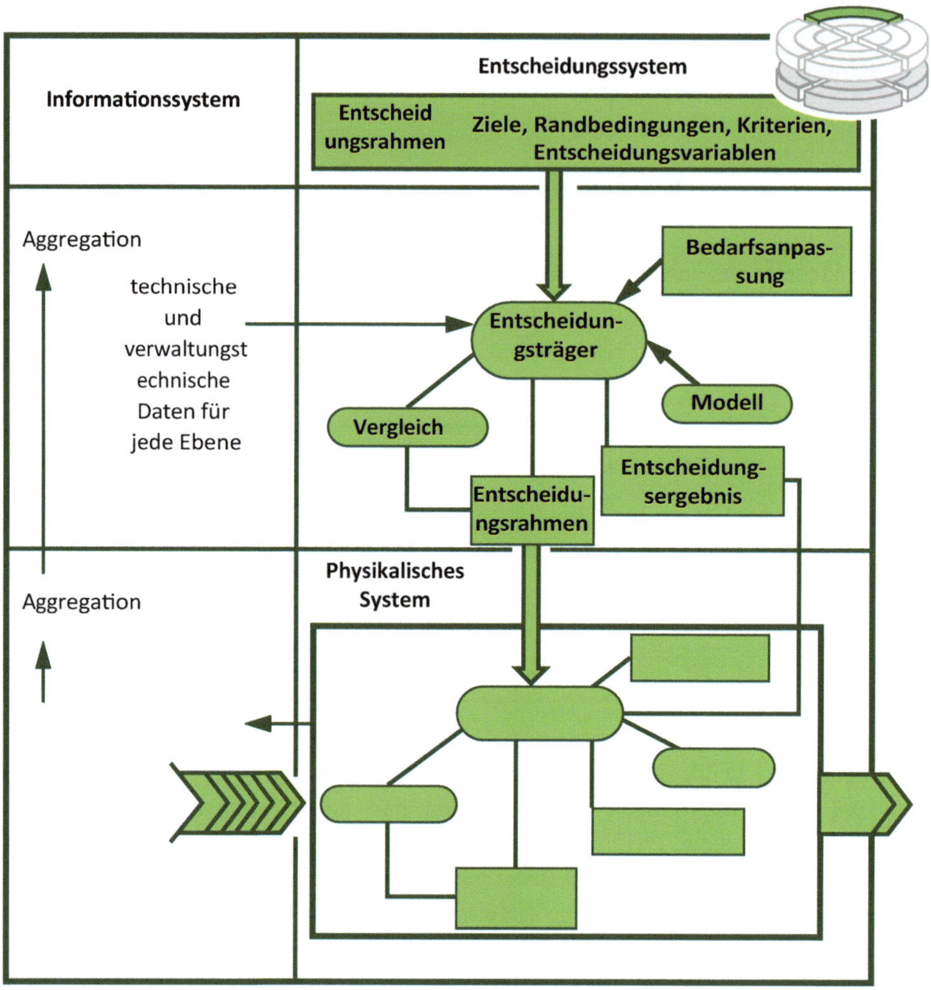


**Abb. 7.17** GRAI-Referenzmodell. *Nachdruck von* Doumeingts et al. (1996) *Gim: Grai integrated methodology for product development, Springer Science Business Media Dordrecht, S. 158. Mit Genehmigung von Springer Nature*

und betont die Rolle der Feedback-Steuerung bei der Verwaltung des Design- und Entwicklungsprozesses. Wie in Abb. 7.17 dargestellt, teilt dieses Modell den Design- und Entwicklungsprozess konzeptionell in drei Subsysteme auf:

- das *technologische (physische) System* – bezogen auf den Design-Workflow;
- das *Entscheidungssystem* – bezogen auf das Prozessmanagement;

- das *Informationssystem* – unterstützt und verbindet die beiden anderen Systeme.

Das technologische System besteht aus autonomen Designzentren, die innerhalb eines Designrahmens arbeiten, den das Entscheidungssystem festlegt – jedes Designzentrum liefert periodisch Updates, damit das Entscheidungssystem Leistungslücken erkennt und notwendige Änderungen vorgenommen werden können (Merlo & Girard, 2004). Ein gut strukturiertes Entscheidungssystem ist wichtig, um die Performance im Design auf globale Ziele zu steuern, trotz der inhärenten Unsicherheiten und Komplexitäten (Girard & Doumeingts, 2004). Dieses Modell bildet die konzeptionelle Grundlage für den GRAI-Gittermodellierungsansatz, der in Abschn. 9.4.4.2 beschrieben wird.

### 7.4.2 Modelle und Theorien, die auf der Systemtheorie basieren

Schließlich diskutiert dieser Abschnitt Makroebenenkonzeptmodelle und -theorien, die im Stil der Systemtheorie präsentiert werden. Diese Beiträge bieten hoch abstrakte und allgemeine Perspektiven auf den Design- und Entwicklungsprozess und seine Beziehung zu seinem Kontext.

#### 7.4.2.1 PSI-Framework und Theorie des Designs

Das *Problem-Sozial-Institutionell-(PSI-)Framework und die Theorie des Designs* (Reich & Subrahmanian, 2022) betont, dass Designsituationen von Natur aus komplex, vielfältig und mehrstufig sind und durch die Betrachtung von Problemen in drei Bereichen analysiert werden können:

1. *Problem (P)* – das Problem und seine Lösung,
2. *sozial (S)* – die Menschen und Perspektiven, die an der Lösung des Problems beteiligt sind,
3. *institutionell (I)* – die institutionellen, organisatorischen und prozessualen Fragen, die bei der Lösung des Problems auftreten.

Reich und Subrahmanian (2022) beschreiben PSI als Gerüst zur Analyse verschiedener Designsituationen auf jeder Auflösungsebene, das Perspektiven und Erkenntnisse aus verschiedenen Disziplinen ermöglicht. Es ist auf der Makroebene unseres Organisationsrahmens platziert, umfasst aber auch die anderen Ebenen. Reich und Subrahmanian (2022) beschreiben PSI auch als Theorie des Designs und stellen fest, dass Misserfolge im Design und Probleme im Designprozess aus Fehlausrichtungen zwischen den PSI-Bereichen entstehen, und zeigen, dass PSI helfen kann, solche Ereignisse zu erklären und vorherzusehen. Reich und seine Mitarbeiter haben PSI zur Leitung der Analyse und Reflexion einer Vielzahl von Designsituationen verwendet, wie in mehreren ihrer Veröffentlichungen diskutiert. PSI unterscheidet sich von den meisten anderen konzeptionellen Modellen und Theorien durch die Betonung der Notwendigkeit einer pluralistischen Perspektive zur Einschätzung von Designsituationen, unter Berücksichtigung ihrer komplexen und reich strukturierten Natur.

#### 7.4.2.2 Designkybernetik

Die Bedeutung von Feedback im Design- und Entwicklungsprozess wurde in Abschn. 3.3.2 diskutiert und wird auch in vielen der bisher in diesem Kapitel diskutierten Modelle und Theorien anerkannt. Einblicke können aus dem Bereich der *Kybernetik* gewonnen werden, die sich mit Feedback als allgemeinem Systemprinzip befasst (Wiener, 1948). Im Überblick betrachtet, beschäftigt sich die Kybernetik mit dem Verständnis der Rolle von Feedback-Prozessen im dynamischen Systemverhalten.[2] Einerseits wurden diese Ideen quantitativ angewendet, zum Beispiel in der Untersuchung von Regulierung und Kontrolle in physischen Systemen – unter Berücksichtigung, dass technische Servomechanismen früher entwickelt wurden, zum Beispiel im Zentrifugalregler von Watt im Jahr 1788. Andere Forscher haben kybernetische Ideen konzeptionell und diskursiv entwickelt, zum Beispiel zur Analyse gesellschaftlicher und organisatorischer Situationen (zum Beispiel Beer, 1995; Geyer, 1995; Umpleby, 1997) und der Prozesse von Kognition und Lernen (zum Beispiel Pask, 1969; von Foerster, 2003). *Kybernetik der zweiten Ordnung* entstand dann aus der reflexiven Anwendung der kybernetischen Theorie, um sich selbst zu erklären und allgemeiner die Anwendung der Kybernetik zur Einschätzung der Prozesse von beobachtenden Systemen und den Beobachtern selbst (von Foerster, 2003; siehe auch Scott, 2004, für eine ausgezeichnete historische Einführung).

Die Anwendung der Kybernetik zweiter Ordnung zur Wertschätzung des Designs wird als *Designkybernetik* bezeichnet (Fischer & Herr, 2019). Eine Implikation der Annahme einer kybernetischen Perspektive zweiter Ordnung auf das Design ist, dass ein Beobachter als dynamisch gekoppelt mit der beobachteten Situation durch wechselseitige Einflussströme anerkannt werden sollte, sodass die beiden (in der Terminologie von Wynn & Maier, 2022) ein *Feedback-System* bilden. Zum Beispiel, wenn ein Teilnehmer am Designprozess die Arbeit eines Kollegen betrachtet, beeinflussen seine Beobachtungen seine eigenen Designentscheidungen und aufgrund von Interdependenzen beeinflussen diese wiederum die Arbeit des Kollegen. Solche dynamischen Kopplungen tragen zu komplexen und unvorhersehbaren Verhaltensweisen bei.

*Gesprächstheorie* (Pask, 1976) ist eine Weiterentwicklung der Kybernetik zweiter Ordnung, die weitere Einblicke in die Entstehung von Designkollaboration durch eine tiefere Analyse solcher Kopplungen während Gesprächen bieten kann. Genauer ge-

[2] Die Abschn. 7.4.2.2–7.4.2.4 sind adaptiert aus Abschnitten von Wynn und Maier (2022) unter Lizenz CC BY 4.0 (http://creativecommons.org/licenses/by/4.0/). Mit Anerkennung an A. M. Maier.

sagt, konzentriert sich die Gesprächstheorie darauf, wie Verständnis durch Zyklen von Feedback-Interaktionen zwischen Teilnehmern eines Gesprächs, wie es in Designteams vorkommt, konstruiert wird. Sie betont, dass Gespräche nicht die direkte Übertragung und Aufnahme von Informationen beinhalten, sondern aus hin- und hergehenden Äußerungen von Sprache bestehen – und da Sprache mehrdeutig ist, gibt es kein präzises Codierungsschema, um Bedeutung aus ihr zu extrahieren. Der Zuhörer muss daher jede Äußerung entsprechend dem, was er dachte, dass der Sprecher versuchte zu sagen, einordnen, um Bedeutung aus seiner eigenen Sicht zu bilden. Während das Gespräch fortschreitet, gewinnt jeder Teilnehmer Einblick in das Verständnis der anderen, was zu Anpassungen führt, sodass ein stärker übereinstimmendes Verständnis sozial konstruiert wird (Scott, 2001). Diese Perspektive steht in engem Zusammenhang mit der Sichtweise des Designs als reflektierendes Gespräch, wie sie in Abschn. 7.2.2.4 zusammengefasst ist. Die Kybernetikforschung ist seit einigen der frühesten Arbeiten auf diesem Gebiet eng mit den Designstudien verbunden. Zum Beispiel präsentierte Gordon Pask mehr als 60 Jahre vor der Veröffentlichung dieses Buches ein Papier auf der Konferenz über Designmethoden in London im Jahr 1962.

Zusammenfassend ist die Designkybernetik eine hoch abstrakte und diskursive Theorie. Sie hält fest, dass Kommunikation und Bedeutung während des Designs und Designkollaborationsprozesses nicht absolut sind, weil sie von idiosynkratischen mentalen Modellen abhängen, die von vorherigen Kommunikationen abhängig sind. Aus dieser Perspektive werden mentale Modelle und Bedeutung dynamisch gekoppelt und durch Feedback-Schleifen unter Teammitgliedern oder zwischen den Designern und der Designsituation, wie sie sie interpretieren, konstruiert. Die durch Feedback getriebene Co-Evolution von mentalen Modellen wird als der Mechanismus konzeptualisiert, durch den Teilnehmer am Design- und Entwicklungsprozess eine Realität auf mehreren Ebenen konstruieren: (1) Sie konstruieren jeweils ein persönliches Verständnis ihres Kontextes; (2) gemeinsam konstruieren sie die Prozesse, durch die sie interagieren, und (3) durch diese Prozesse konstruieren sie das Design selbst (Wynn & Maier, 2022).

#### 7.4.2.3 Modell für lebensfähige Systeme

Einige der hoch abstrakten und allgemeinen Prinzipien der Kybernetik in ein konkreteres konzeptionelles Modell einbettend, basiert das *Modell für lebensfähige Systeme* ("viable systems model") von Beer (1995) auf der Theorie, dass Teilsysteme innerhalb eines Unternehmens jeweils die Eigenschaft der *Lebensfähigkeit* haben (oder haben sollten; Beer, 1995). Ein lebensfähiges System nutzt interne Feedback-Prozesse, um autonom auf Veränderungen zu reagieren und seine Ressourcen und Interaktionen mit seiner Umgebung zu verwalten, wodurch es seine Existenz in einem Kontext der Unsicherheit ohne externe Kontrolle (innerhalb von Grenzen) aufrechterhält.

Das Modell für lebensfähige Systeme postuliert, dass jedes lebensfähige System aus fünf notwendigen Teilsystemen bestehen muss, die jeweils eine spezifische regulatorische Rolle haben. Im Modell, dargestellt in Abb. 7.18, sind die Teilsysteme:

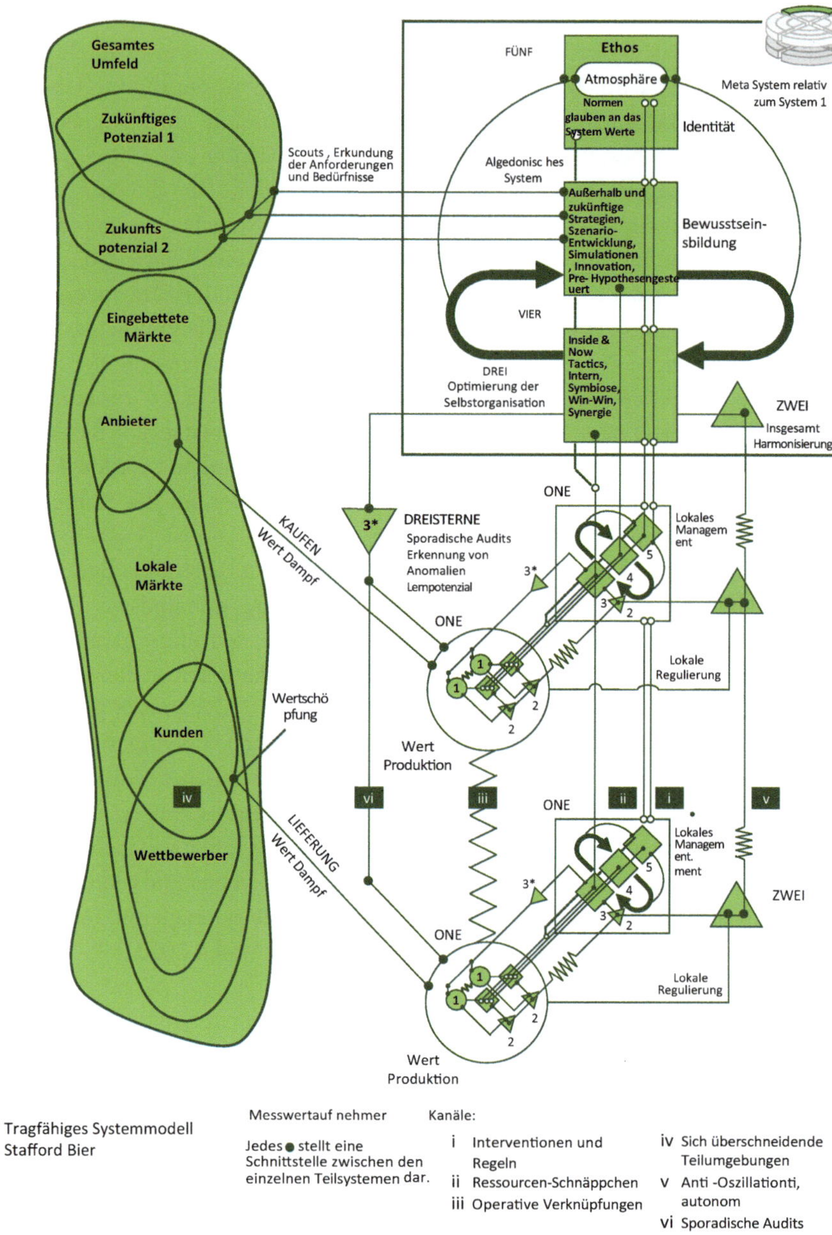


**Abb. 7.18** Stafford Beers Modell für lebensfähige Systeme. Nachgezeichnet nach Arbeiten von Mark Lambertz, https://commons.wikimedia.org/, Lizenz CC-BY-SA 4.0

- *System 1* – ist verantwortlich für die primären Operationen des Systems, zum Beispiel könnte in einem Produktentwicklungsprojektorganisationssystem System 1 für die Durchführung von Designaufgaben verantwortlich sein. Es kann mehrere Systeme 1 in einem lebensfähigen System geben, jedes verantwortlich für einen spezifischen Teil der Gesamtbetriebe.
- *System 2* – ist verantwortlich für die tägliche Koordination der Arbeit der Systeme 1.
- *System 3* – ist verantwortlich für taktische Planung und Zielsetzung für die Systeme 1 und 2.
- *System 4* – ist verantwortlich für langfristige Strategie und dafür, dass die Operationen des lebensfähigen Systems angesichts seiner sich entwickelnden Umgebung geeignet sind.
- *System 5* – ist verantwortlich für Fragen zur Identität der Organisation, wie Werte, gibt die allgemeine Richtung vor und verwaltet Kompromisse zwischen taktischen und strategischen Fragen.

Das Modell wird als fraktal bezeichnet. Zum Beispiel kann eine gesamte Organisation als ein lebensfähiges System betrachtet werden, ebenso wie einzelne Projektorganisationen und Abteilungen innerhalb dieser.

In einem Design- und Entwicklungskontext wenden Wilberg et al. (2015) das Modell für lebensfähige Systeme an, um das Änderungsmanagementsystem eines Bauprojekts zu analysieren. Das reale System wurde gegen die fünf Teilsysteme des Modells für lebensfähige Systeme abgeglichen und Lücken wurden identifiziert, um Empfehlungen zur Verbesserung zu generieren. Elezi (2015) verwendete das Modell, um Managementkontrollsysteme im Design- und Entwicklungsprozess zu analysieren und zu entwerfen. Er argumentiert, dass solche Systeme typischerweise als homöostatische Regulatoren beschrieben werden, analog zu Servomechanismen, wie mechanischen Reglern oder Thermostaten, aber stattdessen als lebensfähige Systeme betrachtet werden sollten. Insgesamt bietet das Modell für lebensfähige Systeme wertvolle Einblicke in die Feedback-Strukturen in Projektorganisationen, enthält aber, wie in Abb. 7.18 angezeigt, erhebliche Komplexität. Es wurde manchmal als esoterisch und schwer in vollem Detail zu erfassen beschrieben (Brocklesby et al., 1995).

#### 7.4.2.4 Konzeptionelle Modelle und Theorien, die die Anpassung betonen

Dieser Abschnitt betrachtet einige Modelle und Theorien, die die *Anpassung* im Design- und Entwicklungsprozess betonen. Die Bedeutung dieser systemischen Makroebenenfrage kann durch Betrachtung der einzigartigen Natur jeder Designsituation und des ständig sich entwickelnden Kontexts des Designs verstanden werden (siehe Kap. 2 für weitere Diskussion).

In einem Modell, das dieses Thema behandelt, präsentiert Pulm (2005) eine soziale Systemperspektive auf die Produktentwicklung, die auf Konzepten der Kybernetik zweiter Ordnung basiert und insbesondere auf der Idee, dass solche Systeme *autopoietisch* sind – was bedeutet, dass sie ihre Elemente ständig produzieren, zum Beispiel produzieren sie die Kommunikationen, die Prozessteilnehmer verbinden, um Systeme zu bilden – und dass sie *dynamisch integriert* sind mit ihren Beobachtern durch Feedback-Schleifen. Die Schlüsselidee in Pulms Modell ist, dass die organisatorischen Einheiten in einem Projekt an einem sozialen Prozess teilnehmen, um die sich in Entwicklung befindlichen Produktsysteme aneinander anzupassen. Pulm schreibt, dass jede solche Einheit in einem Entwicklungsprojekt ein soziales Teilsystem darstellt, das durch dichte wiederkehrende Kommunikationen unter den Mitgliedern definiert ist. Insgesamt diskutiert sein kurzer Artikel zahlreiche Konzepte aus der Systemtheorie und schlägt vor, dass sie relevant sind, um die groß angelegte technische Produktentwicklung zu verstehen, aber der Artikel ist auch hoch abstrakt.

Ein weiteres konzeptionelles Modell, das Design und Entwicklung aus systemtheoretischer Perspektive behandelt, ist die von Vajna et al. (2005) entwickelte *autogenetische Designtheorie*. Diese Theorie stellt Design und Entwicklung als einen Versuchs- und Irrtumsprozess dar, der durch Feedback aufgrund situativer Selektionsdrücke auf jeder Ebene der Produktentwicklung gesteuert wird. Vajna et al. (2005) stellen dies als einen evolutionären Prozess dar, insbesondere als einen Zyklus der Mutation zur Generierung von Alternativen, Bewertung von Alternativen, Auswahl zwischen ihnen nach situativen Drücken und Replikation und Rekombination erfolgreicher Kandidaten. Sie schreiben, dass die Komplexitätsgrade des Designs zunehmen, während der evolutionäre Prozess fortschreitet, und ziehen eine Analogie zu den Ergebnissen der Evolution durch natürliche Selektion. Dieses Modell steht in engem Zusammenhang mit den Koevolutionsmodellen des generischen Mikroebenendesigns, die in Abschn. 7.2.1.4 diskutiert werden, steht jedoch im Gegensatz dazu in einem makroebenen und ingenieurtechnischen Designkontext.

Auch mit Fokus auf Anpassung in groß angelegten Ingenieurdesignprojekten, aber mit etwas normativeren Zielen, entwickeln Naumann und Vajna (2004a, 2004b) einen Ansatz, den sie *adaptives Systemmanagement* nennen. Dieser Ansatz zerlegt die Produktentwicklung in 13 Subsysteme, die in eine Hierarchie eingeteilt sind. Die Subsysteme umfassen die Designer, den Produktlebenszyklus und die Marktumgebung, wo Naumann und Vajna (2004a, 2004b) vorschlagen, dass jedes Subsystem als kausales Netzwerk von Faktoren dargestellt werden kann. Feedback-Prinzipien sind zentral in diesem Modell, da, wie die Autoren beschreiben, einige Prozesse „intuitiv und chaotisch“ sind, ein aktives Management erfordern und interne und externe Störungen durch Kontrollschleifen unter den Faktoren ausgeglichen werden. Diese Arbeit wird abstrakt präsentiert und die Kontrollmechanismen werden nicht im Detail diskutiert.

Die *Theorie komplexer adaptiver Systeme* ist ein Ansatz zur Anpassung, der im Kontext von Design und Entwicklung interpretiert werden kann. Im Überblick stellt die Theorie komplexer adaptiver Systeme ein komplexes System, wie einen Design- und

Entwicklungsprozess, als von Interaktionen zwischen Agenten gesteuert dar, die nach Regeln handeln, die die angesammelte Erfahrung widerspiegeln, während die Ergebnisse dieser Regeln zu individuellem Lernen und möglichen Modifikationen der Regeln führen (Stacey, 1995). Die Theorie postuliert, dass die dynamischen Interaktionen zwischen lernenden Agenten zu einer komplexen Verflechtung von positiven (verstärkenden) und negativen (entgegenwirkenden) Feedback-Schleifen führen, die auf mehreren Ebenen und Zeitskalen auftreten:

- *Negative Feedback-Schleifen* – verursachen zielorientiertes Verhalten und tendieren dazu, die Systemdynamik auf einem bestimmten Zustand zu stabilisieren, Unsicherheiten und Veränderungen im System absorbierend. Wenn der Zustand wünschenswert ist, kann das Feedback als tugendhaft betrachtet werden, wenn nicht, als eine bösartige Schleife, die unerwünschtes Verhalten verstärkt (Tsoukas & Cunha, 2017). In einem Design- und Entwicklungsprozesskontext kann negatives Feedback wünschenswert sein, um auf eine Lösung zu konvergieren und für ein effektives Projekt- und Prozessmanagement. Gleichzeitig verursachen negative Feedback-Schleifen Widerstand gegen die Veränderung und Innovation, die wesentliche Merkmale des Design- und Entwicklungsprozesskontexts sind.

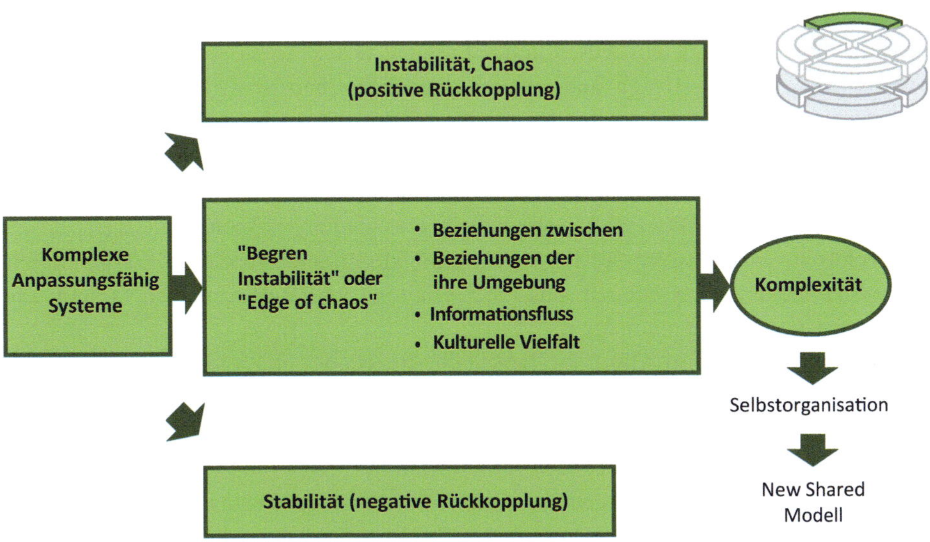


**Abb. 7.19** Chiva-Gomez' Darstellung der Theorie komplexer adaptiver Systeme im Kontext der Produktentwicklung. Neu gezeichnet mit stilistischer Änderung von Chiva-Gomez (2004) mit Genehmigung von Elsevier

- *Positive Feedback-Schleifen* – haben verstärkende oder selbstverstärkende Effekte, die Instabilität erzeugen und Veränderungen im Systemzustand oder in der Konfiguration nach einer Störung vorantreiben. Auch dies kann je nach Kontext wünschenswert oder unerwünscht sein (Tsoukas & Cunha, 2017).

Von einem komplexen adaptiven System wird gesagt, dass es am *Rand des Chaos* existiert, einer Situation, in der diese Regime in ständiger Spannung sind (Abb. 7.19). Am Rand des Chaos können einige Veränderungen absorbiert werden, während andere das System unvorhersehbar in einen anderen quasistabilen Zustand oder eine andere Konfiguration verschieben können. Angewendet auf den Design- und Entwicklungsprozess wurde postuliert, dass diese komplexen Interaktionen die Ursache für chaotisches Verhalten und extreme Sensitivität gegenüber Anfangsbedingungen sind (McCarthy et al., 2006), und es wurde gesagt, dass sie helfen zu erklären, wie ein Design- und Entwicklungsprozesssystem sich an verändernde Bedingungen anpassen kann und wie kreative, innovative Ergebnisse entstehen (Chiva-Gomez, 2004).

#### 7.4.2.5 Feedback-System-Funktionsstruktur-($FS^2$-)Modell

Das letzte konzeptionelle Modell und die Theorie, die in diesem Kapitel diskutiert werden, ist das *Feedback-System-Funktionsstruktur-*($FS^2$-)*Modell* ("feedback system function structure ($FS^2$) model"), entwickelt von Wynn und Maier (2022). Dieses Modell bietet eine systemtheoretische Perspektive auf generische Feedback-Situationen im Design- und Entwicklungsprozess. Seine Entwicklung wurde durch die Beobachtung motiviert, dass Feedback ein wesentliches Element des Designs und der Entwicklung in verschiedenen Teilsystemen und auf verschiedenen Ebenen ist. Die Bedeutung von Feedback wird in der in den letzten Abschnitten diskutierten systemtheoretischen Arbeit sowie in vielen anderen Beiträgen, die in diesem und anderen Kapiteln des Buches diskutiert werden, anerkannt. Dennoch sind Feedback-bezogene Fragen in dieser Literatur nicht der Hauptfokus. Das $FS^2$-Modell behebt dies, indem es menschenzentrierte und technozentrierte Perspektiven auf Feedback kombiniert (siehe Abschn. 3.3.2) in ein einziges systemtheoretisches Modell, das die Gestaltung und Reflexion von Design- und Entwicklungssituationen leiten kann.

Das $FS^2$-Modell, das in Abb. 7.20 dargestellt ist, ist absichtlich sehr abstrakt, um auf jede Situation im Design und in der Entwicklung anwendbar zu sein, die in Bezug auf die menschliche Beteiligung an einem Feedback-Prozess betrachtet werden kann. Das Modell destilliert das Wesen von Feedback-Situationen im Design- und Entwicklungsprozess zu bewussten, reflektierenden Agenten, die auf zweckmäßige Weise mit ihrer Umgebung interagieren. Diese Agenten können einzelne Prozessteilnehmer oder, wenn das Modell auf einer abstrakteren Ebene angewendet wird, Gruppen repräsentieren. In Abb. 7.20 stellt das Modell ein einzelnes Individuum oder eine Gruppe als System in den Fokus. Der weiter gefasste Begriff *Feedback-System* wird verwendet, um sowohl das System von Interesse als auch jene Aspekte seiner Umgebung zu umfassen, die eng durch Feedback-Schleifen mit ihm gekoppelt sind. Es wird anerkannt, dass Design und Entwicklung viele

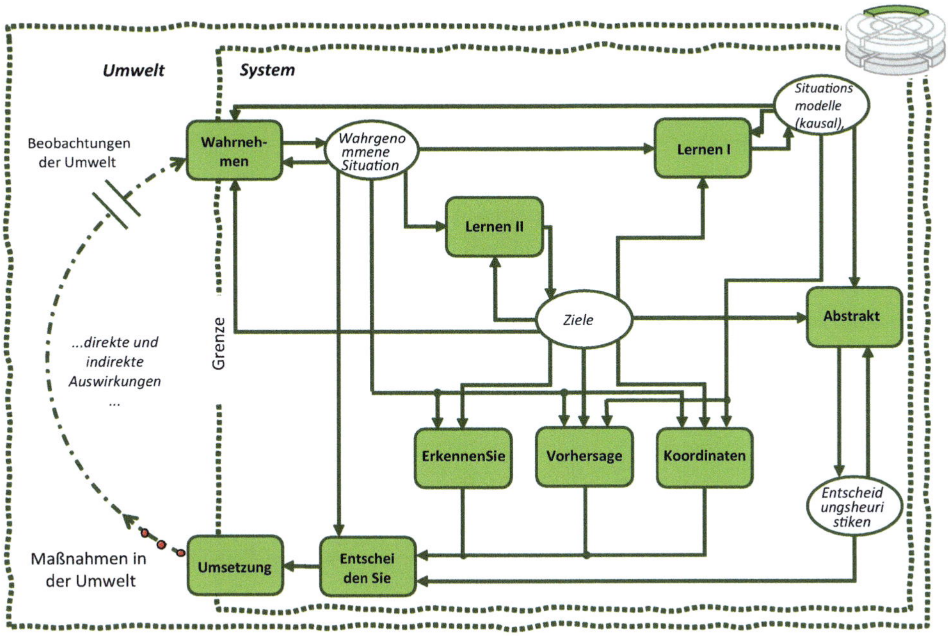


**Abb. 7.20** Das Feedback-System-Funktionsstruktur-($FS^2$-)Modell für Feedback-Situationen im Design- und Entwicklungsprozess. Nachgezeichnet von Wynn und Maier (2022), Lizenz CC BY 4.0, (http://creativecommons.org/licenses/by/4.0/)

interagierende Systeme beinhalten, deren Handlungen unterschiedliche Zeitskalen und Einflussbereiche haben. Das Modell soll jedoch generisch sein und solche Interaktionen werden nicht dargestellt, da ihre Struktur in der Regel von der jeweiligen Situation abhängt und in vielen Situationen unterschiedlich wahrgenommen werden kann.

Das $FS^2$-Modell (Abb. 7.20) stellt ein System und seine Umgebung dar, zerlegt das Erstere in Schlüsselprozessfunktionen (dargestellt als Kästchen) und Aspekte des Gedächtnisses (dargestellt als Ellipsen) und zeigt, wie all diese Elemente zyklisch durch spezifische Informationsflüsse (Pfeile) zusammenarbeiten, wenn Agenten zweckmäßige Verhaltensweisen ausüben (Wynn & Maier, 2022). Die Funktionen beziehen sich auf die systemtheoretischen Verhaltensweisen von Zielverfolgung, Lernen und Emergenz, wobei Letztere je nach Kontext wünschenswert oder unerwünscht sein können.

Zunächst sind die Funktionen in Bezug auf *Zielverfolgung*:

- *Erkennen* – die Systemteilnehmer berücksichtigen die wahrgenommene Systemumgebung, um Abweichungen von Zielen zu identifizieren, damit diese Abweichungen korrigiert werden können.
- *Vorhersagen* – die Systemteilnehmer stützen sich auf den wahrgenommenen Zustand der Umgebung und ihr Verständnis von Ursache und Wirkung, um zukünftige

Abweichungen von Zielen vorherzusagen, damit Anpassungen vorgenommen werden können, bevor unerwünschte Situationen auftreten.

- *Entscheiden* – die Systemteilnehmer wählen Maßnahmen zur Reduzierung erkannter und vorhergesagter Abweichungen von Zielen, indem sie sich auf Kenntnisse heuristischer Regeln stützen.
- *Umsetzen* – die Systemteilnehmer wirken auf die Systemumgebung ein, um Entscheidungen umzusetzen; zum Beispiel können Teilnehmer das Design in einem computergestützten Designsystem ändern, E-Mails senden und an Gesprächen teilnehmen.

Zweitens kann *Lernen* eine direkte Reaktion auf neue Feedback-Informationen sein, die aus der Umgebung wahrgenommen werden, und kann durch introspektive Reflexion erfolgen. Im Modell sind drei weitere Funktionen am Lernen beteiligt:

- *Lernen I (bezüglich Situationsmodelle)* – die Systemteilnehmer entwickeln kontinuierlich ihr Verständnis von Ursache und Wirkung in ihrer sich verändernden Umgebung (das sogenannte Situationsmodell), was bessere Entscheidungen ermöglichen kann.
- *Lernen II (bezüglich Ziele)* – die Ziele der Systemteilnehmer, die Entscheidungen leiten, werden weiterentwickelt.
- *Abstrahieren (bezüglich Entscheidungsheuristiken)* – die Systemteilnehmer extrahieren heuristische Regeln, die Entscheidungen leiten, aus ihrem sich entwickelnden Verständnis von Ursache und Wirkung.

Schließlich wird die Systemeigenschaft der *Emergenz* als Einbeziehung aller oben genannten Funktionen dargestellt, und auch:

- *Wahrnehmen* – die Wahrnehmungen der Systemteilnehmer von der Systemumgebung werden durch selbst formulierte Ziele und einzigartige Einschätzungen dessen, was für diese Ziele relevant sein könnte, beeinflusst.
- *Koordinieren* – Entscheidungen werden durch die Notwendigkeit beeinflusst, mit der wahrgenommenen Aktivität anderer Feedback-Systeme zu koordinieren, die Teil der Umgebung sind.

Innerhalb der vernetzten Struktur von Abb. 7.20 können mehrere zyklische Einflussströme – das heißt mehrere Feedback-Schleifen – erkannt werden, die die Funktionen, Aspekte des Gedächtnisses und die Systemumgebung verbinden.

Wynn und Maier (2022) zeigen, dass das $FS^2$-Modell angewendet werden kann, um spezifische Situationen auf mehreren Ebenen des Design- und Entwicklungsprozesses zu strukturieren. Um dies zu erreichen, sollte die Situation von Interesse zunächst als Feed-

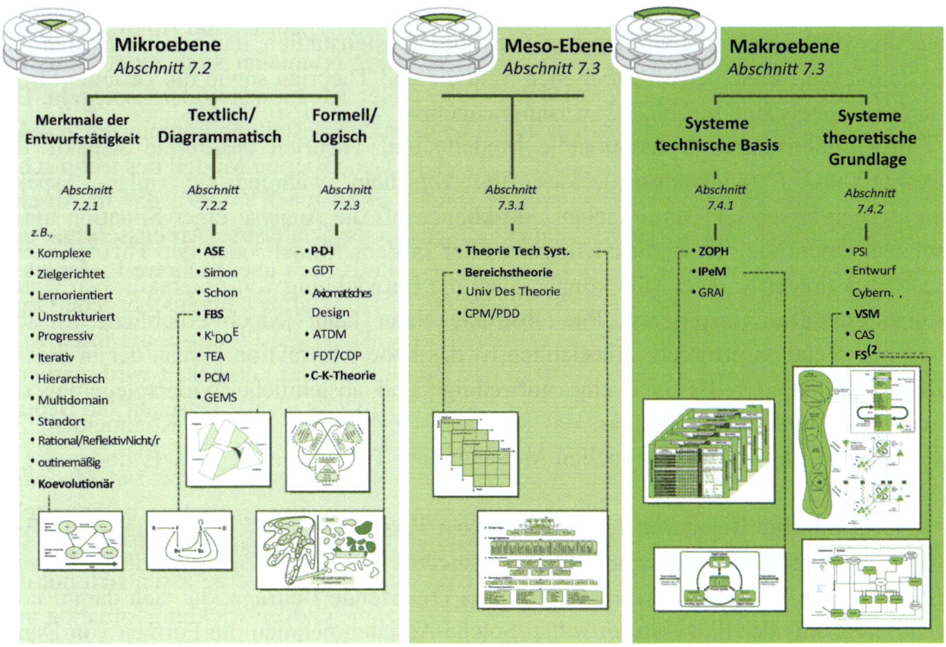


**Abb. 7.21** Zusammenfassung der in diesem Kapitel diskutierten konzeptionellen Modelle und Theorien

back-System ausgedrückt werden. Jedes Element des abstrakten FS$^2$-Modells sollte konkretisiert werden, indem es in Bezug auf spezifische Merkmale der Situation beschrieben wird. Zum Beispiel sollten, wenn das Modell zur Analyse einer bestimmten Aufgabe angewendet wird, die Ziele für diese Aufgabe identifiziert werden, um die *Ziele*-Ellipse von Abb. 7.20 zu konkretisieren, und so weiter für die anderen Elemente des Modells. Wynn und Maier (2022) zeigen, dass es wertvoll ist, dies für alle Modellelemente zu tun, um die Situation umfassend aus einer Feedback-Perspektive zu analysieren. Wenn ein Modellelement nicht angemessen behandelt wird, kann dies die Fähigkeit des Systems, seine Ziele zu erreichen, während es mit Unsicherheiten und Dynamik umgeht, die in jeder Design- und Entwicklungssituation auftreten, verringern.

## 7.5 Zusammenfassung und Diskussion

In diesem Kapitel wurde eine Auswahl an konzeptionellen Modellen und Theorien des Designs und der Entwicklung diskutiert. Sie reichen in ihrem Umfang von Mikroebenenanalysen der Designkognition bis hin zu konzeptionellen Analysen von Makroebenenfragen, die den systemischen Kontext des Entwicklungsprozesses betreffen. Beiträge aus drei Gemeinschaften wurden berücksichtigt: Designstudien, technisches Design und Systemdesign. Viele der beschriebenen Modelle und Theorien sowie die gesamte Struktur des Kapitels sind in Abb. 7.21 zusammengefasst.

Insgesamt bringen konzeptionelle Modelle und Theorien bestimmte Aspekte des Design- und Entwicklungsprozesses zum Vorschein, während sie andere Aspekte untergehen lassen und vereinfachen. Sie können oft die Analyse einer Situation unterstützen, indem sie zur Berücksichtigung aller in dem Modell oder der Theorie repräsentierten Fragen anregen. Sie können auch die Entwicklung von pragmatischen Unterstützungsansätzen inspirieren. Ihre abstrakte Natur kann jedoch erhebliche Einsicht und Interpretation erfordern. Tatsächlich ist das hohe Abstraktionsniveau der in diesem Kapitel diskutierten Beiträge eine notwendige und absichtliche Widerspiegelung des reichlich mehrdeutigen Themas, das sie jeweils behandeln. Weitere Kommentare zur Anwendbarkeit von konzeptionellen Modellen und Theorien in der Praxis finden Sie in Abschn. 12.2.1.

Nachdem eine Reihe von relativ abstrakten Perspektiven auf den Design- und Entwicklungsprozess skizziert wurde, die verschiedene Aspekte dessen, was dieser Prozess *ist*, aufdecken, diskutiert das nächste Kapitel ergänzende Beiträge, die sich darauf konzentrieren, was der Prozess *sein sollte*. Solche Arbeiten nehmen die Formen von Denkweisen, Methoden und empfohlenen Prozessen an.

## Literatur

Agogué, M., & Kazakçi, A. (2014). 10 years of C-K theory: A survey on the academic and industrial impacts of a design theory. In A. Chakrabarti, & M. L. T. Blessing (Hrsg.), *An anthology of theories and models of design: Philosophy, approaches and empirical explorations* (S. 219–235). Springer. https://doi.org/10.1007/978-1-4471-6338-1_11.

Albers, A., & Braun, A. (2011). A generalised framework to compass and to support complex product engineering processes. *International Journal of Product Development, 15*(1–3), 6–25. https://doi.org/10.1504/IJPD.2011.043659.

Albers, A., Behrendt, M., Klingler, S., Reiß, N., & Bursac, N. (2017). Agile product engineering through continuous validation in PGE-Product Generation Engineering. *Design Science, 3*, e5. https://doi.org/10.1017/dsj.2017.5.

Albers, A., Reiss, N., Bursac, N., & Richter, T. (2016). IPeM-integrated product engineering model in context of product generation engineering. *Procedia CIRP, 50*, 100–105. https://doi.org/10.1016/j.procir.2016.04.168.

Andreasen, M. M. (2011). 45 years with design methodology. *Journal of Engineering Design, 22*(5), 293–332. https://doi.org/10.1080/09544828.2010.538040.

Andreasen, M. M., Hansen, C. T., & Cash, P. (2015). *Conceptual design: Interpretations, mindset and models*. Springer. https://doi.org/10.1007/978-3-319-19839-2.

Beer, S. (1995). *Brain of the firm* (3. Aufl.). Wiley.

Birmingham, R. (1997). *Understanding engineering design: Context, theory and practice*. Prentice Hall.

Braha, D., & Maimon, O. (1998). *A mathematical theory of design: Foundations, algorithms and applications*. Springer. https://doi.org/10.1007/978-1-4757-2872-9.

Braha, D., & Reich, Y. (2003). Topological structures for modeling engineering design processes. *Research in Engineering Design, 14*(4), 185–199. https://doi.org/10.1007/s00163-003-0035-3.

Brocklesby, J., Cummings, S., & Davies, J. (1995). Demystifying the viable systems model as a tool for organizational analysis. *Asia-Pacific Journal of Operational Research, 12*(1), 65–86.

Bucciarelli, L. L. (2002). Between thought and object in engineering design. *Design Studies, 23*(3), 219–231. https://doi.org/10.1016/S0142-694X(01)00035-7.

Buur, J. (1990). A theoretical approach to mechatronics design. Ph.D. dissertation, Technical University of Denmark.

Buur, J., & Andreasen, M. M. (1989). Design models in mechatronic product development. *Design Studies, 10*(3), 155–162. https://doi.org/10.1016/0142-694X(89)90033-1.

Chakrabarti, A., Sarkar, P., Leelavathamma, B., & Nataraju, B. (2005). A functional representation for aiding biomimetic and artificial inspiration of new ideas. *Artificial Intelligence for Engineering Design, Analysis and Manufacturing, 19*(2), 113–132. https://doi.org/10.1017/S0890060405050109.

Chandrasekaran, B. (1990). Design problem solving: A task analysis. *AI Magazine, 11*(4), 59–71. https://doi.org/10.1609/aimag.v11i4.857.

Chiva-Gomez, R. (2004). Repercussions of complex adaptive systems on product design management. *Technovation, 24*(9), 707–711. https://doi.org/10.1016/S0166-4972(02)00155-4.

Clancey, W. J. (1997). *Situated cognition: On human knowledge and computer representations*. Cambridge University Press.

Crilly, N. (2021). The evolution of "co-evolution" (part I): Problem solving, problem finding, and their interaction in design and other creative practices. *She Ji: The Journal of Design, Economics, and Innovation, 7*(3), 309–332. https://doi.org/10.1016/j.sheji.2021.07.003.

Cross, N. (1997). Descriptive models of creative design: Application to an example. *Design Studies, 18*(4), 427–440. https://doi.org/10.1016/S0142-694X(97)00010-0.

Cross, N. (2008). *Engineering design methods: Strategies for product design, (4. Aufl.)*. Wiley.

Darke, J. (1979). The primary generator and the design process. *Design Studies, 1*(1), 36–44. https://doi.org/10.1016/0142-694X(79)90027-9.

Dong, A. (2004). Design as a socio-cultural cognitive system. In D. Marjanović (Hrsg.), *DS 32: Proceedings of DESIGN 2004, the 8th International Design Conference, Dubrovnik, Croatia* (S. 1467–1474). Design Society.

Dorst, K., & Cross, N. (2001). Creativity in the design process: Co-evolution of problem-solution. *Design Studies, 22*(5), 425–437. https://doi.org/10.1016/S0142-694X(01)00009-6.

Doumeingts, G., Girard, P., & Eynard, B. (1996). GIM: GRAI integrated methodology for product development. In G. Q. Huang (Hrsg.), *Design for X: Concurrent engineering imperatives* (S. 153–172). Springer. https://doi.org/10.1007/978-94-011-3985-4_8.

Eder, W. E. (2011). Engineering design science and theory of technical systems: Legacy of Vladimir Hubka. *Journal of Engineering Design, 22*(5), 361–385. https://doi.org/10.1080/09544828.2010.522558.

Eder, W. E., & Hosnedl, S. (2010). *Introduction to design engineering: Systematic creativity and management*. CRC Press. https://doi.org/10.1201/b10536.

Elezi, F. (2015). Supporting the design of management control systems in engineering companies from management cybernetics perspective. Ph.D. dissertation, Technical University of Munich.

Fischer, T., & Herr, C. M. (2019). *Design cybernetics: Navigating the new*. Springer. https://doi.org/10.1007/978-3-030-18557-2.

Frost, R. B. (1992). A converging model of the design process: Analysis and creativity, the ingredients of synthesis. *Journal of Engineering Design*, *3*(2), 117–126. https://doi.org/10.1080/09544829208914751.

Gero, J. S. (1990). Design prototypes: A knowledge representation schema for design. *AI Magazine*, *11*(4), 26–36. https://doi.org/10.1609/aimag.v11i4.854.

Gero, J. S. (1998). Conceptual designing as a sequence of situated acts. In I. Smith (Hrsg.), *Artificial intelligence in structural engineering: Information technology for design, collaboration, maintenance, and monitoring* (S. 165–177). Springer. https://doi.org/10.1007/BFb0030450.

Gero, J. S. (2000). Computational models of innovative and creative design processes. *Technological Forecasting and Social Change*, *64*(2–3), 183–196. https://doi.org/10.1016/S0040-1625(99)00105-5.

Gero, J. S., & Kannengiesser, U. (2004). The situated function-behaviour-structure framework. *Design Studies*, *25*(4), 373–391. https://doi.org/10.1016/j.destud.2003.10.010.

Gero, J. S., & Kannengiesser, U. (2014). The function-behaviour-structure ontology of design. In A. Chakrabarti & L. T. M. Blessing (Hrsg.), *An anthology of theories and models of design: Philosophy, approaches and empirical explorations* (S. 263–283). Springer. https://doi.org/10.1007/978-1-4471-6338-1_13.

Geyer, F. (1995). The challenge of sociocybernetics. *Kybernetes*, *24*(4), 6–32. https://doi.org/10.1108/03684929510089321.

Girard, P., & Doumeingts, G. (2004). Modelling the engineering design system to improve performance. *Computers & Industrial Engineering*, *46*(1), 43–67. https://doi.org/10.1016/j.cie.2003.09.008.

Goel, V., & Pirolli, P. (1992). The structure of design problem spaces. *Cognitive Science*, *16*(3), 395–429. https://doi.org/10.1207/s15516709cog1603_3.

Grabowski, H., Lossack, R.-S., & El-Mejbri, E.-F. (1999). Towards a universal design theory. In H. Kals and F. van Houten (Hrsg.), *Integration of Process Knowledge into Design Support Systems: Proceedings of the 1999 CIRP International Design Seminar*, University of Twente, Enschede, The Netherlands, 24–26 March, 1999 (S. 47–56). Springer. https://doi.org/10.1007/978-94-017-1901-8_2.

Grabowski, H., Lossack, R.-S., & Weis, C. (1996). A design process model based on design working spaces. In T. Tomiyama, M. Mäntylä, & S. Finger (Hrsg.), *Knowledge intensive CAD* (Bd. 1, S. 244–262). Springer. https://doi.org/10.1007/978-0-387-34930-5_16.

Guindon, R. (1990). Designing the design process: Exploiting opportunistic thoughts. *Human-Computer Interaction*, *5*(2), 305–344. https://doi.org/10.1080/07370024.1990.9667157.

Hamraz, B., Caldwell, N. H., Wynn, D. C., & Clarkson, P. J. (2013). Requirements-based development of an improved engineering change management method. *Journal of Engineering Design*, *24*(11), 765–793. https://doi.org/10.1080/09544828.2013.834039.

Hatchuel, A., & Weil, B. (2003). A new approach of innovative design: An introduction to C-K theory. In A. Folkeson, K. Gralen, M. Norell, & U. Sellgren (Hrsg.), *DS 31: Proceedings of ICED 03, the 14th International Conference on Engineering Design, Stockholm* (S. 109–110). Design Society.

Hatchuel, A., & Weil, B. (2009). C-K design theory: An advanced formulation. *Research in Engineering Design*, *19*(4), 181–192. https://doi.org/10.1007/s00163-008-0043-4.

Hatchuel, A., Le Masson, P., & Weil, B. (2004). C-K theory in practice: Lessons from industrial applications. In D. Marjanović (Hrsg.), *DS 32: Proceedings of DESIGN 2004, the 8th International Design Conference, Dubrovnik, Croatia* (S. 245–258). Design Society.

Hay, L., Duffy, A. H. B., McTeague, C., Pidgeon, L. M., Vuletic, T., & Grealy, M. (2017). A systematic review of protocol studies on conceptual design cognition: Design as search and exploration. *Design Science*, *3*, e10. https://doi.org/10.1017/dsj.2017.11.

Hillier, B., Musgrove, J., & O'Sullivan, P. (1972). Knowledge and design. In W. J. Mitchell (Hrsg.), *Environmental design: research and practice. Proceedings of the EDRA 3/AR 8 Conference*, University of California at Los Angeles, January 1972 (S. 1–14). University, Verlag.

Howard, T. J., Culley, S. J., & Dekoninck, E. (2008). Describing the creative design process by the integration of engineering design and cognitive psychology literature. *Design Studies*, *29*(2), 160–180. https://doi.org/10.1016/j.destud.2008.01.001.

Hubka, V., & Eder, W. E. (1988). *Theory of technical systems: A total concept theory for engineering design*. Springer. https://doi.org/10.1007/978-3-642-52121-8.

Hybs, I., & Gero, J. S. (1992). An evolutionary process model of design. *Design Studies*, *13*(3), 273–290. https://doi.org/10.1016/0142-694X(92)90216-W.

Jones, J. C. (1992). *Design methods: Seeds of human futures* (2. Aufl.). Wiley.

Kazakçi, A. O. (2009). A formalization of CK design theory based on intuitionist logic. In A. Chakrabarti (Hrsg.), *ICORD 09: Proceedings of the 2nd International Conference on Research into Design, Bangalore, India 07–09 Jan 2009* (S. 499–507). Design Society.

Kleinsmann, M., & Valkenburg, R. (2008). Barriers and enablers for creating shared understanding in co-design projects. *Design Studies*, *29*, 369–386. https://doi.org/10.1016/j.destud.2008.03.003.

Kleinsmann, M., Buijs, J., & Valkenburg, R. (2010). Understanding the complexity of knowledge integration in collaborative new product development teams: A case study. *Journal of Engineering and Technology Management*, *27*(1–2), 20–32. https://doi.org/10.1016/j.jengtecman.2010.03.003.

Köhler, C., Conrad, J., Wanke, S., & Weber, C. (2008). A matrix representation of the cpm/pdd approach as a means for change impact analysis. In D. Marjanovic, M. Storga, N. Pavkovic, & N. Bojcetic (Hrsg.), *DS 48: Proceedings DESIGN 2008, the 10th International Design Conference, Dubrovnik, Croatia* (S. 167–174). The Design Society.

Kulak, O., Cebi, S., & Kahraman, C. (2010). Applications of axiomatic design principles: A literature review. *Expert Systems With Applications*, *37*(9), 6705–6717. https://doi.org/10.1016/j.eswa.2010.03.061.

Lawson, B. (2005). *How designers think: The design process demystified* (4. Aufl.). Routledge. https://doi.org/10.4324/9780080454979.

Le Masson, P., Weil, B., & Hatchuel, A. (2017). Design theory: Methods and organization for innovation. Springer. https://doi.org/10.1007/978-3-319-50277-9.

Love, T. (2002). Constructing a coherent cross-disciplinary body of theory about designing and designs: Some philosophical issues. *Design Studies*, *23*(3), 345–361. https://doi.org/10.1016/S0142-694X(01)00043-6.

Maher, M. L. (2000). A model of co-evolutionary design. *Engineering with Computers*, *16*, 195–208. https://doi.org/10.1007/PL00013714.

Maher, M. L., & Poon, J. (1996). Modeling design exploration as coevolution. *Computer-Aided Civil and Infrastructure Engineering*, *11*, 195–209. https://doi.org/10.1111/j.1467-8667.1996.tb00323.x.

Maher, M. L., Poon, J., & Boulanger, S. (1996). Formalising design exploration as co-evolution. In J. S. Gero, & F. Sudweeks (Hrsg.), *Advances in Formal Design Methods for CAD: Proceedings of the IFIP WG5.2 Workshop on Formal Design Methods for Computer-Aided Design, June 1995* (S. 3–30). Springer. https://doi.org/10.1007/978-0-387-34925-1_1.

Maier, A. M., Wynn, D. C., Andreasen, M. M., & and Clarkson, P. J. (2012). A cybernetic perspective on methods and process models in collaborative designing. In D. Marjanović, M. Štorga, N. Pavković, & N. Bojčetić (Hrsg.), *DS 70: Proceedings of DESIGN 2012, the 12th International Design Conference, Dubrovnik, Croatia* (S. 233–240). Design Society.

Maier, A. M., Wynn, D. C., Howard, T. J., & Andreasen, M. M. (2014). Perceiving design as modelling: A cybernetic systems perspective. In A. Chakrabarti, & L. T. M. Blessing (Hrsg.), *An anthology of theories and models of design: Philosophy, approaches and empirical explorations* (S. 133–149). Springer. https://doi.org/10.1007/978-1-4471-6338-1_7.

Malmiry, R. B., Pailhès, J., Qureshi, A. J., Antoine, J.-F., & Dantan, J.-Y. (2016). Management of product design complexity due to epistemic uncertainty via energy flow modelling based on CPM. *CIRP Annals*, *65*(1), 169–172. https://doi.org/10.1016/j.cirp.2016.04.048.

March, L. (1984). The logic of design. In N. Cross (Hrsg.), *Developments in design methodology* (S. 265–276). Wiley.

Martinec, T., Škec, S., Horvat, N., & Štorga, M. (2019). A state-transition model of team conceptual design activity. *Research in Engineering Design*, *30*(1), 103–132. https://doi.org/10.1007/s00163-018-00305-1.

McCarthy, I. P., Tsinopoulos, C., Allen, P., & Rose-Anderssen, C. (2006). New product development as a complex adaptive system of decisions. *Journal of Product Innovation Management*, *23*(5), 437–456. https://doi.org/10.1111/j.1540-5885.2006.00215.x.

Merlo, C., & Girard, P. (2004). Information system modelling for engineering design co-ordination. *Computers in Industry*, *55*(3), 317–334. https://doi.org/10.1016/j.compind.2004.08.008.

Naumann, T., & Vajna, S. (2004a). Adaptive system management. In S. Vajna (Hrsg.), *IPD 2004: Proceedings of the 5th Workshop on Integrated Product Development, Magdeburg, Germany, 22–24 Sept.* Design Society.

Naumann, T., & Vajna, S. (2004b). Adaptive system management. In D. Marjanović (Hrsg.), *Proceedings of DESIGN 2004, the 8th International Design Conference, Dubrovnik, Croatia, May 18–21*. Design Society.

Negele, H., Fricke, E., & Igenbergs, E. (1997). ZOPH–a systemic approach to the modeling of product development systems. *INCOSE International Symposium*, *7*(1), 266–273. https://doi.org/10.1002/j.2334-5837.1997.tb02181.x.

Newell, A. (1981). The knowledge level: Presidential address. *AI Magazine*, *2*(2), 1–20. https://doi.org/10.1609/aimag.v2i2.99.

O'Donnell, F. J., & Duffy, A. H. B. (2002). Modelling design development performance. *International Journal of Operations & Production Management*, *22*(11), 1198–1221. https://doi.org/10.1108/01443570210450301.

O'Donnell, F. J., & Duffy, A. H. B. (2005). *Design performance*. Springer. https://doi.org/10.1007/1-84628-147-4.

Pask, G. (1969). The meaning of cybernetics in the behavioural sciences (The cybernetics of behaviour and cognition; extending the meaning of "goal"). In J. Rose (Hrsg.), *Progress of cybernetics* (S. 15–44). Gordon Breach Science Publishers.

Pask, G. (1976). *Conversation theory: Applications in education and epistemology*. Elsevier Scientific Publishing Company.

Peirce, C. (1923). *Chance, Love, and Logic: Philosophical Essays*. Routledge. Edited by Morris R. Cohen & John Dewey.

Pulm, U. (2005). Product development as a complex social system. In A. Samuel & W. Lewis (Hrsg.), *DS 35: Proceedings ICED 05, the 15th International Conference on Engineering Design, Melbourne, Australia, 15–18 Aug 2005* (S. 407–408). Design Society.

Reich, Y. (1995). A critical review of general design theory. *Research in Engineering Design*, *7*, 1–18. https://doi.org/10.1007/BF01681909.

Reich, Y., & Subrahmanian, E. (2022). The PSI framework and theory of design. *IEEE Transactions on Engineering Management*, *69*(4), 1037–1049. https://doi.org/10.1109/TEM.2020.2973238.

Salustri, F. A. (2014). Reformulating CK theory with an action logic. In J. S. Gero (Hrsg.), *Design Computing and Cognition'12* (S. 433–450). Springer. https://doi.org/10.1007/978-94-017-9112-0_24.

Schön, D. A. (1992). *The reflective practitioner: How professionals think in action*. Routledge. https://doi.org/10.4324/9781315237473.

Schön, D. A., & Wiggins, G. (1992). Kinds of seeing and their functions in designing. *Design Studies*, *13*(2), 135–156. https://doi.org/10.1016/0142-694X(92)90268-F.

Scott, B. (2001). Gordon Pask's conversation theory: A domain independent constructivist model of human knowing. *Foundations of Science*, *6*(4), 343–360. https://doi.org/10.1023/A:1011667022540.

Scott, B. (2004). Second-order cybernetics: An historical introduction. *Kybernetes*, *33*(9/10), 1365–1378. https://doi.org/10.1108/03684920410556007.

Sim, S. K., & Duffy, A. H. B. (2003). Towards an ontology of generic engineering design activities. *Research in Engineering Design*, *14*, 200–223. https://doi.org/10.1007/s00163-003-0037-1.

Simon, H. A. (1973). The structure of ill structured problems. *Artificial Intelligence*, *4*(3–4), 181–201. https://doi.org/10.1016/0004-3702(73)90011-8.

Siyam, G. I., Wynn, D. C., & Clarkson, P. J. (2015). Review of value and lean in complex product development. *Systems Engineering*, *18*(2), 192–207. https://doi.org/10.1002/sys.21299.

Smithers, T. (1998). Towards a knowledge level theory of design process. In J. Gero & F. Sudweeks (Hrsg.), *Artificial Intelligence in Design'98* (S. 3–21). Springer. https://doi.org/10.1007/978-94-011-5121-4_1.

Srinivasan, V., & Chakrabarti, A. (2010). An integrated model of designing. *Journal of Computing and Information Science in Engineering*, *10*(3), 031013. https://doi.org/10.1115/1.3467011.

Stacey, R. D. (1995). The science of complexity: An alternative perspective for strategic change processes. *Strategic Management Journal*, *16*(6), 477–495. https://doi.org/10.1002/smj.4250160606.

Suh, N. P. (1990). *The principles of design*. Oxford University Press.

Takeda, H., Veerkamp, P., & Yoshikawa, H. (1990). Modeling design process. *AI Magazine*, *11*(4), 37. https://doi.org/10.1609/aimag.v11i4.855.

Tomiyama, T. (1994). From general design theory to knowledge-intensive engineering. *Artificial Intelligence for Engineering Design, Analysis and Manufacturing*, *8*(04), 319–333. https://doi.org/10.1017/S0890060400000998.

Tomiyama, T., Kiriyama, T., Takeda, H., Xue, D., & Yoshikawa, H. (1989). Metamodel: A key to intelligent CAD systems. *Research in Engineering Design*, *1*(1), 19–34. https://doi.org/10.1007/BF01580000.

Tsoukas, H., & Cunha, M. P. (2017). On organizational circularity: Vicious and virtuous cycles in organizing. In W. Smith, M. Lewis, P. Jarzabkowski, & A. Langley (Hrsg.), *The Oxford handbook of organizational paradox: Approaches to plurality, tensions, and contradictions* (S. 393–412). Oxford University Press. https://doi.org/10.1093/oxfordhb/9780198754428.013.20.

Ullman, D. G., Dietterich, T. G., & Stauffer, L. A. (1988). A model of the mechanical design process based on empirical data. *Artificial Intelligence for Engineering Design, Analysis and Manufacturing*, *2*(1), 33–52. https://doi.org/10.1017/S0890060400000536.

Umpleby, S. A. (1997). Cybernetics of conceptual systems. *Cybernetics and Systems*, *28*(8), 635–651. https://doi.org/10.1080/019697297125886.

Vajna, S., Clement, S., Jordan, A., & Bercsey, T. (2005). The autogenetic design theory: An evolutionary view of the design process. *Journal of Engineering Design*, *16*(4), 423–440. https://doi.org/10.1080/09544820500267781.

Visser, W. (2009). Design: One, but in different forms. *Design Studies*, *30*(3), 187–223. https://doi.org/10.1016/j.destud.2008.11.004.

von Foerster, H. (2003). *Understanding understanding: Essays on cybernetics and cognition.* Springer. https://doi.org/10.1007/b97451.

Weber, C. (2014). Modelling products and product development based on characteristics and properties. In A. Chakrabarti & L. T. M. Blessing (Hrsg.), *An anthology of theories and models of design: Philosophy, approaches and empirical explorations* (S. 327–352). Springer. https://doi.org/10.1007/978-1-4471-6338-1_16.

Weber, C., Werner, H., & Deubel, T. (2003). A different view on product data management/product life-cycle management and its future potentials. *Journal of Engineering Design, 14*(4), 447–464. https://doi.org/10.1080/0954482031000160687 6.

Wiener, N. (1948). *Cybernetics or control and communication in the animal and the machine.* Wiley.

Wilberg, J., Tommelein, I. D., Elezi, F., & Lindemann, U. (2015). Supporting the implementation of engineering change management with the viable system model. In *2015 IEEE International Conference on Systems, Man, and Cybernetics* (S. 731–736). https://doi.org/10.1109/SMC.2015.137.

Wynn, D., & Clarkson, J. (2005). Models of designing. In J. Clarkson & C. Eckert (Hrsg.), *Design process improvement: A review of current practice* (S. 34–59). Springer. https://doi.org/10.1007/978-1-84628-061-0_2.

Wynn, D. C., & Clarkson, P. J. (2018). Process models in design and development. *Research in Engineering Design, 29*(2), 161–202. https://doi.org/10.1007/s00163-017-0262-7.

Wynn, D. C., & Eckert, C. M. (2017). Perspectives on iteration in design and development. *Research in Engineering Design, 28*(2), 153–184. https://doi.org/10.1007/s00163-016-0226-3.

Wynn, D. C., & Maier, A. M. (2022). Feedback systems in the design and development process. *Research in Engineering Design, 33*(3), 273–306. https://doi.org/10.1007/s00163-022-00386-z.

Yoshikawa, H. (1981). General design theory and a CAD system. In T. Sata & E. Warman (Hrsg.), *Man-Machine communication in CAD/CAM: Proceedings of the IFIP WG5.2-5.3 Working Conference held in Tokyo, Japan, 2–4 October 1980.* North-Holland Publishing Company.

Zeng, Y. (2002). Axiomatic theory of design modeling. *Journal of Integrated Design & Process Science, 6*(3), 1–28.

Zeng, Y., & Cheng, G. (1991). On the logic of design. *Design Studies, 12*(3), 137–141. https://doi.org/10.1016/0142-694X(91)90022-O.

# Denkweisen, Methoden und Prozesse für Design und Entwicklung

# 8

**Zusammenfassung**

Im Laufe der Jahre wurden zahlreiche Empfehlungen vorgeschlagen, wie man mit Design und Entwicklung vorgehen sollte. Einige liefern Projekt- und Prozessstrukturen, während andere als Methoden formuliert sind, um spezifische Prozessschritte zu unterstützen oder Denkweisen zu beschreiben, die als wesentlich empfohlen werden, wenn komplexe Probleme durch Design angegangen werden. Dieses Kapitel bietet einen strukturierten Überblick über empfohlene Denkweisen, Methoden und Prozesse für Design und Entwicklung. Das Kapitel betrachtet Ansätze für Design als allgemeinen Ansatz zur Problemlösung in verschiedenen Anwendungsbereichen, neben Ansätzen, die sich speziell auf das technische Design konzentrieren, und solchen, die das Design und die Entwicklung komplexer Systeme behandeln. Insgesamt vermittelt dieses Kapitel einige der wichtigsten Denkschulen darüber, wie Design und Entwicklung durchgeführt werden sollten, und klärt einige der Beziehungen zwischen den vorgestellten Ansätzen.

**Schlüsselwörter**

Design und Entwicklung · Denkweisen · Methoden · Empfohlene Prozesse

## 8.1 Einführung

Viele Autoren haben Denkweisen, Methoden und empfohlene Prozesse vorgeschlagen, um bewährte Praktiken zu vermitteln und Design und Entwicklung zu leiten. Trotz der umfangreichen Forschung, die seit den 1950er-Jahren durchgeführt wurde, gibt es jedoch keinen "Silver-Bullet"-Ansatz, der universell angewendet werden kann, um Prozessverbesserungen



D. Wynn und P. Clarkson, *Der Design- und Entwicklungsprozess*,
https://doi.org/10.1007/978-3-031-83083-9_8

**Abb. 8.1** Dieses Kapitel behandelt ein einzelnes Segment aus der obersten Ebene des in Kap. 6 eingeführten Organisations-Frameworks

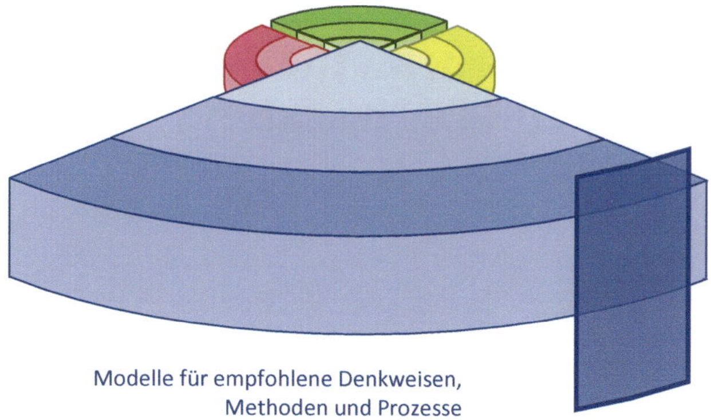


zu erzielen (Wynn & Clarkson, 2005). Stattdessen haben die meisten Ansätze gut definierte und oft relativ enge Schwerpunkte.

In diesem Kapitel werden einige etablierte präskriptive Ansätze zum Design- und Entwicklungsprozess diskutiert. Das Kapitel konzentriert sich auf ein einzelnes Segment der obersten Ebene des Organisationsrahmens, der in Kap. 6 eingeführt wurde, wie in Abb. 8.1 dargestellt.[1]

Die diskutierten Beiträge vermitteln eine Reihe von Ansätzen zum Design und zur Entwicklung, wobei die Unterschiede teilweise von den Anforderungen des erwarteten Anwendungsbereichs abhängen und teilweise von den Erkenntnissen der Entwickler jedes Beitrags. Zum Beispiel betonen einige der Denkweisen, Methoden und empfohlenen Prozesse die Systematik des Engineerings, während andere auf die Notwendigkeit von Kreativität und das Verständnis der Bedürfnisse der Benutzer und anderer Stakeholder abzielen. Einige der Ansätze spiegeln Praktiken wider, die beobachtet, analysiert und von Forschern kommuniziert wurden, während andere persönliche Erfahrungen sammeln oder durch Theorien darüber entwickelt wurden, wie Design und Entwicklung durchgeführt werden sollten.

### 8.1.1 Einige historische Hintergründe

Der Inhalt dieses Kapitels behandelt einen Aspekt der *Designmethodik*, die die Untersuchung von Methoden im Design darstellt. Im Allgemeinen kann dieser Begriff verwendet werden, um die Untersuchung dessen zu beschreiben, was Designer tatsächlich tun, sowie die Verschreibung von empfohlenen Ansätzen. Mehrere Autoren haben historische Einführungen in die Designmethodik geschrieben. Diese Veröffentlichungen

---

[1] Einige Inhalte dieses Kapitels sind angepasst und erheblich erweitert aus Abschnitten von Wynn und Clarkson (2005) mit Genehmigung von Springer Nature und Abschnitten von Wynn und Clarkson (2018) unter Lizenz CC BY 4.0 (http://creativecommons.org/licenses/by/4.0/).

sind hilfreich, um die Beziehungen zwischen den diskutierten Ansätzen sowie ihre Beziehungen zu den konzeptionellen Modellen und Theorien von Design und Entwicklung einzuschätzen, die in Kap. 7 beschrieben wurden. Ein solcher historischer Überblick, der Design in einem allgemeinen Kontext betrachtet, wird von Bayazit (2004) bereitgestellt, der auch auf die historischen Zusammenfassungen anderer Autoren zurückgreift. Ein weiterer, aus der Perspektive des technischen Designs, wird von Eder und Weber (2006) präsentiert, der europäische Perspektiven sowie die von Forschern aus dem Vereinigten Königreich und den USA abdeckt. Einige Schlüsselpunkte aus diesen und anderen Überprüfungen werden in den folgenden Absätzen zusammengefasst.

Wie bereits in Kap. 7 erwähnt, wird die Konferenz über Designmethoden von 1962 in London als die erste akademische Veranstaltung angesehen, bei der die Designmethodik im Vereinigten Königreich zumindest gezielt Beachtung fand. Cross (1993) schreibt, dass einige Arbeiten auf diesem Gebiet durch die Hoffnung motiviert waren, dass wissenschaftliche Ansätze, die erfolgreich auf Managementprobleme angewendet wurden, ähnlich zur Unterstützung des kreativen Designs angewendet werden könnten. Die wegweisende Sammlung dieser frühen systematischen Designmethoden ist das Buch von Jones (1970).

Solche Ansätze in den 1960er-Jahren werden allgemein als Designmethoden der ersten Generation beschrieben, die die Idee fördern, dass Design rationalisiert werden sollte, um es von einem intuitiven, fähigkeitsbasierten Prozess in einen systematischeren, prozeduralen und wiederholbaren Prozess zu verwandeln. Viele solcher Ansätze sind im Wesentlichen Versuche, die Designeinsicht ihrer Autoren zu systematisieren, indem sie ein allgemeines Verfahren in einem eher sterilen Stil beschreiben. Broadbent (2003) schreibt, dass solche Ansätze als „ihrer Zeit entsprechend" verstanden werden sollten. In den 1970er-Jahren wurden solche Bemühungen aus verschiedenen Gründen kritisiert, einschließlich ihrer Unfähigkeit, mit *Wicked Problems* (vertrackte Probleme, beschrieben in Abschnitt 7.2.2.4) umzugehen, und der Schwierigkeiten, systematisierte Beschreibungen mit den offensichtlich intuitiven, fähigkeitsbasierten Aspekten des Designs zu vereinbaren (Broadbent, 2003). Spätere Entwicklungen schufen Ansätze, die weniger starr sind und die Rolle der Expertise und Intuition der Designer bei der Lösungsfindung besser anerkennen (Margolin, 2010). Sanders und Stappers (2008) schreiben, dass in den letzten Jahren mehr Wert auf das unscharfe Frontend des Prozesses gelegt wurde, um sicherzustellen, dass Designer die Benutzerbedürfnisse gründlich verstehen und somit Lösungen schaffen können, die diese erfüllen; während Isaksson et al. (2022) den Trend zu Ansätzen diskutieren, die den systemischen Kontext eines Designs und das Design von Interventionen in einem komplexen Systemkontext berücksichtigen. Dieses Kapitel diskutiert einige Beispiele für jede dieser Arten von Modellen.

### 8.1.2 Einige organisierende Frameworks

Eine der Herausforderungen bei der Diskussion eines breiten Themas wie der Designmethodik besteht darin, viele miteinander verbundene Perspektiven auf im Wesentlichen sequenzielle Weise darzustellen. In der Literatur wurden verschiedene Schemata verwendet, um Diskussionen über Design- und Entwicklungsprozessmodelle zu organisieren. Zur Wiederholung aus Kap. 6: In einem ingenieurtechnischen Designkontext schreibt zum Beispiel Blessing (1994), dass Modelle des Designs mit den vier in Abb. 8.2 gezeigten Kategorien klassifiziert werden können. Dieses Framework basiert auf der früheren Arbeit von Hall (1962), der eine zweidimensionale Perspektive der Projektentwicklung vorschlug, in der die phasenbasierte Struktur des Projektlebenszyklus orthogonal zum iterativen Problemlösungsprozess liegt, der in jeder Phase stattfindet. Asimow (1962) entwickelte diesen Standpunkt weiter und beschrieb die im Wesentlichen lineare, stufenbasierte chronologische Struktur des Projekts als morphologische Dimension des Designprozesses und die stark zyklischen, nacharbeitungsintensiven Aktivitäten, die für die täglichen Aktivitäten des Designers charakteristisch sind, als die Problemlösungsdimension. Blessing bezeichnet die Modelle, die sich mit Asimows morphologischen und Problemlösungsdimensionen befassen, als stufen- und aktivitätsbasiert (Abb. 8.2a, b). Sie weist auch auf das Vorhandensein von kombinierten Modellen hin (Abb. 8.2c), die gut strukturierte, iterative Aktivitäten in jeder Phase vorschreiben (zum Beispiel Eder & Hosnedl, 2010; Hubka, 1982); im Vergleich dazu weisen rein stufenbasierte Modelle nur die Möglichkeit von Nacharbeit durch Feedback-Schleifen zwischen den Stufen auf (zum Beispiel French, 1999). Einige kombinierte Modelle raten zu einer Konvergenz auf eine Designlösung (Abb. 8.2d) durch den Einsatz von zunehmend ausgefeilteren Aktivitäten in jeder Phase, die die zunehmende Reife der Designinformationen widerspiegeln (zum Beispiel Evans, 1959).

Einige Autoren kategorisieren Ansätze auch als entweder *vorschreibend (präskriptiv)*, was getan werden sollte, oder *beschreibend (deskriptiv)*, was tatsächlich getan wird; dieses Kapitel konzentriert sich auf präskriptive Modelle. Wynn und Clarkson (2005) beschreiben Ansätze als entweder *designorientiert*, die sich mit Fragen befassen, die sich auf die Entwicklung des Designs selbst beziehen, oder *projektorientiert*, die sich auf die Organisation und das Management des Designprozesses konzentrieren. Beide Arten von Beiträgen werden in diesem Kapitel behandelt.

### 8.1.3 Überblick

Die Diskussion präskriptiver Ansätze in diesem Kapitel arbeitet sich durch die drei Sektoren des in Abb. 8.1 angezeigten Framework-Segments:

**Abb. 8.2** Stufen- versus aktivitätsbasierte Prozessmodelle nach Blessing. Nachdruck von Blessing (1994) mit Genehmigung des Autors

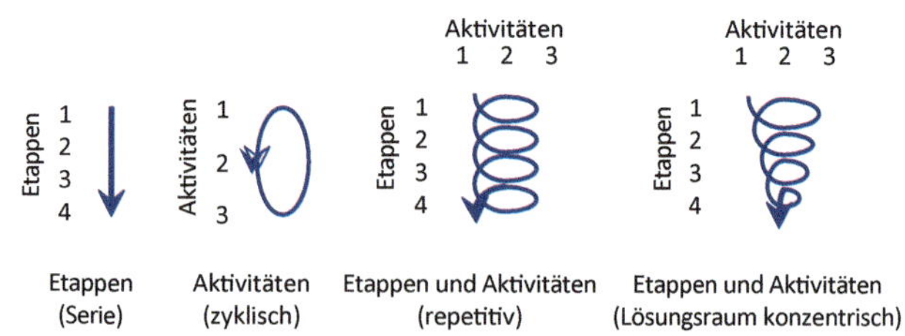

- Auf der Mikroebene konzentriert sich Abschn. 8.2 (der innerste Sektor von Abb. 8.1) auf Ansätze zur Unterstützung einzelner Schritte im Design- und Entwicklungsprozess.
- Auf der Mesoebene diskutiert Abschn. 8.3 (der zentrale Sektor von Abb. 8.1) einige End-to-end-Ansätze für den Design- und Entwicklungsprozess.
- Auf der Makroebene überprüft Abschn. 8.4 (der äußerste Sektor von Abb. 8.1) präskriptive Ansätze, die betonen, wie der Designprozess mit seinem Kontext interagiert.

Es wurden viele Hunderte von Prozessen und Methoden entwickelt, daher kann dieses Arbeitsgebiet nicht erschöpfend in einem einzigen Buchkapitel diskutiert werden. Daher liegt der Fokus auf einigen der bekannteren Ansätze, um einen Überblick über und eine Perspektive auf das Gebiet zu vermitteln. Die zur Diskussion ausgewählten Ansätze stammen hauptsächlich aus (1) Produktdesign und -entwicklung, (2) technischem Design und (3) Systemdesign und -entwicklung. Viele von ihnen sind auch für andere Design- und Entwicklungsdomänen relevant.

## 8.2 Mikroebenenansätze

Beginnend mit dem innersten Sektor des in Abb. 8.1 gezeigten Framework-Segments, bieten die in diesem Abschnitt diskutierten Ansätze Leitlinien für einzelne Schritte, die während des Designs und der Entwicklung abgeschlossen werden müssen. Zwei Hauptgruppen von Ansätzen werden in Betracht gezogen: empfohlene Denkweisen (Mindsets; Abschn. 8.2.1) und Methoden zur Unterstützung einiger gängiger Prozessschritte, einschließlich Ideenfindung und Vergleich (Abschn. 8.2.2).

### 8.2.1 Denkweisen

Einige Autoren empfehlen bestimmte *Mindsets*, um bei Design und Entwicklung zu helfen. Eine Denkweise bezieht sich auf eine Art, Situationen anzugehen – einen Problemlösungsstil –, die durch bestimmte Einstellungen und Überzeugungen untermauert wird. Präsentationen spezifischer Denkweisen versuchen, die Beobachtung anzusprechen, dass Design und Entwicklung eher eine fähigkeitsbasierte Aktivität als eine methodenbasierte oder prozedurale ist – die Annahme ist, dass ein Designer durch das Streben, die Denkweise erfolgreicher Experten zu replizieren, einige ihrer Fähigkeiten erlangt, Design- und Entwicklungssituationen zu navigieren und zu bewältigen.

Im folgenden Text werden Denkweisen diskutiert, die in den Kontexten gelten, in denen sie angewendet werden sollen: Design-Thinking-Denkweisen, Systemdenken-Denkweisen und Denkweisen für Systemdesign und Denkweisen für technisches Design und Systemtechnik. Die besonderen Mindsets sind nicht auf die jeweiligen Bereiche beschränkt, sondern sind besonders wichtig innerhalb dieser.

#### 8.2.1.1 Design-Thinking-Denkweise

Design-Thinking-Denkweisen betonen die Idee, dass das Designen als Beruf eine einzigartige Art des Wahrnehmens und Herangehens an Designsituationen beinhaltet. Bedeutende frühe Beiträge in diesem Bereich werden Nigel Cross zugeschrieben, der die Ansätze von hochqualifizierten Designern in verschiedenen Bereichen, einschließlich Ingenieurdesign und Produktdesign, erforscht hat. Cross (2007) weist darauf hin, dass viele empirische Analysen der Designkognition auf Studien von Studentendesignern basieren, anstatt auf hochleistungsfähigen Designern mit gut entwickeltem Talent – deren Praktiken man vielleicht nachahmen möchte. Cross argumentiert weiter, dass Experten in jedem Bereich anders denken als Anfänger und daher, um Praktiken im Bereich zu verstehen, ist es wichtig, die Ansätze von etablierten Experten mit gut entwickelten Fähigkeiten zu schätzen. Basierend auf Studien einer kleinen Anzahl von qualifizierten Designern, identifiziert Cross (2019) gemeinsame Merkmale ihrer Praxis, von denen einige in den folgenden Sätzen beschrieben werden. Erstens, erfahrene Designer gehen über ein vorgegebenes Designbriefing hinaus und versuchen, das größere Bild des Designkontexts einzuschätzen – mit anderen Worten, sie versuchen, ein Designbriefing neu zu formulieren, anstatt die Denkweise, die es zunächst nahelegt, zu akzeptieren. Sie arbeiten oft von Grundprinzipien aus, um eine Designsituation zu adressieren, sobald sie formuliert wurde, und betrachten das entstehende Design gleichzeitig auf mehreren Definitionsebenen. Sie verlassen sich auch auf Zeichnen und Herstellen als integralen Bestandteil des Designens, nicht nur als dessen Ergebnis. Cross beobachtet auch, dass erfahrene Designer relativ unstrukturierte Prozesse verwenden, einschließlich „intensiver, reflektierender Interaktion" mit Designrepräsentationen, und dass sie nach einiger Zeit an einem Problem plötzliche „Erleuchtungen" erleben. Sie sind mit Mehrdeutigkeit vertraut und bereit, Risiken mit ihren Designs einzugehen. Insgesamt schreibt Cross zwar, dass das Verständnis der Praktiken von qualifizierten Designern bei der Entwicklung von Designexpertise helfen kann, doch präsentiert er (Cross, 2019) diese Beobachtungen nicht als Rezept, sondern als Elemente einer Fähigkeit, die durch intensive Praxis, Training und Erfahrung erworben wird – und für wirklich herausragende Designer ein Element der natürlichen Fähigkeit beinhaltet.

Andere Beschreibungen von Designdenkweisen, die auf der frühen Arbeit von Cross und anderen aufbauen, bieten anleitende Ratschläge, die dazu dienen sollen, Menschen dazu zu bringen, wie ein Designer zu denken und die Vorteile eines designerischen Ansatzes zu realisieren, insbesondere bei der Bewältigung komplexer Probleme. Viel Arbeit dieser Art ist entweder kommerziell orientiert oder für unternehmerisch orientierte Designausbildung entwickelt. Vielleicht am bekanntesten ist der *IDEO-Feldführer für menschenzentriertes Design ("IDEO field guide for human-centered design")*, der besagt, dass menschenzentrierte Designer eine Denkweise annehmen sollten, die die sieben unten wiedergegebenen und zusammengefassten Prinzipien kombiniert (IDEO, 2015):

- *Empathie* – die Überzeugung, dass die Nutzer die „Landkarte für innovative Lösungen" sind und dass das Verständnis ihrer Situationen und Bedürfnisse im Mittelpunkt des Designprozesses stehen sollte;
- *Optimismus* – die Überzeugung, dass jedes Problem durch Design gelöst werden kann;
- *Iteration* – die Überzeugung, dass Bauen, Testen und Feedback-Einholen vorzuziehen sind gegenüber einer sorgfältigen Analyse mit dem Ziel, es beim ersten Mal richtig zu machen;
- *kreatives Selbstvertrauen* – der Ansatz, einfach einzusteigen und an die eigene Fähigkeit zu glauben, kreative Lösungen zu finden;
- *Machen* – der Glaube an die Kraft des Handelns, des Prototypings und des Ausprobierens, um Feedback zu erzeugen;
- *Umgang mit Mehrdeutigkeit* – die Akzeptanz, dass man zunächst nicht die Antwort auf einige der auftretenden Probleme kennen wird, und die Bereitschaft, breit zu denken und neue Ideen in Betracht zu ziehen;
- *Lernen aus Fehlern* – die Bereitschaft, Risiken einzugehen, Fehler zu erwarten und daraus zu lernen.

Ergänzend zu kommerziellen Veröffentlichungen wurden die Elemente einer Design-Thinking-Denkweise auch in Forschungsveröffentlichungen untersucht. Eine Zusammenfassung, die die von Schweitzer et al. (2016), Brenner et al. (2016) und Dosi et al. (2018) gesammelten Elemente kombiniert, wird in Tab. 8.1 präsentiert.

#### 8.2.1.2 Systemdenken und systemische Designdenkweisen

Eine Denkweise für Systemdesign kombiniert eine Designdenkweise mit einer Systemdenken-Denkweise. In Erinnerung daran, dass der systemische Kontext von Design und Entwicklung verschiedene Formen annehmen kann (Abschn. 2.3.1), konzentrieren sich Systemdenken und Systemdesign-Denkweisen hauptsächlich auf Designkontexte, die einen hohen Grad an menschlicher Handlungsfähigkeit aufweisen. Für das Design von hauptsächlich technischen Lösungen – einschließlich sehr komplexer – könnte eine Denkweise für technisches Design und Systemtechnik (diskutiert in Abschn. 8.2.1.3) angemessener sein.

Eine Denkweise des Systemdenkens umfasst im Allgemeinen zwei eng miteinander verbundene Sichtweisen. Die erste Sichtweise konzentriert sich auf das Verständnis von Elementen, Beziehungen, Kausalität und Dynamik in einem System. Sie ist analyse- und designorientiert mit einer Wertschätzung des Wertes formaler oder quantitativer Modellierung; dieser Ansatz findet sich beispielhaft in der Arbeit von Meadows (2008) und in vielen der in Kap. 9 diskutierten Prozess- und Systemmodellierungsansätze. Die zweite Sichtweise legt größeren Wert auf die Notwendigkeit, die Grenzen der eigenen Perspektive des Analysten bei der Beschäftigung mit einem System zu erkennen, und ist

**Tab. 8.1** 22 Elemente einer Design-Thinking-Denkweise, gesammelt aus Listen, die von Schweitzer et al. (2016), Brenner et al. (2016) und Dosi et al. (2018) präsentiert wurden

| Ein Design Thinker … |
|---|
| Ist menschenzentriert – stellt die Bedürfnisse der Menschen an erster Stelle |
| Ist einfühlsam gegenüber den Bedürfnissen und Kontexten der Menschen |
| Betrachtet Probleme ganzheitlich |
| Ist hochgradig kollaborativ |
| Begrüßt Vielfalt und Multidisziplinarität |
| Ist offen für neue Perspektiven |
| Ist sich des Prozesses und der Denkweisen bewusst |
| Stellt Möglichkeiten vor und macht sie greifbar |
| Bevorzugt Handlung (statt Analyse) |
| Erstellt Prototypen, die erlebt werden können |
| Testet früh und oft mit Benutzern |
| Ist lernorientiert |
| Sieht Wert im häufigen und frühen Scheitern |
| Vertraut auf den iterativen Prozess – das Designen endet nie |
| Bewusst und selbstbewusst kreativ |
| Sucht nach Umformulierung von Problemen |
| Kombiniert divergentes und konvergentes Denken |
| Begrüßt Risiko und ist widerstandsfähig |
| Ist komfortabel mit Unsicherheit und Mehrdeutigkeit |
| Ist entschlossen, einen Unterschied zu machen |
| Ist neugierig – hinterfragt alles kritisch |
| Ist optimistisch, dass Lösungen gefunden werden |

im Allgemeinen eher aktionsorientiert, informell und qualitativ. Der wohl bekannteste Ansatz in dieser Kategorie ist wahrscheinlich die *Soft Systems Methodology*, die von Checkland (2000) entwickelt wurde. Die Soft Systems Methodology basiert auf dem Prinzip, dass menschliche Aktivitätssysteme, in die eingegriffen werden soll, komplexe beobachterabhängige Interaktionen umfassen, die durch den Aufbau und die Nutzung von Modellen verstanden werden können – Modellierung wird in erster Linie als Ansatz gesehen, um die richtigen Fragen zu stellen und über das System zu lernen, anstatt zu versuchen, wahre Darstellungen davon zu konstruieren (Abb. 8.3). Nach dieser Perspektive beinhaltet die Einführung von Änderungen zur Lösung von Problemen in einem System den Aufbau von Kompromissen zwischen den verschiedenen Perspektiven seiner Teilnehmer.

Eine Zusammenfassung, die die Elemente einer Denkweise des Systemdenkens kombiniert, die aus den Reviews von Arnold und Wade (2015) und Monat und Gannon (2015) gesammelt wurden, wird in Tab. 8.2 präsentiert.

In Kombination von Elementen aus dem systemischen Denken und dem Design Thinking empfiehlt das *systemische Design-Framework* des Design Councils vier

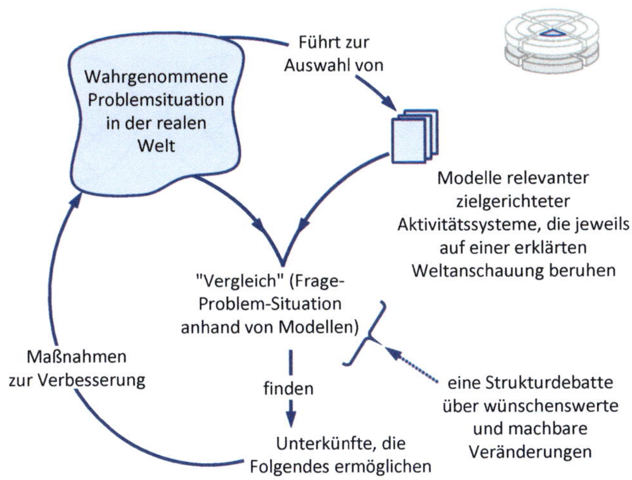


**Abb. 8.3** Soft Systems Methodology. *Nachdruck mit Genehmigung von* Checkland (2000) *Copyright © 2000 John Wiley & Sons, Ltd.*

**Tab. 8.2** Elemente einer Denkweise des Systemdenkens, gesammelt von Arnold und Wade (2015) und Monat und Gannon (2015)

| Ein Systemdenker … |
|---|
| Erkennt die Bedeutung von Systemen an |
| Konzentriert sich auf das Ganze statt auf Teile |
| Konzentriert sich auf Zusammenhänge, nicht nur auf Teile |
| Versucht, Komplexität durch konzeptuelle Modellierung zu erfassen |
| Wertschätzt Systeme auf verschiedenen Skalen gleichzeitig |
| Erkennt und hinterfragt die Grenzen von mentalen und anderen Modellen |
| Konzentriert sich auf dynamisches Verhalten – Veränderungsmuster |
| Betrachtet ein System als primäre Ursache seines eigenen Verhaltens |
| Wertschätzt, dass die Systemstruktur Verhalten erzeugt |
| Wertschätzt Beziehungen zwischen Beständen und Flüssen |
| Wertschätzt, dass Beziehungen nichtlinear sind |
| Wertschätzt die Bedeutung von Verzögerungen |
| Wertschätzt die Bedeutung von Feedback |

übergeordnete Elemente einer Denkweise für das Systemdesign mit einem Schwerpunkt auf nachhaltigem Design und nachhaltigen Lösungen. Die Elemente sind grafisch in Abb. 8.4 zusammengefasst:

- *divergent und konvergent* – Verstehen und Neurahmen einer Problemsituation, bevor man sich auf Lösungen konzentriert;

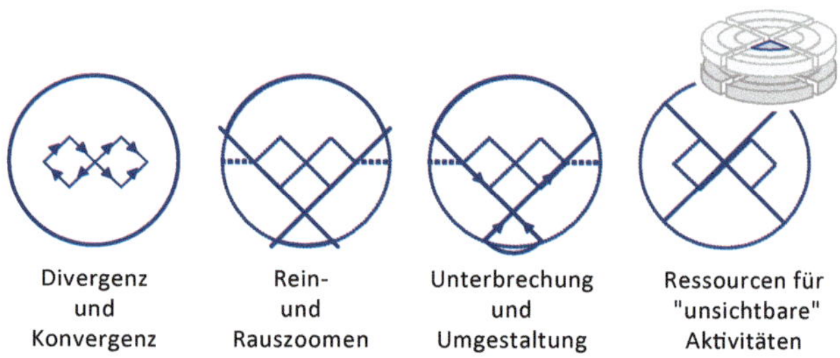


**Abb. 8.4** Übergeordnete Arbeitspraktiken im systemischen Design-Framework des Design Councils. *Abbildung nachgedruckt von* The Design Council (2021), www.designcouncil.org.uk

- *Hinein- und Herauszoomen* – Betrachtung einer Situation auf verschiedenen Ebenen der Auflösung und Abstraktion und der weiteren Auswirkungen vorgeschlagener Maßnahmen;
- *Stören und Neugestalten* – Verstehen der Ursachen einer Problemsituation und Entwicklung von Lösungen, die diese stören, anstatt sich auf lokale Lösungen zu konzentrieren, die oft in einem komplexen systemischen Kontext nicht funktionieren;
- *Ressourcen für unsichtbare Aktivitäten* – Aufbau von Beziehungen und Storytelling, um einen Konsens für Veränderungen zu schaffen.

#### 8.2.1.3 Technische Design- und systemtechnische Denkweise

Die letzte zu diskutierende Denkweise ist die des Engineering-Designs und der Systemtechnik, die einen rationalen, analysebasierten und systematischen Ansatz betont. Dies spiegelt einige besondere Merkmale von Problemen und Aufgaben des konstruktiven Designs wider: Die behandelten Probleme sind größtenteils technischer Natur und Lösungen lassen sich präzise definieren; das Design ist weitgehend von der Implementierung getrennt und es muss viel Aufwand in die Analyse gesteckt werden, bevor die Lösung freigegeben wird, um sicherzustellen, dass sie funktioniert und akzeptable Leistung bringt; physische Prototypen und Tests sind wichtig, können aber erhebliche Kosten und Zeit verursachen und sind in vielen Situationen erst auf einem nützlichen Genauigkeitsgrad möglich, nachdem erhebliche Design- und Analysearbeit geleistet wurde, und sorgfältige systematische Aufmerksamkeit ist in der Regel erforderlich, um sicherzustellen, dass ein Design nicht versagt und über die Zeit und in einer Reihe von Nutzungsszenarien zufriedenstellende Zuverlässigkeit bietet.

Eine sehr häufige Empfehlung in einer Engineering-Design- und Systemtechnik-Denkweise ist, dass Designer systematisch vorgehen sollten, von abstrakt zu konkret, und sich davor hüten sollten, aufgrund ihrer Voreingenommenheit zu Lösungen zu springen. Evbuomwan et al. (1996) überprüfen frühe Arbeiten, die diesen Ansatz einbeziehen, einschließlich Marples (1961), Jones (1970) und Archer (1965). Sie stellen fest, dass alle diese Autoren die drei Hauptstufen Analyse, Synthese und Bewertung vorschreiben:

- *Analyse* – beinhaltet die Konzentration auf ein Problem und die Strukturierung desselben in eine Reihe von Zielen;

- *Synthese* – beinhaltet die Generierung einer Reihe von möglichen Lösungen;
- *Bewertung* – beinhaltet die kritische Beurteilung dieser Lösungen im Vergleich zu den Zielen, um rational zwischen ihnen auszuwählen und iterative Verbesserungen voranzutreiben.

Ein Aufgabe auf diese Weise anzugehen, wird als *problemorientierter* Ansatz bezeichnet, da er mit einer gründlichen Analyse des vorliegenden Problems beginnt. Der Ansatz basiert auf der Prämisse, dass Designer lösungsneutrale Problemstellungen formulieren können und dass dies nützlich ist, um ihre kreativen Einsichten mit systematischem Denken zu lenken. Gleichzeitig erkennen solche Ansätze an, dass Iterationen um die Analyse-Synthese-Bewertung-Schleife notwendig sind. Ein gut definiertes Designproblem könnte erheblich weniger Schleifen erfordern als eines, bei dem das Problem ausgearbeitet werden muss, während eine Lösung entwickelt wird. Insgesamt unterscheidet sich dieser Ansatz stark von den Designdenkweisen, die Kreativität fördern und auf feedbackgetriebene Iteration setzen, um sich einer Lösung zu nähern – obwohl er diese Aspekte nicht ausschließt.

Ein weiteres wichtiges Element einer Engineering-Design- und Systemtechnik-Denkweise besteht darin, komplexe Probleme so früh wie möglich in einfachere Teilprobleme mit gut definierten Interaktionen zu zerlegen, sodass die gesamte Aufgabe durch das Design von relativ isolierten Teilsystemen angegangen werden kann. Dies soll „die Disziplin zum systematischen Vorgehen" fördern und eine „rational organisierte Arbeitsteilung" ermöglichen (VDI2221, 1987). Obwohl dies auf Systemebene effektiv sein kann, sind viele Designprobleme stark voneinander abhängig. Eine gut definierte und angemessene hierarchische Zerlegung vor erheblicher Designarbeit ist nicht immer möglich, was zu zeitaufwendigen Iterationen führt.

#### 8.2.1.4 Zusammenfassung

Insgesamt bieten Mindsets allgemeine Strategien für den Umgang mit Design- und Entwicklungssituationen, sind aber eher abstrakt. Allein das Wissen um die Elemente einer Denkweise vermittelt einem Individuum nicht die tiefe Wertschätzung und die Fähigkeiten, die benötigt werden, um sie effektiv anzuwenden. Es wird jedoch oft angenommen, dass ein Mindset erlernt werden kann – Lauff et al. (2021) schreiben beispielsweise, dass eine angenommene Denkweise natürlicher wird, je mehr Erfahrung eine Person sammelt.

### 8.2.2 Methoden

Dieser Abschnitt diskutiert Methoden zur Unterstützung der Ausführung spezifischer Schritte in Design- und Entwicklungsprozessen. Methoden nehmen eine Vielzahl von Formen an – einige sind kaum mehr als einfache heuristische Vorschläge, wie die Empfehlung, verschiedene Benutzer zu berücksichtigen oder über den Tellerrand hinaus zu denken, während andere konkrete schrittweise Rezepte und quantitative Analysemethoden bieten, um bestimmte Prozessschritte und Entscheidungen zu unterstützen. Die erstgenannte Art von Methode ist prominenter im humanzentrierten Design, die Letztere ist üblich im konstruktiven Design, was die unterschiedlichen Herausforderungen dieser Kontexte und die verschiedenen in den vorherigen Abschnitten diskutierten Denkweisen widerspiegelt. Methoden wurden als einer der Hauptwege beschrieben, auf dem Designforschung die Praxis beeinflusst (Daalhuizen & Cash, 2021).

Im Laufe der Jahre wurde eine Vielzahl von Methoden entwickelt – einige Autoren haben Kataloge von Methoden erstellt, die Übersichten bieten. Neben nützlichen Referenzen für die Methoden zeigen die Kataloge die Perspektive jedes Autors auf die generischen Schritte, die im Design- und Entwicklungsprozess wichtig sind. Einer der ersten Methodenkataloge wurde von Jones (1970) veröffentlicht. In jüngerer Zeit konzentriert sich der IDEO-Feldführer (IDEO, 2015) auf Methoden für das menschenzentrierte Design in einem Produktentwicklungskontext und legt den Schwerpunkt auf die drei Aspekte der kommerziellen Machbarkeit, des Verständnisses und der Erfüllung von Benutzerbedürfnissen und der Gewährleistung technisch einwandfreier Lösungen. Er sortiert Methoden in drei Kategorien, die drei aufeinanderfolgende Phasen des Designprozesses widerspiegeln:

- Methoden zur Unterstützung von *Inspiration* – einschließlich Methoden zur Problemformulierung, Planung und Verständnis der Bedürfnisse der Benutzer;
- Methoden zur Unterstützung von *Ideenfindung* – Unterstützung der Erstellung von Lösungen;
- Methoden zur Unterstützung der *Umsetzung* – Unterstützung der Aktivitäten, die erforderlich sind, um ein Design auf den Markt zu bringen.

Der Delfter Designführer (Delft Design Guide) kategorisiert Methoden stattdessen nach den Designschritten, die sie unterstützen (Van Boeijen et al., 2014):

- Methoden zur *Zielerstellung* für das Design – 12 Methoden;
- Methoden für *Ideenfindung* und Konzepterstellung – 15 Methoden;
- Methoden zur Unterstützung von *Entscheidung und Auswahl* – 6 Methoden;
- Methoden zur *Bewertung* eines Produkts – 3 Methoden.

Eine weitere gängige Art der Kommunikation von Methoden ist die als Kartensatz, wobei jede Karte eine kurze Beschreibung einer einzelnen Methode bietet. Roy und Warren (2019) identifizieren und überprüfen viele Kartensammlungen dieser Art, einschließlich Sammlungen von allgemeineren Denkstrategien und Designanregungen. Kartensammlungen können dazu beitragen, Designer an die Vielfalt der verfügbaren Methoden zu erinnern, indem sie die Informationen auf leicht verdauliche Weise zusammenfassen (Roy & Warren, 2019), aber sie vermitteln nicht unbedingt ihre Beziehungen auf eine stark strukturierte Weise.

Insgesamt gibt es viele Hunderte von Designmethoden – einige sind weitverbreitet und allgemein, während andere recht spezialisiert und fokussiert sind, zum Beispiel als Ergebnis von Doktorarbeiten. Um dies zu veranschaulichen, gehen die folgenden Abschnitte auf eine repräsentative Auswahl bekannter Methoden ein.

#### 8.2.2.1 Methoden zur Einschätzung von Stakeholder-Bedürfnissen und dem Designkontext

Einige Methoden konzentrieren sich darauf, die Erfahrungen von Benutzern und Stakeholdern besser zu schätzen, um Lösungen zu entwerfen, die diese Bedürfnisse besser erfüllen. Dies kann zum Beispiel durch Interviews oder Fokusgruppen mit Stakeholdern erreicht werden, durch die Identifizierung und Fokussierung auf Stakeholder, die extreme Beispiele für die Zielgruppe sind, durch die Fokussierung auf Lead-Benutzer, durch die Erstellung von Personas, durch ethnografische Ansätze und durch die Aufgabenanalyse von Situationen, die durch das Design adressiert werden sollen.

Andere Methoden konzentrieren sich darauf, den systemischen Kontext besser zu verstehen, in den ein Design oder eine gestaltete Intervention geliefert werden soll. Zu den behandelten Schlüsselthemen gehören: die Notwendigkeit, mehrere Stakeholder-Gruppen mit unklaren Bedürfnissen zufrieden zu stellen, die Erwartung einer zukünftigen Entwicklung dieser Bedürfnisse und komplexe systemische Kontexte, die von interagierenden Feedback-Schleifen gesteuert werden, sodass ein Design oder eine Intervention Auswirkungen über ihren unmittelbaren Kontext hinaus haben kann, manchmal auf breitere Gruppen von Stakeholdern und erst nach erheblichen Zeiträumen. Zahlreiche Methoden und Diagrammtechniken wurden entwickelt, um die Analyse solcher Situationen zu unterstützen, einschließlich der des Kausalschleifendiagramms und der Stakeholder-Interessenkartierung. Für weitere Lektüre zu Systemkartierungsmethoden siehe Barbrook-Johnson & Penn (2022).

#### 8.2.2.2 Methoden für Kreativität und Ideenfindung

Methoden in dieser Gruppe konzentrieren sich auf die Unterstützung der Konzepterstellung. Beispiele beinhalten frühe Ansätze wie *Brainstorming* und *Synectics*, die Verwendung von Zwickys *morphologischer Box* zur Betrachtung möglicher Kombinationen von Arbeitsprinzipien (Zwicky, 1967) sowie neuere Ansätze zur Förderung der Kreativität wie *C-Sketch* (Shah et al., 2001) und *Biomimikry* (Cohen & Reich, 2016).

Ein weiterer systematischer Ansatz zur Förderung der Designkreativität bei der Problemlösung ist die *KCP-Methode* (Le Masson et al., 2009), die auf der C-K-Theorie basiert (beschrieben in Abschnitt 7.2.3.6). Die KCP-Methode ist ein strukturierter Ansatz zur Förderung der Gruppenkreativität, der aus drei Phasen besteht. In der ersten Phase (K) erkundet und teilt die Gruppe Wissen, das für die Problemsituation relevant ist. In der zweiten Phase (C) generiert die Gruppe auf kontrollierte Weise Designkonzepte auf der Grundlage vorgeschlagener Ausgangspunkte, die als Projektoren bezeichnet werden, mit einem Schwerpunkt auf Originalität und geleitet von den Konzepten der C-K-Theorie. In der abschließenden Phase (P) bereitet die Gruppe die Stakeholder darauf vor, unter Berücksichtigung der entwickelten Konzeptoptionen voranzugehen, was zu dem führt, was Le Masson et al. (2009) als Designstrategie bezeichnen.

Es wurde nur eine kleine Auswahl an Kreativitätsmethoden erwähnt. Für weitere Informationen wird der Leser auf Childs et al. (2022) verwiesen, die eine Reihe anderer Methoden und Ansätze zur Unterstützung der Kreativität in sowohl divergenten als auch konvergenten Phasen des Designprozesses überprüfen.

#### 8.2.2.3 Entscheidungsmethoden

Die in diesem Abschnitt diskutierten Entscheidungsmethoden sollen dabei helfen, zwischen Designoptionen zu entscheiden. Ein Schlüsselproblem hierbei ist, dass es oft widersprüchliche Bedürfnisse und Ziele für ein Design gibt, die auf unterschiedlichen Skalen gemessen werden. Eine Erhöhung in einer Maßnahme gleicht möglicherweise nicht eine Verringerung in einer anderen aus. Ein weiteres Problem ist, dass Entscheidungen oft in Gruppen getroffen werden müssen; Methoden in dieser Kategorie helfen dabei, strukturierte Ansätze zu bieten, die die Präferenzen verschiedener Gruppenmitglieder berücksichtigen. Ein sehr bekannter Ansatz dafür ist der von Saaty in den 1970er-Jahren entwickelte und in vielen Publikationen ausgearbeitete *analytische Hierarchieprozess* (zum Beispiel Saaty, 1987). Ein weiterer Ansatz ist Pughs *Methode der kontrollierten Konvergenz* (Pugh, 1991). Dies ähnelt oberflächlich einer einfachen oder gewichteten Vergleichstabelle; jedoch lehnt Pugh den quantitativen Vergleich von Optionen durch deren Bewertung gegen Kriterien ab und argumentiert, dass der einzige sinnvolle Vergleich ein paarweiser Vergleich ist, bei dem ein Konzept als gleich, besser oder schlechter als ein anderes anhand einer Reihe von Kriterien bewertet wird. Ein wesentlicher Teil des Ansatzes besteht darin, ihn in Zyklen zu verwenden, um die iterative Verbesserung eines Designs voranzutreiben. In jedem Zyklus werden einige Konzepte abgelehnt, während andere beibehalten und verbessert werden (daher das Wort *Konvergenz* im Methodennamen). In jedem Zyklus, wenn eines der verbleibenden Designs als fortsetzungswürdig erachtet wird, aber schlechter als ein anderes bei bestimmten Kriterien abschneidet, kann der Designer versuchen, es gegen diese Kriterien zu verbessern, vielleicht indem er einige Merkmale aus dem abgelehnten Design übernimmt (diese Überlegung wird durch das Wort "kontrolliert" im Methodentitel bezeichnet). Einige Forscher haben argumentiert, dass Pughs Methode aus theoretischen Gründen fehlerhaft ist (zum Beispiel Hazelrigg, 2010), während andere schreiben, dass diese und andere Auswahlmethoden in der Praxis weiterhin nützlich sind (Frey et al., 2009).

#### 8.2.2.4 Methoden zur Unterstützung der Problemlösung

Methoden in dieser Gruppe betreffen die Problemlösung, die an vielen Stellen während eines Design- und Entwicklungsprozesses notwendig ist.

Das archetypische prozedurale Modell der Problemlösung ist der *Plan-do-check-act-(PDCA-)Zyklus* (alternativ bekannt als der Plan-do-study-act-Zyklus), der aus dem Jahr 1939 stammt und Deming und Shewhart zugeschrieben wird (Moen & Norman, 2010).

Der PDCA-Zyklus empfiehlt einen iterativen Prozess, bei dem eine gründliche vorherige Analyse des Problems und die Planung einer Lösung (*Plan*) von der Implementierung der Lösung in kleinem Maßstab oder einem Testfall (*Do*) gefolgt werden sollten. Dies sollte von der Suche nach Feedback (*Check*) und der Anpassung der Lösung für die vollständige Implementierung (*Act*) gefolgt werden. Dieser Prozess des Feedbacks und der Iteration wird besonders wichtig angesehen, wenn die zu lösenden Probleme komplex genug sind, dass sie nicht leicht verstanden werden können, in einem sich ändernden Kontext oder in einem Kontext, in dem die Lösung die Art des Problems beeinflussen kann. Spätere präskriptive Problemlösungsmodelle, einschließlich *Define-Model-Analyse-Improve-Control* und *Look-Ask-Model-Discuss-Act*, erscheinen auch oft im Design- und Entwicklungskontext und vermitteln ähnliche Empfehlungen. Andere Ansätze zur Problemlösung, wie der *A3*-Ansatz, verschreiben einen detaillierteren schrittweisen Prozess. Eine weitere Diskussion über präskriptive Problemlösungsmodelle im Design- und Entwicklungskontext wird von Mohd Saad et al. (2013) bereitgestellt. Die in diesen Modellen eingebetteten Empfehlungen werden für erfahrene Problemlöser nicht überraschend sein, aber dennoch werden einige oft in praktischen Situationen vergessen. Die Modelle sind vielleicht am nützlichsten in einem organisatorischen Kontext, wo sie einen strukturierten Rahmen bieten können, um einen systematischen und logischen Ansatz zu fördern, wo Entscheidungen sonst durch Ad-hoc- und politische Prozesse getroffen werden könnten.

Eder und Hosnedl (2010) entwickeln ein Modell des Problemlösungszyklus im technischen Design, das in Abb. 8.5 zusammengefasst ist. Dieses Modell verkörpert die Analyse-Synthese-Evaluierung-Strategie, die zuvor für den Kontext des technischen Designs diskutiert wurde, und verknüpft jeden Schritt mit Konzepten aus der Theorie technischer Systeme (siehe Abschn. 7.3).

Die *Theorie der erfinderischen Problemlösung ("theory of inventive problem solving", abgekürzt TRIZ oder ARIZ)* bietet Methoden zur Unterstützung von Innovationen durch Identifizierung und Lösung technischer Widersprüche in einer Designsituation (Altshuller, 2007). In diesem Kontext ist ein Widerspruch im Wesentlichen ein Kompromiss, bei dem die Leistung eines Designs nicht in einer Dimension verbessert werden kann, ohne eine andere zu verschlechtern. TRIZ bietet eine Klassifizierung von Widersprüchen und einen Satz technischer Prinzipien, um sie zu umgehen. Zum Beispiel empfiehlt das Prinzip "Rausnehmen" die Trennung des Teils eines Designs, der eine gewünschte Eigenschaft stört, von dem Ort dieser Eigenschaft. Dieses Beispiel kann zahlreiche spezifische Widersprüche lösen, wie zum Beispiel, wenn eine Erhöhung der Designkomplexität benötigt wird, aber ohne Gewichtszunahme. Die Prinzipien wurden von Altshuller durch die Untersuchung von Tausenden von Patenten entwickelt.

***Zusammenfassung***

Zusammenfassend hat Abschn. 8.2 den innersten Sektor des in Abb. 8.1 gezeigten Frameworks diskutiert und einige der bekannteren Denkweisen für Design und Methoden zusammengefasst, die dazu dienen, spezifische Design- und Entwicklungsschritte zu unterstützen. Die Herangehensweise an Probleme mit einem geeigneten Mindset kann

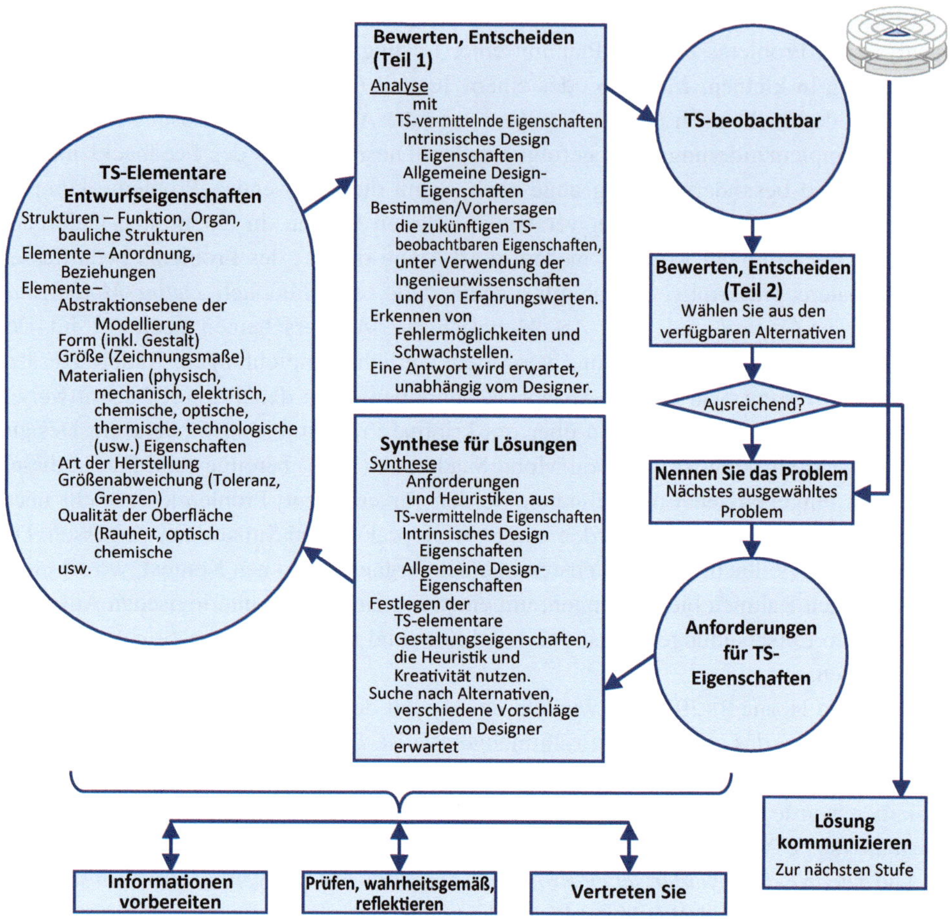


**Abb. 8.5** Problemlösungsprozess im technischen Design. Nachdruck von Eder, E. W. (2008). Requirements to properties-iterative problem solving. In: V. Vanek; S. Hosnedl; J. Bartak (Hrsg.) DS 57: Proceedings of AEDS 2008 Workshop, Pilsen, Tschechische Republik. S. 13–24. The Design Society

dazu beitragen, komplexe, voneinander abhängige und schlecht definierte Probleme zu bewältigen. Aber der Rat, bestimmte Denkweisen anzunehmen, ist vage und bietet nicht viel konkrete Anleitung zur Bewältigung spezifischer Probleme.

Andererseits sind viele Methoden konkreter und da die unterstützten Prozessschritte recht allgemein sind, können solche Methoden an vielen Stellen in einem Design- und Entwicklungsprozess und für viele verschiedene Design- und Entwicklungskontexte nützlich sein. Pugh (1991) beschreibt Methoden als „das Werkzeugset des Designers", das es ermöglicht, disziplinspezifisches technisches Wissen effizient und effektiv anzuwenden. Hubka (1982) äußert eine allgemein gehaltene Ansicht, indem er systematische Verfahren empfiehlt, wenn nach Konzepten gesucht wird, um einen größeren Suchraum abzudecken. Er schlägt auch vor, dass systematische Ansätze besonders vorteilhaft bei allen Überprüfungs- und Überarbeitungsaktivitäten sein können. Archer (1965) schlägt vor, dass systematische Ansätze besonders nützlich sind unter einer oder mehreren der folgenden Bedingungen:

- wenn Fehler erhebliche Folgen haben können;
- wenn die Wahrscheinlichkeit, Fehler zu machen, hoch ist, zum Beispiel aufgrund von Unerfahrenheit;
- wenn das Problem komplex ist, gekennzeichnet durch viele interagierende Variablen.

Methoden und Denkweisen sind eng miteinander verknüpft; Andreasen et al. (2015) schreiben im Kontext des konzeptionellen Produktdesigns, dass eine geeignete Denkweise benötigt wird, um kodifizierte Methoden auf eine nützliche Weise anzuwenden.

In der Kritik können Denkweisen und Methoden bei spezifischen Schritten helfen, wenn sie auftreten, bieten aber nicht viel Anleitung, wie die Schritte eines Design- und Entwicklungsprozesses organisiert werden können, um einen durchgehenden Ablauf der Aktivität zu bilden. Ansätze, die diese Lücke adressieren, werden als Nächstes diskutiert.

## 8.3 Mesoebenenansätze

In diesem Abschnitt wird der mittlere Sektor des in Abb. 8.1 dargestellten Framework-Segments diskutiert. Dieser Sektor sammelt Ansätze, die darauf abzielen, die Erzeugung besserer Designs zu unterstützen, indem sie eine Struktur für den gesamten Design- und Entwicklungsprozess vorschreiben. Es werden zwei Haupttypen von Ansätzen diskutiert: Prozessmodelle für das menschenzentrierte Design (Abschnitt 8.3.1) und Prozessmodelle speziell für das technische Design (Abschnitt 8.3.2).

### 8.3.1 Prozessmodelle für menschenzentriertes Design

Prozessmodelle für menschenzentriertes Design stellen die Bedürfnisse der Benutzer in den Vordergrund und beschreiben in der Regel keine spezifischen technischen Aufgaben oder spezifischen Designmerkmale.

#### 8.3.1.1 Doppelter Diamant

Der *doppelte Diamant* ("double diamond") ist eine bekannte Darstellung des Designprozesses, die die Bedeutung der Problemexploration vor der Designkonzeptualisierung betont sowie die Notwendigkeit sowohl divergenten als auch konvergenten Denkens.

Ursprünglich vom Design Council auf der Grundlage von Beobachtungen der Designpraxis formuliert, gibt es zahlreiche Versionen dieses Modells. Eine Version für den Kontext des Systemdesigns ist in Abb. 8.6 dargestellt. Dieser Ansatz empfiehlt, das Design durch bewusste Divergenz von einem anfänglichen Verständnis des Problems zu beginnen, um die eigentliche Herausforderung besser zu verstehen, gefolgt von einer Rekonvergenz, um das Problem zu definieren, das durch das Design gelöst werden soll. Die nächste Phase wird durch den zweiten Diamanten in Abb. 8.6 dargestellt: Der Designer sollte von der neuen Problemdefinition abweichen, indem er eine Reihe von möglichen Lösungen entwickelt, bevor er sich auf eine einzige, detaillierte Lösung konzentriert. Die Möglichkeit von Rückkopplungen von späteren zu früheren Stadien wird in diesem Modell als gestrichelte Pfeile dargestellt. Wie dargestellt, wird der Prozess des Doppel-Diamant-Modells durch Designprinzipien unterstützt, die in der Terminologie dieses Kapitels Denkweisen und Methoden entsprechen.

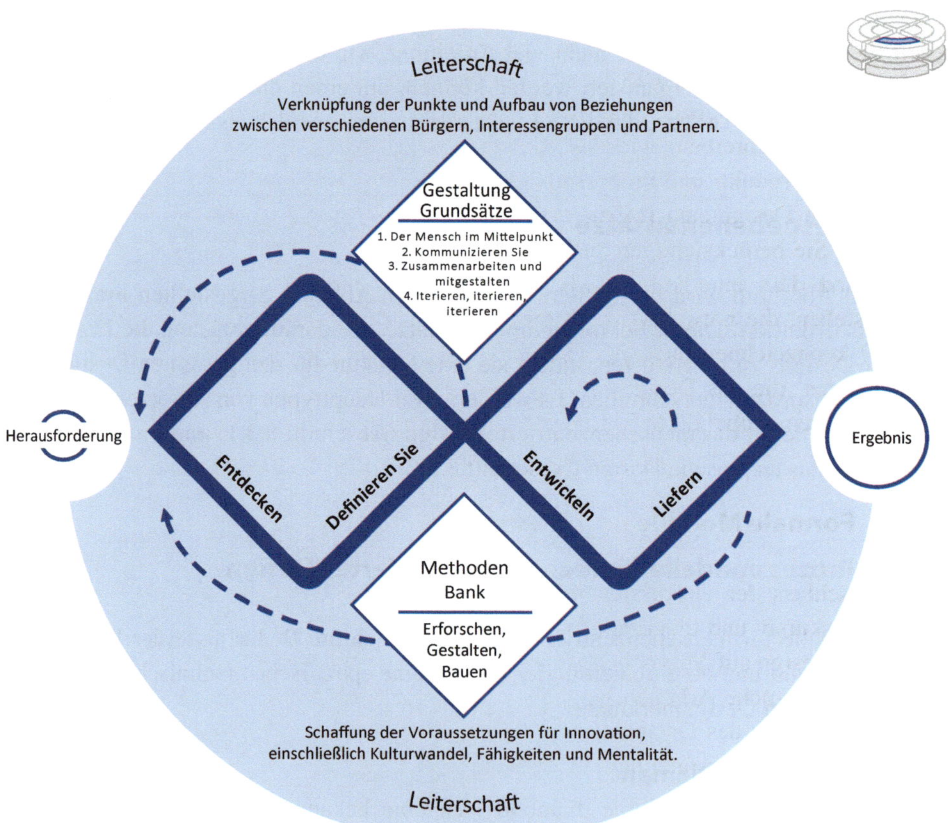


**Abb. 8.6** Modell des doppelten Diamanten im Design. Reproduziert vom Design Council (2021), www.designcouncil.org.uk

#### 8.3.1.2 Design Thinking

*Design Thinking* vermittelt das Design als einen einzigartigen Ansatz zur Problemlösung in komplexen Situationen, der zur Lösung von Problemen in vielen Bereichen angewendet werden kann, oft mit einem Fokus auf Geschäftsprobleme. Elemente einer Design-Thinking-Denkweise wurden bereits früher in diesem Kapitel besprochen – der damit verbundene empfohlene Prozess wird typischerweise wie in Abb. 8.7 dargestellt. Hier beinhaltet Design Thinking fünf Schritte, die in einer Sequenz durchgeführt werden:

1. *Empathie* – Bemühen um ein besseres Verständnis der Situationen der Stakeholder im Designproblem;
2. *Definieren* – nachdem das Bedürfnis verstanden wurde, sollte ein Designproblem oder eine Aufgabe definiert werden;
3. *Ideenfindung* – Generierung von Lösungen mit Schwerpunkt auf Kreativität und Neuheit;
4. *Prototyp* – Erstellung von Prototypen der Lösung, idealerweise schnell und kostengünstig;
5. *Test* – Testen der Prototypen und Nutzung des Feedbacks zur schnellen Iteration unter den vorherigen Phasen.

Iteration ist ein wichtiger Aspekt des Design Thinking, obwohl sie nicht explizit in der Abbildung dargestellt ist. Manchmal wird sie als letzter Schritt aufgenommen, aber Pfeile zwischen den Schritten werden normalerweise nicht gezeigt.

Dieses Modell konzentriert sich auf Probleme, bei denen die Bedürfnisse der Stakeholder von primärer Bedeutung sind und Lösungen schnell prototypisiert und iteriert werden können. Es befasst sich nicht explizit mit den technischen Herausforderungen der Lösungsentwicklung oder -integration. Je nach Umfang des Problems kann dieser gesamte Prozess in einem Workshop innerhalb weniger Stunden abgeschlossen werden. Die Morphologie des Modells erinnert an einen Teil des Doppel-Diamant-Modells, allerdings ohne die abschließende konvergente Phase. Es ist auch zu beachten, dass im Gegensatz zum Designzyklus und dem Doppel-Diamant-Modell, das zuvor besprochen wurde, keine explizite Anleitung über den Prototyping-Schritt hinaus angeboten wird.

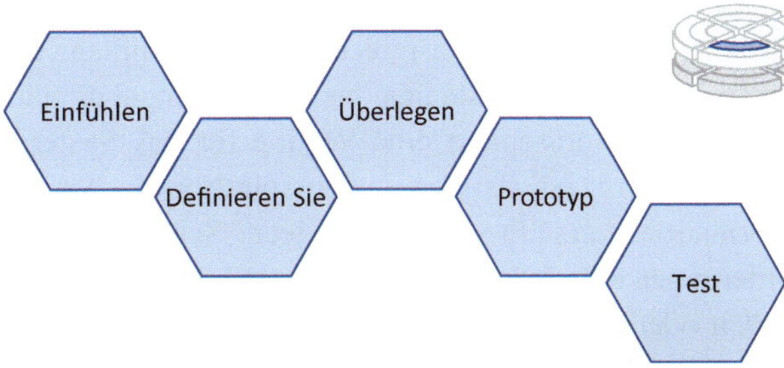


**Abb. 8.7** Eine Darstellung der Schritte im Design Thinking

#### 8.3.1.3 Co-Design und partizipatives Design

Eine der Hauptherausforderungen des Designs besteht darin, Produkte oder Lösungen zu vermeiden, die am Ende nicht den Bedürfnissen ihrer Benutzer entsprechen (Isaksson et al., 2022). Dies spiegelt sich im Design Thinking und im Doppel-Diamant-Modell, zusammen mit vielen anderen präskriptiven Designmodellen, in der Festlegung wider, dass das Design beginnen sollte, indem man die Situationen der Benutzer besser versteht. Sanders und Stappers (2008) unterscheiden *menschenzentriertes Design* – diese allgemeine Philosophie, die Bedürfnisse der Benutzer in den Vordergrund zu stellen – von *Co-Design*, bei dem Benutzer durch Workshops oder andere Mittel bei einigen Elementen des Produktdesigns helfen, und *partizipativem Design*, bei dem Benutzer mit gleicher Bedeutung wie Designer am Designprozess teilnehmen. Partizipatives Design wird als besonders hilfreich angesehen, wenn es darum geht, sehr komplexe Probleme zu lösen, bei denen die Bedürfnisse, Beiträge und Einsichten mehrerer Stakeholder integriert werden müssen.

### 8.3.2 Prozessmodelle für technisches Design

Dieser Abschnitt geht weiter und diskutiert empfohlene Mesoebenenprozesse, die sich speziell auf das technische Design konzentrieren. Ansätze dieser Art konzentrieren sich darauf, wie technische Herausforderungen bewältigt werden können, und schenken weniger Aufmerksamkeit dem, wie man die Bedürfnisse der Menschen einschätzt und erfüllt und mit dem systemischen Kontext des Designs umgeht. Es wird mehr Wert auf die Analyse und weniger auf das Prototyping gelegt, was widerspiegelt, dass Prototypen in vielen technischen Designszenarien teuer und zeitaufwendig zu konstruieren sind. Oft werden Prototypen in einem technischen Kontext hauptsächlich zur Überprüfung und Validierung von Designs verwendet, nachdem sie mithilfe von Berechnungen und Simulationen entwickelt wurden, anstatt zur Unterstützung von Ideenfindung und Verbesserung.

#### 8.3.2.1 Designzyklus und Designspirale

Der Designprozess kann als eine Reihe von unterschiedlichen Phasen dargestellt werden, die in einem Zyklus oder einer Spirale organisiert sind, um einen strukturierten iterativen Prozess zu verdeutlichen. Zum Beispiel zeigt Abb. 8.8 das *Spiralmodell* aus dem bekannten technischen Designlehrbuch von Ullman (2015). Dies ist für die Entwicklung von mechanischen Systemen gedacht, kann aber auch breiter angewendet werden – Buede (2009) präsentiert eine Version für das Systemtechnikdesign. Das Modell stellt den Designprozess als nach außen spiralförmig verlaufend dar, während mehr Designinformationen erstellt werden. Bei jeder Schleife der Spirale sollte der Designer (1) Anforderungen entwickeln oder weiterentwickeln, (2) eine Lösung definieren, (3) einen virtuellen oder physischen Prototypen erstellen und (4) den Prototypen bewerten, bevor er über die nächsten Schritte entscheidet.

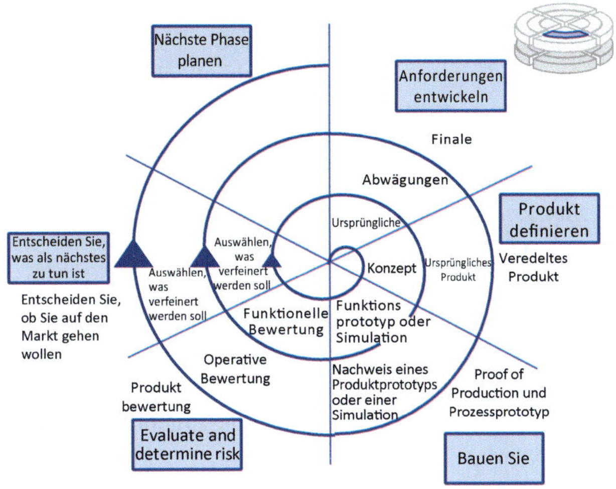


**Abb. 8.8** Designspirale nach Ullman (2015). ©2016 McGraw Hill LLC. Mit Genehmigung von McGraw Hill LLC; Genehmigung übermittelt durch Copyright Clearance Center, Inc.

Der *Designzyklus* ist ein Modell des Designprozesses, das weitgehend auf Schulniveau gelehrt wird. Abb. 8.9 zeigt eine Variante, die im International Baccalaureate Middle Years Programme gelehrt wird. Obwohl visuell zyklisch, handelt es sich in den meisten Aspekten um ein sequenzielles, gestaffeltes Modell. Der Designprozess wird in vier Hauptphasen dargestellt:

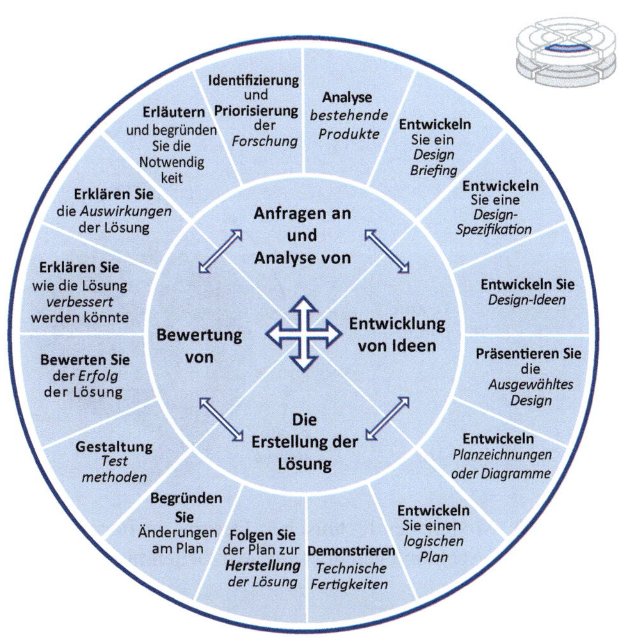


**Abb. 8.9** Der Designzyklus nach dem International Baccalaureate Middle Years Programme

1. *Fragen und Analysieren* – Entwicklung eines Verständnisses für ein zu lösendes Problem, beginnend mit einem Bedarf;
2. *Entwicklung von Ideen* – einschließlich der ersten Ideenfindung bis zur Entwicklung eines Designs für eine Lösung;
3. *Erstellung der Lösung* – einschließlich, in der Terminologie dieses Modells, *Herstellung*;
4. *Bewertung* – einschließlich der Gestaltung von Tests und der Identifizierung von potenziellen Verbesserungen.

Wie in Abb. 8.9 gezeigt, ist jede dieser Phasen in vier Schritte unterteilt. Iteration wird durch die Verbindung der letzten Phase mit der ersten und auch durch die Angabe eines sequenziellen Hin- und Hergehens zwischen den Schritten angedeutet. Die Schritte werden hauptsächlich in Bezug auf die Ergebnisse beschrieben, die von den Schülern erwartet werden.

Ein weiteres pädagogisches Modell, das eine spiralförmige Form betont, wurde von Jeunnette (2022) an der University of Auckland entwickelt, wo es in einem Einführungskurs zum technischen Design verwendet wird. In Verbindung mit dem kulturellen Kontext und der natürlichen Umgebung von Aotearoa Neuseeland werden Elemente dieses Modells mit Te Reo Māori und sich entfaltenden Farnbildern ausgedrückt, wie in Abb. 8.10 gezeigt. Der sich entfaltende Wedel spiegelt die Iteration innerhalb der Designphasen sowie den verschachtelten Charakter des Design- und Entwicklungsprozesses wider, bei dem ein zu erstellendes Produkt oder System auf mehreren Ebenen betrachtet werden muss. Das Entfalten spiegelt auch das Potenzial innerhalb der Designproblemstellung und in der Ausgabe jeder dargestellten Phase wider.

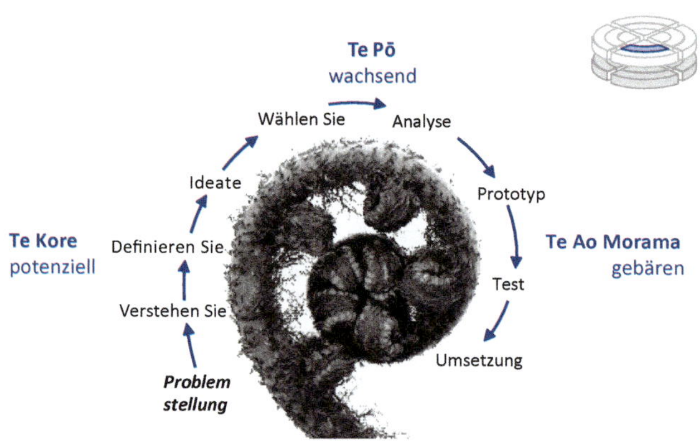


**Abb. 8.10** Modell des technischen Designs in Form eines sich entfaltenden Farns, das an der University of Auckland gelehrt wird. Mit Genehmigung basierend auf der Originalarbeit von Jeunnette (2022)

### 8.3.2.2 Konvergenzspirale

Ein bemerkenswertes frühes Modell des technischen Designs als Spirale wurde von Evans (1959) entwickelt, um die konvergierenden Iterationen zu betonen, die im konstruktiven Design unerlässlich sind, wie in Abb. 8.11 gezeigt. Evans stellt fest, dass eine der grundlegendsten Eigenschaften des Designs die Notwendigkeit ist, Kompromisse zwischen voneinander abhängigen Faktoren zu finden. Er argumentiert, dass Design nicht allein durch einen sequenziellen Prozess erreicht werden kann. Er schlägt vor, dass ein strukturiertes iteratives Verfahren zur Lösung solcher Probleme angenommen wird; frühe Schätzungen werden gemacht und wiederholt verfeinert, während das Design fortschreitet, bis die gegenseitig abhängigen Variablen übereinstimmen. Mit dem Fortschreiten des Projekts werden diese Designüberlegungen durch wiederholte Aufmerksamkeit in der angegebenen Reihenfolge schrittweise verfeinert, bis eine ausgewogene

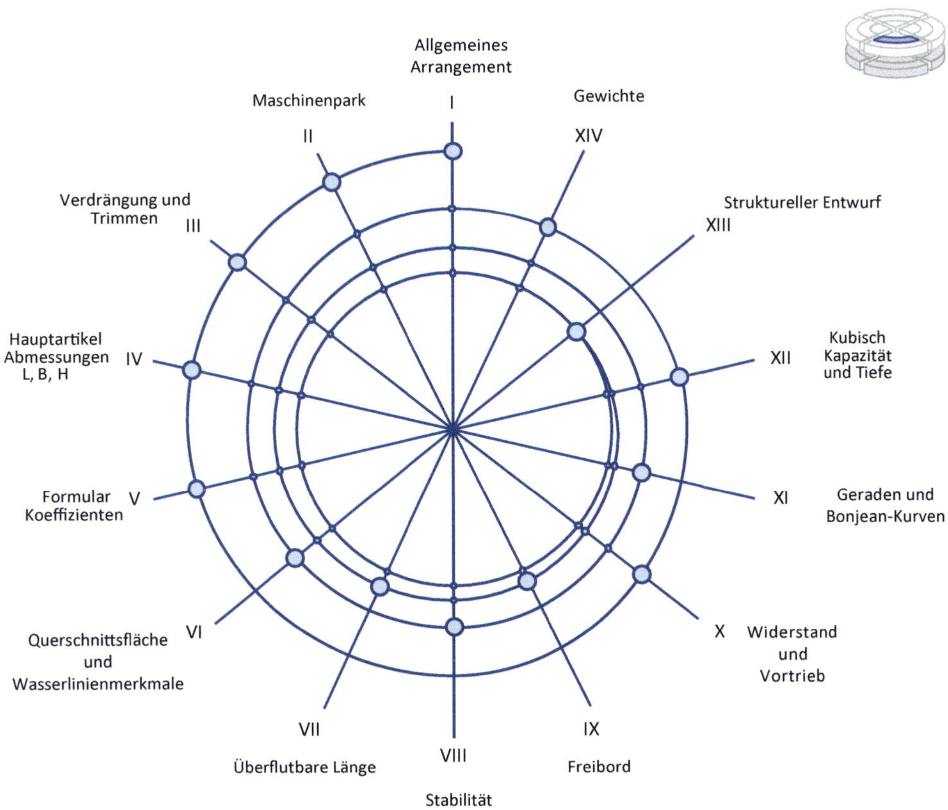


**Abb. 8.11** Evans' Mesoebenenmodell des Schiffsdesignprozesses betont einen strukturierten Zyklus der Konvergenz auf Schlüsseldesignziele (Evans, 1959). Mit Genehmigung der American Society of Naval Engineers reproduziert

Lösung erreicht ist. Bei jeder Iteration verringern sich die verfügbaren Margen zur Aufnahme von Änderungen, da die Interdependenzen schrittweise gelöst werden, kleinere Modifikationen erforderlich sind und unterschiedliche Methoden auf jedes Problem angewendet werden können. Evans stellt fest, dass der erforderliche Aufwand und die Anzahl der Personen, die eingesetzt werden können, zunehmen, wenn die Lösung konvergiert. Dieses Modell ist spezifisch für den Schiffbau.

Das Spiral-Konvergenz-Modell unterscheidet sich von einigen anderen bekannten präskriptiven Ansätzen, die Iteration betonen, wie Ullmans Spiralentwicklungsprozess (Abschn. 8.3.2.1) oder agile Produktentwicklung (Abschn. 8.4.2.5), insbesondere weil es sich auf den Prozess der Konvergenz auf ein Design durch iterative Anpassung bekannter Parameter in einer bestimmten Reihenfolge konzentriert.

#### 8.3.2.3 Phasenbasierte Ansätze

Andere Modelle stellen den technischen Designprozess als eine Reihe von Phasen dar, von denen jede das Design weiter konkretisiert, indem sie mehr Informationen darüber erstellt. Diese *phasenbasierte* Form findet sich exemplarisch in den frühen Arbeiten von French (1999), ursprünglich veröffentlicht im Jahr 1971 (Abb. 8.12).

Spätere phasenbasierte Modelle, die sich auf das mechanische Design konzentrieren, insbesondere in den Arbeiten von Hubka und Eder (1996), Pahl et al. (2007) und Eder und Hosnedl (2010), verschreiben detaillierte Listen von Arbeitsschritten für jede Phase. Diese Modelle definieren, wie die spezifischen Informationsformen erstellt werden, die ein mechanisches Design ausmachen, und gehen von abstrakt zu konkret vor, wobei die Arbeitsschritte so organisiert sind, dass jede Phase Ziele und Einschränkungen für die nächste festlegt. Sie zeigen Rückkopplungen zwischen den Phasen, was auf die Möglichkeit unerwünschter Nacharbeit sowie auf projekt- und generationenübergreifendes Lernen hinweist. Prozessmodelle dieser Art sind stark von Modellen der Informationsstrukturen beeinflusst, die ein mechanisches Systemdesign und seinen Betrieb definieren, insbesondere von Hubkas *Theorie der technischen Systeme* (Hubka & Eder, 1996; siehe Abschn. 7.3). Vor einigen Jahren argumentierten Cross und Roozenburg (1992), dass die meisten auf eine Konsensform konvergiert hätten, die durch Hubkas Modell exemplifiziert wird.

Andere phasenbasierte Modelle konzentrieren sich stattdessen auf die Reihenfolge, in der bestimmte technische Designmethoden angewendet werden sollten, wie das Lehrbuchmodell von Dieter und Schmidt (2013), das in Abb. 8.13 dargestellt ist.

In jüngerer Zeit haben einige Forscher zahlreiche Modelle auf vorgeschlagene kanonische Stufen abgebildet, um sie zu vergleichen (Bobbe et al., 2016; Costa et al., 2015; Gericke & Blessing, 2012; Howard et al., 2008). Laut Gericke und Blessing (2012) sind diese kanonischen Stufen:

1. einen Bedarf feststellen,
2. Aufgabenanalyse,
3. konzeptionelles Design,
4. Darstellungsdesign,

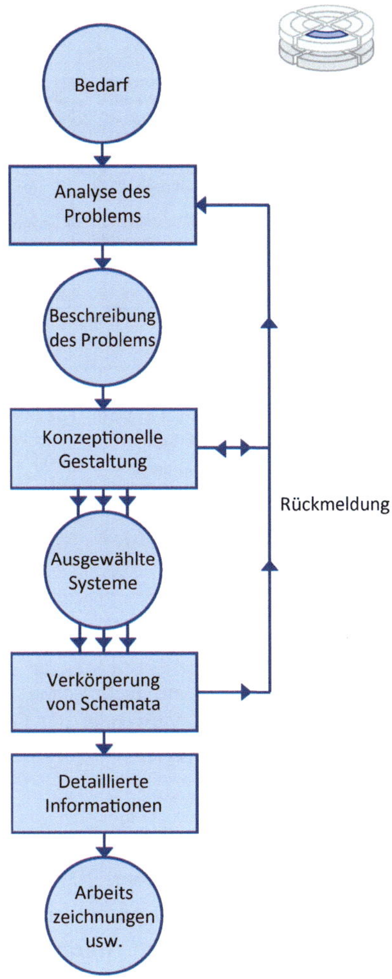


**Abb. 8.12** Blockdiagramm des Designprozesses. *Reproduziert aus* French (1999). *Conceptual design for engineers, Springer, S. 2, mit Genehmigung von Springer Nature*

5. detailliertes Design,
6. Umsetzung (einschließlich Herstellung),
7. Verwendung (einschließlich Service, Wartung usw.),
8. Abschluss (einschließlich Recycling, Entsorgung usw.).

Insgesamt fördern präskriptive, stufenbasierte Modelle die Idee, dass ein strukturierter und systematischer Prozess zu einem besseren Ergebnis führt. Zum Beispiel behaupten Pahl et al. (2007), dass die Befolgung ihrer Schritte sicherstellt, dass nichts Wesentliches übersehen wird, was zu einer genaueren Terminplanung führt und Designlösungen hervorbringt, die möglicherweise leichter wiederverwendet werden können. Obwohl – und weil – sie beliebt sind, haben diese Modelle Kritik auf sich gezogen. Zum Beispiel

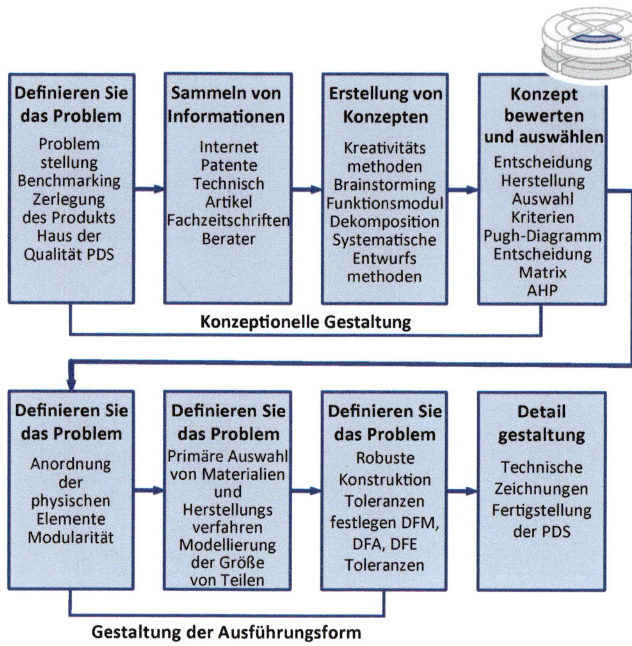


**Abb. 8.13** Phasen im technischen Designprozess nach Dieter und Schmidt (2013). ©2013 McGraw Hill LLC. Verwendet mit Genehmigung von McGraw Hill LLC; Genehmigung übermittelt durch Copyright Clearance Center, Inc.

betonen die Modelle das ursprüngliche Design, das aus den Bedürfnissen der Stakeholder hervorgeht (Weber, 2014), während reale Projekte oft starke Einschränkungen für das frühe Konzeptdesign setzen, wobei Einschränkungen wie bestehende Produktplattformen und gesetzliche Anforderungen oft die Form der Lösung vorbestimmen (Pugh, 1991). In Bezug auf die Abdeckung der Modelle argumentieren Gericke und Blessing (2011), dass, obwohl prozedurale Modelle an verschiedene Disziplinen angepasst wurden, wenige sie integrieren. Andere Forscher hinterfragen den Pragmatismus, eine stufenbasierte Form vorzuschreiben. Whitney (2004) argumentiert zum Beispiel, dass das in diesen Modellen dargestellte Top-down-Ideal klar wünschenswert ist, aber praktische Überlegungen bedeuten oft, dass dies mit einem Bottom-up-Zusammenfügen von bestehenden Teillösungen verschmilzt. Ein Grund für diese Diskrepanz ist, dass „ein Top-down-Prozess intellektuell sehr herausfordernd ist", weil er „das Vorstellen von Unterbaugruppen und Teilen erfordert, bevor sie im Detail bekannt sind" (Whitney, 2004). Konda et al. (1992) weisen auch darauf hin, dass bei kollaborativem Design die Teilnehmer unterschiedliche Analogien verwenden, um das entstehende Design darzustellen, und Lösungen aushandeln müssen, sodass der idealisierte Top-down-Ansatz, der von abstrakt zu konkret fortschreitet, schwer aufrechtzuerhalten sein kann. Andreasen et al. (2015) fassen einige dieser Bedenken zusammen, wenn sie schreiben, dass systematische Ansätze „nur einen spärlichen Einblick in das tatsächliche Design geben, während sie den Eindruck von Rationalität erwecken, der überhaupt nicht vorhanden ist".

Trotz wahrgenommener Einschränkungen wurden die in diesem Abschnitt skizzierten Spiral- und stufenbasierten Modellformen in vielen Veröffentlichungen, die disziplinspezifische Designprozessmodelle vorschlagen, angepasst und angewendet. Zum Beispiel ist die allgemeine Form des Spiralmodells von Evans nach mehr als fünf Jahrzehnten noch in Bereichen wie Schiffbau (Rawson & Tupper, 2001) bis zur Softwaretechnik (Boehm, 1988) in Gebrauch. Stufenbasierte Formen finden sich in Dym et al. (2014), Ullman (2015), Pugh (1991), Roozenburg und Eekels (1995), der VDI-Konstruktionsrichtlinie 2221 (VDI2221, 1987) und vielen anderen Veröffentlichungen. Sie sind besonders prominent in Lehrbüchern zum technischen Design.

#### 8.3.2.4 Axiomatisches Design

*Axiomatisches Design* ist ein systematischer Ansatz und eine Strategie für das Design, der am häufigsten im Kontext des mechanischen Designs angewendet wird (siehe auch Abschn. 7.2.3.3). Im axiomatischen Design wird ein Design als Hierarchie von *Designparametern* konzipiert, die erstellt werden, um eine Hierarchie von *funktionalen Anforderungen* zu erfüllen. Dem Designer wird geraten, zwischen diesen beiden Hierarchien zu *Zickzack* zu wechseln, während sie schrittweise entwickelt werden, wie in Abb. 8.14 (Suh, 1990) gezeigt. Der Schlüsselaspekt ist die Empfehlung, bei jedem Schritt danach zu streben, Designregeln zu erfüllen, die aus Suhs zwei Designaxiomen abgeleitet sind, die in Abschn. 7.2.3.3 diskutiert werden.

#### 8.3.2.5 Setbasierte Ansätze

Die bisher beschriebenen Ansätze zum technischen Design betonen die Bedeutung der Iteration im Designprozess. Während Iteration positive Effekte haben kann – zum Beispiel beim Erstellen von Prototypen und Testen, um technische Probleme oder Stakeholder-Bedürfnisse zu verstehen –, verursacht sie auch zusätzlichen Aufwand und Zeit

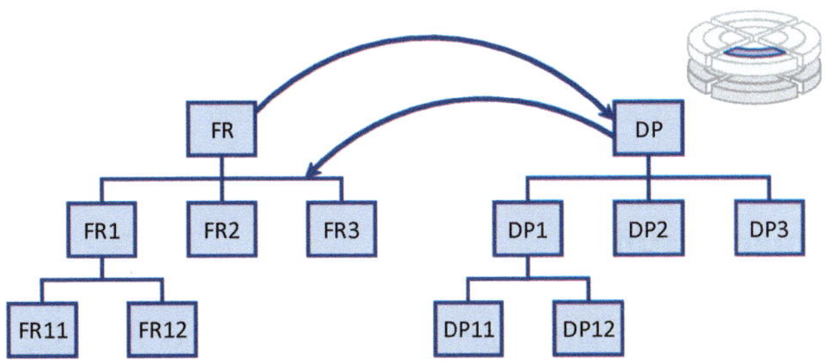


**Abb. 8.14** Zickzack zwischen funktionalen Anforderungen FRs und Designparametern DPs, Bemühen, die beiden Axiome einzuhalten, während ein Design erstellt wird. *Reproduziert von* Gebala und Suh (1992) *An application of axiomatic design. Res Eng Des 3:152 mit Genehmigung von Springer Nature*

(Wynn & Eckert, 2017). Setbasierte Ansätze zum technischen Design, genannt *setbasiertes Design* oder *setbasiertes gleichzeitiges Engineering* im Kontext des gleichzeitigen Engineerings, empfehlen Prozesse, die dazu gedacht sind, unnötige Iteration zu minimieren, während ein Design schrittweise entwickelt wird. Solche Ansätze konzentrieren sich auf Situationen, in denen mehrere voneinander abhängige Subsysteme schrittweise entworfen werden müssen, während sichergestellt wird, dass die endgültigen Designs zusammenarbeiten werden. Setbasiertes Design schreibt vor, dass unnötige Nacharbeit in dieser Situation vermieden werden kann, indem mehrere funktionierende Designs für jedes Subsystem entwickelt und aufrechterhalten werden, dann werden Alternativen, die als nicht machbar oder als Integrationsschwierigkeiten erzeugend bewertet werden, nach und nach eliminiert, während das Design voranschreitet. Ein anderer Ansatz zum setbasierten Design besteht darin, jedes aufkommende Subsystemdesign in Bezug auf Bereiche von Schlüsselparameterwerten zu spezifizieren, die zu jedem Zeitpunkt des Designprozesses noch möglich sind, anstatt in Bezug auf Punktewerte. Hier werden die Bereiche für jedes Subsystem schrittweise und gleichzeitig verengt, wobei bei jedem Schritt extreme Werte eliminiert werden, die Subsysteme definieren, die nicht zusammenarbeiten können.

Setbasiertes Design wird oft mit der üblicheren Praxis verglichen, ein Design für jedes Subsystem zu erstellen, basierend auf einer genauen Spezifikation von Schnittstellen, und dann zu iterieren, bis sie alle zusammenarbeiten können. Insgesamt befürwortet der Ansatz eine kontrollierte Reduzierung technischer Unsicherheiten durch einen Fokus auf das frühzeitige Lernen darüber, ob das Design machbar ist; der Leitgedanke ist, dass das Eingrenzen des Designbereichs auf eine evidenzbasierte Weise bei jedem Konvergenzschritt später weniger Überraschungen bedeutet, die Nacharbeit reduziert und eine standardisiertere, effizientere Arbeit später im Designprozess ermöglicht (Kennedy et al., 2014). Diese Ideen werden in der Arbeit von Al-Ashaab et al. (2013) übernommen, dargestellt im Prozessmodell von Abb. 8.15 – beachten Sie die visuelle Betonung der Konvergenz. Ein Nachteil dieses Ansatzes ist die Notwendigkeit, mehrere Versionen jedes Subsystemdesigns gleichzeitig zu pflegen oder daran zu arbeiten, was zusätzliche Kosten und Aufwand erfordert. Setbasiertes Design und setbasiertes gleichzeitiges Engineering erregen derzeit zunehmend Aufmerksamkeit in der Forschungsgemeinschaft, sind aber zum Zeitpunkt des Schreibens noch nicht weitverbreitet in der Praxis.

### 8.3.3 Zusammenfassung

Zusammenfassend hat dieser Abschnitt einige empfohlene Prozesse für das End-to-end-Design diskutiert, wobei das Design im Allgemeinen und das technische Design im Besonderen betrachtet wurden. Modelle des ersteren Typs betonen das Verständnis der Benutzerbedürfnisse als einen kritischen Schritt, während die des letzteren Typs mehr auf die späteren Stadien der schrittweisen Konkretisierung und Finalisierung von

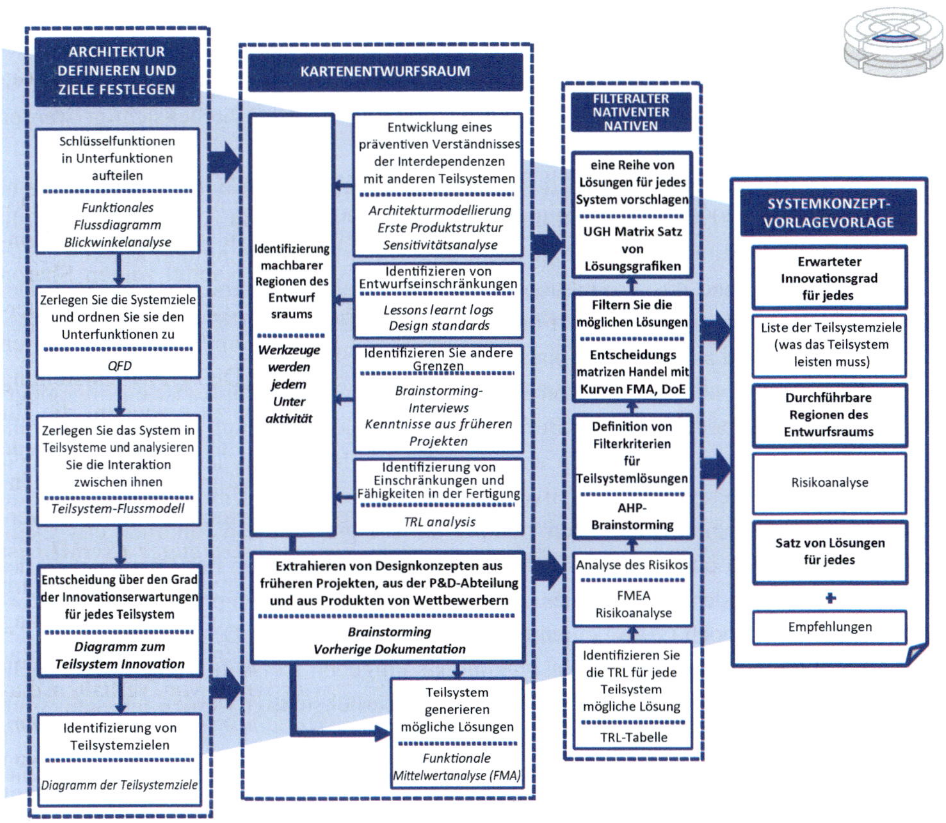


**Abb. 8.15** Setbasiertes gleichzeitiges Engineering im Systementwicklungs- und Integrationsprozess. Nachdruck von Al-Ashaab et al. (2013) mit Genehmigung von Ahmed Al-Ashaab

Designinformationen fokussiert sind. Die Ansätze unterscheiden sich auch in der Art und Weise, wie sie Prototyping und Testing behandeln. In beiden Kategorien zeigen die Modelle eine breite Palette von Formen, von denen nur eine Auswahl in diesem Abschnitt diskutiert werden kann.

## 8.4 Makroebenenansätze

Dieser Abschnitt geht weiter zum äußersten und letzten Sektor des im Abb. 8.1 dargestellten Framework-Segments. Zwei Gruppen von Modellen werden diskutiert: erstens Prozessmodelle des Produktdesigns und der Produktentwicklung, die ihre Natur als designzentrierte integrative Disziplin betonen (Abschn. 8.4.1), und zweitens Prozessmodelle, die sich auf die Organisation und das Management von Design- und Entwicklungsprojekten konzentrieren (Abschn. 8.4.2).

### 8.4.1 Designorientierte Modelle

Viele Autoren haben grafische Darstellungen und Erklärungen der kontextuellen Probleme entwickelt, die während der Gestaltung und Entwicklung berücksichtigt werden müssen.

Ein frühes Modell dieser Art ist das *integrierte Produktentwicklungs*modell von Andreasen und Hein (1997) und Vajna und Burchardt (1998), das in Abb. 8.16 dargestellt ist. Dieses Modell betont die Notwendigkeit, die Produktverwendung und Marktaspekte, das Produktdesign und das Produktionsdesign gleichzeitig während des gesamten Design- und Entwicklungsprozesses zu berücksichtigen. Es handelt sich im Wesentlichen um drei parallele und ausgerichtete phasenbasierte Modelle.

Das *Gesamtdesign*modell, das von Pugh (1991) entwickelt wurde, ist ein ingenieurtechnisches Designmodell, das die Bedeutung der Berücksichtigung des Kontexts während des Designprozesses betont. In einer Darstellung hebt Pugh den Unterschied zwischen originalem Design und adaptivem Design hervor (eine Unterscheidung, die in präskriptiven Prozessmodellen selten sichtbar ist, die grafisch den Eindruck erwecken, dass das Design von einem leeren Blatt ausgeht – obwohl dies in der Praxis selten der Fall ist). In einem anderen Modell des ingenieurtechnischen Designprozesses im Kontext stellen Hales und Gooch (2004) einen typischen phasenbasierten Designprozess dar, der von geschachtelten Schichten des Designkontexts umgeben ist (Abb. 8.17). Jede Schicht beschreibt verschiedene Einflüsse, die letztendlich berücksichtigt werden müssen, wenn das Design- und Entwicklungsprojekt erfolgreich sein soll.

Abschließend in diesem Abschnitt betont das Modell für Produktdesign und -entwicklung von Ulrich et al. (2020), das in Abb. 8.18 dargestellt ist, den Fortschritt von der

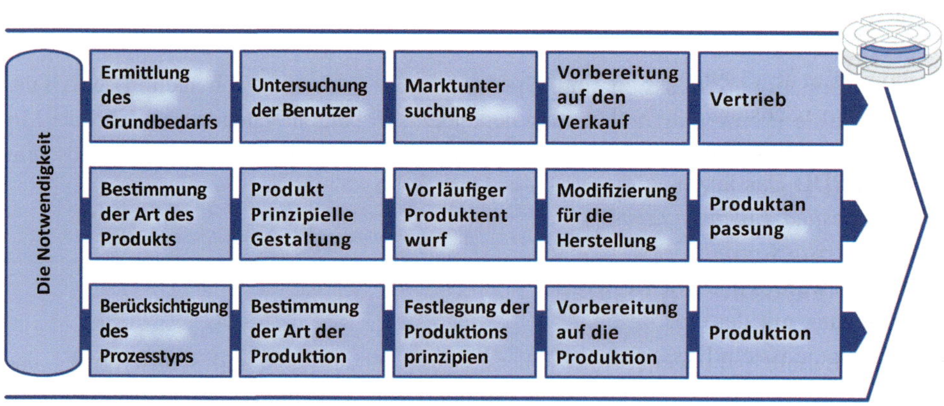


**Abb. 8.16** Integrierte Produktentwicklung. Nachgezeichnet von Andreasen und Hein (1997). Originalabbildung ©IFS

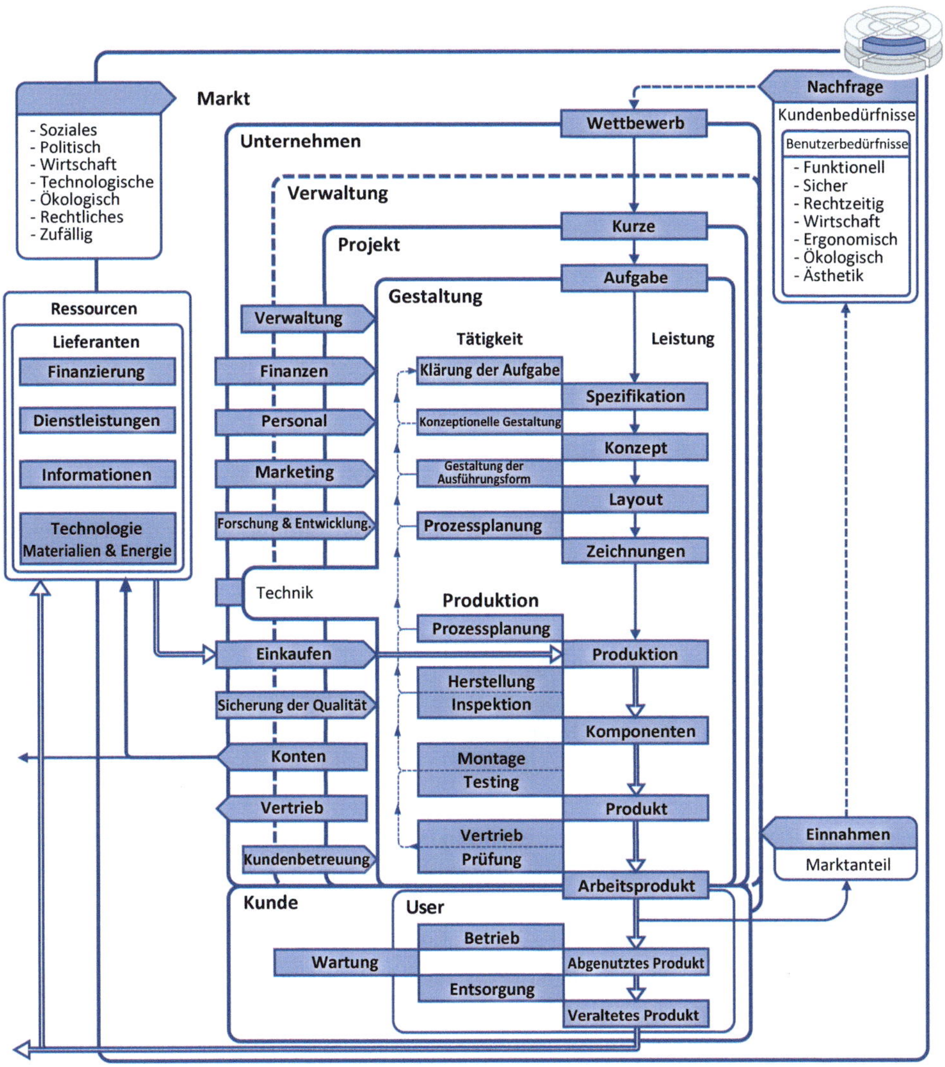


**Abb. 8.17** Der ingenieurtechnische Designprozess im Kontext. *Reproduziert von* Hales und Gooch (2004) *Managing engineering design, Springer, S. 28, mit Genehmigung von Springer Nature*

Ideensammlung und -auswahl über die Produktplanung und die Analyse der Benutzerbedürfnisse bis hin zum technischen Design, den Tests und der endgültigen Produktionssteigerung. Der Text, der dieses Modell begleitet, behandelt die meisten Aspekte des Produktdesigns und der -entwicklung aus einer hauptsächlich technisch-designerischen, analyseorientierten Sichtweise.

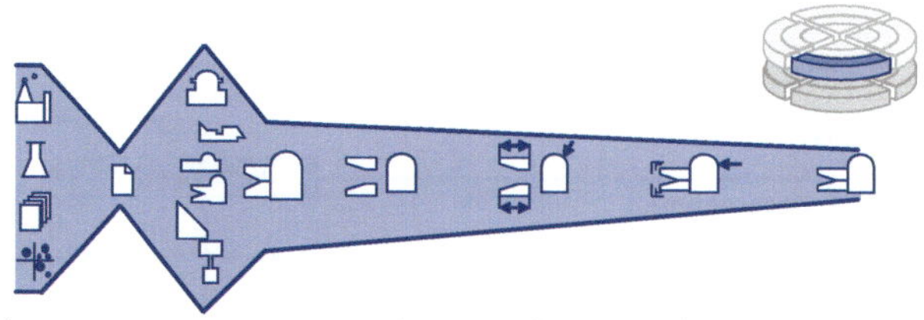


**Abb. 8.18** Ulrich und Eppingers Modell des Produktdesign- und Entwicklungsprozesses. *Abbildung reproduziert von* Ulrich et al. (2020) ©2020 McGraw Hill LLC. Mit Genehmigung von McGraw Hill LLC; Genehmigung übermittelt durch Copyright Clearance Center, Inc.

## 8.4.2 Projektorientierte Modelle

Die in diesem Kapitel weiter diskutierten Modelle bieten Empfehlungen für die Strukturierung von groß angelegten Design- und Entwicklungsprojekten zur Unterstützung ihrer Verwaltung, abstrahiert von den Details des Designprozesses selbst.

### 8.4.2.1 Gleichzeitiges Engineering

Die Hauptproblematik von Unternehmen bei groß angelegten Design- und Entwicklungsprojekten ist wohl die Integration von Systemen, Disziplinen, Werkzeugen, Prozessen und Personal (Andreasen & Hein, 1997). Forschungen, die sich damit befassen, sind oft als *gleichzeitiges Engineering* bekannt, bei dem laut Prasad (1996a) Ansätze betont werden, „die Produktentwickler von Anfang an dazu zu bringen, die ‚Gesamtaufgabe' (einschließlich der Unterstützungsfunktionen des Unternehmens) zu berücksichtigen". Einige der Hauptaspekte dieser Philosophie sind die Verwendung fortschrittlicher Kollaborationstools, einschließlich Ansätze wie Quality Function Deployment (Hauser & Clausing, 1988, Abschn. 11.4), geeignete Teamstrukturen und Design-for-X-Methoden (Abschn. 11.3) zur Steigerung der Gleichzeitigkeit und des Informationsaustauschs zwischen gekoppelten Aufgaben, Teams und Designüberlegungen (Prasad, 1996a; Vajna & Burchardt, 1998). Ein weiteres wichtiges Thema ist die Sicherstellung der Interoperabilität, damit gleichzeitige Teams, einschließlich solcher, die in Zuliefererorganisationen arbeiten, nahtlos auf dieselben Designinformationen zugreifen und diese ändern können. Prasads (1996b) Modell der *gleichzeitigen Engineering-Räder* ("concurrent engineering wheels") erfasst diese und andere Aspekte, die in groß angelegten gleichzeitigen Engineering-Situationen berücksichtigt werden müssen, von der Lebenszyklusabsicht bis hin zu Entscheidungsunterstützungssystemen, Wertmanagement und virtuellem Teammanagement. Insgesamt wird angenommen, dass gleichzeitiges Engineering die Vorlaufzeit verkürzt und die Integration unterstützt, indem es Fehler und Übersehen reduziert, die zu späten Designänderungen führen können (Prasad, 1996a).

### 8.4.2.2 Stage-Gate

Einige Modelle schreiben Managementstrukturen und -philosophien vor, um das Risiko kostspieliger Rückkopplungen zwischen den Stufen des Entwicklungsprozesses zu mindern.

Das Modell dieser Art, das in den letzten Jahrzehnten in Unternehmen am häufigsten verwendet wurde, ist der *Stage-Gate-Prozess* (Cooper, 1990). Dieser Ansatz teilt den Prozess in Stufen ein und betont die Verwendung formaler, strukturierter Überprüfungen, um sicherzustellen, dass ein Design ausreichend ausgereift ist, bevor es von einer Stufe zur nächsten übergehen darf (Abb. 8.19). In der Praxis können Teilsysteme zu unterschiedlichen Zeiten durch die Tore gehen und eine gewisse Unschärfe kann bei den Gate-Reviews zugelassen werden, um die Flexibilität zu erhöhen. Insgesamt hilft das Stage-Gate-Modell sicherzustellen, dass alle notwendigen Analysen durchgeführt wurden, bevor man von einer Stufe zur nächsten übergeht, wodurch die Möglichkeit teurer und zeitaufwendiger Überarbeitungsschleifen über Stufen hinweg – wie z. B. die Überarbeitung von Schlüsseldesignparametern in späten Stadien – reduziert wird. Es ist besonders nützlich bei der Verwaltung von Projektportfolios, sodass eine Organisation die Ressourcenzuteilung für die wahrscheinlich erfolgreichen Projekte steuern muss. Das Stage-Gate-Modell basiert auf dem Konzept, Iterationen innerhalb von Projektphasen zu enthalten, und ist am nützlichsten, wenn Technologien, Märkte und Kundenbedürfnisse gut verstanden sind und sich während eines Projekts nicht wahrscheinlich entwickeln werden (Unger & Eppinger, 2011).

### 8.4.2.3 Architektur-Vee und andere Systemtechnikmodelle

Das *Architektur-Vee* (Abb. 8.20) stellt den Systemtechnik- und Designprozess in Bezug auf die Zerlegung und Ausarbeitung von Teilsystemanforderungen dar, die einzeln entwickelt

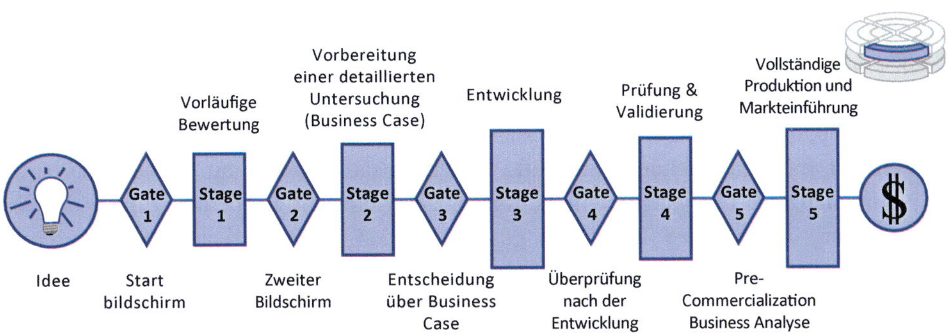


**Abb. 8.19** Das Stage-Gate-Projektmodell konzentriert sich darauf, sicherzustellen, dass ein Design ausreichend ausgereift ist, um jede Stufe des Entwicklungsprozesses zu verlassen, um kostspielige Rückkopplungen zu verhindern und die Ressourcenallokation über ein Portfolio von potenziellen Projekten zu steuern. *Die Abbildung ist nachgedruckt aus Business Horizons, Vol. 33, Robert G. Cooper, Stage-gate systems: A new tool for managing new products, S. 44–54, Copyright (1990), mit Genehmigung von Elsevier. Mit geringfügigen stilistischen Änderungen*

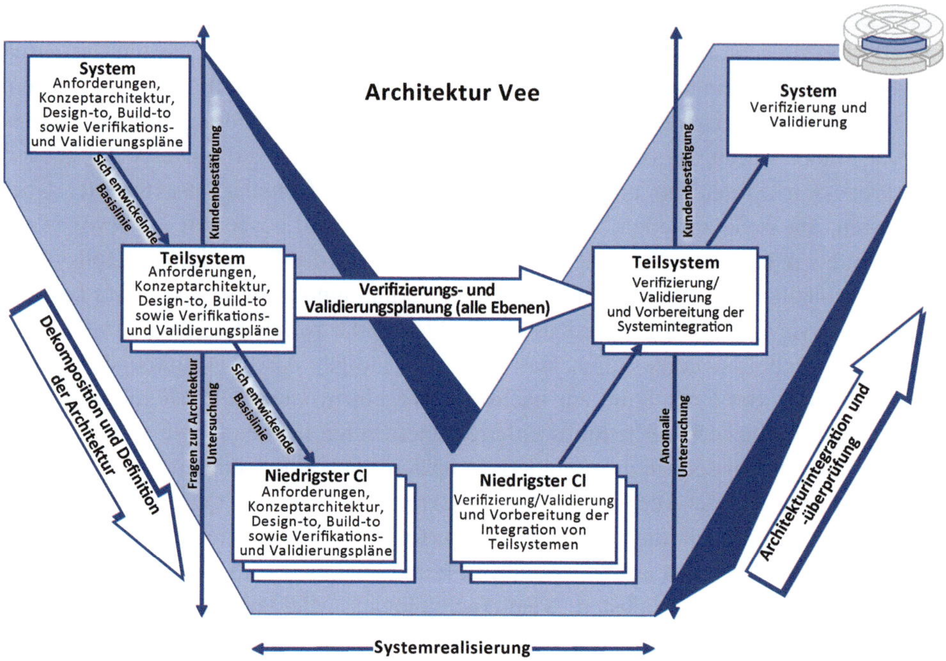


**Abb. 8.20** Das Architektur-Vee-Modell betont das Management von Zerlegung und Integration, um Nacharbeit zu vermeiden. *Abbildung reproduziert von* Forsberg et al. (2005) *mit Genehmigung. Copyright ©2005 von John Wiley & Sons, Inc.*

und dann auf jeder Ebene der Teilsystemhierarchie integriert, überprüft und validiert werden (Forsberg et al., 2005). Diese Modellform wurde weitgehend übernommen, einschließlich für die Entwicklung mechatronischer Systeme (zum Beispiel VDI2206, 2004). Schlüsselthemen, die im Vee-Modell betont werden, sind die korrekte Definition und Kontrolle von Anforderungen und Schnittstellendefinitionen in einer hierarchischen Weise, die die Systemstruktur widerspiegelt – diese dokumentenbasierte Kontrolle vereinfacht die Entwicklung und hilft, Synchronisationsprobleme und Nacharbeiten zu vermeiden, die Teilsystemteams betreffen, die gleichzeitig arbeiten. Einige der Anforderungen, die an jedes Teilsystem gestellt werden, leiten sich aus der Beteiligung jeder Ebene an einem höheren System ab, während andere von Teams definiert werden, die auf jeder Ebene arbeiten. Obwohl das Modell eine saubere hierarchische Struktur nahelegt, stellen Madni und Sievers (2014) fest, dass eine Abweichung von der strengen hierarchischen Zerlegung und Ableitung von Anforderungen oft notwendig ist für Systemtechnikprojekte, und die endgültige Systemintegration bis zum Ende zu lassen bedeutet, dass Probleme in der anfänglichen Anforderungskaskade möglicherweise erst sehr spät im Prozess entdeckt werden. Die notwendige Dokumentation und ihr

Änderungsmanagement erzeugen auch erheblichen Management- und Koordinationsaufwand in einem Projekt.

Andere bekannte Systemtechnikmodelle sind das *Wasserfall*modell, das dem gestuften Modell des Maschinenbaudesigns ähnelt, das in Abschnitt 8.3.2.3 diskutiert wird, und das *Spiral*modell, das der Designspirale von Ullman ähnelt, die in Abschnitt 8.3.2.1 diskutiert wird. Für weitere Diskussionen siehe Buede (2009) und Haberfellner et al. (2019).

Während die erforderliche Analyse, Spezifikation und Dokumentation traditionell mit textbasierten Dokumenten gehandhabt wurden, betont die *modellbasierte Systemtechnik* die strukturierte Analyse und Modellierung verschiedener Aspekte und Perspektiven des zu entwickelnden Systems mit formal spezifizierten Systemebenen-Diagrammnotationen wie der Systems Modelling Language (SysML) und IDEF0, die für diesen Zweck von Buede (2009) empfohlen werden (siehe auch Abschnitte 9.4.2.1 und 9.3.3.4 oder die Object-Process Methodology, die von Crawley et al. (2016) empfohlen wird, siehe Abschnitt 9.4.2.1). Das Hauptziel ist es, sicherzustellen, dass alle Aspekte des Systems und seines Nutzungskontexts berücksichtigt, entwickelt, integriert und konsistent und nachvollziehbar validiert werden (Madni & Sievers, 2018). Insgesamt wird eine strukturierte Behandlung von Design und Entwicklung auf Systemebene immer wichtiger, je größer die Komplexität wird. Ein solcher Ansatz kann helfen, nichts zu übersehen, wenn Design und Entwicklung viele Stakeholder, Teilsysteme und Lebenszyklusphasen berücksichtigen müssen und in einem großen Projekt mit vielen Menschen durchgeführt werden (Buede, 2009).

#### 8.4.2.4 Schlanke Produktentwicklung

Die schlanke Produktentwicklung (Lean Product Development) übernimmt Konzepte aus der schlanken Fertigung, wie Just-in-time-Produktion und die Etablierung von Taktzeiten, um routinemäßige Aspekte von Produktentwicklungsprozessen zu verwalten (Oppenheim, 2004). Ganzheitliche Verfahrensmodelle, die schlanke Konzepte einbeziehen, umfassen Beschreibungen von Toyotas Produktentwicklungssystem (Sobek et al., 1999; Liker & Morgan, 2006), den *Lernen-zuerst*-Produktentwicklungsansatz von Kennedy et al. (2008) und das *schlanke Produkt- und Prozessentwicklungs*modell ("lean product and process development model") von Al-Ashaab et al. (2013). Prozessprinzipien der schlanken Produktentwicklung nach Liker und Morgan (2006) sind:

- „Kundenorientierten Wert festlegen, um Wertsteigerung von Verschwendung zu trennen. Lean ist eine nie endende Reise der Verschwendungsbeseitigung. Verschwendung ist nicht wertschöpfend, definiert durch die erste Definition des Kundenwerts.“
- „Den Produktentwicklungsprozess vorladen, um alternative Lösungen gründlich zu erkunden, während es maximalen Gestaltungsspielraum gibt. Die Definition des falschen Problems oder die vorzeitige Konvergenz auf die falsche Lösung wird Kosten über den gesamten Produktlebenszyklus hinweg verursachen. Sich Zeit zu nehmen,

um Alternativen gründlich zu erkunden und erwartete Probleme an der Wurzel zu lösen, hat exponentielle Vorteile."

- „Einen ausgeglichenen Produktentwicklungsprozessfluss erstellen. Das Ausgleichen des Flusses beginnt mit der Stabilisierung des Prozesses, sodass er vorhergesagt und angemessen geplant werden kann. Dies ermöglicht eine Produktplanung, um wilde Schwankungen in der Arbeitslast zu reduzieren. Vorhersehbare Arbeitslastschwankungen können durch flexible Arbeitskräftepools besetzt werden."
- „Strenge Standardisierung nutzen, um Variationen zu reduzieren und Flexibilität und vorhersehbare Ergebnisse zu schaffen. Standardisierung ist die Grundlage für kontinuierliche Verbesserung. Die Standardisierung des Produkts und des Prozesses ist eine Grundlage für alle anderen Prozessprinzipien."

#### 8.4.2.5 Agile Ansätze zur Produktentwicklung

Die oben diskutierten Ansätze konzentrieren sich darauf, Nacharbeit zu vermeiden, indem eine trichterförmige Struktur etabliert wird, in der der Gestaltungsraum progressiv eingeschränkt wird. Entscheidungen, die als die bedeutendsten angesehen werden, werden früher im Prozess getroffen, wobei Anstrengungen unternommen werden, sie so vollständig wie möglich zu informieren. Im Gegensatz zu dieser konvergenten Struktur schreiben *agile Modelle* von Design und Entwicklung strukturierte iterative Zyklen vor, in denen das Design wiederholt reintegriert wird, während es durch zunehmende Definitionsebenen fortschreitet (Cusumano & Selby, 1997). Diese und andere Formen der *iterativen inkrementellen Entwicklung* sind seit einiger Zeit im Kontext der Softwareentwicklung akzeptiert (Larman & Basili, 2003) und gewinnen nun auch an Beliebtheit bei der Verwaltung von Produkt- und Systementwicklung. Während es viele Varianten agiler Methoden gibt, schreiben Boehm und Turner (2005) vor, dass ein agiler Prozess durch vier Hauptelemente definiert ist:

- iterative Zyklen,
- inkrementelle Fertigstellung,
- selbstorganisierende Teams, die ihre eigene Arbeit verwalten,
- Prozesse und Arbeitsstrukturen, die sich während eines Projekts weiterentwickeln können.

Ein Beispiel für ein agiles Prozessmodell in der technischen Produktentwicklung ist die *dynamische Produktentwicklung* von Ottosson (2004). Dies bietet auch ein Modell für Projekte, die erhebliche Innovation und Kreativität beinhalten. Ottosson (2004) argumentiert, dass die traditionelle Betonung von Dokumentation und formeller Überprüfung zu verzögerter Information und reaktivem Management führt. Sein Modell konzentriert sich auf die Schwierigkeit der langfristigen Planung in einem Projekt mit Unsicherheit. Um dies zu adressieren, empfiehlt die dynamische Produktentwicklung die Delegation von Kontrolle, die eine kontinuierliche Managementbeteiligung auf allen Ebenen ermöglicht, was gedacht ist, um eine Echtzeit-dynamische Führung zu erleichtern. Ein weiteres

Schlüsselkonzept ist es, das Konzept während eines Projekts kontinuierlich anzupassen, anstatt es frühzeitig einzufrieren – dies soll kostspielige großflächige Rückkopplungen über Projektphasen hinweg reduzieren.

Der wahrscheinlich bekannteste Agile-Ansatz zum Zeitpunkt des Schreibens ist wahrscheinlich *Scrum*, das für die Softwareentwicklung entwickelt wurde und seitdem in anderen Entwicklungsbereichen, einschließlich der Hardwareentwicklung, übernommen wurde. Zum Beispiel wird seine Anwendung auf das Design von Raumfahrzeugen von Álvarez und Roibás-Millán (2021) erklärt, wie in Abb. 8.21 dargestellt. In Scrum wird eine Reihe von Anforderungen, die durch Design und Entwicklung erfüllt werden sollen, als *Backlog* bezeichnet – wie in Abb. 8.21 links gezeigt. Das Backlog wird in kleine Arbeitspakete aufgeteilt, wobei die Abhängigkeiten und Programmbedingungen berücksichtigt werden, um die Lieferung durch eine Reihe von kurzen *Sprints*, in der Regel bis zu einem Monat Dauer, zu planen. Die Elemente, die den größten Einfluss auf das Design haben, sollten zuerst behandelt werden. Innerhalb eines Projekts können Sprints von verschiedenen *Sprintteams* gleichzeitig durchgeführt werden, obwohl die Arbeit, die während eines Sprints durchgeführt wird, unabhängig von der Arbeit sein sollte, die während anderer durchgeführt wird. Während jedes Sprints arbeitet ein Sprintteam weitgehend autonom. Die Anforderungen, die im aktuellen Sprint geliefert werden sollen, werden als *Sprint-Backlog* bezeichnet. Der Sprint wird durch regelmäßige – oft

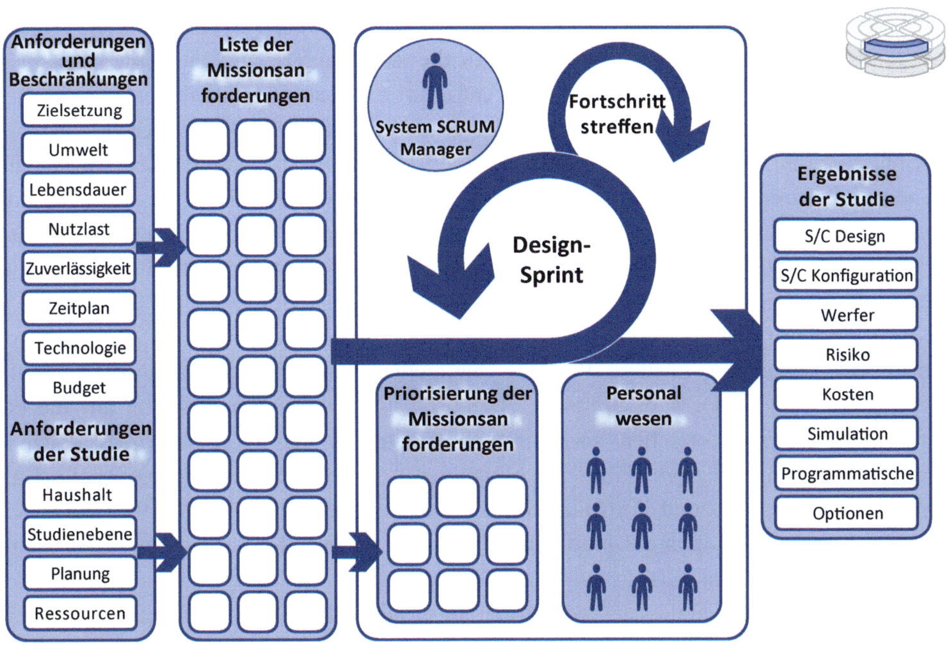


**Abb. 8.21** Scrum-Agile-Methodik angewendet auf Raumfahrzeugdesign. *Reproduziert von* Álvarez und Roibás-Millán (2021), *Lizenz CC BY 4.0*, (http://creativecommons.org/licenses/by/4.0/)

tägliche – Fortschrittsbesprechungen mit dem gesamten Team verwaltet. Ein Scrum-Manager oder *Scrum-Master* ist verantwortlich für die Verwaltung dieses Prozesses sowie für das Coaching des Sprintteams. Am Ende eines Sprints wird eine inkrementelle Version des Produkts vom Sprintteam freigegeben. Das Backlog wird überprüft und die Elemente, die im nächsten Sprint behandelt werden sollen, werden ausgewählt.

Schlüsselelemente des Scrum-Agile-Ansatzes sind *Autonomie* und *Flexibilität*. Die Arbeit zur Lieferung jedes Sprints und des gesamten Projekts wird auf autonome Weise innerhalb jedes Sprintteams verwaltet, während Stakeholder eingebunden werden sollten, um Feedback zu den inkrementell gelieferten Versionen zu geben. Das System ist flexibel, weil das Anforderungs-Backlog zwischen den Sprints auf der Grundlage entdeckter Probleme, Stakeholder-Feedback und sich entwickelnder Projektziele neu priorisiert werden kann. Weitere Vorteile sind, dass die Zerlegung der Arbeit in kleine regelmäßige Meilensteine eine effektive Möglichkeit sein kann, den Fortschritt voranzutreiben, während die den Sprintteams gewährte Autonomie wahrscheinlich ihr Motivationsniveau und ihr Gefühl der Eigentümerschaft der Arbeit erhöht. Schließlich kann Scrum einen geringeren Managementaufwand erfordern als die traditionelle plangetriebene Entwicklung – obwohl dieser Vorteil bei der Anwendung auf groß angelegte Projekte aus den unten erklärten Gründen abnimmt.

Besondere Herausforderungen bei der Anwendung agiler Methoden auf groß angelegte Projekte ergeben sich aus der Notwendigkeit, Interdependenzen zu bewältigen – entweder dort, wo ein früher Sprint von einem späteren abhängt, oder dort, wo Teile eines stark vernetzten Designs gleichzeitig von verschiedenen Sprintteams entwickelt werden. Eine sorgfältige Aufmerksamkeit für die Zerlegung der Arbeit sowie eine sorgfältige Priorisierung und Verwaltung des Anforderungs-Backlogs zur angemessenen Sequenzierung des Sprintinhalts sind in dieser Situation erforderlich, um Iterationen über Sprints zu minimieren. Scrum-Agile kann auch schwierig anzuwenden sein, wenn die Arbeit nicht sinnvoll in kurze Sprints zerlegt werden kann, zum Beispiel, weil zeitaufwendige Analysen oder Tests erforderlich sind. Schließlich sollte beachtet werden, dass die Praktiken und Denkweisen für Agile erheblich anders sind als die traditionelle plangetriebene Entwicklung und diese Denkweisen können schwierig in einer großen Organisation zu verankern sein, die an die letztere Arbeitsweise gewöhnt ist. Agile Frameworks, die versuchen, größere Projekte anzugehen, beinhalten hybride Ansätze wie *Agile-Stage-Gate* (Cooper & Sommer, 2018), *Large-Scale Scrum*, das sich auf die erforderlichen organisatorischen Veränderungen sowie auf den Scrum-Prozess konzentriert, und das *Scaled Agile Framework*, das zeigt, wie der Scrum-Prozess in die Lieferung auf Programm- und Portfolioebene eingebettet werden kann. Für Überprüfungen und Vergleiche von groß angelegten agilen Methodologien siehe Almeida und Espinheira (2021) und Edison et al. (2021).

Insgesamt können agile Methoden besonders nützlich sein in Kontexten, in denen sich Kundenbedürfnisse oder Technologien schnell entwickeln, in Fällen, in denen Anforderungen schwer zu spezifizieren sind und wo die entstehende Lösung die Art des Problems beeinflusst. Wichtige Überlegungen zur Anwendung agiler Ansätze auf große

Projekte sind die Sicherstellung ausreichender Disziplin und Kontrolle des Entwicklungsprozesses über mehrere koordinierte Teams hinweg und die Überwindung von Konflikten mit den Methoden, die in Organisationen verankert sind, die Produktentwicklung auf traditionelle Weise durchführen (Boehm & Turner, 2005). Eine weitere Überlegung ist die Sicherstellung, dass systemische Designfragen, die die in jedem Sprint abgeschlossene Arbeit durchziehen – wie Sicherheit, Schutz und Zuverlässigkeit –, angemessen behandelt werden.

## 8.5 Zusammenfassung und Diskussion

Die in diesem Kapitel diskutierten Ansätze zeigen eine breite Palette von Formen – und dies ist nur eine Auswahl der Denkweisen, Methoden und Prozesse, die entwickelt wurden, um Best Practices für Design und Entwicklung zu vermitteln.

Angesichts der unterschiedlichen Empfehlungen besteht die Herausforderung darin, das geeignete Modell für einen bestimmten Kontext auszuwählen. Einige Forscher haben versucht, dieses Problem zu lösen, indem sie Taxonomien vorschlagen, die Design- und Entwicklungskontexte nach ihren Merkmalen differenzieren, und indem sie vorschlagen, dass diese Taxonomien helfen könnten, Situationen auf die speziellen Ansätze abzubilden, die hilfreich sein könnten. Zum Beispiel konzentriert sich Frost (1994) auf das technische Design und diskutiert acht Kontextfaktoren, die als wichtig erachtet werden, behandelt als nichtorthogonale Achsen mit Beispielen, die die Skalen definieren. Frost argumentiert, dass die Klassifizierung bestimmter Situationen entlang dieser Achsen dazu beitragen könnte, Problemarten mit Lösungsansätzen zu korrelieren. Die vorgeschlagenen Faktoren sind:

- Art der entworfenen Einheit,
- Grad der Innovation,
- Zerlegbarkeit des Designs,
- Verfügbarkeit von Lösungskonzepten, die angepasst werden könnten,
- Anzahl der Teilsysteme und Komplexität ihrer Konfigurationen,
- Grad der Interaktion zwischen Merkmalen oder Parametern,
- Strenge der Einschränkungen und Anforderungen,
- Anzahl der zu bauenden Einheiten.

Maffin et al. (1995) schlagen ähnlich vor, dass eine Reihe von kritischen Faktoren, die die Organisation und das Produkt definieren, den Produktentwicklungsprozess beeinflussen und dass die Klassifizierung von Unternehmen nach diesem Rahmen die Grundlage für die Auswahl geeigneter Modelle für ein Unternehmen bilden könnte. Gericke et al. (2013) extrahieren 238 Kontextfaktoren, die die Produktentwicklung beeinflussen, aus der Literatur und verwenden das Modell von Hales und Gooch (2004; diskutiert in Abschnitt 8.4.1) als Grundlage, um sie zu organisieren, und ordnen diese Faktoren den fünf Ebenen des eingebetteten Kontexts zu, die den Designprozess in Abb. 8.17 umgeben. Gericke et al. (2013) schreiben, dass ein solches Framework dazu beitragen könnte, Designmethoden und -prozesse für eine gegebene Situation auszuwählen, anzupassen oder zu erweitern, aber wie bei Frost (1994) und Maffin et al. (1995) erläutern sie nicht, wie dies erreicht werden könnte.

Zusammenfassend und rekapitulierend sind die Denkweisen, Methoden und empfohlenen Prozesse, die in diesem Kapitel diskutiert wurden, in Abb. 8.22 zusammengefasst – als Gesamtheit vermitteln sie die aktuellen Best Practices für Design und Entwicklung. Die diskutierten Modelle zeigen verschiedene Formen und behandeln unterschiedliche Probleme, abhängig vom beabsichtigten Anwendungsbereich und dem Standpunkt der Entwickler der Methode. Ansätze, die sich auf das menschenzentrierte und systemische Design konzentrieren, schreiben oft einen iterativen und prototypgetriebenen Prozess vor, der von dem Bedürfnis getrieben ist, zu verstehen, was die Stakeholder wirklich brauchen. Andererseits sind Ansätze, die für das technische Design gedacht sind, stärker darauf ausgerichtet, technische Probleme zu lösen und die Erstellung der Informationen zu strukturieren, die zur Spezifikation eines Designs erforderlich sind. Ein Überblick über die Ansätze, wie sie in diesem Kapitel vermittelt werden, kann bei der Auswahl und Anpassung des am besten geeigneten für einen gegebenen Kontext helfen.

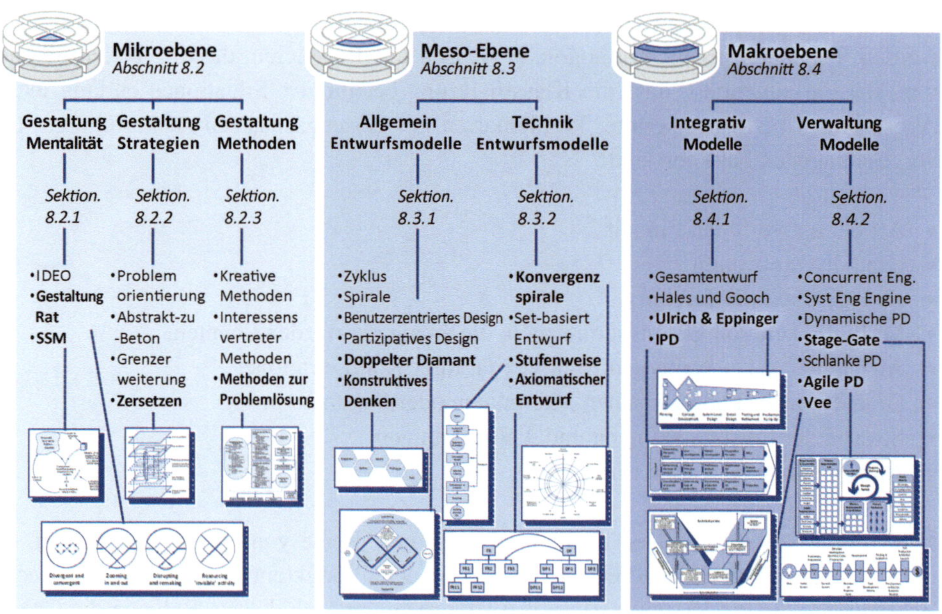


**Abb. 8.22** Zusammenfassung der Denkweisen, Methoden und empfohlenen Prozesse, die in diesem Kapitel diskutiert wurden

# Literatur


Al-Ashaab, A., Golob, M., Attia, U. M., Khan, M., Parsons, J., Andino, A., Perez, A., Guzman, P., Onecha, A., Kesavamoorthy, S., Martinez, G., Shehab, E., Berkes, A., Haque, B., Soril, M., & Sopelana, A. (2013). The transformation of product development process into lean environment using set-based concurrent engineering: A case study from an aerospace industry. *Concurrent Engineering: Research and Applications, 21*(4), 268–285. https://doi.org/10.1177/1063293X13495220.

Almeida, F., & Espinheira, E. (2021). Large-scale agile frameworks: A comparative review. *Journal of Applied Science, Management, Engineering and Technology, 2*(1), 16–29. https://doi.org/10.31284/j.jasmet.2021.v2i1.1832.

Altshuller, G. (2007). *The innovation algorithm: Triz, systematic innovation and technical creativity*. In L. Shulyak & S. Rodman (Hrsg.) (2. Aufl.). Technical Innovation Center, Inc.

Álvarez, J., & Roibás-Millán, E. (2021). Agile methodologies applied to integrated concurrent engineering for spacecraft design. *Research in Engineering Design, 32*(4), 431–450. https://doi.org/10.1007/s00163-021-00371-y.

Andreasen, M. M., Hansen, C. T., & Cash, P. (2015). *Conceptual design: Interpretations, mindset and models*. Springer. https://doi.org/10.1007/978-3-319-19839-2.

Andreasen, M. M., & Hein, L. (1997). *Integrated product development*. IFS (Publications) Ltd.

Archer, L. B. (1965). *Systematic method for designers*. Council of Industrial Design.

Arnold, R. D., & Wade, J. P. (2015). A definition of systems thinking: A systems approach. *Procedia Computer Science, 44*, 669–678. https://doi.org/10.1016/j.procs.2015.03.050.

Asimow, M. (1962). *Introduction to design*. Prentice-Hall.

Barbrook-Johnson, P., & Penn, A. S. (2022). *Systems Mapping: How to build and use causal models of systems*. Palgrave Macmillan. https://doi.org/10.1007/978-3-031-01919-7

Bayazit, N. (2004). Investigating design: A review of forty years of design research. *Design Issues, 20*(1), 16–29. https://doi.org/10.1162/074793604772933739.

Blessing, L. T. M. (1994). *A process-based approach to computer-supported engineering design (Doctoral dissertation)*. Universiteit Twente.

Bobbe, T., Kryzwinski, J., & Woelfel, C. (2016). A comparison of design process models from academic theory and industry practice. In D. Marjanović, M. Štorga, N. Pavković, N. Bojčetić, & S. Škec (Hrsg.), *DS 84: Proceedings of the DESIGN 2016 14th International Design Conference* (S. 1205–1214). The Design Society.

Boehm, B., & Turner, R. (2005). Management challenges to implementing agile processes in traditional development organizations. *IEEE Software, 22*(5), 30–39. https://doi.org/10.1109/MS.2005.129.

Boehm, B. W. (1988). A spiral model of software development and enhancement. *Computer, 21*(5), 61–72. https://doi.org/10.1109/MS.2005.129.

Brenner, W., Uebernickel, F., & Abrell, T. (2016). Design thinking as mindset, process, and toolbox. In W. Brenner & F. Uebernickel (Hrsg.), *Design thinking for innovation: Research and practice* (S. 3–21). Springer. https://doi.org/10.1007/978-3-319-26100-3_1.

Broadbent, J. (2003). Generations in design methodology. *The Design Journal, 6*(1), 2–13. https://doi.org/10.2752/146069203790219335.

Buede, D. M. (2009). *The engineering design of systems: Models and methods* (2. Aufl.). Wiley.

Checkland, P. (2000). Soft systems methodology: A thirty year retrospective. *Systems Research and Behavioral Science, 17*(S1), S11–S58. https://doi.org/10.1002/1099-1743(200011)17:1+<::AID-SRES374>3.0.CO;2-O.

Childs, P., Han, J., Chen, L., Jiang, P., Wang, P., Park, D., Yin, Y., Dieckmann, E., & Vilanova, I. (2022). The creativity diamond-a framework to aid creativity. *Journal of Intelligence, 10*(4), 73. https://doi.org/10.3390/jintelligence10040073.

Cohen, Y. H., & Reich, Y. (2016). *Biomimetic design method for innovation and sustainability*. Springer. https://doi.org/10.1007/978-3-319-33997-9.

Cooper, R. G. (1990). Stage-gate systems: A new tool for managing new products. *Business Horizons, 33*(3), 44–54. https://doi.org/10.1016/0007-6813(90)90040-I.

Cooper, R. G., & Sommer, A. F. (2018). Agile-stage-gate for manufacturers. *Research-Technology Management, 61*(2), 17–26. https://doi.org/10.1080/08956308.2018.1421380.

Costa, D. G., Macul, V. C., Costa, J. M. H., Exner, K., Pförtner, A., Stark, R., & Rozenfeld, H. (2015). Towards the next generation of design process models: A gap analysis of existing models. In C. Weber, S. Husung, M. Cantamessa, G. Cascini, D. Marjanović, & S. Venkataraman (Hrsg.), *DS 80-2 Proceedings of the 20th International Conference on Engineering Design (ICED 15) Vol 2: Design Theory and Research Methodology Design Processes, Milan, Italy*, 27–30, Aug 2015 (S. 441–450). Design Society.

Crawley, E., Cameron, B., & Selva, D. (2016). *System architecture: Strategy and product development for complex systems*. Pearson Higher Education Inc.

Cross, N. (1993). A history of design methodology. In M. J. de Vries, N. Cross, & D. P. Grant (Hrsg.), *Design methodology and relationships with science* (S. 15–27). Springer. https://doi.org/10.1007/978-94-015-8220-9_2.

Cross, N. (2007). From a design science to a design discipline: Understanding designerly ways of knowing and thinking. In R. Michel (Hrsg.), *Design research now: Essays and selected projects* (S. 41–54). Birkhäuser. https://doi.org/10.1007/978-3-7643-8472-2_3.

Cross, N. (2019). *Design thinking: Understanding how designers think and work*. Bloomsbury Publishing.

Cross, N., & Roozenburg, N. (1992). Modelling the design process in engineering and in architecture. *Journal of Engineering Design, 3*(4), 325–337. https://doi.org/10.1080/09544829208914765.

Cusumano, M. A., & Selby, R. (1997). How Microsoft builds software. *Communications of the ACM, 40*(6), 53–61. https://doi.org/10.1145/255656.255698.

Daalhuizen, J., & Cash, P. (2021). Method content theory: Towards a new understanding of methods in design. *Design Studies, 75*, 101018. https://doi.org/10.1016/j.destud.2021.101018.

Dieter, G. E., & Schmidt, L. C. (2013). *Engineering design* (5. Aufl.). McGraw-Hill Higher Education.

Dosi, C., Rosati, F., & Vignoli, M. (2018). Measuring design thinking mindset. In D. Marjanović, M. Štorga, S. Škec, N. Bojčetić, & N. Pavković (Hrsg.), *DS 92: Proceedings of the DESIGN 2018 15th International Design Conference* (S. 511–522). The Design Society.

Dym, C. L., Little, P., & Orwin, E. J. (2014). *Engineering design: A project-based introduction* (4. Aufl.). Wiley.

Eder, W. E., & Weber, C. (2006). Comparisons of design theories. In *AEDS 2006 Workshop, 27–28 October 2006, Pilsen, Czech Republic*.

Eder, W. E., & Hosnedl, S. (2010). *Introduction to design engineering: Systematic creativity and management*. CRC Press. https://doi.org/10.1201/b10536.

Edison, H., Wang, X., & Conboy, K. (2021). Comparing methods for large-scale agile software development: A systematic literature review. *IEEE Transactions on Software Engineering, 48* (8), 2709–2731. https://doi.org/10.1109/TSE.2021.3069039.

Evans, J. H. (1959). Basic design concepts. *Journal of the American Society of Naval Engineers, 71*(4), 671–678. https://doi.org/10.1111/j.1559-3584.1959.tb01836.x.

Evbuomwan, N., Sivaloganathan, S., & Jebb, A. (1996). A survey of design philosophies, models, methods and systems. *Proceedings of the Institution of Mechanical Engineers, Part B, 210*(4), 301–320. https://doi.org/10.1243/PIME_PROC_1996_210_123_02.

Forsberg, K., Mooz, H., & Cotterman, H. (2005). *Visualizing project management: Models and frameworks for mastering complex systems* (3. Aufl.). Wiley.

French, M. J. (1999). *Conceptual design for engineers* (3. Aufl.). Springer. https://doi.org/10.1007/978-1-4471-3627-9.

Frey, D. D., Herder, P. M., Wijnia, Y., Subrahmanian, E., Katsikopoulos, K., & Clausing, D. P. (2009). The pugh controlled convergence method: Model-based evaluation and implications for design theory. *Research in Engineering Design, 20*(1), 41–58. https://doi.org/10.1007/s00163-008-0056-z.

Frost, R. B. (1994). A suggested taxonomy for engineering design problems. *Journal of Engineering Design, 5*(4), 399–410. https://doi.org/10.1080/09544829408907897.

Gebala, D. A., & Suh, N. P. (1992). An application of axiomatic design. *Research in Engineering Design, 3*(3), 149–162. https://doi.org/10.1007/BF01580517.

Gericke, K., & Blessing, L. (2011). Comparisons of design methodologies and process models across disciplines: A literature review. In S. J. Culley, B. J. Hicks, T. C. McAloone, T. J. Howard, & P. J. Clarkson (Hrsg.), *DS 68-1: Proceedings of the 18th International Conference on Engineering Design (ICED 11), Impacting Society through Engineering Design, Vol. 1: Design Processes, Lyngby/Copenhagen, Denmark, 15–19 Aug 2011* (S. 393–404). The Design Society.

Gericke, K., & Blessing, L. (2012). An analysis of design process models across disciplines. In D. Marjanović, M. Štorga, N. Pavković, & N. Bojčetić (Hrsg.), *Proceedings of DESIGN 2012, the 12th International Design Conference, Dubrovnik, Croatia, May 21–24* (S. 171–180). Design Society.

Gericke, K., Meißner, M., & Paetzold, K. (2013). Understanding the context of product development. In U. Lindemann, V. Srinivasan, Y. S. Kim, S. W. Lee, J. Clarkson, & G. Cascini (Hrsg.), *DS 75-3: Proceedings of the 19th International Conference on Engineering Design (ICED13) Design For Harmonies, Vol. 3: Design Organisation and Management, Seoul, Korea 19–22 Aug 2013* (S. 191–200). Design Society.

Haberfellner, R., de Weck, O., Fricke, E., & Vössner, S. (2019). Process models: Systems engineering and others. In *Systems engineering: Fundamentals and applications* (S. 27–98). Springer. https://doi.org/10.1007/978-3-030-13431-0_2.

Hales, C., & Gooch, S. (2004). *Managing engineering design* (2. Aufl.). Springer. https://doi.org/10.1007/978-0-85729-394-7.

Hall, A. D. (1962). *A methodology for systems engineering*. van Nostrand.

Hauser, J. R., & Clausing, D. (1988). The house of quality. *Harvard Business Review*, May–June 1988.

Hazelrigg, G. A. (2010). The Pugh controlled convergence method: Model-based evaluation and implications for design theory. *Research in Engineering Design, 21*(3), 143–144. https://doi.org/10.1007/s00163-010-0087-0.

Howard, T. J., Culley, S. J., & Dekoninck, E. (2008). Describing the creative design process by the integration of engineering design and cognitive psychology literature. *Design Studies, 29*(2), 160–180. https://doi.org/10.1016/j.destud.2008.01.001.

Hubka, V. (1982). *Principles of engineering design*. Butterworth-Heinemann. https://doi.org/10.1016/C2013-0-00858-4.

Hubka, V., & Eder, W. E. (1996). *Design science: Introduction to the needs, scope and organization of engineering design knowledge*. Springer. https://doi.org/10.1007/978-1-4471-3091-8.

IDEO. (2015). *The field guide to human-centered design*. IDEO.org.

Isaksson, O., Wynn, D. C., & Eckert, C. M. (2022). Design perspectives, theories and processes for engineering systems design. In A. Maier, J. Oehmen, & P. E. Vermaas (Hrsg.), *Handbook of engineering systems design* (S. 53–99). Springer. https://doi.org/10.1007/978-3-030-81159-4_3.

Jeunnette, M. N. (2022). ENGGEN 115 design process diagram – with te Reo. University of Auckland course materials. First use 2022. University of Auckland.

Jones, J. C. (1970). *Design Methods: seeds of human futures*. Wiley.

Kennedy, B. M., Sobek, D. K., & Kennedy, M. N. (2014). Reducing rework by applying set based practices early in the systems engineering process. *Systems Engineering, 17*(3), 278–296. https://doi.org/10.1002/sys.21269.

Kennedy, M., Harmon, K., & Minnock, E. (2008). *Ready, set, dominate: Implement Toyota's set based learning for developing products and nobody can catch you*. Oaklea Press.

Konda, S., Monarch, I., Sargent, P., & Subrahmanian, E. (1992). Shared memory in design: A unifying theme for research and practice. *Research in Engineering Design, 4*(1), 23–42. https://doi.org/10.1007/BF02032390.

Larman, C., & Basili, V. R. (2003). Iterative and incremental developments. A brief history. *Computer, 36*(6), 47–56. https://doi.org/10.1109/MC.2003.1204375.

Lauff, C., Wee, Y. H., Teo, K., Png, S., Swee, A., Collopy, A., Vargas, B., & Wood, K. L. (2021). *Design innovation methodology handbook: Embedding design in organisation*. SUTD-MIT International Design Center. https://doi.org/10.2139/ssrn.3860569.

Le Masson, P., Hatchuel, A., & Weil, B. (2009). Design theory and collective creativity: A theoretical framework to evaluate KCP process. In M. Norell Bergendahl, M. Grimheden, L. Leifer, P. Skogstad, & U. Lindemann (Hrsg.), *DS 58-6: Proceedings of ICED 09, the 17th International Conference on Engineering Design, Vol. 6, Design Methods and Tools (pt. 2), Palo Alto, CA, USA, 24–27 Aug 2009* (S. 277–288). The Design Society.

Liker, J., & Morgan, J. (2006). The Toyota way in services: The case of lean product development. *Academy of Management Perspectives, 20*(2), 5–20. https://doi.org/10.5465/AMP.2006.20591002.

Madni, A. M., & Sievers, M. (2014). Systems integration: Key perspectives, experiences, and challenges. *Systems Engineering, 17*(1), 37–51. https://doi.org/10.1002/sys.21249.

Madni, A. M., & Sievers, M. (2018). Model-based systems engineering: Motivation, current status, and research opportunities. *Systems Engineering, 21*(3), 172–190. https://doi.org/10.1002/sys.21438.

Maffin, D., Alderman, N., Braiden, P., Hills, B., & Thwaites, A. (1995). Company classification: A new perspective on modelling the engineering design and product development process. *Journal of Engineering Design, 6*(4), 275–289. https://doi.org/10.1080/09544829508907918.

Margolin, V. (2010). Design research: Towards a history. In D. Durling, R. Bousbaci, L. Chen, P. Gauthier, T. Poldma, S. Roworth-Stokes, & E. Stolterman (Hrsg.), *Design and Complexity - DRS International Conference 2010, 7–9 July, Montreal, Canada*.

Marples, D. L. (1961). The decisions of engineering design. *IRE Transactions on Engineering Management, EM-8*(2), 55–71. https://doi.org/10.1109/IRET-EM.1961.5007593.

Meadows, D. H. (2008). *Thinking in systems: A primer*. Chelsea Green Publishing.

Moen, R. D., & Norman, C. L. (2010). Circling back. *Quality Progress, 43*(11), 22–28.

Mohd Saad, N., Al-Ashaab, A., Maksimovic, M., Zhu, L., Shehab, E., Ewers, P., & Kassam, A. (2013). A3 thinking approach to support knowledge-driven design. *International Journal of Advanced Manufacturing Technology, 68*(5), 1371–1386. https://doi.org/10.1007/s00170-013-4928-7.

Monat, J. P., & Gannon, T. F. (2015). What is systems thinking? A review of selected literature plus recommendations. *American Journal of System Science, 4*(1), 11–26. https://doi.org/10.5923/j.ajss.20150401.02.

Oppenheim, B. W. (2004). Lean product development flow. *Systems Engineering, 7*(4), 352–376. https://doi.org/10.1002/sys.20014.
Ottosson, S. (2004). Dynamic product development-DPD. *Technovation, 24*(3), 207–217. https://doi.org/10.1016/S0166-4972(02)00077-9
Pahl, G., Beitz, W., Feldhusen, J., & Grote, K.-H. (2007). *Engineering design: A systematic approach.* (3. Aufl.). Springer. https://doi.org/101007/978-1-84628-319-2.
Prasad, B. (1996a). *Concurrent engineering fundamentals* (Bd. 1). Prentice Hall.
Prasad, B. (1996b). Toward definitions of a concurrent product design, development, and delivery ($PD^3$) system. *Concurrent Engineering: Research and Applications, 4*(2), 102–109. https://doi.org/10.1177/1063293X9600400201.
Pugh, S. (1991). *Total design: Integrated methods for successful product engineering.* Addison Wesley.
Rawson, K. J., & Tupper, E. C. (2001). *Basic ship theory* (Bd. 1). Butterworth-Heinemann.
Roozenburg, N. F., & Eekels, J. (1995). *Product design: Fundamentals and methods.* Wiley.
Roy, R., & Warren, J. P. (2019). Card-based design tools: A review and analysis of 155 card decks for designers and designing. *Design Studies, 63*, 125–154. https://doi.org/10.1016/j.destud.2019.04.002.
Saaty, R. (1987). The analytic hierarchy process-what it is and how it is used. *Mathematical Modelling, 9*(3–5), 161–176. https://doi.org/10.1016/0270-0255(87)90473-8.
Sanders, E.B.-N., & Stappers, P. J. (2008). Co-creation and the new landscapes of design. *CoDesign, 4*(1), 5–18. https://doi.org/10.1080/15710880701875068.
Schweitzer, J., Groeger, L., & Sobel, L. (2016). The design thinking mindset: An assessment of what we know and what we see in practice. *Journal of Design, Business & Society, 2*(1), 71–94. https://doi.org/10.1386/dbs.2.1.71_1.
Shah, J. J., Vargas-Hernandez, N. O. E., Summers, J. D., & Kulkarni, S. (2001). Collaborative sketching (C-Sketch)-an idea generation technique for engineering design. *Journal of Creative Behaviour, 35*(3), 168–198. https://doi.org/10.1002/j.2162-6057.2001.tb01045.x.
Sobek, D. K., Ward, A., & Liker, J. (1999). Toyota's principles of set-based concurrent engineering. *Sloan Management Review, 40*(2), 67–83.
Suh, N. P. (1990). *The principles of design.* Oxford University Press.
The Design Council. (2021). *Beyond net zero: A systemic design approach.* The Design Council.
Ullman, D. (2015). *The mechanical design process* (5. Aufl.). McGraw-Hill Education.
Ulrich, K. T., Eppinger, S. D., & Yang, M. C. (2020). *Product design and development* (7. Aufl.). McGraw-Hill.
Unger, D., & Eppinger, S. D. (2011). Improving product development process design: A method for managing information flows, risks, and iterations. *Journal of Engineering Design, 22*(10), 689–699. https://doi.org/10.1080/09544828.2010.524886.
Vajna, S., & Burchardt, C. (1998). Dynamic development structures of integrated product development. *Journal of Engineering Design, 9*(1), 3–15. https://doi.org/10.1080/095448298261633.
Van Boeijen, A., Daalhuizen, J., van der Schoor, R., & Zijlstra, J. (2014). *Delft design guide: Design strategies and methods* (2. Aufl.). BIS Publishers.
VDI2206. (2004). Design methodology for mechatronic systems (VDI2206). Verein Deutscher Ingenieure.
VDI2221. (1987). Systematic approach to the design of technical systems and products (VDI2221). Verein Deutscher Ingenieure.
Weber, C. (2014). Modelling products and product development based on characteristics and properties. In A. Chakrabarti & L. T. M. Blessing (Hrsg.), *An anthology of theories and models of design: Philosophy, approaches and empirical explorations* (S. 327–352). Springer. https://doi.org/10.1007/978-1-4471-6338-1_16.

Whitney, D. E. (2004). *Mechanical assemblies: Their design, manufacture, and role in product development*. Oxford University Press.

Wynn, D., & Clarkson, J. (2005). Models of designing. In J. Clarkson & C. Eckert (Hrsg.), *Design process improvement: A review of current practice* (S. 34–59). Springer. https://doi.org/10.1007/978-1-84628-061-0_2.

Wynn, D. C., & Clarkson, P. J. (2018). Process models in design and development. *Research in Engineering Design, 29*(2), 161–202. https://doi.org/10.1007/s00163-017-0262-7.

Wynn, D. C., & Eckert, C. M. (2017). Perspectives on iteration in design and development. *Research in Engineering Design, 28*(2), 153–184. https://doi.org/10.1007/s00163-016-0226-3.

Zwicky, F. (1967). The morphological approach to discovery, invention, research and construction. In F. Zwicky, & A. G. Wilson (Hrsg.), *New methods of thought and procedure* (S. 273–297). Springer. https://doi.org/10.1007/978-3-642-87617-2_14.

# Ansätze zur Modellierung und Verbesserung von Design- und Entwicklungsprozessen

# 9


**Zusammenfassung**

Die Modellierung spezifischer Details von Design- und Entwicklungsprozessen hilft, Erkenntnisse für ihre Planung, Durchführung und Verbesserung zu generieren. Eine Vielzahl von Modellierungsansätzen wurde entwickelt, um diese Aktivitäten zu unterstützen, wobei der Fokus auf verschiedenen Aspekten des Design- und Entwicklungsprozesses mit unterschiedlichen Zielen liegt. Einige, in diesem Kapitel als Mikroebene beschrieben, konzentrieren sich auf die Modellierung des Wissens und der rationalen Untermauerung einzelner Aufgaben. Andere, auf der Mesoebene, konzentrieren sich auf die Modellierung von Aktivitätsflüssen. Eine dritte Gruppe, auf der Makroebene, konzentriert sich auf die Modellierung von Design- und Entwicklungsprozessen in ihren Kontexten. Dieses Kapitel bietet einen organisierten Überblick über diese drei Kategorien von Ansätzen und diskutiert einige, die praxisorientiert sind, und andere, die hauptsächlich forschungsorientiert sind. Das Kapitel bietet auch Kommentare zu den Vorteilen und Einschränkungen ausgewählter Ansätze.



**Schlüsselwörter**

Design und Entwicklung · Prozessmodellierung und -verbesserung · Modellierungsansätze


## 9.1 Einführung

Es wurden viele konzeptionelle Modelle und Theorien entwickelt, um allgemeine Einblicke in Design- und Entwicklungsprozesse zu vermitteln (wie in Kap. 7 diskutiert). Es stehen auch Modelle von Best Practices zur Verfügung, um empfohlene Vorgehensweisen




D. Wynn und P. Clarkson, *Der Design- und Entwicklungsprozess*,
https://doi.org/10.1007/978-3-031-83083-9_9

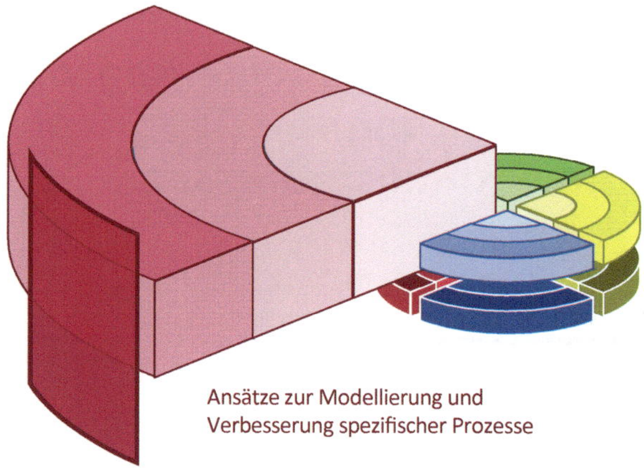


**Abb. 9.1** Dieses Kapitel konzentriert sich auf ein Segment der obersten Schicht des in Kap. 6 eingeführten Organisations-Frameworks

für Design und Entwicklung im Allgemeinen zu vermitteln (wie in Kap. 8 diskutiert). Diese allgemeinen Modelle und Theorien berücksichtigen jedoch nicht die Besonderheiten jeder Design- und Entwicklungssituation und können daher keine situationsspezifischen Einblicke bieten. Dies liegt daran, dass Modelle, Theorien und Ansätze der oben genannten Art, obwohl sie in Forschung und Bildung prominent sind, nicht fokussiert und detailliert genug sind, um die Details vieler realer Situationen widerzuspiegeln. Um diese Herausforderung zu veranschaulichen, kann in der Gestaltung komplexer Produkte wie Flugzeugen eine einzelne Box, die in einem phasenbasierten Modell des technischen Designs dargestellt ist (wie *Detailing* im Modell von French (1999), das in Abschn. 8.3.2.3 diskutiert wird), in Wirklichkeit einige hochspezialisierte Arbeitsschritte umfassen, mehrere Jahre dauern und Tausende von Mitarbeitern über mehrere Lieferantenebenen hinweg beteiligen (Wynn und Clarkson, 2018). Darüber hinaus hat jede Organisation, die Design und Entwicklung durchführt, einzigartige Prozesse, die ihren Kontext widerspiegeln und je nach dem spezifischen Produkt, das entwickelt wird, variieren (siehe Kap. 2). Dies ist ein weiterer Grund, warum Modelle idealerweise auf die Bedürfnisse einer bestimmten Situation zugeschnitten sein sollten.

In diesem Kapitel wird eine organisierte Diskussion über *Ansätze zur Modellierung und Verbesserung spezifischer Design- und Entwicklungsprozesse* bereitgestellt, einschließlich einiger Ansätze, die in der Praxis weitverbreitet sind, sowie einiger, die hauptsächlich forschungsorientiert sind.[1] Die diskutierten Ansätze befassen sich mit den spezifischen Schritten, die in einer bestimmten Design- und Entwicklungssituation auftreten oder auftreten sollten. Insgesamt erweitert dieses Kapitel das in Kap. 6 eingeführte

[1] Einige Inhalte dieses Kapitels sind erheblich erweitert aus Abschnitten von Wynn und Clarkson (2018) unter der Lizenz CC BY 4.0 (http://creativecommons.org/licenses/by/4.0/).

Organisations-Framework, indem es ein einzelnes Segment aus der obersten Schicht dieses Frameworks ausarbeitet, wie in Abb. 9.1 angegeben.

### 9.1.1 Wert der Prozessmodellierung

Wie in Kap. 4 diskutiert, werden alle Modelle für einen Zweck entwickelt. Browning und Ramasesh (2007) identifizieren eine Vielzahl von Zwecken für die Prozessmodellierung in einem Produktentwicklungskontext, nämlich:

1. *Projektvisualisierung* – Prozessmodellierung kann dazu beitragen, den geplanten Prozess zu visualisieren, einschließlich Aktionen, Interaktionen und Verpflichtungen, und kann Ansichten des Projekts liefern, die auf die Bedürfnisse verschiedener Stakeholder ausgerichtet sind;
2. *Projektplanung* – Prozessmodellierung kann dazu beitragen zu bestimmen, welche Aufgaben benötigt werden und welche Verpflichtungen eingegangen werden müssen, wie der Prozess strukturiert werden soll, und kann dazu beitragen, Projektvariablen wie Zeit, Kosten, Qualität und Ressourcen einzuschätzen oder zu optimieren;
3. *Projektausführung und -kontrolle* – Prozessmodellierung kann eine Grundlage bieten, um den Fortschritt im Vergleich zu einem Plan zu verfolgen und zu helfen, zu bestimmen, wie auf sich entfaltende Ereignisse reagiert werden soll;
4. *kontinuierliche Verbesserung der Prozesse* – Prozessmodellierung kann Prozesswissen erfassen, um seine Wiederverwendung zu unterstützen, und dabei helfen, einen gemeinsamen Wortschatz zu entwickeln und zu pflegen.

Im Laufe der Jahre wurden viele Ansätze zur Prozessmodellierung entwickelt, um diese Zwecke zu erfüllen. Die angesprochenen Zwecke spiegeln sich in den Eigenschaften jedes Ansatzes wider, ebenso wie andere Faktoren wie die Art des Prozesses, der voraussichtlich modelliert wird, und die Fragen, die die Entwickler des Modellierungsansatzes entscheiden, sollten umfasst werden.

### 9.1.2 Kapitelübersicht

Der Rest dieses Kapitels diskutiert eine Auswahl von Ansätzen zur Modellierung und Verbesserung von Design- und Entwicklungsprozessen, die insgesamt alle oben zusammengefassten Zwecke ansprechen. Einige der Ansätze sind sehr praktisch und können ohne spezialisierte Software oder mit guter Software, die zum Zeitpunkt des Schreibens verfügbar ist, verwendet werden. Andere sind hauptsächlich von Forschungsinteresse. Einige der Ansätze sind in der Literatur oder Praxis gut etabliert, während andere weniger bekannt sind.

Die Diskussion geht von den drei Sektoren des im Abb. 9.1 angegebenen Framework-Segments aus. Die Sektoren sammeln Modelle mit stetig wachsendem Umfang, was die *Breite der Abdeckung* eines bestimmten Beitrags widerspiegelt:

- Abschn. 9.2 diskutiert eine Auswahl von *Mikroebenen*modellierungsansätzen – aus dem innersten Sektor von Abb. 9.1 –, die sich auf die Modellierung einzelner Aufgaben und ihrer Kontexte konzentrieren, wie die Designinformationen, mit denen sie sich befassen, und die Begründung der getroffenen Entscheidungen;
- Abschn. 9.3 diskutiert *Mesoebenen*beiträge – aus dem zentralen Sektor von Abb. 9.1 –, die Grundlagen für die Modellierung, Analyse und Verbesserung der Arbeitsabläufe bieten, die zur Erstellung und Entwicklung eines Designs verwendet werden;
- Abschn. 9.4 diskutiert *Makroebenen*beiträge – aus dem äußersten Sektor von Abb. 9.1 –, die Ansätze zur Modellierung, Analyse und Verbesserung von Design- und Entwicklungsprozessen in ihren spezifischen Kontexten bieten.

Schließlich bietet Abschn. 9.5 eine kurze Zusammenfassung und Diskussion des gesamten Kapitels.

## 9.2 Modellierungsansätze auf Mikroebene

Dieser Abschnitt beginnt mit dem innersten (Mikroebenen-)Sektor des Frameworks und diskutiert einige Ansätze zur Modellierung von Wissen über einzelne Prozessschritte und ihre unmittelbaren Kontexte.

### 9.2.1 Modellierung der Designbegründung

Der erste zu behandelnde Arbeitsstrang betrifft Ansätze zur Modellierung der *Designbegründung* während der Durchführung von Design-Tasks. Die Forschung zu diesem Thema wurde durch die Beobachtung motiviert, dass die Gründe, die Designentscheidungen zugrunde liegen, oft wichtig für die nachfolgende Designaktivität sind, zum Beispiel wenn die Entscheidung überdacht werden muss. Doch in der Praxis bleiben Entscheidungen, die beim Design getroffen werden, und die Gründe dafür oft weitgehend undokumentiert, außer in den Logbüchern der Designer – die sich nicht gut zum Teilen und Abrufen der Informationen eignen (Blessing, 1996). Daher müssen Designer, die das ursprüngliche Designverständnis verstehen müssen, versuchen, es zu rekonstruieren, oder Kollegen nach Informationen darüber fragen, was sie getan haben und warum. Letzteres ist möglicherweise nicht möglich, wenn die ursprünglichen Designer das Unternehmen verlassen haben, was besonders wahrscheinlich ist, wenn Designs eine lange Lebensdauer haben (siehe auch Abschn. 2.3.6). Daher kann die Designbegründung leicht verloren gehen (Bracewell et al., 2009).

*PROSUS* (PROcess-based SUpport System) ist ein früher Ansatz, der entwickelt wurde, um diese Probleme anzugehen. Er basiert auf einem Matrixsystem zur Erfassung der Begründung während des technischen Entwurfs (Blessing, 1994). Ein Beispiel für eine *PROSUS-Designmatrix* ist in Abb. 9.2 dargestellt. Die Spalten der Matrix werden durch drei Mikroebenenaktivitäten definiert, nämlich *Generieren*, *Bewerten* und *Auswählen*, um den Mikroebenendesignzyklus darzustellen (siehe Abschn. 7.2.2.1 und 7.2.2.9 für eine weitere Diskussion des Mikroebenendesignzyklus). Die Zeilen der Matrix bezeichnen die Probleme, die in jeder der kanonischen Phasen des technischen Entwurfs behandelt werden (siehe auch Abschn. 8.3.2.3): *Problem*, *Anforderungen*, *Funktionen*, *Konzept* und *Detailentwurf*. Blessing (1996) empfiehlt, dass technische Designer für jede Komponente oder Unterbaugruppe, an der sie arbeiten, eine PROSUS-Designmatrix erstellen. Sie sollten dann ihre Designvorschläge, Argumente und Entscheidungen während des Entwurfsprozesses erfassen, indem sie in die entsprechenden Zellen der jeweiligen Matrizen schreiben. Blessing schreibt, dass die Begründung dann auffindbar und abrufbar sein sollte, wenn sie benötigt wird.

*Der Design-Rationale-Editor (DREd)* ist ein neuerer Ansatz zur Erfassung von Begründungen, der von Bracewell et al. (2009) entwickelt wurde. DREd verwendet eine grafische Netzwerkdarstellung, die auf dem Konzept des Issue-based Information System (IBIS) von Kunz und Rittel (1970) aufbaut. Ein partielles Beispiel für eine DREd-Grafik ist in Abb. 9.3 dargestellt. Unter Beibehaltung der argumentationsbasierten Struktur von IBIS wird in DREd ein *Problem*, das während einer Designaufgabe auftritt (dargestellt als Fragezeichen), in mögliche *Antworten* (dargestellt als Glühbirnen) zerlegt, jede mit *Argumenten* dafür und dagegen. Weitere Probleme können auch identifiziert werden, wenn die Argumentation entwickelt wird und an den entsprechenden Punkten in der Begründungsgrafik verknüpft wird. Einige Knoten werden durch *Hyperlinks* (dargestellt als kleine Kreise) zu anderen DREd-Grafiken oder externen Dokumenten unterstützt, die unterstützende Informationen liefern. Probleme, Antworten und Argumente werden alle durch einen *Status* ergänzt, um die Entscheidungen der Designer bezüglich jedes

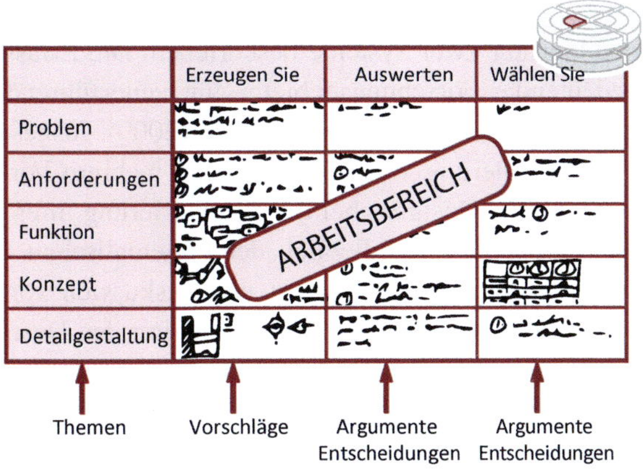


**Abb. 9.2** PROSUS-Designmatrix. Nachdruck von Blessing (1996) mit Genehmigung des Autors

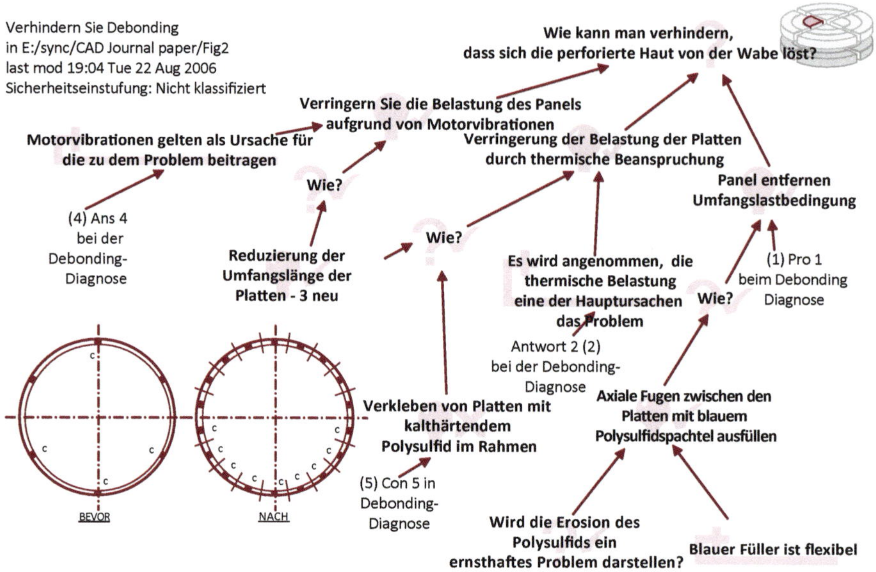


**Abb. 9.3** Eine DREd-Grafik, die die Designbegründung erfasst. Partielle Reproduktion der Abbildung in Bracewell et al. (2007)

Einzelnen zu erfassen – der Status wird durch die Häkchen- und Kreuzsymbole neben jedem Element in Abb. 9.3 angezeigt. Neben den Begründungselementen ermöglicht das Tool die Verwendung anderer Knotentypen (Bracewell et al., 2007). Zum Beispiel zeigt ein quadratisches Feld eine Aufgabe an, von der der Designer glaubt, dass sie erforderlich ist, um Informationen zu generieren, um das Problem zu lösen, das damit verknüpft ist. Eine fertige Grafik erfasst die Analyse und das Denken, die zur Erreichung einer Entscheidung geführt haben, und bietet eine Möglichkeit, die gesammelten Dokumente zu navigieren. Bei der Entwicklung von DREd wurde viel Aufwand darauf verwendet, eine einfache und benutzerfreundliche Oberfläche zu erreichen.

Aufgrund von Platzbeschränkungen und dem breiten Umfang dieses Kapitels wurden hier nur zwei Systeme beschrieben. Die Erfassung von Designbegründungen ist ein bedeutendes Forschungsgebiet – für weiterführende Literatur verweisen wir auf die fokussierte Übersicht von Regli et al. (2000). Insgesamt wird angenommen, dass Ansätze zur Modellierung von Begründungen mehrere Vorteile haben, einschließlich (1) Unterstützung der Designer bei der Strukturierung ihres Denkens, während sie an einem Problem arbeiten, einschließlich der systematischen Erkundung von Optionen, (2) Unterstützung der Zusammenarbeit und Diskussion von Designproblemen während des Designs, (3) Förderung der Dokumentation des Designs während des Prozesses, wodurch die Belastung durch nachträgliche Dokumentation reduziert und das Risiko, dass sie von beschäftigten Designern ganz vernachlässigt wird, verringert wird, und (4) Unterstützung der Wiederverwendung von Wissen in zukünftigen Designaktivitäten (Blessing,

1994; Regli et al., 2000; Bracewell et al., 2009). Der Zugriff auf Designbegründungen könnte besonders nützlich für das Redesign oder Variantendesign sein (Blessing, 1996). Derselbe Autor weist darauf hin, dass es nicht möglich oder praktisch ist, alle Designbegründungen vollständig zu erfassen, und dass der mögliche Nutzen gegen den Aufwand und die Zeit, die dafür aufgewendet werden müssen, abgewogen werden muss.

### 9.2.2 Modellierung der Designgeschichte

Die zweite Gruppe von Mikroebenenansätzen befasst sich mit der Modellierung der *Designgeschichte*. Eng verwandt mit der Modellierung der Designbegründung suchen Ansätze zur Modellierung der Designgeschichte umfassendere Informationen darüber zu sammeln, wie ein bestimmtes Design entstanden ist, indem sie die Begründung und die Entwicklung des Designs erfassen und alle Informationen in den Kontext des Prozessablaufs setzen. Die Grundlagen solcher Modelle beziehen sich auf konzeptionelle Modelle des Designs auf Wissens- und Aufgabenebene, die in den Abschn. 7.2.2.8 und 7.2.2.9 diskutiert wurden.

Die *erweiterte Funktions-Mittel-Baum-Modellierung*, entwickelt von Malmqvist (1997), verwendet einen Funktions-Mittel-Baum ("function-means tree") als Grundlage für die Modellierung von Designbegründung und -geschichte. In der Übersicht zerlegt ein Funktions-Mittel-Baum ein Design, indem er eine Top-Level-Funktion spezifiziert, die in mögliche Mittel zur Realisierung dieser Funktion zerlegt wird, wobei jede weitere detaillierte Funktionen generiert und so weiter. Im erweiterten Funktions-Mittel-Baum-Ansatz wird ein Funktions-Mittel-Baum mit zusätzlichen Informationen ergänzt, wie alternative mögliche Lösungen, Einschränkungen und Entscheidungsbegründungen. Dieser Ansatz wird von Malmqvist (1997) halbgrafisch vorgestellt. Andere Forscher sind die Modellierung der Designgeschichte aus einer Informationsmodellierungsperspektive angegangen und haben Strukturen für Wissensdatenbanken definiert, die relevante Felder und Klassen zur Erfassung von Designgeschichtsinformationen haben. Beiträge dieser Art umfassen das *Designgeschichtstool* von Nagy et al. (1992), das *Designgeschichtssystem* von Shah et al. (1996) und die *Technikgeschichtsbasis* von Taura und Kubota (1999). Diese repräsentieren technisches Wissen, das für ein Design in Bezug auf die Prozesse und Entscheidungen, die es generiert haben, relevant ist. Zum Beispiel umfassen die in diesen Ansätzen gesammelten Informationen: Designschritte, Produktdaten wie Montagerelationen und Geometrie, einschließlich aufeinanderfolgender Versionen und Konfigurationen, die Beziehungen zwischen den Designschritten und den Produktdaten, auf die sie einwirken, die durch jede Entscheidung auf nachfolgende Entscheidungen gesetzten Einschränkungen, die Entwicklung von Designzielen und die Begründung, die den Designentscheidungen zugrunde liegt.

Neuere Ansätze zur Designgeschichte wurden speziell entwickelt, um die Auflösung von Konflikten zwischen Designparametern zu unterstützen. Zum Beispiel schreibt der Ansatz zur *Identifikation und Qualifikation von Produkt-Datenabhängigkeitsnetzwerken* vor, einen Prozess zu modellieren, wie er sich entfaltet, zusammen mit den Designinformationen, die mit jeder Aufgabe verbunden sind (Ouertani und Gzara, 2008). Die resultierende Spur bildet ein Netzwerk von Abhängigkeiten zwischen Informationsobjekten, das zur Beurteilung der Auswirkungen von Designänderungen verwendet werden kann. Ein ähnlicher Ansatz wird im *kollaborativen Modell zur Erfassung und Darstellung des technischen Designprozesses* verfolgt, einem objektorientierten Modell, das dazu bestimmt ist, eine Spur der Modellversionen zu erhalten, die bei jedem Schritt in einem kollaborativen Prozess erstellt und verwendet wurden (Gonnet et al., 2007). Dieser Ansatz stellt eine Hierarchie von Prozessaktivitäten und konstituierenden Operationen, Anforderungen, den Akteuren, die jede Aktivität durchführen, Eigenschaften des Artefakts, wie es entwickelt wird, und Entscheidungsbegründungen dar. Gonnet et al. (2007) beschreiben, wie es angewendet werden kann, um Konflikte zwischen Modellen zu erkennen, die gleichzeitig im kollaborativen Prozess existieren, entsprechend der Logik, nach der diese Modelle generiert wurden.

Die zuvor genannten Ansätze wurden entwickelt, um das technische Design zu unterstützen. Mit einem Fokus auf die Unterstützung der Forschung in generischer Designaktivität wurde die *Linkografie* entwickelt, um die in Aufzeichnungen von Designern, die Designaufgaben abschließen, erfassten Prozesse retrospektiv zu analysieren (Goldschmidt, 2014). Um einen Linkografen zu erstellen, wird der aufgezeichnete Designprozess in *Züge* unterteilt, die jeweils weiter analysiert werden, um Verbindungen zu vorherigen und zukünftigen Zügen zu identifizieren. Um ein Beispiel zu geben, betrachten Sie das Beispiel in Abb. 9.4. Die Züge sind in der obersten Reihe des Linkografen in der Reihenfolge dargestellt, in der sie in der Aufnahme aufgetreten sind. In diesem Fall zeigt der Linkograf, dass der Zug L01 mit dem vorherigen Zug A01 und dem nachfolgenden Zug A02 verbunden ist. Der Buchstabe gibt an, welcher der beiden Designer, die an diesem speziellen Prozess teilgenommen haben, jeden Zug ausgeführt hat. Ein Zug, der hauptsächlich mit vorherigen Zügen verbunden ist, deutet auf konvergentes Denken hin, während einer, der hauptsächlich mit zukünftigen Zügen verbunden ist, auf divergentes

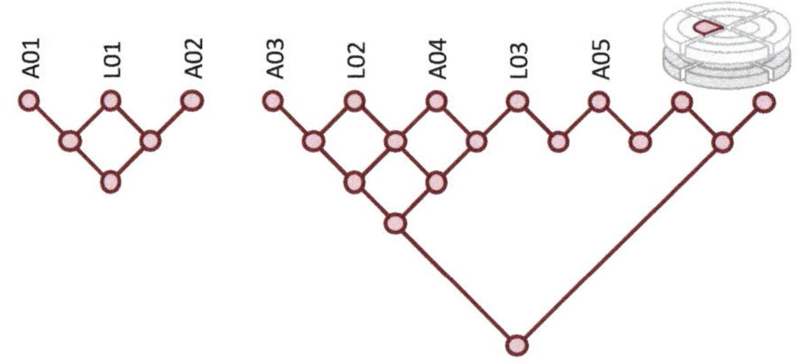


**Abb. 9.4** Ein Linkograf einer Designprotokollaufnahme. *Abbildung nachgedruckt aus Design Studies, Vol. 29, Jeff W.T. Kan, John S. Gero, Acquiring information from linkography in protocol studies of designing, S. 317, Copyright (2004), mit Genehmigung von Elsevier. Mit geringfügiger stilistischer Änderung*

Denken hinweist (Goldschmidt, 1995). Zum Beispiel wird in Abb. 9.4 A03 als divergent interpretiert. Die Untersuchung eines Linkografen kann Einblicke in die Designkognition bieten (Kan und Gero, 2008).

Insgesamt schlagen im Vergleich zu den im vorherigen Abschnitt diskutierten Ansätzen zur Modellierung der Begründung, die die Praktikabilität betonen und bewusst einfach für die Benutzerfreundlichkeit sind, die diskutierten Ansätze zur Designgeschichte (mit Ausnahme der Linkografie) wesentlich komplexere Strukturen für die Wissensrepräsentation vor und erläutern in der Regel nicht, wie die notwendigen Informationen erfasst werden sollten, ohne den Designprozess zu stören.

### 9.2.3 Designer zwischen Schritten leiten

Die dritte und letzte Gruppe von Mikroebenenmodellierungsansätzen, die diskutiert werden, befasst sich mit der Darstellung einzelner Prozessschritte, um Designer zwischen ihnen zu leiten.

*Signposting* wurde entwickelt, um die Gestaltung von Hubschrauberrotorblättern zu unterstützen, indem es den Designer zu Aufgaben führt, die für jeden erreichten Designkontext verfügbar und angemessen sind (Clarkson und Hamilton, 2000). Das einzigartige Merkmal dieses Ansatzes ist das Konzept, dass das *Vertrauen* des Designers ein wichtiger Faktor ist, der die Aufgabenauswahl in hoch iterativen Designprozessen bestimmt, in denen es viele Möglichkeiten gibt, von jedem Schritt zum nächsten zu gelangen. Bei Signposting wird der Designer zu einem bestimmten Zeitpunkt, an dem Anleitung benötigt wird, aufgefordert, sein Vertrauen in jeden Designparameter auf einer Skala von kein, niedrig, mittel oder hoch anzugeben. Zum Beispiel bedeutet ein hohes Vertrauen in einen Parameter, dass der Designer glaubt, dass er detailliert, genau, robust, gut verstanden und physisch realistisch ist (Clarkson und Hamilton, 2000). Der Signposting-Ansatz vergleicht die erklärten Vertrauensstufen mit den Definitionen einer Reihe von individuell modellierten Aufgaben, um Aufgaben vorzuschlagen, die sowohl möglich als auch angemessen sind, um als Nächstes Folgendes zu versuchen:

- Eine Aufgabe wird als *möglich* angesehen, wenn das Vertrauen des Designers in die notwendigen Eingabeparameter die in der Aufgabendefinition festgelegten Schwellenwerte erfüllt.
- Eine Aufgabe wird zusätzlich als *angemessen* und empfohlen angesehen, wenn ihre Fertigstellung voraussichtlich das Vertrauen in einen oder mehrere Designparameter erhöhen wird, wieder wie in der Aufgabendefinition festgelegt.

Um dies zu veranschaulichen, betrachten Sie Abb. 9.5 (oben links). Dieses beispielhafte Modell eines generischen Teildesignprozesses besteht aus zwölf Aufgaben, die jeweils unabhängig durch eine Vertrauenszuordnungstabelle definiert sind, und vier Parametern, die in den Überschriften der Tabellenzeilen benannt sind. Betrachten Sie zum Beispiel

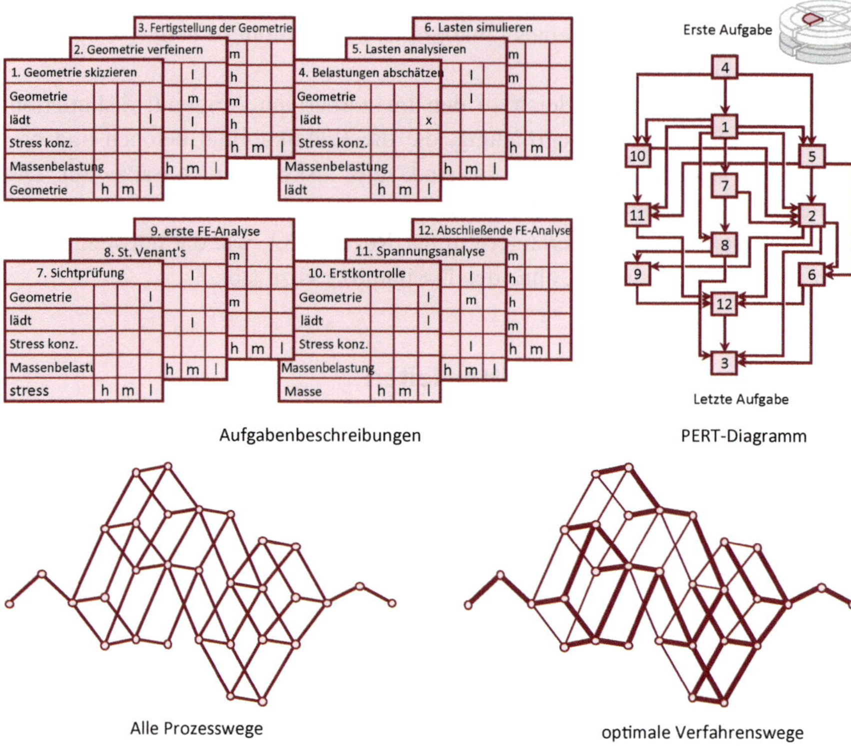


**Abb. 9.5** Signposting-Modelle repräsentieren Aufgabenwissen mit einer einfachen grafischen Notation, in der der Kontext jeder Aufgabe in Bezug auf das Vertrauen des Designers in die Eingabe- und Ausgabeinformationen dargestellt wird (links). Die Kombination mehrerer Aufgaben impliziert eine breite Palette möglicher Aufgabensequenzen (rechts) *Reproduziert von* Clarkson et al. (2000) *mit Genehmigung von IEEE*

die Definition der Aufgabe *5. Lasten analysieren* in Abb. 9.5. Wie in den oberen vier Zeilen der entsprechenden Tabelle gezeigt, erfordert diese Aufgabe mindestens ein geringes Vertrauen in die Parameter *Geometrie* und *Lasten*, um *möglich* zu sein. Wenn die Aufgabe versucht wird, wird erwartet, dass sie höchstens ein *mittleres* Vertrauen in den Parameter *Lasten* erzeugt, wie in der untersten Zeile derselben Tabelle definiert. Daher würde diese Aufgabe nicht als *angemessen* angesehen, es sei denn, das aktuelle Vertrauen in *Lasten* wäre weniger als *mittel*. Eine Aufgabe muss sowohl *möglich* als auch *angemessen* sein, um dem Designer als möglicher nächster Schritt empfohlen zu werden.

Signposting erfasst, wie eine Vielzahl von Wegen in einem Designprozess möglich ist. Um dies zu veranschaulichen, zeigt das Flussdiagramm oben rechts in Abb. 9.5 die vielen Prozesswege, die sich aus den Vertrauenszuordnungen im laufenden Beispiel ergeben können. Signposting bietet auch eine Anleitung, die darauf reagiert, wie sich das Vertrauen der Designer entwickelt und welchen Weg sie nehmen. Einer der einzigartigen

Vorteile dieses Modells ist, dass, wenn der Designer zu irgendeinem Zeitpunkt während des Designprozesses das Vertrauen in bestimmte Parameter verliert, das Modell auf den neuen Vertrauenszustand reagieren und einen überarbeiteten Satz von Schritten zur Weiterführung empfehlen wird. Um dies zu veranschaulichen, zeigt das Netzwerkdiagramm unten links in Abb. 9.5 alle möglichen Prozesszustände, die im laufenden Beispiel erreicht werden können (Zustände werden als Knoten dargestellt) und die möglichen Übergänge zwischen ihnen (dargestellt als Kanten).

Erweiterungen von Signposting haben die Situation berücksichtigt, in der mehrere Aufgaben als Nächstes angemessen sind, und haben Empfehlungen auf der Grundlage der berechneten Wahrscheinlichkeit gegeben, dass jede Option zu einer schnellen Prozessvollendung führen wird. Für das laufende Beispiel sind die bevorzugten nächsten Schritte von jedem erreichbaren Zustand aus als fette Übergänge im Zustandsnetzwerk unten rechts in Abb. 9.5 angegeben.

Das *Manufacturing Integration and Design Automation System (MIDAS)* von Chung et al. (2002) ist ein weiterer Ansatz, der entwickelt wurde, um Designer dynamisch durch den Designprozess zu führen, in diesem Fall mit einem besonderen Schwerpunkt auf mechanischem Design. MIDAS verwendet eine formale Prozessgrammatik, um Designern zu helfen, Prozesse zu synthetisieren, indem sie auf eine Bibliothek von Bausteinen zurückgreifen. In diesem Ansatz drückt ein Designer seinen Designprozess aus, indem er hochrangige *logische Aufgaben* aus einer Bibliothek auswählt, die die Spezifikation der Designdaten enthält, die jede Aufgabe als Eingaben und Ausgaben verwendet. Die ausgewählten logischen Aufgaben drücken aus, was auf einer hohen Abstraktionsebene getan werden muss. Während der Prozess fortschreitet, wird eine Datenbank konsultiert, um jede logische Aufgabe zu detaillieren, wenn sie angetroffen wird, und diese Aufgaben on-the-fly mit detaillierteren Prozessabläufen zu instanziieren, das heißt Sequenzen von Aufgaben, die jeweils auf einer weniger abstrakten Ebene definiert sind. Jede Instanziierung kann konkretere logische Aufgaben umfassen oder, auf der granularsten und am wenigsten abstrakten Ebene, können es *atomare Aufgaben* sein, die spezifische Designwerkzeuge oder Analyseansätze kapseln. Dies unterliegt auch den Einschränkungen der Übereinstimmung der Eingaben und Ausgaben jeder Aufgabe. Um dies zu veranschaulichen, könnte eine abstrakte Aufgabe zur Durchführung einer Strukturanalyse in verschiedenen spezifischen Workflows instanziiert werden. Es könnte letztendlich verschiedene CAE-Pakete und Datentypen verwenden, abhängig davon, was der Designer erreichen möchte und wie er die Analyse angeht. MIDAS behandelt Designiterationen, indem es die Prozessinstanziierung zurückrollt und den Designer auffordert, eine andere Strategie zu versuchen, wenn die von einer Aufgabe produzierten Designdaten die Einschränkungen nicht erfüllen.

Chung et al. (2002) demonstrieren ihren Ansatz anhand einer Aufgabe zur Gestaltung eines zweistufigen Getriebes und schreiben, dass die Hauptvorteile in der Erforschung und Visualisierung von Prozessalternativen liegen, insbesondere in iterativen Szenarien, in denen Designer ihren Ansatz zur Erreichung ihrer Ziele überdenken müssen. Im Gegensatz zu Signposting, das sich auf die Unterstützung eines einzelnen Designers konzentriert, ist MIDAS für die Verwendung durch Teams von Designern vorgesehen.

### 9.2.4 Abschnittszusammenfassung

Mikroebenenmodellierungsansätze konzentrieren sich auf die Darstellung einzelner Prozessschritte, die damit verbundenen Probleme und ihre Kontexte. Sie spiegeln ausgewählte Einblicke in das Design und die Verwendung von Designwissen während des Designprozesses wider (siehe auch Abschn. 7.2). Die Ansätze helfen jedoch nicht direkt dabei zu bestimmen, wie ein Prozess am effektivsten und effizientesten durchgeführt werden sollte. Prozessmodellierungsansätze, die diese letzteren Fragen behandeln, werden im Rest dieses Kapitels diskutiert.

## 9.3 Mesoebenenmodellierungsansätze

Dieser Abschnitt geht weiter zum zentralen Sektor des im Abb. 9.1 dargestellten Framework-Segments und diskutiert insbesondere *Mesoebenenansätze* zur Modellierung und Verbesserung spezifischer Design- und Entwicklungsprozesse. Ansätze dieser Art stellen Prozesse als diskrete Aufgaben oder Aktionen dar, die durch Informationsübertragungen interagieren, um einen End-to-end-Fluss zu bilden. Die gemeinsame Prämisse ist, dass die Modellierung der Detailaufgaben und ihrer Organisation dazu beitragen kann, Wissen über einen Prozess zu entwickeln und zu vermitteln, und so das Prozessdesign, das Management und die Verbesserung unterstützt.

### 9.3.1 Perspektiven auf Aufgabenbeziehungen

Ein wichtiger Faktor, der zwischen Mesoebenen-Prozessmodellierungsansätzen unterscheidet, ist, wie die Beziehungen zwischen Aufgaben behandelt werden (Wynn und Clarkson, 2018). Vier Kategorien werden hier diskutiert:

1. *Aufgabenpräzedenzbasierte Modellierungsansätze* – stellen Interaktionen zwischen Aufgaben in Form von Informationsflüssen dar, die Sequenzen definieren, zum Beispiel in der Geschäftsprozessmodellierungsnotation. Eine Beziehung zwischen zwei Aufgaben zeigt an, dass die nachgelagerte Aufgabe erst begonnen werden kann, wenn die vorgelagerte Aufgabe abgeschlossen oder um einen bestimmten Betrag fortgeschritten ist. Modellierungsansätze dieser Art werden in Abschn. 9.3.2 diskutiert.
2. *Aufgabenabhängigkeitsbasierte Modellierungsansätze* – zeigen an, wo eine Aufgabe von Informationen abhängt, die von einer anderen produziert werden, zum Beispiel die Designstrukturmatrix (Eppinger et al., 1994). Aufgaben im Design und in der Entwicklung bilden oft interdependente Cluster, sodass es keine offensichtliche Reihenfolge gibt, um sie abzuschließen. Abhängigkeitsmodelle beschreiben

solche Zusammenhänge, geben aber oft nicht an, wie sie gelöst werden sollten. Möglichkeiten könnten beinhalten, zunächst Schätzungen für einige Informationen zu machen und dann zu iterieren, bis eine Konvergenz erreicht ist, oder die Aufgaben gleichzeitig mit häufigem Informationsaustausch durchzuführen. Ansätze dieser Art werden in Abschn. 9.3.3 diskutiert.

3. *Regelbasierte Ansätze* – stellen den Design- und Entwicklungsprozess als einen situativen Prozess dar, in dem Aufgaben von Regeln abhängen, die ihren Kontext betreffen, zum Beispiel der adaptive Testprozess (Lévárdy und Browning, 2009). Regelbasierte Mesoebenenansätze werden in Abschn. 9.3.4 betrachtet, während regelbasierte Ansätze auf der Mikroebene bereits in Abschn. 9.2.3 diskutiert wurden.
4. *Agentenbasierte Simulationsmodelle* – betrachten, wie der Fluss von Aufgaben in Interaktionen zwischen den Personen verkörpert wird, die am Design- und Entwicklungsprozess teilnehmen, zum Beispiel im virtuellen Designteam (Levitt et al., 1999). Solche Modelle werden in Abschn. 9.3.5 diskutiert.

## 9.3.2 Aufgabenpräzedenzmodellierung

Prozessmodellierungsansätze, die sich auf die Präzedenzbeziehungen zwischen Aufgaben konzentrieren, können weiter in drei Gruppen unterteilt werden: deskriptive Ansätze basierend auf Prozessflussdiagrammen (Abschn. 9.3.2.1), berechenbare Flussdiagrammansätze (Abschn. 9.3.2.2) und hierarchische Dekompositionsansätze (Abschn. 9.3.2.3).

### 9.3.2.1 Deskriptive Ansätze für Prozessflussdiagramme

Der gebräuchlichste Ansatz zur Modellierung von Design- und Entwicklungsprozessen in der Praxis besteht darin, sie als Flussdiagramme darzustellen. Dies kann mit Büroproduktivitätssoftware oder einer strukturierteren Notation erfolgen. Beispiele für solche Notationen und ihre Anwendung im Kontext von Design und Entwicklung werden unten kurz beschrieben.

*EPC/BPMN und ähnliche Ansätze* sind in der Praxis üblich. Die ereignisgesteuerte Prozesskettennotation ("event-driven process chain", EPC) bildet einen Prozess in Form von Aktivitäten, Ereignissen und Logikgattern ab, um groß angelegte Prozessmodelle zu erstellen. Zum Beispiel ist ein EPC-Modell eines Produktentwicklungsprozesses, entwickelt von Kreimeyer und Lindemann (2011), in Abb. 9.6 dargestellt. Eine konzeptionell ähnliche und weitverbreitete Prozessabbildungsnotation ist die Business Process Modelling Notation (BPMN). Prozessabbildungsansätze wie EPC und BPMN können in vielen Situationen als austauschbar betrachtet werden. Obwohl die grafischen Notationen unterschiedlich sind, sind die Grundprinzipien und der Fokus auf die Bereitstellung einer visuellen Notation für die Entwicklung von Prozesskarten sehr ähnlich. Solche Ansätze bieten in der Regel eine Reihe von Modellierungselementen und grafischen Symbolen,

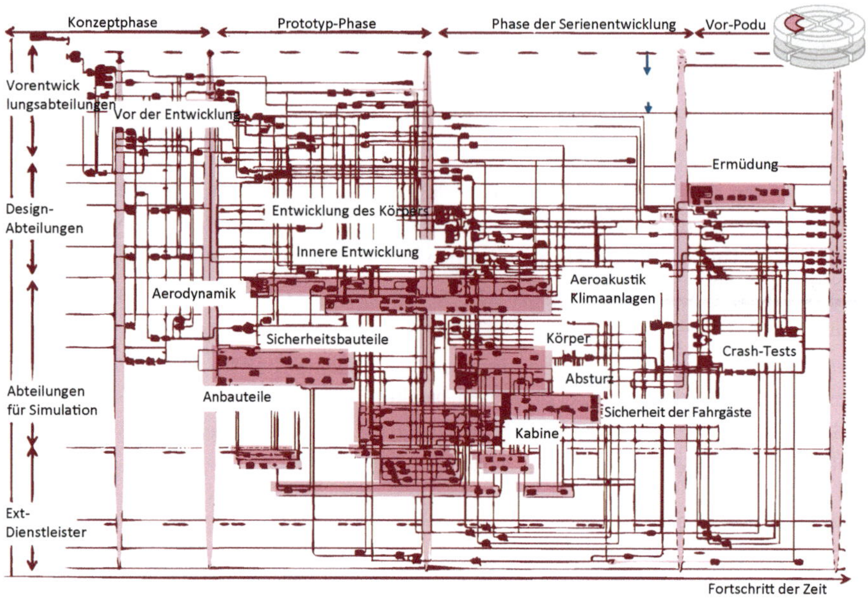


**Abb. 9.6** Eventgesteuertes Prozesskettenmodell eines Karosserie-in-Weiß-Entwicklungsprozesses, wie er bei der Audi AG praktiziert wird, das die Komplexität und Vernetzung zeigt, die in solchen Fällen modelliert werden muss *Reproduziert von* Kreimeyer und Lindemann (2011) *Complexity metrics in engineering design: Managing the structure of design processes, Springer, S. 12. Mit Genehmigung von Springer Nature*

die es einem Modellierer ermöglichen, zusätzliche Kontextinformationen zu ergänzen, die die dargestellten Aufgaben, Informationsflüsse und Flusslogiksymbole ergänzen.

**Wann man Prozessflussdiagramme in Betracht ziehen sollte**

- Wenn es gewünscht ist, einen Prozess zu verstehen, zu kommunizieren oder neu zu gestalten
- Wenn ein relativ groß angelegter Prozess im Detail abgebildet werden muss
- Wenn eine standardisierte Notation gewünscht ist – zum Beispiel zur Unterstützung der Kommunikation des Prozesses

**Einige Nachteile**

- Bietet nur ein statisches Bild
- Es kann schwierig sein, Verbindungen visuell nachzuvollziehen, die einen erheblichen Teil des Diagramms verbinden

*Design-Roadmapping*, entwickelt von Park und Cutkosky (1999), konzentriert sich spezieller auf die Modellierung von ausgereiften technischen Designprozessen, die viele Aufgaben und Interaktionen umfassen, die auf mehreren hierarchischen Ebenen dargestellt werden müssen. Design-Roadmapping definiert Aufgaben in Bezug auf explizite Eingabe- und Ausgabeinformationen, denn im Vergleich zur impliziten Darstellung dieser Informationen mit Pfeilen zwischen den Aufgaben ist „die Beschreibung vollständiger, die Grenzen zwischen den Aufgaben sind definiert und eine Grundlage für die Entwicklung von Schnittstellen zwischen den Aufgaben ist etabliert" (Park und Cutkosky, 1999). Ein bemerkenswertes Merkmal dieses Ansatzes ist, dass er vier Arten von Beziehungen zwischen Aufgaben unterscheidet:

- *starke Vorgängerbeziehungen* – schränken die Reihenfolge der Aufgaben streng ein,
- *schwache Vorgängerbeziehungen* – zeigen Flüsse an, die auftreten können oder auch nicht, zum Beispiel in Bezug auf Iterationen,
- *Nebenwirkungsbeziehungen* – zeigen an, wo eine Aufgabe nicht notwendig ist, um Informationen zu produzieren, aber sie beeinflussen kann, wenn sie ausgeführt wird,
- *Einschränkungsbeziehungen* – zeigen Interaktionen zwischen den von den Aufgaben produzierten Informationen an.

Zusammenfassend sind deskriptive Prozessabbildungsansätze wie BPMN und EPC bewusst allgemein gehalten und können auf jeden Geschäftsprozess angewendet werden. Professionelle Softwaretools sind verfügbar und bieten Funktionen zur Unterstützung der Erstellung großer Modelle. Diese Ansätze sind jedoch nicht auf die Bedürfnisse des Design- und Entwicklungskontexts zugeschnitten. Design-Roadmapping ist explizit für technische Designprozesse gedacht, ist aber ein forschungsorientierter Ansatz, für den kein Modellierungstool leicht verfügbar ist.

#### 9.3.2.2 Ansätze auf Basis von berechenbaren Flussdiagrammen

Eine Einschränkung der in dem vorherigen Abschnitt diskutierten Ansätze besteht darin, dass sie im Wesentlichen statische Bilder liefern. Prozesse beinhalten jedoch typischerweise „komplexe Interaktionen, die nur durch das Entfalten des Verhaltens über die Zeit verstanden werden können" (Melão und Pidd, 2000). Forscher haben daher Ansätze entwickelt, um dynamische Verhaltensweisen von Prozessen mithilfe von berechenbaren Aufgabenvorgängernetzwerken zu studieren. Einige Beispiele werden in den folgenden Absätzen diskutiert.

Das allgegenwärtige *Gantt-Diagramm* ermöglicht es, Aufgaben und Meilensteine entlang eines Projektzeitplans zu legen. Die Modellierung von Abhängigkeiten zwischen ihnen ermöglicht es, dass eine Verzögerung von den meisten Projektmanagement-Softwares automatisch nach unten weitergegeben wird. Allerdings werden Gantt-Diagramme oft als visuelle Planungshilfen verwendet, ohne die Abhängigkeiten explizit zu modellieren. Die weniger häufig verwendete *Programm-Evaluierungs- und Review-Technik*

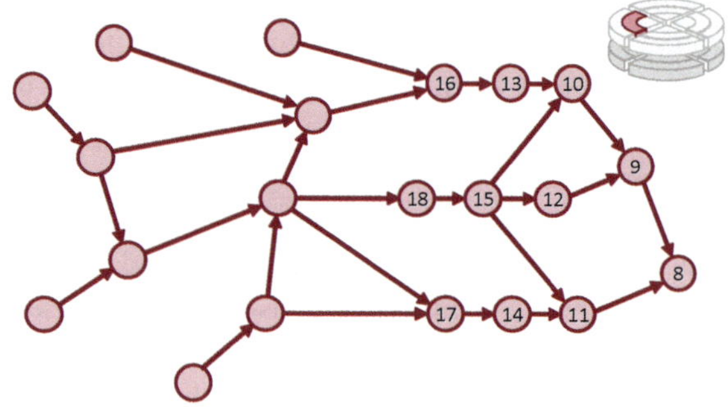


**Abb. 9.7** Ein Beispiel für ein PERT-Diagramm, das kritische Projektereignisse (Pfeile) zeigt, die dem Beginn von Aufgaben (Knoten) vorausgehen

*(PERT)* wurde Ende der 1950er-Jahre von der US-Marine entwickelt, um Design und Bau im Polaris-Atom-U-Boot-Programm zu unterstützen. PERT ermöglicht es, einen Arbeitsplan grafisch darzustellen, zusammen mit Schätzungen der besten, wahrscheinlichsten und schlechtesten Dauer jeder Aktivität. Ein einfaches Beispielmodell eines generischen Entwicklungsprozesses ist in Abb. 9.7 dargestellt. Basierend auf einem PERT- oder Gantt-Diagramm ist es möglich, eine *kritische Pfadanalyse* durchzuführen, um die Aktivitäten zu identifizieren, bei denen eine Verzögerung das gesamte Projekt beeinflussen wird, was hilfreich ist, um die Aufmerksamkeit des Managements auf diese Aktivitäten zu lenken (Pocock, 1962). Heute verfügbare Projektmanagementtools ermöglichen es, dasselbe Modell entweder als Gantt- oder PERT-Diagramm zu visualisieren, ermöglichen die Eingabe einer Reihe von möglichen Dauern für jede Aufgabe und einige Tools können die Monte-Carlo-Simulation anwenden, um das Terminrisiko zu berechnen, das aus den angegebenen Unsicherheiten in den Aufgabendauern resultiert. Ebenso sind Softwaretools verfügbar, um einen Prozess zu simulieren, der mit EPC, BPMN und ähnlichen Workflow-Notationen abgebildet wurde. Allerdings sind keine dieser Simulationsansätze ideal für den Design- und Entwicklungskontext, da sie nicht darauf ausgelegt sind, die komplexen Aktivitätsmuster zu berücksichtigen, die aus den unvermeidlichen Unsicherheiten und Iterationen entstehen.

Der *kritische Chain- und Puffermanagement*-Ansatz befasst sich mit der Analyse eines PERT-artigen Projektnetzwerks, um Puffer zu identifizieren, die den kritischen Pfad schützen und aufgebraucht werden, wenn sich Verzögerungen ansammeln, sodass diese Puffer aktiv verwaltet werden können (Herroelen und Leus, 2001). Feed-Puffer werden verwendet, um den Start ausgewählter Aktivitäten zu beschleunigen, sodass eventuelle Verzögerungen sich nicht auf den kritischen Pfad auswirken, während Ressourcenpuffer verwendet werden, um die Auswirkungen möglicher Verzögerungen zu reduzieren. Eine Schlüsselherausforderung besteht darin, die Puffer angemessen zu dimensionieren und zu platzieren, unter Berücksichtigung der Unsicherheiten, die in jedem Projekt endemisch sind.

**Wann man PERT, Gantt und Puffermanagement in Betracht ziehen sollte**

- Wenn eine klare Visualisierung von Projektaufgaben und Verpflichtungen erforderlich ist
- Wenn der Informationsfluss zwischen den Aufgaben relativ komplex ist (weder eine einfache Sequenz noch vollständig gleichzeitig) und im Voraus festgelegt werden kann
- Wenn sich der kritische Pfad wahrscheinlich nicht häufig ändern wird

**Einige Nachteile**

- Die azyklischen Vorgängernetzwerke können keine Iteration berücksichtigen
- Die Ansätze erlauben keine vorläufige Informationsfreigabe, bevor eine Aufgabe abgeschlossen ist, oder den Verbrauch von Informationen, nachdem eine Aufgabe begonnen hat

*Grafische Evaluierungs- und Review-Technik (GERT)* ist eine Weiterentwicklung von PERT, die es Modellierern ermöglicht, potenzielle Rückkopplungen in einem Prozess zu berücksichtigen (Pritsker, 1966). GERT und seine Variante *Q-GERT* wurden verwendet, um Design- und Entwicklungsprozesse unter der Annahme zu analysieren, dass einige Aufgaben im Netzwerk probabilistisch Iterationen auslösen können (Nelson et al., 2016; Taylor und Moore, 1980). Diese Ansätze erfordern eine Schätzung der Wahrscheinlichkeit, dass die Iteration jedes Mal auftritt, wenn die Aufgabe abgeschlossen ist, und eine Angabe der früheren Aufgabe, zu der der Prozess zurückkehren wird, wenn die Iteration auftritt. Ein Beispiel für ein GERT-Modell eines generischen Design- und Entwicklungsprozesses, erstellt von Nelson et al. (2016), ist in Abb. 9.8 dargestellt.

*Petri-Netze* und ihre Varianten wurden verwendet, um dynamische und iterative Informationsflüsse in Design- und Entwicklungsprozessen explizit darzustellen. Das Petri-Netz ist ein formaler Ansatz, der in seiner einfachsten Form einen Prozessablauf in Form eines Netzwerks von *Orten* und *Übergängen* darstellt, durch die *Token* fließen (Van der Aalst, 1998). Ein Übergang wird ausgelöst, wenn Token in seinen Eingabestellen angesammelt werden, woraufhin diese Token absorbiert werden und in den Ausgabestellen des Übergangs wieder erscheinen, was potenziell andere Übergänge auslöst. Angemessen konstruierte Petri-Netze ermöglichen die Modellierung der dynamischen Verhaltensweisen von seriellen, parallelen und iterativen Aufgabenmustern. Zum Beispiel verwenden McMahon und Xianyi (1996) ein auf Petri-Netzen basierendes Prozessmodell als Grundlage für einen automatischen Controller, der Computerprozesse zur Konstruktion einer Motorkurbelwelle steuert. Ihr Modell ist in Abb. 9.9 (links) dargestellt – die rechte Seite der Abbildung zeigt das Hauptarbeitsprinzip des Petri-Netzes.

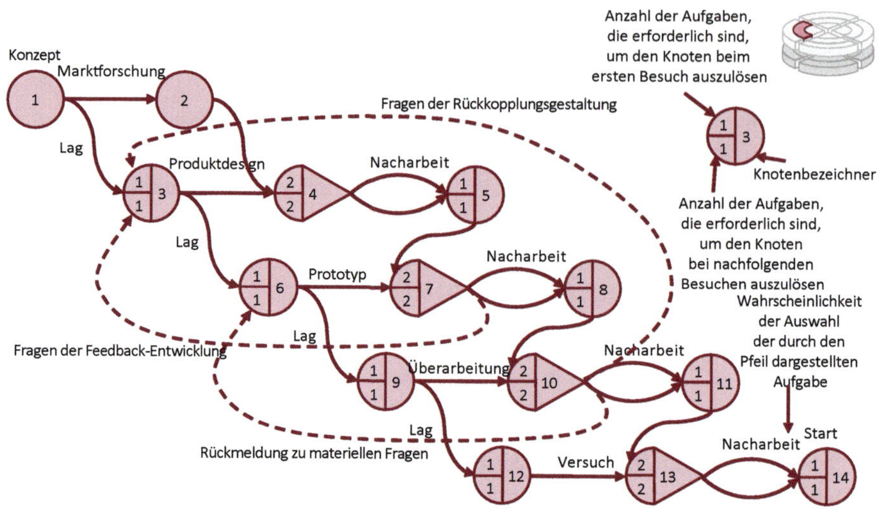


**Abb. 9.8** Die Abbildung ist nachgedruckt aus European Journal of Operational Research, Vol. 250, Richard Graham Nelson, Amir Azaron, Samin Aref, The use of a GERT based method to model concurrent product development processes, S. 569, Copyright (2016), mit Genehmigung von Elsevier. Mit geringfügigen stilistischen Änderungen und einem nicht gezeigten Gantt-Diagramm

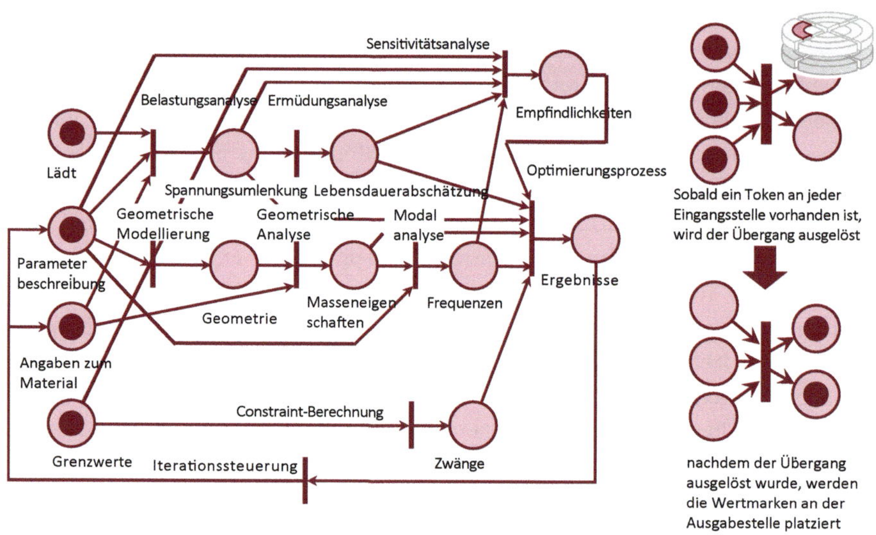


**Abb. 9.9** Petri-Netz-Modell eines iterativen Kurbelwellendesignprozesses. *Adaptiert von* McMahon und Xianyi (1996) *A network approach to parametric design integration. Res Eng Des 8:2,27 mit Genehmigung von Springer Nature*

In Abb. 9.9 werden Übergänge, die Aufgaben im Prozess darstellen, als vertikale Balken dargestellt. Orte, die Designinformationen repräsentieren, werden als große Kreise dargestellt. Beachten Sie, wie dieses Modell eine explizit iterative Struktur hat, die von einem speziellen Übergang mit der Bezeichnung „Iterationssteuerung" verwaltet wird. Das Modell von McMahon und Xianyi (1996) basiert auf einem grundlegenden Petri-Netz-Schema. Es können auch konfigurierbarere Varianten, wie farbige Petri-Netze, verwendet werden.

Ein Mangel des Petri-Netzes im Allgemeinen besteht darin, dass logische Probleme wie gegenseitiges Sperren (Deadlocks) auftreten können, wenn das Netz nicht angemessen strukturiert ist. Dies wird zu einer größeren Herausforderung, wenn die Komplexität der Informationsflüsse und die Anzahl der möglichen Routen zunimmt. In Anbetracht dieser Probleme entwickeln Ha und Suh (2008) eine Reihe von Petri-Netz-Vorlagen, die jeweils ein spezifisches Muster von Aufgabeninteraktionen darstellen, die in Produktentwicklungsprozessen auftreten können. Größere Modelle können dann durch Kombination dieser Vorlagen erstellt werden. Ein weiteres Problem besteht darin, dass in Design- und Entwicklungsprozessen zu erwarten ist, dass während der Ausführung Änderungen an einem geplanten Prozess erforderlich sein werden. Dies ist besonders schwierig mit Petri-Netzen zu handhaben, da das Netzwerk neu gezeichnet werden muss, um den neuen Plan widerzuspiegeln, und außerdem müssen Token angemessen platziert werden, damit das gewünschte dynamische Verhalten fortgesetzt werden kann. Karniel und Reich (2011) behandeln dieses Problem mit einem Ansatz zur automatischen Generierung oder Aktualisierung eines Petri-Netzes aus einer Aufgaben-DSM (siehe Abschn. 9.3.3), der die logische Korrektheit des Petri-Netzes gewährleistet und so die Simulation eines dynamischen Prozesses ermöglicht, der komplexe Informationsflüsse beinhaltet und während seiner Ausführung Änderungen unterliegt.

Das *angewandte Wegweisermodell (Applied Signposting Model, ASM)* und seine neuere Entwicklung, *ASM2.0*, bieten einen deskriptiveren, aber weniger formalen, berechenbaren Prozessmodellierungsansatz auf der Basis eines grafischen Aufgabennetzwerks. ASM wurde während der Doktorarbeit des ersten Autors entwickelt (Wynn et al., 2006) und anschließend erweitert, um ASM2.0 zu erstellen, wie von Wynn und Clarkson (2021) beschrieben. Im Überblick basiert ASM2.0 auf einer hierarchischen Flussdiagrammdarstellung, die skalierbar und für Praktiker vertraut sein soll, ähnlich den EPC/BPMN-Ansätzen, die in Abschn. 9.3.2.1 diskutiert werden. Es wurde in der Cambridge Advanced Modeller Software implementiert (siehe auch Abschn. 5.3.4.2).

Ähnlich wie beim Design-Roadmapping-Ansatz (Abschn. 9.3.2.1) werden Aufgaben in Bezug auf Eingabe- und Ausgabeinformationen spezifiziert, verschiedene Abhängigkeitstypen können dargestellt werden, und es können Abstraktionshierarchien von Aufgaben und Designparametern erstellt werden. Der Hauptunterschied von ASM2.0 ist der Simulationsansatz, der entwickelt wurde, um korrekte Aufgabensequenzen in simulierten technischen Designprozessen mit mehreren miteinander verflochtenen

Iterationsschleifen zu gewährleisten und gleichzeitig eine flexible Spezifikation des Verhaltens einzelner Aufgaben und Iterationsschleifen zu ermöglichen. Dies ist in früheren Ansätzen nicht möglich. Im Gegensatz zu Notationen wie EPC und BPMN wird die Flusslogik wie AND-, OR- und XOR-Gates in ASM2.0 nicht grafisch dargestellt. Dies liegt daran, dass die Notwendigkeit, solche Gates darzustellen, zu großen und komplexen Diagrammen führt, um Iterationen richtig zu konfigurieren, selbst für relativ einfache Prozesse. Stattdessen ist diese Logik in den Aufgabenkonfigurationen eingebettet.

Das ASM und ASM2.0 wurden durch Industriekooperationen im Luft- und Raumfahrtsektor entwickelt und angewendet. Kerley et al. (2011) beschreiben, wie der Ansatz zur Modellierung und Simulation des konzeptionellen Designs von Strahltriebwerken bei Rolls-Royce verwendet wurde, um die Integration verbesserter Lebenszyklus-Engineering-Tools in den Prozess zu unterstützen. Hisarciklilar et al. (2013) und Zhang et al. (2015) wenden den Ansatz an, um Strategien zur Reduzierung der Prozessdauer bei Bombardier Aerospace zu ermitteln. Das ASM legte auch den Grundstein für Methoden zur Vorhersage der Änderungsverbreitung in einem Designprozess (Wynn et al., 2014), zur Analyse von Änderungen am Prozess selbst (Shapiro et al., 2016) und zur Optimierung der Ressourcenzuweisung (Xin Chen et al., 2016). Ein sehr einfaches Beispiel, das die ASM2.0-Notation veranschaulicht und ein typisches Simulationsergebnis, das die vorhergesagte Prozessdauer zeigt, ist in Abb. 9.10 dargestellt. Zusätzlich zu den oben genannten Fällen fassen Wynn und Clarkson (2021) Anwendungen zusammen, in denen der Ansatz zur Modellierung von groß angelegten technischen Designprozessen mit Hunderten von Aufgaben und komplexen Informationsflussmustern verwendet wurde.

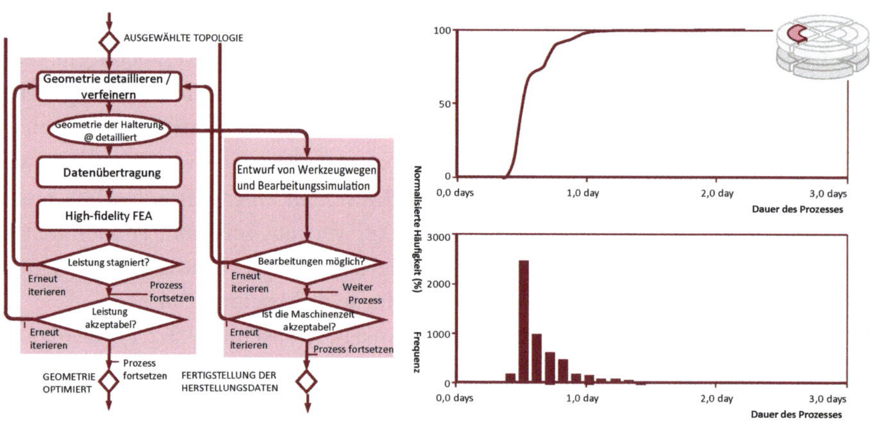


**Abb. 9.10** Auszug aus einem ASM2.0-Modell (links) mit typischen Simulationsergebnissen (rechts), der die simulierte Dauer des Prozesses in Histogramm- und kumulativen Häufigkeitsdiagrammformaten zeigt *Adaptiert von* Wynn und Clarkson (2021) *Improving the engineering design process by simulating iteration impact with ASM2.0. Res Eng Des 32:144–145 mit Genehmigung von Springer Nature*

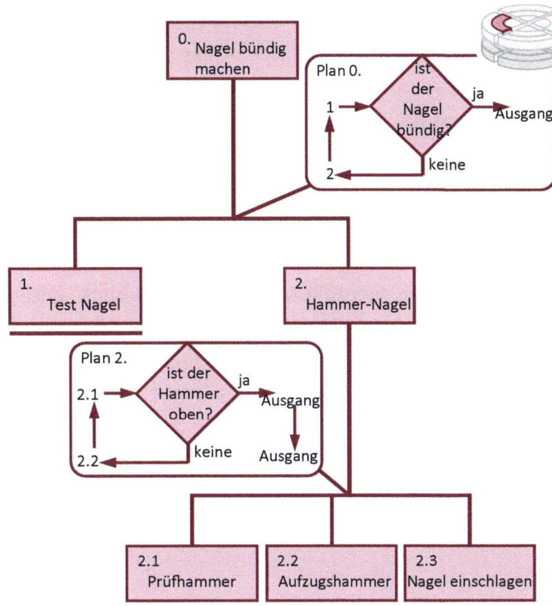


**Abb. 9.11** Eine hierarchische Aufgabenanalyse, um einen Nagel mit einem Hammer bündig zu machen. Nachdruck von Stanton (2006) mit Genehmigung von Elsevier

**Wann ASM2.0 in Betracht gezogen werden sollte**

- Wenn eine klare Visualisierung eines modellierten Prozesses erforderlich ist
- Wenn es gewünscht ist, die Auswirkungen vorgeschlagener Prozessänderungen auf die Prozessdauer quantitativ zu bewerten
- Wenn korrektive und progressive Iterationen den Prozess antreiben und es notwendig ist, diese Iterationen genau zu konfigurieren, um eine glaubwürdige Simulation zu erreichen

**Einige Nachteile**

- Die Aufgaben und Informationsflüsse zwischen ihnen müssen bekannt sein
- Es ist nicht möglich, dichte Strukturen des Informationsflusses oder Aufgaben zu modellieren, die intensiv Informationen austauschen, während sie gleichzeitig ausgeführt werden
- Die einzige verfügbare Modellierungssoftware ist ein Forschungsprototyp

#### 9.3.2.3 Prozessmodellierung basierend auf hierarchischer Dekomposition

Während die vorherigen Modelle auf der Darstellung der Informationsflüsse zwischen den Aufgaben basieren, betonen einige andere grafische Prozessmodellierungsansätze die hierarchische Struktur eines Prozesses.

*Hierarchische Aufgabenanalyse*, die ihren Ursprung in der Ergonomie hat, organisiert Aufgaben in einer Baumstruktur, die mit einem zu erreichenden Ziel beginnt. Das Ziel wird in Aufgaben auf immer granulareren Ebenen zerlegt. Zusätzliche Informationen können hinzugefügt werden, um ein Verfahren zu definieren, d. h. eine Reihenfolge für die Ausführung der Aufgaben, sowie Entscheidungspunkte, die verschiedene Prozessrouten ermöglichen. Ein Beispiel ist in Abb. 9.11 dargestellt und eine Übersicht über den Ansatz wird von Stanton (2006) bereitgestellt.

*ProModeller* ermöglicht es Modellierern, einen Prozess darzustellen, indem sie Prozesselemente aus einer Standardbibliothek, die aus etwa 50 Objekten besteht (Freisleben und Vajna, 2002), hierarchisch kombinieren. Jedes Objekt repräsentiert entweder eine Art von Aufgabe oder ein strukturelles Element. Aufgaben können konfiguriert werden, wenn sie in ein Modell eingefügt werden. Strukturelle Elemente sind im Wesentlichen hierarchische Behälter, die das Verfahren zur Organisation der in ihnen verschachtelten Aufgaben oder strukturellen Elemente auf niedrigerer Ebene spezifizieren. Es sind verschiedene Arten von strukturellen Elementen möglich (Vajna, 2005), die repräsentieren:

1. sequenzielle Ausführung der enthaltenen Aufgaben oder strukturellen Elemente,
2. Wiederholung der enthaltenen Elemente in einem Zyklus iterativer Verfeinerung,
3. gleichzeitige Aktion auf alle enthaltenen Elemente,
4. Auswahl eines der enthaltenen Elemente – in diesem Fall repräsentieren die enthaltenen Elemente Alternativen.

Die direkte Kodierung des Prozessverhaltens in die hierarchische Struktur der verschachtelten strukturellen Elemente stellt sicher, dass mit diesem Ansatz erstellte Prozessmodelle logisch korrekt sind. Daher ist es nicht notwendig, zu überprüfen, ob ein Modell vor der Analyse keine logischen Probleme wie Deadlocks enthält. Dies kann die Verteilung der Modellierungsbemühungen auf viele Prozessteilnehmer erleichtern. Andererseits bieten baumstrukturierte Ansätze im Vergleich zu grafischen Netzwerkansätzen weniger Flexibilität bei der Modellierung komplexer Informationsflüsse und eine weniger visuell intuitive Darstellung.

**Wann man die Prozessmodellierung basierend auf hierarchischer Dekomposition in Betracht ziehen sollte**

- Wenn es gewünscht ist, ein Ziel systematisch zu zerlegen und zu bestimmen, wie es angegangen wird
- Wenn es gewünscht ist, die Anstrengungen zur Prozessmodellierung auf verschiedene Personen oder Teile einer Organisation zu verteilen

**Einige Nachteile**

- Es ist nicht möglich, komplexe Muster von Informationsabhängigkeiten zu modellieren, die die hierarchische Struktur durchschneiden

#### 9.3.2.4 Abschnittszusammenfassung

Zusammenfassend hat dieser Abschnitt grafische Ansätze zur Modellierung von Prozessen auf der Grundlage der Vorrangbeziehungen zwischen Aufgaben diskutiert, wodurch die möglichen Sequenzen direkt definiert werden.

Beginnend mit einer Wiederholung der Ansätze zur Prozessflussdiagrammerstellung (Abschn. 9.3.2.1 und 9.3.2.2) ist eine ihrer Hauptstärken ihre intuitive Flussdiagrammnotation, die die meisten Menschen leicht verstehen können. Eine weitere ist Flexibilität – ein beschreibendes diagrammatisches Modell kann je nach den Bedürfnissen und Vorlieben der Modellierer auf verschiedenen Ebenen der Strenge und Formalität erstellt werden. Allerdings haben solche Modelle auch Einschränkungen. Wie aus dem beispielhaften ereignisgesteuerten Prozesskettenmodell in Abb. 9.6 ersichtlich, ist es zwar möglich, groß angelegte Modelle mit solchen Ansätzen zu entwickeln, jedoch werden grafische Netzwerkmodelle unhandlich, wenn die Struktur eines Modells komplexer wird und mehr Interdependenzen aufweist. Es wird auch zunehmend schwieriger, die vielen erforderlichen Informationsflüsse visuell zu arrangieren und zu verstehen, wenn ein Modell größer wird – Pfeile, die Aufgaben verbinden, die weit auseinander im Diagramm positioniert sind, können besonders schwer zu lesen und zu manipulieren sein. Darüber hinaus steigt der Aufwand, Änderungen an einem grafischen Modell vorzunehmen, mit der Größe und Dichte des Modells erheblich an, da das Layout neu organisiert und die Verbindungen manuell neu verdrahtet werden müssen. Diese Skalierungsprobleme können teilweise durch die Organisation eines Modells in Teilprozesse gelöst werden. Dies kann jedoch weitere Herausforderungen bei der Verwaltung und Visualisierung von Beziehungen, die Ebenen überschreiten, mit sich bringen und kann auch Probleme verursachen, wenn die Hierarchie später neu partitioniert werden muss. Ein weiterer Gesichtspunkt ist, dass, wenn ein Modell zur Simulation verwendet wird, einige Schemata eine sorgfältige Konfiguration und detaillierte Überprüfung erfordern, um sicherzustellen, dass es in allen Szenarien wie beabsichtigt funktioniert, insbesondere wenn es eine dichte Struktur von Abhängigkeiten mit gleichzeitigen Flüssen und verwobenen Iterationsschleifen enthält (Karniel und Reich, 2009). Die in Abschn. 9.3.2.3 diskutierten hierarchischen Modellierungsansätze adressieren einige dieser grafischen und Skalierungsbeschränkungen. Allerdings haben diese letzteren Arten von Ansätzen eine begrenzte Fähigkeit, einen komplexen Informationsfluss und Gleichzeitigkeitsmuster zu handhaben.

Insgesamt können die in diesem Abschnitt diskutierten Modelle besonders nützlich sein, wo Designprozesse relativ routinemäßig sind, sodass die Aufgaben und Informationsflüsse bestimmt werden können, und im Falle von Simulationsansätzen, wo numerische Informationen wie Aufgabendauern und Iterationswahrscheinlichkeiten mit angemessener Sicherheit geschätzt werden können. Während diese Bedingungen nicht in jeder Design- und Entwicklungssituation gefunden werden, treten sie doch in einigen auf – zum Beispiel bei der evolutionären Entwicklung von Großprojekten (Wynn et al., 2014). Die situativen und reaktiven Aspekte des Designs können in der Möglichkeit einiger Aufgaben eingebettet sein, Iterationen auszulösen, oder können innerhalb einzelner Aufgaben auftreten und somit unterhalb der Auflösungsebene eines Modells liegen. Allerdings können die Modelle in Situationen, in denen die Aufgaben und die Informationsflüsse zwischen ihnen nicht im Voraus bekannt sind oder sich wahrscheinlich während eines Projekts entwickeln werden, nicht viel helfen.

## 9.3.3 Aufgabenabhängigkeitsmodellierung

Die zweite Kategorie von Mesoebenenprozessmodellierungs- und -verbesserungsansätzen ist die *Aufgabenabhängigkeitsmodellierung*. Ansätze dieser Art stellen Informationsabhängigkeiten zwischen Aufgaben dar sowie ein, oder anstelle von einem, Verfahren für deren Durchführung (Abschn. 9.3.1). Solche Modelle betonen, dass die Aufgaben auf verschiedene Weisen organisiert werden könnten, zum Beispiel könnten sie in verschiedenen Sequenzen oder parallel durchgeführt werden. Ansätze, die Abhängigkeitsmodelle beinhalten, basieren auf der Prämisse, dass ein Prozess durch das Studium der zugrunde liegenden Struktur der Situation verstanden und verbessert werden kann.

### 9.3.3.1 Arbeitsstrukturzerlegung

Die Arbeitsstrukturzerlegungsmodellierung ist ein hierarchischer Ansatz, der oft als Ausgangspunkt zur Identifizierung der Arbeitspakete in einem komplexen Projekt verwendet wird, die anschließend detaillierter geplant und terminiert werden. Im Vergleich zu den in Abschn. 9.3.2.3 erwähnten hierarchischen Ansätzen wird dieser Ansatz typischerweise auf einer Arbeitspaketebene anstatt auf einer detaillierten Aufgabenebene angewendet und erfasst nur die Beziehungen zwischen den Arbeitspaketen – er gibt keine Verfahren an.

### 9.3.3.2 Designstrukturmatrix

Das bekannteste Modell für Aufgabenabhängigkeiten ist wahrscheinlich die *Designstrukturmatrix (DSM)*. Eine DSM ist eine quadratische Matrix, in der die Elemente eines Systems in den Zeilen- und Spaltenüberschriften der Matrix aufgeführt sind, wo sie in den gleichen Sequenzen erscheinen und wo eine Markierung in einer Zelle der Matrix anzeigt, dass das Element in der Zeile von dem in der Spalte abhängt (Steward, 1981). Wenn die Elemente Aufgaben darstellen und die Verbindungen Informationsabhängigkeiten repräsentieren, wird die Matrix speziell als *Aufgaben-DSM* bezeichnet

(Eppinger et al., 1994). Die Aufgaben-DSM kann leicht angepasst werden, um bestimmte Abhängigkeitseigenschaften zu visualisieren, indem Symbole oder Zahlen in jede Zelle gesetzt werden (Browning, 2016). Wenn es möglich ist, eine Anordnung der Zeilen und Spalten zu finden, sodass alle Abhängigkeiten unterhalb der Hauptdiagonale der Matrix liegen, kann der Prozess abgeschlossen werden, indem die Aufgaben in dieser Reihenfolge ausgeführt werden, ohne dass eine von ihnen Nacharbeit für eine andere erzeugt. Umgekehrt, wenn es unmöglich ist, eine solche Anordnung zu finden, sind einige der Aufgaben *interdependent* – in solchen Fällen sind in der Regel Iteration und eng zusammenhängende Arbeit erforderlich, um die Aufgaben zu erfüllen.

Ein Beispiel für eine Aufgaben-DSM eines Halbleiterentwicklungsprozesses, reproduziert aus dem bahnbrechenden Artikel von Eppinger et al. (1994), ist in Abb. 9.12 dargestellt. Die Zeilen und Spalten der Matrix listen die Design- und Entwicklungsaktivitäten in der ungefähren Reihenfolge auf, in der sie versucht werden. Die schattierten Blöcke gruppieren Aktivitäten, die gleichzeitig durchgeführt werden. Die DSM

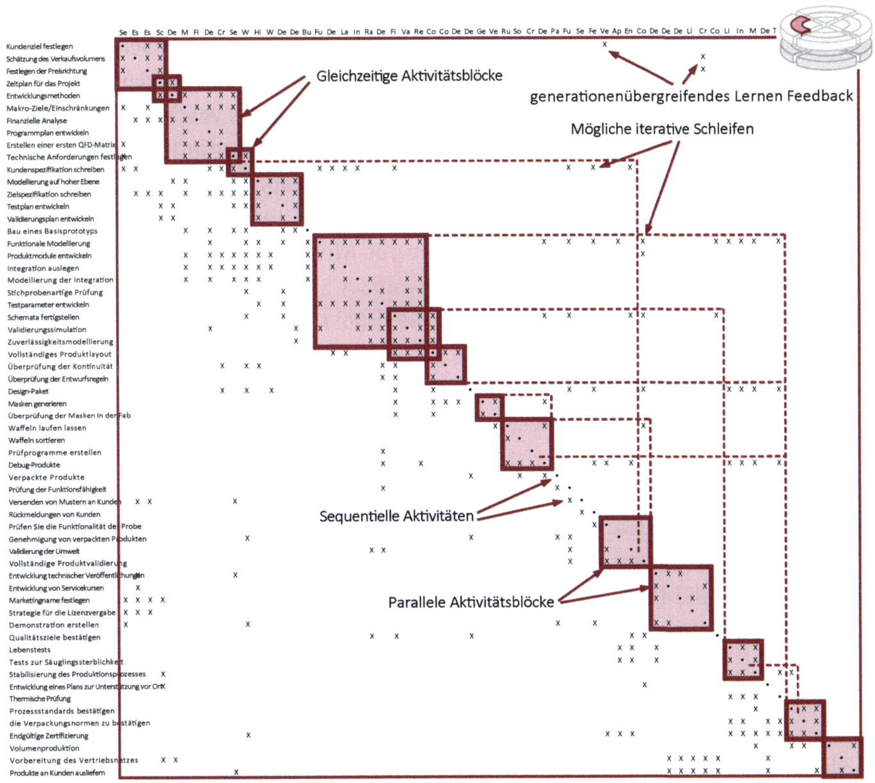


**Abb. 9.12** Aufgaben-DSM eines Halbleiterentwicklungsprozesses. *Reproduziert von* Eppinger et al. (1994) *A model-based method for organising tasks in product development. Res Eng Des 6:10 mit Genehmigung von Springer Nature*

zeigt, dass einige dieser Blöcke (in Abb. 9.12 als *parallele Aktivitätsblöcke* bezeichnet) überhaupt keine Abhängigkeiten untereinander haben – solche Blöcke können wirklich parallel ausgeführt werden. In anderen Fällen hängt eine Aktivität (oder ein Aktivitätsblock) von der Ausgabe einer anderen ab, aber nicht umgekehrt, was eine Reihenfolge für den Versuch vorschlägt. Die Markierungen über der Hauptdiagonalen, aber außerhalb der schattierten Blöcke, zeigen, was Eppinger et al. als *System-Level-Feedback* bezeichnen, das jeweilige Design-Tasks verbindet, und sie setzen solche Markierungen mit dem Potenzial für Nacharbeit gleich. Schließlich weisen diese Autoren darauf hin, dass ein Teil dieses Feedbacks möglicherweise zu spät berücksichtigt wird, um während eines Projekts berücksichtigt zu werden, in welchem Fall es in der nächsten Generation des Produkts berücksichtigt werden kann. Eppinger et al. (1994) schreiben, dass eine DSM zur Anleitung der Umstrukturierung eines Design- und Entwicklungsprozesses verwendet werden kann, um die Komplexität des zu verwaltenden Informationsflusses zu reduzieren, zum Beispiel durch Neuanordnung oder Neugruppierung von Aufgaben und Design in einer Weise, die dazu beiträgt, die Auswirkungen von erwartetem Design-Feedback zu minimieren, anstatt ad hoc mit Nacharbeit umzugehen, wenn sie auftritt.

Dieses Beispiel (Abb. 9.12) veranschaulicht den Hauptvorteil des Aufgaben-DSM-Ansatzes, nämlich dass er eine kompakte und dennoch detaillierte Darstellung von Aufgabeninformationsabhängigkeiten bietet, die es ermöglicht, strukturelle Merkmale eines gesamten Prozesses visuell zu identifizieren. Der Ansatz kann besonders nützlich sein, um das Management von groß angelegten gleichzeitigen Engineering-Projekten zu informieren, bei denen die Abhängigkeiten zwischen den Aufgaben in der Regel vor der Modellierung nicht gut verstanden werden (Eppinger et al., 1994). Dementsprechend wurde die Aufgaben-DSM umfangreich als Grundlage für Modelle zur Analyse der Architektur von Design- und Entwicklungsprozessen verwendet (siehe Abschn. 3.5.2 für weitere Diskussionen zur Architektur). Der entscheidende Punkt hierbei ist, dass, wenn eine hochrangige Aufgabe wie das Design eines Systems in Teilaufgaben zerlegt wird, die von verschiedenen Personen oder Teams durchgeführt werden, zwangsläufig Interdependenzen zwischen diesen Teilaufgaben entstehen. Es ist daher wichtig, die Teilaufgaben sorgfältig zu organisieren und die Informationsflüsse zwischen ihnen zu verwalten, um die Nacharbeit zu minimieren, die entstehen könnte, wenn die Ausgaben der Aufgaben wieder integriert werden, insbesondere wenn ein Teil der Arbeit gleichzeitig durchgeführt wird. Die DSM eignet sich sehr gut zur Behandlung solcher Architekturebenenprobleme.

Insgesamt kann die DSM-Modellierung einen prägnanten und relativ leicht zu lesenden Überblick über die Abhängigkeiten liefern, die die Aufgabensequenzen, Iteration und Komplexität in einem Design- und Entwicklungsprozess bestimmen. Die Erstellung eines verständlichen visuellen Layouts ist wahrscheinlich einfacher als bei der Verwendung von grafischen Netzwerken, obwohl die Möglichkeit, Aufgaben visuell sinnvoll anzuordnen, stark reduziert ist. Ein weiterer Vorteil ist, dass der Ansatz ohne spezialisierte Software angewendet werden kann. Für Forscher können viele Berechnungen als Operationen über die Matrixzellen ausgedrückt und programmiert werden. Ein weiterer Vorteil ist, dass, wenn eine DSM relativ klein ist, es möglich ist, systematisch jede Zelle durchzuarbeiten, um zu prüfen, ob eine Abhängigkeit besteht, wodurch die Möglichkeit, etwas zu übersehen, reduziert wird.

**Wann man die Verwendung einer Aufgaben-DSM in Betracht ziehen sollte**

- Wenn es gewünscht ist, dichte Strukturen von Informationsabhängigkeiten innerhalb eines Prozesses prägnant darzustellen
- Wenn ein Überblick über die Prozessarchitektur gewünscht ist
- Wenn es gewünscht ist, Modelle mit allgemein verfügbarer Tabellenkalkulationssoftware zu erstellen

**Einige Nachteile**

- Eine Aufgaben-DSM eignet sich nicht gut zur Vermittlung von Details. Es kann leicht passieren, dass Markierungen beim Erstellen oder Lesen großer Matrizen verloren gehen
- Gesamtprozessflussstrukturen, wie teilweise gleichzeitige Arbeitsströme, können schwer zu visualisieren sein
- Hierarchisches Modellieren kann umständlicher sein als in diagrammatischen oder baumbasierten Ansätzen

#### 9.3.3.3 Aufgaben-DSM-Operationen und -Algorithmen

Verschiedene Operationen können an einer Aufgaben-DSM durchgeführt werden, um Eigenschaften der Abhängigkeitsstruktur zu untersuchen oder auszunutzen. Einige können manuell durchgeführt werden, während andere von Computeralgorithmen profitieren oder diese benötigen. Die Hauptoperationen und ausgewählte Algorithmen werden unten kurz beschrieben.

**Clustering einer Aufgaben-DSM** Clustering beinhaltet das Gruppieren der DSM-Elemente, um stark verbundene Gruppen mit geringer Inter-Cluster-Konnektivität zu bilden. Angewendet auf ein Prozessmodell, identifiziert das Clustering Gruppen von Aufgaben, die möglicherweise gleichzeitig ausgeführt werden können, wodurch der Bedarf an Informationsübertragung zwischen ihnen begrenzt wird. Ein Beispiel ist in der oberen Reihe von Abb. 9.13 dargestellt. Es wurden mehrere Algorithmen entwickelt, um eine DSM in Cluster zu zerlegen. Zum Beispiel: Kusiak und Wang (1993b) entwickeln einen Algorithmus, der auf der Identifizierung, Verschmelzung und Sortierung von Zyklen basiert, Whitfield et al. (2002) wenden einen genetischen Algorithmus auf das Clustering-Problem an und der *Idicula-Gutierrez-Thebeau-Algorithmus (IGTA)* basiert auf der wiederholten zufälligen Auswahl eines Elements, das in einen anderen Cluster verschoben wird, wenn dies eine lokale Verbesserung in einer Clustering-Metrik bietet (Borjesson und Hölttä-Otto, 2012).

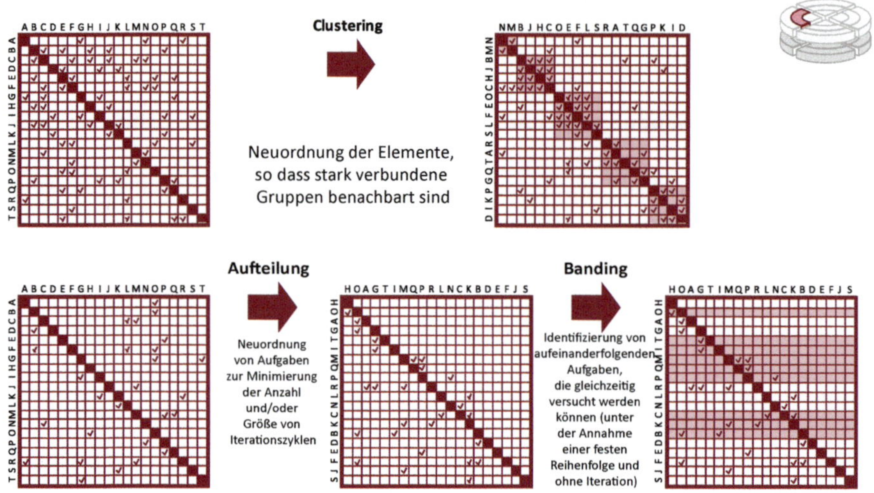


**Abb. 9.13** Einige Operationen an einer Aufgaben-DSM. *Abbildung reproduziert von* Wynn (2007)

**Partitionierung (Sequenzierung) einer Aufgaben-DSM** Partitionierung, die auch als Sequenzierung bezeichnet werden kann, beinhaltet die Suche nach einer unteren Diagonalanordnung einer Aufgaben-DSM. Mit anderen Worten, die Partitionierung sucht nach einer Sequenz von Aufgaben, um die Informationsrückkopplung zu minimieren. Dies kann nützlich sein, wenn man versucht, einen Prozess so zu planen, dass die Menge an Iterationen minimiert wird.

**Banding einer Aufgaben-DSM** Banding bezieht sich auf die Hervorhebung von Gruppen aufeinanderfolgender Aufgaben, die unabhängig sind und daher gleichzeitig ohne Informationsaustausch zwischen ihnen durchgeführt werden können. Wie in der unteren Reihe von Abb. 9.13 dargestellt, wird dies in der Regel nach einer Partitionierungs-/Sequenzierungsoperation angewendet.

**Tearing einer Aufgaben-DSM** Tearing bezieht sich auf das Entfernen einer Markierung aus einer Aufgaben-DSM. Das Tearing einer geeigneten Abhängigkeit kann es ermöglichen, den Prozess effektiver zu sequenzieren und Designüberarbeitungen zu reduzieren. In der Praxis kann das Tearing erreicht werden, indem so entworfen wird, dass eine Aufgabe nicht mehr die Eingabe von einer anderen benötigt. Dies kann zum Beispiel durch die Definition geeigneter Schnittstellen zwischen Teilen des Designs erfolgen, mit denen die jeweiligen Aufgaben befasst sind, um sie zu entkoppeln.

**Parallel-Rework-Modell** Das Parallel-Rework-Modell verwendet eine Aufgaben-DSM, um Situationen zu modellieren, in denen interdependente Aufgaben durch intensive Zusammenarbeit wirklich gleichzeitig ausgeführt werden. Diese Interpretation wurde im *Work-Transformation-Matrix*-Modell von Smith und Eppinger (1997a) entwickelt. Dieses Modell geht davon aus, dass jede Aufgabe in einer interdependenten

Gruppe kontinuierlich Iterationsarbeit für die anderen erzeugt, die von ihr abhängen. Die Abhängigkeiten und die Raten, mit denen sie jeweils Nacharbeit erzeugen, sind in einer Aufgaben-DSM dargestellt. Smith und Eppinger (1997a) zeigen, wie die Eigenstrukturanalyse verwendet werden kann, um die Treiber der Iteration innerhalb einer gekoppelten Aufgabengruppe zu identifizieren, wenn die Modellannahmen zutreffen.

**Sequenzielles Rework-Modell** Das sequenzielle Rework-Modell verwendet die Aufgaben-DSM, um Situationen zu modellieren, in denen alle Aufgaben in einer Sequenz ausgeführt werden, sodass jede Aufgabe Nacharbeit für bereits abgeschlossene Aufgaben erzeugen könnte, wenn eine Abhängigkeit zwischen ihnen besteht. Unter Berücksichtigung dieser Situation bauen Browning und Eppinger (2002) auf der früheren Arbeit von Smith und Eppinger (1997a) auf, um ein Monte-Carlo-Simulationsmodell zu entwickeln, das sie verwenden, um das Kosten- und Terminrisiko in Verbindung mit verschiedenen Aufgabensequenzen zu bewerten und so den besten Prozessplan für eine gegebene Aufgabenzerlegung zu identifizieren.

Die Modelle für parallele und sequenzielle Nacharbeit haben eine Reihe anderer Modelle beeinflusst (zum Beispiel Bhuiyan et al., 2004; Cho und Eppinger, 2005). Weitere Informationen über die DSM im Allgemeinen und die vielen damit verbundenen Modelle und Algorithmen finden Sie im Buch von Eppinger und Browning (2012) und im Übersichtsartikel von Browning (2016).

#### 9.3.3.4 IDEF0-Funktionsmodellierung

*IDEF0* ist ein Mitglied der Integration-DEFinition-(IDEF-)Familie von Modellierungsmethoden, die erstmals in den 1970er-Jahren von der US Air Force entwickelt wurden, um Systemdesign und -analyse zu unterstützen (Menzel und Mayer, 1998). Jede IDEF-Methode in der Familie bietet einen Ansatz zur Modellierung eines bestimmten Blickwinkels auf ein System, zum Beispiel IDEF0 für Funktionsmodellierung, IDEF3 für Prozessflussmodellierung und IDEF1X für Datenmodellierung. IDEF0, der Schwerpunkt dieses Abschnitts, ist eine Methode und Notation zur Verwendung eines hierarchisch strukturierten Satzes von Diagrammen zur Darstellung eines Systems in Bezug auf *Funktionen* und die Interaktionen zwischen ihnen (USAF, 1981). Angewendet auf den Design- und Entwicklungsprozess sind Funktionen im Wesentlichen ähnlich wie Aufgaben. Jedes IDEF0-Diagramm besteht aus drei bis sechs Funktionen, die als Kästen dargestellt werden, die die folgenden spezifizierten Flüsse oder *ICOMS* haben (siehe Abb. 9.14 für ein Beispiel):

- *Eingaben* zu einer Funktion – dargestellt als Pfeilspitzen, die auf der linken Seite des Funktionskastens eintreten,
- *Steuerungen* zeigen Einschränkungen und Anleitungen für den Betrieb der Funktion an – dargestellt als Pfeilspitzen, die oben in den Funktionskasten eintreten,
- *Ausgaben* der Funktion – dargestellt als Pfeil-"Schwänze", die von der rechten Seite des Funktionskastens weggehen,
- *Mechanismen* zeigen die Bereitstellung eines Mittels zur Ausführung der Funktion an – dargestellt als Pfeilspitzen, die unten in den Funktionskasten eintreten.

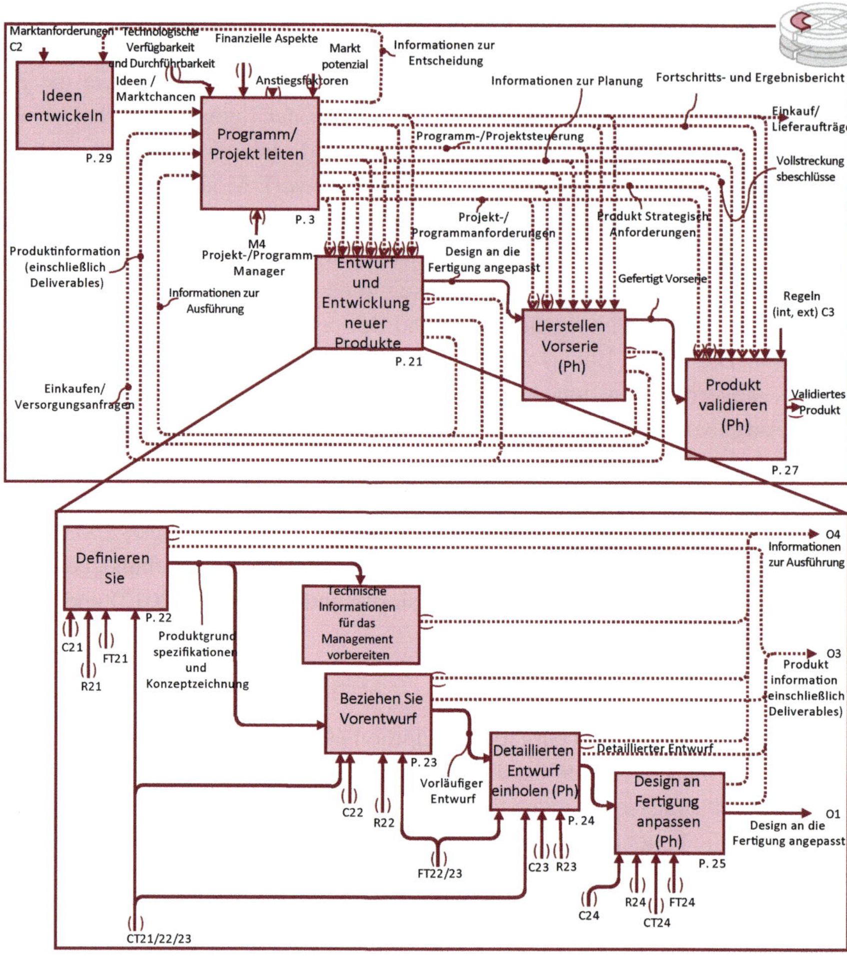


**Abb. 9.14** Teilmodell von IDEF0+ eines Prozesses zur Gestaltung und Entwicklung neuer Produkte, das zwei Detailstufen zeigt. *Adaptiert von* Romero et al. (2008) *Activity modelling in a collaborative ceramic tile design chain: an enhanced IDEF0 approach. Res Eng Des 19:15 mit Genehmigung von Springer Nature*

Die Ausgaben einer Funktion können Eingaben, Steuerungen und Mechanismen für andere Funktionen in einem Modell liefern. Diese Abhängigkeiten werden als Linien zwischen den ICOMs dargestellt und können geteilt und verbunden werden. Jede Funktion in einem IDEF0-Modell kann auch in ein detaillierteres Diagramm zerlegt werden, um ihre Unterfunktionen zu spezifizieren, wobei die ICOMs über und zwischen den Ebenen in der Hierarchie verbunden werden können (USAF, 1981). Da IDEF0 eine Funktionsmodellierungsmethode ist, ist ein wesentliches Konzept, dass die Diagramme Abhängigkeiten definieren, nicht Sequenzen. Zum Beispiel könnten die Pfeile entweder einen kontinuierlichen Informationsfluss oder ein einmaliges Ereignis darstellen. Allerdings stellten Austin et al. (1999) fest, dass ungeübte Leser dazu neigen, fälschlicherweise eine Sequenz anzunehmen.

Obwohl IDEF0 in der Forschungsliteratur weniger prominent ist als DSM, wurde es weitgehend für die Modellierung von Design- und Entwicklungsprozessen angewendet. Zum Beispiel diskutieren Kusiak et al. (1994) seine Verwendung zur Unterstützung der Neugestaltung von Design- und Fertigungsprozessen und argumentieren, dass die Notation helfen kann, einen Prozess auf verschiedenen Detailstufen wahrzunehmen und, aufgrund der Zerlegung von Abhängigkeiten mit der ICOM-Notation, helfen kann zu erforschen, wie Einschränkungen bei der Ausführung von Aufgaben gelockert werden können. Pons und Raine (2005) verwenden IDEF0 zur Modellierung von Einschränkungen auf verschiedenen Stufen und Aktivitäten eines typischen mechanischen Designprozesses. Austin et al. (1999) entwickeln einen Planungsunterstützungsansatz für die Bauindustrie, der als *analytische Designplanungstechnik* bezeichnet wird und auf einer IDEF0-artigen Darstellung basiert, die erweitert wurde, um die Disziplin zu kennzeichnen, die mit jedem Fluss in eine Aufgabe verbunden ist, und die Stärke der Abhängigkeit (Austin et al., 1999). In diesem Ansatz wird eine Bibliothek von generischen Bauvorgängen, die in IDEF0 modelliert sind, verwendet, um einen maßgeschneiderten Prozess für ein spezifisches Projekt zusammenzustellen, der als Aufgaben-DSM betrachtet und sequenziert werden kann, um den Umfang von Zyklen zu minimieren, die Iteration verursachen könnten. Das Identifizieren von Abhängigkeitsschleifen, die verbleiben, und das Finden von Wegen, sie zu beseitigen, zum Beispiel durch Aufteilen einiger Aufgaben in mehrere Teile, ermöglichen es, das Projekt zu sequenzieren und einen Zeitplan zu erstellen (Austin et al., 2000). Kürzlich führten Romero et al. (2008) einen erweiterten *IDEF0+*-Ansatz für den spezifischen Kontext des technischen Designs ein. IDEF0+ führt zusätzliche Symbole ein, um den Hauptinformationsfluss von anderen Interaktionen, wie Koordination und Zusammenarbeit, die in einem kollaborativen Prozess benötigt werden, zu unterscheiden. Ein Beispiel für diese erweiterte Notation ist in Abb. 9.14 dargestellt.

Im Vergleich zu DSM ist der IDEF0-Ansatz ausdrucksstärker, aber weit weniger prägnant, wie man beim Vergleich von Abb. 9.14 mit einer der in Abb. 9.13 gezeigten DSM sehen kann, von denen jede doppelt so viele Elemente darstellt. Die hierarchische Struktur und die begrenzte Anzahl von Funktionen, die auf jeder Seite eines IDEF0-Modells erlaubt sind, bedeuten, dass in der Regel eine große Menge von Diagrammen benötigt wird, wobei solche Diagrammsätze nicht nur schwierig zu lesen, sondern auch zeitaufwendig zu erstellen sind (Colquhoun et al., 1993). Aus diesen Gründen ist IDEF0 möglicherweise weniger gut geeignet für die groß angelegte Prozessarchitektur als eine DSM.

Zusammenfassend lässt sich sagen, dass der Hauptvorteil der in diesem Abschnitt diskutierten Aufgabenabhängigkeitsmodelle – DSM und IDEF0 – ihre Betonung von Informationsflussbeschränkungen anstelle von Verfahren ist, da das Verständnis von Beschränkungen besonders hilfreich ist, wenn man entscheidet, wie man ein Projekt plant, oder wenn man nach Möglichkeiten zur Prozessverbesserung sucht.

### 9.3.4 Regelbasierte Modelle

Aufgabenprioritäts- und -abhängigkeitsmodelle (diskutiert in den Abschn. 9.3.2 und 9.3.3) betrachten Design- und Entwicklungsprozesse als im Wesentlichen ähnlich zu anderen Geschäftsprozessen, mit dem Unterschied, dass der Bedeutung von Iterationen in der Regel mehr Beachtung geschenkt wird. Eine Kritik, die an solchen Modellen geäußert werden könnte, ist, dass sie auf im Wesentlichen statischen Netzwerken basieren und nicht widerspiegeln, dass Design- und Entwicklungsprozesse den Umgang mit inhärenter Neuheit beinhalten und sich in Reaktion auf neue Informationen entwickeln müssen, sobald diese entdeckt oder erstellt werden. Regelbasierte Modelle bieten einen möglichen Weg, um dieses Problem anzugehen. Im Überblick zielen solche Modelle darauf ab, zu modellieren, wie Prozesse durch die Interaktion zwischen (1) Regeln, die Aufgabeneigenschaften definieren, und (2) der Designsituation, die sich als Ergebnis der Fertigstellung dieser Aufgaben ändert, entstehen.

Einige Mesoebenenarbeiten in diesem Bereich bauen auf dem Wegweiseransatz von Clarkson und Hamilton (2000) auf, der in Abschn. 9.2.3 diskutiert wurde. Insbesondere wurde der Wegweiser (Signposting) durch zwei Forschungsprojekte erweitert, die die Vielzahl von Routen berücksichtigten, die in einem komplexen, gleichzeitigen Engineering-Designprozess möglich sein könnten. Zu den Funktionen, die dem Wegweisermodell hinzugefügt wurden, um dies zu erreichen, gehören: eine Wahrscheinlichkeitsdichtefunktion, die die Dauer jeder Aufgabe definiert, mehrere Ergebnisse aus jeder Aufgabe mit einer Wahrscheinlichkeit für jedes Auftreten und Ressourcen, die von jeder Aufgabe benötigt werden, zusammen mit ihrer begrenzten Verfügbarkeit (Flanagan, 2006; O'Donovan et al., 2004). Unter anderem wurde dieses Modell, das als *erweiterter Wegweiser* bezeichnet wird, verwendet, um zu zeigen, wie die Wahrscheinlichkeit und Wünschbarkeit jeder Route bei der Planung eines Designprozesses berücksichtigt werden sollten.

Das Modell des *adaptiven Testprozesses* verfolgt einen ähnlichen Ansatz und betrachtet einen Design- und Entwicklungsprozess als ein komplexes adaptives System (siehe Abschn. 7.4.2.4), das aus einer „Ursuppe" von Aktivitäten zusammen mit Regeln für ihre Auswahl entsteht (Lévárdy und Browning, 2009). Im Vergleich zum Wegweiser bietet das Modell des adaptiven Testprozesses konkretere Kriterien für die Auswahl von Aufgaben, indem es berücksichtigt, wie jede Aufgabe dazu beiträgt, technische Leistungsmaße näher an ihre Ziele zu bringen. Lévárdy und Browning (2009) argumentieren, dass die nächste Aufgabe bei jedem Schritt ausgewählt werden sollte, um den erwarteten Projektwert in Bezug auf die technischen Leistungsmaße, plus Zeit und Kosten, zu maximieren. Der Ansatz beinhaltet eine Monte-Carlo-Simulation, die verwendet werden kann, um den Wert zu untersuchen, der durch verschiedene Aufgaben und Aktivitätsmodi zu verschiedenen Zeitpunkten in einem Projekt erzeugt wird (Lévárdy und Browning, 2009).

In jüngerer Zeit beschreiben Wynn et al. (2011) ein ASM-basiertes Prozessmodell, in dem die Eigenschaften von Aufgaben nach Regeln definiert werden, die sich auf die Unsicherheitsgrade in Designinformationen beziehen, zum Zeitpunkt, an dem die Aufgabe in Betracht gezogen oder versucht wird (siehe Abschn. 9.3.2.2 zur Diskussion des ASM). Zum Beispiel würde in diesem Modell der Aufwand, der für eine Finite-Elemente-Analyseaufgabe aufgewendet wird, durch die Genauigkeit der Randbedingungen beeinflusst, wenn die Aufgabe ausgeführt wird, was sich auf die Genauigkeit der Ausgaben der Aufgabe auswirken würde. Das Modell zeigt, wie ein technisches Design durch iterative Zyklen fortschreitet, bis die Unsicherheitsgrade auf akzeptable Werte konvergieren. Wynn et al. (2011) schreiben, dass ihr Ansatz verwendet werden kann, um zu untersuchen, wie verschiedene Aspekte der Designunsicherheit zu Projektverzögerungen beitragen.

Abgesehen von der Möglichkeit, die Wechselwirkung eines Prozesses mit der sich entwickelnden Situation zu erfassen, ist ein bemerkenswertes Merkmal des Wegweisers und des adaptiven Testprozesses, dass sie es ermöglichen, Modelle aus dem Wissen über einzelne Aufgaben zu erstellen, da ein Informationsflussnetzwerk nicht explizit dargestellt werden muss. Dies umgeht die Anforderung an einen integrierten Überblick über den Prozess, der in der Praxis oft schwierig zu entwickeln ist. Andererseits sind regelbasierte Modelle im Vergleich zu den bisher diskutierten Mesoebenenmodellierungsansätzen schwer zu visualisieren und es ist nicht klar, wie alle möglichen Routen, die sie zulassen, validiert werden können.

### 9.3.5 Agentenbasierte Modelle

Der letzte Mesoebenenprozessmodellierungsansatz, der in diesem Kapitel diskutiert wird, ist die *agentenbasierte Modellierung*. Der Begriff *agentenbasierte Simulation* wird auch manchmal verwendet, wenn man simulationsorientierte Modelle von agentenbasierten Modellen unterscheiden möchte, die direkt Designprobleme lösen oder Designer mithilfe von Rechenagenten unterstützen. Die in diesem Abschnitt diskutierten agentenbasierten Simulationen kombinieren jeweils Modelle von Design- und Entwicklungsaufgabenbeziehungen mit Mikroebenenmodellen des Verhaltens der Prozessteilnehmer unter Annahmen der Rationalität.

In einem einflussreichen Modell dieser Art stellt das von Cohen (1992), Christiansen (1993) und Kollegen entwickelte *virtuelle Designteam (VDT)* einzelne Designer und Manager in einem Projekt als informationsverarbeitende Agenten dar. Diese Agenten interagieren, indem sie Nachrichten gemäß Regeln erzeugen und darauf reagieren. Nachrichten können die geplante Weitergabe von Informationen zwischen Aufgaben betreffen und auch die Behandlung von Ausnahmen, die auftreten, wenn ein Agent seine Arbeit unterbrechen und weitere Informationen einholen muss, bevor er eine zugewiesene Aufgabe abschließen kann. Im Modell hängt die Nachrichtenbehandlung von Faktoren wie der Organisationsstruktur und den verfügbaren Kommunikationstools ab. Spätere Entwicklungen des VDT berücksichtigten zusätzliche Einflüsse, wie Inkongruenzen zwischen den Zielen der Akteure. Levitt et al. (1999) diskutieren eine Fallstudie zum Design von Satellitenstartfahrzeugen, in der das VDT verwendet wurde, um die Auswirkungen vorgeschlagener Änderungen wie die Erhöhung der Fähigkeiten der Einzelpersonen und die Verbesserung der Ausrichtung ihrer Ziele zu bewerten.

Andere agentenbasierte Modelle, die für den Kontext des Design- und Entwicklungsprozesses entwickelt wurden, umfassen das *Agentenmodell für Planung und Forschung im frühen Design*, das sich auf die Untersuchung der Auswirkungen von Anforderungsänderungen während des Jetmotordesigns konzentriert (Fernandes, 2015), und das Modell von Crowder et al. (2012), das sich auf die Faktoren konzentriert, die bei der effektiven Arbeit im Designteam eine Rolle spielen. Perišić et al. (2016) entwickeln eine agentenbasierte Simulation des technischen Designs, die Projektaufgabennetzwerke mit Agenten kombiniert, die spezifische Kompetenzen, Erfahrungsniveaus und Motivationsniveaus haben. In diesem Ansatz werden einige Aufgaben von Einzelpersonen ausgeführt, während andere durch Teamarbeit zwischen mehreren Agenten erledigt werden. Die Art und Weise, wie Aufgaben ausgeführt werden, hängt von den Eigenschaften der zugewiesenen Agenten ab, die auch entscheiden können, Hilfe von anderen verfügbaren Agenten zu suchen. In einer Fallstudie wurde dieses Modell kalibriert, indem Arbeitserfassungen durchgeführt und Fragebögen verwendet wurden, um die Eigenschaften der einzelnen Teilnehmer zu bewerten. Kürzlich berichteten Hassannezhad et al. (2019) über den *akteurbasierten Wegweisungs*ansatz ("actor-based signposting"). Dies beinhaltet die Modellierung von Interaktionen über Aufgaben-, Informations- und Ressourcendomänen hinweg und verwendet Prozesssimulationen, um eine bevorzugte Zuweisung von Akteuren zu Aufgaben unter Berücksichtigung ihrer speziellen Expertiseniveaus zu bestimmen.

Einige Vor- und Nachteile der agentenbasierten Modellierung sind in der untenstehenden Box zusammengefasst. Für weitere Informationen und Literatur zu solchen Modellen wird der Leser auf Garcia (2005) verwiesen.

**Wann man agentenbasierte Modellierung in Betracht ziehen sollte**

- Wenn man das reaktive und emergente Verhalten von Design- und Entwicklungsprozessen erforschen möchte
- Wenn man erforschen möchte, wie die Entscheidungen von situativen Akteuren Design- und Entwicklungsprozesse beeinflussen
- Wenn man Faktoren wie Organisationsstrukturen und die vielen Nichtdesignaktivitäten, die Projektteilnehmer wahrnehmen müssen, wie zum Beispiel Besprechungen, das Nachjagen von Kollegen nach Informationen und andere Koordinationsaktivitäten, erforschen möchte

**Einige Nachteile**

- Die Entwicklung eines agentenbasierten Modells erfordert eine komplexe Konfiguration oder Programmierung eines spezialisierten Tools
- Agentenbasierte Modelle sind jeweils einzigartig und eignen sich nicht für die grafische Darstellung. Ihre Mechanik kann relativ undurchsichtig sein, was zu Glaubwürdigkeitsproblemen führen könnte
- Agentenbasierte Modelle können nicht leicht verwendet werden, um einen Prozess zu dokumentieren oder vorzuschreiben

## 9.4 Makroebenenmodellierungsansätze

Nach Abschluss der Diskussion über Mikroebenen- und Mesoebenenprozessmodellierungsansätze behandelt dieser Abschnitt den dritten und äußersten Sektor von Abb. 9.1 – *Makroebenen*ansätze. Zur Wiederholung der Definition, die in Kap. 6 festgelegt wurde, beziehen sich Makroebenenmodellierungsansätze auf den Kontext eines Design- und Entwicklungsprozesses. Die in diesem Abschnitt ausgewählten Ansätze bieten Möglichkeiten, diesen Kontext zu modellieren und zu untersuchen, wie er den Prozess beeinflusst. Vier Gruppen von Ansätzen werden behandelt: (1) kontextuelle Diagrammansätze, in Abschn. 9.4.1; (2) Mehrdomänenmodellierungsansätze, in Abschn. 9.4.2; (3) Warteschlangen- und flussorientierte Ansätze, in Abschn. 9.4.3, und (4) rückkopplungsorientierte Ansätze, in Abschn. 9.4.4.

### 9.4.1 Kontextuelle Diagrammansätze

In diesem Abschnitt werden zwei qualitative Ansätze zur Erforschung und Modellierung des Prozesskontexts diskutiert: die locker strukturierte *Rich-Picture-Diagrammierung* und die formellere *SIPOC-Diagrammierungs*methode.

#### 9.4.1.1 Rich-Picture-Diagrammierung

*Rich-Picture-Diagrammierung* wurde von Checkland als Teil der Soft Systems Methodology (Checkland, 2000) entwickelt. Im Überblick hilft die Rich-Picture-Diagrammierung einer Gruppe, ihre Vorstellung von einer komplexen Situation gemeinsam zu erforschen und zu einem Konsens zu gelangen, oft mit der Absicht, Änderungen an der Situation einzuführen. Die spezifischen Diagrammelemente, die bei der Rich-Picture-Diagrammierung verwendet werden können, sind nicht vorgeschrieben – vielmehr entwickelt eine Gruppe ihr Bild weiter, während sie versucht, die vorliegende Situation darzustellen

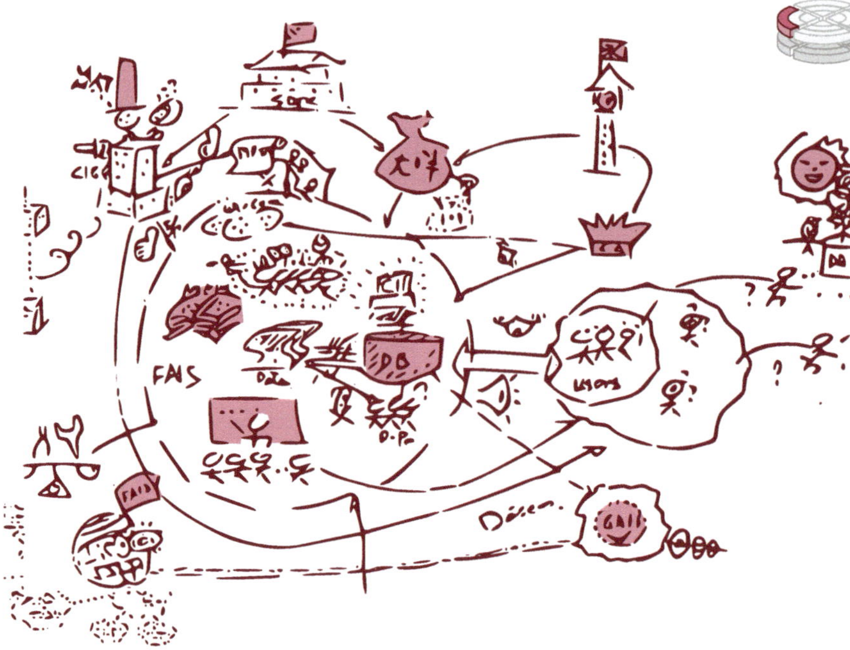

**Abb. 9.15** Ein typisches Rich-Picture-Diagramm, das Stakeholder, Beziehungen, Prozesse und Probleme zeigt. *Adaptiert von* Bell und Morse (2013) *How people use rich pictures to help them think and act. Syst Pract Action Res 26:339 mit Genehmigung von Springer Nature*

(Bell und Morse, 2013). Ein Beispiel für ein Rich-Picture-Diagramm ist in Abb. 9.15 dargestellt; dies ist typisch für die Darstellung von Stakeholdern, Beziehungen und Prozessen sowie von Elementen, die als besonders problematisch angesehen werden. Insgesamt schreiben Bell und Morse (2013), dass ein wesentlicher Vorteil der Rich-Picture-Diagrammierung darin besteht, dass sie die Äußerung schwieriger systemischer Probleme und Herausforderungen, wie Machtbeziehungen, fördert, die in formelleren Kontexten möglicherweise nicht diskutiert oder dokumentiert werden.

#### 9.4.1.2 SIPOC-Diagrammierung

*Lieferant-Eingabe-Prozess-Ausgabe-Verbraucher-(SIPOC-)Diagrammierung* ("supplier-input-process-output-consumer", SIPOC) ist eine einfache und praktische Methode, um den Kontext eines Prozesses zu vermitteln. Wie in Abb. 9.16 dargestellt, zeigt ein SIPOC-Diagramm einen Prozess (P) im Zentrum – der Prozess kann als einfache Beschreibung (wie in diesem Beispiel), als schriftliche Liste von Schritten oder als Prozesskarte dargestellt werden.

Der Prozess wird ergänzt durch eine Beschreibung seiner Eingaben (I, Inputs) und der Lieferanten dieser Eingaben (S, Supplier) sowie der Ausgaben (O, Outputs) und der nachgelagerten Verbraucher (C, Consumers) dieser Ausgaben. Dieser Ansatz kann

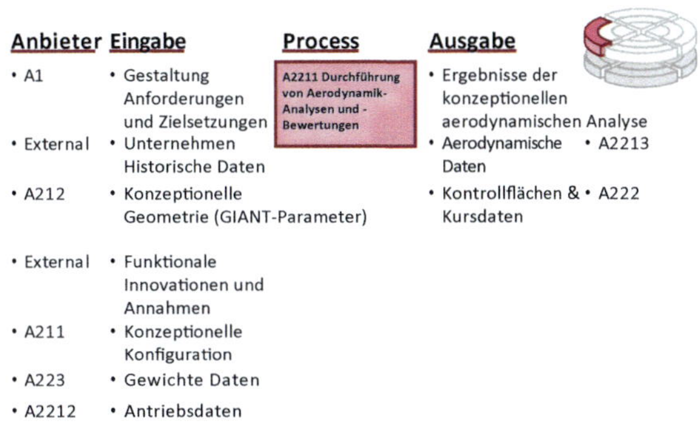


**Abb. 9.16** Ein SIPOC-Diagramm, das Informationslieferanten und ihre entsprechenden Eingaben, Verarbeitung und Informationsausgaben mit ihren Verbrauchern zeigt. *Reproduziert von* Browning et al. (2006) *mit Genehmigung. Copyright ©2006 Wiley Periodicals, Inc*

hilfreich sein, um den Umfang einer Prozessmodellierungsinitiative festzulegen und die Stakeholder im Prozess zu identifizieren, in der Regel vor einer detaillierteren Zerlegung und Analyse des Prozesses selbst. Die Lieferanten, Eingaben, Ausgaben und Verbraucher können auf der Ebene des gesamten Prozesses beschrieben oder gegen bestimmte Schritte in einem SIPOC-Diagramm abgeglichen werden.

## 9.4.2 Mehrdomänenansätze

Mehrdomänenprozessmodellierungsansätze stellen explizit einen Ablauf von Aufgaben dar und ordnen sie detaillierten Informationen über andere Domänen zu, zum Beispiel indem sie zeigen, wie jede Aufgabe sich auf Komponenten eines zu entwerfenden Produkts bezieht. Eckert et al. (2017) schreiben, dass solche Modelle hilfreich sein können, um Abwägungen zwischen Designmerkmalen und Prozessleistung zu leiten. Zum Beispiel könnten sie helfen zu entscheiden, ob Designänderungen während eines Projekts akzeptiert werden sollten unter Berücksichtigung der Frage, ob die Designverbesserungen den zusätzlichen Zeitaufwand und die zusätzlichen Anstrengungen im Entwicklungsprozess rechtfertigen würden. Zwei Arten von Modellierungsansätzen werden in den folgenden zwei Abschnitten diskutiert, basierend auf Diagrammierung (Abschn. 9.4.2.1) und Matrizen (Abschn. 9.4.2.2).

### 9.4.2.1 Grafische Mehrdomänenprozessmodelle

Ein gut etablierter Ansatz zur Modellierung in mehreren Domänen ist die *Objekt-Prozess-Methodik (OPM)*, die eine integrierte Darstellung von Prozessen und Objekten mit einer formalen grafischen Notation ermöglicht (Dori, 2002). Ein mit OPM erstelltes Modell besteht aus einer hierarchisch organisierten Reihe von *Objekt-Prozess-Diagrammen*, die Prozesse und ihre zugehörigen Objekte darstellen (ISO/PAS19450 2015). Ein Beispiel ist in Abb. 9.17 dargestellt, wo *Prozesse* als Ellipsen (die verschachtelt sein können) und *Objekte* als Rechtecke dargestellt sind. Verschiedene Arten von *strukturellen Verbindungen* ermöglichen es dem Modellierer, zwischen Prozessen oder Objekten zu

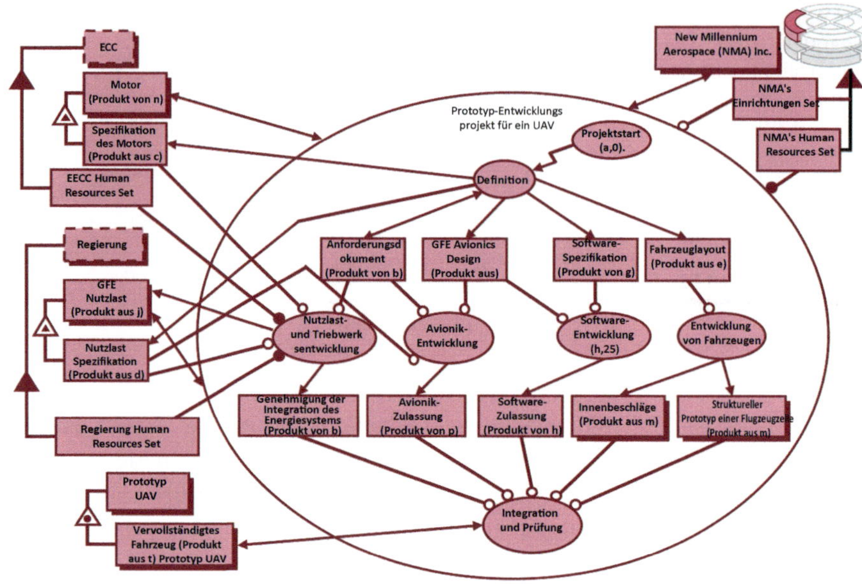


**Abb. 9.17** Objekt-Prozess-Diagramm eines UAV-Entwicklungsprozesses. Ellipsen repräsentieren Prozesse. Rechtecke repräsentieren Objekte. *Reproduziert von* Sharon et al. (2011) *mit Genehmigung. ©2011 Wiley Periodicals, Inc*

verbinden, und Arten von *prozeduralen Verbindungen* können Elemente über diese Domänen hinweg verbinden. OPM ist ein allgemeiner Ansatz, der in verschiedenen Kontexten angewendet wurde. Von besonderer Relevanz für dieses Kapitel zeigen Sharon et al. (2013), wie OPM die Planung und Kontrolle von Entwicklungsprojekten unterstützen kann, indem sie sie in eine Hierarchie von Aufgaben und Liefereregebnissen zerlegt und hilft, diese Domänen gleichzeitig zu betrachten. Die OPM-Darstellung kann dann analysiert werden, um zusammenfassende Ansichten zu erzeugen, die für das Projektmanagement nützlich sind. Sharon und Dori (2015) haben diese Methode weiterentwickelt und gezeigt, dass sie dazu beitragen kann, Unstimmigkeiten und Inkonsistenzen zwischen den Modellen und Dokumenten zu vermeiden, die zur Verwaltung eines Projekts verwendet werden. *Systems Modelling Language (SysML)* ist ein weiterer diagrammbasierter Ansatz zur Modellierung in mehreren Domänen. Im Gegensatz zu OPM bietet SysML unterschiedliche Notationen für die Modellierung verschiedener Sichtweisen auf ein System anstatt einer einzigen integrierten Notation. Die Sichtweisen sind: ein *Anforderungsdiagramm*; vier Arten von Verhaltensdiagrammen (das *Aktivitätsdiagramm*, *Sequenzdiagramm*, *Zustandsmaschinendiagramm*, die alle Prozessdiagramme sind, und das *Anwendungsfalldiagramm*) plus vier Arten von Strukturdiagrammen. SysML wird beispielsweise im Kontext der Systemarchitektur verwendet (siehe auch Abschn. 3.5.2) und in der modellbasierten Systemtechnik (siehe

Abschn. 8.4.2.3). Wie OPM und die IDEF-Familie von Methoden ist SysML relativ umfangreich und SysML-Beschreibungen können für Personen, die mit dem Ansatz nicht vertraut sind, schwer zu lesen sein.

Zusammenfassend können OPM und SysML (und auch die IDEF-Familie von Ansätzen) ausdrücken, wie ein Design- und Entwicklungsprozess mit seinem Kontext interagiert, während eine detaillierte Darstellung dieses Prozesses beibehalten wird. Während Modelle, die mit solchen Ansätzen erstellt wurden, potenziell detailliertere Einblicke bieten als Mesoebenenprozessmodelle, die in Abschn. 9.3 diskutiert wurden, erfordern sie auch mehr Informationen. Daher ist es nicht einfach, großskalige Modelle mit solchen Ansätzen zu erstellen und ihre Konsistenz sicherzustellen (Park und Cutkosky, 1999) und die erstellten Modelle zu visualisieren und zu verstehen. Für fokussierte Überprüfungen von integrierten Modellen und weitere Diskussionen über ihre Vor- und Nachteile wird der Leser auf Heisig et al. (2014) und Eckert et al. (2017) verwiesen.

#### 9.4.2.2 Mehrdomänenmodellierung und -analyse mit Matrizen

Die *Mehrdomänenmatrix (MDM)* ist eine Art von Inzidenzmatrix, die einen weiteren Ansatz zur Modellierung von Prozessen aus einer Mehrdomänenperspektive bietet. Das MDM-Konzept wurde Mitte der 2000er-Jahre entwickelt, insbesondere im Buch von Lindemann et al. (2009). Im Überblick ist eine Mehrdomänenmatrix eine Erweiterung des bekannten *Designstrukturmatrix-(DSM-)*Ansatzes, der in Abschn. 9.3.3 diskutiert wird, bei dem die Matrixüberschriften in Segmente unterteilt sind, wobei jedes Segment die Elemente in einer Domäne repräsentiert. Dies wird beispielhaft in Abb. 9.18 illustriert. Wie gezeigt, kann eine MDM daher konzeptionell in eine Reihe von DSM unterteilt werden, die jeweils Abhängigkeiten innerhalb einer bestimmten Domäne zeigen. Abseits der Diagonalen kann die Matrix in rechteckige Mapping-Matrizen unterteilt werden, die

**Abb. 9.18** Eine Mehrdomänenmatrix (MDM)

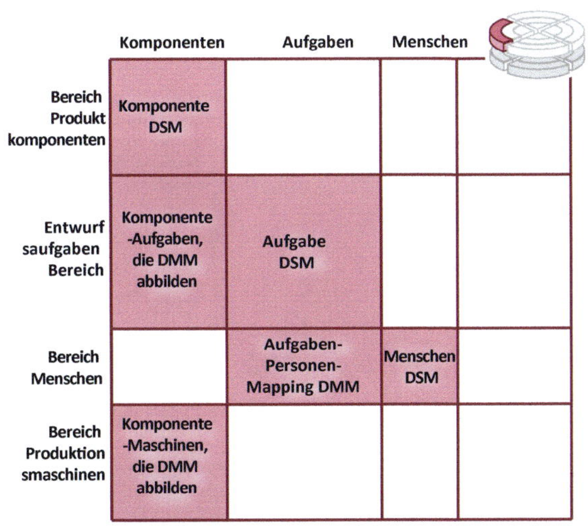

jeweils die Modellierung von Verbindungen zwischen Elementen über zwei verschiedene Domänen ermöglichen – diese rechteckigen Matrizen werden *Domänen-Mapping-Matrizen (DMMs)* genannt. Typischerweise sind nur einige der möglichen Matrizen ausgefüllt, zum Beispiel zeigt Abb. 9.18 eine Reihe von leeren Bereichen. DMMs können auch isoliert analysiert werden, ohne eine vollständige MDM-Darstellung. Für weitere Informationen zur Mehrdomänenmodellierung mit Matrizen siehe zum Beispiel Bartolomei et al. (2012), Danilovic und Browning (2007), Kusiak und Wang (1993a), Lindemann et al. (2009).

Diese Matrixkonzepte wurden angewendet, um zahlreiche Analysen von Design- und Entwicklungsprozessen zu unterstützen. Danilovic und Browning (2007) diskutieren beispielsweise die Anwendung von DMMs zur Erforschung der Konnektivität zwischen den Prozessdomänen von Aufgaben, Komponenten und Teams. Durch die Analyse der Domänen unabhängig und in Kombination ist es möglich, nicht übereinstimmende Strukturen zu identifizieren. Beispielsweise kann eine Teamstruktur, die die Zerlegung von Aufgaben im Prozess nicht widerspiegelt, zu Kommunikationsaufwand oder Nacharbeit beitragen. Sosa et al. (2004) diskutieren, wie solche Strukturen mit einem DMM-Ansatz identifiziert werden können und wie dies die Koordinationsbemühungen auf die Interaktionen konzentrieren kann, die wahrscheinlich Designänderungen und Iterationen vorantreiben. Eine beispielhafte DMM-Analyse ist in Abb. 9.19 dargestellt.

Ein Ansatz, der mehrere Domänenmatrizen umfangreich nutzt, ist das *Strukturkomplexitätsmanagement* von Lindemann et al. (2009). Dies beinhaltet die Modellierung eines Systems in mehreren Domänen mit MDMs und die Anwendung von Filteroperationen zur Ableitung indirekter Abhängigkeiten, zum Beispiel die Berechnung einer implizierten Aufgaben-DSM aus einer MDM, die die Komponenten angibt, mit

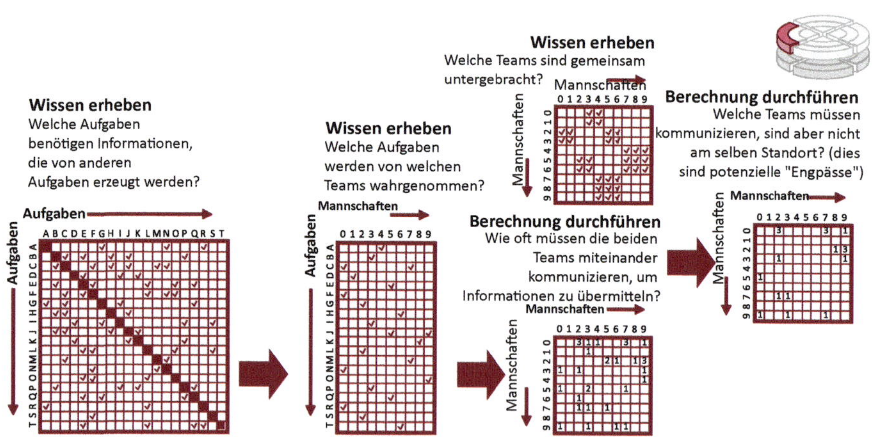


**Abb. 9.19** Illustration der Domain-Mapping-Matrix-Analyse. Nachdruck von Wynn (2007) mit Genehmigung des Autors

denen sich jede Aufgabe befasst. In diesem Fall würde eine Abhängigkeit zwischen zwei Aufgaben abgeleitet, wenn sie sich mit einigen der gleichen Komponenten befassen. Das Strukturkomplexitätsmanagement unterstützt auch die Anwendung von graphentheoretischen Metriken, wie etwa den Betweenness-Zentralitäten bestimmter Knoten und der Anzahl der Zyklen im Graphen, um Knoten, Kanten und Muster in einem modellierten Prozess zu charakterisieren. Die Ausreißer – zum Beispiel die zentralsten oder am stärksten verbundenen Knoten – sind wahrscheinlich von besonderer Relevanz und ihre Identifizierung bietet einen Fokus für Managementdiskussionen.

Das Strukturkomplexitätsmanagement hat seinen Ursprung in der Analyse komplexer Produkte und Produktfamilien und wurde von Kreimeyer und Lindemann (2011) für den Bereich der Entwicklungsprozesse adaptiert und erweitert, wie in Abb. 9.20 gezeigt. In diesem Kontext deuten Ausreißerknoten in der strukturellen Analyse eines Prozessmodells auf Elemente hin, zum Beispiel Aufgaben, Informationen, Prozessteilnehmer, die besondere Aufmerksamkeit verdienen könnten – zum Beispiel Aufgaben, die an vielen Zyklen teilnehmen, sind wahrscheinlich stark von Iterationen während des Designprozesses betroffen. Kreimeyer und Lindemann (2011) bieten einen systematischen Analyseansatz zusammen mit einem Katalog von strukturellen Maßnahmen und ihrer Interpretation für einen Designprozesskontext an und schreiben, dass die Identifizierung von Ausreißern nach ihren Strukturkomplexitätsmaßnahmen Schwerpunkte für tiefere Analysen, wie Prozesssimulationen, bieten kann.

Einige Vor- und Nachteile der Modellierung mit mehreren Domänenmatrizen sind in der folgenden Box zusammengefasst.

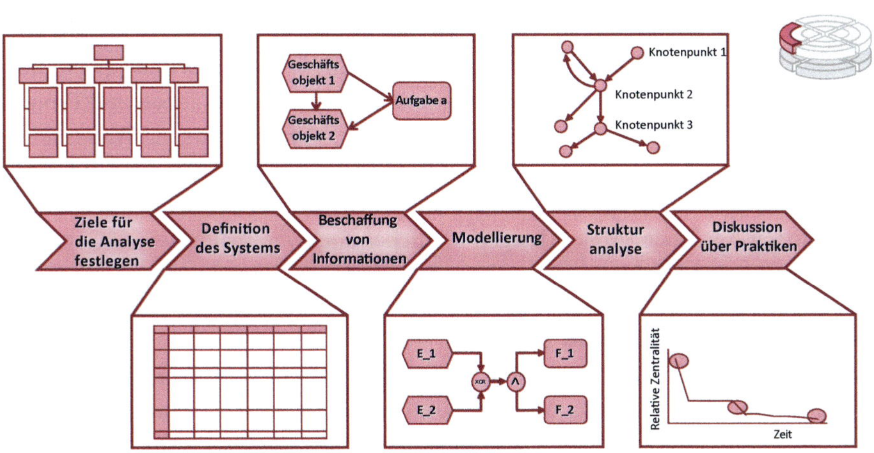


**Abb. 9.20** Vorgehensweise des Strukturkomplexitätsmanagements. *Nachdruck von* Kreimeyer und Lindemann (2011) *Complexity metrics in engineering design, Springer, S. 98, mit Genehmigung von Springer Nature*

**Wann man die Modellierung mit mehreren Domänenmatrizen in Betracht ziehen sollte**

- Wenn man mit einer komplexen Situation konfrontiert ist, die viele Elemente, Beziehungen und Domänen hat, die sich gegenseitig beeinflussen und berücksichtigt werden müssen
- Wenn Daten über Elemente und ihre Interaktionen in mehreren Domänen leicht erhältlich sind, zum Beispiel durch Extraktion aus bestehenden Prozesskarten, CAD-Modellen und Datenbanken
- Wenn man Elemente identifizieren möchte, die den Prozessablauf und die Ergebnisse unverhältnismäßig beeinflussen könnten

**Einige Nachteile**

- Wie DSM ist das MDM-System nicht gut geeignet, um Flussmuster in einem Prozess zu visualisieren
- Für die Befüllung einer MDM werden in der Regel erhebliche Datenmengen benötigt
- Die Beziehung zwischen abstrakten strukturellen Mustern und dem Prozessverhalten ist nicht immer klar und könnte auf verschiedene Weisen interpretiert werden

### 9.4.3 Warteschlangen- und flussorientierte Ansätze

In vielen Design- und Entwicklungssituationen führen Ressourcenknappheit und die Notwendigkeit für Arbeiter, ihre Anstrengungen auf mehrere Aufgaben und Projekte zu verteilen, oft zu Arbeitsüberlastung und folglich zu Verzögerungen. Warteschlangen- und flussorientierte Modellierungsansätze können verwendet werden, um diese Makroebenenprobleme zu untersuchen und zu managen. Diese Ansätze sind am nützlichsten für Situationen, in denen große Mengen ähnlicher Jobs verarbeitet werden, indem ähnliche Sequenzen von Schritten abgeschlossen werden.

#### 9.4.3.1 Wertstrom-Mapping

*Wertstrom-Mapping (Value Stream Mapping, VSM)* ist eine auf Workshops basierende Prozess-Mapping- und Redesign-Methode, die Teams dabei helfen kann, Engpässe, lange Vorlaufzeiten, unnötige Aktivitäten und andere verschwenderische Situationen in Warteschlangenprozessen zu identifizieren, um die Ursachen zu verstehen und zu beheben (Rother und Shook, 2003). Die oben genannten Probleme entstehen häufig, wenn die Verantwortung für einen ressourcenbeschränkten Prozess auf Abteilungen oder Standorte verteilt wird, sodass niemand für einen zeitnahen End-to-end-Fluss verantwortlich ist. Dies tritt oft bei kritischen Backoffice-Prozessen in der Produktentwicklung sowie in den Produktionsprozessen auf, für die VSM ursprünglich entwickelt wurde. In dem Bestreben, auf Erfolgen in diesem Kontext aufzubauen, wurde die VSM-Methode als Grundlage für das *Produktentwicklungswertstrom-Mapping (PDVSM)* übernommen, das für die typischerweise weniger strukturierten und weniger routinemäßigen Produktentwicklungsprozesse gedacht ist. Das PDVSM-Handbuch, das von der MIT Lean Aerospace Initiative veröffentlicht wurde, besagt, dass bei Anwendung dieser Methode typischerweise eine Reduzierung der Vorlaufzeiten von Entwicklungsprozessen um 50 % bis 75 % zu erwarten ist (McManus, 2005), liefert jedoch nicht viel Evidenz zur Unterstützung dieser Zahlen. PDVSM verwischt möglicherweise die Grenze zwischen dem traditionellen VSM, das für die Modellierung von Prozessen verwendet wird, die Bestände zwischen und innerhalb von Prozessschritten ansammeln, und den Aufgabenpräzedenzmodellen wie ASM2.0, die zuvor diskutiert wurden.

Abb. 9.21 zeigt ein Beispiel für eine Wertstrom-Map. Der wichtigste Teil der Erstellung einer solchen Karte besteht darin, den Wertfluss zu identifizieren, der auftritt, wenn ein Arbeitsprodukt durch eine Reihe von Schritten verarbeitet wird. Die Dauer jedes Schrittes wird auf der Vorlaufzeitleiter am unteren Rand der Abbildung dargestellt, die sowohl die *Berührungszeit*, die sich auf die an einem Produkt verbrachte Arbeitszeit bezieht, als auch die *Vorlaufzeit*, die sich auf die Gesamtzeit bezieht, die vom Erhalt eines Artikels bis zur Fertigstellung des Schrittes benötigt wird. Symbole werden

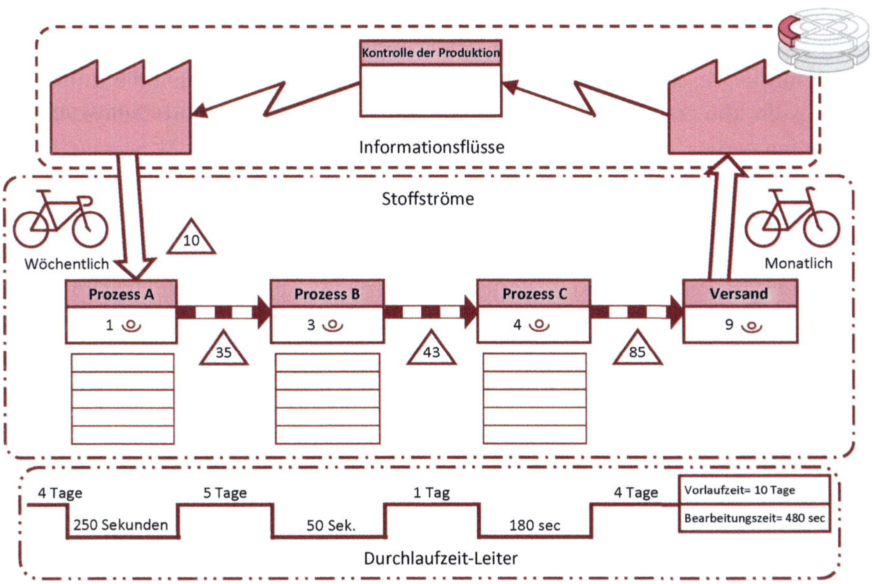


**Abb. 9.21** Eine Wertstromkarte. Angepasst von der Arbeit von Daniel Penfield, http://wikimedia.org, Lizenz Creative Commons Attribution-Share Alike 3.0 Unported

verwendet, um die verschiedenen Arten von Verschwendung in einem Prozess darzustellen, in der Regel basierend auf Ohnos sieben Verschwendungen:

1. *Fehler* – Fehler, die in das Arbeitsprodukt eingeführt werden, müssen erkannt und nachgearbeitet werden, was Kosten, Zeit und Störungen verursacht, oder können Qualitätsprobleme verursachen, die den Kunden erreichen;
2. *Überproduktion* – betrifft einen Prozess oder Schritt, der Ausgaben schneller erzeugt, als sie verbraucht werden können, was zu überschüssigem Bestand führt (siehe unten);
3. *Überverarbeitung* – betrifft einen Prozess oder Schritt, der Ausgaben mit höherer Qualität oder mehr Funktionen erzeugt, als benötigt;
4. *Warten* – tritt auf, wenn ein Prozessschritt aufgrund unzureichender Eingaben oder Ressourcen warten muss;
5. *Transport* – betrifft das physische Bewegen des Arbeitsprodukts von einem Ort zum anderen, was Zeit und Kosten verursacht und zu unerwünschtem Bestandsaufbau führt, da das Produkt in diskreten Intervallen für den Transport gebündelt wird (dargestellt durch das Fahrradsymbol für Rohmaterial und Fertigprodukt in Abb. 9.21);
6. *Bestand* – bezieht sich auf Arbeitsprodukte, die zwischen Prozessschritten angesammelt werden, Kosten verursachen, Platz benötigen und möglicherweise dazu führen, dass Bestände verworfen werden, wenn Qualitätsprobleme nicht schnell entdeckt werden;
7. *Bewegung* – bezieht sich auf die Bewegung des Arbeiters.

Zum Beispiel zeigt das Dreiecksymbol zwischen den Schritten in Abb. 9.21 den ungefähren Bestand (Anzahl der Artikel), der zwischen jedem Prozessschritt angesammelt wird und auf die Verarbeitung wartet. Eine Wertstromkarte sollte auch die Informationsflüsse erfassen, die zur Steuerung des Materialflusses und der Verarbeitungsschritte benötigt werden – dies wird zum Beispiel im oberen Teil von Abb. 9.21 gezeigt. Nach der Kartierung eines Istprozesses kann VSM verwendet werden, um den Prozess neu zu gestalten, um Verschwendungen durch die Einführung von Methoden wie Kanban-Karten anstelle von Produktionsplanung für das Bestandsmanagement, Ein-Stück-Fluss anstelle von Chargenverarbeitung zur Reduzierung von Beständen und ausgeglichenem Fluss, der dadurch erreicht wird, dass jeder Schritt die gleiche Berührungszeit hat. Zwei Ansätze sind möglich: inkrementelle (kontinuierliche) Verbesserungen des bestehenden Prozesses oder radikale Neugestaltung des Prozesses.

**Wann man die Wertstromanalyse in Betracht ziehen sollte**

- Wenn es gewünscht ist, einen Warteschlangenprozess zu verbessern, in dem sich Bestände zwischen und innerhalb von Verarbeitungsschritten ansammeln. Beispiele in einem Entwicklungs- und Designkontext beziehen sich oft auf administrative, Genehmigungs- und Dokumentationsprozesse

- Wenn der Prozess die Grenzen einer Organisation überschreitet, sodass die Sichtbarkeit von Flussproblemen herausfordernd ist

**Einige Nachteile**

- Am besten anwendbar, wo die Abhängigkeiten zwischen Prozessschritten leicht zu definieren sind und die Prozessschritte hauptsächlich sequenziell sind und einen einzigen Wertstrom bilden. Gleichzeitige Arbeitsströme mit komplexen Interdependenzen können nicht leicht analysiert werden
- Geringe Fähigkeit, Iterationen zu berücksichtigen, die im Entwicklungs- und Designprozess allgegenwärtig sind

#### 9.4.3.2 Workflow-Management

Modellbasierte Ansätze für Warteschlangen- und Flussmanagement erscheinen oft in der Entwicklungs- und Designpraxis in Form von Tools zur Verwaltung von Workflows in administrativen Prozessen, wie der Überprüfung und Genehmigung von Designfreigaben oder Änderungsanordnungen. Zum Beispiel wird diese Funktionalität von kommerziellen Lösungen für das Produktlebenszyklusmanagement angeboten (Rangan et al., 2005). Der Schwerpunkt liegt darauf, die Logistik des Informationsflusses zu automatisieren und die Menschen auf Aufgaben aufmerksam zu machen, die ihre Aufmerksamkeit erfordern, basierend auf einem Prozessmodell, das die Reihe von Schritten festlegt, durch die alle Aufgaben für diesen Prozess fließen müssen. Obwohl sie eine funktionale Infrastruktur bieten, sind diese Tools oft mit langen Prozesslaufzeiten verbunden, die viele sekundäre Probleme verursachen können, von denen einige von Oppenheim (2004) diskutiert werden. Visuelle Darstellungen des Work in Progress, in Form von manuell arrangierten oder computerisierten visuellen Management-Dashboards, können die Reihenfolge der Prozessschritte horizontal über den oberen Rand eines Computerbildschirms oder einer Besprechungsraumwand anzeigen und Aufgaben, die auf ihre Bearbeitung warten, sind unter jedem Schritt ausgerichtet (Parry und Turner, 2006) und werden regelmäßig vom Team diskutiert, das Prioritäten und Engpässe verwaltet. Andere Autoren entwickeln Metriken zur Überwachung von Warteschlangen im technischen Entwurfsprozess, um die kontinuierliche Verbesserung zu ermöglichen und zu unterstützen (Beauregard et al., 2008).

#### 9.4.3.3 Warteschlangensimulation

Die letzte Gruppe der auf Warteschlangen- und Flussorientierung basierenden Modellierungsansätze sind dynamische Simulationen von Warteschlangensituationen. Zum Beispiel entwickeln Adler et al. (1995) ein Warteschlangenmodell zur Untersuchung von Arbeitslast- und Staueffekten in Unternehmen, die mehrere Entwicklungsprojekte gleichzeitig bearbeiten. In solchen Situationen muss eine Aufgabe, selbst wenn sie die erforderlichen Informationen zum Starten hat, um die Aufmerksamkeit der Ressourcen mit Aufgaben aus anderen Projekten konkurrieren. In ihrem Modell gehen Adler et al. (1995) davon aus, dass Projekte in verschiedene Typen gruppiert werden können, die jeweils als iteratives Aufgabennetzwerk dargestellt werden, das Wahrscheinlichkeitsdichtefunktionen zur Beschreibung der Variation in individuellen Projekteigenschaften beinhaltet. Die Organisation wird als eine Reihe von Verarbeitungsstationen definiert, jede mit einer Kapazität, die die Anzahl der Personen darstellt, die an Aufgaben eines bestimmten Typs arbeiten können. In ihrer Simulation werden die Aufgaben aus jedem laufenden Projekt entsprechend dem Vorgängernetzwerk für den entsprechenden Projekttyp generiert und warten auf Aufmerksamkeit an den entsprechenden Verarbeitungsstationen. So unterscheidet das Modell die Wartezeit auf Aufmerksamkeit von der Zeit, die für die Ausführung von Aufgaben aufgewendet wird. Adler et al. (1995) argumentieren, dass ihr Modell die Zykluszeit genauer vorhersagen kann als Ansätze für einzelne Projekte und durch What-if-Analysen Einblicke in Ressourcen- und Staueffekte geben kann.

Narahari et al. (1999) bauen auf dieser Arbeit auf und argumentieren, dass ähnliche Einblicke durch ein vereinfachtes Modell gewonnen werden können, in dem jedes Projekt als eine einzelne Aufgabe dargestellt wird, die durch ein Netzwerk von Verarbeitungsstationen fließt, die in einer Wiedereintrittslinie organisiert sind. Obwohl dies die komplexe Gleichzeitigkeit innerhalb jedes Projekts nicht darstellt, kann es verwendet werden, um die Projektverarbeitungszeiten zu bewerten und zu zeigen, wie sie durch Einblicke aus der Warteschlangentheorie (Queueing Theory) verbessert werden können. Insbesondere empfehlen Narahari et al. (1999), dass Mitarbeiter Aufgaben priorisieren, indem sie Richtlinien verwenden, die darauf abzielen, die Variabilität zu reduzieren, und dass Unternehmen die Anzahl der Projekte, die sie gleichzeitig in Angriff nehmen, begrenzen.

#### 9.4.3.4 Abschnittszusammenfassung

Insgesamt sind Modellierungsansätze, die auf Warteschlangen und Fluss ausgerichtet sind, am hilfreichsten bei der Bewältigung von relativ routinemäßigen Prozessen, die als Workflows wahrgenommen werden können, in denen zahlreiche Aufgaben die gleiche Abfolge von Operationen durchlaufen müssen. Während diese Situationen häufig in Entwicklungsprojekten auftreten, kann es herausfordernd sein, die Ansätze auf die Kerndesignprozesse anzuwenden, die weniger Routine beinhalten, insbesondere wenn ein hohes Maß an Modellierungsdetail gewünscht ist.

Einige allgemeine Vor- und Nachteile von auf Warteschlangen und Fluss basierenden Modellierungsansätzen sind in der folgenden Box zusammengefasst.

**Wann man Warteschlangen- und flussbasierte Modellierungsansätze in Betracht ziehen sollte**

- Wenn mehrere Aufgaben eine Reihe von ähnlichen Schritten erfordern
- Wenn ressourcenbegrenzte Verhaltensweisen, wie Engpässe, Anlass zur Sorge geben

**Einige Nachteile**

- Erfassen in der Regel keine komplexe Gleichzeitigkeit innerhalb von Projekten
- Eingeschränkte Fähigkeit, Iterationen zu handhaben
- Können nicht leicht die Eigenheiten einzelner Projekte oder Aufgaben berücksichtigen

### 9.4.4 Rückkopplungsorientierte Ansätze

Dieser Abschnitt konzentriert sich auf den vierten und letzten Typ von Makromodellierungsansätzen, die in diesem Kapitel diskutiert werden: Beiträge, die sich auf Rückkopplungen im Kontext des Entwicklungs- und Designprozesses konzentrieren.

#### 9.4.4.1 Kausale Schleifendiagramme

*Kausale Schleifendiagramme* bieten einen qualitativen Ansatz zur Modellierung und Untersuchung der Strukturen von Rückkopplungsschleifen, die eine Situation beeinflussen. Dieser Ansatz konzentriert sich darauf, wie Einflüsse in Zyklen interagieren, um sich gegenseitig zu verstärken oder zu unterdrücken, und wie diese Interaktionen Aspekte der Prozessleistung beeinflussen könnten. Kausale Schleifendiagramme sind eine allgemeine Systemmodellierungsmethode, die auf eine breite Palette von Situationen im Kontext des Design- und Entwicklungsprozesses angewendet wurde. Eine allgemeinere Form dieser Methode ist das kausale Netzwerkdiagramm, das möglicherweise keine Zyklen darstellt. Zum Beispiel wendet Browning (1999) kausale Netzwerkmodellierung an, um Ursachen und Wirkungen von Iterationen in der Produktentwicklung zu analysieren, und erstellt das in Abb. 9.22 gezeigte Modell, um individuelle Faktoren und Beziehungen, die durch Fallstudien und frühere Forschungen aufgedeckt wurden, konzeptionell zu integrieren. Obwohl die Stärken der Interaktionen von einer Situation zur nächsten variieren können, bieten generische kausale Diagramme wie Abb. 9.22 nützliche Vorlagen zur Leitung der Modellierung und Analyse einer spezifischen Situation.

**Wann man kausale Schleifendiagramme in Betracht ziehen sollte**

- Wenn man die wechselwirkenden Rückkopplungsschleifen, die eine komplexe Situation beeinflussen, qualitativ verstehen möchte
- Wenn eine Situation zu komplex für eine quantitative Analyse ist

**Einige Nachteile**

- Bietet keine quantitativen Einblicke
- Kann überwältigend werden und schwer zu erfassen sein, wenn die Anzahl der Schleifen zunimmt

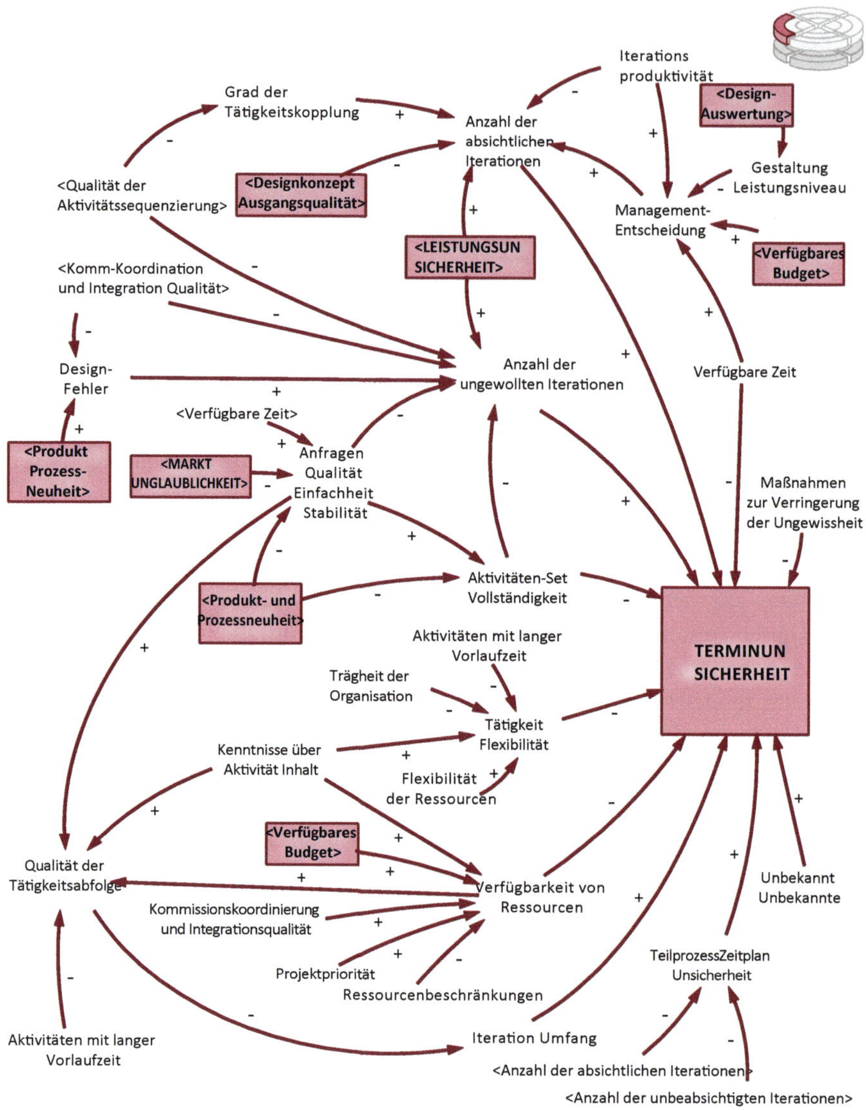


**Abb. 9.22** Ein kausales Netzwerkdiagramm, das Einflüsse und Effekte in Bezug auf Terminunsicherheit in Entwicklungsprojekten integriert. *Abbildung reproduziert von* Browning (1999) *mit Genehmigung. Copyright ©1999 John Wiley & Sons, Inc*

Für weitere Informationen über kausale Schleifendiagramme wird der Leser auf Barbrook-Johnson und Penn (2022) verwiesen.

#### 9.4.4.2 GRAI-Gitter

Die GRAI-Methodik, die auf dem in Abschn. 7.4.1.5 diskutierten GRAI-Referenzmodell aufbaut, bietet einen Ansatz zur Modellierung der Rückkopplungsprozesse, die verschiedene Prozesse in einer Produktentwicklungsorganisation verbinden und steuern. Im Rahmen dieses Ansatzes hilft der *GRAI-Gitter*-Diagrammansatz einem Modellierer, die Interaktionen zwischen verschiedenen Kontrollmechanismen innerhalb des Produktentwicklungsmanagementsystems darzustellen, die jeweils unterschiedliche charakteristische Zeiträume und Handlungsbereiche haben (Girard und Doumeingts, 2004). Ein Beispiel für ein GRAI-Gitter ist in Abb. 9.23 dargestellt. Der GRAI-Ansatz geht davon aus, dass die Modellierung des Entscheidungssystems auf diese Weise dazu beitragen kann, die Entscheidungsprozesse zu strukturieren und zu koordinieren (Girard und Doumeingts, 2004), was als Voraussetzung für die Gestaltung eines Informationssystems angesehen wird, das sicherstellt, dass die richtigen Informationen zur effektiven Koordination zwischen den Entscheidungsebenen verfügbar sind (Merlo und Girard, 2004).

#### 9.4.4.3 Systemdynamik

Der letzte Ansatz, der in diesem Kapitel diskutiert wird, ist die *Systemdynamik*-modellierung, ein Simulationsmodellierungsansatz, der angewendet wurde, um Fragen im Zusammenhang mit Rückkopplungen in komplexen Systemen in vielen Bereichen zu untersuchen (siehe Forrester, 2013 ursprünglich veröffentlicht in 1961).

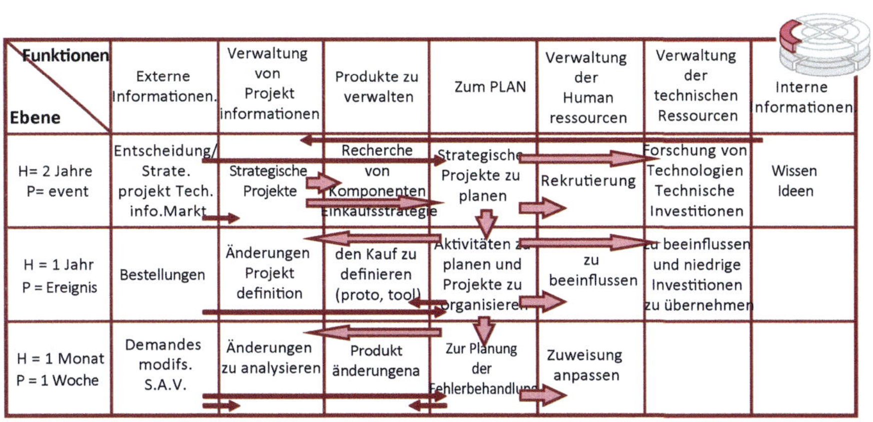


**Abb. 9.23** GRAI-Gitter zeigt Interaktionen des Entscheidungssystems bei einem Hersteller von Kraftstoffausrüstung. H bezieht sich auf den Horizont der Entscheidung, d. h. die Zeit, über die sie gültig bleibt, und P repräsentiert die Periode, d. h. die Zeit, bevor die Entscheidung erneut in Betracht gezogen wird. *Nachdruck von* Girard et al. (1999) *Proposal to control the systems design process: application to manufactured products, S. 542, Springer, Berlin, Heidelberg, mit Genehmigung von Springer Nature*

Die Systemdynamikmodellierung behandelt direkt die Auswirkungen von Managementhebeln auf einen Design- und Entwicklungsprozess, indem sie Projektsteuerungsstrukturen als interagierende Rückkopplungsschleifen explizit darstellt und ihre Auswirkungen auf den Prozessablauf in Reaktion auf externe und interne Einflüsse simuliert. Diese Modelle basieren auf der Arbeit von Cooper (1980), der ein kanonisches Entwicklungsprojektmodell namens *Nacharbeitungszyklus* (Rework Cycle) entwickelt hat, das an eine bestimmte Situation angepasst und kalibriert werden kann. In Coopers Modell werden Aufgaben oder Arbeitspakete als austauschbare Einheiten dargestellt, die zwischen vier Pools fließen, die in der Mitte von Abb. 9.24 gezeigt werden. Ein Projekt beginnt mit allen Aufgaben im Pool mit der Bezeichnung *ursprüngliche Arbeit zu erledigen* und gilt als abgeschlossen, sobald sie durch den *Prozess* in *erledigte Arbeit* geflossen sind. Der Kern des Modells, wie in Abb. 9.24 angegeben, ist, dass die *Fehlererzeugung* bei der Aufgabenausführung einen Rückstand an *unentdeckter Nacharbeit* verursacht, der nach einer *Nacharbeitsentdeckungs*zeit zu *Nacharbeit zu erledigen* wird und den Prozess erneut durchläuft. Das Modell zeigt, warum der wahrgenommene Fortschritt dazu neigt, hinter dem Zeitplan zurückzubleiben, und warum der tatsächliche Fortschritt noch weiter zurückbleibt. Coopers Analysestruktur wurde angepasst und erweitert, um

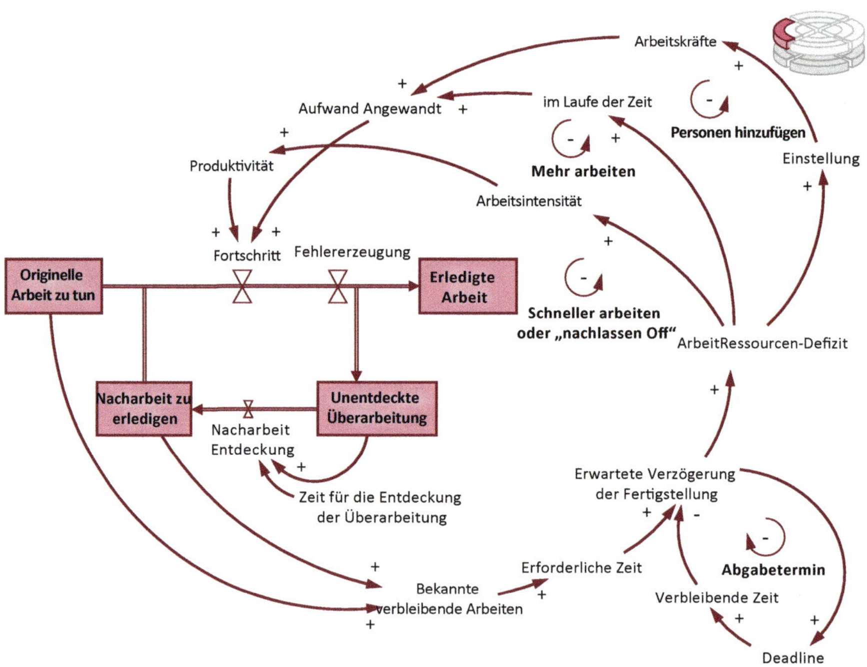


**Abb. 9.24** Der Systemdynamik-Nacharbeitungszyklus, einschließlich steuernder Rückkopplungsschleifen zur Erreichung eines Zielzeitplans. Nachdruck von Lyneis und Ford (2007) mit Genehmigung. Copyright ©2007 John Wiley & Sons, Ltd

die Grundlage für viele nachfolgende Systemdynamikmodelle zu bilden (Lyneis und Ford, 2007). Zum Beispiel zeigen Ford und Sterman (1998), wie eine Sequenz von Nacharbeitungszyklen, die jeweils an den nächsten gekettet sind, zur Modellierung überlappender Phasen eines Entwicklungsprojekts verwendet werden kann.

Rückkopplungen werden in diesen Modellen als kausale Schleifen eingebaut, in denen die Zustände der Aktivitätspools, zusammen mit den Einstellungen ausgewählter Managementhebel, die Raten beeinflussen, mit denen Aufgaben zwischen den Pools fließen. Zum Beispiel könnte ein Einflusszyklus anzeigen, dass eine Arbeitsabschlussrate (zum Beispiel Fortschritt in Abb. 9.24) durch den aufgewendeten Aufwand beeinflusst wird, ein Managementhebel, der wiederum davon beeinflusst wird, ob die wahrgenommene Menge an noch zu erledigender Arbeit hinter einem vorgegebenen Zeitplan zurückbleibt. Die gewünschte Beschleunigung des Fortschritts könnte durch eine sekundäre Rückkopplungsschleife (nicht in Abb. 9.24 gezeigt) ausgeglichen werden, in der die erhöhte Arbeitsabschlussrate die Arbeitsqualität reduzieren könnte, was dazu führt, dass der Fortschritt weiter hinter den Wahrnehmungen zurückbleibt.

**Wann man die Systemdynamikmodellierung in Betracht ziehen sollte**

- Wenn man die Auswirkungen von Managementhebeln untersuchen möchte, die sich gegenseitig unterstützen oder behindern könnten
- Wenn man die Auswirkungen von Verzögerungen und unvollständigen Informationen auf die Prozessdynamik untersuchen möchte
- Wenn man Kipppunkte identifizieren möchte, an denen bestimmte Einflüsse beginnen, eine Situation zu dominieren

**Einige Nachteile**

- Zeigt nicht einzelne Prozessschritte und ihre Abhängigkeiten an
- Berücksichtigt in der Regel nicht die Unsicherheit in der Entwicklung des modellierten Prozesses
- Die Auswahl der zu modellierenden kausalen Schleifen und die Gleichungen, die die entsprechenden Rückkopplungseffekte steuern, können schwer zu überprüfen sein, sind jedoch wichtig für das Verhalten eines Modells

## 9.5 Zusammenfassung und Diskussion

Im Laufe der Jahre wurden viele Ansätze zur Modellierung und Verbesserung von Design- und Entwicklungsprozessen entwickelt. Dieses Kapitel hat eine organisierte Einführung in etablierte Ansätze in dieser Kategorie gegeben und Kommentare zu ihren Vor- und Nachteilen angeboten. Die Ansätze, zusammengefasst in Abb. 9.25, reichen

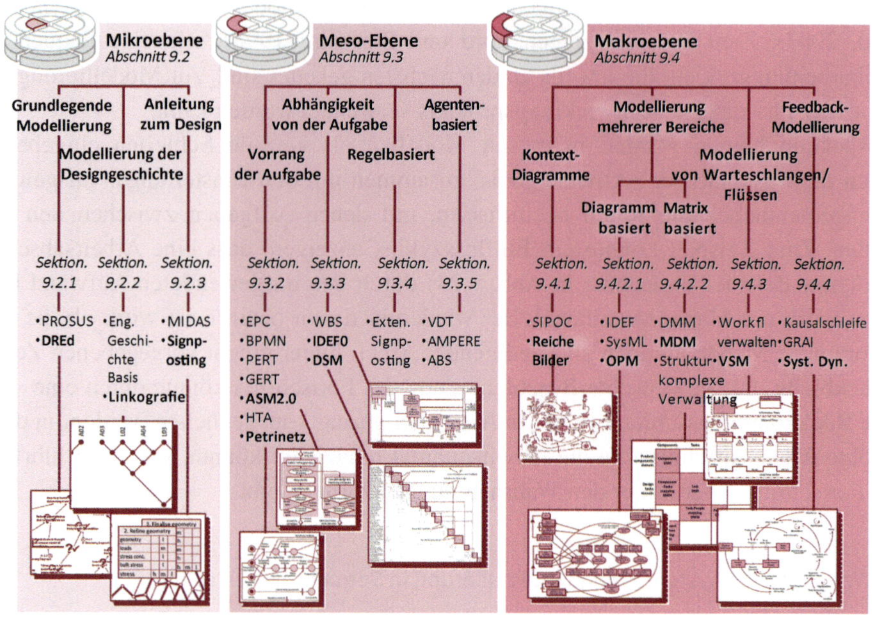


**Abb. 9.25** Zusammenfassung der in diesem Kapitel diskutierten Modellierungsansätze

von informellen und qualitativen Diagrammen bis hin zu quantitativen Simulationsmodellen – einige sind sehr praktisch, während andere hauptsächlich von Forschungsinteresse sind. Dieses Kapitel vermittelt einen Überblick darüber, wie die Ansätze zueinander stehen, und zeigt gleichzeitig (durch die gemeinsame Struktur des organisierenden Frameworks), wie sie sich auf Modelle, Theorien und Ansätze beziehen, die in anderen Kapiteln dieses Buches betrachtet werden. Die breite Palette der in dem Kapitel behandelten Ansätze und die Vielfalt der darin behandelten Fragen zeigen auch die Komplexität von Design- und Entwicklungsprozessen und die Breite der Überlegungen, die durch die Modellierung ihrer spezifischen Details auf Mikro-, Meso- und Makroebene behandelt werden können.

Das nächste Kapitel schließt die Diskussion der obersten Schicht des in Kap. 6 vorgestellten organisierenden Rahmens ab und diskutiert Studien, die Modellierung und mathematische oder rechnergestützte Analyse verwenden, um verallgemeinerbare Erkenntnisse über den Design- und Entwicklungsprozess zu entwickeln.

## Literatur


Adler, P. S., Mandelbaum, A., Nguyen, V., & Schwerer, E. (1995). From project to process man agement: An empirically-based framework for analyzing product development time. *Management Science, 41*(3), 458–484. https://doi.org/10.1287/mnsc.41.3.458.

Austin, S., Baldwin, A., Li, B., & Waskett, P. (1999). Analytical design planning technique: A model of the detailed building design process. *Design Studies, 20*(3), 279–296. https://doi.org/10.1016/S0142-694X(98)00038-6.

Austin, S., Baldwin, A., Li, B., & Waskett, P. (2000). Analytical design planning technique (ADePT): A dependency structure matrix tool to schedule the building design process. *Construction Management and Economics, 18*(2), 173–182. https://doi.org/10.1080/014461900370807.

Barbrook-Johnson, P., & Penn, A.S. (2022). Causal loop diagrams. In: *Systems mapping*. Palgrave Macmillan. https://doi.org/10.1007/978-3-031-01919-7_4.

Bartolomei, J. E., Hastings, D. E., de Neufville, R., & Rhodes, D. H. (2012). Engineering systems multiple-domain matrix: An organizing framework for modeling large-scale complex systems. *Systems Engineering, 15*(1), 41–61. https://doi.org/10.1002/sys.20193.

Beauregard, Y., Thomson, V., & Bhuiyan, N. (2008). Lean engineering logistics: Load leveling of design jobs with capacity considerations. *Canadian Aeronautics and Space Journal, 54*(2), 19–30. https://doi.org/10.5589/q08-006.

Bell, S., & Morse, S. (2013). How people use rich pictures to help them think and act. *Systemic Practice and Action Research, 26*(4), 331–348. https://doi.org/10.1007/s11213-012-9236-x.

Bhuiyan, N., Gerwin, D., & Thomson, V. (2004). Simulation of the new product development process for performance improvement. *Management Science, 50*(12), 1690–1703. https://doi.org/10.1287/mnsc.1040.0309.

Blessing, L. T. M. (1994). *A process-based approach to computer-supported engineering design (Doctoral dissertation)*. Universiteit Twente.

Blessing, L. T. (1996). Design process capture and support. In M. Tichem, T. Storm, M. M. Andreassen, & J. MacCallum (Hrsg.), *DS 53: Proceedings of the 2nd WDK Workshop on Product Structuring 1996* (S. 5–16). Delft University of Technology.

Borjesson, F., & Hölttä-Otto, K. (2012). Improved Clustering Algorithm for Design Structure Matrix. In *Proceedings of the ASME 2012 International Design Engineering Technical Conferences and Computers and Information in Engineering Conference. Volume 3: 38th Design Automation Conference, Parts A and B*. Chicago, Illinois, USA. August 12–15, 2012., S. 921–930. https://doi.org/10.1115/DETC2012-70076.

Bracewell, R., Wallace, K., Moss, M., & Knott, D. (2009). Capturing design rationale. *Computer-Aided Design, 41*(3), 173–186. https://doi.org/10.1016/j.cad.2008.10.005.

Bracewell, R. H., Gourtovaia, M., Wallace, K. M., & Clarkson, P. J. (2007). Extending design rationale to capture an integrated design information space. In J.-C. Bocquet (Hrsg.), *DS 42: Proceedings of ICED 2007, the 16th International Conference on Engineering Design, Paris, France* (S. 85–86). The Design Society.

Browning, T. R., & Eppinger, S. D. (2002). Modeling impacts of process architecture on cost and schedule risk in product development. *IEEE Transactions on Engineering Management, 49*(4), 428–442. https://doi.org/10.1109/TEM.2002.806709.

Browning, T. R. (1999). Sources of schedule risk in complex system development. *Systems Engineering: The Journal of The International Council on Systems Engineering, 2*(3), 129–142. https://doi.org/10.1002/(SICI)1520-6858(1999)2:3<129::AID-SYS1>3.0.CO;2-H.

Browning, T. R. (2016). Design structure matrix extensions and innovations: A survey and new opportunities. *IEEE Transactions on Engineering Management, 63*(1), 27–52. https://doi.org/10.1109/TEM.2015.2491283.

Browning, T. R., Fricke, E., & Negele, H. (2006). Key concepts in modeling product development processes. *Systems Engineering, 9*(2), 104–128. https://doi.org/10.1002/sys.20047.

Browning, T. R., & Ramasesh, R. V. (2007). A survey of activity network-based process models for managing product development projects. *Production and Operations Management, 16*(2), 217–240. https://doi.org/10.1111/j.1937-5956.2007.tb00177.x.

Checkland, P. (2000). Soft systems methodology: A thirty year retrospective. *Systems Research and Behavioral Science, 17*(S1), S11–S58. https://doi.org/10.1002/1099-1743(200011)17:1+<::AID-SRES374>3.0.CO;2-O.

Cho, S.-H., & Eppinger, S. D. (2005). A simulation-based process model for managing complex design projects. *IEEE Transactions on Engineering Management, 52*(3), 316–328. https://doi.org/10.1109/TEM.2005.850722.

Christiansen, T. R. (1993). Modeling efficiency and effectiveness of coordination in engineering design teams (Doctoral dissertation). Stanford University.

Chung, M. J., Kwon, P., & Pentland, B. T. (2002). Making process visible: A grammatical approach to managing design processes. *Journal of Mechanical Design, 124*(3), 364–374. https://doi.org/10.1115/1.1487358.

Clarkson, P. J., & Hamilton, J. R. (2000). 'Signposting', A parameter-driven task-based model of the design process. *Research in Engineering Design, 12*(1), 18–38. https://doi.org/10.1007/s001630050021.

Clarkson, P. J., Melo, A., & Eckert, C. (2000). Visualization of routes in design process planning. In E. Banissi, M. Bannatyne, C. Chen, F. Khosrowshahi, M. Sarfraz, and A. Ursyn (Hrsg.), *Proceedings 2000 IEEE International Conference on Information Visualization, Jul 19-21, 2000, London, England* (S. 155-164). IEEE Computer Society. https://doi.org/10.1109/IV.2000.859750.

Cohen, G. P. (1992). The virtual design team: An information-processing model of design team management (Doctoral dissertation). Stanford University.

Colquhoun, G. J., Baines, R. W., & Crossley, R. (1993). A state of the art review of IDEF0. *International Journal of Computer Integrated Manufacturing, 6*(4), 252–264. https://doi.org/10.1080/09511929308944576.

Cooper, K. G. (1980). Naval ship production: A claim settled and a framework built. *Interfaces, 10*(6), 20–36. https://doi.org/10.1287/inte.10.6.20.

Crowder, R. M., Robinson, M., Hughes, H. P., & Sim, Y.-W. (2012). The development of an agent based modeling framework for simulating engineering team work. *IEEE Transactions on Systems, Man, and Cybernetics-Part A: Systems and Humans, 42*(6), 1425–1439. https://doi.org/10.1109/TSMCA.2012.2199304.

Danilovic, M., & Browning, T. R. (2007). Managing complex product development projects with design structure matrices and domain mapping matrices. *International Journal of Project Management, 25*(3), 300–314. https://doi.org/10.1016/j.ijproman.2006.11.003.

Dori, D. (2002). *Object-Process Methodology: A holistic systems paradigm.* Springer. https://doi.org/10.1007/978-3-642-56209-9.

Eckert, C. M., Wynn, D. C., Maier, J. F., Albers, A., Bursac, N., Xin Chen, H. L., Clarkson, P. J., Gericke, K., Gladysz, B., & Shapiro, D. (2017). On the integration of product and process models in engineering design. *Design Science, 3*, e3. https://doi.org/10.1017/dsj.2017.2.

Eppinger, S. D., Whitney, D. E., Smith, R. P., & Gebala, D. A. (1994). A model-based method for organizing tasks in product development. *Research in Engineering Design, 6*(1), 1–13. https://doi.org/10.1007/BF01588087.

Eppinger, S. D., & Browning, T. R. (2012). *Design structure matrix methods and applications.* MIT Press. https://doi.org/10.7551/mitpress/8896.001.0001.

Fernandes, J. M. V. (2015). Requirements change in complex product development: Understanding causes, managing uncertainty and planning for change (Doctoral dissertation). Instituto Superior Técnico.

Flanagan, T. (2006). Supporting design planning through process model simulation (Doctoral dissertation). Cambridge University Engineering Department. https://doi.org/10.17863/CAM.14053.

Ford, D. N., & Sterman, J. D. (1998). Dynamic modeling of product development processes. *System Dynamics Review: The Journal of the System Dynamics Society, 14*(1), 31–68. https://doi.org/10.1002/(SICI)1099-1727(199821)14:1<31::AID-SDR141>3.0.CO;2-5.

Forrester, J. W. (2013). Industrial dynamics. Martino Fine Books.

Freisleben, D., & Vajna, S. (2002). Dynamic project navigation: Modelling, improving, and review of engineering processes. In *Proceedings of the ASME 2002 International Design Engineering Technical Conferences and Computers and Information in Engineering Conference, Montreal, Quebec, Canada, Sep 29-Oct 2, 2002, Volume 2: 28th Design Automation Conference* (S. 919–925). https://doi.org/10.1115/DETC2002/DAC-34132.

French, M. J. (1999). *Conceptual design for engineers* (3. Aufl.). Springer. https://doi.org/10.1007/978-1-4471-3627-9.

Garcia, R. (2005). Uses of agent-based modeling in innovation/new product development research. *Journal of Product Innovation Management, 22*(5), 380–398. https://doi.org/10.1111/j.1540-5885.2005.00136.x.

Girard, P., Eynard, B., & Doumeingts, G. (1999). Proposal to control the systems design process: Application to manufactured products. In J. L. Batoz, P. Chedmail, G. Cognet, & C. Fortin (Hrsg.), *Integrated design and manufacturing in mechanical engineering '98* (S. 537–544). Springer. https://doi.org/10.1007/978-94-015-9198-0_66.

Girard, P., & Doumeingts, G. (2004). Modelling the engineering design system to improve performance. *Computers & Industrial Engineering, 46*(1), 43–67. https://doi.org/10.1016/j.cie.2003.09.008.

Goldschmidt, G. (1995). The designer as a team of one. *Design Studies, 16*(2), 189–209. https://doi.org/10.1016/0142-694X(94)00009-3.

Goldschmidt, G. (2014). *Linkography: Unfolding the design process.* MIT Press. https://doi.org/10.7551/mitpress/9455.001.0001.

Gonnet, S., Henning, G., & Leone, H. (2007). A model for capturing and representing the engineering design process. *Expert Systems with Applications, 33*(4), 881–902. https://doi.org/10.1016/j.eswa.2006.07.004.

Ha, S., & Suh, H.-W. (2008). A timed colored Petri nets modeling for dynamic workflow in product development process. *Computers in Industry, 59*(2–3), 193–209. https://doi.org/10.1016/j.compind.2007.06.016.

Hassannezhad, M., Cantamessa, M., Montagna, F., & Clarkson, P. J. (2019). Managing sociotechnical complexity in engineering design projects. *Journal of Mechanical Design, 141*(8), 081101. https://doi.org/10.1115/1.4042614.

Heisig, P., Caldwell, N. H. M., & Clarkson, P. J. (2014). Core information categories for engineering design - contrasting empirical studies with a review of integrated models. *Journal of Engineering Design, 25*(1–3), 88–124. https://doi.org/10.1080/09544828.2014.910593.

Herroelen, W., & Leus, R. (2001). On the merits and pitfalls of critical chain scheduling. *Journal of Operations Management, 19*(5), 559–577. https://doi.org/10.1016/S0272-6963(01)00054-7.

Hisarciklilar, O., Sheikh, O. K. B., Yadav, H. A., & Thomson, V. (2013). Improving coordination between aircraft development processes through process mapping and simulation. *SAE International Journal of Aerospace, 6*(1), 87–93. https://doi.org/10.4271/2013-01-2091.

Kan, J. W., & Gero, J. S. (2008). Acquiring information from linkography in protocol studies of designing. *Design Studies, 29*(4), 315–337. https://doi.org/10.1016/j.destud.2008.03.001.

Karniel, A., & Reich, Y. (2009). From DSM-based planning to design process simulation: A review of process scheme logic verification issues. *IEEE Transactions on Engineering Management, 56*(4), 636–649. https://doi.org/10.1109/TEM.2009.2032032.

Karniel, A., & Reich, Y. (2011). *Managing the dynamics of new product development processes: A new product lifecycle management paradigm.* Springer. https://doi.org/10.1007/978-0-85729-570-5.

Kerley, W. P., Wynn, D. C., Eckert, C., & Clarkson, P. J. (2011). Redesigning the design process through interactive simulation: A case study of life-cycle engineering in jet engine conceptual design. *International Journal of Services and Operations Management, 10*(1), 30–51. https://doi.org/10.1504/IJSOM.2011.041988.

Kreimeyer, M., & Lindemann, U. (2011). *Complexity metrics in engineering design: Managing the structure of design processes.* Springer. https://doi.org/10.1007/978-3-642-20963-5.

Kunz, W., & Rittel, H. W. (1970). Issues as elements of information systems (tech. rep. Working paper no. 131, July 1970).

Kusiak, A., Larson, T. N., & Wang, J. (1994). Reengineering of design and manufacturing processes. *Computers & Industrial Engineering, 26*(3), 521–536. https://doi.org/10.1016/0360-8352(94)90048-5.

Kusiak, A., & Wang, J. (1993a). Decomposition of the design process. *Journal of Mechanical Design, 115*(4), 687–695. https://doi.org/10.1115/1.2919255.

Kusiak, A., & Wang, J. (1993b). Efficient organizing of design activities. *International Journal Of Production Research, 31*(4), 753–769. https://doi.org/10.1080/00207549308956755.

Lévárdy, V., & Browning, T. R. (2009). An adaptive process model to support product development project management. *IEEE Transactions on Engineering Management, 56*(4), 600–620. https://doi.org/10.1109/TEM.2009.2033144.

Levitt, R. E., Thomsen, J., Christiansen, T. R., Kunz, J. C., Jin, Y., & Nass, C. (1999). Simulating project work processes and organizations: Toward a micro-contingency theory of organizational design. *Management Science, 45*(11), 1479–1495. https://doi.org/10.1287/mnsc.45.11.1479.

Lindemann, U., Maurer, M., & Braun, T. (2009). *Structural complexity management: An approach for the field of product design.* Springer. https://doi.org/10.1007/978-3-540-87889-6.

Lyneis, J. M., & Ford, D. N. (2007). System dynamics applied to project management: A survey, assessment, and directions for future research. *Journal of Engineering Design, 23*(2/3), 157–189. https://doi.org/10.1002/sdr.377.

Malmqvist, J. (1997). Improved function-means trees by inclusion of design history information. *Journal of Engineering Design, 8*(2), 107–117. https://doi.org/10.1080/09544829708907955.

McMahon, C. A., & Xianyi, M. (1996). A network approach to parametric design integration. *Research in Engineering Design, 8*(1), 14–31. https://doi.org/10.1007/BF01616554.

McManus, H. L. (2005). Product development value stream mapping (PDVSM) manual (Technical Report). Lean Aerospace Initiative, Massachusetts Institute of Technology, Cambridge, MA.

Melão, N., & Pidd, M. (2000). A conceptual framework for understanding business processes and business process modelling. *Information Systems Journal, 10*(2), 105–129. https://doi.org/10.1046/j.1365-2575.2000.00075.x.

Menzel, C., & Mayer, R. J. (1998). The IDEF family of languages. In P. Bernus, K. Mertins, & G. Schmidt (Hrsg.), *Handbook on architectures of information systems* (S. 209–241). Springer. https://doi.org/10.1007/978-3-662-03526-9_10.

Merlo, C., & Girard, P. (2004). Information system modelling for engineering design coordination. *Computers in Industry, 55*(3), 317–334. https://doi.org/10.1016/j.compind.2004.08.008.

Nagy, R. L., Ullman, D. G., & Dietterich, T. G. (1992). A data representation for collaborative mechanical design. *Research in Engineering Design, 3*(4), 233–242. https://doi.org/10.1007/BF01580845.

Narahari, Y., Viswanadham, N., & Kumar, V. K. (1999). Lead time modeling and acceleration of product design and development. *IEEE Transactions on Robotics and Automation, 15*(5), 882–896. https://doi.org/10.1109/70.795793.

Nelson, R. G., Azaron, A., & Aref, S. (2016). The use of a GERT based method to model concurrent product development processes. *European Journal of Operational Research, 250*(2), 566–578. https://doi.org/10.1016/j.ejor.2015.09.040.

O'Donovan, B., Eckert, C., & Clarkson, P. J. (2004). Simulating design processes to assist design process planning. In *Proceedings of the ASME 2004 International Design Engineering Technical Conferences and Computers and Information in Engineering Conference, Salt Lake City, Utah, USA. September 28-October 2, 2004, Volume 3a: 16th International Conference on Design Theory and Methodology*, S. 503–512. https://doi.org/10.1115/DETC2004-57612.

Oppenheim, B. W. (2004). Lean product development flow. *Systems Engineering, 7*(4), 352–376. https://doi.org/10.1002/sys.20014.

Ouertani, M., & Gzara, L. (2008). Tracking product specification dependencies in collaborative design for conflict management. *Computer-Aided Design, 40*(7), 828–837. https://doi.org/10.1016/j.cad.2007.07.002.

Park, H., & Cutkosky, M. R. (1999). Framework for modeling dependencies in collaborative engineering processes. *Research in Engineering Design, 11*(2), 84–102. https://doi.org/10.1007/PL00003885.

Parry, G. C., & Turner, C. E. (2006). Application of lean visual process management tools. *Production Planning & Control, 17*(1), 77–86. https://doi.org/10.1080/09537280500414991.

Perišić, M. M., Martinec, T., Štorga, M., & Kanduč, T. (2016). Agent-based simulation framework to support management of teams performing development activities. In D. Marjanović, M. Štorga, N. Pavković, N. Bojčetić, & S. Škec (Hrsg.), *DS 84: Proceedings of the DESIGN 2016 14th International Design Conference* (S. 1925–1936). The Design Society.

Pocock, J. (1962). PERT as an analytical aid for program planning-its payoff and problems. *Operations Research, 10*(6), 893–903. https://doi.org/10.1287/opre.10.6.893.

Pons, D. J., & Raine, J. K. (2005). Design mechanisms and constraints. *Research in Engineering Design, 16*(1), 73–85. https://doi.org/10.1007/s00163-005-0008-9.

Pritsker, A. A. B. (1966). GERT: Graphical evaluation and review technique (Technical Report Memorandum RM-4973-NASA, April 1966). The RAND Corporation, Santa Monica, CA.

Rangan, R. M., Rohde, S. M., Peak, R., Chadha, B., & Bliznakov, P. (2005). Streamlining product lifecycle processes: A survey of product lifecycle management implementations, directions, and challenges. *Journal of Computing and Information Science in Engineering, 5*(3), 227–237. https://doi.org/10.1115/1.2031270.

Regli, W. C., Hu, X., Atwood, M., & Sun, W. (2000). A survey of design rationale systems: Approaches, representation, capture and retrieval. *Engineering with Computers, 16*, 209–235. https://doi.org/10.1007/PL00013715.

Romero, F., Company, P., Agost, M.-J., & Vila, C. (2008). Activity modelling in a collaborative ceramic tile design chain: An enhanced IDEF0 approach. *Research in Engineering Design, 19*(1), 1–20. https://doi.org/10.1007/s00163-007-0040-z.

Rother, M., & Shook, J. (2003). *Learning to see: Value stream mapping to add value and eliminate muda*. Lean Enterprise Institute Inc.

Shah, J. J., Jeon, D. K., Urban, S. D., Bliznakov, P., & Rogers, M. (1996). Database infrastructure for supporting engineering design histories. *Computer-Aided Design, 28*(5), 347–360. https://doi.org/10.1016/0010-4485(95)00054-2.

Shapiro, D., Curren, M. D., & Clarkson, P. J. (2016). DPCM: A method for modelling and analysing design process changes based on the Applied Signposting Model. *Journal of Engineering Design, 27*(11), 785–816. https://doi.org/10.1080/09544828.2016.1234587.

Sharon, A., & Dori, D. (2015). A project-product model-based approach to planning work breakdown structures of complex system projects. *IEEE Systems Journal, 9*(2), 366–376. https://doi.org/10.1109/JSYST.2013.2297491.

Sharon, A., De Weck, O. L., & Dori, D. (2011). Project management vs. systems engineering management: A practitioners' view on integrating the project and product domains. *Systems Engineering, 14*(4), 427–440. https://doi.org/10.1002/sys.20187.

Sharon, A., de Weck, O. L., & Dori, D. (2013). Improving project-product lifecycle management with model-based design structure matrix: A joint project management and systems engineering approach. *Systems Engineering, 16*(4), 413–426. https://doi.org/10.1002/sys.21240.

Smith, R. P., & Eppinger, S. D. (1997a). Identifying controlling features of engineering design iteration. *Management Science, 43*(3), 276–293. https://doi.org/10.1287/mnsc.43.3.276.

Smith, R. P., & Eppinger, S. D. (1997b). A predictive model of sequential iteration in engineering design. *Management Science, 43*(8), 1104–1120. https://doi.org/10.1287/mnsc.43.8.1104.

Sosa, M. E., Eppinger, S. D., & Rowles, C. M. (2004). The misalignment of product architecture and organizational structure in complex product development. *Management Science, 50*(12), 1674–1689. https://doi.org/10.1287/mnsc.1040.0289.

Stanton, N. A. (2006). Hierarchical task analysis: Developments, applications, and extensions. *Applied Ergonomics, 37*(1), 55–79. https://doi.org/10.1016/j.apergo.2005.06.003.

Steward, D. V. (1981). The design structure system: A method for managing the design of complex systems. *IEEE Transactions on Engineering Management, EM–28*(3), 71–74. https://doi.org/10.1109/TEM.1981.6448589.

Taura, T., & Kubota, A. (1999). A study on engineering history base. *Research in Engineering Design, 11*(1), 45–54. https://doi.org/10.1007/s001630050004.

Taylor, B. W., & Moore, L. J. (1980). R and D project planning with Q-GERT network modeling and simulation. *Management Science, 26*(1), 44–59. https://doi.org/10.1287/mnsc.26.1.44.

USAF. (1981). ICAM Architecture Part II-Volume IV-Function Modeling Manual (IDEF0), AFWAL-TR-81-4023 (Technical Report). Materials Laboratory, Air Force Wright Aeronautical Laboratories, Air Force Systems Command, Wright-Patterson Air Force Base, Ohio.

Vajna, S. (2005). Workflow for design. In J. Clarkson & C. Eckert (Hrsg.), *Design process improvement: A review of current practice* (S. 366–385). Springer. https://doi.org/10.1007/978-1-84628-061-0_16.

Van der Aalst, W. M. (1998). The application of Petri nets to workflow management. *Journal of Circuits, Systems, and Computers, 8*(1), 21–66. https://doi.org/10.1142/S0218126698000043.

Whitfield, R. I., Smith, J. S., & Duffy, A. B. (2002). Identifying component modules. In J. S. Gero (Hrsg.), *Artificial intelligence in design '02* (S. 571–592). Springer. https://doi.org/10.1007/978-94-017-0795-4_27.

Wynn, D. C. (2007). Model-based approaches to support process improvement in complex product development (Doctoral dissertation). University of Cambridge. https://doi.org/10.17863/CAM.13990.

Wynn, D. C., Caldwell, N. H. M., & Clarkson, P. J. (2014). Predicting change propagation in complex design workflows. *Journal of Mechanical Design, 136*(8), 081009. https://doi.org/10.1115/1.4027495.

Wynn, D. C., Grebici, K., & Clarkson, P. J. (2011). Modelling the evolution of uncertainty levels during design. *International Journal on Interactive Design and Manufacturing (IJIDeM), 5*(3), 187–202. https://doi.org/10.1007/s12008-011-0131-y.

Wynn, D. C., & Clarkson, P. J. (2021). Improving the engineering design process by simulating iteration impact with ASM2.0. *Research in Engineering Design, 32*(2), 127–156. https://doi.org/10.1007/s00163-020-00354-5.

Wynn, D. C., & Clarkson, P. J. (2018). Process models in design and development. *Research in Engineering Design, 29*(2), 161–202. https://doi.org/10.1007/s00163-017-0262-7.

Wynn, D. C., Eckert, C. M., & Clarkson, P. J. (2006). Applied Signposting: A modeling framework to support design process improvement. In *ASME 2006 International Design Engineering*

*Technical Conferences and Computers and Information in Engineering Conference, Philadelphia, Pennsylvania, USA, Sep 10-13, 2006, Volume 4a: 18th International Conference on Design Theory and Methodology* (S. 553–562). https://doi.org/10.1115/DETC2006-99402.

Xin Chen, H. L., Moullec, M.-L., Ball, N., & Clarkson, P. J. (2016). Improving design resource management using Bayesian network embedded in task network method. In *ASME 2016 International Design Engineering Technical Conferences and Computers and Information in Engineering Conference, Charlotte, North Carolina, USA, Aug 21-24, 2016, Volume 7: 28th International Conference on Design Theory and Methodology*. https://doi.org/10.1115/DETC2016-59709.

Zhang, X., Hao, Y., & Thomson, V. (2015). Taking ideas from paper to practice: A case study of improving design processes through detailed modeling and systematic analysis. *IFAC PapersOnLine, 48*(3), 1043–1048. https://doi.org/10.1016/j.ifacol.2015.06.221.

# 10 Berechenbare und mathematische Modelle für allgemeine Einblicke in Design und Entwicklung


**Zusammenfassung**

Allgemein anwendbare Erkenntnisse über den Design- und Entwicklungsprozess können durch mathematische oder rechnergestützte Analyse auf der Grundlage repräsentativer oder synthetischer Fälle in der Tradition der harten Operationsforschung gewonnen werden. Dieses Kapitel diskutiert eine Auswahl von Studien dieser Art und veranschaulicht, wie sie Einblick in individuelle Entwurfsaktivitäten, das Management von Prozessaufgaben und kontextuelle Fragen bieten können, die den Design- und Entwicklungsprozess umgeben. Die Vor- und Nachteile der Anwendung von Methoden der Operationsforschung zur Untersuchung des Entwurfs- und Entwicklungsprozesses werden ebenfalls diskutiert.



**Schlüsselwörter**

Design- und Entwicklungsprozess · Computergestützte Modellierung · Mathematische Modellierung · Operationsforschung · Allgemeingültige Erkenntnisse


## 10.1 Einführung

Forscher haben versucht, allgemeine Einblicke in den Design- und Entwicklungsprozess zu gewinnen, indem sie Modelle mit den Werkzeugen der harten Operationsforschung erstellen. Dies beinhaltet die Isolierung bestimmter Probleme aus ihren Kontexten und die Modellierung dieser in einer formalen Weise, bevor die Implikationen des Modells untersucht werden. Typische Modellierungs- und Analysemethoden umfassen mathematische Programmierung, agentenbasierte Modellierung, diskrete Ereignissimulation, Systemdynamik, Spieltheorie und Netzwerkanalyse. Einige Studien in dieser Kategorie bauen




D. Wynn und P. Clarkson, *Der Design- und Entwicklungsprozess*,
https://doi.org/10.1007/978-3-031-83083-9_10

auch auf einigen der quantitativen Design- und Entwicklungsprozessmodellierungsansätze auf, die in Kap. 9 diskutiert werden, wie die Aufgabendesignstrukturmatrix. In jeder der diskutierten Studien wird die Analyse spezifischer Fälle verwendet, um allgemeinere Erkenntnisse zu generieren. In vielen ist der Hauptbeitrag die detaillierte Untersuchung und Identifizierung von Faktoren und Kompromissen, die ein bestimmtes Problem beeinflussen. Wenn eine Studie in einer Managementwissenschaft- oder Operationsforschungszeitschrift veröffentlicht wird, wird oft viel Aufmerksamkeit auf elegante Abstraktion, mathematische Darstellung und geschlossene Formanalyse gelegt.

In diesem Kapitel wird diskutiert, wie formale und rechnergestützte Modelle Einblicke in Mikro-, Meso- und Makroebenenprobleme im Design und in der Entwicklung liefern können sowie einige allgemeine Einschränkungen dieses Modellierungsansatzes hervorheben. Dies geschieht durch die Diskussion einer Auswahl von Studien, die mathematische und rechnergestützte Modellierung anwenden, um allgemeine Einblicke in Probleme zu entwickeln, die in einer Vielzahl von Design- und Entwicklungssituationen auftreten. In einigen Fällen werden die allgemeinen Erkenntnisse durch symbolische Manipulation entwickelt, während in anderen entwickelte Modelle mit Daten aus einer der folgenden Quellen gefüllt werden:

1. *ein einzelner empirischer Fall* – der als repräsentativ für eine Klasse von Situationen angesehen wird,
2. *eine Auswahl von empirischen Fällen* – typischerweise aus zuvor veröffentlichter Literatur gesammelt,
3. *ein einzelner synthetisierter Fall* – erstellt von den Forschern und als repräsentativ angegeben,
4. *eine Population von synthetisierten Fällen* – die rechnergestützt erzeugt werden, um eine Reihe von Eigenschaften zu haben, zum Beispiel die Darstellung von Projekten unterschiedlicher Größe und Komplexität.

Durch die Diskussion ausgewählter Studien dieser Art behandelt dieses Kapitel ein einzelnes Segment aus der obersten Schicht des in Kap. 6 vorgestellten Frameworks, wie in Abb. 10.1 dargestellt.[1] Modelle innerhalb des Segments sind weiter nach ihrem *Umfang* organisiert – von innen nach außen:

- *Mikroebenenmodelle* (der innerste Sektor von Abb. 10.1) betreffen das Verhalten von Designern. Eine Auswahl solcher Modelle wird in Abschn. 10.2 diskutiert.
- *Mesoebenenmodelle* (der zentrale Sektor von Abb. 10.1) betreffen die Organisation der großen Anzahl von Aufgaben, die zur Fertigstellung eines Design- und Entwicklungsprozesses erforderlich sind. Solche Modelle werden in Abschn. 10.3 diskutiert.

[1] Einige Inhalte dieses Kapitels sind erheblich erweitert aus Abschnitten von Wynn und Clarkson (2018) unter Lizenz CC BY 4.0 (http://creativecommons.org/licenses/by/4.0/).

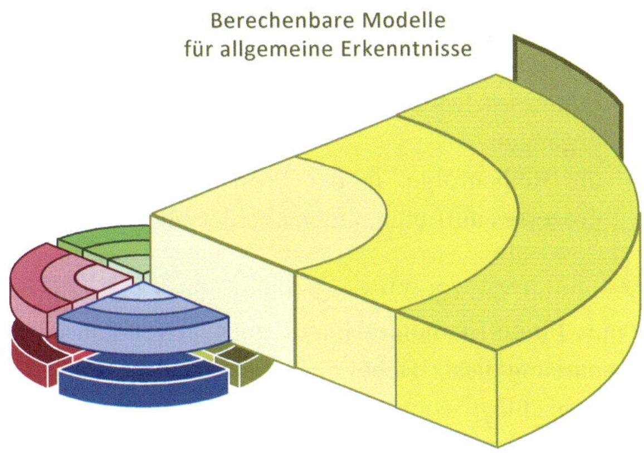


**Abb. 10.1** Dieses Kapitel behandelt ein Segment aus der obersten Schicht des in Kap. 6 eingeführten Frameworks

- *Makroebenenmodelle* (der äußerste Sektor von Abb. 10.1) konzentrieren sich auf Managementprobleme, ohne einzelne Prozessteilnehmer oder eine große Anzahl von Aufgaben darzustellen. Solche Modelle werden in Abschn. 10.4 diskutiert.

Für jeden diskutierten Beitrag skizziert dieses Kapitel kurz die behandelten Probleme, die verwendeten Modellierungs- und Analyseansätze und einige der generierten allgemeinen Erkenntnisse. Die Absicht ist zu veranschaulichen, wie solche Modelle verwendet werden können und welche Arten von Erkenntnissen entwickelt werden – nicht um eine umfassende Überprüfung dieses Bereichs zu liefern.

## 10.2 Mikroebenenmodelle

Die erste Gruppe von Beiträgen, die diskutiert werden sollen, stammt aus dem innersten Sektor, der in Abb. 10.1 hervorgehoben ist – dies sind rechnergestützte Studien zu Faktoren, die Design- und Entwicklungsprozesse auf der Mikroebene bestimmen.

### 10.2.1 Studien zu Designerstrategien

Einige Studien konzentrieren sich auf die Untersuchung der Auswirkungen verschiedener Strategien, die von Designern bei der Bewältigung von Designproblemen verwendet werden.

Zeng und Yao (2009) zum Beispiel wenden Computersimulationen an, um die Auswirkungen verschiedener Designstrategien innerhalb ihrer *axiomatischen Theorie des Designmodellierens* zu untersuchen (siehe Abschn. 7.2.3.4). Diese Theorie legt nahe, dass Unterschiede zwischen Designlösungen auf drei Unterschiede in der Designstrategie zurückzuführen sind:

- Designprobleme werden auf verschiedene Weisen reformuliert während des Designprozesses,
- Syntheseschritte werden in jedem Designzyklus auf unterschiedliche Weise angegangen,
- die Reihenfolge, in der Probleme angegangen werden, die während des Designprozesses auftreten, unterscheidet sich.

Zeng und Yao (2009) modellieren diese Faktoren in einem Algorithmus zur Erzeugung eines Finite-Elemente-Netzes und verwenden simulierte Fälle, um zu zeigen, dass die Anpassung dieser Hebel tatsächlich zu unterschiedlichen Lösungen führt, wie ihre Theorie vorschlägt. Sie argumentieren, dass dieser Fall repräsentativ für gängige Designprobleme ist – im Gegensatz dazu beinhaltet er nicht viele der allgemein anerkannten Merkmale des Designs, die in Abschn. 7.2.1 gesammelt wurden.

In einer weiteren computergestützten Studie zu Designerstrategien entwickeln Kazakçi et al. (2010) ein Computermodell zur Simulation des Designprozesses nach dem C-K-Theorieprinzip, sodass Designs durch das Zusammenspiel von Konzepten und Wissen entstehen. In diesem Modell wird ein Netzwerk verwendet, um die Konzept- und Wissensräume der C-K-Theorie darzustellen, die durch die iterative Anwendung von vier Operatoren erweitert werden (siehe Abschn. 7.2.3.6). Zum Beispiel beinhaltet eine solche Operation (K->K) die Erzeugung einer Verbindung zwischen zwei Wissenselementen – dies wird von Kazakçi et al. (2010) modelliert, indem zwei Knoten im Netzwerkdiagramm zufällig ausgewählt und eine Verbindung zwischen ihnen erstellt wird (Abb. 10.2). Die anderen Operatoren werden auf einem ähnlichen Abstraktionsniveau modelliert. Durch Simulation kommen Kazakçi et al. (2010) zu dem Schluss, dass die Beachtung der Konzeptentwicklung dazu beiträgt, eine Lösung schneller zu generieren, und dass die Beachtung der Wissensentwicklung dazu beiträgt, die Robustheit der Lösung zu gewährleisten.

In Bezug auf Designstrategien haben einige Forscher Modelle für computergestützte Kreativität (Computational Creativity) entwickelt, die darauf abzielen, kreative Computersysteme zu erstellen und Einblicke in kreative Aktivitäten zu gewinnen, indem

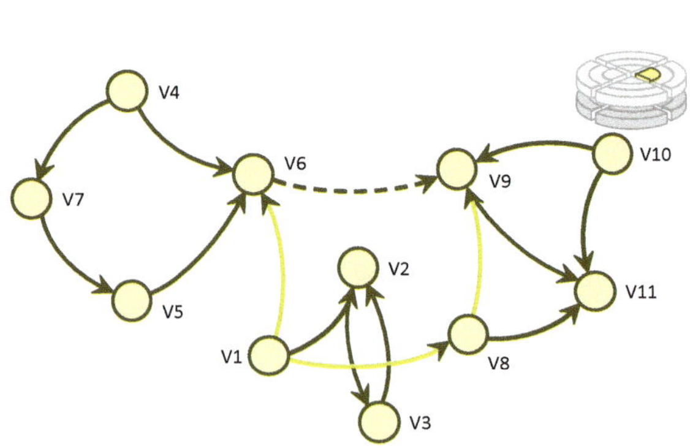


**Abb. 10.2** Eine graphenbasierte Darstellung des generischen Designs unter Verwendung der Prinzipien der C-K-Theorie. Nachdruck von Kazakçi et al. (2010) mit Genehmigung des Autors

sie die beteiligten Prozesse simulieren (Sosa & Gero, 2016). Veröffentlichungen über Computational Creativity konzentrieren sich hauptsächlich auf kreative Bereiche wie Kunst und Musikkomposition, und weniger auf Produktentwicklung, technisches Design und Systemdesign, welches die Hauptthemen dieses Buches sind.

### 10.2.2 Studien zur Designkognition

Ein weiteres Mikroebenenthema, das durch computergestützte Modellierung untersucht wurde, ist die Designkognition. Lapp et al. (2019) konzentrieren sich beispielsweise auf die Auswirkungen des *kognitiven Stils* der Designer. Sie entwickeln ein agentenbasiertes Modell namens *Kirton Adaption-Innovation Inventory Agent-Based Organizational Optimization Model (KABOOM)*. Dieses Modell stellt einzelne Designer dar in Bezug auf ihre Präferenz für den:

- *adaptiven Stil* – bei dem bestehende Situationen oder Lösungen angepasst und schrittweise verbessert werden, um Ziele zu erreichen, oft mit einem Schwerpunkt auf der Sicherstellung der Qualität,
- *innovativen Stil* – bei dem die Person bestehende Situationen herausfordert und radikale Veränderungen einführt, wobei der Schwerpunkt stärker auf Kreativität und Innovation liegt.

Die Eignung jedes Stils hängt von der Art der anstehenden Probleme ab (Lapp et al., 2019). Die genannten Stile spiegeln auch die Unterschiede zwischen einer ingenieurtechnischen Designdenkweise und einer Design-Thinking-Denkweise wider, die in Kap. 8 diskutiert wurden.

Im KABOOM-Modell wird das Designen abstrakt als simulierter Abkühlungsprozess dargestellt, bei dem Lösungen vorgeschlagen, mit einer Zielfunktion bewertet und dann entweder akzeptiert oder abgelehnt werden, bevor der Zyklus erneut beginnt (Abb. 10.3). Mehrere Agenten arbeiten am selben Problem. Der kognitive Stil jedes Agenten beeinflusst, ob er bei jedem Zyklus große Änderungen an seiner entstehenden Lösung versucht oder kleinere Änderungen vornimmt, die inkrementellen Verbesserungen entsprechen. Die Agenten in KABOOM teilen auch Lösungen mit zufällig ausgewählten Kollegen zu zufälligen Zeitpunkten und bei jedem solchen Anlass entscheidet der Empfänger unabhängig, ob er die geteilte Lösung akzeptiert oder mit seiner eigenen aktuellen Lösung fortfährt. Der kognitive Stil jedes Agenten beeinflusst auch, wie die Qualität der vorgeschlagenen Lösungen bewertet wird: Adaptivere Agenten sind weniger wahrscheinlich bereit, vorgeschlagene neue Lösungen zu akzeptieren, die weniger optimal sind als ihre aktuelle, und sind auch weniger wahrscheinlich bereit, eine vorgeschlagene Lösung zu akzeptieren, die von den Lösungen der restlichen Gruppe abweicht. Die Leistung eines Teams wird als die beste Lösung modelliert, die von einem seiner Mitglieder erzielt wurde.

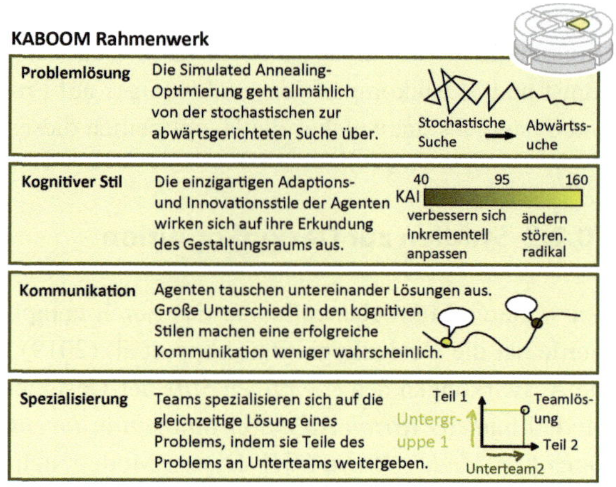


**Abb. 10.3** KABOOM-Framework. Nachdruck von Lapp et al. (2019), Lizenz CC-BY 4.0 (http://creativecommons.org/licenses/by/4.0/)

In einer Simulationsstudie mit verschiedenen Parametern kommen Lapp et al. (2019) zu dem Schluss, dass die optimale Häufigkeit des Austauschs von Lösungen, der optimale Grad der Unterteilung des Problems unter verschiedenen Gruppen von Agenten und die gesamte Designleistung stark von der Mischung der kognitiven Stile in einem Team abhängen. Beispielsweise wird gezeigt, dass das häufige Teilen von Lösungen für Teams mit vielen innovativen Mitgliedern wertvoller ist als für Teams, die hauptsächlich aus adaptiven Mitgliedern bestehen.

### 10.2.3 Studien zur Designverhandlung

Einen breiteren Bereich als Designstrategien und Kognition behandelnd, konzentrieren sich andere rechnergestützte Studien auf *Designverhandlung*, die sich damit befasst, wie zusammenarbeitende Agenten integrierte Designlösungen erreichen, während sie individuell für unterschiedliche, aber miteinander verbundene Ziele und Parameter verantwortlich sind. Zum Beispiel diskutieren Klein et al. (2003) eine vereinfachte Situation, in der zwei zielorientierte Agenten mit widerstreitenden Zielen, wie in Abb. 10.4 dargestellt, gekoppelt sind. In diesem Beispiel erhält Agent A eine vorgeschlagene Lösung von

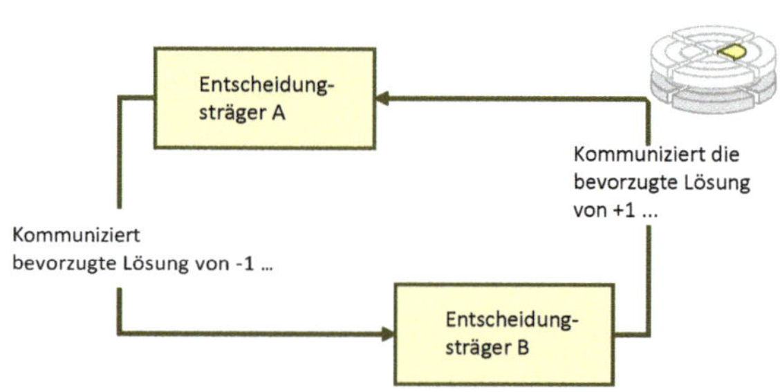


**Abb. 10.4** Das einfachste mögliche zyklische asymmetrische Netzwerk, das zwei gekoppelte Entscheidungsträger darstellt, die gegenseitig inakzeptable Lösungen fordern, was zu Oszillation führt

Agent B (bezeichnet als $+1$) und findet sie unbefriedigend, so gibt er das Feedback, dass die Lösung auf $-1$ geändert werden sollte, um seine eigenen Ziele zu erfüllen. Agent B gibt dann das gegenteilige Feedback. In diesem sehr einfachen Fall und vielen anderen, die gekoppelte Zyklen und verzögerten Informationsfluss beinhalten, oszilliert das System ohne auf eine für beide Seiten zufriedenstellende Lösung zu konvergieren. Klein et al. (2003) schlagen mehrere Verhandlungsstrategien vor, die in solchen Situationen zur Konvergenz beitragen können, einschließlich:

- Agenten sollten *die Rückmeldungen mit Angaben zur Verpflichtung zu jeder einzelnen Lösung ergänzen*;
- einige Agenten sollten *versöhnliche Strategien* in Verhandlungssituationen annehmen, während andere entweder versuchen, ihre eigenen Kriterien zu optimieren, oder eine ausgewogene Strategie verwenden;
- der Designprozess sollte *in Stufen oder Module zerlegt* werden, mit festgelegten Schnittstellen, die einige der Agenten entkoppeln.

Die *Spieltheorie* wurde angewendet, um Designverhandlungen formaler zu studieren (zum Beispiel Hernandez et al., 2002; Lewis & Mistree, 1997). Chanron und Lewis (2005) zum Beispiel konzentrieren sich auf die Situation, in der ein komplexes Design in Teilprobleme zerlegt werden muss, sodass jeder Designer für die Minimierung bestimmter Zielgrößen verantwortlich ist und die Befugnis hat, eine Teilmenge von Parametern anzupassen. Solche Situationen werden typischerweise durch einen schrittweisen Iterationsprozess gelöst, um eine Lösung zu finden, die alle Prozessbeteiligten zufriedenstellt (Abb. 10.5, unten links). Die Herausforderung besteht darin, dass die Teilprobleme voneinander abhängig sind, sodass die Ziele eines Designers nicht nur durch seine eigenen Entscheidungen, sondern auch durch die Entscheidungen anderer beeinflusst werden (Abb. 10.5, oben links). Die Entscheidungen, die jeder Designer in jedem Schritt des Prozesses trifft, beeinflussen, ob und wie schnell der Iterationsprozess auf eine zufriedenstellende Lösung konvergieren kann.

Chanron und Lewis (2005) wenden Konzepte der Spieltheorie an, um dieses Problem zu untersuchen, das sie als *nichtkooperatives Spiel* modellieren, in dem jeder Designer Entscheidungen trifft, um sein eigenes Ziel zu erreichen, ohne zu versuchen, eine Gesamtlösung mit den anderen zu koordinieren. Sie zeigen, dass die Problemstruktur und die von jedem Designer angestrebten Zielgrößen bestimmen, ob ein Nash-Gleichgewicht existiert und ob daher der Verhandlungsprozess konvergieren kann (Abb. 10.5, rechts).

## 10.3 Mesoebenenmodelle

Dieser Abschnitt diskutiert den zentralen Sektor des in Abb. 10.1 hervorgehobenen Framework-Segments, nämlich rechnergestützte und mathematische Studien zu Faktoren, die Design- und Entwicklungsprozesse auf der Mesoebene bestimmen. Im Vergleich zu

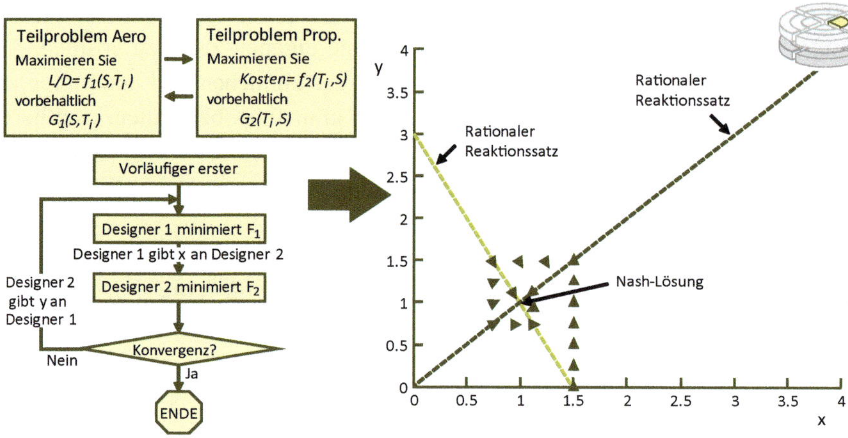


**Abb. 10.5** Designprozess und ein Nash-Gleichgewicht *Adaptiert von Chanron und Lewis* (2005) *A study of convergence in decentralized design processes, Res Eng Des 16:133–145 mit Genehmigung von Springer Nature*

Mikroebenenmodellen modellieren und analysieren solche Studien explizit die große Anzahl von Aufgaben, die typischerweise zur Fertigstellung eines Projekts erforderlich sind. Die folgenden Abschnitte diskutieren eine Auswahl von Studien in dieser Kategorie.

### 10.3.1 Studien zu Wissen und Lernen

Zhang und Thomson (2019) nehmen Design und Entwicklung als einen Prozess wahr, Wissen anzuwenden, um technische Probleme mit spezifischen Wissensanforderungen zu lösen sowie Lösungen zu integrieren. Sie entwickeln ein agentenbasiertes Modell, in dem Agenten ihr disziplinspezifisches Wissen anwenden, um ein Netzwerk von Designaufgaben zu lösen, während sie auch lernen und Wissen teilen, wenn erforderlich (Abb. 10.6). Verbessertes Wissen in Bezug auf die Anforderungen eines bestimmten Problems führt zu einer erhöhten Effizienz bei der Lösung dieses Problems sowie zu einem reduzierten Bedarf an Beratung mit Kollegen und reduzierter Nacharbeit aufgrund verbesserter Qualität und verbesserter Handhabung von Schnittstellen. Basierend auf der Simulation eines Entwurfsprozesses für Wasserkraftgeneratoren ziehen sie allgemeine Erkenntnisse für das Management:

- Die Wissensstufen der Designer sollten die Komplexität des Designproblems widerspiegeln.
- Manager sollten sich auf Zusammenarbeit und Koordination konzentrieren, insbesondere an Schnittstellen.
- Es sollte darauf geachtet werden, die Lernrate zu erhöhen.

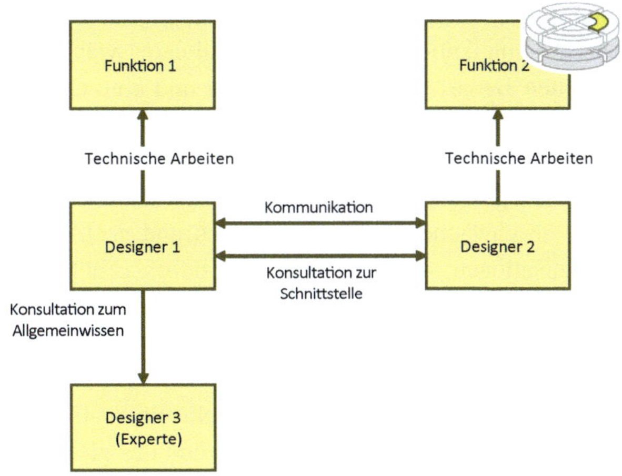


**Abb. 10.6** Interaktionen im Modell von Zhang und Thomson (2019). *Reproduziert von* Zhang und Thomson (2019) *Modelling the development of complex* products using a knowledge perspective, Res Eng Des 30:209 mit Genehmigung von Springer Nature

## 10.3.2 Studien zur Aufgabenparallelität

Ein weiteres wichtiges Mesoebenenthema, das durch computergestützte Modellierung untersucht wird, sind das Ausmaß und die Form der Parallelität, die in einem Design- und Entwicklungsprozess angemessen sind. Insbesondere bei groß angelegten Projekten ist eine erhöhte Parallelität wünschenswert, um ein Projekt schneller abzuschließen und die Überlegungen späterer Aufgaben und Phasen während des frühen Designs zu berücksichtigen, wenn es in der Regel einfacher ist, Anpassungen vorzunehmen. Allerdings bringt eine erhöhte Parallelität auch einen erhöhten Kommunikations- und Koordinationsaufwand mit sich (siehe auch Abschn. 8.4.2.1).

Eine Reihe von Forschern hat mathematische Modelle entwickelt, um verschiedene Aspekte dieser Herausforderung zu untersuchen und Empfehlungen für das optimale Maß an Parallelität zu entwickeln. Zum Beispiel betrachten AitSahlia et al. (1995), wie Parallelität dazu beitragen kann, die Vorlaufzeit zu reduzieren, indem mehr Ressourcen eingesetzt werden. Diese Autoren entwickeln algebraische Modelle, die zeigen, wie die Anzahl der Aufgaben, die bei Problemen neu bearbeitet werden müssen, zunimmt, wenn ein zuvor sequenzieller Prozess so umorganisiert wird, dass alle Aufgaben gleichzeitig beginnen – in dem realistischen Szenario, in dem Nacharbeit erforderlich sein könnte, erfordern parallele Prozesse mehr Aufwand als sequenzielle, obwohl sie möglicherweise schneller abgeschlossen werden können. In einer hoch unsicheren Umgebung kommen AitSahlia et al. zu dem Schluss, dass ein sequenzieller Prozess besser sein kann als ein paralleler, obwohl eine Hybridstruktur mit teilweiser Parallelität besser sein kann als beide. Ihre algebraische Analyse beinhaltet erhebliche vereinfachende Annahmen bezüglich der Auswirkungen von Nacharbeit in jedem analysierten Fall.

Hoedemaker et al. (1999) untersuchen, inwieweit ein System in Module zerlegt werden sollte, um die Vorlaufzeit zu reduzieren. Wenn mehr Module erstellt werden, besteht eine größere Möglichkeit für Parallelität, jedoch steht dies gegen einen erhöhten Bedarf an Kommunikation unter den Modulteams während ihrer Entwicklungsprozesse, einen erhöhten Bedarf an Integrationstests und eine erhöhte Möglichkeit für Nacharbeit nach diesen Tests (Abb. 10.7). Hoedemaker et al. (1999) entwickeln Modelle auf der Grundlage algebraischer Manipulationen und zeigen anhand eines generischen Beispiels, dass sich die optimale Anzahl von Modulen (d. h. das Maß an Parallelität) verringert, wenn diese abschwächenden Faktoren nach und nach eingeführt werden. Sie empfehlen, dass Organisationen, die die Vorlaufzeit durch Erhöhung der Parallelität reduzieren wollen, sich auf die Milderung ihrer negativen Auswirkungen konzentrieren sollten, zum Beispiel durch sorgfältige Planung und Verwaltung von Kommunikationsflüssen und durch den Einsatz modularer Produktarchitekturen.

Ha und Porteus (1995) entwickeln ein mathematisches Modell, um den optimalen Zeitpunkt von Design-Reviews während des gleichzeitigen Produkt- und Prozessdesigns zu untersuchen. In diesem Modell sind die wünschenswerten Effekte häufiger Design-Reviews das Auffinden von Fehlern, bevor sie in das Design eingebaut werden, und die Validierung von Zwischenproduktdesignarbeiten, sodass sie für das Prozessdesign freigegeben werden können, was Parallelität ermöglicht. Dies steht gegen die Zeit, die benötigt wird, um die Reviews einzurichten und durchzuführen. Ha und Porteus (1995) zeigen, dass die optimale Häufigkeit der Reviews davon abhängt, ob die Parallelität oder Qualitätsprobleme dominieren. Ihr Modell wird von Ahmadi und Wang (1999) erweitert, um auch zu berücksichtigen, wie Ressourcen auf verschiedene Designphasen verteilt werden. In diesem Fall wird das Modell verwendet, um zu überlegen, wie die Reviews geplant werden sollten, um das Risiko zu minimieren, Ziele zu verfehlen.

### 10.3.3 Studien zu Arbeitsrichtlinien und Crash-Szenarien

Ein weiteres Mesoebenenproblem tritt auf, wenn während eines Design- und Entwicklungsprozesses mehrere Aufgaben auf Bearbeitung warten, aber nicht genügend Res-

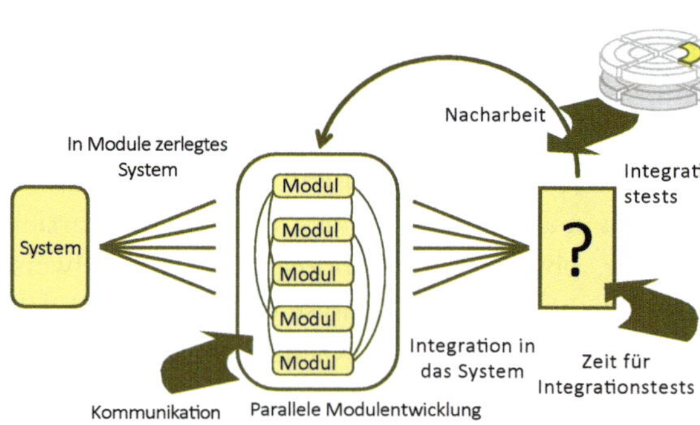


**Abb. 10.7** Einige Faktoren, die den Wert der Parallelität begrenzen. Reproduziert von Hoedemaker et al. (1999) mit Genehmigung von Wiley, © Decision Sciences Institute

sourcen vorhanden sind, um alle zu bearbeiten. In solchen Situationen, die in ressourcenbegrenzten Projekten häufig vorkommen, können *Arbeitsrichtlinien* angewendet werden, um jede Aufgabe zu bewerten und ihre Priorität zu bestimmen. Arbeitsrichtlinien sind besonders nützlich in Prozessen, die durch Unsicherheit gekennzeichnet sind, sodass ein endgültiger Aufgabenplan nicht im Voraus festgelegt werden kann.

Um dieses Problem zu lösen, entwickeln Maier et al. (2014) ein Modell zur Bewertung verschiedener Arbeitsrichtlinien in einer Produktentwicklungsumgebung, in der der Prozess nicht durch eine einfache Sequenz definiert ist, weil diese Sequenz durch progressive Iteration, Nacharbeit und Propagation von höherstufigen Designänderungen, die durch diese Nacharbeit verursacht werden, gestört wird. Ihr Modell basiert auf einer Monte-Carlo-Simulation mit einer Designstrukturmatrix (siehe Abschn. 9.3.3), um Komponenten des zu entwickelnden Produkts, die Wahrscheinlichkeit einer Änderung in einer Komponente, die eine Änderung in einer der anderen Komponenten verursacht, und die Auswirkungen solcher Änderungen, wenn sie auftreten, darzustellen. Ihr Modell geht davon aus, dass jede Komponente durch eine Reihe von Reifegraden fortschreiten muss, bis die volle Designreife erreicht ist – jeder Sprung in der Reife wird durch die Fertigstellung einer Aufgabe erreicht und kann probabilistisch dazu führen, dass andere verbundene Komponenten nachgearbeitet werden, wodurch ihre Reife reduziert und möglicherweise weiter propagiert wird, um die Reife weiterer Komponenten zu reduzieren. Dieses Modell führt dazu, dass mehrere Aufgaben zu jedem Schritt im Prozess möglich sind, die mit einer Arbeitsrichtlinie priorisiert werden. Eine Beispielverfolgung, die durch die Simulation eines repräsentativen Produktentwicklungsprozesses mit diesem Modell erhalten wurde, ist in Abb. 10.8 dargestellt – sie zeigt, wie jede Komponente durch mehrere Reifegrade fortschreitet und von Zeit zu Zeit nachgearbeitet wird.

Durch die Durchführung von Monte-Carlo-Simulationen auf einer Reihe von Produktmodellen, die aus der Literatur gewonnen wurden, bewerten Maier et al. (2014) die Auswirkungen von 25 Arbeitsrichtlinien und leiten allgemeine Erkenntnisse ab. Sie kommen zu dem Schluss, dass die folgenden Arbeitsrichtlinien effektiv sind, um die Gesamtprozessdauer in den untersuchten Fällen zu minimieren:

- Priorisierung der Komponenten, die die größte Anzahl anderer Komponenten beeinflussen;
- Priorisierung der Komponenten, die bisher im Prozess am wenigsten nachgearbeitet wurden;
- Priorisierung der Komponenten, die zum aktuellen Zeitpunkt im Prozess die höchste Reife haben.

Die Autoren stellen auch fest, dass die Unterschiede zwischen den Arbeitsrichtlinien am deutlichsten sind, wenn die verfügbaren Ressourcen begrenzt sind, sodass nur wenige Aufgaben gleichzeitig durchgeführt werden können. Eine Einschränkung ihres Ansatzes

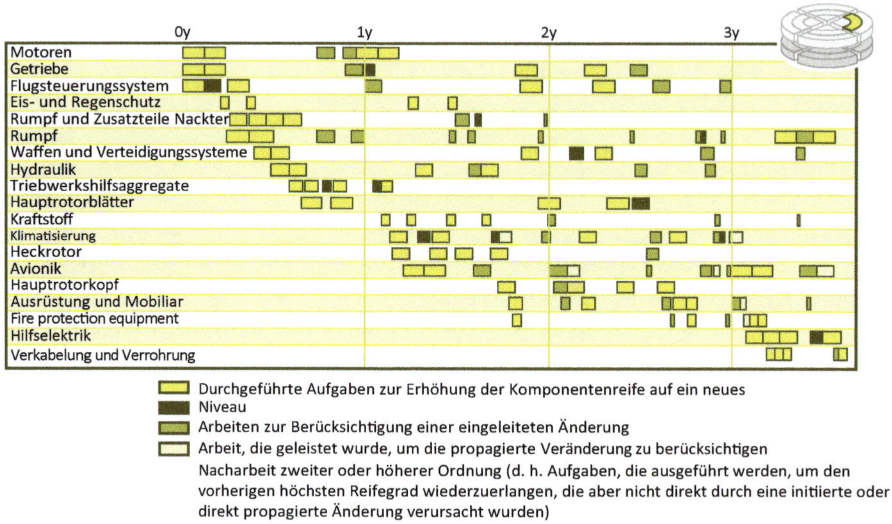


**Abb. 10.8** Ein Beispiel für eine Prozesssequenz, die aus einer Arbeitsrichtlinie im Modell von Maier et al. (2014) resultiert. In diesem Beispiel wird jede Komponente durch vier Reifegrade geführt und durch gelegentliche Nacharbeit und Änderungspropagation, die probabilistisch ausgelöst wird, zurückgesetzt. Ressourcenbeschränkungen erlauben es, dass bis zu drei Aufgaben gleichzeitig bearbeitet werden können. *Reproduziert von* Maier et al. (2014) *unter Creative Commons Attribution Lizenz*

besteht darin, dass für die Anwendung einiger der Richtlinien die Abhängigkeiten zwischen den zu entwickelnden Komponenten bekannt sein müssen und die Wahrscheinlichkeit, dass Änderungen zwischen ihnen propagieren und die Auswirkungen dieser Änderungen während des Design- und Entwicklungsprozesses nicht variieren dürfen.

*Crashing* betrifft die Reduzierung der Dauer einer Aktivität unter Inkaufnahme einer Strafe. Beispielsweise könnte eine Aktivität durch Erhöhung ihrer Ressourcenzuteilung oder durch Akzeptanz einer Reduzierung der Qualität ihrer Ergebnisse beschleunigt werden. Eine andere Möglichkeit, eine Aktivität früher abzuschließen, besteht darin, sie unter vorläufigen Informationen zu beginnen, d. h., sie mit der vorgelagerten Aufgabe zu überlappen. Meier et al. (2015) entwickeln ein Simulationsmodell für das Crashing und Überlappen von Aktivitäten in der iterativen Produktentwicklung. Durch Simulationen auf zufällig generierten Aufgabennetzwerken stellen sie fest, dass die Empfehlung für Crashing oder Überlappen von der Gleichzeitigkeit und dem Grad der Iteration im Prozess abhängt. Crashing kann insgesamt Vorteile bringen, auch wenn die beschleunigte Aktivität später erneut besucht werden muss.

### 10.3.4 Studien zum Design-Churn

Design-Churn bezieht sich auf die Situation, in der Designiterationen nicht auf eine Lösung konvergieren – zum Beispiel, weil Aufgaben schneller oder genauso schnell Nacharbeit erzeugen, wie sie gelöst werden können (siehe auch Abschn. 3.4.2).

Mihm et al. (2003) entwickeln ein Simulationsmodell der Designkonvergenz, in dem die Entscheidungsfindung unter Berücksichtigung von Design-Trade-offs explizit dargestellt wird. Ihr Modell stellt eine Designsituation als ein Netzwerk von miteinander verbundenen Komponenten dar, jede definiert durch einen einzelnen Designparameter. Jeder Designparameter sollte gewählt werden, um einen Leistungsparameter für die entsprechende Komponente zu minimieren. Allerdings hängt die Leistung einer Komponente nicht nur von ihrem eigenen Design ab, sondern auch von den Designs aller mit ihr verbundenen Komponenten. Das Modell simuliert, wie Iteration zur Konvergenz auf eine Lösung genutzt werden kann, durch eine Reihe von Schritten, in denen alle Parameter gleichzeitig aktualisiert werden. Durch Simulationen auf der Basis von zufällig generierten Datensätzen zeigen Mihm et al. (2003), dass die Konvergenz bei größeren Problemgrößen länger dauert und schließlich unmöglich wird. Sie entwickeln Empfehlungen zur Beschleunigung der iterativen Konvergenz (Abb. 10.9):

- *Berücksichtigen Sie die globale Leistungsfunktion* – anstatt dass Teams und Designer nur ihre eigenen Ziele optimieren.
- *Akzeptieren Sie eine geringere Designleistung* – selbst geringfügige Reduzierungen der akzeptablen Leistung können eine deutlich schnellere Konvergenz ermöglichen.
- *Minimieren Sie Informationsübertragungsverzögerungen* – damit Entscheidungen auf aktuellen Informationen basieren.

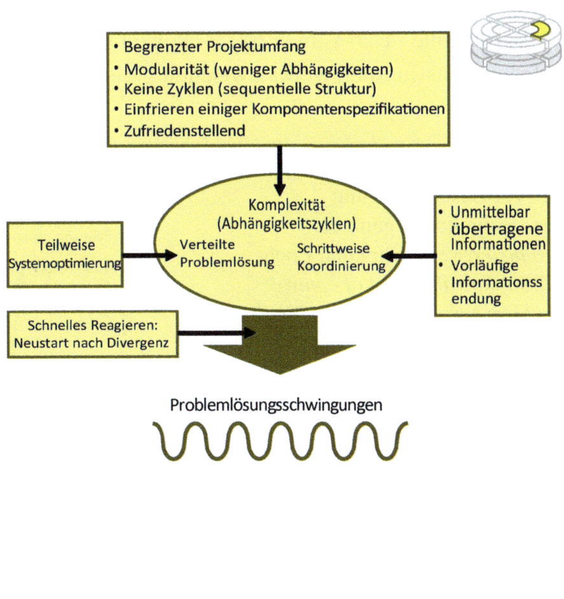


**Abb. 10.9** Empfehlungen zur Koordination. *Reproduziert von* Yassine et al. 2003 *Information hiding in product development: the design churn effect, Res Eng Des 14:147 mit Genehmigung von Springer Nature*

- *Planen Sie, schrittweise auf ein gutes Design hinzuarbeiten* – anstatt zu versuchen, es in einem einzigen Schritt zu erreichen, was durch den Austausch vorläufiger Informationen unter den Designern durch eine Reihe von Iterationszyklen erreicht werden kann.
- *Strukturieren Sie das Design in relativ unabhängige Module* – und frieren Sie die Schnittstellen ein, um die Entscheidungsfindung zu entkoppeln.

Die Ursachen von Churn werden auch von Yassine et al. (2003) behandelt, die ein Modell entwickeln, um die Ursachen von oszillatorischen Situationen zu untersuchen, in denen der Fortschritt wiederholt als planmäßig angesehen wird, bevor er ins Hintertreffen gerät. Sie argumentieren, dass dies mehrere Folgeprobleme verursacht, wie zum Beispiel Kurzfristigkeit bei der Ressourcenallokation. Sie verwenden ihr Modell, um zu zeigen, wie diese Situation entsteht, weil Teams, die gleichzeitig an voneinander abhängigen Problemen arbeiten, nur periodisch koordinieren, wie in Abb. 10.10 dargestellt, und Designentscheidungen auf veralteten Informationen basieren.

### 10.3.5 Studien zum Einfluss der Netzwerkstruktur

Andere Forscher haben Konvergenzprobleme mithilfe der Spektralanalyse untersucht und Modelle auf der Basis des von Smith und Eppinger (1997) entwickelten *Arbeitstransformationsmatrix*modells entwickelt (siehe Abschn. 9.3.3). In einer solchen Studie wenden Loch et al. (2003) eine Eigenstrukturanalyse an, um zu zeigen, dass die Konvergenz eines iterativen Prozesses weniger wahrscheinlich und zeitaufwendiger wird, je mehr gekoppelte Aufgaben es gibt. In zwei weiteren Studien erstellen Huberman und Wilkinson (2005) und Schlick et al. (2013) ebenfalls spektrale Modelle, die Schwankungen in der Aufgabenleistung berücksichtigen, und beide zeigen, dass die Varianz in der Gesamtprozesszeit dramatisch ansteigen kann, wenn die Schwankungen einen bestimmten Schwellenwert überschreiten.

Braha und Bar-Yam (2007) konzentrieren sich auf strukturelle Merkmale des Informationsflussnetzwerks zwischen gleichzeitig bearbeiteten Aufgaben. Sie entwickeln

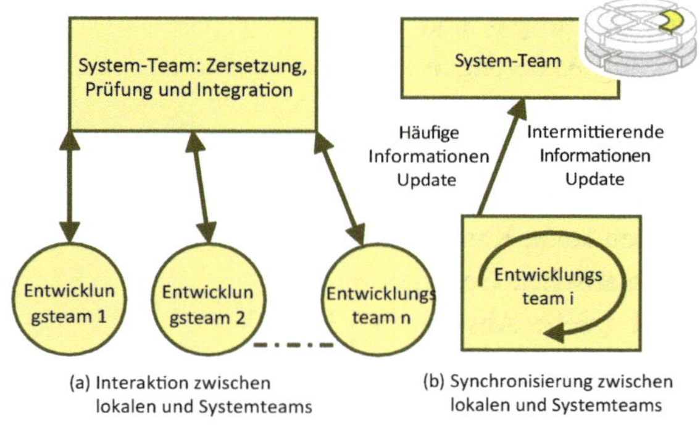


**Abb. 10.10** Empfehlungen zur Beschleunigung der Designkonvergenz. *Reproduziert von* Mihm und Loch (2006) *Spiraling out of control: problem-solving dynamics in complex distributed engineering projects, Springer, S. 148, mit Genehmigung von Springer Nature*

ein Modell auf der Grundlage des Prinzips, dass, wenn eine Aufgabe gelöst wird, dies eine Nacharbeit aller abhängigen Aufgaben erfordern kann, die bereits gelöst wurden. Sie analysieren Aufgabennetzwerke aus verschiedenen Bereichen und stellen fest, dass es gemeinsame Merkmale gibt – insbesondere sind die meisten Aufgaben nur mit wenigen anderen verbunden, aber die wenigen Aufgaben, die mit einer großen Anzahl anderer verbunden sind, erweisen sich als besonders anfällig für solche Iterationen. Braha und Bar-Yam (2007) empfehlen, dass Nacharbeit durch Konzentration der Anstrengungen auf Aufgaben, die stark im Netzwerk verbunden sind, bewältigt werden kann. Eine Einschränkung besteht darin, dass die Struktur des Aufgabennetzwerks vor der Anwendung dieser Empfehlung bekannt sein muss.

## 10.4 Makroebenenmodelle

Dieser Abschnitt behandelt den äußersten Sektor des im Abb. 10.1 hervorgehobenen Framework-Segments, nämlich rechnergestützte und mathematische Studien zu Faktoren, die Design- und Entwicklungsprozesse auf der Makroebene bestimmen. Diese Studien konzentrieren sich auf Managemententscheidungen, ohne die zahlreichen Aufgaben in einem Prozess darzustellen – in vielen Fällen sind die Erkenntnisse ausdrücklich für das obere Management bestimmt. Eine repräsentative Auswahl solcher Studien wird nun beschrieben.

### 10.4.1 Studien zur Überlappung von Phasen

Die erste Gruppe von Modellen in dieser Kategorie betrachtet Managemententscheidungen bezüglich der Überlappung von zwei aufeinanderfolgenden Entwicklungsprojektphasen oder Großaufgaben. Beispielsweise könnte die vorgelagerte Phase als Produktentwicklung und die nachgelagerte Phase als Entwicklung des Produktionssystems interpretiert werden. Die Details einzelner Aufgaben sind in diesen Modellen nicht dargestellt. Viel Arbeit zu diesem Thema wurde von Krishnan et al. (1997) inspiriert, die untersuchen, wie die Übertragung vorläufiger Informationen von einer vorgelagerten Phase, wie dem Design, es ermöglicht, eine nachgelagerte Phase, wie die Produktion, frühzeitig zu beginnen. Da es sich nur um eine Schätzung des endgültigen Werts handelt, unterliegt die freigegebene vorläufige Information einer oder mehreren Aktualisierungen, von denen jede durch Nacharbeitung eines Teils der nachgelagerten Aufgabe absorbiert wird (Abb. 10.11). Krishnan et al. (1997) modellieren diese Situation als zwei Kurven: Die erste definiert die Rate der *Evolution* vorläufiger Informationen hin zu einem endgültigen Wert in der Ausgabe der vorgelagerten Aufgabe und die zweite spiegelt wider, wie die *Sensitivität* der nachgelagerten Aufgabe gegenüber Veränderungen im Laufe der Zeit zunimmt. Diese Autoren entwickeln optimale Überlappungsstrategien unter Berücksichtigung der Formen der beiden Kurven. Zum Beispiel wird eine

**Abb. 10.11** Die Auswirkungen der Überlappung von Produktentwicklungsphasen. *Veranschaulicht Konzepte, die von* Krishnan et al. (1997) diskutiert wurden

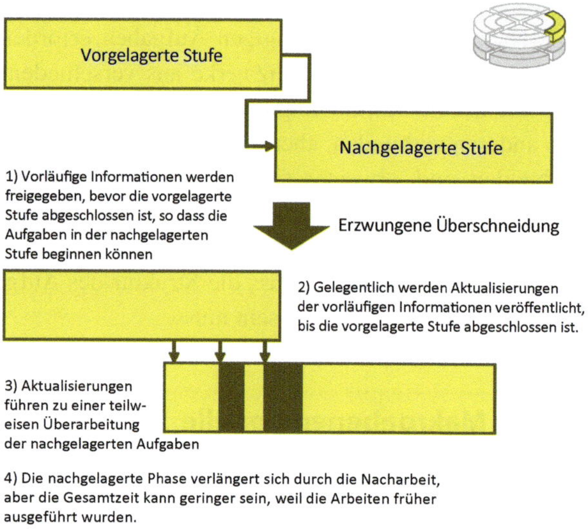


Überlappung nicht empfohlen, wenn die vorläufigen Informationen langsam evolvieren, aber die nachgelagerte Aufgabe für einige Zeit sehr sensibel auf Veränderungen reagiert.

Aufbauend auf dieser Arbeit haben andere Forscher mathematische Modelle entwickelt, um Aspekte der Zwei-Phasen-Überlappungssituation zu untersuchen. Zum Beispiel konzentrieren sich Loch und Terwiesch (1998) auf die Kommunikation, die eine Überlappung ermöglicht. Sie entwickeln ein mathematisches Modell, in dem häufigere Meetings zur Kommunikation während der Überlappung einer vorgelagerten und einer nachgelagerten Aufgabe die durch diese Überlappung verursachte Nacharbeit reduzieren. Die Logik dahinter ist, dass jede von der vorgelagerten Aufgabe freigegebene Änderung mehr Nacharbeit in der nachgelagerten Aufgabe erfordern wird, je später sie behandelt wird, da mehr von der abhängigen nachgelagerten Arbeit bereits abgeschlossen sein wird. Ihr Modell setzt den positiven Effekt von mehr Koordinationsmeetings zur schnellen Bearbeitung von Änderungen gegen die erhöhten Overhead-Kosten für deren Durchführung. Unter diesen Annahmen werden optimale Strategien für die Meetingfrequenz und die Überlappung algebraisch abgeleitet. Joglekar et al. (2001) gehen davon aus, dass jede der beiden überlappenden Aufgaben Designleistung mit einer festen Rate erzeugt, während sie gleichzeitig die von ihrem Partner erzeugte Leistung reduziert, was eine Nacharbeit zur Wiederherstellung des vorherigen Levels erfordert. Sie verwenden algebraische Manipulationen, um zu zeigen, wie die relativen Raten der Leistungserzeugung und die Kopplungsstärke zwischen den Aufgaben die optimale Überlappung bestimmen. Roemer et al. (2000) betrachten die erzwungene Überlappung mehrerer Phasen aus der Sicht des Zeit-Kosten-Trade-offs, das damit verbunden ist, und entwickeln ein algebraisches Modell und Algorithmen, um die kürzeste Vorlaufzeit für gegebene Kosten und umgekehrt zu finden. Wiederum mit Fokus auf zwei Aufgaben untersuchen Roemer und

Ahmadi (2004) die Beziehung zwischen Überlappung und steigender Arbeitsintensität – beide bieten Möglichkeiten, die Projektdauer zu reduzieren, während der Aufwand steigt. Sie kommen zu dem Schluss, dass diese Ansätze gemeinsam betrachtet werden sollten und dass die Arbeitsintensität einem bestimmten Muster folgen sollte, um die durch Überlappung verursachte Nacharbeit zu minimieren.

Die in dem vorherigen Absatz beschriebenen mathematischen Modelle zur Überlappung beinhalten viele vereinfachende Annahmen, die bei der Manipulation der Algebra helfen. Andere Forscher untersuchen ähnliche Fragen mithilfe von Monte-Carlo-Simulationen, die die Untersuchung komplexerer Probleme mit mehr Faktoren und Variablen ermöglichen. Zum Beispiel konzentriert sich das von Bhuiyan et al. (2004) entwickelte Modell darauf, wie sequenziell abhängige Phasen überlappt werden können, um die Entwicklungszeit zu reduzieren, wobei das Risiko besteht, dass bei der Phasenabschlussprüfung Iterationen auftreten. Sie zeigen, dass dieses Risiko durch Erhöhung des Grades der funktionalen Interaktion zwischen den technischen Funktionen innerhalb jeder Phase gemindert werden kann, obwohl dies mehr Iterationen innerhalb der Phasen verursacht.

### 10.4.2 Studien zur Prozesskontrolle

Ein weiteres wichtiges Managementproblem ist die Kontrolle eines Prozesses, um Unsicherheiten aufzufangen und die Lieferung termingerecht und budgetgerecht zu gewährleisten. Joglekar und Ford (2005) betrachten einen Aspekt davon, nämlich die Ressourcenzuweisung zu Aufgaben unter Bedingungen unvorhersehbarer Arbeitslast. Sie weisen darauf hin, dass die Zuweisung von Ressourcen nach einem proportionalen Feedback-Schema, bei dem Aufgaben mit höherer Auslastung mehr Ressourcen zugewiesen werden, ineffektiv ist, weil es nur die Vergangenheit berücksichtigt, ohne die wahrscheinlichen zukünftigen Bedürfnisse zu berücksichtigen. Joglekar und Ford (2005) entwickeln ein regelungstheoretisches Modell, um dieses Zuweisungsproblem zu untersuchen. Sie zeigen, dass eine Ressourcenzuweisung, die auf einer lokalen linearen Vorhersage des zukünftigen Bedarfs basiert, dazu beiträgt, kurz- und langfristige Ziele auszugleichen und übermäßige Schwankungen in der Systemdynamik zu vermeiden – insbesondere in Fällen, in denen es erhebliche Verzögerungen zwischen einer Erhöhung der Auslastung und der Anwendung zusätzlicher Ressourcen gibt.

Eine andere Sichtweise auf die Kontrollierbarkeit von Design- und Entwicklungsprojekten besteht darin, die Fähigkeit des Managements zu betrachten, ein Netzwerk von miteinander verbundenen Entscheidungen zu steuern, das heißt, die Lösungsfindung zu beschleunigen, indem einzelne Knoten beeinflusst werden. Aus dieser Perspektive betrachten Liu und Slotine (2011), wie strukturelle Eigenschaften die Kontrollierbarkeit eines komplexen Systems in Bezug auf die Anzahl der Knoten beeinflussen, die beeinflusst werden müssen, um das System in einen gewünschten Zustand zu versetzen. Sie stellen fest, dass spärlich verbundene Netzwerke, in denen die Knoten stark variierende

Verbindungsgrade haben, schwer zu kontrollieren sind. Netzwerke von Produktentwicklungsaufgaben, die, wie bereits erwähnt, typischerweise Small-World-Strukturen aufweisen (Braha, & Bar-Yam, 2007), fallen in diese Kategorie.

### 10.4.3 Studien zur Eignung von Projektmodellen

Im Laufe der Jahre wurden unterschiedliche Modelle für die Gesamtorganisation von Design- und Entwicklungsprojekten entwickelt, wie zum Beispiel Stage-Gate und Agile (siehe Kap. 8). Eine Reihe von Forschern hat allgemeine Modelle entwickelt, um die Situationen zu analysieren, in denen jedes Projektmodell angemessen sein könnte.

Pich et al. (2002) präsentieren ein formales konzeptionelles Modell, das Projekte nach der Angemessenheit der Informationen charakterisiert, um eine geeignete Managementstrategie zu wählen:

- Wenn ausreichend Informationen über die Situation und die Auswirkungen von Handlungen vorliegen, empfehlen sie, Aktivitäten und möglicherweise Notfallpläne im Detail mit Methoden wie der Programmbewertungs- und Überprüfungstechnik zu planen (siehe Abschn. 9.3.2) – sie bezeichnen diese allgemeine Strategie als *Instruktionismus*.
- Wenn es viele unbekannte Unbekannte gibt, empfehlen sie eine *lerngetriebene* Strategie, das heißt bewusst iterative, experimentelle Ansätze wie Scrum-Agile (siehe Abschn. 8.4.2.5) – sie empfehlen auch eine Strategie des *Selektionismus* in diesem Kontext, das heißt das Verfolgen mehrerer Alternativen parallel, bis genügend Informationen vorhanden sind, um zwischen ihnen zu wählen, wie bei setbasiertem Design oder setbasierter simultaner Entwicklung (Concurrent Engineering; siehe Abschn. 8.3.2.5).

Suss und Thomson (2012) entwickeln ein diskretes Ereignissimulationsmodell, das Collaborative Process Model genannt wird, das einen Engineering-Design-Prozess auf drei Ebenen darstellt: (1) eine Stage-Gate-Struktur, (2) die Aktivitäten und ihre Abhängigkeiten innerhalb jeder Phase und (3) die Akteure oder Teams, die die Aktivitäten durchführen. Mit diesem Modell bestätigen Suss und Thomson (2012), dass Scrum – ein iterativer inkrementeller Entwicklungsansatz, bei dem jede Iteration eine kurze Phase intensiver Kommunikation innerhalb eines Sprintteams beinhaltet, gefolgt von einem Design-Review (siehe Abschn. 8.4.2.5) – wahrscheinlich effektiver als ein traditioneller gestufter Prozess in Fällen hoher Unsicherheit ist.

Bhattacharya et al. (1998) untersuchen die Faktoren, die bestimmen, wann ein flexibler Prozess, bei dem eine Designspezifikation durch wiederholtes Benutzer-Feedback entwickelt wird, gerechtfertigt sein kann. Insbesondere stellen sie fest, dass ein flexibler Prozess die Produktattraktivität und damit den Verkauf erhöhen kann, aber weniger Zeit lässt, um das Design zu optimieren, was zu höheren Produktionskosten führen kann.

Mehrere Faktoren, die die Wahl der Prozessstruktur beeinflussen sollten, werden untersucht, darunter Marktunsicherheit, der Risikoappetit des Unternehmens und der Wert der Informationen, die durch Kunden-Feedback gewonnen werden können.

### 10.4.4 Studien zu Produktvarianten und Produktgenerationen

Die meisten Organisationen bieten nicht nur ein einzelnes Produkt an, sondern eine Familie ähnlicher Produkte, die entweder einzeln oder auf strukturierte Weise entwickelt werden, um verschiedene Marktsegmente anzusprechen (siehe Abschn. 2.4.2).

Chakravarty und Balakrishnan (2001) wenden rechnergestützte Modellierung an, um die Entscheidung zu untersuchen, welche Produktmodule ausgewählt werden müssen, damit eine Produktfamilie die Marktanforderungen eng erfüllen kann und den Umsatz und die Einnahmen steigert, ohne übermäßige Entwicklungs- und Produktionskosten zu verursachen. Diese Autoren veranschaulichen die Herausforderung in Abb. 10.12 (rechts), wo die Bedürfnisse der Marktsegmente umfassender erfüllt werden können, indem man mehr Funktionen zu einem Produkt A hinzufügt, um bei Produkt B anzukommen. Dies erhöht jedoch die Herstellungskosten, während das Produkt auch für jedes einzelne Marktsegment überfunktioniert sein kann. Diese Situation kann verbessert werden, indem man eine Reihe von fokussierteren, einfacheren Produkten anbietet, die jeweils auf die Bedürfnisse spezifischer Marktsegmente zugeschnitten sind – dargestellt durch den Übergang von Kurve I zu Kurve II in der Abbildung. Dies wird erreicht, indem austauschbare Optionen für Komponenten in Kombinationen von *Moduloptionen* kombiniert werden, die dann in verschiedenen Produktmodellen verwendet werden können (Abb. 10.12, links). Aber jede zusätzliche Moduloption verursacht Entwicklungskosten, die die zuvor genannten Vorteile aufheben.

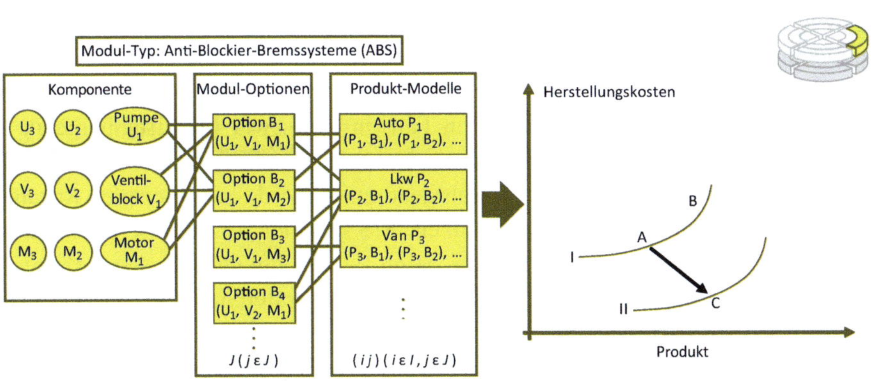


**Abb. 10.12** Architektur der Produktfamilie *Reproduziert von* Chakravarty und Balakrishnan (2001) *Achieving product variety through optimal choice of module variations, IIE Trans 33:587–598 mit Genehmigung von Springer Nature*

Chakravarty und Balakrishnan (2001) formulieren dieses Problem als ein ganzzahliges nichtlineares Programm, in dem die Entscheidungen betreffen, welche Moduloptionen entwickelt und in welchen Mengen sie entwickelt werden sollen sowie wie sie in verschiedene Produkte eingebettet werden können, die Kunden kaufen können. Das Modell ist für Situationen formuliert, in denen ein Unternehmen die Moduloptionen selbst entwickelt oder Teile von Lieferanten kauft. Auch die Auswirkung von variierendem Wettbewerb wird berücksichtigt. Die Ziele beziehen sich auf die Maximierung des Gewinns, d. h. die Maximierung der Marktnachfrage nach der Produktfamilie bei gleichzeitiger Minimierung der Design- und Produktionskosten. Durch die Lösung dieses Programms für zufällig generierte Datensätze und die Durchführung einer Sensitivitätsanalyse ziehen Chakravarty und Balakrishnan (2001) eine Reihe von allgemeinen Schlussfolgerungen, einschließlich:

- Es gibt einen Kipppunkt, jenseits dessen die Entwicklung zusätzlicher Moduloptionen nicht gerechtfertigt werden kann.
- In einer wettbewerbsintensiveren Umgebung kann es gerechtfertigt sein, mehr zu zahlen, um Teile von Lieferanten zu kaufen.
- Die optimalen Entscheidungen hängen davon ab, ob die Teile intern entwickelt oder von Lieferanten gekauft werden.

Krishnan und Zhu (2006) konzentrieren sich auf Produktfamilienentscheidungen für Produkte, bei denen die Entwicklungskosten und andere Fixkosten die Kosten für die Herstellung jeder einzelnen Einheit deutlich übersteigen – dies ist insbesondere bei Informationsprodukten wie Software der Fall. In diesem Kontext gibt es wenig Kostenvorteil bei dem Angebot einer Produktfamilie mit auf spezifische Marktsegmentbedürfnisse zugeschnittenen Funktionen; dennoch bieten Unternehmen weiterhin Produktfamilien an – zum Beispiel durch das Abschalten von Softwarefunktionen – als Mittel zur Preisdiskriminierung (Shapiro & Varian, 1998). Die Herausforderung besteht darin, Kunden mit niedrigeren Budgets anzusprechen, ohne das restliche Produktangebot zu beeinträchtigen. Krishnan und Zhu (2006) modellieren diese Situation mathematisch und verwenden algebraische Manipulationen, um allgemeine Managementerkenntnisse abzuleiten. Sie konzentrieren sich auf den Fall, in dem zwei Marktsegmente in ihrer Zahlungsbereitschaft für Produktversionen in Qualität unterschiedlich sind, wobei diese auf zwei verschiedenen Dimensionen wahrgenommen wird, zum Beispiel Anzahl der Funktionen gegenüber Benutzerfreundlichkeit. Sie kommen zu dem Schluss, dass das Angebot von abgespeckten Versionen von High-End-Produkten nur dann optimal ist, wenn es einen erheblichen Unterschied zwischen den Präferenzen der Marktsegmente in einer der beiden Qualitätsdimensionen gibt und auch wenn die Kosten für die Entwicklung der beiden Qualitätsdimensionen relativ unabhängig sind. In anderen Situationen stellen sie fest, dass es besser ist, Produkte mit überlappenden Funktionen oder ein einzelnes Produkt anzubieten, das allen Marktsegmenten gefallen kann.

### 10.4.5 Studien zur Lieferantenverwaltung

Die meisten Produktentwicklungsorganisationen sind in irgendeiner Form auf Lieferanten angewiesen (siehe Abschn. 2.5.2). Vielleicht der grundlegendste Aspekt des Lieferantenmanagements ist die *Make-or-buy-Entscheidung*, die weitreichend untersucht wurde. In einer solchen Studie entwickeln Anderson und Parker (2002) ein Modell, das die Bedeutung von Lerneffekten bei der Entscheidung zeigt, ob eine Komponente ausgelagert werden sollte. Ihr Modell berücksichtigt zwei Arten von Lernen: (1) Lernen, bei dem die Kosten für das Design und die Produktion von Komponenten mit der Anzahl der abgeschlossenen Designiterationen und hergestellten Einheiten sinken – dies kommt entweder einem Unternehmen oder einem Lieferanten zugute, je nachdem, ob die Komponente ausgelagert wird –, und (2) Lernen, das die Kosten für die Integration der Komponente in das Produktdesign senkt – dies tritt nur auf, wenn ein Unternehmen sein Design und seine Produktion intern behält. Wenn eine Komponente ausgelagert wird, profitiert das Unternehmen nicht mehr direkt vom Lernen, während der Lieferant weiterhin vom Design- und Produktionslernen profitiert. Unter diesen Annahmen hängt es von der Form der Lernkurven und den Kosten für Integration gegenüber Design und Produktion ab, ob eine Komponente ausgelagert werden sollte. Anderson und Parker (2002) verwenden das Modell, um zu erklären, wie niedrige Anfangskosten dazu führen können, dass ein Unternehmen bei einem bestimmten Lieferanten festhängt, was zu höheren Kosten auf lange Sicht führt – dies wird als Outsourcing-Falle bezeichnet. Sie kommen auch zu dem Schluss, dass ein hochmodulares Design wahrscheinlich die Vorteile des Outsourcings erhöht und dass selektives Outsourcing es dem Unternehmen ermöglicht, von Integrationserfahrungen in Bereichen des Designs zu profitieren, in denen es wichtig ist.

Andere Modelle des Lieferantenmanagements in der Produktentwicklung werden beispielsweise von Shalpegin (2020) und Yoo et al. (2022) berichtet.

### 10.4.6 Studien zum Projektportfoliomanagement

Es ist auch üblich, dass Unternehmen mehrere Projekte gleichzeitig durchführen – in diesem Fall muss das Unternehmen die Zuweisung begrenzter Ressourcen über Projekte verwalten, die um sie konkurrieren. Browning und Yassine (2016) behandeln diese Situation mit einer Monte-Carlo-Simulation, die auf der Modellierung jedes Projekts als Designstrukturmatrix basiert, in der Aufgaben möglicherweise Nacharbeit für einander erzeugen – siehe die Beschreibung des *sequenziellen Nacharbeitungsmodells* in Abschn. 9.3.3. Im Modell wird bei einem Ressourcenkonflikt eine Aufgabe mit einer Prioritätsregel ausgewählt, ähnlich der Arbeit von Maier et al. (2014), diskutiert in Abschn. 10.3.3.

Browning und Yassine (2016) bewerten die Auswirkungen verschiedener Prioritätsregeln für verschiedene Situationen anhand einer computergenerierten Stichprobe von Projektportfolios, die jeweils aus drei Projekten bestehen, die 20 Aufgaben mit 15

Feedback-Iterationsschleifen umfassen und von vier Ressourcentypen abhängig sind, die über die Projekte verteilt sind. Die Stichproben unterscheiden sich hinsichtlich der Dichte der Interaktionen in den drei Designstrukturmatrizen, die einzelne Projekte darstellen, der Wahrscheinlichkeit, dass Feedback-Schleifen Iterationen verursachen, und des Grades der Ressourcenkonflikte – insgesamt werden 18.430 Projektportfolios simuliert. Sie stellen fest, dass die idealen Prioritätsregeln für iterative Projekte (wie Design und Entwicklung) anders sind als für nichtiterative Projekte und auch abhängig davon sind, ob das Ziel darin besteht, die Zeit zur Fertigstellung einzelner Projekte zu minimieren oder die Zeit zur Fertigstellung des gesamten Portfolios zu minimieren.

Loch und Kavadias (2002) behandeln das Problem auf einer höheren Abstraktionsebene und untersuchen die optimale Zuweisung von Ressourcen über mehrere Produktlinien. In dieser Situation muss ein Unternehmen knappe Ressourcen zwischen den Produktlinien zuweisen, von denen jede eine Reihe von Entwicklungsprojekten beinhaltet – und sie müssen diese Entscheidungen im Laufe der Zeit erneut überdenken. Die Herausforderung besteht darin, Ressourcen so zuzuweisen, dass der Gewinn maximiert wird, ein Problem, das Loch und Kavadias (2002) unter Berücksichtigung unsicherer Vorhersagen der Marktnachfrage für jede Linie, der Möglichkeit, dass die Produktlinien einander kannibalisieren, des Werts früherer Investitionen in jede Linie (wie die Entwicklung von Produktplattformen) und des Wertverlusts im Laufe der Zeit analysieren. Sie lösen dieses Problem durch ein dynamisches Programmiermodell und erzeugen eine Reihe allgemeiner Erkenntnisse für das Management – zum Beispiel, wenn die Marktgröße zunimmt, ist es am besten, alle Ressourcen der vielversprechendsten einzelnen Produktlinie zuzuweisen, während Ressourcen über die Produktlinien verteilt werden sollten, wenn reife Märkte angesprochen werden.

## 10.5 Zusammenfassung und Diskussion

In diesem Kapitel wurde diskutiert, wie mathematische und rechnergestützte Modellierung allgemeine Einblicke in Design- und Entwicklungsprozessprobleme auf Mikro-, Meso- und Makroebene liefern kann. Eine Auswahl von Studien, die aus einem einzigen Segment des organisierenden Frameworks stammen, wurde diskutiert, wie in Abb. 10.13 zusammengefasst. Modelle des in diesem Kapitel diskutierten Typs sind wahrscheinlich nicht für die direkte Anwendung durch Praktiker gedacht, obwohl die Schlussfolgerungen der Forscher aus ihren Modellen nützliche Einblicke in die Treiber von Design- und Entwicklungsprozessverhalten und in die Faktoren liefern, die Entscheidungen zu wichtigen Fragen beeinflussen sollten. Da die Erkenntnisse allgemeiner Natur sind, müssen sie für spezifische Situationen interpretiert werden.

Die mathematische Formulierung vieler solcher Modelle bringt sowohl Vorteile als auch Einschränkungen mit sich. Die Vorteile sind, dass ein Modell mit voller Präzision beschrieben werden kann und in einigen Fällen geschlossene Lösungen und Beweise

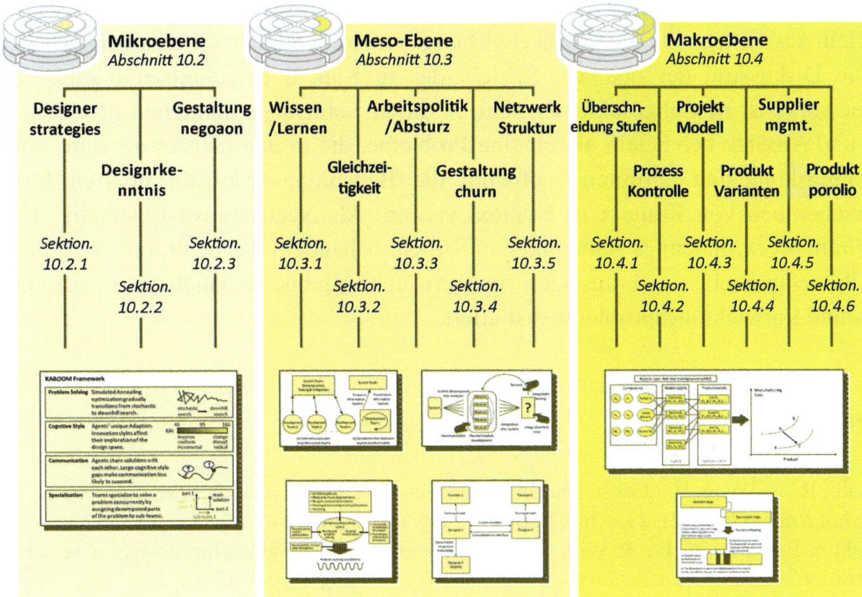


**Abb. 10.13** Eine Übersicht über die in diesem Kapitel diskutierten Studien und Themen

erzeugt werden können. In diesen Fällen sollte ein Leser, der die Prämissen einer bestimmten Studie akzeptiert, großes Vertrauen in die Ergebnisse haben. Einschränkungen sind, dass für ein Modell und eine Analyse in der Regel eine erhebliche Idealisierung erforderlich ist – die in einer bestimmten Studie behandelten Faktoren werden oft in einer stark idealisierten Weise dargestellt, während andere Faktoren, die die Ergebnisse beeinflussen könnten, in der Regel ganz weggelassen werden. Daher können die Ergebnisse einer solchen Studie nicht auf Situationen anwendbar sein, die stark von Faktoren beeinflusst werden, die nicht in das verwendete Modell einbezogen wurden. Eine weitere Einschränkung formal ausgedrückter Modelle besteht darin, dass die meisten der verwendeten mathematischen Formulierungen, wie Mengennotation und mathematische Programmierung, fortgeschrittene Kenntnisse und Fachwissen erfordern, um vollständig eingeschätzt zu werden – daher können die Einschränkungen einer bestimmten Studie für Leser, die mit den verwendeten Operationsforschungsmethoden nicht vertraut sind, nicht offensichtlich sein. Dies kann viele der leitenden Manager einschließen, die insbesondere von den Meso- und Makrostudien profitieren sollen.

Allgemeiner gesagt, sollte beachtet werden, dass Modelle dieser Art am besten geeignet sind, wenn die Probleme eine zugrunde liegende regelmäßige Struktur haben – dies ist insbesondere bei Mikroebenensituationen möglicherweise nicht der Fall, bei denen die Eigenheiten des einzelnen Designers und des speziellen Kontexts einen erheblichen Einfluss haben. Dennoch können Modelle der in diesem Kapitel diskutierten Art als Werkzeuge für Forscher nützlich sein, um die Faktoren, die sich auf ein bestimmtes Problem auswirken, und die Wechselwirkungen zwischen ihnen durchzudenken.

Die Diskussion der obersten Schicht des in Kap. 6 eingeführten organisierenden Frameworks ist nun abgeschlossen. Die in dieser Schicht gesammelten Modelle, Theorien und Ansätze behandeln allgemeine Probleme, die in den meisten Design- und Entwicklungskontexten auftreten – obwohl die Bedeutung jedes diskutierten Problems wahrscheinlich von Kontext zu Kontext variiert. Als Nächstes vervollständigt Kap. 11 das Framework, indem es seine unterste Schicht behandelt, das heißt, indem es den Wert von Prozessmodellen und -ansätzen zur Wertschätzung und Behandlung spezifischer Design- und Entwicklungsprobleme diskutiert.

## Literatur


Ahmadi, R., & Wang, R. (1999). Managing development risk in product design processes. *Operational Research, 47*(2), 235–246. https://doi.org/10.1287/opre.47.2.235.

AitSahlia, F., Johnson, E., & Will, P. (1995). Is concurrent engineering always a sensible proposition? *IEEE Transactions on Engineering Management, 42*(2), 166–170. https://doi.org/10.1109/17.387269.

Anderson, E. G. J., & Parker, G. G. (2002). The effect of learning on the make/buy decision. *Production and Operations Management, 11*(3), 313–339. https://doi.org/10.1111/j.1937-5956.2002.tb00189.x.

Bhattacharya, S., Krishnan, V., & Mahajan, V. (1998). Managing new product definition in highly dynamic environments. *Management Science, 44*(11), S50–S64. https://doi.org/10.1287/mnsc.44.11.S50.

Bhuiyan, N., Gerwin, D., & Thomson, V. (2004). Simulation of the new product development process for performance improvement. *Management Science, 50*(12), 1690–1703. https://doi.org/10.1287/mnsc.1040.0309.

Braha, D., & Bar-Yam, Y. (2007). The statistical mechanics of complex product development: empirical and analytical results. *Management Science, 53*(7), 1127–1145. https://doi.org/10.1287/mnsc.1060.0617.

Browning, T. R., & Yassine, A. A. (2016). Managing a portfolio of product development projects under resource constraints. *Decision Sciences, 47*(2), 333–372. https://doi.org/10.1111/deci.12172.

Chakravarty, A. K., & Balakrishnan, N. (2001). Achieving product variety through optimal choice of module variations. *IIE Transactions, 33*(7), 587–598. https://doi.org/10.1080/07408170108936856.

Chanron, V., & Lewis, K. (2005). A study of convergence in decentralized design processes. *Research in Engineering Design, 16*(3), 133–145. https://doi.org/10.1007/s00163-005-0009-8.

Ha, A., & Porteus, E. (1995). Optimal timing of reviews in concurrent design for manufacturability. *Management Science, 41*(9), 1431–1447. https://doi.org/10.1287/mnsc.41.9.1431.

Hernandez, G., Seepersad, C. C., & Mistree, F. (2002). Designing for maintenance: A game theoretic approach. *Engineering Optimization, 34*(6), 561–577. https://doi.org/10.1080/03052150215717.

Hoedemaker, G., Blackburn, J., & Wassenhove, L. (1999). Limits to concurrency. *Decision Sciences, 30*(1), 1–18. https://doi.org/10.1111/j.1540-5915.1999.tb01599.x.

Huberman, B. A., & Wilkinson, D. W. (2005). Performance variability and project dynamics. *Computational and Mathematical Organization Theory, 11*(4), 307–332. https://doi.org/10.1007/s10588-005-5587-5.

Joglekar, N. R., & Ford, D. N. (2005). Product development resource allocation with foresight. *European Journal of Operational Research, 160*(1), 72–87. https://doi.org/10.1016/j.ejor.2003.06.021.

Joglekar, N., Yassine, A., Eppinger, S. D., & Whitney, D. E. (2001). Performance of coupled product development activities with a deadline. *Management Science, 47*(12), 1605–1620. https://doi.org/10.1287/mnsc.47.12.1605.10240.

Kazakçi, A., Hatchuel, A., Le Masson, P., & Weil, B. (2010). Simulation of design reasoning based on C-K theory: A model and an example application. In D. Marjanović, M. Štorga, N. Pavkoviç & N. Bojčetiç (Hrsg.), *DS 60: Proceedings of DESIGN 2010, the 11th International Design Conference*, Dubrovnik, Croatia (S. 59–68). The Design Society.

Klein, M., Sayama, H., Faratin, P., & Bar-Yam, Y. (2003). The dynamics of collaborative design: Insights from complex systems and negotiation research. *Concurrent Engineering: Research and Applications, 11*(3), 201–209. https://doi.org/10.1177/106329303038029.

Krishnan, V., Eppinger, S. D., & Whitney, D. E. (1997). A model-based framework to overlap product development activities. *Management Science, 43*(4), 437–451. https://doi.org/10.1287/mnsc.43.4.437.

Krishnan, V., & Zhu, W. (2006). Designing a family of development-intensive products. *Management Science, 52*(6), 813–825. https://doi.org/10.1287/mnsc.1050.0492.

Lapp, S., Jablokow, K., & McComb, C. (2019). Kaboom: An agent-based model for simulating cognitive style in team problem solving. *Design Science, 5*, e13. https://doi.org/10.1017/dsj.2019.12.

Lewis, K., & Mistree, F. (1997). Modeling interactions in multidisciplinary design: A game theoretic approach. *AIAA Journal, 35*(8), 1387–1392. https://doi.org/10.2514/2.248.

Liu, Y.-Y., Slotine, J.-J., & Barabási, A.-L. (2011). Controllability of complex networks. *Nature, 473*(7346), 167–173. https://doi.org/10.1038/nature10011.

Loch, C., Mihm, J., & Huchzermeier, A. (2003). Concurrent engineering and design oscillations in complex engineering projects. *Concurrent Engineering: Research and Applications, 11*(3), 187–199. https://doi.org/10.1177/106329303038030

Loch, C., & Terwiesch, C. (1998). Communication and uncertainty in concurrent engineering. *Management Science, 44*(8), 1032–1048. https://doi.org/10.1287/mnsc.44.8.1032.

Loch, C. H., & Kavadias, S. (2002). Dynamic portfolio selection of NPD programs using marginal returns. *Management Science, 48*(10), 1227–1241. https://doi.org/10.1287/mnsc.48.10.1227.275.

Maier, J. F., Wynn, D. C., Biedermann, W., Lindemann, U., & Clarkson, P. J. (2014). Simulating progressive iteration, rework and change propagation to prioritise design tasks. *Research in Engineering Design, 25*(4), 283–307. https://doi.org/10.1007/s00163-014-0174-8.

Meier, C., Browning, T. R., Yassine, A. A., & Walter, U. (2015). The cost of speed: Work policies for crashing and overlapping in product development projects. *IEEE Transactions on Engineering Management, 62*(2), 237–255. https://doi.org/10.1109/TEM.2015.2411514.

Mihm, J., Loch, C., & Huchzermeier, A. (2003). Problem-solving oscillations in complex engineering projects. *Management Science, 49*(6), 733–750. https://doi.org/10.1287/mnsc.49.6.733.16021.

Mihm, J., & Loch, C. H. (2006). Spiraling out of control: Problem-solving dynamics in complex distributed engineering projects. In D. Braha, A. A. Minai & Y. Bar-Yam (Hrsg.), *Complex engineered systems: Science meets technology* (S. 141–157). Springer. https://doi.org/10.1007/3-540-32834-3_7.

Pich, M. T., Loch, C. H., & De Meyer, A. (2002). On uncertainty, ambiguity, and complexity in project management. *Management Science, 48*(8), 1008–1023. https://doi.org/10.1287/mnsc.48.8.1008.163.

Roemer, T., Ahmadi, R., & Wang, R. (2000). Time-cost trade-offs in overlapped product development. *Operations Research, 48*(6), 858–865. https://doi.org/10.1287/opre.48.6.858.12396.

Roemer, T. A., & Ahmadi, R. (2004). Concurrent crashing and overlapping in product development. *Operations Research, 52*(4), 606–622. https://doi.org/10.1287/opre.1040.0125.

Schlick, C. M., Duckwitz, S., & Schneider, S. (2013). Project dynamics and emergent complexity. *Computational and Mathematical Organization Theory, 19*(4), 480–415. https://doi.org/10.1007/s10588-012-9132-z.

Shalpegin, T. (2020). Collaborative product development: Managing supplier incentives for key component testing. *European Journal of Operational Research, 285*(2), 553–565. https://doi.org/10.1016/j.ejor.2020.02.003.

Shapiro, C., & Varian, H. R. (1998). Versioning: The smart way to sell information. *Harvard Business Review, 107*(6), 107.

Smith, R. P., & Eppinger, S. D. (1997). Identifying controlling features of engineering design iteration. *Management Science, 43*(3), 276–293. https://doi.org/10.1287/mnsc.43.3.276.

Sosa, R., & Gero, J. S. (2016). Multi-dimensional creativity: A computational perspective. *International Journal of Design Creativity Innovation, 4*(1), 26–50. https://doi.org/10.1080/21650349.2015.1026941.

Suss, S., & Thomson, V. (2012). Optimal design processes under uncertainty and reciprocal dependency. *Journal of Engineering Design, 23*(10–11), 829–851. https://doi.org/10.1080/09544828.2012.704546.

Wynn, D. C., & Clarkson, P. J. (2018). Process models in design and development. *Research in Engineering Design, 29*(2), 161–202. https://doi.org/10.1007/s00163-017-0262-7.

Yassine, A., Joglekar, N., Braha, D., Eppinger, S., & Whitney, D. (2003). Information hiding in product development: The design churn effect. *Research in Engineering Design, 14*(3), 145–161. https://doi.org/10.1007/s00163-003-0036-2.

Yoo, S. H., Jung, D., & Park, K. S. (2022). Product design outsourcing in a supply chain: Impact of the design and conformance quality trade-off. *Operations Research, 22*(4), 4029–4055. https://doi.org/10.1007/s12351-021-00668-9.

Zeng, Y., & Yao, S. (2009). Understanding design activities through computer simulation. *Advanced Engineering Informatics, 23*(3), 294–308. https://doi.org/10.1016/j.aei.2009.02.001.

Zhang, X., & Thomson, V. (2019). Modelling the development of complex products using a knowledge perspective. *Research in Engineering Design, 30*, 203–226. https://doi.org/10.1007/s00163-017-0274-3.

# Behandlung spezifischer Design- und Entwicklungsprobleme mit Prozessmodellen und -ansätzen

# 11

**Zusammenfassung**

Design- und Entwicklungssituationen haben viele gemeinsame Merkmale, erfordern aber auch eine Behandlung von situationsspezifischen Problemen. Dieses Kapitel untersucht, wie eine Prozessperspektive auf Design und Entwicklung dazu beitragen kann, spezifische Probleme wie Herstellbarkeit und Inklusivität zu verstehen und zu bewältigen. Prozessmodelle und -ansätze, die sich auf spezifische Probleme konzentrieren, helfen, die einzigartigen Anforderungen jedes Design- und Entwicklungskontexts zu erfüllen, da Prozessteilnehmer Modelle auswählen können, um Probleme anzugehen, die ihnen besonders am Herzen liegen. Die Integration mehrerer spezifischer Probleme in einen kohärenten Prozess oder eine bestehende Situation bleibt jedoch eine Herausforderung.

**Schlüsselwörter**

Design und Entwicklung · Prozessmodelle und -ansätze · Spezifische Probleme

## 11.1 Einführung

Design- und Entwicklungsprozesse erfordern die Behandlung vieler spezifischer Probleme. Beispielsweise müssen Produktdesigns einfach zu entwickeln und herzustellen sein, für Benutzer attraktiv und sicher und zuverlässig sein – die speziellen Probleme und die Bedeutung jedes Einzelnen hängen vom einzigartigen Kontext jedes Projekts ab, wie in Kap. 2 diskutiert. Dieses Kapitel zeigt, wie eine Prozessperspektive dazu beitragen kann, Design- und Entwicklungsprobleme anzugehen, die einem Team besonders am Herzen liegen. Insbesondere können fokussierte Prozessmodelle und -ansätze dazu



D. Wynn und P. Clarkson, *Der Design- und Entwicklungsprozess*,
https://doi.org/10.1007/978-3-031-83083-9_11

beitragen, zu beleuchten, wie diese speziellen Probleme angegangen werden können und wie die Überlegungen im Kontext des breiteren Design- und Entwicklungsprozesses platziert werden sollten. Wie bei anderen Aspekten einer Prozessperspektive müssen fokussierte Prozessmodelle und -ansätze pluralistisch betrachtet werden – das heißt, mehrere müssen in Kombination betrachtet werden, wenn sie ein bestimmtes Problem angemessen angehen und den Bereich der Überlegungen abdecken sollen, die sich auf ein bestimmtes Design- und Entwicklungsprojekt auswirken. Fokussierte Beiträge sollten auch neben Modellen, Theorien und Ansätzen betrachtet werden, die allgemeine Design- und Entwicklungsprozessprobleme abdecken, von denen viele in den Kap. 7–10 diskutiert werden.

Der Rest dieses Kapitels diskutiert anhand von Beispielen, wie verschiedene Arten von Prozessmodellen und -ansätzen einen Mehrwert für die Behandlung spezifischer Design- und Entwicklungsprobleme bieten. Vier Arten von Beiträgen werden diskutiert: *konzeptionelle Modelle*; *Denkweisen, Methoden und empfohlene Prozesse*; *Ansätze zur Modellierung und Verbesserung von Prozessen* und *berechenbare Modelle für allgemeine Einblicke in spezifische Prozessprobleme*. Das Kapitel behandelt auch die Mikro-, Meso- und Makroebenen des Umfangs, die als konzentrische Ringe in Abb. 11.1 dargestellt sind. Zur Wiederholung aus früheren Kapiteln beziehen sich *Beiträge auf Mikroebene* auf einzelne Aktivitäten und ihren Kontext in einem Prozess. *Beiträge auf Mesoebene* stellen einen End-to-end-Arbeitsfluss dar. *Beiträge auf Makroebene* stellen den Design- und Entwicklungsprozess im Kontext dar. Daher diskutiert dieses Kapitel die gesamte unterste Schicht des in Kap. 6 eingeführten konzeptionellen Frameworks, wie in Abb. 11.1 gezeigt.

Angesichts der Vielzahl spezifischer Probleme, die während eines typischen Design- und Entwicklungsprojekts behandelt werden müssen, kann die unterste Schicht dieses Rahmens konzeptionell weiter in drei überlappende Untergruppen unterteilt werden:

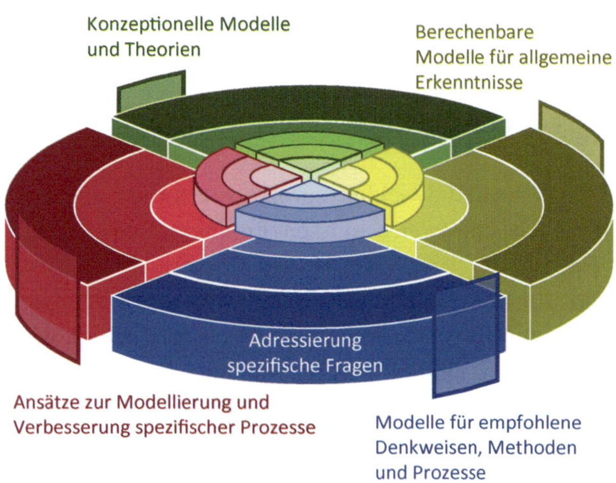


**Abb. 11.1** Dieses Kapitel behandelt die gesamte unterste Schicht des in Kap. 6 eingeführten organisierenden Frameworks

- *Beiträge zur Behandlung spezifischer menschlicher Probleme* – wie die Sicherstellung, dass ein Design von Menschen mit unterschiedlichen Fähigkeiten nutzbar ist,
- *Beiträge zur Behandlung spezifischer technischer Probleme* – wie die Sicherstellung, dass ein Produkt effizient hergestellt werden kann,
- *Beiträge zur Behandlung spezifischer systemischer Probleme* – wie die Sicherstellung der Qualität, Veränderbarkeit und Nachhaltigkeit eines Designs. In noch größerem Maße als die beiden vorherigen Arten von Problemen entstehen Probleme dieser Art aus der Interaktion zwischen vielen Systemelementen und beeinflussen Entscheidungen, die während des gesamten Design- und Entwicklungsprozesses getroffen werden.

Die folgenden Abschnitte diskutieren Beispiele für fokussierte Prozessmodelle und -ansätze, um zu veranschaulichen, wie die vier Beitragstypen bei der Behandlung aller drei oben aufgeführten spezifischen Problemtypen hilfreich sein können – es sollte beachtet werden, dass viele Probleme während des gesamten Design- und Entwicklungsprozesses berücksichtigt werden müssen und daher durch Beiträge aller vier Typen und drei Ebenen des Umfangs behandelt werden können. Die in diesem Kapitel diskutierten Beispiele wurden ausgewählt, um für jede der drei oben aufgeführten Problemarten eine Probe zu sein und für eine Reihe von Design- und Entwicklungsprozessen relevant zu sein. Nachdem jeder Abschnitt des Frameworks in den Abschn. 11.2–11.5 diskutiert wurde, fasst der letzte Abschnitt (Abschn. 11.6) mit Beobachtungen zu den Vorteilen und Herausforderungen des allgemeinen Ansatzes der Isolierung spezifischer Probleme für eine eingehende Behandlung durch Prozessmodelle und -ansätze zusammen.

## 11.2 Konzeptionelle Modelle

Konzeptionelle Modelle bieten Einblicke in spezifische Probleme aus einer Prozessperspektive, ohne im Detail vorzuschreiben, wie diese Probleme angegangen werden sollen. Sie sind im hintersten Segment der untersten Schicht von Abb. 11.1 gesammelt. Um die Form und den Wert solcher Modelle zu veranschaulichen, werden unten drei Beispiele beschrieben, bevor auf die Vorteile und Einschränkungen von problemspezifischen konzeptionellen Modellen eingegangen wird.

**Beispiele** Ein spezifisches technisches Problem auf der Mesoebene adressierend, diskutieren Tahera et al. (2019) wie *Engineering-Tests* in das technische Design von komplexen, inkrementell entwickelten Produkten integriert sind – basierend auf einer Fallstudie von Dieselmotoren für Offroad-Anwendungen sowie unterstützenden Studien in anderen Automobiltechnikkontexten. In diesem Kontext ist die Produktarchitektur weitgehend vorgegeben. Wenn neue Teile entworfen werden, werden sie schrittweise getestet, indem die Teile auf einem Testmotor, genannt Maultier (Mule), der auf einer eng verwandten vorherigen Version basiert, schrittweise ersetzt werden. Der Bedarf an technischen Tests stellt viele Einschränkungen für den Entwicklungsprozess dar, da erforderliche mechanische Tests wie Leistungs- und Haltbarkeitstests teuer, zeitaufwendig sind und – aufgrund der Notwendigkeit, Testanlagen über mehrere Projekte hinweg zu teilen – gut im Voraus geplant werden müssen. Tahera et al. (2019) entwickeln das in Abb. 11.2 dargestellte Prozessmodell, um zu veranschaulichen, wie das Testen mit den technischen Designprozessen interagiert. Das Modell zeigt, wie verschiedene Arten von Tests – einschließlich virtueller Tests, Leistungstests und mechanischer Haltbarkeitstests – mit der technischen Designaktivität in jeder Phase eines Projekts verflochten sein müssen. Früh in einem Projekt wird das Testen relativ schnell durchgeführt, während später die Design-Prototyp-Testschleifen mehr Zeit in Anspruch nehmen, um abgeschlossen zu werden. Das Modell veranschaulicht auch, wie sich der Fokus des Testens sowie die verwendeten Methoden ändern, wenn das Projekt durch verschiedene Phasen fortschreitet.

*Inklusives Design* ist das Design von Mainstream-Produkten und -Dienstleistungen, die für so viele Menschen wie vernünftigerweise möglich zugänglich und nutzbar sind – ohne die Notwendigkeit einer speziellen Anpassung oder spezialisierten Gestaltung

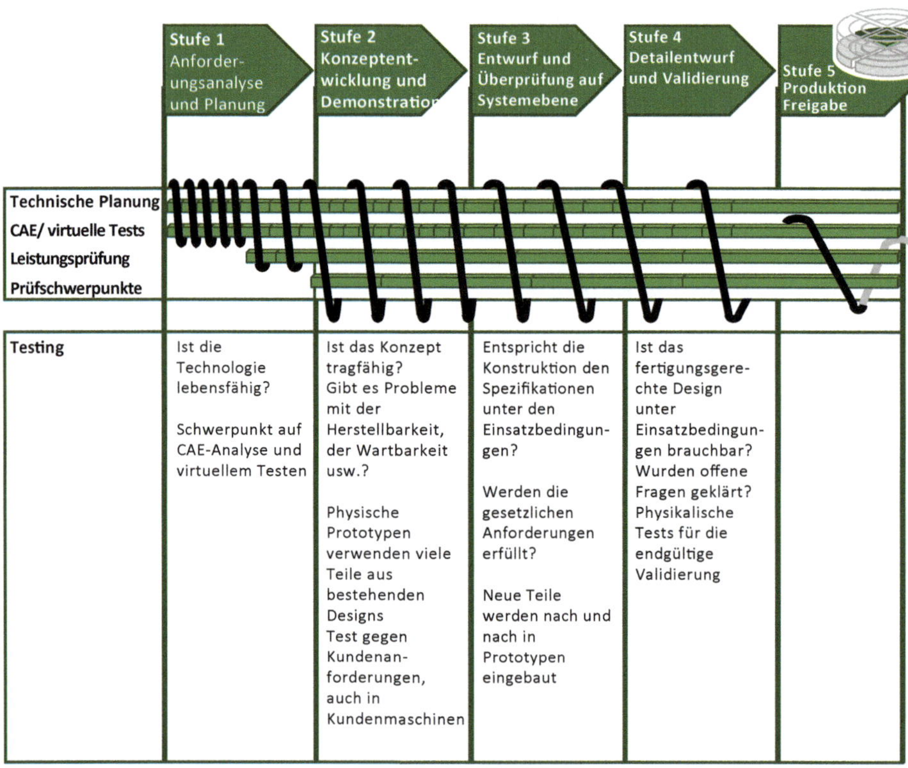


**Abb. 11.2** Designprozess für mechanisches Testen. Abbildung adaptiert von Tahera et al. (2019) unter Lizenz CC BY 4.0 (http://creativecommons.org/licenses/by/4.0/)

(Clarkson und Coleman, 2015). Es handelt sich um einen allgemeinen Ansatz zum Design, bei dem die Designer sicherstellen, dass ihre Produkte und Dienstleistungen die Bedürfnisse des breitest möglichen Publikums erfüllen, unabhängig von Alter oder Fähigkeit. Als solches ist es eine Perspektive, die den gesamten Designprozess durchdringen sollte – ein menschliches Problem, das durch Beiträge auf der Mikro-, Meso- und Makroebene angegangen werden kann.

Waller et al. (2015) machen sich für inklusives Design stark und argumentieren, dass es als eine Reihe von Fragen formuliert werden kann, die iterativ um einen bestehenden Designprozess herum gewickelt werden:

- *Was sind die Bedürfnisse?* – Diese *Erkundungs*phase dient dazu, ein tieferes Verständnis für die Kriterien zu erlangen, die das Produkt erfüllen muss.
- *Wie können die Bedürfnisse erfüllt werden?* – Diese *Erstellungs*phase dient dazu, mögliche Lösungen zu schaffen, um die in der Erkundungsphase identifizierten Bedürfnisse und Kriterien zu erfüllen.
- *Wie gut werden die Bedürfnisse erfüllt?* – Diese *Bewertungs*phase dient dazu, die Konzepte zu untersuchen, um zu bestimmen, wie gut sie die Bedürfnisse erfüllen.
- *Was sollten wir als Nächstes tun?* – Projekt*management* ist von entscheidender Bedeutung, um ein Projekt auf Kurs und im Budget zu halten.

Diese Elemente bilden die Grundlage für das *Designrad* für inklusives Design, das in Abb. 11.3 dargestellt ist, wo aufeinanderfolgende Zyklen der *Erkundungs-*, *Erstellungs-* und *Bewertungs*phasen verwendet werden, um ein klareres Verständnis der Bedürfnisse, bessere Lösungen zur Erfüllung dieser Bedürfnisse und stärkere Evidenz dafür zu erzeugen, dass die Bedürfnisse erfüllt sind – die *Management*phase leitet den Prozess. Dies ist ein Beispiel für ein konzeptionelles Mesoebenenmodell, das zeigt, wie eine Auswahl von fokussierten Ansätzen und Methoden in Beziehung zu generischen Designphasen und Managementaktivitäten steht. Es ergänzt alle breiteren Designprozesse, die in Ingenieur- und Designorganisationen existieren könnten. Das Modell soll keinen klaren, prüfbaren Prozess definieren, sondern betont die Notwendigkeit, sich auf Menschen und insbesondere auf die Benutzer des vorgeschlagenen Produkts oder Dienstes zu konzentrieren – und bietet Methoden dafür an.

Inklusives Design wurde erfolgreich auf eine Vielzahl von Designherausforderungen angewendet, einschließlich Transportdienstleistungen, Gebäude und E-Commerce. Dieser Ansatz wurde auch in ein Toolkit übersetzt, um ein besseres Design für alle zu inspirieren – das *Toolkit für inklusives Design* (https://www.inclusivedesigntoolkit.com/).

In einem weiteren Beispiel für ein fokussiertes konzeptionelles Modell, in diesem Fall, das sich mit einem technischen Problem auf der Makroebene befasst, konzentrieren sich Hou und Jiao (2020) auf *dateninformiertes inverses Design*, das sich mit der Ausnutzung von Daten befasst, die von Produkten im Einsatz gesammelt wurden, um vorherzusagen, wie sich neue Designs wahrscheinlich verhalten werden – die neuen Designs können einige Parameter mit den bestehenden Produkten gemeinsam haben, während

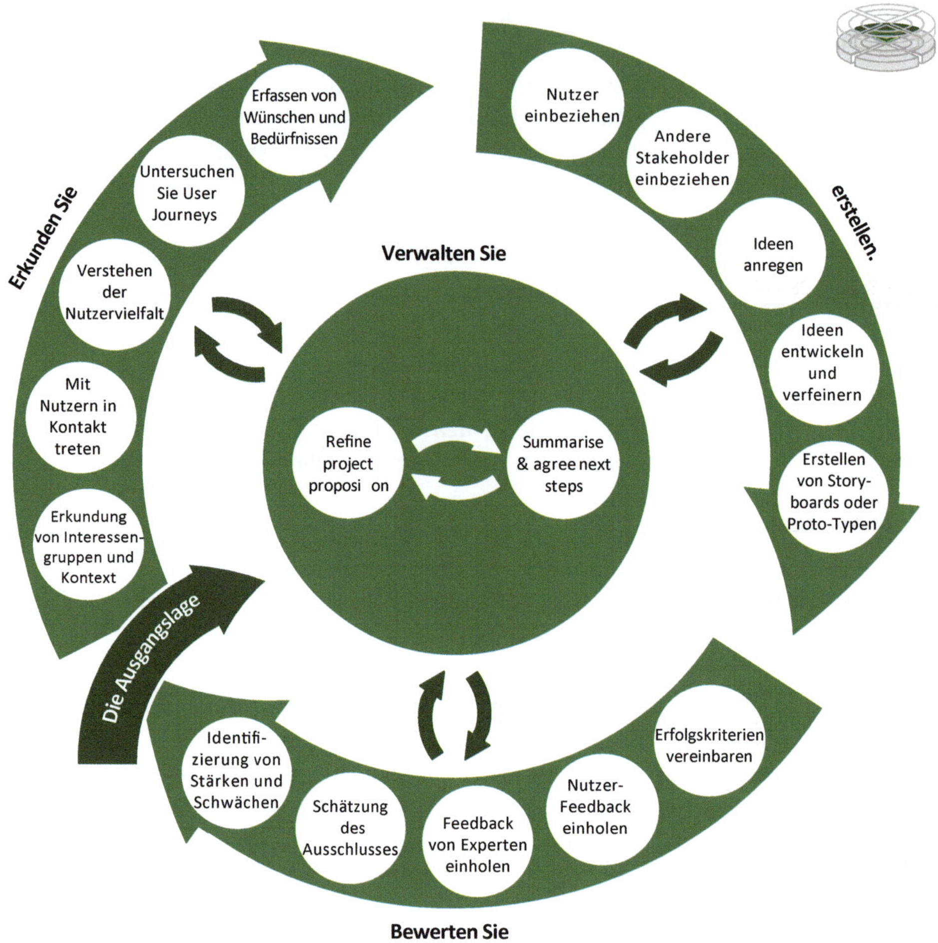


**Abb. 11.3** Das „Designrad" für inklusives Design. Reproduziert aus dem Inclusive Design Toolkit, https://www.inclusivedesigntoolkit.com/

andere Parameter unterschiedlich sein werden. Die Vorhersagen können die Notwendigkeit von Entscheidungen auf der Grundlage von Annahmen in einem traditionellen „vorwärtsgerichteten" Designprozess reduzieren. Hou und Jiao (2020) präsentieren das in Abb. 11.4 gezeigte konzeptionelle Modell, um zu zeigen, wie dieses Konzept des dateninformierten inversen Designs mit der Entscheidungsfindung in einem typischen phasenbasierten Designprozess verknüpft werden kann. Ihr Modell zeigt, wie Daten von bestehenden Produkten gesammelt, verarbeitet werden können, um Schlüsselmerkmale zu extrahieren, und wie sie zur Informationsgewinnung in jeder Prozessphase verwendet werden können. Es legt nahe, dass ein Design durch kontinuierliche Iterationen um diesen geschlossenen Prozess herum über Generationen hinweg verbessert werden kann.

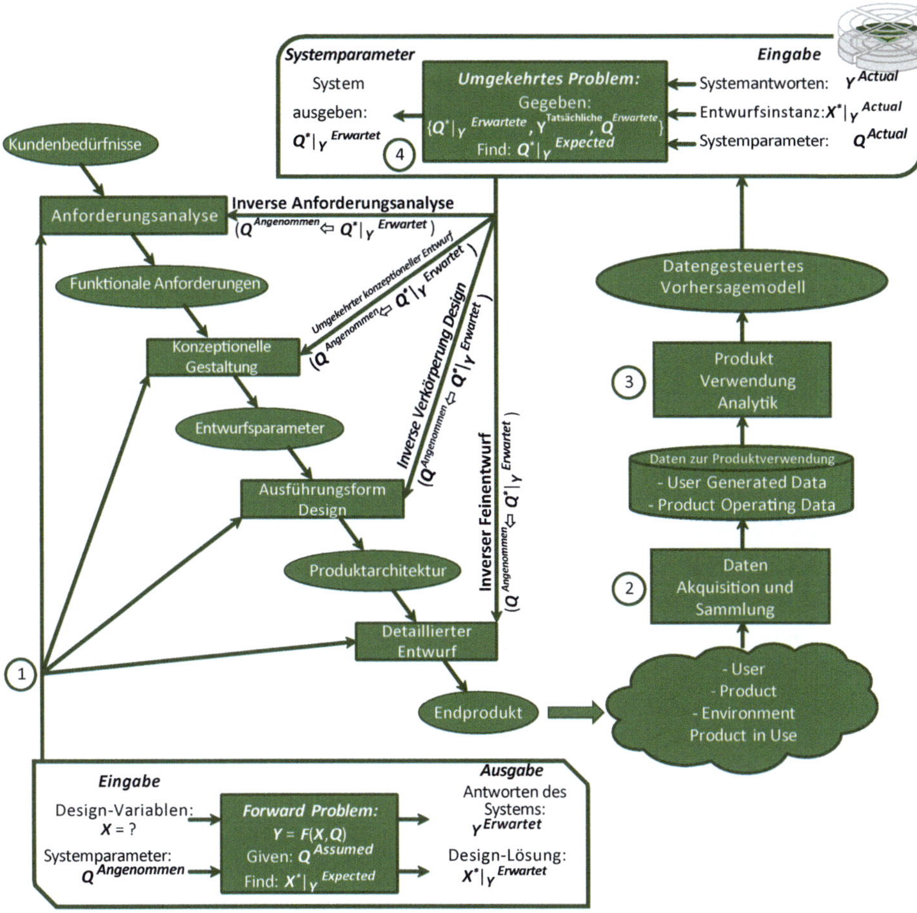


**Abb. 11.4** Ein Framework für datengetriebenes inverses Design. *Reproduziert von* Hou und Jiao (2020) *Data-informed inverse design by product usage information: a review, framework and outlook, J Intell Manuf 31:534 mit Genehmigung von Springer Nature*

Wie andere konzeptionelle Prozessmodelle bietet es einen Rahmen, gibt jedoch keine Anleitung, wie die einzelnen Schritte und Informationsflüsse im Detail umgesetzt werden können.

**Vorteile und Einschränkungen** Die oben beschriebenen Beispiele zeigen, wie prozessorientierte konzeptionelle Modelle hilfreich sein können, um Schlüsselkonzepte in Bezug auf ein bestimmtes Problem zu verstehen, und sie können aufzeigen, wie die Berücksichtigung des Problems den Design- und Entwicklungsprozess breiter beeinflussen kann. Ein Nachteil von konzeptionellen Prozessmodellen, die sich auf spezifische Probleme konzentrieren, ist, dass sie, wie die allgemeineren konzeptionellen Modelle und Theorien des Designs und der Entwicklung, die im gesamten Kap. 7 diskutiert werden, eine erhebliche Interpretation erfordern, damit die Erkenntnisse in einem bestimmten Kontext angewendet werden können. Darüber hinaus behandeln viele fokussierte konzeptionelle Modelle das spezifische Problem von Interesse in der Tiefe, während sie den Design- und Entwicklungsprozess selbst auf eine relativ stilisierte Weise darstellen. Um vollständig zu verstehen, wie die spezifischen Probleme in Bezug auf Design- und Entwicklungsaktivitäten stehen, möchten die Benutzer einiger fokussierter konzeptioneller Modelle die präsentierten Erkenntnisse im Licht der ausgefeilteren konzeptionellen Behandlungen von Design und Entwicklung betrachten, die in vielen allgemeinen konzeptionellen Modellen dieses Prozesses präsentiert werden (siehe Kap. 7).

## 11.3 Einstellungen, Methoden und empfohlene Prozesse

Andere Beiträge bieten Empfehlungen und Verfahren zur Behandlung spezifischer Design- und Entwicklungsprobleme. Auf der Mikroebene bieten Einstellungen Denkweisen und Methoden bieten schrittweise Verfahren zur Bewältigung bestimmter Aufgaben mit den Problemen im Hinterkopf. Auf der Mesoebene zeigen präskriptive Prozessmodelle, wie das spezifische Problem durch Durchführung bestimmter Aktivitäten innerhalb des breiteren Design- und Entwicklungsprozesses integriert werden kann. Auf der Makroebene zeigen andere Prozessmodelle, wie ein Problem den Kontext für gesamte Designprozesse setzen sollte. Zur Veranschaulichung wird in den folgenden Absätzen eine Reihe von Beispielen behandelt, die menschliche, technische und systemische Probleme betreffen.

**Beispiele** Ein systemisches Problem mit einem empfohlenen Mikroebenen-Mindset adressierend, hat das *Systemic Design Framework* des Design Council einen besonderen Fokus auf nachhaltiges Design durch die Erkennung von systemischen Problemen, die berücksichtigt oder überwunden werden müssen. Sechs Elemente einer Einstellung werden empfohlen, die unten reproduziert und zusammengefasst sind:

- *menschen- und planetenzentriert sein* – um allen Lebewesen zu nutzen,
- *hinein- und herauszoomen* – Betrachtung von Problemen in verschiedenen Maßstäben und Zeiträumen,
- *Ideen testen und weiterentwickeln* – Fokus auf Herstellung und Iteration,
- *inklusiv sein und Unterschiede begrüßen* – um von marginalisierten Perspektiven zu profitieren und sie zu begrüßen,
- *kollaborativ sein und Verbindungen herstellen* – Verbindung von speziellen Projekten mit breiteren Bewegungen für Veränderungen,
- *in kreisförmigen und regenerativen Wegen denken* – Wiederverwendung und Wachstum von physischen und sozialen Vermögenswerten.

Andere Beiträge werden als Methoden umrahmt, das heißt konkrete schrittweise Verfahren zur Behandlung spezifischer Probleme. Solche Beiträge werden oft als

*Design-für-X*-Methoden bezeichnet, wobei das X auf das spezielle behandelte Problem verweist – für weitere Informationen zu diesem Thema werden die Literatur-Reviews von Kuo et al. (2001), Holt und Barnes (2010) und Benabdellah et al. (2019) empfohlen. Eine bekannte Methode dieser Art, die sich mit einem technischen Problem auf der Mikroebene befasst, ist die *Methode zur Reduzierung der Teileanzahl*, ein einfacher und systematischer Ansatz zur Analyse eines bestehenden Designs, um Möglichkeiten zur Entfernung von Teilen zu identifizieren und damit die Montage zu vereinfachen (Boothroyd, 1994). Um die Methode anzuwenden, sollten die Teile der Montage in der Reihenfolge aufgelistet werden, in der sie montiert werden sollen. Die Designer würden dann die Sequenz durchgehen und sich vorstellen, wie jedes Teil auf die Teilbaugruppe montiert wird, und folgende Fragen stellen:

- Muss das Teil getrennt sein, weil es sich nach der Montage bewegen wird?
- Muss das Teil getrennt sein, weil es aus einem anderen Material hergestellt werden muss als dem, auf das es montiert wird?
- Muss das Teil aus anderen Gründen getrennt sein, wie zum Beispiel Versorgung oder Wartung?

Wenn die Antworten auf alle drei Fragen „Nein“ lauten, sollten die Designer in Betracht ziehen, ob das Teil mit einem anderen Teil kombiniert oder ganz entfernt werden kann. Diese einfache Methode führt oft zur Identifizierung vieler Möglichkeiten, Teile zu entfernen und damit die Montage zu vereinfachen, obwohl viele dieser Möglichkeiten in der Regel nicht realisierbar sind oder zu anderen Fertigungsproblemen führen würden. Sie kann besonders nützlich sein, um komplexe Baugruppen zu verbessern, bei denen dem Montageaufwand bisher nicht viel Beachtung geschenkt wurde, und in der Massenproduktion, wo die Montage einen erheblichen Anteil an den Gesamtproduktionskosten ausmachen kann. Es gibt auch ausgefeiltere, wenn auch zeitaufwendigere Ansätze für das Design zur Montage – siehe zum Beispiel Boothroyd und Alting (1992), Moultrie und Maier (2014). Ein weiteres wichtiges Thema im Maschinenbau ist die *Materialauswahl*, die Auswirkungen auf die verwendbaren Formprozesse und die erreichbaren Teilegeometrien hat sowie auf viele andere Aspekte wie Kosten und Umweltauswirkungen. Angesichts der Tatsache, dass viele Tausende von Engineering-Materialien zur Verfügung stehen und jedes durch viele Eigenschaften charakterisiert ist, ist eine optimale Auswahl eine Herausforderung. Ashby et al. (2004) behandeln dieses spezifische technische Problem mit einer Mikroebenenmethode zur systematischen Auswahl geeigneter Optionen aus einer Datenbank aller verfügbaren Materialien. Wie in Abb. 11.5 dargestellt, gibt es drei Hauptstufen in dieser Methode:

1. *Screening* – Einschränkung der Datenbank auf eine Teilmenge von Materialien, die für die gegebene Situation geeignet sein könnten, durch Anwendung anwendungsspezifischer Einschränkungen, zum Beispiel könnte ein sprödes Material nicht für ein flexibles Teil verwendet werden.

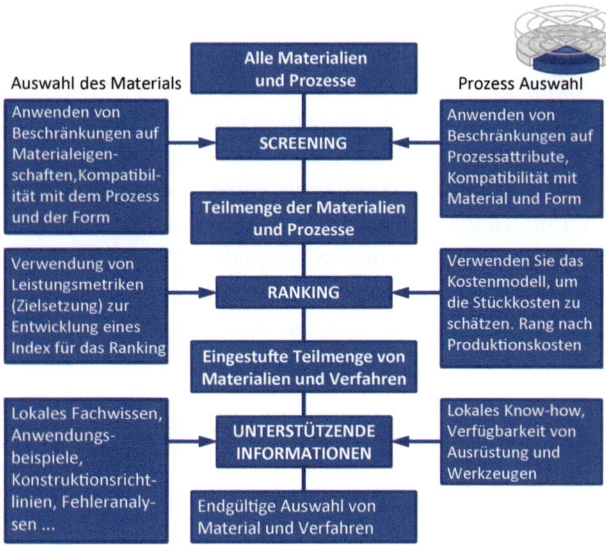


**Abb. 11.5** Nachdruck von Ashby et al. (2004) *Abbildung ist nachgedruckt von Materials & Design, Vol. 25, Issue 1*, Ashby, M., Bréchet, Y., Cebon, D., & Salvo, L., *Selection strategies for materials and processes, S. 56, © 2004, mit Genehmigung von Elsevier*

2. *Ranking* – Identifizierung, welche der verbleibenden Optionen wahrscheinlich am besten in der speziellen Situation abschneiden werden, basierend auf dem Konzept der Materialindizes, die Aspekte der Zielfunktion des Designs erfassen, zum Beispiel um das Gewicht oder die Kosten des Teils zu minimieren.
3. *Unterstützende Informationen* – Analyse der Details der verbleibenden Kandidatenmaterialien, um eine endgültige Auswahl zu treffen.

Wie in Abb. 11.5 gezeigt, müssen sowohl das Material selbst als auch der Formgebungsprozess gleichzeitig berücksichtigt werden. Insgesamt ist dieser systematische Ansatz besonders nützlich, wo die Auswirkung der Materialauswahl signifikant ist, zum Beispiel in Situationen, in denen Teile für die Leistung optimiert und extremen Umweltbedingungen ausgesetzt werden sollen. In anderen Situationen reicht oft die Erfahrung eines Designers aus, um ein geeignetes Material auszuwählen. *Bessere Pflege durch Technik* („engineering better care") ist ein systematischer Ansatz zum Gesundheits- und Pflegedesign und zur kontinuierlichen Verbesserung, entwickelt von der Royal Academy of Engineering, dem Royal College of Physicians und der Academy of Medical Sciences (Clarkson, 2018). Er behandelt ein menschliches Problem in Bezug auf die gesamte Transformation von Gesundheits- und Pflegesystemen und kann auch zur Verbesserung kleinerer Pflegeelemente angewendet werden. *Bessere Pflege durch Technik* übernimmt die Prinzipien des inklusiven Designs, indem es Fragen zur Behandlung von Perspektiven in Bezug auf *Menschen*, *Systeme*, *Risiken*, *Design* und *Management* für die Transformation oder Verbesserung komplexer Gesundheits- und Pflegesysteme vorschlägt.

**Abb. 11.6** Bessere Pflege durch Technik als iterative Fragenreihe ausgedrückt. Reproduziert aus dem Verbesserungs-Toolkit, https://www.iitoolkit.com/

In Kombination bilden diese einen iterativen Fragenkatalog, der in Abb. 11.6 auf der Mesoebene dargestellt ist und bestehende Verbesserungs- und Veränderungsansätze ergänzen kann. Die meisten Fragen auf der rechten Seite der Abbildung konzentrieren sich auf die Definition des zu lösenden Problems, während die Fragen auf der linken Seite eine Lösung für das Problem suchen. Dieser Ansatz wurde anschließend in ein umfassendes Toolkit für Veränderungen übersetzt – das *Verbesserungs-Toolkit* („improving improvement toolkit", https://www.iitoolkit.com/).

*Verhaltensdesign*, das sich mit Nudging, Überzeugung und der Beeinflussung menschlichen Verhaltens durch Design befasst, ist zunehmend ein wichtiges Thema in der Designforschung und im breiteren öffentlichen Bewusstsein. Cash et al. (2017) behandeln dieses menschliche Problem mit einem Mesoebenenprozessmodell, das Schlüsselaktivitäten zeigt, und wie sie zu typischen Designphasen passen. Sie schlagen vor, dass der Verhaltensdesignprozess mit traditionellen Produktentwicklungsprozessen und -methoden kompatibel ist, sodass er als Teil des Stage-Gate-Prozesses in die Produktentwicklung integriert werden kann. Sie beschreiben die einzelnen Elemente des Prozesses und argumentieren, dass das Verhaltensdesign einen alternativen Weg durch die Konzeptentwicklungsphase bietet und dass es möglich ist zu sehen, wie das Verhaltensdesign mit traditionelleren Designprozessen interagiert, wie in Abb. 11.7 dargestellt. Auf diese Weise kann das Verhaltensdesign mit verschiedenen höheren Prozessen für die Anwendung in Designbereichen außerhalb der Produktentwicklung abgestimmt werden, zum Beispiel durch die Integration in einen Systemdesignprozess.

**Vorteile und Einschränkungen** Die Beispiele zeigen, wie Denkweisen, Methoden und empfohlene Prozesse alle nützliche Anleitungen für die Behandlung spezifischer

**Abb. 11.7** Prozess für Verhaltensdesign im Kontext der kanonischen Designphasen. Reproduziert von Cash et al. (2017) *Die Abbildung ist nachgedruckt aus Design Studies, Vol. 48*, Philip J. Cash, Charlotte Gram Hartlev, Christine Boysen Durazo., *Behavioural design: A process for integrating behaviour change and design, S. 110,* © 2017, *mit Genehmigung von Elsevier*

Designüberlegungen bieten können. Einige Ansätze konzentrieren sich auf die Designüberlegungen isoliert, während andere vorschlagen, wie sie sich auf verschiedene Stadien des Design- und Entwicklungsprozesses beziehen. Im letzteren Fall zeigen sie jedoch nicht im Detail, wie die empfohlenen Schritte mit den bestehenden Prozessen in einem Unternehmen integriert werden sollten. Eine der Herausforderungen dabei ist, dass fokussierte Methoden und Prozesse spezifische Schritte in erheblichem Detail zeigen können, aber die Prozesse, in die sie integriert werden sollen, können von einer Situation zur nächsten variieren, was zu einem Detailunterschied zwischen der Behandlung des spezifischen Problems und dem Kontext führt, in den es integriert werden soll.

## 11.4 Ansätze zur Modellierung und Verbesserung von Prozessen

Andere Beiträge bieten Ansätze zur Modellierung der spezifischen Details der Design- und Entwicklungsprozesse einer Organisation in Bezug auf spezifische Probleme. Diese werden durch das am weitesten links stehende Segment von Abb. 11.1 dargestellt. Solche Ansätze sind hauptsächlich auf der Mesoebene – wenn spezifische Überlegungen innerhalb eines spezifischen Prozesses abgebildet werden – und auf der Makroebene – wenn der Kontext eines spezifischen Prozesses abgebildet wird. Die folgenden Absätze diskutieren eine kurze Auswahl von Beiträgen in dieser Kategorie, bevor sie auf Vorteile und Einschränkungen eingehen.

**Beispiele** Kerley et al. (2011) diskutieren die Anwendung von Prozessmodellierung und diskreter Ereignissimulation zur Untersuchung der technischen Problemstellung der Integration neuer Lebenszyklus-Engineering-Aktivitäten in einen Konzeptentwurfsprozess für Strahltriebwerke – dies ist ein Mesoebenenansatz. Die Herausforderung bestand darin, dass die Prozessteilnehmer nicht wussten, an welchen Stellen im Prozess die neuen Aktivitäten eingefügt werden sollten, und die Zeit- und Aufwandimplikationen aufgrund der hoch iterativen Natur des Prozesses unklar waren. Kerley et al. (2011) entwickelten zunächst ein Ist-Prozessmodell, bevor sie identifizierten, wie die neuen Aktivitäten passen könnten, und verwendeten diskrete Ereignissimulation, um den wahrscheinlichen Anstieg von Aufwand und Dauer zu bewerten. Sie verwendeten einen Open-Box-Ansatz zur Modellierung, bei dem alle Annahmen allen Teilnehmern im Modellierungsprozess klar gemacht wurden, um die Glaubwürdigkeit der endgültigen Empfehlungen zu gewährleisten.

Ein anderer Ansatz, der die Modellierung einer spezifischen Engineering-Problemstellung auf Makroebene beinhaltet und die Details bestimmter Situationen erfasst, ist die *Qualitätsfunktionenbereitstellung (QFD)*, die eines der Hauptkoordinationswerkzeuge ist, die in der Forschung zum gleichzeitigen Engineering diskutiert werden (siehe auch Abschn. 8.4.2.1). QFD kann insbesondere in groß angelegten Projekten hilfreich sein, um die Diskrepanzen zu adressieren, die in großen Organisationen auftreten und zu einer Fehlausrichtung zwischen der Arbeit verschiedener Einzelpersonen und Abteilungen führen. Der Ansatz basiert auf einer Reihe von Mapping-Matrizen, beginnend mit der *Haus-der-Qualität*-Matrix. Die Reihe von Matrizen zeigt den Fluss der Abhängigkeit von Kundenbedürfnissen über Produktspezifikationsparameter, Produktdesignparameter und Fertigungsprozessparameter. Die Diskussion, Modellierung und Aufrechterhaltung der Mappings ermöglichen eine strukturiertere und systematischere Betrachtung von Trade-offs, die verschiedene Teile der Organisation beeinflussen könnten (Hauser & Clausing, 1988). Der Begriff *Qualitätsfunktionenbereitstellung* stammt von dem Konzept, dass der gesamte Prozess auf die Bedürfnisse der Kunden ausgerichtet sein sollte, um Qualität im weitesten Sinne zu gewährleisten; das System soll die Umsetzung dieser Bedürfnisse in die Entscheidungsfindung in allen Prozessstufen und Ebenen der Projektorganisation gewährleisten. Eine Überprüfung und Studie zur Einführung von QFD in der Praxis, in der sowohl Vorteile als auch Herausforderungen diskutiert werden, wird von Cristiano et al. (2001) bereitgestellt.

Prasad (1998) erweitert QFD, um eine *gleichzeitige Funktionenbereitstellung* zu schaffen, basierend auf der Haus-des-Wertes-Matrix, die in Abb. 11.8 dargestellt ist. Diese erweiterte Matrix, die wie QFD eine systemische Problemstellung auf Makroebene behandelt, zeigt die Zuordnungen zwischen:

- *Wertmerkmalen* – die wünschenswerte Merkmale aus der Entwicklungsanstrengung identifizieren, wie Qualität, Kosten, Time-to-Market usw.,
- *Artefaktwerten* – die Attribute des Produkts und des Prozesses identifizieren, die zu den Wertmerkmalen beitragen, wie Komponenten und Subsysteme, ihre Zuverlässigkeit und Fertigbarkeit und bestimmte Lieferanten,
- *Anforderungen und Einschränkungen* – die aus den Wertmerkmalen und Artefaktwerten resultieren und während verschiedener Aktivitäten im Design- und Entwicklungsprozess berücksichtigt werden müssen, wie Produktdesign, Prozessdesign und Produktionsdesign.

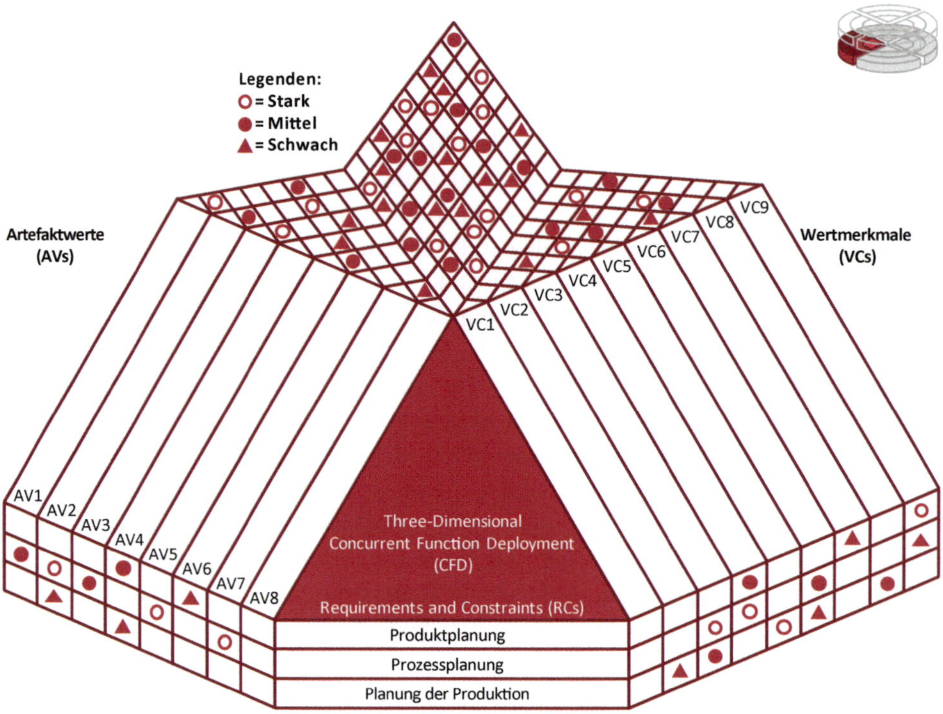


**Abb. 11.8** Die Haus-des-Wertes-Matrix für die gleichzeitige Funktionenbereitstellung. *Abbildung nachgedruckt aus Journal of Manufacturing Systems, Vol. 17, Ausgabe 3, Biren Prasad, Review of QFD and related deployment techniques, S. 232, © 1998, mit Genehmigung von Elsevier*

Der Aufbau einer solchen Matrix, die weiter in Untermatrizen detailliert werden kann, soll dazu beitragen, nichts zu übersehen, wenn viele spezifische Fragen gleichzeitig über viele Design- und Entwicklungsaktivitäten hinweg betrachtet werden (Prasad, 1998).

Wiederum wird ein spezifisches systemisches Problem auf der Makroebene angesprochen, das heißt, der Fokus liegt auf dem Kontext von Design und Entwicklung. *Technologie-Roadmapping* bezieht sich auf die Entwicklung von Plänen, wie und wann neue Technologien entwickelt und in neue Produkte innerhalb eines geplanten Produktportfolios integriert werden, unter Berücksichtigung aller Stakeholder, Geschäftsziele und Teile der Organisation (Phaal & Muller, 2009). Die betroffenen Technologien können bestehende Produkte erhalten und verbessern oder disruptiver Natur sein (De Weck, 2022). Wie andere komplexe Architekturaktivitäten beinhaltet das Roadmapping verschiedene Sichtweisen und kann in verschiedenen Maßstäben durchgeführt werden, zum Beispiel auf Produkt- oder Subsystemebene (Phaal und Muller, 2009). Eine schematische Darstellung einer Sichtweise auf eine Technologie-Roadmap, reproduziert von De Weck (2022), ist in Abb. 11.9 dargestellt. Diese spezielle Form von Roadmap beinhaltet die Planung, wie das für die Einführung einer neuen Technologie erforderliche Wissen

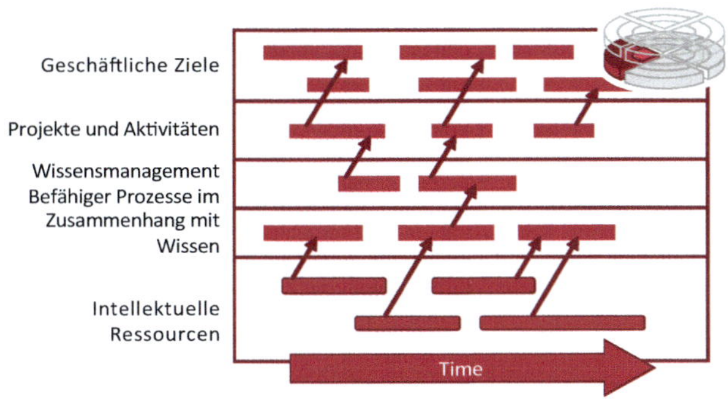


**Abb. 11.9** Eine schematische Darstellung einer Technologie-Roadmap, die zeigt, wie Wissen und Fähigkeiten zur Einführung einer neuen Technologie durch eine Reihe von Projekten entwickelt und integriert werden sollen. Nachgedruckt von De Weck (2022) *Technology roadmapping, Springer, S. 219, mit Genehmigung von Springer Nature*

und die erforderlichen Kompetenzen entwickelt und in aufeinanderfolgende Projekte integriert werden, um Geschäftsziele zu erreichen. Ansichten von Technologie-Roadmaps und ihre Verbindungen können auch in formelleren Notationen wie Designstrukturmatrizen (Abschn. 9.3.3) und Objektprozessmethodik (Abschn. 9.4.2.1) ausgedrückt werden, die De Weck (2022) vorschlägt, um Unklarheiten zu reduzieren. Phaal und Muller (2009) und De Weck (2022) stellen beide konzeptionelle Modelle und empfohlene Prozesse für die Architektur und Entwicklung von Roadmaps vor.

**Vorteile und Einschränkungen** Insgesamt adressieren Ansätze zur Modellierung und Verbesserung einer spezifischen Situation in Bezug auf ein spezifisches Problem die allgemeine und manchmal abstrakte Natur der spezifischen Beiträge, die in den vorherigen beiden Abschnitten beschrieben wurden. Sie destillieren jedoch die behandelten Probleme nicht in Rezepte zum Befolgen und – wie die generischen Ansätze zur Modellierung und Verbesserung spezifischer Prozesse, die in Kap. 9 diskutiert werden – können erheblichen Aufwand erfordern, um angewendet zu werden. Eine weitere Überlegung ist, dass die Behandlung spezifischer Design- und Entwicklungsprobleme mit verschiedenen Modellierungsansätzen und Notationen zu einer großen Anzahl von unabhängig erstellten fragmentarischen Modellen der gleichen Prozesse führen kann, die jeweils spezialisierte Notationen verwenden, aus denen eine zusammenhängende Übersicht möglicherweise schwer zu extrahieren ist.

## 11.5 Rechenmodelle für allgemeine Erkenntnisse

Die letzte Gruppe von Modellen, die diskutiert werden soll, nämlich rechenbasierte Modelle, die sich auf spezifische Fragen konzentrieren, sind im rechten Segment der untersten Schicht in Abb. 11.1 zusammengefasst. Dieser Abschnitt beschreibt kurz einige

Beispiele, um die Form solcher Modelle und die Art der Erkenntnisse, die sie bieten können, zu veranschaulichen, bevor er allgemeine Überlegungen zu solchen Modellen anstellt.

**Beispiele** Das erste spezifische Problem, das in dieser Gruppe diskutiert wird und ein technisches Problem ist, ist das technische Testen. Testing ist ein wesentlicher Bestandteil jedes Design- und Entwicklungsprojekts; insbesondere das technische Prüfen bringt spezifische Herausforderungen mit sich (Abschn. 2.3.5). Einige Forscher haben rechenbasierte Modelle verwendet, um die effektivste Art der Planung von technischen Tests zu ermitteln und die Faktoren zu untersuchen, die die Testplanung beeinflussen. Thomke (1998) übernimmt die Ansicht von Clark und Fujimoto (1989), dass die Produktentwicklung aus miteinander verknüpften Design-Bau-Test-Zyklen besteht, insbesondere diskutiert er den Zyklus von „Versuch, Scheitern, Lernen, Korrektur und Wiederholung". Thomke konzentriert sich auf den Wert der aus Tests gewonnenen Informationen und entwickelt ein Modell, das zeigt, dass die Wahl des Tests die Lernraten und damit die Leistung der Produktentwicklung erheblich beeinflussen kann. Loch et al. (2001) erweitern dieses Konzept und zeigen, dass das Testen von Designalternativen in parallelen Arrays effektiver sein kann als ein sequenzieller Design-Bau-Test-Zyklus in Situationen, in denen die Testkosten niedrig und die für jeden Test benötigte Zeit hoch sind – aber dies erfordert, dass die Tests effektiv Informationen über die Designs offenbaren und reduziert gleichzeitig die Möglichkeiten für feedbackgetriebenes Lernen im Design-Bau-Test-Zyklus.

Qian et al. (2010) entwickeln ein Modell zur Optimierung der Menge an Tests in jeder von zwei überlappenden Phasen der Produktentwicklung. Wie in Abb. 11.10 dargestellt, gehen sie davon aus, dass jede Phase eine Entwicklungsperiode gefolgt von einer Testperiode umfasst, in der Designfehler identifiziert und korrigiert werden. Es wird angenommen, dass sobald der Entwicklungsabschnitt der vorgelagerten Phase abgeschlossen ist, die Designinformationen an die nachgelagerte Phase weitergegeben werden können. Dann kann die nachgelagerte Arbeit gleichzeitig mit dem vorgelagerten Testen beginnen. Allerdings weisen Qian et al. (2010) darauf hin, dass es angebracht sein könnte, bis zur Vollendung einiger Tests zu warten, da dies es ermöglicht, einige Fehler zu finden, bevor sie in die nachgelagerte Arbeit eingebaut werden, was die Nacharbeit reduziert. Ein mathematisches Modell wird formuliert, um die optimale Menge an Tests in vorgelagerten und nachgelagerten Phasen sowie die Menge an Überlappung zu bestimmen, unter Berücksichtigung der Testkosten, der Kosten für die Fehlerkorrektur und der Rate, mit der Tests Designfehler aufdecken können. Die Rate der Fehlerfindung wird als exponentiell abnehmend betrachtet, wenn die Tests fortgesetzt werden. Ein weiteres Beispiel für ein spezifisches technisches Problem, das durch rechenbasierte Modellierung behandelt wird, ist das *Engineering-Change-Management.* In einem solchen Modell auf der Mesoebene betrachten Ahmad et al. (2010) die Situation, in der sich Designänderungen während eines Projekts ansammeln und entweder sofort durchgeführt oder für die Verarbeitung gebündelt werden können. Wenn Änderungen sofort durchgeführt werden, ist es wahrscheinlich, dass bestimmte Produktkomponenten mehrfach neu

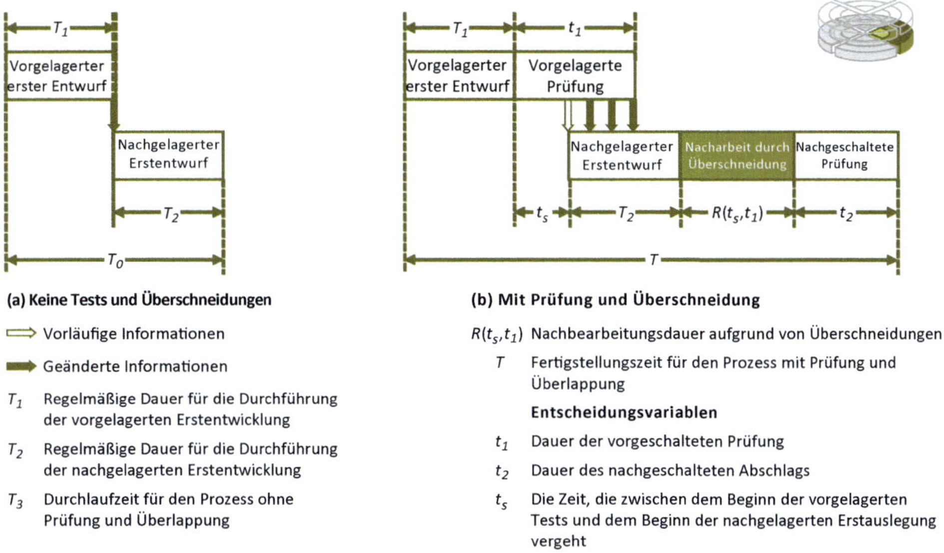


**Abb. 11.10** Testen und Überlappung. *Die Abbildung wurde nachgedruckt aus European Journal of Operational Research, Vol. 206, Ausgabe 1,* Yanjun Qian, Min Xie, Thong Ngee Goh, Jun Lin, *Optimal testing strategies in overlapped design process, S. 132, © 2010, mit Genehmigung von Elsevier*

gestaltet werden müssen. Andererseits, wenn sie sich ansammeln und in Intervallen in Batches durchgeführt werden, ist es wahrscheinlich, dass die Umfänge einiger der Änderungen in jedem Batch überlappen, sodass weniger Designnacharbeit erforderlich sein wird. Basierend auf einer Monte-Carlo-Simulation eines repräsentativen Falls zeigen Ahmad et al. (2010), dass dieser Vorteil des Batching möglicherweise durch die Tatsache aufgewogen wird, dass bei verzögerten Änderungen mehr Arbeit auf veralteten Informationen basiert und neu gemacht werden muss – im extremen Fall, in dem alle Änderungen bis zum Ende eines Projekts aufgeschoben werden, wird viel unnötige Nacharbeit erzeugt. Diese Autoren identifizieren, dass es ein ideales Intervall gibt, während dem Änderungen angesammelt werden sollten, was von projektspezifischen Faktoren abhängt.

**Vorteile und Einschränkungen** Die Beispiele zeigen, wie rechenbasierte Modelle Einblicke in die Handhabung spezifischer Probleme während des Designs und der Entwicklung liefern und rechtfertigen können. Die Beispiele veranschaulichen auch, wie Erkenntnisse aus solchen Modellen wertvoll sein können, um Abwägungen bezüglich spezifischer Probleme und Faktoren, die sie beeinflussen, einzuschätzen. Allerdings unterstützen die Modelle Entscheidungen nicht direkt, da sie die Details bestimmter Situationen nicht berücksichtigen können. Außerdem bieten solche Modelle in der Regel keinen Einblick in die Wechselwirkungen zwischen spezifischen Problemen.

## 11.6 Zusammenfassung und Diskussion

Dieses Kapitel hat gezeigt, wie eine Prozessperspektive bei der Behandlung spezifischer Probleme in einer Design- und Entwicklungssituation helfen kann. Genauer gesagt, hat es gezeigt, wie die vier Arten von Prozessmodellen und -ansätzen, die in diesem Buch betrachtet werden, alle Einblicke und Anleitungen für die Behandlung spezifischer Probleme bieten können. Dies wurde erreicht, indem eine kleine Anzahl von problemspezifischen Beiträgen diskutiert wurde, die aus jedem der vier Segmente der in Abb. 11.1 gezeigten Framework-Schicht ausgewählt wurden. Die Beiträge sind so ausgewählt, dass sie die Mikro-, Meso- und Makroebenen (in Abb. 11.1 als konzentrische Ringe dargestellt) abdecken und Probleme behandeln, die menschlicher, systemischer und ingenieurtechnischer Natur sind.

Der Gesamtwert einer Prozessperspektive auf solche Probleme besteht darin zu verstehen, wie man sie in ein Design einbettet, unter Berücksichtigung der Überlegungen und Kompromisse sowie der Verfahren, die verwendet werden könnten. Fokussierte Modelle und Ansätze, die diese Einsicht vermitteln, können besonders wertvoll sein, wenn neue Probleme und Methoden zu ihrer Behandlung in einen bestimmten Design- und Entwicklungskontext eingeführt werden.

Der allgemeine Ansatz, spezifische Probleme zur Behandlung in Prozessmodellen und -ansätzen zu isolieren, hat sowohl Vorteile als auch Einschränkungen. Ein wesentlicher Vorteil ist, dass solche Beiträge aufgrund ihres Fokus das Detail vermitteln, wie man sehr spezifische Probleme angeht. Daher können Praktiker tiefe Einblicke in bestimmte Herausforderungen gewinnen. Beiträge, die sich auf spezifische Probleme konzentrieren, sind auch wertvoll für die Technik- und Designausbildung, weil sie eine Grundlage bieten, um Probleme in der Tiefe und einzeln zu behandeln. Insgesamt bieten Beiträge dieser Art daher eine Brücke zwischen den allgemein anwendbaren Beiträgen, die in den Kap. 7–10 diskutiert wurden, und den spezifischen Problemen, die in einem bestimmten Projekt angegangen werden müssen. Während viele solcher Probleme in jeder gegebenen Design- und Entwicklungssituation im Spiel sind, benötigen einige je nach dem spezifischen Kontext und den Herausforderungen, die sich stellen, mehr Aufmerksamkeit als andere und so helfen Beiträge der in diesem Kapitel diskutierten Art, die Komplexität von Design und Entwicklung zu bewältigen, weil nur die relevante Teilmenge in jeder spezifischen Situation berücksichtigt werden muss.

Der Ansatz, sich auf spezifische Probleme zu konzentrieren, bringt auch Herausforderungen mit sich. An erster Stelle steht, dass jeder fokussierte Beitrag viele Details zu dem spezifischen behandelten Problem liefert und auch vorschlagen kann, wie die spezielle Behandlung in einen generischen Design- und Entwicklungsprozess integriert werden soll; jedoch wird die Bildung eines Prozesses, der mehrere spezifische Probleme integriert, normalerweise nicht in der gleichen Tiefe diskutiert. Ausnahmen sind Beiträge, die das spezifische Problem der Integration explizit behandeln, wie der Ansatz der gleichzeitigen Funktionsbereitstellung, der in Abschn. 11.4 diskutiert wurde. Insgesamt können Prozessmodelle und -ansätze, die sich auf spezifische Probleme konzentrieren, einen großen Wert hinzufügen, aber es bleibt die Verantwortung der Prozessteilnehmer, sie in einen kohärenten Prozess zu integrieren.

Neben der Demonstration des Wertes einer Prozessperspektive für die Behandlung spezifischer Design- und Entwicklungsprobleme hat dieses Kapitel auch gezeigt, wie das in Kap. 6 (und in Abb. 11.1 zusammengefasst) vorgestellte organisierende Framework Einblicke gibt, wie spezifische Probleme durch Prozessmodelle, Theorien und Ansätze angegangen werden können. Insbesondere zeigt das Framework, dass ein spezifisches Problem von einem der vier Beitragstypen (dargestellt durch die Segmente von Abb. 11.1) und auf der Mikro-, Meso- oder Makroebene (dargestellt durch die Ringe) behandelt werden kann – für insgesamt zwölf mögliche Perspektiven auf jedes Problem. Bei der Suche nach einer Lösung für ein bestimmtes Design- und Entwicklungsproblem kann es hilfreich sein, systematisch den Wert zu betrachten, der aus jeder dieser Perspektiven gewonnen werden könnte.

Teil II dieses Buches ist nun abgeschlossen. Die vielen Modelle und Ansätze, die in den Kap. 6–10 und in diesem Kapitel diskutiert wurden, realisieren zusammen eine Prozessperspektive auf Design und Entwicklung. Die Vielfalt der diskutierten Beiträge unterstreicht die Komplexität von Design und Entwicklung und die breite Palette von Überlegungen, die in einem typischen Projekt behandelt werden müssen – das im Laufe der sechs Kapitel entwickelte organisierende Framework zeigt, wie die Teile des Puzzles zusammenpassen, und erkennt den besonderen Wert sowie die Einschränkungen jedes Beitrags. Als Nächstes schließt Teil III dieses Buch mit einer Reflexion darüber, wie eine Prozessperspektive auf Design und Entwicklung zur Unterstützung der Praxis übernommen werden kann.

## Literatur


Ahmad, N., Wynn, D. C., & Clarkson, P. J. (2010). When should design changes be allowed to accumulate? In *Proceedings of IDMME–virtual concept 2010, Bordeaux, France, October 20–22, 2010*.

Ashby, M., Bréchet, Y., Cebon, D., & Salvo, L. (2004). Selection strategies for materials and processes. *Materials and Design, 25*(1), 51–67. https://doi.org/10.1016/S0261-3069(03)00159-6.

Benabdellah, A. C., Bouhaddou, I., Benghabrit, A., & Benghabrit, O. (2019). A systematic review of design for X techniques from 1980 to 2018: Concepts, applications, and perspectives. *International Journal of Advanced Manufacturing Technology, 102*, 3473–3502. https://doi.org/10.1007/s00170-019-03418-6.

Boothroyd, G., & Alting, L. (1992). Design for assembly and disassembly. *CIRP Annals, 41*(2), 625–636. https://doi.org/10.1016/S0007-8506(07)63249-1.

Boothroyd, G. (1994). Product design for manufacture and assembly. *Computer-Aided Design, 26*(7), 505–520. https://doi.org/10.1016/0010-4485(94)90082-5.

Cash, P. J., Hartlev, C. G., & Durazo, C. B. (2017). Behavioural design: A process for integrating behaviour change and design. *Design Studies, 48*, 96–128. https://doi.org/10.1016/j.destud.2016.10.001.

Clark, K. B., & Fujimoto, T. (1989). Lead time in automobile product development explaining the Japanese advantage. *Journal of Engineering and Technology Management, 6*(1), 25–58. https://doi.org/10.1016/0923-4748(89)90013-1.

Clarkson, P. J. (2018). What has engineering design to say about healthcare improvement? *Design Science, 4*, e17. https://doi.org/10.1017/dsj.2018.13.

Clarkson, P. J., & Coleman, R. (2015). History of inclusive design in the UK. *Applied Ergonomics, 46*(B), 235–247. https://doi.org/10.1016/j.apergo.2013.03.002.

Cristiano, J., Liker, J., & White, C. I. (2001). Key factors in the successful application of quality function deployment (QFD). *IEEE Transactions on Engineering Management, 48*(1), 81–95. https://doi.org/10.1109/17.913168.

De Weck, O. L. (2022). *Technology roadmapping and development: A quantitative approach to the management of technology*. Cham: Springer. https://doi.org/10.1007/978-3-030-88346-1.

Hauser, J. R., & Clausing, D. (1988). The house of quality. *Harvard Business Review*.

Holt, R., & Barnes, C. (2010). Towards an integrated approach to "Design for X": An agenda for decision-based DFX research. *Research in Engineering Design, 21*, 123–136. https://doi.org/10.1007/s00163-009-0081-6.

Hou, L., & Jiao, R. J. (2020). Data-informed inverse design by product usage information: A review, framework and outlook. *Journal of Intelligent Manufacturing, 31*(3), 529–552. https://doi.org/10.1007/s10845-019-01463-2.

Kerley, W. P., Wynn, D. C., Eckert, C., & Clarkson, P. J. (2011). Redesigning the design process through interactive simulation: A case study of life-cycle engineering in jet engine conceptual design. *International Journal of Services and Operations Management, 10*(1), 30–51. https://doi.org/10.1504/IJSOM.2011.041988.

Kuo, T.-C., Huang, S. H., & Zhang, H.-C. (2001). Design for manufacture and design for "X": Concepts, applications, and perspectives. *Computers and Industrial Engineering, 41*(3), 241–260. https://doi.org/10.1016/S0360-8352(01)00045-6.

Loch, C. H., Terwiesch, C., & Thomke, S. (2001). Parallel and sequential testing of design alternatives. *Management Science, 47*(5), 663–678. https://doi.org/10.1287/mnsc.47.5.663.10480.

Moultrie, J., & Maier, A. M. (2014). A simplified approach to design for assembly. *Journal of Engineering Design, 25*(1–3), 44–63. https://doi.org/10.1080/09544828.2014.887059.

Phaal, R., & Muller, G. (2009). An architectural framework for roadmapping: Towards visual strategy. *Technological Forecasting and Social Change, 76*(1), 39–49. https://doi.org/10.1016/j.techfore.2008.03.018.

Prasad, B. (1998). Review of QFD and related deployment techniques. *Journal of Manufacturing Systems, 17*(3), 221–234. https://doi.org/10.1016/S0278-6125(98)80063-0.

Qian, Y., Xie, M., Goh, T. N., & Lin, J. (2010). Optimal testing strategies in overlapped design process. *European Journal of Operational Research, 206*(1), 131–143. https://doi.org/10.1016/j.ejor.2010.02.010.

Tahera, K., Wynn, D. C., Earl, C., & Eckert, C. M. (2019). Testing in the incremental design and development of complex products. *Research in Engineering Design, 30*(2), 291–316. https://doi.org/10.1007/s00163-018-0295-6.

Thomke, S. (1998). Managing experimentation in the design of new products. *Management Science, 44*(6), 743–762. https://doi.org/10.1287/mnsc.44.6.743.

Waller, S., Bradley, M., Hosking, I., & Clarkson, P. J. (2015). Making the case for inclusive design. *Applied Ergonomics, 46*(B), 297–303. https://doi.org/10.1016/j.apergo.2013.03.012.

# Teil III

# Eine Prozessperspektive annehmen

# Übernahme einer Prozessperspektive auf Design und Entwicklung: Herausforderungen und potenzielle Lösungen

# 12

**Zusammenfassung**

Dieses Kapitel verbindet und verknüpft die in früheren Kapiteln dieses Buches vorgestellten Frameworks, um die Elemente einer Prozessperspektive auf Design und Entwicklung zusammenzufassen. Es diskutiert, wie die potenziellen Vorteile einer Prozessperspektive in der Praxis realisiert werden können, einschließlich einiger der Herausforderungen bei der Verwendung spezifischer Arten von Prozessmodellen, Theorien und Ansätzen in einer praktischen Umgebung sowie einiger der Herausforderungen, die sich aus der Art und Weise ergeben, wie Einzelpersonen und Organisationen Prozesse allgemein konzeptualisieren und verwalten. Das Kapitel führt dann ein Framework von Kompetenzen ein, die erforderlich sind, um einige dieser Herausforderungen zu überwinden und die Vorteile einer Prozessperspektive zu realisieren. Abschließend werden Bemerkungen zur Beendigung des Kapitels und des gesamten Buches gegeben.

**Schlüsselwörter**

Design und Entwicklung · Prozessperspektive in der Praxis · Prozesskompetenzen

## 12.1 Einführung

Die früheren Kapitel dieses Buches haben das Konzept einer prozessorientierten Sicht auf Design und Entwicklung erweitert und argumentiert, dass eine solche Perspektive viel mehr beinhaltet als Design, Dokumentation, Optimierung und Standardisierung von Prozessen. Insbesondere beinhaltet eine prozessorientierte Sichtweise die Betrachtung von Design- und Entwicklungssituationen in einer Weise, die die Organisation von



D. Wynn und P. Clarkson, *Der Design- und Entwicklungsprozess*,
https://doi.org/10.1007/978-3-031-83083-9_12

Aktivitäten zur Erreichung von Zielen betont und, entscheidend, wie Situationen sich im Laufe der Zeit entwickeln sollen. Eine prozessorientierte Perspektive legt den Fokus nicht nur auf aktuelle oder gewünschte Situationen, sondern darauf, wie man zwischen ihnen wechselt. Eine prozessorientierte Perspektive beruht auf der Einschätzung, Entwicklung und Anwendung von Prozessmodellen, -theorien und -ansätzen.

Die Annahme einer prozessorientierten Perspektive beinhaltet die Suche und Akzeptanz einer pluralistischen Sichtweise – das heißt, im Hinterkopf zu behalten, dass Design- und Entwicklungssituationen komplexe Systeme sind, die nur aus der einzigartigen Sichtweise jedes Einzelnen geschätzt werden können, und dass verschiedene Prozessmodelle, -theorien und -ansätze je nach Kontext angemessen und notwendig sein können. Eine pluralistische Sichtweise hilft dabei, Themen, die in einem einzelnen Modell, Theorie oder Ansatz nicht betont werden, nicht zu übersehen und die Grenzen einer jeden Sichtweise im Hinterkopf zu behalten.

In den früheren Kapiteln dieses Buches wurden konzeptionelle Frameworks eingeführt, um diese Konzepte zu erläutern. Diese Rahmen werden in Abb. 12.1 kombiniert und verbunden, die einen übergreifenden Ansatz zur Konzeptualisierung des Design- und Entwicklungsprozesses, wie er eingeschätzt wird und wie er modelliert werden kann, um das Verständnis und die Verbesserung zu unterstützen, bietet. Die folgende Zusammenfassung dieses Rahmens beginnt mit der untersten Schicht von Abb. 12.1 (der Tabelle) und arbeitet sich schrittweise nach oben (über die Platte zum Kuchen):

- *Kontext* – der Kontext von Design und Entwicklung formt seine generischen Eigenschaften in die spezifischen Eigenschaften bestimmter Prozesssituationen, zum Beispiel in die Eigenschaften typischer Maschinendesignprozesse, die sie von typischen Konsumproduktdesignprozessen unterscheiden. Letztendlich formt der Kontext jeden spezifischen Prozess auf einzigartige Weise (Kap. 2).
- *Standpunkte* – Stakeholder, die sich mit einem Design- und Entwicklungsprozess auseinandersetzen, tun dies aus einzigartigen Standpunkten, abhängig von ihren Rollen in Bezug auf diesen Prozess. Jeder Standpunkt erzeugt eine einzigartige Perspektive auf einen Prozess sowie einen bestimmten Satz von Bedürfnissen, um sich mit ihm auseinanderzusetzen, zum Beispiel, um ihn zu navigieren, zu managen, zu verbessern oder zu erforschen.
- *Prozessmetaphern* – Stakeholder können Design- und Entwicklungsprozesse durch die Linsen verschiedener Metaphern einschätzen, zum Beispiel kann der Prozess als Netzwerk von Aufgaben, als designerisches Unterfangen oder auf verschiedene andere Weisen untersucht werden (Kap. 3).
- *Paradigmen* – Stakeholder übernehmen explizit oder implizit ein Wissensparadigma, wenn sie sich mit einem Prozess auseinandersetzen, beeinflusst durch ihren Standpunkt in Bezug auf den Prozesskontext und durch die Prozessmetaphern, die sie verwenden. Sie können ein rationalistisches Paradigma übernehmen und eine Prozesssituation mit Methoden aus den Wissenschaften und dem Ingenieurwesen angehen, ein naturalistisches Paradigma, in dem die Situation als untrennbar von ihrem Kontext

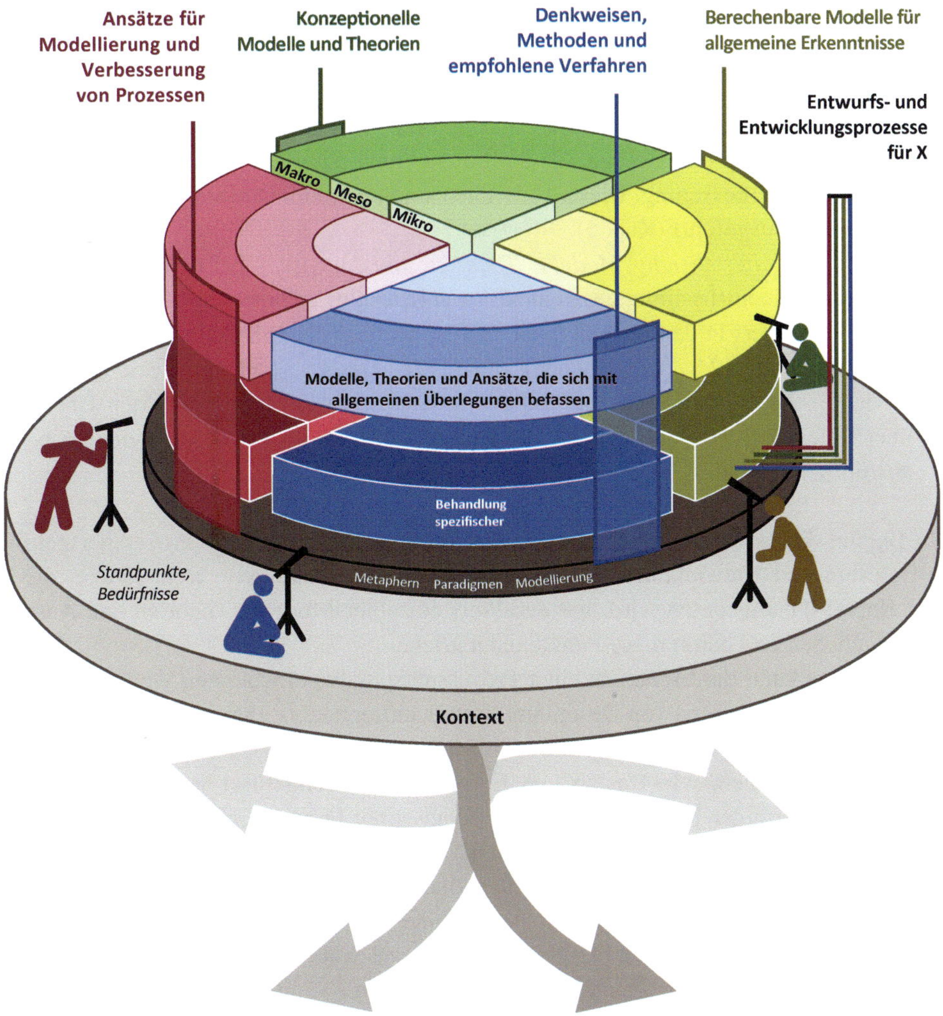


**Abb. 12.1** Die Hauptelemente einer prozessorientierten Sicht auf Design und Entwicklung, kombiniert mit den in diesem Buch vorgestellten Frameworks

betrachtet und hauptsächlich mit qualitativen Methoden angegangen wird, oder ein pragmatisches Paradigma, das Elemente von beiden kombiniert (Kap. 5).

- *Modellierung* – Stakeholder interagieren mit Prozessen größtenteils unter Verwendung von Modellen, Theorien und Ansätzen (Kap. 4). In einigen Fällen geschieht dies durch die Interpretation bestehender Beiträge angesichts der Wertschätzung eines Stakeholders für eine gegebene Situation. In anderen Fällen kann es die Entwicklung neuer Beiträge zur Bewältigung bestimmter Bedürfnisse beinhalten. In allen Fällen beinhaltet die Auseinandersetzung mit einem Prozess unter Verwendung eines

Modells, einer Theorie oder eines Ansatzes Elemente der Forschung – im weitesten Sinne des Suchens nach Einblick in eine Situation, um neues Wissen zu entwickeln. Drei wichtige Aktivitäten bei der Entwicklung und Anwendung eines Prozessmodells, einer Theorie oder eines Ansatzes sind: (1) die Einschätzung der wünschenswerten Eigenschaften für den Beitrag, (2) die Entwicklung des Beitrags und (3) dessen Evaluation und Verbesserung. Diese Aktivitäten sind eng miteinander verbunden und werden iterativ ausgeführt (Kap. 5).

- *Einschätzung bestehender Modelle, Theorien und Ansätze* – bei dem Versuch, einen Beitrag in einem bestimmten Kontext zu entwickeln, anzupassen oder anzuwenden, gibt es viel Wert in den im Laufe der Jahre veröffentlichten Erkenntnissen. Der obere Teil von Abb. 12.1 (der Kuchen) organisiert Design- und Entwicklungsprozessmodelle, -theorien und -ansätze aus der Literatur, um einen strukturierten Überblick über viele der Beiträge zu geben. Dies wird in Teil II dieses Buches, in den Kap. 6–11, ausführlich diskutiert.

Zu Beginn dieses Buches wurde in Abschn. 1.2 diskutiert, wie eine Prozessperspektive auf Design und Entwicklung Wert schaffen kann. Die detaillierte Behandlung, die in den Kap. 2–11 angeboten wird, hat den Wert einzelner Modelle, Theorien und Ansätze hervorgehoben und damit diese Punkte unterstrichen.

Insgesamt kann die Einnahme einer Prozessperspektive erheblichen Wert für die Forschung und Verbesserung von Design und Entwicklung bieten, einschließlich indem sie:

- hilft zu verstehen, wie Design und Entwicklung durchgeführt werden und welche Herausforderungen bestehen. Erkenntnisse aus einer Prozessperspektive können Praktiker dazu anleiten, effektiver zu handeln, können Forscher bei der Entwicklung geeigneter Unterstützungsmethoden helfen und können Pädagogen bei der Gestaltung und Durchführung einer sinnvollen Design- und Entwicklungsausbildung leiten;
- hilft zu verstehen, wie komplexe Situationen sich wahrscheinlich im Laufe der Zeit entwickeln und was den Plan entgleisen lassen könnte – und somit die Identifizierung und das Management von Risiken unterstützt;
- hilft zu verstehen, was den Erfolg von Design- und Entwicklungsprojekten antreibt, einschließlich derjenigen, die direkt mit der Entwicklung eines Projekts im Laufe der Zeit zusammenhängen – wie die Markteinführungszeit und der gesamte erforderliche Entwicklungsaufwand –, sowie derjenigen, die indirekt, aber eng mit dem Prozess zusammenhängen – wie Entwicklungskosten, Qualität und Eignung des entwickelten Produkts oder Systems.

Obwohl es daher viele potenzielle Vorteile gibt, eine Prozessperspektive auf Design und Entwicklung zu übernehmen, gibt es auch Herausforderungen, die überwunden werden müssen, damit diese Vorteile in der Praxis realisiert werden können. Der Rest dieses Kapitels diskutiert einige der Herausforderungen und schlägt vor, wie sie überwunden werden könnten:

- Abschn. 12.2 diskutiert die Anwendung von Prozessmodellen, Theorien und Ansätzen in der Praxis, einschließlich einiger Herausforderungen.[1]
- Abschn. 12.3 reflektiert allgemeiner über potenzielle Fallstricke bei der Behandlung von Prozessen in der Design- und Entwicklungspraxis.
- Abschn. 12.4 führt ein Kompetenz-Framework ein, das benötigt wird, um die Elemente einer Prozessperspektive in die Praxis zu integrieren und damit einige der Herausforderungen anzugehen.
- Abschn. 12.5 bietet abschließende Bemerkungen, um dieses Kapitel und das Buch abzuschließen.

## 12.2 Prozessmodelle, Theorien und Ansätze in der Praxis

### 12.2.1 Anwendung von konzeptionellen Modellen und Theorien

Zusammenfassend betrachten konzeptionelle Modelle und Theorien (die sich im obersten Segment des in Abb. 12.1 dargestellten Kuchens befinden und in Kap. 7 ausführlich besprochen werden) Prozesse auf einer relativ hohen Abstraktionsebene, d. h., sie lassen viele Details aus, um sich auf ein spezifisches Interessengebiet zu konzentrieren und auf viele Situationen anzuwenden. Der Fokus solcher Arbeiten reicht von der Klärung der logischen Operationen und kognitiven Prozesse, die beim Design stattfinden, bis hin zur Konzeptualisierung der Interaktionen zwischen Projektsystemen, wenn ein großes System oder eine Produktfamilie entworfen und entwickelt wird, und alles dazwischen. Obwohl diese konzeptionellen Modelle und Theorien viele Einblicke bieten, sind sie in der Regel zu abstrakt, um detaillierte, implementierungsbezogene Ratschläge zu geben. Dies wirft die Frage auf: Was ist der Wert von konzeptionellen Modellen und Theorien für das Design und die Entwicklung in der Praxis? Einige Argumente sind:

- Designtheorien bieten „eine Linse auf schwierige Designprobleme und können dabei helfen, Fehler oder Auslassungen zu identifizieren – insbesondere können theoretische Konzepte hilfreich sein, um komplexe Aspekte der Produktentwicklung durchzudenken“ (Isaksson et al., 2022) – und bieten „intern kohärente Frameworks und individuelle Vokabularsets, die helfen, auf konsistente Weise über Design nachzudenken“ (Isaksson et al., 2022).
- Ein konzeptionelles Modell kann „die Analyse einer Situation unterstützen, indem es eine ausgewogene Berücksichtigung aller in ihr dargestellten Probleme anregt und hilft sicherzustellen, dass keines dieser Probleme übersehen wird“ (Wynn & Maier, 2022).

[1] Der Inhalt von Abschn. 12.2 ist erweitert aus Abschnitten von Wynn und Clarkson (2018) unter Lizenz CC BY 4.0 (http://creativecommons.org/licenses/by/4.0/).

- Konzeptionelle und theoretische Modelle sind „wohl nicht für die direkte Anwendung in der Industrie gedacht und werden wahrscheinlich nicht oft in diesem Kontext verwendet, obwohl die aus ihnen gewonnenen Erkenntnisse für Praktiker von Wert sein können“ (Wynn & Clarkson, 2018).

In einigen Fällen wurden konzeptionelle Modelle und Theorien für Praktiker direkt nützlicher gemacht, indem sie in empfohlenen Prozessen, Methoden und modellbasierten Unterstützungen verankert wurden. Einige Forscher verwenden ihre Theorien, um eine systematische Methode zu untermauern, zum Beispiel wurde die KCP-Methode (Abschn. 8.2.2.2) aus der C-K-Theorie entwickelt (LeMasson et al., 2017, Abschn. 7.2.3.6). Andere Forscher zeigen, wie theoretische Beiträge interpretiert werden können, um eine Situation zu analysieren und spezifische Einblicke in sie zu entwickeln. Dieser Ansatz wurde zum Beispiel mit axiomatischem Design (Suh, 1998, Abschn. 8.3.2.4), dem PSI-Framework (Reich & Subrahmanian, 2022, Abschn. 7.4.2) und dem $FS^2$-Modell (Wynn & Maier, 2022, Abschn. 7.4.2.5) verfolgt. In einigen anderen Fällen sind konzeptionelle Modelle und Theorien nicht dazu gedacht, die Praxis zu unterstützen – ihre Entwicklung könnte stattdessen durch das intellektuelle Verlangen motiviert worden sein, Design und Entwicklung besser zu verstehen oder zu erklären.

### 12.2.2 Anwendung von Denkweisen, Methoden und empfohlenen Prozessen

Denkweisen, Methoden und empfohlene Prozesse für Design und Entwicklung sind im vordersten Segment des in Abb. 12.1 dargestellten Kuchens positioniert und werden in Kap. 8 ausführlich diskutiert.

Zur Wiederholung, eine *Denkweise* ist eine Art, Situationen anzugehen, oder ein Problemlösungsstil, der durch bestimmte Einstellungen und Überzeugungen untermauert wird (Abschn. 8.2.1). Eine der Hauptherausforderungen bei der praktischen Anwendung besteht darin, dass die Fähigkeit, ein Mindset zu beschreiben, nicht dasselbe ist wie die Fähigkeit, es erfolgreich anzunehmen, was erhebliche Übung und Erfahrung erfordern kann.

Eine *Methode* hingegen ist strukturierter – zur Wiederholung wurde eine Designmethode als „ein vorschreibender Aktionsplan, mit dem eine Klasse von Designtasks angegangen werden kann“, definiert (Wallace, 2011). Einige Methoden sind für einen Design-Bildungskontext vorgesehen und sind effektiv, wenn sie die Studierenden dazu anleiten, eine anstehende Aufgabe zu erledigen und Erfahrungen zu sammeln, oder wenn sie sie dazu anleiten, systematisch durch diese Aufgabe zu denken. Methoden, die die Praxis unterstützen sollen, sollten nur dann als effektiv betrachtet werden, wenn sie von Praktikern aufgenommen werden (Gericke et al., 2017). Dennoch haben im Laufe der Jahre zahlreiche Forscher festgestellt, dass die in der Forschungsgemeinschaft entwickelten Designmethoden anscheinend wenig Auswirkungen auf die Praxis hatten.

Zum Beispiel diskutieren Geis et al. (2008) eine Praktikerumfrage, die ergab, dass die meisten Ingenieure in ihrer täglichen Praxis überhaupt keine Methoden verwenden, mit Ausnahme von einigen wie Brainstorming und Fehlermodus- und Wirkungsanalyse. Dies könnte in einigen Fällen auf Mängel in den einzelnen Methoden zurückzuführen sein (siehe Abschn. 5.3.3.2 für eine Diskussion über die wünschenswerten Eigenschaften von Methoden) und allgemeiner bezieht es sich auch darauf, wie Methoden in jedem speziellen Kontext eingesetzt und angewendet werden (Stetter & Lindemann, 2005). Geis et al. (2008) schreiben, dass Methoden oft schwer anzuwenden sind, weil sie nicht in einer Weise dokumentiert sind, die Praktiker leicht verstehen können, weil keine Schulung in Methodenauswahl und -anwendung bereitgestellt wurde oder weil die Methode nicht leicht an die Fähigkeiten der Designer und den organisatorischen Kontext angepasst werden kann. Wallace (2011) stellt fest, dass Methoden oft wenig Auswirkungen haben, weil es „niemandes Aufgabe“ ist, sie in die Industrie zu übertragen.

*Empfohlene Prozesse* wie das Stage-Gate-, Agile- und Vee-Modell (siehe Abschn. 8.4.2.2) werden oft in einer bereinigten und allgemeinen Form präsentiert. Die Praxis integriert oft Merkmale mehrerer solcher Modelle, ohne genau einem von ihnen zu folgen, während unternehmensspezifische Modelle, die die ausgewählten Merkmale darstellen, in Unternehmen entwickelt werden, um ihren spezifischen Bedürfnissen gerecht zu werden (Tomiyama et al., 2009). Insbesondere passen die meisten Unternehmen das Stage-Gate-Modell an ihre Prozesse an und die angepasste Version wird den meisten Mitarbeitern bekannt sein (einige Beispiele sind in Otto und Wood 2001 gesammelt). Bei einem mehrjährigen Projekt bieten Modelle auf dieser Ebene jedoch möglicherweise nicht viel Orientierung für die tägliche Aktivität (Wynn & Clarkson, 2018). Eine Schlüsselherausforderung besteht darin, dass empfohlene Prozesse, wie das Agile-Modell, oberflächlich einfach erscheinen können, aber erhebliche Expertise sowie organisatorische und kulturelle Veränderungen zur effektiven Implementierung erfordern. Außerdem sind Modelle dieser Art aufgrund der Absicht der Schöpfer der Modelle, dass ihre Empfehlungen allgemein anwendbar sein sollen, in der Regel eher abstrakt im Vergleich zur zu erledigenden Arbeit und bieten nicht viel Orientierung für die täglichen Aktivitäten, denen sich Praktiker gegenübersehen (Wynn & Clarkson, 2021). Insgesamt können Methoden zwar bei einzelnen Prozessschritten helfen und empfohlene Prozesse bieten Muster und Prinzipien für die gesamte Prozessorganisation, diese Beiträge können jedoch nicht zeigen, wie diese Prozessebenen verbunden sind, da dies in hohem Maße von den einzigartigen Details jeder Situation abhängt.

Eine abschließende Herausforderung bei der Anwendung von empfohlenen Prozessen besteht darin, den Übergang von der einzigartigen Reihe von Problemen und bestehenden Prozessen in einer bestimmten Organisation zu bewältigen – die Implementierung einer Änderung auf der Ebene, die diese Modelle beschreiben, stellt viele praktische Herausforderungen dar, die überwunden werden müssen, wenn beispielsweise von einem Stage-Gate-Produktentwicklungssystem zu einem agilen System gewechselt wird oder wenn die Mitarbeiter eines Unternehmens geschult werden, eine bestimmte Denkweise anzunehmen.

### 12.2.3 Anwendung von Prozessmodellierung und -verbesserung

Die in diesem Abschnitt diskutierten Ansätze zielen darauf ab, Verbesserungen des Design- und Entwicklungsprozesses durch Modellierung der Details einer spezifischen Situation direkt zu unterstützen – solche Ansätze sind im linken Segment des in Abb. 12.1 dargestellten Kuchens dargestellt und werden in Kap. 9 diskutiert. Im Gegensatz zu den im vorherigen Abschnitt diskutierten Modellen können Modelle, die in solchen Ansätzen erstellt werden, eng an einen bestimmten Kontext angepasst werden. So ist es üblich, Prozesskarten als ersten Schritt in Prozessdesign- oder Prozessverbesserungsinitiativen zu erstellen, mit der Absicht, Verständnis und Einblick in die spezielle Situation zu erzeugen. Generische Prozesskartierungsnotationen wie die Geschäftsprozessmodellierungsnotation (siehe Abschn. 9.3.2) oder die Wertstromkartierung (siehe Abschn. 9.4.3.1) können verwendet werden, aber Prozesskarten können auch – und werden oft – weniger formell mit Kästchen und Pfeilen erstellt. In einer weiteren häufigen Anwendung der Prozesskartierung halten einige Unternehmen Sätze von Prozesskarten vor, die in einigen Branchen, wie der Luft- und Raumfahrt und der Automobilindustrie, von den Regulierungsbehörden verlangt werden, um zu demonstrieren, dass das Unternehmen erklären kann, wie seine Produkte entwickelt werden und dass erforderliche Prozessschritte, wie Validierungsaktivitäten, angemessen durchgeführt werden (Browning, 2002). Eine Schlüsselherausforderung besteht darin, dass der Aufwand, diese Informationen aktuell zu halten, erheblich sein kann und möglicherweise nicht aufrechterhalten wird – was in der Praxis getan wird, kann dann von dem abweichen, was diese Modelle darstellen (Wynn & Clarkson, 2018).

Eine weitere Herausforderung bei der Anwendung von Prozessmodellierungs- und -verbesserungsansätzen besteht darin, dass die in Modellen erfassten Informationen inkonsistent sein können und für Prozessteilnehmer schwer zu erfassen und zu beziehen sind. In der Realität existieren in Organisationen typischerweise mehrere fragmentarische Prozessmodelle, deren Inhalte sich in unterschiedlichem Maße überschneiden (Eckert et al., 2017). Modelle variieren hinsichtlich der verwendeten Ansätze und Notationen, des Umfangs und der Detailstufen sowie der Genauigkeitsgrade. Oft gibt es kein organisiertes Framework, in dem die meisten in einem Unternehmen verwendeten Prozessmodelle positioniert sind, und wenn ein solches Framework existiert, wird es möglicherweise nicht von allen angemessen genutzt. Browning (2002) betrachtet diese Fragmentierung von Prozessmodellen als „äußerst unerwünscht" und schlägt vor, dass sie zu Schwierigkeiten bei der Organisation und Koordination eines Prozesses beitragen kann, mit der Folge, dass Informationen möglicherweise nicht rechtzeitig an die richtigen Personen fließen. Die Menschen müssen möglicherweise mehrere Modelle in Betracht ziehen, um Informationen über ihre Prozesse zu finden, oder sie erhalten diese Informationen, indem sie ihre Kollegen fragen und vielleicht ihre eigenen Modelle erstellen. Ein weiteres Problem ist, dass Design- und Entwicklungssituationen oft recht ad hoc erscheinen können, wobei viel Aufmerksamkeit darauf verwendet wird, Kollegen um Informationen und Aufmerksamkeit für die Probleme zu bitten und Probleme zu lösen, wenn sie auftreten. Daher können aus der Sicht eines Praktikers viele Prozessmodelle idealisiert und steril erscheinen und nicht relevant für die täglichen Aktivitäten der Konstruktionsingenieure sein, die an ihrer Entwicklung oder Implementierung teilnehmen müssen (Wynn & Clarkson, 2018). Insgesamt sollten die Modelle für die Modellierung von Design- und Entwicklungsprozessen leicht zu verstehen sein und die durch die Modellierung erbrachten Vorteile sollten sehr klar sein.

Eine weitere praktische Herausforderung für Praktiker, die versuchen, die Details ihrer Organisationsdesign- und Entwicklungsprozesse zu modellieren, besteht darin, geeignete Werkzeuge für die Modellierung zu erhalten. Unternehmen schreiben oft Werkzeuge und Modellierungsnotationen vor, um die erzeugten Informationen zu standardisieren. Die Vorteile dieses Ansatzes umfassen die Erleichterung von Schulungen, das Verständnis und die Pflege von Modellen – er erfordert jedoch auch, dass Modellierer mit einem bestimmten Werkzeug und einer Notation arbeiten, die möglicherweise nicht für jeden Zweck geeignet sind. Das ausgewählte Modellierungssystem ist oft eine bekannte generische Lösung. Solche Ansätze sind hauptsächlich auf die Geschäftsprozessmodellierung ausgerichtet und sind, argumentiert man, nicht ideal für den Design- und Entwicklungskontext. Viele Forschungsansätze, die die spezifischen Herausforderungen der Modellierung von Design und Entwicklung besser bewältigen könnten (wie in Kap. 9 diskutiert), sind überhaupt nicht in einsetzbaren Werkzeugen implementiert und diejenigen, die sowohl implementiert als auch zum Download oder Kauf verfügbar sind, müssen gegen die Angebote großer etablierter Softwareanbieter konkurrieren. Es gibt auch praktische Herausforderungen beim Erstellen der großen Modelle, die möglicherweise benötigt werden, um die Prozesse in groß angelegten Projekten angemessen darzustellen. Ein Ansatz zur Bewältigung der Herausforderungen der groß angelegten Modellierung könnte darin bestehen, Prozessbibliotheken zu entwickeln, aus denen fallspezifische Modelle schneller zusammengestellt werden können (Austin et al., 1999; Park & Cutkosky, 1999; Wynn et al., 2006). Dies scheint ein vielversprechender Ansatz für Situationen zu sein, die hierarchisch zerlegt werden können und in denen die Inhalte der Teilprozesse relativ routinemäßig sind. Zum Beispiel entwickelten Austin et al. (1999) eine Prozessbibliothek, die mehr als 90 % der in Bauanwendungen erforderlichen Aktivitäten abdecken konnte. Eine geeignete Softwareunterstützung könnte auch dazu beitragen, große und komplexe Modelle zu verwalten, beispielsweise durch die Erzeugung von gefilterten Ansichten, die auf die Bedürfnisse jedes Einzelnen zugeschnitten sind – Browning (2009, 2014) erweitert dieses Konzept, wenn er ein zentralisiertes umfassendes Prozessmodell vorschlägt, aus dem kundenspezifische Ansichten entsprechend den Bedürfnissen der einzelnen Prozessteilnehmer extrahiert werden können. Insgesamt sind jedoch die spezialisierten Werkzeuge, die für den Umgang mit Prozessbibliotheken, hierarchischer Prozessmodellierung und Prozessansichtsfilterung benötigt würden, oft nicht in der Praxis verfügbar (Eckert et al., 2017).

Die bisherige Diskussion hat sich hauptsächlich auf die beschreibende Prozessmodellierung und -kartierung konzentriert, während viele der in Kap. 9 diskutierten Ansätze auch eine rechnergestützte Analyse der modellierten Prozesse zur Generierung zusätzlicher Erkenntnisse ermöglichen. In dieser Kategorie sind eine kleine Auswahl von Ansätzen, wie Task-Netzwerksimulation, Systemdynamik und Designstrukturmatrixanalyse, relativ praktisch und können einen erheblichen Wert bieten, sind aber typischerweise auf Nischenanwendungen beschränkt, die von Einzelpersonen getrieben werden. Andere rechnergestützte Ansätze zur Modellierung spezifischer Prozesse, einschließlich vieler agentenbasierter Modelle und regelbasierter Modelle, sind hauptsächlich von Forschungsinteresse. Während jeder Ansatz seine eigenen spezifischen Herausforderungen mit sich bringt, sind einige der Herausforderungen, die bei der Anwendung eines beliebigen rechnergestützten Modells gemeinsam sind, die Beschaffung der notwendigen Daten und die Sicherstellung, dass das Modell und seine Ergebnisse für die Prozessteilnehmer glaubwürdig sind. In Anbetracht dieser Fragen argumentieren Kerley et al. (2011), dass ein Prozesssimulationsmodell nicht als Versuch gesehen werden sollte, ein „perfektes Simulacrum" zu erstellen, sondern als Werkzeug zur „Bereitstellung ausreichender Informationen für die Stakeholder, um die Debatte zu erleichtern und sie bei der Erstellung von auf Beweisen basierenden Urteilen über die Machbarkeit und die Folgen der Implementierung der vorgeschlagenen Änderungen zu unterstützen". Eine verwandte Überlegung ist, ob Ergebnisse und Erkenntnisse aus der numerischen Analyse von Prozessmodellen erwartet werden können, wenn das Detailniveau im Modell erhöht wird oder die Schwere der vereinfachenden Annahmen reduziert wird.

Zusammenfassend basieren Ansätze zur Prozessmodellierung und -verbesserung auf der Modellierung von situationsspezifischem Prozesswissen zur Generierung von Erkenntnissen. Sowohl für qualitative als auch für quantitative Ansätze wirft ihre Anwendung praktische Herausforderungen auf, wie das notwendige Wissen oder die für das Modell erforderlichen Daten zu ermitteln sind, wie zu bestimmen ist, ob das Modell für den vorgesehenen Zweck geeignet ist, und wie das Modell zu pflegen ist, damit es nicht veraltet, wenn der dargestellte Prozess sich im Laufe der Zeit weiterentwickelt und das Modell einen fortlaufenden Wert liefern soll. Zukünftige Arbeiten zur Entwicklung systematischerer Richtlinien zur Auswahl geeigneter Optionen bei der Modellierung von Design- und Entwicklungsprozessen könnten dazu beitragen, diese Probleme zu lösen und für Praktiker nützlich zu sein (Gericke et al., 2016).

### 12.2.4 Anwendung allgemeiner rechnergestützter und mathematischer Modelle

Die Modelle, die durch das ganz rechte Segment des Kuchens in Abb. 12.1 angezeigt werden, verfolgen einen reduktionistischen Ansatz, bei dem spezifische Probleme isoliert und durch rechnergestützte oder mathematische Analyse untersucht werden. Dies wird auf allgemeine oder repräsentative Fälle angewendet, aus denen Erkenntnisse gewonnen und verallgemeinert werden. Eine Auswahl solcher Modelle wird in Kap. 10 diskutiert.

Solche Modelle, die in der Tradition der harten Operationsforschung stehen, abstrahieren von den Details spezifischer Situationen und ignorieren die meisten Probleme, abgesehen von den speziell untersuchten. Herausforderungen entstehen aus diesen Vereinfachungen. In vielen Situationen sind die Eigenheiten, die abstrahiert werden, entscheidend und daher ist dieser Ansatz möglicherweise nicht aufschlussreich (Checkland, 1983). Mit anderen Worten, weil sie auf repräsentativen oder synthetischen Fällen basieren, können Erkenntnisse aus solchen Modellen möglicherweise nicht leicht auf bestimmte Situationen zugeschnitten werden. Checkland schreibt auch, dass harte Operationsforschungsansätze „der Logik in Situationen verpflichtet sind, in denen Logik nicht unbedingt vorherrschend ist". Dieser Kommentar ist besonders zutreffend auf viele Design- und Entwicklungssituationen aufgrund ihrer Fluiditäten und Einmaligkeiten.

Darüber hinaus basieren viele Modelle dieser Art auf formaler mathematischer Ausdrucksweise, die erhebliche Idealisierungen für die Handhabbarkeit erfordert. Dennoch ist in vielen Fällen die Formulierung recht komplex, was bedeutet, dass es für Menschen, die nicht in diesem Bereich arbeiten – wahrscheinlich einschließlich vieler der anvisierten Manager –, schwierig sein kann, die Annahmen vollständig zu verstehen und kritisch zu bewerten. Die Einschränkungen sollten gegen die Vorteile der formalen Ausdrucksweise abgewogen werden, die darin bestehen, eine vollständig präzise Beschreibung eines Modells zu ermöglichen und in einigen Fällen die Entwicklung von geschlossenen Lösungen zu ermöglichen, die angesichts der Idealisierungen einer bestimmten Studie nachweislich korrekt sind.

Insgesamt können rechnergestützte und mathematische Modelle allgemeiner oder repräsentativer Fälle nützliche Einblicke in bestimmte Probleme liefern, aber gleichzeitig ist es eine Herausforderung, diese Einblicke zu verallgemeinern und sie in eine ganzheitliche Betrachtung eines spezifischen Design- und Entwicklungsprozesses zu integrieren.

### 12.2.5 Anwendung von Modellen und Ansätzen für spezifische Probleme

Beiträge, die sich auf spezifische Designprobleme konzentrieren und in Kap. 11 behandelt werden, sind in der untersten Schicht des in Abb. 12.1 dargestellten Kuchens gesammelt. Um es zusammenzufassen, können Ansätze dieser Art in jedes Segment des Kuchens fallen, das heißt, sie können einer der vier in den vorherigen vier Abschnitten diskutierten Typen sein. Im Gegensatz zu den zuvor genannten Prozessmodellen, Theorien und Ansätzen konzentriert sich jeder Beitrag in dieser Kategorie auf ein spezifisches Designproblem wie Umweltverträglichkeit, Herstellbarkeit oder Veränderbarkeit.

Ein Vorteil solcher Beiträge besteht darin, dass sie ein hohes Maß an Detailgenauigkeit bezüglich spezifischer Designprobleme vermitteln. Die Verfügbarkeit dieser fokussierten Modelle, Theorien und Ansätze hilft, die Komplexität von Design und Entwicklung zu bewältigen, indem sie den Prozessteilnehmern ermöglicht, geeignete Einblicke zu gewinnen, wenn sie auf bestimmte Designprobleme stoßen, die gelöst werden müssen.

Die Hauptherausforderung bei der Anwendung fokussierter Prozessmodelle, -theorien und -ansätze besteht darin, dass Design und Entwicklung von Natur aus integrativ sind – viele der schwierigen Probleme entstehen aus der Wechselwirkung von Designproblemen und Überlegungen miteinander und erfordern Kompromisse. Beiträge in dieser Kategorie gehen oft nicht auf diese Herausforderung ein. Sie geben auch nicht immer an, wie man mit den praktischen Problemen umgeht, einen bestehenden Prozess so anzupassen, dass er zusätzlich die speziellen Designprobleme berücksichtigt, die der Ansatz behandelt. Es kann herausfordernd sein, die erforderlichen Änderungen zu entwerfen und zu implementieren.

### 12.2.6 Zusammenfassung

Im Kern der Annahme einer Prozessperspektive steht die Vertrautheit mit der Erstellung, Auswahl und Anwendung von Prozessmodellen, -theorien und -ansätzen zur Bewältigung der in der Praxis auftretenden Herausforderungen. Dieser Abschnitt hat die Haupttypen von Prozessmodellen, -theorien und -ansätzen, die hilfreich sein können – die als Segmente und Schichten des Kuchens in Abb. 12.1 dargestellt sind –, zusammengefasst und einige der spezifischen Herausforderungen bei der Anwendung jedes Typs diskutiert.

Erhebliche Unterschiede sind über die Palette der Modelle, Theorien und Ansätze erkennbar, die herangezogen werden können. Die Unterschiede entstehen, weil jeder Beitrag dazu bestimmt ist, unterschiedliche Zwecke zu erfüllen, unterschiedliche Situationen im Design- und Entwicklungsprozess anzusprechen, unterschiedliche Kontexte und Einblicke aus den einzigartigen Perspektiven ihrer Schöpfer zu umfassen und unterschiedliche Grade an Allgemeinheit versus Spezifität zu bieten. Daher besteht eine erste zentrale Herausforderung darin, zu ermitteln, welche Modelle, Theorien und Ansätze in einer gegebenen Situation angewendet werden sollen.

Eine weitere zentrale Herausforderung bei der Anwendung aller Prozessmodelle, -theorien und -ansätze besteht darin, dass jede reale Design- und Entwicklungssituation in gewisser Hinsicht einzigartig ist. Verschiedene Arten von Beiträgen gehen auf unterschiedliche Weise mit dieser Herausforderung um. Konzeptionelle Modelle, Theorien, allgemeine rechnergestützte Modelle und präskriptive Ansätze, einschließlich Denkweisen, Methoden und empfohlene Prozesse, stellen Design- und Entwicklungsprozesse in abstrakter und allgemeiner Weise dar und sollen in einem breiten Spektrum von Kontexten gültig sein. Wie bereits erwähnt, kann jedoch das hohe Abstraktionsniveau Schwierigkeiten bei der praktischen Anwendung bereiten. Ansätze, die sich auf spezifische Designprobleme konzentrieren, können ausgewählt werden, um die speziellen Probleme zu behandeln, die auftreten, müssen aber in einen kohärenten Prozess integriert werden. Ansätze zur Modellierung und Verbesserung spezifischer Prozesse basieren auf dem Prinzip, dass, obwohl jede Situation unterschiedlich ist, Organisationen zugrunde liegende Prozessarchitekturen haben, die von einem Produkt zum nächsten ähnlich bleiben und modelliert werden können. Daher kann ein auf früheren Erfahrungen basierendes Prozessmodell dazu beitragen, Erkenntnisse für zukünftiges Design und Entwicklung in ähnlichen Kontexten abzuleiten. Aber in der Praxis spiegeln selbst diese Prozessmodelle die spezifischen Situationen, die sie repräsentieren sollen, nicht genau wider, zum Teil aufgrund notwendiger Vereinfachungen, die während der Modellierung eingeführt wurden, und zum Teil, weil die Prozesse, die sie repräsentieren, sich im Laufe der Zeit ändern und weil jedes einzelne Projekt, auf das sie angewendet werden könnten, einzigartig ist. Ein Ansatz zur Bewältigung dieses Problems besteht darin, sogenannte Referenzprozesse zu verwenden – Modelle, die auf einer Abstraktionsebene entwickelt werden, die auf die Entwicklungsprojekte für ähnliche Produkte oder innerhalb eines Unternehmens angewendet werden kann und die dazu bestimmt ist, für Projekte angepasst zu werden, wenn sie auftreten.

Insgesamt können Prozessmodelle, -theorien und -ansätze dazu beitragen, die Komplexität von Design und Entwicklung zu erfassen und zu bewältigen, indem sie ausgewählte Probleme auf vereinfachte Weise darstellen. Gleichzeitig behandeln sie jeweils bestimmte Probleme, was dazu führen kann, dass Problemen, die nicht gut zu jedem einzelnen Beitrag passen, weniger Bedeutung beigemessen wird – oder dass sie ganz übersehen werden. Daher ist es unerlässlich, die Grenzen jedes Prozessmodells, jeder Theorie und jedes Ansatzes zu erkennen. Die Kenntnis der gesamten Palette der verfügbaren Beiträge ist nicht nur wichtig, um einen geeigneten Ansatz für eine gegebene Situation auszuwählen, sondern auch, um das Bewusstsein dafür zu schärfen, wie verschiedene Beiträge die Wahrnehmung des Prozesses beeinflussen (Wynn & Eckert, 2017). Vorherige Kapitel dieses Buches, die einen Überblick über zahlreiche Modelle, Theorien und Ansätze geben, werden bei diesen Aufgaben helfen.

## 12.3 Prozesspathologien

Nachdem einige Probleme bei der Anwendung von Prozessmodellen, -theorien und -ansätzen in der Praxis diskutiert wurden, geht dieser Abschnitt auf einige der breiteren Herausforderungen ein, die sich aus der Art und Weise ergeben, wie Einzelpersonen und Organisationen ihre Prozesse behandeln. Diese werden als *Prozesspathologien* bezeichnet.

Selbst erfahrene Einzelpersonen und weltweit führende Organisationen haben Schwierigkeiten, ihre Prozesse effektiv zu verwalten, teilweise aufgrund von Prozesspathologien. Dieser Abschnitt untersucht drei Arten von Pathologien:

- *konzeptionelle Pathologien* – betreffen die Konzeptualisierung von Prozessen und die Verwendung von Modellen, Theorien und Ansätzen;
- *Organisationskulturpathologien* – betreffen die Art und Weise, wie die Mitarbeiter einer Organisation Prozessprobleme angehen und darauf reagieren;
- *Organisationsstrukturpathologien* – betreffen die Organisation und Anleitung von Teams zur Bewältigung von Prozessproblemen.

Beispiele aus jeder Gruppe und einige daraus resultierende Herausforderungen werden in den folgenden Abschnitten diskutiert. Die Beispiele sind absichtlich stereotyp und nicht alle werden auf jeden Kontext zutreffen. Es wird jedoch erwartet, dass die meisten Leser mit einigen von ihnen vertraut sein werden.

### 12.3.1 Konzeptionelle Pathologien

Die erste Pathologie besteht darin, Prozessprobleme unzureichend zu erkennen. Dies kann verschiedene Formen annehmen, zum Beispiel, dass Einzelpersonen nicht ausreichend darüber nachdenken, ob ihre Prozesse effektiv und effizient sind. Ein weiteres Beispiel ist die Diskussion oder Kartierung von gewünschten Situationen ohne Betonung von Wegen zu ihrer Erreichung, das heißt ohne Berücksichtigung, wie sich die geplanten Änderungen im Laufe der Zeit entfalten werden. Mit anderen Worten, es kann schwierig sein, Verbesserungen zu realisieren, es sei denn, man nimmt eine Prozessperspektive ein, wie sie umgesetzt werden sollen.

Eine zweite konzeptionelle Pathologie besteht darin, die zentrale Bedeutung des Verstehens der Bedürfnisse und Erfahrungen der Prozessteilnehmer in einem bestehenden Prozess vor dem Versuch von Verbesserungen nicht ausreichend zu erkennen. Ein Beispiel für das Ergebnis dieser Pathologie ist ein Prozess, der mehrere Genehmigungsstufen beinhaltet, die in der Praxis jedoch immer erteilt werden. Ein weiteres Beispiel ist ein Prozess, bei dem Schritte nicht abgeschlossen werden können, ohne Daten einzugeben, die veraltet sind oder von keinem nachgelagerten Schritt benötigt werden.

Eine dritte Pathologie besteht darin, systemische Probleme bei der Arbeit mit Prozessen nicht zu erkennen – das heißt, die Existenz von kontingenter Interdependenz und die Notwendigkeit, mehrere Perspektiven und Stakeholder zu berücksichtigen, nicht ausreichend zu berücksichtigen. Ein Beispiel für das Übersehen von systemischen Problemen bei der Betrachtung von Prozessen ist die Konzentration auf geplante Aufgabensequenzen ohne Berücksichtigung von Ausnahmen von der erwarteten Sequenz in Fällen, in denen diese Ausnahmen häufig auftreten. Dies führt wahrscheinlich zu einer Konzeptualisierung von Prozessen, die wahrscheinliche Iterationen nicht erfasst und daher die Realität der Arbeit nicht widerspiegelt. Ein weiteres Beispiel ist, wenn Prozesse oder Prozessfragmente isoliert betrachtet werden, ohne zu berücksichtigen, wie sie zusammenarbeiten, um das System von Prozessen zu bilden, das letztendlich Wert schafft. Zum Beispiel könnte eine Person sich darauf konzentrieren, den Workflow in einem Prozess zur Änderungsverwaltung in der Technik zu verbessern, ohne dessen Beziehung zum eigentlichen technischen Entwurfsprozess oder den Konfigurationsmanagementprozessen zu berücksichtigen. Betrachtet man dieses Beispiel aus einer systemischen Perspektive, wäre es vielleicht angemessener, einige Änderungen an ihrer Quelle zu behandeln, anstatt sie effizienter zu verwalten.

Andere Probleme betreffen die Fehlkonzeptualisierung von fähigkeitsbasierten Arbeiten als spezialisiertes technisches Wissen. Zum Beispiel werden Schlüsselkonzepte in einem pragmatischen Ansatz, die eigentlich einfach sein sollten, manchmal durch Fachjargon oder Begriffe verschleiert, die die meisten Menschen nicht verstehen. Zum Beispiel könnten Praktiker sich darauf beziehen, die tatsächlich ausgeführte Arbeit zu sehen, während sie versuchen, einen Prozess zu verbessern, als einen Gemba Walk zu machen. Während präzise Terminologie wertvoll ist, um Konzepte zu vermitteln, können Ansätze, die einen hohen Wert haben und pragmatisch sein sollen, für diejenigen unzugänglich werden, die nicht "im Bilde" sind.

Eine verwandte Pathologie tritt auf, wenn angenommen wird, dass man mit einem bestimmten Ansatz nicht erfolgreich sein kann, es sei denn, man hat eine fortgeschrittene Zertifizierung oder Erfahrung, die den meisten Menschen nicht zur Verfügung steht. Zum Beispiel könnte fälschlicherweise angenommen werden, dass man den Six-Sigma-Ansatz nur anwenden kann, wenn man einen aktuell akkreditierten Master Black Belt hat, oder dass man Lean Thinking nicht verstehen kann, es sei denn, man hat zuvor in einer erfolgreichen Lean-Organisation gearbeitet. Solche Zertifizierungen und Erfahrungen haben einen hohen Wert, aber diese Denkweise bedeutet, dass der gesamte Ansatz für diejenigen, die sie nicht erworben haben, unzugänglich werden kann.

### 12.3.2 Organisationskulturpathologien

Prozesspathologien in Bezug auf die Organisationskultur beziehen sich auf Probleme bei der Behandlung von Prozessen innerhalb einer Organisation.

Die erste Pathologie tritt auf, wenn wahrgenommen wird, dass Prozessüberlegungen in den Design- und Entwicklungsphasen eines Programms nicht gelten, zum Beispiel, weil die inhärente Unschärfe und Einmaligkeit dazu führen sollen, dass jede Verbesserung keine nachhaltige Wirkung haben wird. In solchen Fällen können Kernprozesse im Design und in der Entwicklung auf eine Ad-hoc-Weise durchgeführt werden, was zu zahlreichen Ineffizienzen führt. In anderen Fällen kann die Verbesserung des Entwurfs- und Entwicklungsprozesses als nicht kritische Aktivität angesehen werden, wobei die Lieferung des nächsten Projekts immer Vorrang hat. Prozessverbesserung und die damit verbundenen Modellierungsaktivitäten werden dann als Aufgaben betrachtet, die sich auf die administrativen Prozesse rund um die Produktentwicklung und auf spätere Lebenszyklusphasen konzentrieren sollten. Zum Beispiel könnte ein Unternehmen versuchen, Produktionsprozesse zu verbessern, wenn die Produktion hochgefahren wird. Der Wunsch, systematische Methoden zu nutzen – oder nicht –, ist auch kulturell (Geis et al., 2008). In vielen Organisationen ziehen es die Menschen nicht in Betracht, einen systematischen Ansatz zu wählen, wenn sie vor einem Problem stehen.

Eine weitere Pathologie tritt auf, wenn prozessbezogene Arbeit wie Prozessverbesserung einen niedrigen Status hat. In solchen Situationen wird die Arbeit wahrscheinlich als nicht kritisch und nicht so wertvoll wie die Design- und Entwicklungsarbeit selbst angesehen – und kann auch von relativ unerfahrenem Personal für einige Jahre durchgeführt werden, bevor sie zu anderen Rollen wechseln. Diese Pathologie kann aus der Wahrnehmung entstehen, dass Prozessüberlegungen nur auf Mapping-Workshops und das Schreiben von standardisierten Verfahren verweisen, oder aus der Wahrnehmung, dass Prozesse nur ein notwendiger administrativer Overhead sind. In Wirklichkeit erfordert die Verbesserung eines Entwurfs- und Entwicklungsprozesses das Verständnis der Designprobleme in der Domäne neben weicheren Fähigkeiten wie dem Change-Management. Dies ist eine herausfordernde Arbeit, aber wenn sie als niedrig eingestuft oder unwichtig angesehen wird, kann es besonders schwierig sein, Personal mit dem idealen Fähigkeitsprofil anzuziehen und zu halten oder die Arbeit angemessen zu ressourcieren.

Andere Organisationskulturpathologien treten auf, wenn die Bedeutung von Prozessen *erkannt wird.* Ein Beispiel ist eine übermäßige Konzentration auf Prozessstandardisierung in Situationen, in denen Aufgaben von einem Anlass zum nächsten erheblich variieren. Dies kann zu umständlichen formalen Prozessen führen, die schwer zu interpretieren oder auf spezifische Fälle anzuwenden sind und die auch die Möglichkeiten für Innovation einschränken können. Ebenso kann eine übermäßige Verpflichtung zu einem einzigen System ohne ein tiefes Verständnis seiner zugrunde liegenden Prinzipien dazu führen, dass versucht wird, Prozesskonzepte und -methoden aus diesem System außerhalb des Kontexts anzuwenden, für den sie geeignet sind. Ein Beispiel ist die Anwendung von Lean-Manufacturing-Konzepten auf eine unangemessene Weise auf Büroarbeit im Design und in der Entwicklung, was zu unangemessener Beschäftigung führen kann, wie zum Beispiel die Anforderung an Mitarbeiter, regelmäßig ihr Computersystem aufzuräumen oder strukturierte Problemlösungsvorlagen zu verwenden, um Probleme zu lösen, die unbedeutend sind oder offensichtliche Lösungen haben.

Schließlich muss festgestellt werden, dass die Organisationskultur beeinflusst, ob ein bestimmter Ansatz oder ein Modell praktikabel sein wird. Zum Beispiel ist ein Ansatz zu Prozessen, der auf Standardisierung und kontinuierliche Verbesserung angewiesen ist, wahrscheinlich nicht gut mit einer Organisation vereinbar, die kreative und reaktive Arbeitsweisen hoch schätzt. Umgekehrt ist es möglicherweise nicht einfach, die vollen Vorteile eines agilen Modells in einer Organisation zu realisieren, in der die Kultur stark hierarchisch oder risikoavers ist. Dies weist auf die Bedeutung des Verstehens der Denkweisen hin, die ein bestimmter Ansatz für den Erfolg erfordert, und darauf, ob diese Denkweisen mit den Denkweisen, Normen und Werten, die in einer bestimmten Organisation vorherrschen, übereinstimmen.

### 12.3.3 Pathologien der Organisationsstruktur

Pathologien der Organisationsstruktur beziehen sich auf Situationen, in denen Organisationsstrukturen und -systeme prozessbezogene Probleme verschärfen.

Eine solche Pathologie tritt auf, wenn spezialisierte Teams geschaffen werden, um Prozessprobleme wie Dokumentation, Verbesserungen und Compliance zu behandeln.

Ein häufiges Ergebnis ist, dass die Experten, die Verbesserungen erleichtern, die tatsächlich ausgeführte Arbeit nicht ausreichend verstehen, während die Menschen, die die Arbeit ausführen, sich möglicherweise nicht vollständig in Prozessverbesserungsinitiativen einbringen. Ein weiteres mögliches Ergebnis ist, dass die Beiträge des Spezialteams die Realität der Arbeit möglicherweise nicht widerspiegeln und daher in der Praxis möglicherweise nicht verwendet werden.

Eine weitere strukturelle Pathologie tritt auf, wenn Prozesse in Workflow-Management-Tools eingebunden sind, sodass sie nicht leicht modifiziert werden können, auch wenn sie offensichtlich ungeeignet für ihren beabsichtigten Zweck sind, sodass die Menschen Wege finden müssen, um die Einschränkungen zu umgehen.

Schließlich gibt es die Situation, in der Prozesse Autoritäten und Verantwortlichkeiten durchkreuzen, sodass die einzige Person mit der Gesamtautorität, Änderungen vorzunehmen, ein leitender Angestellter ist, der keine Zeit hat, sich mit den Problemen auseinanderzusetzen. Obwohl diese Situation wahrscheinlich unvermeidlich ist aufgrund der unvollständig zerlegbaren Natur der Arbeit in großen Projekten, ist es wichtig, dass den Prozessen, die organisatorische Grenzen überschreiten, angemessene Managementaufmerksamkeit geschenkt wird. Wenn dies nicht der Fall ist, wird dies wahrscheinlich dazu führen, dass keiner der tatsächlichen Teilnehmer die Autorität hat, bedeutungsvolle Änderungen vorzunehmen, sodass alle Probleme einfach zu herausfordernd sind, um gelöst zu werden.

## 12.4 Prozesskompetenzen

Um die bisher in diesem Kapitel gemachten Punkte zusammenzufassen, hat Abschn. 12.1 kurz die Elemente und den Wert einer Prozessperspektive überprüft und die Abschn. 12.2 und 12.3 haben einige der Herausforderungen reflektiert, diesen Wert in der Praxis zu realisieren – die Leser erkennen wahrscheinlich eine Reihe dieser Herausforderungen in ihren eigenen Organisationen. Dies wirft die Fragen auf: Wie können die Vorteile trotz der Herausforderungen realisiert werden? Und wie können Prozesspathologien, einschließlich, aber nicht beschränkt auf die oben diskutierten, vermieden werden? Dies sind komplexe Fragen, auf die zufriedenstellende und vollständige Antworten kontextabhängig sein werden.

Der Rest dieses Abschnitts schlägt vor, dass Lösungen die Entwicklung einer angemessenen Balance von Prozesskompetenzen in einer Organisation beinhalten sollten. Genauer gesagt, beziehen sich *Prozesskompetenzen* auf das Wissen und die Fähigkeiten, die erforderlich sind, um die Vorteile einer Prozessperspektive zu realisieren, Theorien und Ansätze effektiv zu nutzen und Prozesspathologien wie die oben diskutierten zu vermeiden. Die erforderlichen Prozesskompetenzen können in vier Gruppen organisiert werden, wie in Abb. 12.2 dargestellt:

1. *Prozessdenkenkompetenzen* – beinhalten die Vertrautheit mit einer Reihe von Prozessmodellen, -theorien und -ansätzen und die Fähigkeit, neue Sichtweisen auf eine Situation aus einer Prozessperspektive zu generieren;
2. *Prozessbegleitungskompetenzen* – beinhalten die Zusammenarbeit mit Stakeholdern bei der Anwendung einer Reihe von Modellen, Theorien und Ansätzen, während Prozesse über organisatorische Grenzen hinweg verknüpft werden;
3. *Prozessdesignkompetenzen* – beinhalten die Integration einer Reihe von pragmatischen Überlegungen in das (Neu-)Design und die Implementierung von Prozessen;
4. *Prozessführungskompetenzen* – beinhalten die Motivation und Inspiration von Menschen, eine Prozessperspektive anzunehmen und kontinuierlich Prozessverbesserungen zu realisieren.

Eine Organisation sollte Menschen haben, die zusammen ein Gleichgewicht dieser Kompetenzgruppen bieten. Ein Grundverständnis für das Prozessdenken ist als Ausgangspunkt erforderlich, das sich zu Kompetenzen in der Prozessbegleitung und im Prozessdesign entwickelt. Ein Einzelner könnte tiefe Expertise in einem dieser Bereiche entwickeln oder versuchen, ein Gleichgewicht der Kompetenzen zu entwickeln. Ein effektiver Prozessführer benötigt ein Verständnis für all diese Aspekte sowie Kompetenzen in Bezug auf Führung. Die Kompetenzen sollten idealerweise von vielen Prozessteilnehmern gehalten und nicht innerhalb eines bestimmten Teams konzentriert werden.

Die folgenden Abschnitte diskutieren jede der in Abb. 12.2 gezeigten Prozesskompetenzen und geben einige der spezifischen Kenntnisse und Fähigkeiten an, die für jede von ihnen erforderlich sind.

**Abb. 12.2** Kompetenzen zur Realisierung der Vorteile einer Prozessperspektive

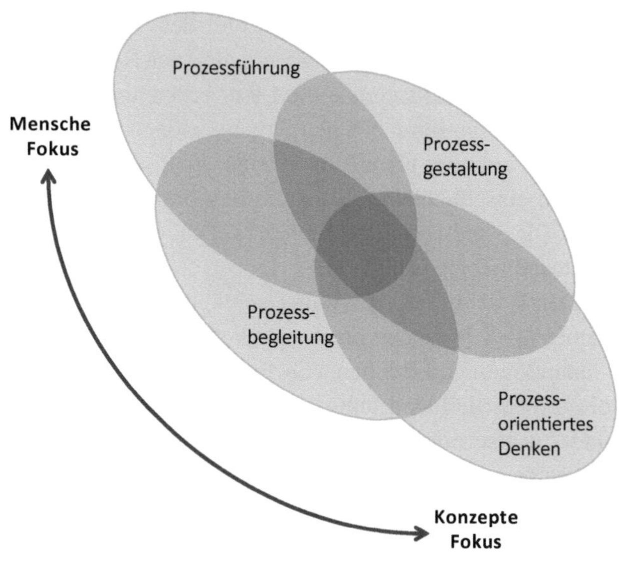

### 12.4.1 Prozessdenken

Prozessdenken (Process Thinking) ist der Ausgangspunkt für die Annahme einer Prozessperspektive. Mindestens erfordert dies die Anerkennung des zu erzielenden Werts und die Einschätzung, dass eine Reihe von Prozessmodellen, -theorien und -ansätzen zur Verfügung stehen, die jeweils besondere Einblicke, Vorteile und Einschränkungen bieten. Erfahrene Prozessdenker mit hohen Kompetenzniveaus sollten ein tiefes Verständnis für eine breite Palette von Modellen, Theorien und Ansätzen haben und sollten eine Brücke zwischen den Erkenntnissen, die in der breiteren Gemeinschaft von Forschern und Praktikern entwickelt wurden, und der spezifischen Praxis in ihrer Organisation schlagen. Sie sollten:

- komplexe Situationen in Bezug auf ihre wahrscheinliche zukünftige Entwicklung wahrnehmen,
- sich mit Unklarheiten und Unsicherheiten wohlfühlen und die sich daraus ergebenden Möglichkeiten schätzen,
- eine Übervereinfachung vermeiden und eine Vielzahl von Betrachtungsweisen eines Prozesses schätzen,
- ein breites und aktuelles Wissen über Prozessmodelle, -theorien und -ansätze aufrechterhalten,
- mit Leichtigkeit zwischen verschiedenen Prozessmetaphern sowie verschiedenen Modellen, Theorien und Ansätzen wechseln, wenn sie eine Situation betrachten,
- Prozessmodelle, Theorien und Ansätze anpassen und kombinieren, um neue Betrachtungsweisen einer Situation zu schaffen,
- Beziehungen zwischen einer Prozessperspektive und anderen Perspektiven auf Design- und Entwicklungssituationen erkennen.

Dieses Konzept des Prozessdenkens kann mit den etablierteren Konzepten des Design Thinking und des Systemdenkens in Verbindung gebracht werden, die in Abschn. 8.2.1 diskutiert werden.

### 12.4.2 Prozessbegleitung

Design- und Entwicklungsprozesse werden stark durch Organisationspolitik und Organisationskultur beeinflusst und eingeschränkt. Zum Beispiel sind einige Organisationen auf Prozessstandardisierung und Dokumentation ausgerichtet, insbesondere große Unternehmen in stark regulierten Branchen. In anderen Organisationen ist die Kultur, es einfach zu versuchen. Prozessbegleiter bauen auf einer Grundlage des Prozessdenkens auf, kombiniert mit Moderationsfähigkeiten, um diese Probleme zu navigieren und Prozessverbesserungen in ihrem Arbeitskontext zu realisieren. Personen mit hoher Kompetenz in der Prozessbegleitung sollten:

- mit den Denkweisen des Ingenieurwesens und des Designs, des Prozessdenkens und des Systemdenkens vertraut sein,
- in der Lage sein, eine breite Palette von Prozessmodellen, -theorien und -ansätzen zu interpretieren und anzuwenden, während sie die praktischen Herausforderungen dabei bewältigen, und ihre Anwendung durch andere erleichtern,
- die unterschiedlichen Perspektiven der Prozessteilnehmer einschätzen, in Einklang bringen und kommunizieren,
- Beziehungen aufbauen und Prozesse über Grenzen hinweg verbinden und integrieren.

### 12.4.3 Prozessdesign

Prozessgestalter haben die Fähigkeiten, Prozesse und Prozesssysteme zu schaffen, die den Bedürfnissen ihrer Teilnehmer als Menschen dienen. Aufbauend auf einer Grundlage des Prozessdenkens und mit einem praktischen Verständnis für die Einflüsse und Einschränkungen, mit denen Prozessbegleiter umgehen müssen, sollten sie:

- die wichtigen Prozessprobleme in komplexen organisatorischen Situationen erkennen,
- Interdependenzen und ihre Auswirkungen auf den Ablauf von Prozessen einschätzen,
- die Bedeutung von Ausnahmen, Iterationen, Feedback-Schleifen und unvollkommenen Informationsflüssen einschätzen,
- die Prozessimplikationen von Risiken und Unsicherheiten einschätzen,
- den sozialen und technischen Aspekten von Prozessproblemen ausgewogene Beachtung schenken,
- Roadmaps entwickeln, um gewünschte zukünftige Situationen zu erreichen,
- Ingenieur- und Design Thinking, Systemdenken und Prozessdenken anwenden, um eine Reihe von Problemen bei der pragmatischen (Neu-)Gestaltung von Prozessen und bei der Architektur von Prozesssystemen zu integrieren, unter Berücksichtigung verschiedener Standpunkte und Ziele.

### 12.4.4 Prozessführung

Die Anerkennung der Bedeutung von Prozessproblemen muss in die praktische Entscheidungsfindung auf Führungsebene eingebettet werden. Prozessführer sind Champions, die den Wert einer Prozessperspektive artikulieren können und die andere inspirieren und mobilisieren können. Sie haben ein gutes Verständnis für Prozessdenken sowie die Probleme, die bei der Prozessbegleitung und Prozessgestaltung auftreten. Neben allgemeinen Führungskompetenzen sollte ein effektiver Prozessführer:

- Menschen dazu inspirieren, die Bedeutung einer Prozessperspektive einzuschätzen,
- Menschen dazu inspirieren, sich mit ihren Prozesskompetenzen auseinanderzusetzen und diese zu entwickeln,

- ein Gefühl der Verbindung zum Wert von Prozessmodellen, -theorien und -ansätzen fördern,
- Ressourcen auf Prozessverbesserungen lenken und mobilisieren.

### 12.4.5 Entwicklung der Kompetenzen

Bei dem Bestreben, die Vorteile einer Prozessperspektive zu realisieren, sollte eine Organisation die aktuelle Balance der verfügbaren Kompetenzen berücksichtigen und etwaige Lücken identifizieren, die eine weitere Entwicklung erfordern. Verschiedene Organisationen haben je nach Design- und Entwicklungskontext und den spezifischen Problemen, mit denen sie konfrontiert sind, unterschiedliche Schwerpunkte. Zu den wahrscheinlich zu stellenden Fragen gehören: Welche Rollen oder Kompetenzen könnten eine weitere Entwicklung benötigen? Wie können die jeweiligen Fähigkeiten und Kenntnisse entwickelt werden? Welche Modelle, Theorien und Ansätze könnten für die Situation der Organisation am aufschlussreichsten sein? Die Überlegung, wie die Prozesskompetenzen weiterentwickelt und eine Prozessperspektive verankert werden kann, erfordert an sich eine Prozessperspektive.

## 12.5 Schlussbemerkungen

Dieser Abschnitt schließt dieses Kapitel und das gesamte Buch ab. Insgesamt haben sich dieses Kapitel und das Buch darauf konzentriert, wie ein tiefgreifendes Verständnis von Design- und Entwicklungsprozesskonzepten, das durch eine pluralistische Sichtweise gewonnen wird, Einblicke in Design- und Entwicklungssituationen bieten kann, wie sie in der Forschungsliteratur beschrieben sind und wie sie in der Praxis auftreten. Die in diesem Buch diskutierten Konzepte und Modelle, Theorien und Ansätze sollen von ihren jeweiligen Autoren inspirieren und potenziell transformieren. Dieses Buch soll einen Überblick über einige aktuelle Denkansätze und Beiträge in diesem Bereich bieten, eine organisierte Quelle für weiterführende Literatur darstellen und Verbindungen zwischen vielen der im Laufe der Jahre entwickelten Modelle, Theorien, Ansätze und Konzepte hervorheben.

Unsere abschließende Bemerkung ist, dass eine Prozessperspektive, wie sie in diesem Buch behandelt wird, aufschlussreich ist, aber nur einen teilweisen Blick auf Design und Entwicklung bietet – es wird wertvoll sein, darüber nachzudenken, was in dieser Sichtweise nicht betont wird und wie die in diesem Buch skizzierte Perspektive sich auf andere Sichtweisen bezieht, die angenommen werden können.

## Literatur

Austin, S., Baldwin, A., Li, B., & Waskett, P. (1999). Analytical design planning technique: A model of the detailed building design process. *Design Studies, 20*(3), 279–296. https://doi.org/10.1016/S0142-694X(98)00038-6.

Browning, T. R. (2014). Managing complex project process models with a process architecture framework. *International Journal of Project Management, 32*(2), 229–241. https://doi.org/10.1016/j.ijproman.2013.05.008.

Browning, T. R. (2002). Process integration using the design structure matrix. *Systems Engineering, 5*(3), 180–193. https://doi.org/10.1002/sys.10023.

Browning, T. R. (2009). The many views of a process: Toward a process architecture framework for product development processes. *Systems Engineering, 12*(1), 69–90. https://doi.org/10.1002/sys.20109.

Checkland, P. (1983). OR and the systems movement: Mappings and conflicts. *Journal of the Operational Research Society, 34*(8), 661–675. https://doi.org/10.1057/jors.1983.160.

Eckert, C. M., Wynn, D. C., Maier, J. F., Albers, A., Bursac, N., Xin Chen, H. L., Clarkson, P. J., Gericke, K., Gladysz, B., & Shapiro, D. (2017). On the integration of product and process models in engineering design. *Design Science, 3*, e3. https://doi.org/10.1017/dsj.2017.2.

Geis, C., Bierhals, R., Schuster, I., Badke-Schaub, P., & Birkhofer, H. (2008). Methods in practice—a study on requirements for development and transfer of design methods. In D. Marjanovic, M. Storga, N. Pavkovic, & N. Bojcetic (Hrsg.), *DS 48: Proceedings DESIGN 2008, the 10th International Design Conference, Dubrovnik, Croatia* (S. 369–376). The Design Society.

Gericke, K., Eckert, C., & Stacey, M. (2017). What do we need to say about a design method? In A. Maier, S. Škec, H. Kim, M. Kokkolaras, J. Oehmen, G. Fadel, F. Salustri, & M. V. der Loos (Hrsg.), *DS 87-7 Proceedings of the 21st International Conference on Engineering Design (ICED 17) Vol 7: Design Theory and Research Methodology, Vancouver, Canada, 21–25.08. 2017* (S. 101–110). The Design Society.

Gericke, K., Eckert, C. M., & Wynn, D. (2016). Towards a framework of choices made during the life-cycle of process models. In D. Marjanović, M. Štorga, N. Pavković, N. Bojčetić, & S. Škec (Hrsg.), *DS 84: Proceedings of the DESIGN 2016 14th International Design Conference* (S. 1275–1284). The Design Society.

Isaksson, O., Wynn, D. C., & Eckert, C. M. (2022). Design perspectives, theories and processes for engineering systems design. In A. Maier, J. Oehmen, & P. E. Vermaas (Hrsg.), *Handbook of engineering systems design* (S. 53–99). Springer. https://doi.org/10.1007/978-3-030-81159-4_3.

Kerley, W. P., Wynn, D. C., Eckert, C., & Clarkson, P. J. (2011). Redesigning the design process through interactive simulation: A case study of life-cycle engineering in jet engine conceptual design. *International Journal of Services and Operations Management, 10*(1), 30–51. https://doi.org/10.1504/IJSOM.2011.041988.

Le Masson, P., Weil, B., & Hatchuel, A. (2017). *Design theory: Methods and organization for innovation*. Springer. https://doi.org/10.1007/978-3-319-50277-9.

Otto, K., & Wood, K. (2001). *Product design: Techniques in reverse engineering and new product development: Techniques in reverse engineering and new product development*. Pearson.

Park, H., & Cutkosky, M. R. (1999). Framework for modeling dependencies in collaborative engineering processes. *Research in Engineering Design, 11*(2), 84–102. https://doi.org/10.1007/PL00003885.

Reich, Y., & Subrahmanian, E. (2022). The PSI framework and theory of design. *IEEE Transactions on Engineering Management, 69*(4), 1037–1049. https://doi.org/10.1109/TEM.2020.2973238.

Stetter, R., & Lindemann, U. (2005). The transfer of methods into industry. In J. Clarkson & C. Eckert (Hrsg.), *Design process improvement: A review of current practice* (S. 436–459). Springer. https://doi.org/10.1007/978-1-84628-061-0_19.

Suh, N. P. (1998). Axiomatic design theory for systems. *Research in Engineering Design, 10*(4), 189–209. https://doi.org/10.1007/s001639870001.

Tomiyama, T., Gu, P., Jin, Y., Lutters, D., Kind, C., & Kimura, F. (2009). Design methodologies: Industrial and educational applications. *CIRP Annals, 58*(2), 543–565. https://doi.org/10.1016/j.cirp.2009.09.003.

Wallace, K. (2011). Transferring design methods into practice. In H. Birkhofer (Hrsg.), *The future of design methodology* (S. 239–248). Springer. https://doi.org/10.1007/978-0-85729-615-3_21.

Wynn, D. C., & Clarkson, P. J. (2021). Improving the engineering design process by simulating iteration impact with ASM2.0. *Research in Engineering Design, 32*(2), 127–156. https://doi.org/10.1007/s00163-020-00354-5.

Wynn, D. C., & Clarkson, P. J. (2018). Process models in design and development. *Research in Engineering Design, 29*(2), 161–202. https://doi.org/10.1007/s00163-017-0262-7.

Wynn, D. C., & Eckert, C. M. (2017). Perspectives on iteration in design and development. *Research in Engineering Design, 28*(2), 153–184. https://doi.org/10.1007/s00163-016-0226-3.

Wynn, D. C., Eckert, C. M., & Clarkson, P. J. (2006). Applied Signposting: A modeling framework to support design process improvement. In *ASME 2006 International Design Engineering Technical Conferences and Computers and Information in Engineering Conference, Philadelphia, Pennsylvania, USA, September 10–13, 2006, Volume 4a: 18th International Conference on Design Theory and Methodology.* (S. 553–562). https://doi.org/10.1115/DETC2006-99402.

Wynn, D. C., & Maier, A. M. (2022). Feedback systems in the design and development process. *Research in Engineering Design, 33*(3), 273–306. https://doi.org/10.1007/s00163-022-00386-z.

GPSR Compliance

*The European Union's (EU) General Product Safety Regulation (GPSR) is a set of rules that requires consumer products to be safe and our obligations to ensure this.*

*If you have any concerns about our products, you can contact us on ProductSafety@springernature.com*

In case Publisher is established outside the EU, the EU authorized representative is:

Springer Nature Customer Service Center GmbH
Europaplatz 3
69115 Heidelberg, Germany

**Batch number: 10593246**

Printed by Printforce, the Netherlands